AF498394

Allgemeine Bau-Constructions-Lehre,

mit besonderer Beziehung

auf das

Hochbauwesen.

Ein Leitfaden zu Vorlesungen und zum Selbstunterrichte

von

G. A. Breymann,

Königl. Baurath und Professor an der polytechnischen Schule in Stuttgart.

I. Theil.

Constructionen in Stein.

Dritte verbesserte und vermehrte Auflage.

Mit in den Text gedruckten Holzschnitten und 88 Figurentafeln.

Stuttgart.

Hoffmann'sche Verlags-Buchhandlung.

1860.

Vorwort zur zweiten Auflage.

Eine veränderte Einrichtung, in Beziehung auf die Behandlung und Eintheilung des Stoffes, hat die vorliegende neue Auflage nicht erhalten, denn die überaus günstige Aufnahme, welche der ersten zu Theil geworden, so daß eine verhältnißmäßig starke Auflage in kurzer Zeit vergriffen wurde, trotzdem daß ihr Erscheinen in eine Zeit fiel, welche für Lehrbücher der Baukunst wohl nicht ungünstiger sein konnte, hat mich zu der Annahme berechtigt, daß die von mir gewählte Behandlungsweise die richtige sein dürfte.

Ich habe mich daher nur bemüht, diese neue Auflage von den eingeschlichenen Fehlern zu reinigen, die vorhandenen Lücken auszufüllen und alle neuen, mir bekannt gewordenen, Constructionen und Erfahrungen nachzutragen.

Die hierzu nöthigen Zeichnungen habe ich als Holzschnitte dem Texte einverleibt, weil eingeschobene neue Figurentafeln den Zusammenhang unter den bereits vorhandenen gestört, und das Nachschlagen unbequem gemacht haben würden. Die Figurentafeln sind genau durchgesehen und alle nothwendigen Correcturen und Verbesserungen daran vorgenommen.

Wie die Verlagshandlung durch die Ausstattung der neuen Auflage den Beweis geliefert hat, daß sie ihrer Seits es sich angelegen sein läßt, das Werk in einem Gewande erscheinen zu lassen, welches den gesteigerten Ansprüchen in dieser Richtung zu genügen weiß; davon wird sich der geehrte Leser durch den Augenschein überzeugen.

Stuttgart im Mai 1855.

G. A. Breymann.

Vorwort zur ersten Auflage.

Der Zweck des vorliegenden Buches ist, angehenden Architekten das Studium der Bau-Constructions-Lehre, geübteren das Nachlesen über einzelne Gegenstände dieser Disciplin der Baukunst zu erleichtern.

Eine solche Erleichterung halte ich für wünschenswerth, weil die hierher gehörigen Lehren in den verschiedenen Lehrbüchern über die Baukunst zum Theil sehr zerstreuet, zum Theil nicht in dem nöthigen Zusammenhange vorgetragen sind, so daß, um sich mit denselben bekannt zu machen, eine nicht unbedeutende Bibliothek disponibel, und eine genaue Kenntniß dieser Werke vorhanden sein muß, wie solche, besonders bei Anfängern, nicht vorausgesetzt werden kann.

Erst in neuerer Zeit hat die so wichtige Lehre von den Constructionen gehörige Anerkennung gefunden, so daß sie jetzt einen abgesonderten Theil der Baukunst bildet; während sie in den meisten der vorhandenen älteren Lehrbücher meist nur gelegentlich, wenn von der Anordnung ganzer Gebäude die Rede ist, mit vorgetragen wird. Es ist aber nothwendig, daß der angehende Baukünstler die Constructionslehre kennt, bevor er an das Entwerfen von ganzen Gebäuden geht; denn erstere lehrt ihn die Mittel kennen, wie er seine Compositionen räumlich darstellen kann, und bewahrt ihn vor einer Architektur, die sich wohl zeichnen, auch als Theaterdekoration ausführen, aber nicht bauen läßt. Mit Recht geht daher an den technischen Lehranstalten die Constructionslehre dem Unterrichte über das Entwerfen von Gebäuden voraus, während sie selbst auf die Baumaterialienlehre folgt.

Der oben erwähnte Mangel an (speziellen) Lehrbüchern über Bau-Constructionen hat sich mir bei meinen seit 8 Jahren an der hiesigen polytechnischen Schule über diesen Gegenstand gehaltenen Vorträgen oft fühlbar gemacht; besonders dadurch, daß ich meinen Zuhörern zumuthen mußte, zu gleicher Zeit ein Heft nachzuschreiben, die vielen Figuren zu zeichnen und doch noch die gehörige Aufmerksamkeit auf die Sache selbst zu verwenden. Der Wunsch, diesem Uebelstande abzuhelfen, ist die nächste Veranlassung zur Entstehung der nachfolgenden Bogen, und ich hoffe, Schülern sowohl als Lehrern einen Dienst durch die Veröffentlichung derselben zu erweisen.

Die große Unbestimmtheit der Grenzen, welche das Gebiet der Bau-Constructions-Lehre umrahmen, veranlassen mich, noch einige Worte über die von mir befolgte Eintheilung anzuführen. Zunächst habe ich alle die Constructionen, welche dem Straßen-, Brücken-, Wasser-, Mühlen- 2c. Bau allein und eigenthümlich angehören, unberücksichtigt gelassen; einmal um mein Buch übersichtlicher zu machen und nicht zu voluminös werden zu lassen; dann weil jene Constructionen doch bei den Lehren über die genannten Zweige der

Baukunst im Zusammenhange vorzutragen sind und auch überall in diesem Zusammenhange vorgetragen werden. Ferner habe ich zuerst die Elemente der Constructionslehre besprochen, d. h. die Darstellung einzelner Bautheile gelehrt, ohne auf die besondern Fälle ihrer Anwendung, oder auf ihren Zusammenhang mit andern, mehr als durchaus nöthig, mich einzulassen. Es ist dies ebenfalls im Interesse der Uebersichtlichkeit geschehen, und ich beabsichtige, in einem späteren Theile die Constructionen der wichtigsten Bau=Objekte des Hochbauwesens im Zusammenhange zu geben. Eine solche Art des Unterrichts hat sich in meiner Lehrer=praxis bewährt und ich darf sie daher empfehlen.

In Beziehung auf die weitere Eintheilung der einzelnen Constructionen, habe ich die gewöhnliche nach den verschiedenen Handwerken verlassen, und dieser die nach den Hauptbaumaterialien vorgezogen, nämlich Constructionen in Stein, Holz und Metall unterschieden. Der vorliegende erste Theil umfaßt die Constructionen in Stein; der zweite wird die in Holz und Metall enthalten, während ein dritter Theil die eben erwähnten zusammengesetzten Constructionen geben und so gewissermaßen eine Anwendung der in den beiden ersten Theilen gelehrten Elementar=Constructionen enthalten soll.

Schwer ist es mir geworden, die Grenze zwischen Theorie und Praxis zu ziehen. Die Theorie ganz fortlassen wollte ich nicht, weil ich es für eine Hauptaufgabe des Lehrers halte, den Schülern eine Anwendung der früher erlernten mathematischen Wahrheiten zu zeigen, und sie zu gewöhnen, diese gewissermaßen als Handwerkszeug zu gebrauchen. Andererseits durfte ich hierin aber auch nicht zu weit gehen, wenn der nöthige Raum für die praktischen Bemerkungen nicht ungebührlich beschränkt werden sollte. Das eben Gesagte bezieht sich zunächst auf das neunte Kapitel, wo von der Stärke der Mauern und Gewölbe die Rede ist; und in wie weit ich hier einen glücklichen Weg getroffen habe, stelle ich dem nachsichtsvollen Urtheile meiner competenten Leser anheim.

Daß ich die Lehre vom Steinschnitt fortgelassen habe, glaube ich rechtfertigen zu können, weil über diesen Gegenstand eine ausreichende Literatur vorhanden ist, deren besonderes Studium doch von keinem Architekten versäumt werden darf, und ich so die schon so große Zahl von Figurentafeln nicht noch zur Ungebühr zu vermehren brauchte.

Was die von mir benützten Quellen und Hülfsmittel anbelangt, so sind solche meistens im Texte angegeben, und ich bemerke hier ausdrücklich, daß ich alle mir irgend zugänglichen Werke und Zeitschriften benützt habe.

Niemand wird in einem Lehrbuche über Bau=Constructionslehre nur neue Constructionen suchen; ein solches ist vielmehr verpflichtet, bewährte ältere aufzunehmen. Andererseits wird aber auch Niemand eine Zusammenstellung aller ausgeführten oder auszuführenden Constructionen von einem solchen Lehrbuche verlangen; ein Buch, welches über dem Streben nach „Vollständigkeit“ die nöthige Auswahl und Kritik vergißt, schlägt in eine unnütze Compilation ohne innern Zusammenhang um, wie für Liebhaber von dergleichen schon in genügender Anzahl vorhanden sind.

Was die Art und Weise des Vortrags anbetrifft, so habe ich mich bemüht, denselben möglichst verständlich einzurichten, jedoch jene breite Sprache und Behandlung, welche populär sein soll, aber blos langweilig und unklar ist, absichtlich vermieden. Ich konnte voraussetzen, daß jeder Architekturbeflissene, bevor er an das Studium der eigentlich technischen Fächer geht, wissenschaftliche Vorstudien gemacht hat, wodurch er an eine strenge Sprache gewöhnt ist, und eine solche nicht blos verträgt, sondern sogar fordert.

Ich habe mich daher namentlich bemüht, überall möglichst bestimmte, mathematisch gehaltene Definitionen zu geben, und die einmal eingeführte technische Sprache konsequent durchzuführen. Wer indessen die Schwierigkeit kennt, technische Dinge immer scharf zu definiren, wird meine Bemühungen in dieser Richtung vielleicht anerkennen, und da, wo er nicht damit übereinstimmen zu können glaubt, milde beurtheilen.

Wo absolute Maaße vorkommen, sind württembergische gemeint (1 Fuß = 127 pariser Linien). Das französische Metermaaß wollte ich nicht gebrauchen, weil es — kein deutsches ist, und besonders deshalb nicht, weil dieses Maaß dem Handwerker denn doch noch zu fremd ist, wenn es auch in der rein wissenschaftlichen Praxis fast alle übrigen verdrängt hat. Da wir nun aber leider noch kein allgemeines deutsches Maaß haben, und also Reduktionen auf keine Weise vermieden werden konnten, so glaubte ich, das Maaß des Landes, für welches mein Buch zunächst bestimmt ist, zu Grunde legen zu dürfen.

Stuttgart im September 1848.

G. A. Breymann.

Inhalt.

Seite

Einleitung 1
Constructionen in Stein 4

Erstes Kapitel. Construction des Mauerwerks.

§. 1. Erklärungen. Eintheilung der Mauern 4

A. Mauern aus Steinen.

§. 2. Begriff des Steinverbandes und des eigentlichen Mauerns ... 5

a) Vom Steinverbande.

I. Mauern aus künstlichen Steinen.

§. 3. Erklärungen, Maaße und Benennung der Steine und deren Theile ... 5
§. 4. Allgemeine Regeln 6
§. 5. Der Block- oder wendische Verband 6
§. 6. Der Kreuz- oder holländische Verband 7
§. 7. Der gothische oder polnische Verband 8
§. 8. Der Verband mit abwechselnden Kreuzlagen 8
§. 9. Der Verband für hohle Mauern 8
§. 10. Bemerkungen zu den vorigen §§. 11
§. 11. Der Verband für runde Mauern 11
§. 12. Der Schornsteinverband 12
§. 13. Der Verband für das Aus- und Vormauern der Fachwerkswände ... 14
§. 14. Schlußbemerkung 15

II. Mauern aus natürlichen Steinen.

α) Mauern aus rohen, unbearbeiteten Steinen.

§. 15. Der Verband für ganz unregelmäßige, sogenannte Feldsteine (Findlinge) ... 16
§. 16. Der Verband für eigentliche Bruchsteine 17

β) Mauern aus bearbeiteten Quadern.

§. 17. Vom Bearbeiten der Quadersteine 17
§. 18. Allgemeine Regeln über den Verband dieser Steine 18
§. 19. Mauern ganz aus Quadern bestehend 20
§. 20. Mauern nur mit Quadern bekleidet 20
§. 21. Bemerkungen über fehlerhaft bearbeitete Steine 21
§. 22. Bekleidung der Mauern mit Platten 21

b) Vom Mauern selbst.

§. 23. Zweck des Bindemittels (Mörtels) 22
§. 24. Menge des Mörtels und Maaß der Fugen 23
§. 25. Das Nässen oder Anfeuchten der Steine 25
§. 26. Regeln in Bezug auf die Eigenschaften des Mörtels 25
§. 27. Die Richtung der Lagerfugen 26
§. 28. Das Verzwicken der Bruchsteinmauern 27
§. 29. Das Versetzen der Werkstücke 28
§. 30. Das Aus- und Vormauern von Fachwerkswänden 29
§. 31. Verlängerung alter Mauern 29
§. 32. Mauern aus Gußwerk 30

B. Mauern aus lehmiger Erde, Kalksand c.

a) Lehmpisémauern.

§. 33. Historisches und Literatur über den Pisé-Bau 31
§. 34. Zubereitung der Erde 31
§. 35. Anfertigung der Pisé-Wände 32
§. 36. Vorschläge zu einer andern Darstellungsweise 33

b) Kalksand-Pisémauern.

§. 37. Die Materialien 33
§. 38. Das Verhältniß des Kalks zum Sande 34
§. 39. Die Darstellung der Masse 35
§. 40. Die Formkästen 35
§. 41. Die Aufstellung der Kästen und das Stampfen der Masse ... 37

c) Die Wellerwände.

§. 42. Darstellung dieser Wände 38

Zweites Kapitel. Construction der Steindecken.

§. 1. Verschiedene Arten der Steindecken 38

A. Von den Gewölben.

§. 2. Terminologie der Gewölbe 39

a) Von den Gewölbformen.

§. 3. Das Tonnengewölbe als Grundform 40
§. 4. Gewölbwangen und Gewölbkappen 41
§. 5. Wangengewölbformen 41
§. 6. Kappengewölbformen 42
§. 7. Gewölbe mit Spiegel und Nabel 43
§. 8. Fächer- und Scheitrechte-Gewölbe 43
§. 9. Das Durchdringen von Gewölben 44
§. 10. Zusammengesetzte Wölbungen 44

b) Ausführung der Gewölbe.

I. Zeichnung der Bogenlinien.

§. 11. Die Kreislinie 45
§. 12. Gedrückte und überhöhete Bogenlinien im Allgemeinen 45
§. 13. Die Ellipse 46
§. 14. Die Korbbogenlinie im Allgemeinen 47
§. 15. Korblinien aus 3 Mittelpunkten 48
§. 16. Allgemeines über Korblinien aus mehr als 3 Mittelpunkten ... 50
§. 17. Korblinien aus 5 Mittelpunkten 50
§. 18. Korblinien aus 7 Mittelpunkten 51
§. 19. Korblinien aus 11 Mittelpunkten 51
§. 20. Berechnung einer solchen Construction 51
§. 21. Zeichnung einer der Ellipse nahe kommenden Korblinie aus beliebig vielen Mittelpunkten ... 53
§. 22. Desgl. nach einer Methode des Prof. Reusch 54
§. 23. Einhüftige Bögen unter 4 verschiedene Fälle gebracht ... 54
§. 24. Constructionen für den ersten und dritten Fall 55
§. 25. Constructionen für den zweiten und vierten Fall 57
§. 26. Schlußbemerkung 58

II. Construction der Gewölbe selbst.

1) Die Mauerbögen.

§. 27. Vorbemerkung 58

α) Mauerbögen aus künstlichen Steinen.

§. 28. Regeln für den Steinverband 58
§. 29. Bildung des Widerlagers 59
§. 30. Die Einrüstung der Bögen 60
§. 31. Bestimmung der Fugenrichtung 61
§. 32. Das Einwölben selbst 62
§. 33. Spezielles über scheitrechte Bögen 62

β) Mauerbögen aus künstlichen Steinen.

§. 34. Ueber diese Bögen im Allgemeinen 63
§. 35. Bearbeitung eines Gewölbsteins 64
§. 36. Anschluß der Gewölbsteine an die des geraden Mauer-
        werks 65
§. 37. Schwache Pfeiler zwischen Mauerbögen 66
§. 38. Das Einwölben der Steine 66

2) Die eigentlichen Gewölbe.

§. 39. Vorbemerkung 67

a) Das Tonnengewölbe.

§. 40. Regeln für den Steinverband im Allgemeinen 67
§. 41. Flache Tonnengewölbe oder Kappen 68
§. 42. Verstärkung der Gewölbe durch Gurte 2c. 69
§. 43. Steigende, ringförmige und Schneckengewölbe 69
§. 44. Topfgewölbe 71
§. 45. Tonnengewölbe aus Bruchsteinen 71
§. 46. Tonnengewölbe aus Werkstücken 72

b) Das Klostergewölbe.

§. 47. Die Einrüstung desselben 72
§. 48. Regeln für den Steinverband 73
§. 49. Klostergewölbe aus natürlichen Steinen 73

c) Das Muldengewölbe.

§. 50. Kurze Bemerkung über das Einrüsten 74

d) Das Kuppelgewölbe.

§. 51. Einrüstung der Kuppeln und Entbehrlichkeit der Ein-
        rüstung 74
§. 52. Einwölbung. Besondere Rücksichten in Bezug auf den
        Scheitel des Gewölbes 75
§. 53. Kassetten in der Leibung der Kuppel 75
§. 54. Kuppeln über quadratförmigen Grundfiguren 75
§. 55. Kuppeln aus Töpfen 76
§. 56. Kuppeln aus natürlichen Steinen 76

e) Das Kreuzgewölbe.

§. 57. Bestimmung des Scheitelpunkts und der Pfeilhöhe 77
§. 58. Ausmittelung der verschiedenen Bogenlinien 77
§. 59. Entbehrlichkeit einer vollständigen Einschalung 78
§. 60. Der Steinverband 78
§. 61. Zusammengesetzte Kreuzgewölbe 78
§. 62. Ueber die Entstehung spitzbogiger Kreuzgewölbe 79
§. 63. Ueber die verschiedene Ausbildung dieser Gewölbe 79
§. 64. Construction der verschiedenen Gratlinien 2c. 79
§. 65. Construction eines Knaufsteins mit seinen Liernen 81
§. 66. Verbindung der Rippen 2c. mit den Kappen 82
§. 67. Schlußbemerkung 83

f) Das Trichter- oder Fächergewölbe.

§. 68. Betrachtung dieser Gewölbe im Allgemeinen 83
§. 69. Darstellung der einzelnen Steine 84
§. 70. Bemerkung über die Stärke dieser Gewölbe 85
§. 71. Construction dieser Gewölbe aus Backsteinen 85

g) Das scheitrechte, Spiegel und b'Espié'sche Gewölbe.

§. 72. Scheitrechte Gewölbe aus Backsteinen 86
§. 73. Scheitrechte Gewölbe aus Hausteinen 86
§. 74. Das Spiegelgewölbe 86
§. 75. Das b'Espié'sche Gewölbe 87

h) Das Preußische Gewölbe.

§. 76. Allgemeine Bemerkungen 87
§. 77. Eintheilung des Raums durch Gurtbögen 88

§. 78. Einwölbung der Gurtbögen 88
§. 79. Einrüstung der Kappen und Wölbung derselben 89
§. 80. Schlußbemerkung. Hülfstabelle zur Berechnung der Bo-
        genlängen 2c. 89

i) Das Böhmische Gewölbe.

§. 81. Allgemeine Bemerkungen 91
§. 82. Ausmittelung der Form der Lehrbögen 92
§. 83. Das Einwölben 93

k) Das Gußgewölbe.

§. 84. Kurze Bemerkungen über die Darstellung von dergleichen
        Gewölben 93
§. 85. Bemerkungen über das Mörteln der Gewölbe 94
§. 86. Bemerkungen über das Ein- und Ausrüsten 95

B. Von den Stein-Balkendecken.

§. 87. Allgemeine Bemerkungen über diese Decken 96
§. 88. Spezielles über die Decken der antiken Propiläen 96

Drittes Kapitel. Construction der Fenster- und Thüröffnungen.

§. 1. Allgemeine Bemerkungen und Terminologie 97

A. Die Fensteröffnungen.

I. Bei Anwendung von Hausteinen.

§. 2. Die Sohlbank 98
§. 3. Die Fenstergewände 99
§. 4. Der Fenstersturz 100
§. 5. Der Fensterbogen 101

II. Bei Anwendung von Backsteinen.

§. 6. Die Sohlbank 102
§. 7. Die Fenstergewände 102
§. 8. Der Fensterbogen 103
§. 9. Fensteröffnungen in Gewölben 103

B. Die Thüröffnungen.

§. 10. Vorbemerkung 105
§. 11. Die Schwelle 105
§. 12. Der Thürbogen 105
§. 13. Thür- und Fensteröffnungen in Pisémauern 106

Viertes Kapitel. Construction der Steingesimse.

§. 1. Erklärungen 107
§. 2. Die Form der Gesimse im Allgemeinen 107
§. 3. Horizontale Gesimse aus Hausteinen 108
§. 4. Horizontale Gesimsecken 110
§. 5. Aufsteigende Gesimsecken 111
§. 6. Die Gesims-Chablonen 111
§. 7. Gesimse der griechischen Form aus Backsteinen 112
§. 8. Gesimse aus Backsteinen ohne Putz 113

Fünftes Kapitel. Construction der Steintreppen.

§. 1. Terminologie der Treppen 114
§. 2. Eintheilung der Treppen in Beziehung auf ihre Form 115
§. 3. Eintheilung der Treppen nach ihrer Construction 115
§. 4. Berechnung der Treppen 116
§. 5. Bemerkungen über das Material zu den Treppen 118

A. Massive Treppen ohne Anwendung von Schnittsteinen.

§. 6. Treppen über oder unter welchen keine andere befindlich 118
§. 7. Treppen auf steigenden Gewölben 119
§. 8. Treppen auf einhüftigen Gewölben 120

§. 9. Einige gebräuchliche Treppenformen ⋯⋯⋯ 120
§. 10. Wendeltreppen⋯⋯⋯⋯⋯⋯⋯⋯⋯⋯⋯ 120
§. 11. Neuere Constructionen mit Hülfe von Portland-Cement 121
§. 12. Das Material ⋯⋯⋯⋯⋯⋯⋯⋯⋯⋯ 121
§. 13. Stufen auf chablonenartiger Zurüstung construirt⋯⋯ 122
§. 14. Stufen aus Dachplatten (Bieberschwänzen) construirt ⋯ 122
§. 15. Stufen aus Dachplatten und Backsteinen construirt ⋯⋯ 123
§. 16. Stufen und Podeste auf Rüstung und Schalung construirt 124
§. 17. Treppenwangen von Backstein und Portland-Cement 125
§. 18. Stufen auf Unterwölbung ⋯⋯⋯⋯⋯⋯ 125
§. 19. Hohle Stufen auf Unterwölbung ⋯⋯⋯⋯⋯ 127

B. Massive Treppen mit Anwendung von Schnittsteinen.

§. 20. Verschiedene Querschnittsfiguren der Stufen ⋯⋯ 128
§. 21. Unterstützte Treppen ⋯⋯⋯⋯⋯⋯⋯ 129
§. 22. Freitragende, gerade gebrochene Treppen ⋯⋯⋯ 130
§. 23. Freitragende, gewundene Treppen ⋯⋯⋯⋯ 131
§. 24. Freitragende Treppen ohne balkenartige Wangen ⋯⋯ 133
§. 25. Abrundung der Antrittsstufen ⋯⋯⋯⋯⋯ 133
§. 26. Das Versetzen freitragender Treppen ⋯⋯⋯⋯ 133
§. 27. Schlußbemerkung ⋯⋯⋯⋯⋯⋯⋯⋯ 134

Sechstes Kapitel. Eindeckung der Dächer.

§. 1. Vorbemerkung ⋯⋯⋯⋯⋯⋯⋯⋯⋯⋯ 134
§. 2. Erklärungen und Terminologie ⋯⋯⋯⋯⋯⋯ 134

A. Die Ziegeldächer.

§. 3. Allgemeines ⋯⋯⋯⋯⋯⋯⋯⋯⋯⋯ 135

I. Das Bieberschwanz- oder Dachplatten-Dach.

§. 4. Form der Ziegeln und Verschiedenheit der Eindeckung ⋯ 135
§. 5. Die Lattung ⋯⋯⋯⋯⋯⋯⋯⋯⋯⋯ 136
§. 6. Das Sortiren der Ziegeln ⋯⋯⋯⋯⋯⋯ 137
§. 7. Der Verband beim Eindecken der Ziegeln ⋯⋯⋯ 137
§. 8. Das einfache oder Schindeldach ⋯⋯⋯⋯⋯ 138
§. 9. Das Doppeldach ⋯⋯⋯⋯⋯⋯⋯⋯ 138
§. 10. Das Kronen- oder Ritterdach ⋯⋯⋯⋯⋯ 138
§. 11. Vor- und Nachtheile dieser Dächer gegen einander ⋯ 138
§. 12. Das Verstreichen der Ziegeldächer ⋯⋯⋯⋯ 139
§. 13. Die böhmische Deckmethode ⋯⋯⋯⋯⋯⋯ 139
§. 14. Bemerkungen zu dem Vorigen ⋯⋯⋯⋯⋯ 140
§. 15. Eindeckung der Traufe ⋯⋯⋯⋯⋯⋯⋯ 141
§. 16. Eindeckung der First ⋯⋯⋯⋯⋯⋯⋯ 141
§. 17. Eindeckung des Grats ⋯⋯⋯⋯⋯⋯⋯ 142
§. 18. Eindeckung der Kehle ⋯⋯⋯⋯⋯⋯⋯ 142
§. 19. Kehlen aus Metallblechen⋯⋯⋯⋯⋯⋯⋯ 144
§. 20. Eindeckung des Bordes ⋯⋯⋯⋯⋯⋯ 145
§. 21. Eindeckung des Maueranstoßes ⋯⋯⋯⋯⋯ 145
§. 22. Eindeckung der Dachluken ⋯⋯⋯⋯⋯⋯ 146
§. 23. Blecherne Dachluken ⋯⋯⋯⋯⋯⋯⋯ 148
§. 24. Schlußbemerkung ⋯⋯⋯⋯⋯⋯⋯⋯ 149

II. Das Hohlziegeldach.

§. 25. Die Eindeckung solcher Dächer ⋯⋯⋯⋯⋯ 149

III. Das Dachpfannendach.

§. 26. Das eigentliche Pfannendach ⋯⋯⋯⋯⋯ 149
§. 27. Das Breit- oder Krempziegeldach ⋯⋯⋯⋯⋯ 149

IV. Das Italienische Dach.

§. 28. Beschreibung eines solchen ⋯⋯⋯⋯⋯⋯ 150
§. 29. Schlußbemerkung über die Ziegeldächer ⋯⋯⋯ 150

B. Das Schieferdach.

§. 30. Allgemeines ⋯⋯⋯⋯⋯⋯⋯⋯⋯⋯ 150
§. 31. Terminologie ⋯⋯⋯⋯⋯⋯⋯⋯⋯⋯ 151

§. 32. Der Dachfuß ⋯⋯⋯⋯⋯⋯⋯⋯⋯⋯ 151
§. 33. Die Deckgebinde mit den Ortsteinen ⋯⋯⋯⋯ 152
§. 34. Die First mit den Straakorten ⋯⋯⋯⋯⋯ 153
§. 35. Das Behauen der Schiefer ⋯⋯⋯⋯⋯⋯ 153
§. 36. Das Nageln der Schiefer ⋯⋯⋯⋯⋯⋯ 153
§. 37. Eindeckung der Kehle ⋯⋯⋯⋯⋯⋯⋯ 154
§. 38. Schlußbemerkung über die deutschen Schieferdächer ⋯ 155
§. 39. Der englische Schiefer ⋯⋯⋯⋯⋯⋯⋯ 156
§. 40. Das Eindecken mit demselben ⋯⋯⋯⋯⋯ 156

C. Die Lehmdächer.

§. 41. Allgemeines ⋯⋯⋯⋯⋯⋯⋯⋯⋯⋯ 157

I. Das Dorn'sche Dach.

§. 42. Die Materialien ⋯⋯⋯⋯⋯⋯⋯⋯⋯ 158
§. 43. Die Bereitung der Deckmasse ⋯⋯⋯⋯⋯ 159
§. 44. Die Lattung und Neigung der Dachfläche ⋯⋯⋯ 159
§. 45. Bildung der Traufe ꝛc. ⋯⋯⋯⋯⋯⋯⋯ 160
§. 46. Das Decken oder Aufbringen der Deckmasse ⋯⋯ 160
§. 47. Das Theeren der Decklage ⋯⋯⋯⋯⋯⋯ 161
§. 48. Anordnung einer Schutzlage ⋯⋯⋯⋯⋯ 162

II. Das Harzplattendach.

§. 49. Die Anfertigung der Platten ⋯⋯⋯⋯⋯ 162
§. 50. Die Deckarbeit selbst ⋯⋯⋯⋯⋯⋯⋯ 163

D. Das Asphaltdach.

§. 51. Allgemeines ⋯⋯⋯⋯⋯⋯⋯⋯⋯⋯ 163
§. 52. Die Unterlage für den Asphalt ⋯⋯⋯⋯⋯ 164
§. 53. Das Schmelzen des Asphalts ⋯⋯⋯⋯⋯ 164
§. 54. Das Gießen und Einsanden des Asphalts ⋯⋯⋯ 165
§. 55. Erfahrungen über Asphaltdächer ⋯⋯⋯⋯⋯ 165
§. 56. Schlußbemerkung ⋯⋯⋯⋯⋯⋯⋯⋯ 167

E. Das Theerpappendach.

§. 57. Allgemeines ⋯⋯⋯⋯⋯⋯⋯⋯⋯⋯ 167
§. 58. Die Pappen ⋯⋯⋯⋯⋯⋯⋯⋯⋯⋯ 167
§. 59. Das Theeren und Falzen derselben ⋯⋯⋯⋯ 168
§. 60. Die Zubereitung der Dachfläche ⋯⋯⋯⋯⋯ 168
§. 61. Das Eindecken selbst ⋯⋯⋯⋯⋯⋯⋯ 168

Siebentes Kapitel. Construction der Fußböden.

§. 1. Allgemeines⋯⋯⋯⋯⋯⋯⋯⋯⋯⋯ 169

A. Steinfussböden.

§. 2. Das sogenannte Straßenpflaster ⋯⋯⋯⋯⋯ 170
§. 3. Pflaster aus gewöhnlichen Backsteinen ⋯⋯⋯ 172
§. 4. Fliesen- und Plattenfußböden ⋯⋯⋯⋯⋯ 173

B. Estrich-Fussböden.

§. 5. Erklärung des Begriffs Estrich ⋯⋯⋯⋯⋯ 173
§. 6. Der Lehm-Estrich ⋯⋯⋯⋯⋯⋯⋯⋯ 173
§. 7. Der Gips-Estrich ⋯⋯⋯⋯⋯⋯⋯⋯ 174
§. 8. Kalkmörtel-Estriche ⋯⋯⋯⋯⋯⋯⋯⋯ 175
§. 9. Estrich aus Kreye'schem Oelcement ⋯⋯⋯⋯ 176
§. 10. Asphalt-Estrich ⋯⋯⋯⋯⋯⋯⋯⋯⋯ 177

Achtes Kapitel. Die Putzarbeiten.

A. Allgemeines.

§. 1. Erklärungen ⋯⋯⋯⋯⋯⋯⋯⋯⋯⋯ 179
§. 2. Allgemeine Vorsichtsmaßregeln ⋯⋯⋯⋯⋯ 179
§. 3. Der Rapp-Putz ⋯⋯⋯⋯⋯⋯⋯⋯⋯ 180
§. 4. Der glatte Putz ⋯⋯⋯⋯⋯⋯⋯⋯⋯ 180
§. 5. Verzierte Arbeit ⋯⋯⋯⋯⋯⋯⋯⋯⋯ 181

VIII   **Inhalt.**

Seite

§. 6. Das Ziehen der Gesimse ... 181
§. 7. Kröpfungen und Kehrungen der Gesimse ... 182

B. Putz auf massivem Mauerwerk.

§. 8. Vorerinnerung ... 183
§. 9. Putz auf Mauern aus natürlichen Steinen ... 183
§. 10. Das Fugen der Mauern ... 184
§. 11. Isolirschichten aus wasserdichtem Mörtel ... 184
§. 12. Putz auf Mauern aus gebrannten Steinen ... 185
§. 13. Putz auf Mauern aus ungebrannten Steinen ... 185
§. 14. Putz auf Mauern aus gestampfter Erde ... 186
§. 15. Rustischer Putz ... 187

C. Putz auf Riegelwänden und Holz überhaupt.

§. 16. Putz auf rauh gepicktem (geschupptem) Holze ... 187
§. 17. Der Rohrputz ... 188
§. 18. Putz auf gespriegelter Fläche ... 189
§. 19. Putz auf Holzflöcken ... 189
§. 20. Putz auf gelatteter Fläche ... 189

D. Die Stuckaturarbeiten.

§. 21. Bemerkungen über das Befestigen solcher Arbeiten an den Wänden und Decken ... 189
§. 22. Stuckmarmor, Stuckoluftro und das Vergolden auf polirtem Stuckmarmor ... 190

I. Stuckmarmor.

a) Vorrichtung der Wände 2c. ... 190
b) Anfertigung des Stuckmarmors ... 190
c) Schleifen und Poliren des Stuckmarmors ... 191
d) Mosaikarbeit ... 192
e) Fußböden in Stuckmarmor ... 192
f) Anfertigung des Weißstucks ... 192

II. Stuckoluftro.

a) Bestandtheile der Masse ... 192
b) Anfertigung des Grundes ... 192
c) Anfertigung des Stuckoluftro ... 193
d) Fußböden mit Stuckoluftro ... 193
e) Politur zum Stuckoluftro ... 193
f) Politur zum Nachputzen bei Stuckoluftro- und Stuckmarmorarbeiten ... 193
g) Farben zum Stuckmarmor ... 193
h) Einige Stuckmarmorarten ... 194

III. Das Vergolden auf polirtem Stuckmarmor.

a) Vom Vergolden überhaupt ... 194
b) Vom Vergolden mit Oel auf polirtem Stuckmarmor ... 194
c) Vom Vergolden auf Gips ... 195

E. Das Abfärben der Mauerflächen.

Seite

§. 23. Das Schlemmen und Weißen ... 195
§. 24. Der Farbenanstrich ... 195

Neuntes Kapitel. Stärke der Mauern und Gewölbe.

§. 1. Allgemeine Bemerkungen ... 196
§. 2. Einfluß der Beschaffenheit der Materialien ... 197
§. 3. Einfluß der Art und Weise der Verbindung der Materialien ... 199
§. 4. Vorbemerkung über die den Mauerkörpern zu gebenden Abmessungen ... 201

A. Die Mauern und Pfeiler.

§. 5. Voraussetzungen in Bezug auf Material und Arbeit ... 201
§. 6. Freistehende Mauern ... 201
§. 7. Umfangsmauern, die ein Dach oder eine Decke tragen ... 203
§. 8. Scheidemauern ... 204
§. 9. Redtenbacher's Formeln ... 205
§. 10. Sand-Kalk-Pisémauern ... 205
§. 11. Grundmauern ... 207
§. 12. Futter- oder Stützmauern ... 208
§. 13. Futtermauern als Grundmauern ... 210

B. Die Gewölbe und deren Widerlagsmauern.

§. 14. Vorbemerkung ... 211

I. Stärke der Gewölbe.

§. 15. Allgemeine Betrachtungen ... 211
§. 16. Rondelet's allgemeine Gesetze ... 212
§. 17. Die Gestalt des Gewölbrückens ... 213
§. 18. Bestimmung der Schlußsteinhöhen nach Perronet und Rondelet ... 214
§. 19. Bestimmung der Schlußsteinhöhen nach anderen Erfahrungen ... 215

II. Stärke der Widerlagsmauern.

§. 20. Allgemeine Betrachtungen ... 217
§. 21. Rondelet's Theorie ... 218
§. 22. Fortsetzung ... 219
§. 23. Bemerkung über beide vorigen §§. ... 220
§. 24. Rondelet's graphische Methode ... 221
§. 25. Ausmauerung der Gewölbwinkel ... 222
§. 26. Widerlagsstärke überhöheter und gedrückter Gewölbe ... 222
§. 27. Widerlagsstärke einhüftiger Gewölbe ... 222
§. 28. Schlußbemerkung zu dem Vorigen ... 222
§. 29. Theorie nach anderen Voraussetzungen ... 223
§. 30. Méry's Theorie ... 225
§. 31. Einige praktische Bemerkungen ... 229
§. 32. Widerlager für Kloster-, Kuppel- und Kreuzgewölbe ... 230

Einleitung.

Die Anforderungen, welche man an jedes Gebäude zu machen berechtigt ist, sind: Zweckmäßigkeit und Festigkeit. Schönheit eines Gebäudes erscheint in so fern als weniger wesentliche Bedingung, als ein zweckmäßiges und dauerhaftes Gebäude, möglicher Weise, unbeschadet seiner Wesenheit, wohl der Schönheit entbehren kann, ein schönes Gebäude aber immer ein Genügeleisten der beiden ersten Anforderungen voraussetzt.

Die Schönheit eines Gebäudes ist Aufgabe der Kunst, Zweckmäßigkeit und Festigkeit hingegen Aufgabe der Wissenschaft. Da nun die Schönheit eines Bauwerks nicht erreicht werden kann, ohne zugleich der Zweckmäßigkeit und Festigkeit Genüge zu leisten, so folgt, daß der Baukünstler einer bauwissenschaftlichen Ausbildung nicht nur nicht entbehren kann, sondern daß eine solche das Fundament seiner künstlerischen Bestrebungen bilden muß. Die Bauwissenschaft ist keine selbstständige, auf wenigen unumstößlichen Grundsätzen beruhende, sondern eine Summe von Kenntnissen, deren einzelne Summanden in die Gebiete gar vieler einzelner Wissenschaften streifen, besonders aber aus den naturhistorischen und mathematischen, als den reichsten Quellen, geschöpft sind. Ein Studium dieser wird daher dem Baukünstler mit Recht zur unumgänglichen Bedingung gemacht; denn ohne gründliche Kenntnisse in diesen Wissenschaften, wird er sich von dem was er schafft keine Rechenschaft geben, er wird sich nur auf Beispiele berufen können — er wird Empiriker bleiben.

Die Zweckmäßigkeit eines Gebäudes hängt — wie dieß schon das Wort ausdrückt — von dem jedesmaligen Zwecke für welchen das Bauwerk errichtet wird ab, und da dieser ein tausendfältig verschiedener sein kann, so folgt, daß sich für die zweckmäßige Anlage eines Gebäudes keine allgemein gültigen Regeln geben lassen, sondern daß diese aus jeder einzelnen vorliegenden Aufgabe besonders abgeleitet werden müssen.

Man könnte zwar die verschiedenen Gebäude in Klassen abtheilen und für jede derselben allgemeine Regeln aufstellen — und dieß ist auch in der That die einzig mögliche Methode, die man in dieser Beziehung befolgen kann — doch würden hierbei — wollte man einiger Maßen umfassend sein — fast so viele Klassen gebildet werden müssen, als es verschiedene Gebäude gibt, denn wenn auch die Gebäude einem und demselben Hauptzwecke dienen sollen, so können doch bei jedem einzelnen wieder andere, ebenfalls wichtige Nebenbedingungen gegeben sein, so daß die, für die in Frage stehende Art von Gebäuden aufgestellten Regeln wieder nicht allgemein anwendbar sind.

Es ist daher zum Entwurf eines Gebäudes ein vollständiges, alle Zwecke denen dasselbe dienen soll, umfassendes Programm erforderlich, und nur in wenigen Fällen wird der Baukünstler allein ein solches abzufassen im Stande sein, vielmehr wird er dem, der später das Gebäude benutzen soll, eine wesentliche Stimme bei Entwerfung jenes Programmes einräumen müssen. — Nimmt man hierzu den Umstand, daß oft der Wille, der Geschmack oder die Laune des Bauherrn ein wesentliches Bestimmungsstück bei Entwerfung eines Gebäudes abgeben kann, so muß man eingestehen, daß möglicher Weise der Bauherr allein den, für seinen Zweck bequemsten, also in dieser Beziehung zweckmäßigsten, Entwurf fertigen kann. Ob ein solcher Entwurf dann aber auszuführen möglich ist, bleibt eine Frage, die wohl nur der Architekt zu beantworten haben wird.

Die Aufgabe des letzteren bleibt es also, die verschiedenen Wünsche des Bauherrn so zu classifiziren und zu combiniren, daß das auszuführen Mögliche von dem Unmöglichen geschieden wird, damit nämlich der zweiten Hauptbedingung, der Festigkeit und Solidität des Gebäudes, entsprochen werde.

Aber nicht allein die bequeme Disposition der Räume eines Gebäudes bestimmen dessen Zweckmäßigkeit, sondern es fragt sich auch immer noch, ob die aufgewendeten Geldmittel mit dem (wenn auch vollständig erreichten) Zwecke im Verhältniß stehen und in dieser Beziehung kann ein Gebäude auch zu fest, zu solide gebaut werden.

Jedes Gebäude muß aus vielen einzelnen, theils von der Natur hervorgebrachten, theils künstlich dargestellten Körpern zusammengesetzt werden. Diese Körper werden unter dem Namen der Baumaterialien zusammengefaßt. Eine genaue Kenntniß dieser, sowohl in Beziehung auf die jedem einzelnen zukommenden Eigenschaften, als auch in Bezug auf ihr Verhalten gegen einander, ist daher unerläßliche Bedingung des Architekten, denn man wird nur dann ein zweckmäßig und vernünftig verbundenes Ganze darstellen können, wenn man die einzelnen · zu verbindenden Theile genau kennt.

Die Verbindung der verschiedenen Baumaterialien zu einzelnen Theilen eines Bauwerks und die Vereinigung dieser endlich zu einem ganzen Gebäude, begreift man unter dem Worte Construction.

Unter Bauconstructionslehre können wir daher den Inbegriff der Kenntnisse und Erfahrungen verstehen, welcher nöthig ist, um aus vorhandenen Baumaterialien, dem jedesmaligen Zwecke entsprechend, ein Bauwerk darzustellen, so daß der nöthigen Festigkeit und Dauer unter allen Umständen entsprochen wird.

Hier finden wir nun ein, wenn auch sehr weites, doch aber ebeneres Feld als jenes, auf welchem sich die Lösung der Aufgabe hinsichtlich der Zweckmäßigkeit einer Bauanlage bewegt. Hier ist die jedesmalige Aufgabe bestimmt ausgesprochen, ihre Lösung ist nicht mehr der Laune oder dem Geschmacke unterworfen, sondern sie wird durch die Wahl der Baumaterialien und durch deren Natur bestimmt. Die Aufgabe wird zwar in den meisten Fällen verschiedene Lösungen zulassen, doch wird sich das Verhalten dieser zu einander bestimmt erkennen und messen lassen. Die Wahl der Materialien wird durch die Natur und die Eigenschaften derselben bedingt, und die Verbindungen derselben unter einander werden sich auf unumstößliche Wahrheiten mathematischer Lehren zurückführen lassen, und das seit Jahrtausenden bebaute Feld der Erfahrungen wird sichere Anhaltspunkte geben.

Der Constructeur soll daher die Baumaterialienlehre in ihrem ganzen Umfange kennen, die nöthigen mathematischen Kenntnisse besitzen und — Erfahrung haben. Die Erfahrungen eines Einzelnen können aber immer nur gering sein, daher muß er die von andern gemachten zu Hülfe nehmen, er muß also die Geschichte und die Literatur der Baukunst kennen.

Ein sehr wichtiger Theil der Baumaterialienlehre, in der Ausdehnung, wie wir sie hier verstehen, ist die Kenntniß von der Festigkeit derselben, ein Theil der angewandten Statik fester Körper. Unter Festigkeit eines Körpers (Baumaterials) verstehen wir hier den Widerstand den derselbe einer, auf ihn zerstörend einwirkenden, Kraft in bestimmter Richtung entgegensetzt.

Die Festigkeit, mit welcher der Körper einer in der Richtung seiner Längenachse auf Verlängerung wirkenden Kraft widersteht, nennen wir seine absolute Festigkeit. Wirkt die Kraft ebenfalls in der Richtung der Längenachse, aber nicht auf Verlängerung, sondern gerade entgegengesetzt

auf Verkürzung, so widersteht der Körper mit seiner rückwirkenden Festigkeit. Entsteht in der Trennungsfläche des Körpers eine geradlinige Drehachse, um welche, wenn wirklich eine Trennung stattfinden soll, eine Drehung der Theile erfolgen muß, so setzt der Körper diesem Bestreben seine relative oder respective Festigkeit entgegen.

Die absolute Festigkeit widersetzt sich daher dem Zerreißen, die rückwirkende dem Zerdrücken und die relative dem Zerbrechen des Körpers.

Bei Körpern von faseriger Textur, wie z. B. Holz, kann auch noch dadurch eine Trennung der einzelnen Theile hervorgebracht werden, daß ein Stück des Körpers parallel mit den Längenfasern aus demselben herausgedrängt oder herausgeschoben wird; den Widerstand, den der Körper in dieser Beziehung der auf ihn einwirkenden Kraft entgegensetzt, nennen wir seine Parallelcohäsion.

Diese vier verschiedenen Arten, in denen sich die Festigkeit eines Körpers äußert, sind es, welche uns hier besonders interessiren, denn der Torsions-Widerstand, mit welchem z. B. Hölzer und Metalle dem Abdrehen (wie bei Wellbäume) widerstehen, kommt hauptsächlich nur beim Maschinenbau in Betracht und liegt daher für unsern Zweck zu fern.

Die Untersuchungen über das Verhalten der Körper, wenn ihre verschiedenen Festigkeiten in Anspruch genommen werden, bilden den mathematisch-physikalischen Theil der Baumaterialienlehre, und wir müssen diesen als bekannt voraussetzen; nur folgende Bemerkung mag hier Platz finden.

In den Formeln, welche die Relationen zwischen den auf Zerstörung wirkenden Kräften und den verschiedenen Festigkeiten der Körper ausdrücken, kommen immer gewisse, durch unmittelbare Versuche bestimmte Coeffizienten vor, die aber immer nur für ein bestimmtes Maaß und Gewicht gelten. Da nun die fraglichen Versuche von verschiedenen Experimentatoren gemacht worden sind, und jeder dabei das in seinem Lande übliche Maaß und Gewicht zum Grunde zu legen pflegte, so folgt daraus die große Unbequemlichkeit für die Benützung der aus diesen Versuchen gefundenen Resultate, daß oft verwickelte und zeitraubende Reductionen in das für die Anwendung bestimmte Maaß und Gewicht nöthig werden. Bei diesen Reductionen will man aber den Erfahrungs-Coeffizienten unverändert lassen, auch die Gestalt der gegebenen Formeln nicht verändern, sondern nur an die Stelle der fremden Maaße die einheimischen setzen. Wie nun eine in diesem Sinne vorzunehmende Reduction bewirkt werden kann, wollen wir an einem Beispiele zeigen.

Man habe die Formel

$$(A) \quad p = n \frac{bh^2}{l} - \frac{1}{2} q b h l$$

p find preuß. Pfund, l preuß. Fuße, b und h preuß. Zolle, n und q Zahlencoeffizienten.

Soll diese Formel für württemb. Maaße brauchbar gemacht werden, so geschieht dieß mit Hülfe der Bemerkung, daß man nur die württemb. Größen vorher in preuß. zu verwandeln und nachher in die preuß. Formel zu substituiren hat. Die württemb. Größen verwandeln sich aber in preuß. durch Multiplikation mit gewissen Coeffizienten. P, B, H, L seien die württemb. Aequivalente, und

$$p = \alpha P$$
$$l = \beta L$$
$$\frac{b}{12} = \beta \cdot \frac{B}{10'}, \quad b = \frac{12}{10} \beta \cdot B$$
$$\frac{h}{12} = \beta \cdot \frac{H}{10'}, \quad h = \frac{12}{10} \beta \cdot H$$

Die Werthe in (A) eingesetzt erhält man

$$(B) \quad P = n \frac{\beta^2 \cdot 12^3}{\alpha \cdot 10^3} \cdot \frac{BH^2}{L} - \frac{1}{2} q \cdot \frac{\beta^3 \cdot 12^2}{\alpha \cdot 10^2} \cdot B \cdot H \cdot L.$$

Die Coeffizienten α und β bedeuten aber die Anzahl der preußischen Einheiten, die auf die entsprechende württembergische Einheit gehen (wie man sieht, wenn P und L je $= 1$ gesetzt werden), es ist aber

$$\alpha = 1, 000036,$$
$$\log \alpha = 1,0000158,$$

$$\cdot\beta = 0,9128154 \qquad \log 12 = 1,0791812$$
$$\log \beta = 0,9603829 - 1, \quad \log 12^2 = 2,1583624$$
$$\log \beta^2 = 0,9207658 - 1, \quad \log 12^3 = 3,2375436$$
$$\log \beta^3 = 0,8811487 - 1,$$

daher $\log \cdot \dfrac{\beta^2 \cdot 12^3}{\alpha \cdot 10^3} = 0,1582936,$ und $n \cdot \log \cdot = 1,4399$

$$\text{nahe} = 1,44$$

ebenso $\log \cdot \dfrac{\beta^3 \cdot 12^2}{\alpha \cdot 10^2} = 0,0394953,$ und $n \cdot \log \cdot = 1,0952$

$$\text{nahe} = 1,1$$

Es ist daher der preußische Coeffizient n um $44 \frac{0}{0}$, der Coeffizient q um $10 \frac{0}{0}$ zu vermehren, damit die Formel (A) in derselben Weise auf württembergische Maaße anwendbar wird.

Bei den verschiedenen Constructionen kommt es nun hauptsächlich darauf an, die mannichfachen Materialien wo möglich immer so anzuwenden, daß sie mit der Art von Festigkeit widerstehen, welche, der Natur des Materials nach, den größten numerischen Werth hat, und will man die Festigkeit einer Construction untersuchen, so muß man die Prüfung in dieser Richtung vornehmen.

Um in die große Masse der möglichen Constructionen einige Klarheit zu bringen, wollen wir sie nach dem als Hauptbestandtheil dabei angewandten Material unterscheiden. Zwar wird selten ein Material allein angewendet, doch tritt fast immer eins als Hauptmaterial hervor, während die übrigen als Hülfsmaterial erscheinen.

In dieser Beziehung unterscheiden wir daher:

Constructionen in Stein,

Constructionen in Holz und

Constructionen in Metall,

wonach dann auch unser Vortrag in diese 3 Haupttheile zerfällt.

Dabei sollen nur die Constructionen einzelner Bautheile als solche, und ohne Zusammenhang mit andern abgehandelt werden. Mit andern Worten: Wir wollen die Construction der einzelnen Glieder kennen lernen, aus denen der Körper eines Bauwerks zusammengesetzt werden muß. So werden wir z. B. die Construction des Mauerwerks und die der Oeffnungen in demselben, der Fenster und Thüren, abhandeln, während wir auf die Stellung dieser Oeffnungen gegen einander, auf ihre Größe ꝛc. keine Rücksicht nehmen.

Außerdem beschränken wir uns hier hauptsächlich auf die, bei dem sogenannten Hochbauwesen vorkommenden Constructionen, weil die den andern Disciplinen der Baukunst allein angehörigen, gleich bei ihrer Anwendung gelehrt werden müssen, wir aber unsern Vortrag bis dahin nicht auszudehnen haben.

Constructionen in Stein.

Unter dieser Benennung verstehen wir alle die Constructionen, bei welchen der Stein, oder ein ihm ähnlicher Körper (Kalkmörtel, Lehm, Gyps ꝛc.) das Hauptmaterial bildet, die mithin die Arbeiten des Maurers, Steinhauers, Stuccators, Gypsers, Lehmentirers ꝛc. in sich begreifen.

Wir wollen uns bemühen, diese verschiedenen Constructionen in einer möglichst systematischen Reihenfolge zu betrachten, wobei wir dann aber eine Eintheilung nach den verschiedenen Handwerken nicht festhalten können, weil die Arbeiten derselben oft so in einander greifen, daß eine Trennung nur mit Zwang, und nicht ohne Verwirrung herbeizuführen, möglich zu machen sein würde. Auch interessirt es uns hier zunächst, kennen zu lernen, wie die verschiedenen Constructionen ausgeführt werden müssen, während die Frage, wer sie ausführt, uns weniger berührt; um so mehr als dieß in verschiedenen Ländern verschieden zu sein pflegt.

Um eine ziemlich unnütze Weitläufigkeit zu vermeiden, wollen wir uns ebenso wenig bei der Beschreibung des verschiedenen Handwerkszeugs, mit Hülfe dessen die mannichfachen, zur Darstellung der zu besprechenden Constructionen nothwendigen, Arbeiten ausgeführt werden, verweilen, weil die Beschreibung und Abbildung eines Werkzeugs eben so wenig dessen geschickten Gebrauch lehrt, als dieser allein im Stande ist, eine constructive Aufgabe tüchtig zu lösen. Nur wo es sich von weniger allgemein bekannten Geräthen oder Hülfsmitteln handelt, wollen wir solche gleich bei Gelegenheit ihrer Anwendung beschreiben.

Erstes Kapitel.

Construction des Mauerwerks.

§. 1.

Unter Mauerwerk im Allgemeinen, verstehen wir jede aus einzelnen Steinen, oder ähnlichen Materialien, zu einem Ganzen künstlich verbundene Masse, und nennen solche eine Mauer, so lange sie nicht zur Bildung des Fußbodens oder der Decke eines Raumes bestimmt ist, in welch' letzteren Fällen entweder ein Pflaster oder ein Gewölbe entsteht, wovon wir aber erst später in besondern Kapiteln sprechen.

Man macht einen Unterschied zwischen Mauer und Wand. Eine Mauer besteht immer aus lauter gleichartigen, unverbrennlichen Theilen, eine Wand hingegen oft zwar auch aus gleichartigen, aber dann meist verbrennlichen Materialien (Brettwand, Blockwand) oder aus ungleichartigen, theils unverbrennlichen, theils brennbaren Theilen (Riegelwand, Wellerwand). Der sprachliche Unterschied ist indessen von geringem Werth, denn wenn es auch lächerlich sein würde von einer Brett- oder Blockmauer zu sprechen, so ist doch die Benennung Steinwand gewiß ganz bezeichnend.

Man benennt die Mauern verschieden, je nachdem man dabei ihren jedesmaligen Zweck und ihre Stellung, oder das Material, aus welchem sie bestehen, und die Art ihrer Zusammensetzung in Betracht zieht. In ersterer Beziehung unterscheidet man Grund- oder Fundamentmauern, Kellermauern, Sockelmauern, Umfassungs- oder Hauptmauern, mit der Unterabtheilung in Front- und Giebelmauern, Scheidemauern, die in Längen- und Querscheidemauern zerfallen, Futtermauern, Brüstungsmauern, Brand- oder Feuermauern und Kaminmauern, welche letztere aber, ihrer geringen Stärke wegen, gewöhnlich Kamin- (Schornstein- oder Rauchrohr-) wände genannt werden. Die Namen bezeichnen hier nur den jedesmaligen Zweck, sind durch den Wortlaut allein verständlich und haben — wenigstens allgemein — keinen Einfluß auf die Art der Construction.

Dieß letztere ist aber der Fall, sobald das Material, oder die Art der Verbindung desselben die Benennung motiviren soll, und wir werden daher die hieraus hervorgehende Eintheilung zu Grunde legen müssen.

In dieser Beziehung unterscheiden wir nun:

A. Mauern aus Steinen, und zwar:

  1) Mauern aus künstlichen Steinen,

  2) Mauern aus natürlichen Steinen, die wieder zerfallen in

    a) Mauern aus rohen, gar nicht oder doch nur sehr wenig bearbeiteten Geschieben und Bruchsteinen, und

    b) Mauern aus vollkommen bearbeiteten Steinen, Quader-, Werk- oder Schnittstein-Mauern.

B. Mauern aus lehmiger Erde, sogenannte Pisé-Wände, Mauern aus Sand und Kalk, die in neuerer Zeit bekannt gewordenen Sand-Kalk-

Pisémauern und Mauern aus mit Stroh oder Holzspähnen vermischten Lehm erbauet, sogenannte **Weller-Wände.**

A. Mauern aus Steinen.

§. 2.

Bei der Darstellung des Mauerwerks aus Steinen, ist zweierlei wohl zu unterscheiden, erstlich das **Aneinanderreihen der Steine** in Beziehung auf ihre Lage gegen einander, unabhängig von dem Bindemittel, was ihre festere Vereinigung bezwecken soll, und zweitens, diese **Verbindung der Steine durch Bindemittel selbst.** Die Regeln, nach welcher die Aneinanderreihung der einzelnen Steine geschehen muß, begreift man unter dem Namen des **Steinverbandes,** und die Verbindung der, nach den Regeln des Steinverbandes angeordneten, Steine durch Bindemittel, nennt man das **Mauern.**

a) Vom Steinverbande.

I. Mauern aus künstlichen Steinen*).

§. 3.

Unter diesen Steinen sind die aus einer plastischen Erdart geformten und entweder nur an der Sonne getrockneten, sogenannten Lehmsteine, oder die im Feuer gebrannten Backsteine (Ziegeln) gemeint.

Die Regeln für den Verband dieser Steine sind für beide Arten dieselben, weßhalb eine Trennung zu machen unnöthig erscheint.

Um den Regeln eines guten Verbandes folgen zu können, müssen die Steine eine bestimmte, regelmäßige Gestalt haben, die, wenigstens bei geraden Mauern, ein Parallelepipedum sein muß; und wenn auch die absolute Größe solcher Steine nicht von den Regeln des Verbandes abhängig ist, so müssen doch die einzelnen Abmessungen des Steins zu einander, in einem bestimmten Verhältniß stehen.

Es muß nämlich nach **Fig. 1 Taf. 1** die doppelte Breite des Steins, plus einem gewissen Zwischenraume, (Fuge) der Länge des Steins gleich sein. Die Dicke ist vom Verbande unabhängig, und wird nur durch die Mög-

lichkeit eines guten Durchbrennens beschränkt; doch pflegt man sie gewöhnlich gleich der halben Breite des Steins, oder etwas kleiner als dieses Maaß, zu machen.

Zur Sicherstellung des bauenden Publikums, sind in den meisten Staaten die Abmessungen der künstlichen, namentlich der gebrannten, Steine gesetzlich bestimmt.

In Württemberg soll ein gewöhnlicher Backstein (Ziegel), **Fig. 2 Taf. 1,** 10,4 Zoll lang, 5,0 Zoll breit und 2,5 Zoll dick, ein Glucker oder Kaminstein, **Fig. 3 Taf. 1,** 10,4 Zoll lang, 3,4 Zoll breit und 2,5 Zoll dick sein*). Nur die ersteren werden zu gewöhnlichen Mauern verwandt, und es wird daher der Zwischenraum zwischen zwei neben einander liegenden Steinen (Stoßfuge) 0,4 Zoll betragen müssen.

Die Zwischenräume zwischen den einzelnen Steinen einer Mauer, die mit dem anzuwendenden Bindemittel (Mörtel) gefüllt werden, heißen **Fugen,** und zwar **Stoßfuge** der Raum zwischen zwei neben einander liegenden Steinen, während der Raum der zwei über einander liegenden Steine trennt (oder verbindet), die **Lagerfuge** heißt. Die Größe der Stoßfuge ist bei künstlichen Steinen, wie wir gesehen haben, von dem Verhältniß der Breite zur Länge abhängig, und man findet sie, wenn man die doppelte Breite von der Länge des Steins abzieht. Die Stärke der Lagerfuge ist von den Abmessungen der Steine unabhängig, und wir werden die Regeln dafür bei der Verbindung der Steine durch Bindemittel kennen lernen.

Außer den **ganzen Steinen** gebraucht man auch noch Theile derselben, die entweder aus freier Hand zugehauen, oder auch besonders geformt werden können, und die besondere Namen bekommen haben. Ein Stück von der **ganzen Länge des Steins und der halben Breite** desselben, **Fig. 4 Taf. 1,** heißt ein **Kopfstück,** ein Stück von der **ganzen Breite** und **Dreiviertel der Länge, Fig. 5 Taf. 1,** ein **Dreiviertelstein** oder **Dreiquartier.** Hat das Stück wieder die ganze Breite des Steins zur Breite, aber nur die **Hälfte der Länge** des ganzen Steins zur Länge, so heißt es ein **halber Stein** oder ein **Zweiquartier, Fig. 6 Taf. 1.** Ein jedes andere Stück, was kleiner als die eben angeführten ist, wird ein **Quartier** genannt.

Die einzelnen Steine einer Mauer müssen, um einen regelmäßigen Verband zu geben, gegen einander und gegen die Mauer verschiedene Lagen bekommen, wonach sie dann auch verschieden benannt werden. Liegen sämmtliche Steine einer Schicht, mit ihrer **Länge** parallel zur Länge der

---

*) Wir handeln hier deßhalb den Verband der Mauern aus künstlichen Steinen zuerst ab, weil die meisten der dafür aufzustellenden Regeln auch für die Verbände der, aus natürlichen Steinen bestehenden, Mauern Geltung finden. Hauptsächlich aber auch deßhalb, weil die Regeln für den Verband der Mauern aus künstlichen Steinen die folgerichtigsten sein müssen. Denn da wo man sich die Steine zu einer Mauer künstlich schafft, die Form derselben also frei bestimmen kann, wird diese Form aus dem Zwecke hervorgehen, und da dieser kein anderer ist, als ein möglichst festes Ganzes, d. h. einen vollkommenen Verband herzustellen, so müssen auch die Regeln für den letzteren die zweckmäßigsten sein.

---

*) Nach dem neueren Entwurfe eines Hochbaugesetzes sollen künftig auch Backsteine von 8,3 Zoll Länge, 4 Zoll Breite und 2 Zoll Dicke erlaubt sein.

Mauer, so heißt die Schicht eine Laufschicht und die einzelnen Steine Läufer; liegen die Steine mit ihrer Breite parallel zur Länge der Mauer, so heißt die Schicht eine Binder= oder Streckerschicht und die einzelnen Steine Binder oder Strecker; liegen die Steine mit ihrer Dicke parallel zur Länge der Mauer, so heißt die Schicht eine Rollschicht. Sowohl bei den Lauf= als Binderschichten ist die Dicke oder Höhe der Schicht der Dicke des Steins gleich, bei den Rollschichten aber der Breite oder Länge derselben. Liegen die Steine so, daß keine ihrer drei Abmessungen parallel zur Länge der Mauer ist, so heißt eine solche Schicht, deren Höhe gleich der Dicke, Breite oder Länge der Steine sein kann, eine Strom= oder Kreuzlage. Gewöhnlich bildet bei diesen Schichten die Längenrichtung des Steins mit der der Mauer einen Winkel von 45 oder 60 Graden.

§. 4.

Bevor wir den Verband selbst kennen lernen, müssen wir noch die Bemerkung vorausschicken, daß man bei Mauern aus Backsteinen (Ziegeln) die Stärke derselben nicht nach Fußen und Zollen ꝛc., sondern nach Stein= längen anzugeben pflegt, wobei man die Breite des Steins gleich der halben Länge annimmt. Eine Mauer, deren Stärke gleich der Breite eines Steins ist, heißt da= her: eine, einen halben Stein starke, deren Stärke gleich der Länge eines Steins ist: eine, einen Stein starke, deren Stärke gleich einer Länge und einer Breite eines Steins ist: eine, anderthalb Stein starke Mauer u. s. f.

Man mag nun den Verband der Steine einer Mauer einrichten wie man will, immer wird man folgenden all= gemeinen Regeln, die für alle Mäuerstärken gelten, nach= kommen müssen.

1) Lauf= und Binderschichten müssen der Höhe der Mauer nach abwechseln.

2) Bildet die Mauer ein Eck, so muß, wenn an der einen Seite eine Laufschicht liegt, dieselbe Schicht an der andern Seite eine Binderschicht sein.

3) Ist die Stärke einer Mauer durch ganze Stein= längen ohne Rest theilbar, so ist die Schicht, welche auf einer Seite der Mauer Läufer zeigt, auch auf der entgegen= gesetzten eine Laufschicht; ist aber die Stärke der Mauer nur durch halbe Steinlängen ohne Rest theilbar, so zeigt die Schicht, welche auf einer Seite als Läuferschicht auf= tritt, auf der entgegengesetzten Binder, und umgekehrt.

4) Die Stoßfugen zweier über einander liegenden Schichten dürfen niemals in eine und dieselbe Vertikalebene fallen, sondern die Stoßfugen der einen Schicht müssen im= mer durch die Steine, der darunter oder darüber liegenden Schicht, gedeckt werden.

5) Von den beiden am Eck einer Mauer zusammen= treffenden Stoßfugen, muß die eine in der Verlängerung der innern Kante der einen Mauer liegen, während dieß bei der andern nicht stattfinden darf, welche gegentheils immer um eine halbe Steinbreite von der innern Kante zurückgesetzt werden muß. In der folgenden Schicht muß dann die früher zurückgesetzte Fuge durchgehen, und die früher durchgehende, zurückgesetzt werden. Vergleiche die Fugen a b und c d, Fig. 8 Taf. 1.

6) Die Stoßfugen einer Schicht müssen, mit Berück= sichtigung der obigen Regeln, immer geradlinig durch die ganze Stärke der Mauer hindurchgehen.

7) Im Innern einer Mauer müssen so viel Binder liegen als möglich, so daß eine Laufschicht nur immer um eine Steinbreite in das Innere hineinreicht. Vergleiche die Fig. 9, 13 Taf. 1.

Auf welche Weise nun auch diesen allgemeinen Regeln entsprochen werden mag, immer ist

8) darauf zu sehen, daß in längeren, fortlaufenden Mauern, niemals eine ganze Schicht aus Steinstücken besteht, sondern daß in jeder Schicht möglichst viel ganze Steine liegen, und nur so viel Dreiquartiere, halbe Steine, oder Kopfstücke, als zur Bildung des Verbandes unumgänglich nothwendig sind.

Je nach der verschiedenen Anordnung der Verbände haben dieselben verschiedene Namen bekommen, und wir wollen die wichtigsten davon kennen lernen.

§. 5.

1) Der Block= oder Wendische Verband. Er kommt am meisten in der Ausführung vor, und ist daran kenntlich, daß nach Fig. 7 Taf. 1 stets eine Laufschicht mit einer Streckerschicht abwechselt, und zwar so, daß die Stoß= fugen der einen Schicht immer mit denen der zweit näch= sten in eine Löthrechte zusammentreffen, wobei also die Stoßfugen aller Streckerschichten sowohl, als die aller Lauf= schichten lothrecht über einander stehen. Die in der äußern Ansicht der Mauer sich bildenden Kreuze treffen mit ihren lothrechten Armen immer auf die Mitten von Läufern, und über einander stehende Kreuze greifen in einander und er= gänzen sich gegenseitig. Treppt man eine solche Mauer ab, wie bei a b, Fig. 7, d. h. nimmt man alle die Steine, welche von keinem darauf liegenden gehalten werden, fort, so erscheint diese Abtreppung nicht gleichförmig, sondern nur symmetrisch, weil die Laufschichten vor den Binder= schichten bedeutend vortreten. Bildet man dagegen eine Verzahnung, wie bei c d, Fig. 7, d. h. endigt man die Mauer mit einer Reihe der erwähnten, lothrecht über einander stehenden, Kreuze und läßt die nicht zu den Kreu= zen gehörigen Stücke auf der äußern Seite fort, so er=

scheint die Verzahnung vollkommen gleichförmig und regelmäßig.

Diese, zugleich als Bedingungen für den Blockverband
geltenden, Kennzeichen können wir nun erreichen:

a) durch Anwendung der Dreiquartiere oder Dreiviertelsteine, wenn wir am Eck oder am Anfang
der Mauer, so viel Dreiquartiere als Läufer in
jede Laufschicht hinter einander legen, als die
Mauer halbe Steinlängen zur Stärke hat. Die
Figuren 8, 9, 10 und 11, Taf. 1, in welchen die
Dreiquartiere schraffirt sind, zeigen die beiden abwechselnden Schichten für 1, 2, 1½ und 2½ Stein
starke Mauern.

b) durch Anwendung der Kopfstücke, wenn wir

α) bei Mauern, deren Stärke durch ganze Steinlängen ohne Rest theilbar ist, wie in den Fig. 1
und 2 Taf. 2, von 1 und 2 Stein Stärke, in
jede Streckerschicht neben den ersten ganzen
Strecker am Eck oder Anfang, so viel Kopfstücke
hinter einander legen, als die Mauer ganze
Steinlängen zur Stärke hat.

β) bei Mauern, deren Stärke nur durch die halbe
Steinlänge ohne Rest theilbar ist, wie in den
Fig. 3 und 4 Taf. 2, eben so verfahren, wie
unter α gezeigt ist, außer dem aber hinter diesen
Kopfstücken noch ein Dreiquartier als Läufer
hinzufügen.

§. 6.

2.) Der Kreuz= oder holländische Verband. Derselbe ist daran kenntlich, daß eine mehrfache Verwechslung
der Stoßfugen stattfindet, als dieß beim Blockverbande der
Fall ist, und zwar dergestalt, daß die Stoßfugen der 1.,
5., 9., 13. 2c. Laufschicht, dann die der 2., 4., 6.,
8. 2c. Binderschicht, und endlich die der 3., 7., 11.,
15. 2c. Laufschicht lothrecht über einander stehen. Die
sich im Aeußern bildenden Kreuze, Fig. 11 Taf. 2, treffen
mit ihren lothrechten Armen auf die Stoßfugen zweier
Läufer, während sie bei dem Blockverbande, auf die Mitten zweier Läufer trafen (Fig. 7 Taf. 1); auch greifen
zwei über einander stehende Kreuze nicht in einander, wie
dieß beim Blockverbande der Fall war, sondern sie sind
durch eine Läuferschicht getrennt. Die Abtreppung bei
a b, Fig 11 Taf. 2, ist durchaus gleichförmig, die Verzahnung bei c d hingegen nur symmetrisch, während bei
dem Blockverbande gerade das Gegentheil stattfindet.

Um diesen Verband darzustellen bemerke man, daß
alle Binderschichten, und von den Läuferschichten immer eine um die andere, ganz dieselben bleiben wie
beim Blockverbande, und daß die Verwechslung der Stoßfugen in den Laufschichten nur dadurch hervorgebracht wird,

daß es zwei verschiedene solcher Schichten gibt. Die eine
derselben ist ganz wie beim Blockverbande gebildet, bei der
andern aber werden außer den zur Bildung des Blockverbandes nöthigen Hülfssteinen

a) bei Anwendung von Dreiquartierstücken,

α) bei Mauern, deren Stärke durch die ganze
Steinlänge ohne Rest theilbar ist, wie in Fig. 12
und 13 Taf. 1, in die Läuferreihe neben
die am Eck liegenden Dreiquartierstücke, so viele
ganze Steine als Binder hinter einander
gelegt, als die Mauer Steinlängen zur Stärke
hat.

β) bei Mauern, deren Stärke nur durch halbe
Steinlängen ohne Rest theilbar ist, wie in Fig.
14 und 15 Taf. 1, kommt neben die Dreiquartiere am Eck, in die äußere Läuferreihe ein
halber Stein oder ein Zweiquartierstück zu
liegen. Eben ein solches muß dann aber auch in
die innere Läuferreihe, zunächst am innern
Eck gelegt werden, wenn die Mauer im Innern
nicht den Blockverband zeigen soll. Es bilden
daher die auf Taf. 1 in den Fig. 8 und 12, 9
und 13, 10 und 14 und 11 und 15 dargestellten vier Schichten, nach der bezeichneten Reihenfolge über einander gelegt, den beschriebenen
Kreuzverband mit Anwendung von Dreiviertelsteinen.

b) bei Anwendung von Kopfstücken.

α) bei Mauern, deren Stärke durch ganze Steinlängen ohne Rest theilbar ist, legt man, wie Fig.
5 und 6 Taf. 2 zeigen, in die Läuferreihe
neben den ersten, aus der Streckerschicht hinein-
reichenden Läufer ein Zweiquartier x (bei 1
Stein starken Mauern einen ganzen Stein als
Binder) und ein eben solches x' in die innere
Läuferreihe derselben Mauer.

β) bei Mauern, deren Stärke nur durch halbe
Steinlängen ohne Rest theilbar ist, verfährt man
eben so, legt aber das zweite Zweiquartierstück x',
Fig. 7 und 8 Taf. 2, in die innere Läuferreihe
der zweiten Mauer, so daß es neben den, schon
zum Blockverbande nöthigen, Dreiviertelstein zu
liegen kommt. Legt man daher die in Fig. 1 und
5, 2 und 6, 3 und 7 und 4 und 8 Taf. 2 dargestellten Schichten, nach der bezeichneten Reihenfolge, über einander, so erhält man den Kreuzverband mit Hülfe von Kopfstücken.

Es versteht sich von selbst, daß wenn zwei Mauern
ein Eck bilden, für jede derselben die obigen Regeln beobachtet werden müssen, wenn nicht die eine den Blockverband
zeigen soll.

Je mehr und je kleinere Steine in einer Mauer, namentlich am Eck derselben, liegen, desto mehr wird ihre Festigkeit gefährdet, weßhalb es vorzuziehen ist, sich zur Bildung der beschriebenen Verbände, nur der Dreiquartierstücke und halben Steine zu bedienen, die Kopfstücke aber ganz zu vermeiden.

Der Kreuzverband gewährt, wegen der stattfindenden mehrfachen Fugenverwechslung, eine größere Festigkeit als der Blockverband, und da derselbe nur eine etwas größere Aufmerksamkeit des am Eck arbeitenden Maurers verlangt, so sollte man diesen Verband immer statt des Blockverbandes anwenden.

Wie man diese beiden Steinverbände mit einander verbinden und dadurch eine noch größere Fugenverwechslung hervorbringen, und überhaupt jeden dieser Verbände auch durch besonders geformte, größere Ecksteine hervorbringen kann, muß dem mündlichen Vortrage vorbehalten bleiben *).

Die Figuren zeigen zugleich bei E die Endigung von Mauern bei bestimmter Länge und bei F die Anlage von Falzen (Anschlägen), wie solche bei Fenster- und Thüröffnungen vorzukommen pflegen, und von denen weiterhin die Rede sein wird.

§. 7.

3. Der Gothische- oder Polnische-Verband. Derselbe unterscheidet sich von den beiden vorigen besonders dadurch, daß nicht Binder- und Läuferschichten mit einander abwechseln, sondern daß in den einzelnen Schichten immer Binder und Läufer neben einander liegen. Fig. 9 Taf. 2.

Mauern ganz aus Backsteinen (Ziegeln) bestehend, dürften selten nach diesem Verbande angeordnet werden; vielmehr wendet man ihn wohl nur an, um eine, im Innern aus andern Steinen bestehende, starke Mauer mit Backsteinen zu bekleiden (zu plattiren), oder um Quadersteinmauern damit zu hintermauern; in welcher Art dieser Verband bei dem sogenannten Königsbau in München zur Anwendung gekommen ist **).

Man erreicht den Verband sehr leicht, wenn man, wie Fig. 10 Taf. 2 zeigt, an das Eck in jeder Schicht ein Dreiquartierstück als Läufer legt.

Der Verband steht dem Kreuzverbande in jeder Beziehung nach, und man wird denselben daher auch wohl nur da etwa anwenden, wo man durch die äußere Ansicht des Verbandes irgend einen Zweck beabsichtigt.

*) Auch siehe darüber Wolfram's Lehrbuch der gesammten Baukunst, Band III., Abtheil. 2, §. 11 und 15 Stuttgart bei C. Hoffmann, 1839.

**) Wolfram Bd. III., Abtheil. 2, §. 12.

§. 8.

Der Verband mit abwechselnden Kreuz- oder sogenannten Strom- (Klamp-, Spitz-, Schmieg-) Lagen. Nach Außen zu pflegt man in der Regel die nach diesem Verbande aufgeführten Mauern mit abwechselnden Lauf- und Binderschichten zu bekleiden, so daß dieselben entweder den Block- oder Kreuzverband zeigen, Fig. 1 Taf. 3. Im Innern der Mauer wechseln aber zwei gewöhnliche Binderschichten mit zwei sogenannten Schmieg- oder Kreuzlagen ab, so daß die Stoßfugen dieser, ebenfalls aus lauter Bindern bestehenden, Schichten mit der Länge der Mauer einen Winkel von 45 oder 60 Graden bilden, während die der über einander liegenden Kreuzlagen sich unter Winkeln von 90 oder 60 Graden schneiden. Besondere Regeln dürften für diesen Verband überflüssig, und nur zu bemerken sein, daß es besser ist, die Stoßfugen der Kreuzlagen unter 60 Grad, wie in Fig. 2 Taf. 3, gegen die Richtung der Mauer anzuordnen, als unter 45, weil im letztern Falle zu scharfe, leicht zu beschädigende Kanten an dem Steine entstehen. Bei gewöhnlichen Hochbauten kommt dieser Verband nicht leicht vor, sondern nur bei Wasser- und Festungsmauern, wo er, der größeren Verwechslung der Fugen im Innern wegen, für fester gehalten, und deßhalb vorgezogen wird.

§. 9.

Der Verband für hohle Mauern. In neuerer Zeit hat man angefangen Mauern zu construiren, welche im Innern einen hohlen Raum, oder eigentlich eine von der äußeren Atmosphäre abgeschlossene Luftschicht haben, um diese letztere als einen schlechten Wärmeleiter zu benützen. In England und Frankreich hat man besonders geformte mehr oder weniger kastenartige Steine hierzu verwendet, von denen wir ein Beispiel anführen wollen, sonst aber auf die Romberg'sche Zeitschrift Jahrgang 1852 und auf die Revue générale de l'architecture et des trauvaux publics, volume 8⁰ année 1849 — 50 verweisen müssen, weil für unsere deutschen baulichen Verhältnisse dergleichen künstliche Ziegeln schwerlich so bald Anwendung finden dürften.

Bei den hannoverschen Eisenbahnbauten hat man aber auch mit Hülfe gewöhnlicher Backsteine solche hohle Mauern construirt und zwar bei Mauern von 1 Stein Stärke, wie solches in nebenstehenden Figuren, welche vier auf einander folgende Schichten zeigen, dargestellt ist. Dieser Verband zeigt äußerlich den Kreuzverband (Fig. A), hat aber

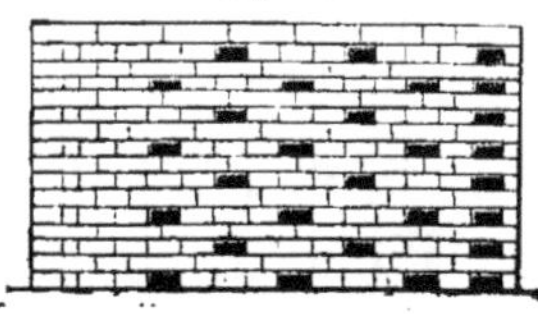

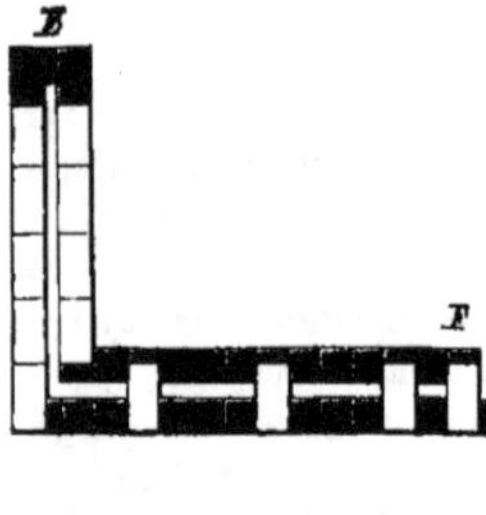

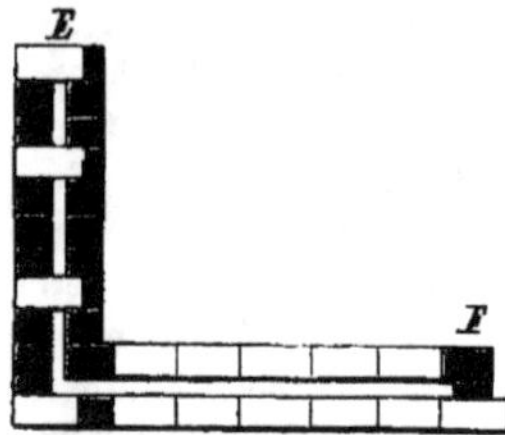

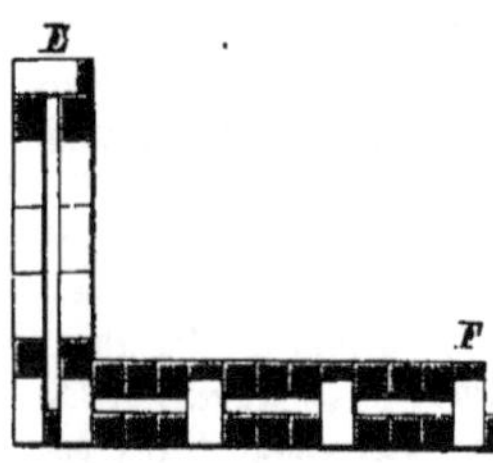

in den Läuferlagen (wie die folgenden 4 Schichten zeigen) gar keine durchbindenden Steine, und in den Binderlagen liegen, außer den eigentlichen Bindern, lauter halbe Steine, was gegen die 8te der allgemeinen Regeln, welche wir in §. 4 dieses Kapitels aufgestellt haben, verstößt.

In Fig. B (und den dazu gehörigen 2 Schichten) haben wir einen ähnlichen Verband dargestellt, der im Aeußern freilich nur eine Art gothischen oder polnischen Verbandes zeigt, wobei aber die ganz aus halben Steinen bestehenden Schichten vermieden und in jeder Schicht durchbindende Steine angeordnet sind, wie dieß die beiden nebenstehenden Schichten zeigen. Letztere lassen sich, bei der angenommenen Stärke und der Luftschichte von ¼ Stein-

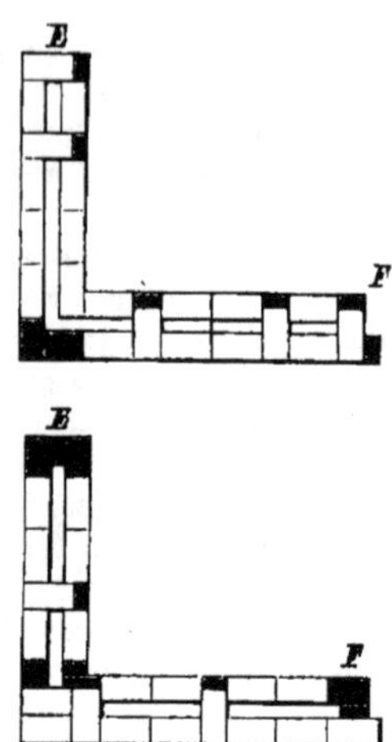

Länge, nicht anders bilden, als daß man, auf der innern Seite, hinter den ganzen Stein ein Quartierstück legt. Da wo man bei einer dem Wetter sehr ausgesetzten Mauer das Durchnässen verhüten will, kann man diese Quartierstücke mit einem stark hydraulischen Mörtel oder mit Asphalt einmauern. Dasselbe wird man an allen den Stellen thun müssen, wo die Steine, ohne eine Luftschicht zwischen sich zu haben, die ganze Mauerstärke einnehmen. In den Figuren A und B sind die durchbindenden Steine schraffirt, woraus ihre Vertheilung in der Mauer deutlich wird. In den untenstehenden Figuren sind die vier Schichten eines ähnlichen Verbandes angegeben, bei dem aber die äußere Mauer einen ganzen Stein stark ist, während der Luftraum auch nur ¼ Stein beträgt. Hier läßt sich im Aeußeren der Mauer der Kreuzverband beibehalten und die durchbindenden Steine bestehen aus einem ganzen und einem Dreiviertelsteine.

Hat man stärkere Mauern hohl zu construiren, wie dieß wohl bei Magazingebäuden, welche man ohne Feue-

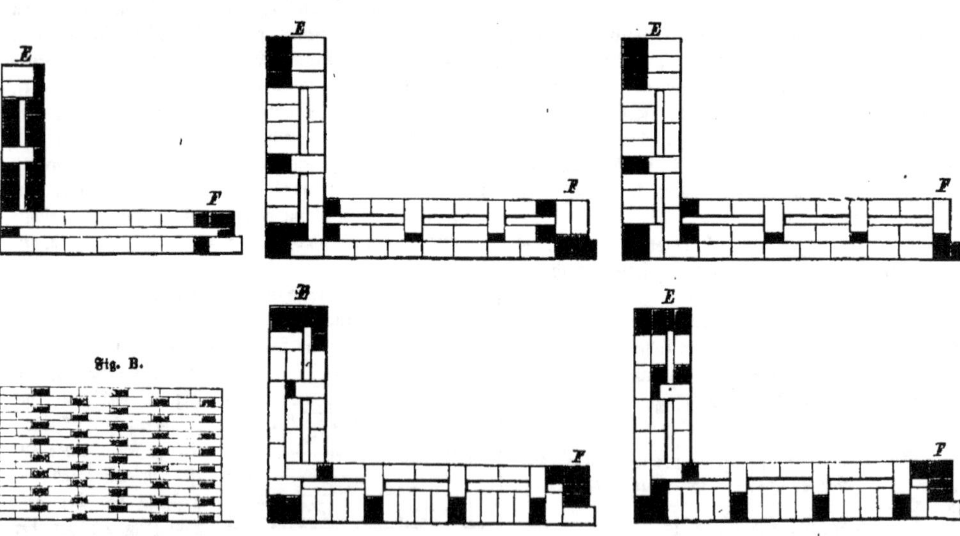

Fig. B.

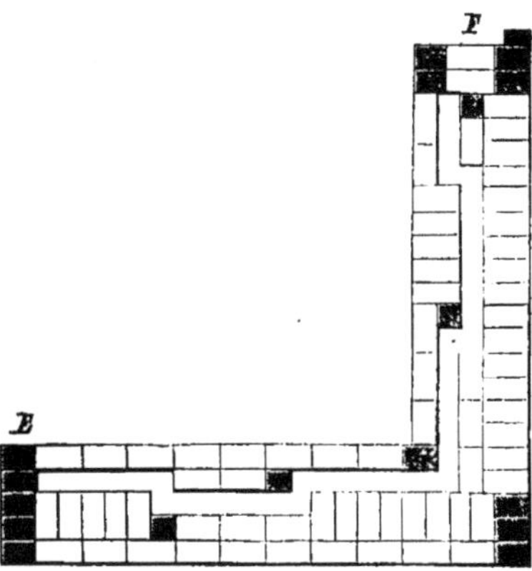

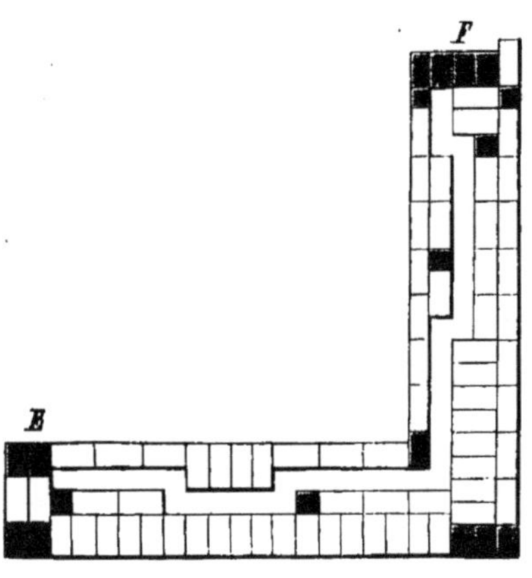

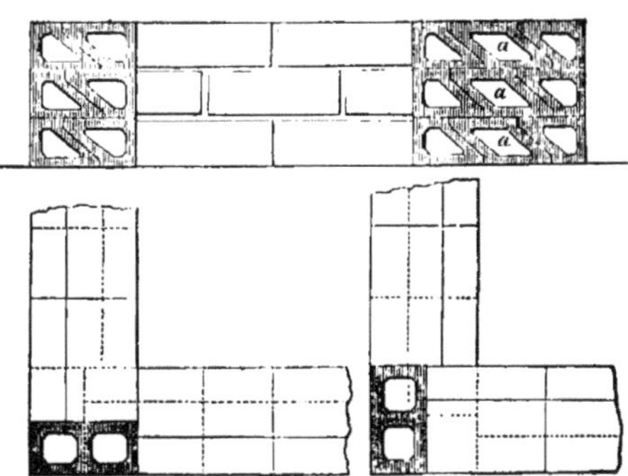

rung frostfrei haben will, der Fall ist, so thut man am besten, die Mauerhälften im Zickzack auszuführen und den Luftraum ½ Stein breit zu machen, wie die Figuren auf Seite 10 zwei Schichten einer solchen Mauer beispielsweise zeigen. Will man hierbei eine theilweise Verbindung der Mauerhälften erzielen, was übrigens bei den vielen Verstärkungspfeilern weniger nothwendig erscheint, so wird man den Zweck am einfachsten erreichen, wenn man hierzu schwaches, vorher getheertes oder mit Pech überzogenes Bandeisen verwendet. Wendet man die beiden gezeichneten Schichten abwechselnd an, so entsteht im Äußern der Mauer der Blockverband; es macht aber durchaus keine Schwierigkeiten, den Kreuzverband darzustellen, wenn man in der äußern Mauerhälfte nach den für diesen Verband gegebenen Regeln verfährt.

Daß man übrigens bei einer solchen Construction darauf bedacht sein muß, die eingeschlossene Luftschicht auch überall außer Verbindung mit der äußeren Atmosphäre zu setzen, leuchtet ein; und wir haben daher in den Figuren überall bei E die Endigung einer solchen Mauer oder die Leibung einer ohne Anschlag oder Falz sie durchbrechenden Oeffnung, und bei F die Anlage eines Fensteranschlags angedeutet.

Auf der großen Industrieausstellung in London 1851 war ein „Modell=Wohnhaus" für vier Familien der arbeitenden Klasse ausgestellt, dessen Wände und Decken aus hohlen Steinen hergestellt waren. Diese Steine hatten die in der obenstehenden Figur gezeichnete Form und ihr Verband war der in derselben Figur dargestellte. Zwei hinter einander liegende, durch eine schräge Mörtelfuge verbundene, Steine geben eine Mauerstärke von 9 Zoll englisch, und 3 Schichten mit den, etwa zu ½ Zoll anzunehmenden, Lagerfugen eine Höhe von 12 Zoll. Die Wandstärke der Ziegel scheint, so viel aus den mitgetheilten Zeichnungen[*] zu entnehmen ist, ¾ Zoll zu betragen, während die Länge der Steine 12 Zoll beträgt. Neun Steine der beschriebenen Art sollen so viel Mauerwerk geben als 16 gewöhnliche Backsteine, und der Preis pro mille soll nur wenig höher sein; sie werden, wie die Backsteine in England überhaupt, mittelst Maschinen gefertigt. Die Ersparung an Mörtel soll 25% betragen. Es wird ferner behauptet, daß sich diese hohlen Steine „eben so gut wie die gewöhnlichen zertheilen lassen", doch aber auch erwähnt, daß man vor dem Brennen die nöthige Anzahl der Steinstücke bestellen könne, was jedenfalls rathsamer sein dürfte.

Will man eine größere Mauerstärke haben als die angegebene, so bedarf man noch einer besondern Art Zwischensteine (a), mit deren Hülfe man alsdann jede beliebige Mauerstärke erreichen kann.

Der Beschreibung nach sind die Steine röhrenartig, mit offenen Stirnen, gestaltet, und dann muß man, wenn

---

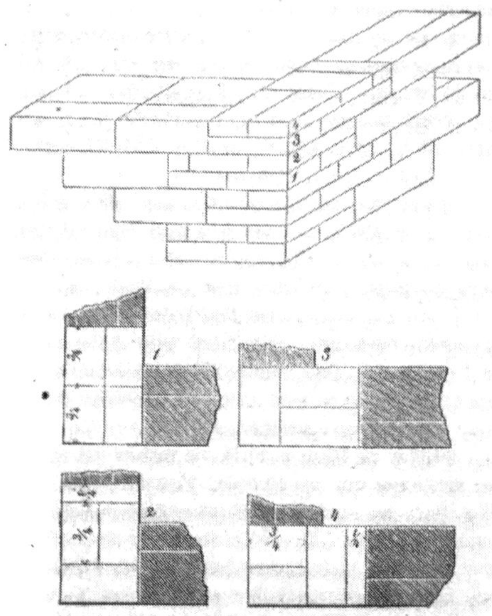

Schwierigkeiten kommen dabei nicht vor; es handelt sich in der Regel um die Darstellung eines ½ Stein starken Mauerwerks und um die Erfindung eines angenehmen Musters, was mit Zuhülfenahme von besondern Formsteinen beliebig ausgebildet werden kann. Wir geben in untenstehender Figur ein paar Beispiele, von denen das eine keiner besondern Formsteine bedarf und nur das Behauen der einzelnen ganzen Steine verlangt; das zweite aber, von Herrn Hofbaurath Strack herrührende, besonders geformte kreuzförmige Steine voraussetzt.

§. 10.

Nach den bisher gegebenen Regeln wird man im Stande sein, den Verband für jede aus Backsteinen zu construirende Mauer anzuordnen, vorausgesetzt, daß diese von lauter lothrechten oder wagerechten Ebenen begrenzt werde, und es ist nur noch darauf aufmerksam zu machen, daß der Verband kleiner Mauermassen, oder einzelner Pfeiler aus Backsteinen, zuweilen einige Schwierigkeiten veranlassen kann. Wie diese zu heben sind, wird dem, der das Vorhergehende verstanden hat, nicht schwer fallen, und da sich diese Verbände auch nach den, für Gewölbgurte zu gebenden, Regeln ausführen lassen, so wollen wir hier, um Wiederholungen zu vermeiden, dahin verweisen *).

Stoßen zwei Mauern nicht unter rechten Winkeln zusammen, so müssen für den Verband derselben am Eck die Steine entweder besonders geformt oder mit dem Mauerhammer zugehauen werden, weil die Stoßfugen immer rechtwinklig auf die Länge der Mauer gerichtet sein müssen, wovon nur die der Kreuz- oder Stromlagen eine Ausnahme machen. Sind die Mauern auch von geneigten

nicht besondere Ecksteine geformt werden wollen, die Mauerecken von gewöhnlichen Backsteinen herstellen und diese durch Verzahnung mit den hohlen Steinen verbinden, wie solches in vorstehenden Figuren darzustellen versucht ist. Dabei ist angenommen, die Länge der Backsteine betrage 9 Zoll und die Dicke derselben sei so, daß zwei Schichten gewöhnlicher Backsteine dieselbe Höhe geben wie eine Schicht der hohlen Steine.

Die Biegsamkeit der Backsteine erlaubt ferner ein Durchbrechen des Mauerwerks nach geometrischen Mustern sehr leicht, wie man denn dergleichen auch zu Einfriedigungen, Brüstungen ꝛc. häufig anwendet. Constructive

Ebenen begrenzt (geböscht), so bleibt der Verband, in den einzelnen Schichten, ganz derselbe, und nur in der Lage

*) Siehe die Figuren 1 bis 10 auf Taf. 18.

2 *

dieser Schichten gegen einander und gegen eine wagerechte Ebene, kann eine Verschiedenheit eintreten. Dieser können wir aber passender erwähnen, wenn wir von dem Mauern selbst, oder der Vereinigung der Steine durch Bindemittel, sprechen.

§. 11.

Der Verband für runde Mauern. Sind solche Mauern voll, d. h. umschließen sie keinen hohlen Raum, so werden es in den meisten Fällen Pfeiler von geringem Durchmesser sein, etwa Säulenschäfte, die man von künstlichen Steinen aufzuführen, durch irgend einen Umstand genöthigt ist. Kann man besondere, für den jedesmal vorliegenden Fall geformte Steine haben, so beschränkt sich die Anordnung des Verbandes auf die Beobachtung der Regel: daß die Stoßfugen (die hier normal auf das zugehörige Bogenelement gerichtet sein müssen) zweier, unmittelbar auf einander folgenden Schichten nicht in einerlei lothrechte Ebene fallen dürfen.

Muß man aber, wie es häufig der Fall sein wird, solche Pfeiler aus gewöhnlichen Backsteinen (Ziegeln) aufführen, so ist es besser, von der centralen Richtung der Stoßfugen abzugehen, und sein Hauptaugenmerk darauf zu richten, daß möglichst viel ganze Steine in eine Schicht kommen und eine recht vielfache Verwechslung der Stoßfugen im Innern stattfindet.

Wie ein solcher Verband für Pfeiler, deren Durchmesser gleich zwei bis drei Steinlängen ist, angeordnet werden kann, zeigen die Figuren 3 und 4 Taf. 3, wobei natürlich die, bis zur Peripherie reichenden, Steine mit dem Mauerhammer so viel als nöthig zugehauen werden müssen. Die einzelnen Lagen sind hierbei einander alle gleich, aber so gelegt, daß sich die Stoßfugen im Innern unter Winkeln von 45 und 90 Graden schneiden, wodurch es allein vermieden werden kann, daß die kleinen Zwickelstücke z, z in zwei unmittelbar über einander liegenden Schichten nicht lothrecht über einander treffen.

Aus den Figuren ergeben sich auch leicht die Verbände für Pfeiler von andern Durchmessern als den angenommenen, obgleich solche wohl nicht oft vorkommen dürften.

Dienen die Mauern zur Umschließung hohler, runder Räume, so wird man bei großen Abmessungen der Krümmungshalbmesser derselben (wie bei Thürmen ꝛc.), wegen der Kleinheit der einzelnen Backsteine, den Kreuz- oder Blockverband anwenden können, obgleich dann eigentlich in jeder Schicht keine runde, sondern eine polygonale Form entstehen wird. Die große Zahl und die Kleinheit dieser Polygonseiten wird aber eine Abweichung von der runden Form kaum bemerken lassen.

Werden die Krümmungshalbmesser kleiner, wie bei Brunnen ꝛc., so bedient man sich entweder der, für einen bestimmten Halbmesser, besonders geformten Steine (Kesselsteine), die auf den beiden parallelen Lagerflächen Kreisausschnitte ohne die Spitze bilden; oder man stellt wieder mit gewöhnlichen Backsteinen (Ziegeln), statt der runden, eine polygonale-Form dar; wobei man aber die Seiten noch kleiner macht, indem man die einzelnen Steinlagen aus lauter Rollschichten bestehen läßt.

Solche Mauern werden selten mehr als eine Steinlänge zur Stärke haben, und man kann dann die, wegen ihrer centralen Lage außerhalb, besonders bei kleinen Krümmungshalbmessern, stark klaffenden Stoßfugen, mit passenden kleinen Steinstücken ausfüllen, wenn dieß mit dem angewendeten Bindemittel allein nicht mehr gut thunlich ist. Auch haut man wohl einzelne Steine mit dem Hammer keilförmig zu, um dadurch ein zu starkes Klaffen der Stoßfugen außerhalb zu vermeiden.

Werden die Mauern stärker, so werden sich die später für Gewölbebauten zu gebenden Verbände, mit einigen Modifikationen, auch hier anwenden lassen, weßhalb wir dorthin verweisen. Die einzige Regel, die man bei solchen Steinverbänden zu beobachten hat, wird sich wieder darauf beschränken, daß die Stoßfugen zweier, unmittelbar auf einander folgenden Schichten, nicht lothrecht über einander treffen.

§. 12.

Der Schornstein-Verband. Der Steinverband für die Umschließungsmauern der Rauchröhren (Schornsteine, Kamine, Schlote *) besteht meistens in der Darstellung von nur ½ Stein starken Mauern. Hierbei werden alle Steine als Läufer genommen, und man hat nur darauf zu sehen, daß eine gehörige Verwechslung der Stoßfugen stattfindet. Dieß wird aber immer der Fall sein, wenn man zwei mit einander abwechselnde Schichten bildet. Durch das Einlegen von Dreiquartierstücken oder halben Steinen zwischen die ganzen, wird sich ein solcher Verband in der Regel darstellen lassen; doch können auch andere Steinstücke durch die vorgeschriebene Lichtweite der Röhren nöthig werden.

Große Rauchröhren, z. B. solche für die Kesselfeuerungen von Dampfmaschinen ꝛc., die eine oft sehr bedeutende Höhe erhalten, erfordern dann auch stärkere Umschließungsmauern, die sich aber, nach den früher gelehrten Verbänden, immer leicht ausführen lassen werden.

Liegen zwei Rauchröhren unmittelbar neben einander,

____

*) Der Name für die, zur Ableitung des Rauchs von den Feuerungen bestimmten, Röhren sind sehr verschieden; in Norddeutschland ist z. B. der Name Schornstein, in Süddeutschland dagegen mehr der Kamin gebräuchlich, wir wollen daher immer das umschreibende Wort Rauchröhre in der Folge gebrauchen.

so erhalten beide nur eine gemeinschaftliche Scheidemauer, die dann den Namen Zunge bekommt. Diese Zungen müssen aber ebenfalls ½ Stein stark angelegt werden, wie denn überhaupt Mauern, die zur Umschließung von Rauch=röhren dienen, niemals schwächer sein, und nicht, wie man es leider noch so häufig findet, nur die Dicke der Steine zur Stärke haben dürfen.

Die Lichtenmaaße der Rauchröhren sind immer, ent=weder durch baupolizeiliche Vorschriften, oder durch andere maaßgebende Umstände, bestimmt, und es kommt daher hauptsächlich darauf an, den Verband so anzuordnen, daß diese Lichtmaaßen eingehalten werden.

Die Querschnitte der Rauchröhren, normal auf deren Längenachse, können nun entweder ein Quadrat, ein Ob=long, oder einen Kreis bilden, denn andere Formen dürf=ten, als zu unbequem, wohl nicht leicht vorkommen.

Wir wollen hier den Verband für die, in Württem=berg durch die Feuer=Baupolizei=Gesetze bis jetzt allein er=laubten*), Rauchröhren durch Figuren erläutern, nach wel=chen man dann leicht einen solchen Verband, auch für an=dere Abmessungen, wird anordnen können.

Fig. 5 Taf. 3 zeigt den Verband für ein 1,75 Fuß im Quadrat im Lichten weites Rauchrohr aus sogenannten Gluckersteinen, welche eigens zu diesem Zwecke bestimmt sind; und Fig. 6 den Verband für ein doppeltes Rohr von derselben Lichtweite. Bei letzterem müssen in jede Schicht drei besonders zugehauene (geschrotene) Steinstücke eingelegt werden, von denen zwei je die halbe Gluckerlänge, das dritte aber etwa 7 Zoll zur Länge bekommt. Die einge=schriebenen Maaße gelten nur für die Steine, so daß we=gen der nöthwendigen Stärke der Fugen die Abmessungen im Ganzen etwas größer als 1,75 Fuß werden, was aber durch den Puz der innern Mauerflächen wieder ausgeglichen werden kann.

Fig. 7 und 8 Taf. 3 zeigen den Verband für ein

*) Nach dem schon erwähnten Baugesetzentwurfe sollen künftig die nachstehend angegebenen Abmessuugen für Rauchröhren gewöhnlicher Feuerungen zur Anwendung kommen dürfen:

Quadratische Röhren.	Oblonge Röhren.		Runde Röhren.
Lichtweite.	Länge.	Breite.	Durchmesser.
Zoll.	Zoll.	Zoll.	Zoll.
7	10	5	7,5
10	12	7	11
12	14	10	—
17,5	17,5	14	—

Wir unterlassen die Darstellung der Verbände für diese Abmessuugen, weil sie sich nach dem Obengegebenen leicht ausführen lassen werden.

einfaches und doppeltes, im Querschnitt quadratförmiges, Rauchrohr von 7 Zoll Lichtweite. Der Verband für das erstere ergibt sich von selbst aus den Abmessungen der Gluckersteine, für das zweite doppelte Rohr müssen aber besondere Stücke, von circa 8,7 Zoll Länge, entweder zu=gehauen, oder besonders geformt werden.

Sollen die Rauchröhren einen oblongen Querschnitt erhalten, so müssen dieselben — hier zu Lande — im Lich=ten 10,4 Zoll lang und 5,3 Zoll breit sein. Dieser Quer=schnitt läßt sich, wie die Figur 9 Taf. 3 zeigt, durch die Anwendung von einem ganzen Glucker und vier der eben erwähnten 8,7 Zoll langen Stücke in jeder Schicht erreichen.

Dieser oblonge Querschnitt ist besonders deßhalb ge=stattet, um Gelegenheit zu haben, ein solches Rohr in einer Scheidemauer, ohne Vorsprung vor derselben, anzulegen. Nun paßt aber die äußere Breite einer solchen Röhre, wenn man dieselbe aus Gluckern construirt, nicht mit der Stärke von 1½ Stein solcher (Mittel=) Mauern, in de=nen man am häufigsten dergleichen Röhren anlegen wird. Man wird daher Glucker wohl nur bei freistehenden Röh=ren anwenden, und da man bei diesen, von dem quadra=ten Querschnitt abzuweichen, selten Grund haben wird, so dürften zur Darstellung solcher Röhren von oblon=gem Querschnitte, wohl nur gewöhnliche Backsteine ver=wendet werden.

Wie dann der, in der 1½ Stein starken Mauer herr=schende Block= oder Kreuzverband, mit dem der Rauchröh=ren in Verbindung gebracht werden kann, zeigen die Figu=ren 10 bis 12 Taf. 3. Es geben nämlich die beiden Schichten Fig. 12, a und b abwechselnd angewendet, den in Fig. 10 dargestellten Blockverband, während der in Fig. 11 gezeichnete Kreuzverband erzielt wird, wenn man die drei Schichten a, b und c Fig. 12 anwendet.

Die, in Württemberg erlaubten, Rauchröhren mit kreis=förmigem Querschnitte beschränken sich auf 7,5 Zoll und 11 Zoll Durchmesser. Die einzelnen, für jeden Durch=messer besonders geformten, Steine müssen der Röhre an der schwächsten Stelle noch eine Wandstärke von 3,4 Zoll gewähren. Die Fig. 13 und 14 Taf. 3 geben die üblichen Steine, die für beide Durchmesser ganz ähnliche Figuren zeigen und von denen immer 4 in einer Schicht liegen. Die punktirt ausgezogenen Linien zeigen die Lage der Fu=gen in der zweiten Schicht, welche dadurch hervorgebracht wird, daß man die erste um 90 Grad dreht.

Die in Fig. 14 gezeichneten Steine sind zwar sehr gebräuchlich, aber nicht so gut als die in Fig. 13 darge=stellten, weil sie die spitzwinkligen, leicht zerbrechlichen Ecken nach Innen bringen und dem Auge entziehen, was bei der andern Form nicht der Fall ist, wo sie außerhalb liegen.

Die Fig. 15 und 16 Taf. 3 zeigen, wie man mit den beiden Formsteinen a und b mehrere solcher runden Rauchröhren neben einander in eine Reihe, oder auch vier derselben, in Gestalt eines Pfeilers, aufführen kann.

Bei sogenannten Luftheizungen und manchen andern Gelegenheiten, hat man Röhren in den Mauern eines Gebäudes anzuordnen, und wenn es auch in den meisten Fällen bequemer ist, diese mit viereckigem Querschnitt aufzuführen, so zieht man doch zuweilen einen kreisförmigen Querschnitt vor, und bedient sich dann zur Darstellung desselben anders geformter Steine, als die eben beschriebenen, weil mit diesen kein Verband mit dem übrigen — fast immer wohl aus Backsteinen (Ziegeln) bestehenden — Mauerwerke herzustellen ist, und die Röhren dann als isolirte Pfeiler in den Mauern stecken.

Solche Röhren mit kreisförmigem Querschnitte wird man übrigens nicht wohl in schwächern, als zwei Stein starken, Mauern ausführen können, und die, dann erforderlichen, zwei Formen von Steinen zeigen die Figuren 1 und 2 Taf. 4.

Diese Steine haben keine spitzeren als rechtwinklige Ecken, und es lassen sich, mit zu Hülfenahme gewöhnlicher Backsteine, auch einzeln stehende, pfeilerartige Röhren damit ausführen, wie die Figuren 3 bis 6 Taf. 4 zeigen, was nöthig wird, sobald die Röhren höher und über die Mauern hinausgeführt werden sollen. (In den Figuren sind die gewöhnlichen Backsteine schraffirt.)

§. 13.

Der Verband für das Aus= und Vormauern (Verblenden) der Fachwerks= oder Riegelwände. Das Ausmauern der Fache in den hölzernen Wänden beschränkt sich auf die Darstellung eines ½ oder 1 Stein starken Mauerwerks, je nachdem das Holzwerk der Wand die ganze oder halbe Steinlänge zur Stärke hat. Man wird hierbei, wie bei den Wänden der Rauchröhren, nur darauf halten können, daß die Stoßfugen zweier, unmittelbar über einander liegenden Schichten nicht zusammenfallen. Dieß wird man erreichen, wenn man bei einer, ½ Stein starken, also aus lauter Läufern bestehenden Ausmauerung, eine Schicht um die andere mit einem halben Steine anfängt.

Das, das Mauerwerk durchkreuzende, Holz wird meistens Unregelmäßigkeiten veranlassen, denen man noch das leidlichste Ansehen gibt, wenn man sie an den schräg stehenden Hölzern, den Bügen (Bändern) ꝛc. stattfinden läßt, dagegen aber an den lothrecht stehenden Hölzern, den Pfosten (Stielen, Säulen), immer regelmäßig, auf die eben beschriebene Weise, beginnt.

Damit man nicht Schichten von weniger, als der Steindicke, zur Höhe bekommt, muß man die Höhe der ein-

zelnen Fache mit der Steindicke vergleichen, und die Stärke der Lagerfugen so einrichten, daß man die Höhe des Faches mit ganzen Steinschichten erreicht.

Das, bei älteren Holzgebäuden öfter vorkommende, Ausmauern der Fache nach besondern Mustern, ist eigentlich nur eine Formenspielerei und keine besondere Construction, und es mögen daher die wenigen, in den Figuren 7 bis 10 Taf. 4 gegebenen, Beispiele genügen.

Soll die Ausmauerung einen ganzen Stein stark werden, so sucht man, so weit es des Durchschneidens der Hölzer wegen angeht, einen Blockverband darzustellen, indem man damit an den lothrecht stehenden Hölzern beginnt, und nach den früher gegebenen Regeln, entweder in die Läuferschicht, am Anfang, zwei Dreiquartierstücke hinter einander, oder in die Binderschicht, neben den ersten Binder, ein Kopfstück legt und dann die Läuferschicht mit ganzen Steinen anfängt.

In der Schweiz, namentlich in St. Gallen, ist es üblich, die Fachwerkswände ¾ Stein stark auszumauern,

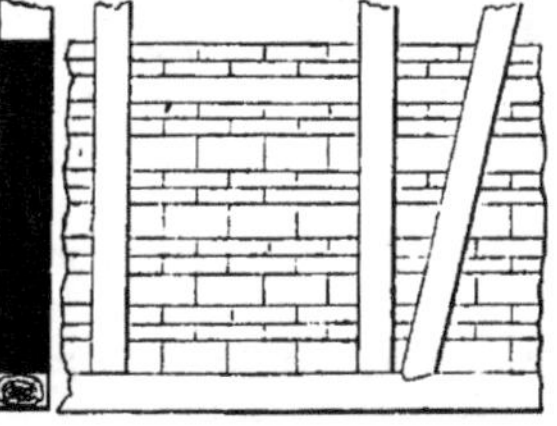

wie dies nebenstehende Figur andeutet. Die Steine sind so dick, daß zwei Schichten mit der Lagerfuge die Breite eines Steins geben, so daß man immer vor zwei liegende Steine einen hochkantig gestellten vorblenden kann, der dann durch die folgenden Schichten wieder gehalten wird.

Weit häufiger, als eine Ausmauerung der Fache von der Stärke eines ganzen Steins, kommt ein eben so starkes Mauerwerk vor, bei dem ½ Stein vor dem Holzwerk vorgemauert ist und ½ Stein in den Fachen selbst liegt. In einem solchen Falle sucht man wieder, so weit es thunlich, einen Blockverband darzustellen, bei welchem dann aber in den Binderschichten, da wo ein Holzstück der Wand sich befindet, nur halbe Steine gelegt werden können.

Am Eck liegt, wie die Figuren 11 und 12 Taf. 4 zeigen, in der Laufschicht zuerst ein Binder b und neben diesem ein Dreiviertelstein 1 als Läufer, nach welchem dann die übrigen ganzen Steine als Läufer folgen. In der Binderschicht liegt zunächst am Eck ein ganzer Stein als Läufer, dem sich die übrigen als Binder anschließen.

Bildet die Vormauerung kein Eck, so daß sie nur an einer Seite der Holzwand stattfindet, so wird man die beste Verbindung der Steine vor dem Eckpfosten erhalten, wenn man bei der Läuferschicht, in der Vormauerung mit einem ganzen Steine, in der Ausmauerung aber mit einem halben Steine (wenn nämlich, wie gewöhnlich, das Holzwerk der Wand die halbe Steinlänge zur Stärke hat) beginnt, bei der Binderschicht dann zuerst einen Dreiviertelstein als Läufer in die Vormauerung und dahinter ein Quartierstück in die Ausmauerung legt, wie dieß die Fig. 13 Taf. 4 darstellt.

Eine solche vor- und ausgemauerte Wand kostet mehr, als eine 1 Stein starke Mauer von derselben Länge und Höhe, und steht der letzteren an Dauer bei weitem nach. Abgesehen von der heterogenen Beschaffenheit der beiden Bestandtheile, des Holzes und der Steine, die nie eine innige Verbindung eingehen können, leidet das Holz durch die eingeschlossene Lage, indem es durch dieselbe am Austrocknen gehindert wird, und ist, wie es in den meisten Fällen sein wird, die innere (Holz-) Seite der Wand mit Putz überzogen, so ist das Holz ganz und gar von der Luft abgeschlossen, und wird bald, entweder dem verpützenden Hausschwamme, oder dem Trocken-Moder zur Beute werden.

Man sollte sich daher dieser, so sehr mangelhaften Construction nur da bedienen, wo man dieselbe durchaus nicht umgehen kann. Dieser Fall kann eintreten, wenn die aufzuführende Wand eine solche Höhe haben muß, daß eine nur 1 Stein starke Mauer, gerade dieser nothwendigen Höhe wegen, zu schwach erscheint, und wo zugleich für eine stärkere Mauer das nothwendige Fundament nicht vorhanden ist und auch nicht geschafft werden kann, zugleich aber eine, nach einer Seite durchaus kein Holz zeigende Wand erforderlich ist. Wohlfeiler als eine 1½ Stein starke massive Mauer wird die verblendete Wand aber auch in den meisten dieser Fälle nicht werden, denn wenn eine 1½ Stein starke Mauer der nöthigen Höhe wegen ausreicht, so wird der Mehrbedarf an Steinen für diese, durch den Aufwand für die Holzwand, jedenfalls mehr als aufgewogen werden, denn die Ersparung an Steinen, deren Stelle das Holzwerk der Wand einnimmt, ist gar nicht zu rechnen, weil bei der in Rede stehenden Construction weit mehr Steine verhauen werden müssen, als bei einer 1 Stein starken soliden Mauer. Und sollten selbst die Backsteine (Ziegeln) so hoch im Preise stehen, daß der Mehrbedarf an solchen für eine 1½ Stein starke Mauer, dem Ankaufe des nöthigen Holzes gleich käme, so müßte doch noch der Arbeitslohn einen vortheilhaften Ausschlag für die massive Mauer geben, denn der Arbeitslohn für die Holzwand vertheuert die Sache, während entgegengesetzt, der Arbeitslohn für die Darstellung einer Mauer, mit der Stärke derselben abnimmt. Eine Quadratruthe 1½ Stein starke Mauer zu fertigen, kann an Arbeitslohn nicht so viel kosten, als eine eben solche Fläche ½ Stein stark vor- und eben so stark auszumauern, plus dem Arbeitslohn für das Anfertigen und Aufschlagen der Holzwand.

Eine noch weit mangelhaftere, diesen Namen kaum verdienende Construction, wird leider noch oft, aus falsch verstandener Sparsamkeit, in Ausführung gebracht, und nur um davor zu warnen, wollen wir derselben hier erwähnen.

Man hat nämlich die Kostbarkeit der vor- und ausgemauerten Wände recht gut erkannt, und dann naiv genug geschlossen, daß man wohlfeiler bauen und den Zweck, wenigstens scheinbar, doch erreichen könne, wenn man die Ausmauerung fortließe und nur die Vormauerung beibehielte.

Es bleiben nun die eigentlichen Fache der Wand hohl, und nur zu beiden Seiten der lothrecht stehenden, und auf der obern der horizontal liegenden Hölzer greifen Bindersteine bis zur innern (Holz-) Seite der Wand durch. Um hierbei nun der Verblendung (wie es hier in des Wortes ganzer Bedeutung heißen sollte) doch einigen Halt zu geben, befestigt man das Mauerwerk an das Holz, durch eiserne sogenannte Stichanker. Dieß sind T förmige, mit einer eingehackten Spitze versehene, etwa 6 bis 7 Zoll lange Eisen, Fig. 14 Taf. 4, die mit der Spitze in das Holz getrieben, mit den beiden, zu ihrer Länge senkrechten, Armen einige Schichten der Vormauerung überfassen und festhalten.

Aus dieser Beschreibung und der Ansicht der Figuren 15 und 16 Taf. 4 wird das mehr als Mangelhafte dieser Construction einleuchten, weßhalb wir auch kein Wort weiter darüber verlieren wollen.

Wir haben hier nur das Mangelhafte dieser beiden zuletzt erwähnten Constructionsarten hervorheben wollen, werden aber Gelegenheit nehmen, später, wo von der Anwendung derselben die Rede sein wird, auch über diese unsere Meinung auszusprechen.

§. 14.

Die bisher für den Verband der Mauern aus künstlichen Steinen, aufgestellten Regeln bleiben dieselben, wenn die Steine auch nicht, wie bisher vorausgesetzt wurde, gebrannte (Backsteine, Ziegeln), sondern nur an der Sonne getrocknete, sogenannte Lehm- (Luft-, Dreck-) Steine (Lehmpatzen) sind, nur ist zu bemerken, daß man, des hier allein anzuwendenden Bindemittels wegen, auf möglichst enge Fuge zu halten hat. Auch wenn beide Steinarten, gebrannte und ungebrannte, zusammen zu ein und derselben Mauer angewendet werden sollen, bleiben die Regeln für den Steinverband dieselben. Die Fälle aber, wo dergleichen Mauern zulässig und wo sie durchaus zu verwerfen sind, werden wir, unserm Plane nach, später beleuchten, wo dann das Nöthige über die Verbindung solcher Mauern, zu einem möglichst festen Ganzen, gleich mit vorgetragen werden soll.

II. Mauern aus natürlichen Steinen.

α) Mauern aus rohen, entweder gar nicht oder doch nur sehr wenig bearbeiteten Steinen.

§. 15.

Die am wenigsten regelmäßig und für den Verband der Mauern am ungünstigsten geformten Steine, sind die sogenannten Findlinge (Feld=, Lese=Steine) *). Sie haben immer mehr oder weniger eine sphärische Gestalt, runde Ecken und Kanten und selten ebene Begränzungsflächen oder deren höchstens eine. Verbessern, und als Mauermaterial tauglicher machen, kann man diese Steine dadurch, daß man dieselben — wenn sie sonst groß genug sind — in mehrere Stücke zersprengt, wodurch man die rundlichen Kanten entfernt und oft auch ebene Seitenflächen erhält.

Ein regelmäßiger Verband' ist hier nicht herzustellen, und es wird oft schon nicht geringe Mühe kosten, nur die erste der allgemeinen Regeln für den Steinverband, daß keine Stoßfugen auf einander treffen, zu befolgen. Man wird sich damit begnügen müssen, an die Ecken die größten und regelmäßigsten Steine, und zwar so zu legen, daß sie auf ihrer ebensten Begränzungsfläche aufliegen und abwechselnd als Binder und Läufer in den über einander liegenden Schichten erscheinen. Ferner dahin trachten, durch eine geschickte Auswahl der Steine, die Zwischenräume zwischen denselben so klein als möglich zu machen, und die, wegen Unregelmäßigkeit der Steine, immer noch bleibenden Lücken, durch kleinere Steinstücke (Zwicksteine) auszufüllen. Endlich so viele, wo möglich durch die ganze Mauerdicke reichende, Binder (Ankersteine genannt) in die Mauer zu bringen, als hierzu geeignete Steine vorhanden sind.

Je nach der Größe und Beschaffenheit der Steine, muß man suchen, auf 3 bis 4 Fuß Höhe, eine wagerechte Abgleichung hervorzubringen, und dann wieder die größten Steine mit ihrer ebensten Begränzungsfläche auf diese Schicht legen. Diese Abgleichung wird nicht anders zu erreichen sein, als daß man die, durch die unregelmäßige Gestalt der Steine, entstandenen Vertiefungen mit kleineren Steinen ausfüllt, und dieß führt den Nachtheil mit sich, daß viele kleine Steine in die Mauer kommen, was allerdings ein Uebelstand genannt werden muß.

Mehrere Baumeister sind daher auch der Meinung, diese Abgleichungen ganz fort zu lassen, und lieber einen, den sogenannten Kyklopen=Mauern der alten Pelasger ähnlichen, netzartigen Verband darzustellen. Wir können diese

<hr>

Meinung aber nicht theilen, denn wenn auch das Nochvorhandensein dieser alten Mauern, für die Festigkeit derselben ein glänzendes Zeugniß ablegt, so müssen wir die fast ewige Dauer derselben, doch hauptsächlich in der Härte und gewaltigen Größe der verwendeten Bausteine suchen, und nicht in der Art des Verbandes derselben. Die Steine liegen, ohne alles Bindemittel, regellos, aber mit ihren genau an einander passenden Seitenflächen, ohne Zwischenräume neben und auf einander, und werden allein durch ihr, oft immenses Gewicht, in ihrer Lage gehalten. Dieß erklärt auch die lange Dauer dieser Mauern, denn es gehört eine gar große Kraft dazu, einen solchen Steinblock, auch wenn er einer der obersten wäre, also durch keinen darüber liegenden gehalten würde, nur zu bewegen, geschweige ganz aus seiner Lage zu bringen.

Anders ist es aber mit den Steinen, die wir in unsern heutigen Mauern verwenden, sie sind im Vergleich zu jenen, von fast verschwindendem Gewicht, und wir können nicht erwarten, daß die aus ihrem Gewichte resultirende Stabilität von irgend einem Belang sei. Am größesten wird sie aber noch immer dann sein, wenn — einen nur lothrecht wirkenden Druck vorausgesetzt — das Loth durch den Schwerpunkt des Steins, auf der unterstützenden Fläche senkrecht steht, diese also horizontal ist. Ferner bearbeiten wir die Steine nicht so, daß ihre Berührungsflächen überall genau an einander passen, und jeder Stein kann daher leichter seine Lage ändern, wenn sie nicht den Bedingungen des Gleichgewichts entspricht; dieß wird aber wieder am wenigsten zu befürchten sein, wenn der Stein auf einer wagerechten Fläche aufliegt. Es ist zwar wahr, alle diese Bedenklichkeiten verschwinden fast ganz, sobald das Bindemittel die Steine der Mauer zu einer compakten Masse verbunden hat, doch dürfen wir, wenn von dem Steinverbande die Rede ist, hierauf keine Rücksicht nehmen, und jedenfalls wird in einer, nach unseren Prinzipien dargestellten Mauer, das Bindemittel eben so gut seine Schuldigkeit thun, als bei jenen Kyklopen=Mauern in Taschenbuchformat. Das Abgleichen muß aber mit Umsicht geschehen, und wir werden hierauf, wenn wir von dem Mauern selbst reden, zurückkommen.

Fehlt es, wie oft der Fall eintreten wird, an den nöthigen (passenden) Bindern, so kann man dem Mauerwerke dadurch eine große Festigkeit verschaffen, wenn man in 5= bis 6füßiger Entfernung von einander, nach Fig. 1 Taf. 5, einige wagerechte Schichten von Backsteinen (Ziegeln) in gutem, am besten Kreuzverbande, durchlegt, die dann als Binderschichten dienen.

Ein großer Theil der Festigkeit solcher Mauern wird aber immer von dem angewendeten Bindemittel (Mörtel) abhängen, weßhalb eine sorgfältige Auswahl und Bereitung desselben ein Haupterforderniß bleibt.

Sind die Steine sehr unregelmäßig, oder klein und schwer zu bearbeiten, so daß man die nöthigen Ecksteine für die Mauer nicht erhalten kann, so pflegt man diese Ecken wohl pfeilerartig von Backsteinen, aber immer gleichzeitig mit dem andern Mauerwerke, aufzuführen, wobei die Backsteine mit einer, der Form der übrigen Steine angepaßten, Verzahnung in die Mauer eingreifen, Fig. 2 Taf. 5 bei a. Diese Verzahnung kann man bei starken Mauern, und wo es auf ein besseres Ansehen ankommt, ½ bis 1 Steinlänge von der vordern Seite der Mauern zurück erst anfangen lassen, wodurch ein regelmäßigeres Ansehen gewonnen wird. Fig. 2 Taf. 5 zeigt bei b einen solchen Eckpfeiler in der Ansicht, und bei c und d zwei Schichten in der Horizontalprojection.

§. 16.

Ein weit besseres Material gewähren die eigentlichen Bruchsteine, d. h. solche, die in Steinbrüchen gewonnen werden. Schon die Steinart ist gewöhnlich lagerhafter, d. h. die Steine haben zwei ebene, mehr oder weniger parallele Seiten, kommen in größerer Menge von gleicher Dicke vor, und lassen sich gewöhnlich während des Mauerns, mit dem Mauerhammer, etwas bearbeiten.

Bei diesem Material kann man schon mehr darauf halten, daß die Steine in ein und derselben Schicht, alle von ziemlich gleicher Höhe sind. Ein Aufeinandertreffen der Stoßfugen läßt sich leicht vermeiden, und es fehlt selten an den nöthigen Eck= und Bindersteinen.

Man kann und muß darauf sehen, daß die Mauer auf alle zwei bis drei Fuß Höhe wagerecht abgeglichen wird, a b, c d Fig. 3 Taf. 5, und daß die Ankersteine in nicht zu großen Entfernungen von einander (5 bis 6 Fuß etwa), und so gelegt werden, daß ein oberer immer in die Mitte zwischen zwei tiefer liegende trifft, A A A Fig. 4 und 5 Taf. 5. An die Ecken kommen wieder die größten und regelmäßigsten Steine, und abwechselnd mit ihren Längen in die Richtung der beiden Mauerfronten zu liegen, E E Fig. 4 und 5.

Außer den früher angegebenen Regeln, möglichst enge Fugen zu machen und die entstehenden Zwischenräume mit kleinern, passenden Steinstücken auszufüllen, muß besonders auch darauf gesehen werden, daß die Steine auf ihr natürliches Lager gelegt werden, d. h. daß der Stein in der Mauer eine parallele Lage mit der erhält, die er vor dem Brechen im Steinbruche hatte. Die Vernachlässigung dieser Regel, hat gerade bei den lagerhaftesten, also besten Steinen, fast immer die Folge, daß die Steine aufblättern und bald verwittern.

β) **Mauern aus bearbeiteten Quader= oder Werksteinen.**

§. 17.

In den meisten Fällen wird man es hier mit Sandstein zu thun haben, weil sich dieser am leichtesten zu regelmäßigen Körpern bearbeiten läßt. Doch gelten die für den Verband dieser Steine aufzustellenden Regeln, eben so für Marmor, Granit, Kalkstein oder irgend eine andere Steinart, sobald daraus regelmäßig geformte Steine bearbeitet sind. Solche, nach einer bestimmten Form bearbeiteten, Steine nennt man **Werkstücke, Schnittsteine** oder **Quadern.**

Ehe wir die Regeln des Verbandes selbst kennen lernen, müssen wir Einiges über die Bearbeitung der rohen Steine zu Werkstücken oder Quadern mittheilen. Eine ausführliche Beschreibung der hierbei vorkommenden verschiedenen Manipulationen aber, würde einmal die uns gesteckten Gränzen überschreiten, und zweitens ziemlich unnütz sein, weil sich eine Sache, zu der besonders Handgeschicklichkeit erfordert wird, nur sehr unvollkommen durch Worte allein lehren läßt.

Bei weitem die meisten dieser Steine werden als rechtwinklige Parallelepipeda bearbeitet, und wir wollen die Bearbeitung eines solchen hier beschreiben, zumal es, der Stein mag eine Gestalt bekommen welche er will, immer am Vortheilhaftesten sein wird, zuerst eine rechtwinklige körperliche Ecke, d. h. drei auf einander senkrecht stehende Flächen, an demselben darzustellen. Die erste rohe, fast immer parallelepipedische Form bekommt den Stein schon im Bruche, weil er hier die Bergfeuchtigkeit noch hat und leicht zu bearbeiten ist[*]). Diese erste rohe Bearbeitung nennt man das **Bossiren.**

Auf dem Arbeitsplatze wird der Stein aufgebänkt, d. h. auf etwas erhöhete Unterlagen, aus Holz oder andern Werkstücken bestehend, gebracht, so daß der Steinhauer, stehend oder sitzend, daran arbeiten kann.

Auf der, als die passendste ausgewählten und nach oben gebrachten Fläche des Steins wird, am besten an einer der langen Seiten, ein sogenannter **Schlag** gemacht. Ein solcher besteht aus einer schmalen (etwa ein Zoll breiten) Fläche, die mit dem Schlageisen nur eben so tief in die Oberfläche des Steins hineingearbeitet wird, daß keine Vertiefungen darin bleiben, und das Richtscheit der Länge und Dicke nach darauf liegen kann. Ist dieser Schlag fertig und so bearbeitet, daß er für eine schmale Ebene gelten kann, so wird an den beiden Ecken der gegenüber liegenden Kante derselben Begränzungsfläche des Steins, ein zweiter Schlag so angefangen, daß diese Anfänge mit dem fertigen Schlage in einer Ebene liegen. Man erreicht dieß durch

---

[*]) Ueber diese Bearbeitung sehe man Wolfram, Band I. Abth. I, §. 243.

das sogenannte Ersehen (Visiren), indem man auf den fertigen Schlag ein langes Richtscheit stellt, und nun das Auge, die Unterkante des Richtscheits und den einen Schlaganfang in eine Ebene bringt und prüft, ob der zweite Schlaganfang in eben diese Ebene fällt. Die Fig. 6 Taf. 5 wird dieses Verfahren deutlich machen.

Liegen beide Anfänge richtig, so wird der zweite Schlag vollendet, indem man vermittelst des Richtscheits die Linie a b auf dem Steine vorreißt. Werden nun an den beiden andern Seiten, von denen die Figur nur eine zeigt, die beiden Schläge auch noch durch Linien, wie a c verbunden, so können nach diesen ebenfalls zwei Schläge gearbeitet werden, die mit den beiden ersten in ein und derselben Ebene liegen. Diese Schläge kann man nun als Leitlinien ansehen, auf denen man, beim weiteren Bearbeiten der Fläche, eine gerade Linie, das Richtscheit, sich bewegen läßt, wodurch eine Ebene erzeugt werden muß.

Jetzt wird der Stein umgekantet, d. h. eine andere, der ersten aber nicht gerade entgegengesetzte, Fläche nach Oben gebracht, und auf dieser zuerst wieder ein Schlag gefertigt, der auf der zuerst bearbeiteten Fläche senkrecht steht. Hierbei benutzt man das Winkeleisen, welches man an der zuerst bearbeiteten Fläche anschlägt und darnach die Linie für den Schlag vorreißt, Fig. 7 Taf. 5. Ist nun diese zweite Fläche ganz wie die erste bearbeitet, so muß sie an der Seite, wo man die dritte, mit den beiden ersten rechtwinklig zusammenstoßende Fläche bearbeiten will, rechtwinklig auf die, zwischen der ersten und zweiten Fläche entstandene Kante, durch eine Gerade a d, Fig. 8 Taf. 5, begränzt werden. Die auf dieser dritten Fläche zu machenden Schläge, müssen auf der zweiten senkrecht stehen und zugleich die auf dieser gezogene Gränzlinie a d berühren.

Hat man so diese drei Flächen des Steins, auf einander senkrecht stehend, bearbeitet, so ist es leicht auf den drei, eine rechtwinklige, körperliche Ecke bildenden Kanten, die Abmessungen des Werkstücks nach Länge, Breite und Höhe abzutragen und danach den Stein zu vollenden.

Es ist hier angenommen, daß der Stein auf allen Seiten eben bearbeitet werden soll. Ist dieß nicht der Fall, so sieht man leicht ein, daß man auch die Schläge allein darstellen, und den dazwischen liegenden Theil der Flächen stehen lassen kann. Dieser, zwischen den Schlägen stehen gebliebene Theil, heißt der Posten.

Soll ein Stein in seinen Seitenflächen nach andern Figuren als Rechtecken bearbeitet werden, so bedient man sich hierzu gewöhnlich der sogenannten Chablonen, Bretungen oder Lehren. Es sind dieß die Projectionen der Seiten des Steins auf eine, ihrer Lage nach gegebene Ebene, die nach dem wirklichen Maaß aufgetragen, und aus Holz, Blech oder Pappendeckel genau ausgeschnitten werden, und die dann, zur Bearbeitung der bezüglichen

Seite des Steins, in der Art benutzt werden, daß man sie auf die Fläche legt und den Contur an ihren Kanten herum mit Rothstein auf den Stein zieht.

Je nach der Genauigkeit, mit welcher die Seitenflächen eines Steins bearbeitet werden, und je nachdem man das eine oder andere Instrument hierbei anwendet, nimmt die Arbeit auch verschiedene Namen an.

Wird die Fläche nur mit der Zweispitze bearbeitet, wobei sie noch bedeutende Unebenheiten behält, so heißt sie gespitzt; und man unterscheidet ordinair und fein gespitzte Flächen. Bei letzterer Arbeit müssen die sichtbaren Schläge der Zweispitze alle parallel sein, was bei der ersteren nicht verlangt wird. Soll die Fläche ebener bearbeitet werden, so wendet man das Kröneleisen an, und die Arbeit heißt dann gekrönelt. Eine weitere Vervollkommnung geschieht durch das sogenannte Aufschlagen, wozu man sich des Scharrireisens bedient, und die Fläche heißt dann aufgeschlagen oder scharrirt. Zuweilen wird auch nur an der Begränzung der Fläche ein, etwa 8 Linien breiter, Streifen aufgeschlagen; dann nennt man die Arbeit mit „aufgeschlagenen Fugen.“ Soll endlich die Fläche zur möglichst vollkommenen Ebene bearbeitet werden, so schleift man sie mit Wasser und einem feinkörnigen, scharfen Sandsteinstücke, wobei man zuerst grobkörnigen und dann immer feinkörnigeren Sand anwendet. Die Fläche heißt dann geschliffen.

Bei einem bearbeiteten Werkstücke heißt die Fläche, auf welche dasselbe in der Mauer gelegt werden soll, das untere, die dieser gegenüber liegende das obere Lager; die Fläche gegen den seitwärts anliegenden Stein gerichtet, heißt Fuge (Fugenfläche), und die in der äußeren Seite der Mauer liegende das Haupt, die Stirn des Steins. Das untere Lager wird gewöhnlich mit #, das obere mit ◯ oder ⊖ bezeichnet.

<h3 style="text-align:center">§. 18.</h3>

Bei den Mauern aus Quadern, müssen wir solche unterscheiden, die ganz aus Werkstücken bestehen, von denen, deren eigentlicher Kern aus Bruch- oder Backsteinmauerwerk errichtet ist, und die nur mit Quadern oder Werkstücken verblendet (bekleidet) sind.

Für den Steinverband der Mauern aus Werkstücken oder Quadern gelten, im Allgemeinen, dieselben Regeln die wir für das Mauerwerk aus künstlichen Steinen aufgestellt haben. Die Verbindung ist indessen noch leichter zu erreichen, weil die weit größeren Werkstücke, durch ihr eigenes Gewicht festliegen, und das Bindemittel (Mörtel) eigentlich nur dazu dient, die unvermeidlichen Zwischenräume in den Fugen zu füllen, und gegen das Eindringen der Nässe zu schützen. Man darf den Zusammenhang zwischen den einzelnen Steinen einer Werksteinmauer deßhalb auch nicht so groß voraussetzen, daß die Mauer als aus einer Masse bestehend angesehen werden könnte; wie dieß bei einer, mit tüchtigen Materialien, im guten Verbande aufgeführten Backsteinmauer der Fall ist.

Sind die einzelnen Quader nicht sehr groß, mithin von nicht sehr bedeutendem Gewichte, so wendet man wohl, um das Ausweichen der einzelnen Steine, bei einem entstehenden Horizontalschube, zu verhüten, Dübel, d. h. eiserne Bolzen an, welche in einer, auf der Lagerfuge senkrechten Stellung, um mehrere Zolle in die oberen und unteren Lager der Steine eingreifen, Fig. 9 Taf. 5. Auch der eisernen Klammern und Schwalbenschwänze bedient man sich zum Zusammenhalt der einzelnen Steine einer Schicht, Fig. 10 und 11 Taf. 5, und läßt diese Klammern, auch bei großen Steinen, an den Ecken der Mauern selten fehlen, was Alles das bestätigt, was wir über den geringen Zusammenhang der Steine durch das Bindemittel bemerkt haben.

Sehr häufig wendet man die eisernen Klammern bei der obersten oder Deckschicht einer Mauer an, um die Lage der Steine zu sichern (bei Brüstungs- und Flügelmauern). In diesem Falle reizen die eisernen Klammern, ihres Metallwerths wegen, oft zur Entwendung, besonders dann, wenn das Bauwerk bei einsamer Lage der Aufsicht entzogen ist. Man kann alsdann die Klammern so legen, wie es nebenstehende Figur zeigt, d. h. so, daß die größte Querschnittsabmessung des Eisens vertikal steht, während man gewohnt ist, diese Abmessung hori-

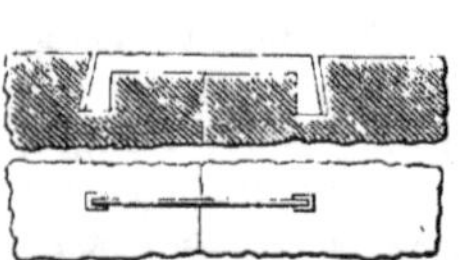

zontal zu richten nach Fig. 10 Taf. 5. Einmal ist nun die Klammer schwieriger auszubrechen, und weil sie nur mit ihrer schmalen Seite sichtbar ist, erscheint ihr Metallwerth auch geringer, wodurch sie ebenfalls gegen Entwendung mehr gesichert wird.

Die Klammern werden in den Stein eingegossen und zwar mit Gips, Schwefel, Asphalt oder Blei. Der Gips ist nur da haltbar wo er trocken bleibt, und der Schwefel greift das Eisen leicht an. Der Asphalt wird bei den Bauten des Kölner Domes vielfach verwendet und ist auch überall da, wo keine äußere Gewalt unmittelbar auf das befestigte Eisen wirken kann, gewiß ganz am Platze, da er außerdem das Eisen gegen Rost schützt. Sehr gewöhnlich wird das Blei angewendet, dasselbe muß aber, weil es beim Erkalten sein Volumen verringert, aufgefeilt werden, so daß es da, wo man nach dem Vergießen nicht hinzukommen kann, nicht wohl anwendbar ist. Die in den Stein greifenden, abgebogenen Enden der Klammern werden an ihrem äußeren Ende etwas dicker gestaltet und die für ihre

Aufnahme bestimmten Löcher demgemäß unterhalb weiter gehalten oder, wie die Arbeiter sagen, unterschafft. Der Grund hierfür ist, das Herausziehen der Klammer ꝛc. zu erschweren.

Wenn man mit Blei vergießt, so hat man sich vorher wohl zu überzeugen, ob das Loch auch vollkommen trocken ist, weil auch die kleinste Quantität Wasser durch das flüssige Blei in Dampf von ungeheurer Spannung verwandelt wird, welcher das Blei umherschleudert, wodurch sehr schmerzhafte Brandwunden verursacht werden können. Man pflegt daher die Löcher gleich nach dem Einstemmen mit einem Steine ꝛc. zu bedecken, um sie gegen den Regen zu schützen.

Will man die Klammern und Dübel nicht anwenden, so kann man den Steinen auch durch ein künstliches Ineinandergreifen eine sichere Lage geben, wovon die Verbindungsart der Steine beim Bau des Leuchtthurmes auf Edinstone ein sehr lehrreiches Beispiel gibt *).

Bei den Docksbauten zu Great-Grimsby hat man eine Verbindung der Quadersteine auf folgende Weise ausgeführt. An allen Fugenflächen sind nach nebenstehender

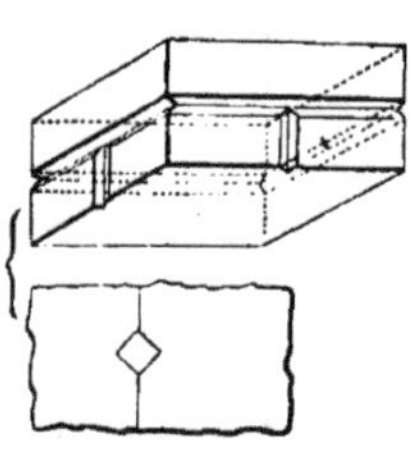

Figur dreieckige Rinnen eingehauen, welche so mit einander korrespondiren, daß wenn man mehrere Steine an einander legt, diese Rinnen viereckige Kanäle von etwa 3,5 Zoll Seite bilden. Diese werden dann mit kleinen Kieselsteinen und dünnem Mörtel ausgefüllt; und so bald dieser „Béton" erhärtet ist, sind die Steine auf eine unveränderliche Art mit einander verbunden, was durch Klammern ꝛc. nicht so vollständig erreicht wird. Denn nicht nur die horizontalen, sondern auch die vertikalen Fugen tragen auf diese Weise zur unverrückbaren Lage der Steine bei, und der einzelne Stein kann sich weder heben, noch senken, noch auf die Seite schieben, ohne daß seine Nachbarn ihm folgen.

Sind die Mauern vor Nässe geschützt, so kann man die Dübel und Schwalbenschwänze auch wohl von hartem Holze machen, wie dieß bei der Construction der Gebälke vieler alter griechischer Tempel geschehen ist.

Kommt es darauf an, daß das Mauerwerk einer sehr großen Gewalt widerstehe, und wendet man dem zu Folge sehr große Steine an, so nimmt man statt der eisernen Dübel, dergleichen von sehr harten und zähen Steinen, die dann etwa 6 Zoll im Quadrat im Querschnitt haltend und 1 Fuß lang, mit einem Cementmörtel eingegossen werden; solche steinernen Dübel nennt man Dollen, Fig. 1 Taf. 6.

------

*) Siehe Rondelet l'art de batir Pl. XIV. fig. 10 etc.

3 *

Da das Eisen leicht oxidirt, so sucht man dasselbe durch einen Ueberzug von Pech, Oel oder Asphalt, worunter man gepulverte Holzkohle mischt, oder durch Verzinnen oder Verzinken, dagegen zu schützen. Eben so gebraucht man die Vorsicht, alle dergleichen Eisentheile, von der Oberfläche der Mauer immer um einige Zoll zurück nach Innen anzubringen, um sie so dem Einflusse der Atmosphäre, mithin dem leichten Oxidiren, so viel als möglich zu entziehen.

Bei einem künstlichen Ineinandergreifen der Steine muß man darauf sehen, daß keine Ecken und Kanten vorkommen, die Winkel unter 90 Grad enthalten, weil spitzere Ecken zu leicht, schon beim Vermauern der Steine, abbrechen.

Auch die Quadersteine theilen wir in Läufer und Binder, doch pflegt ein Wechseln von ganzen Läufer- und Binderschichten nicht in der Art statt zu finden, wie dieß bei den Verbänden mit künstlichen Steinen der Fall ist.

Die Läufer, die auch Füllquadern genannt werden, proportionirt man am besten so, daß die Breite gleich der ein- oder zweifachen Höhe, die Länge aber gleich der zwei- bis dreifachen Höhe wird, Fig. 2 Taf. 6. Die Binder- oder Ankersteine, Fig. 3 Taf. 6, erhalten den zweiten oder dritten Theil der Läuferlänge zur Breite, und die doppelte oder dreifache Läuferbreite zur Länge, während die Höhe derselben, natürlich mit der, welche die in derselben Schicht liegenden Läufer haben, übereinstimmt.

§. 19.

Wird die aufzuführende Mauer nur so stark, daß man dieses Maaß den, aus den vorhandenen Steinen zu bearbeitenden, Läufern zur Breite geben kann, so besteht auch die ganze Mauer nur aus Läufern, die so über einander gelegt werden, daß die Stoßfugen wo möglich auf die Mitte eines darunter liegenden Steins treffen. Dieß ist indessen nur auszuführen, wenn die Läufer alle gleich lang sind, und man hat, wenn dieß nicht der Fall ist, darauf zu sehen, daß die Stoßfugen einer Schicht, horizontal gemessen, wenigstens 8 bis 10 Zoll von denen der darunter oder darüber liegenden Schicht entfernt bleiben.

Wird die Mauer stärker, so legt man nach Erforderniß, zwei oder drei Läufer in eine Schicht hinter einander im Verbande und darüber eine Binderschicht, deren Steine die Mauerstärke zur Länge erhalten. Haben hierbei die Binder die halbe Länge der Läufer zur Breite, so entsteht im Aeußeren der Mauer, entweder der Block- oder Kreuzverband, je nachdem man die für diese Verbände früher gegebenen Regeln befolgt. Fig. 4 Taf. 6.

§. 20.

Ist die Stärke der Mauer so bedeutend, daß die Länge der vorhandenen Bindersteine nicht mehr durch die ganze Mauer hindurch reicht, so wird in der Regel nur eine Verblendung von Quadern, entweder auf einer, oder auf beiden Seiten der Mauer angeordnet, und der übrige Theil der Mauerstärke mit Bruch- oder Backsteinen aufgeführt. Besonders bei Wasserbauten, bei Aufführung von Brückenpfeilern, Futter- oder Quaimauern (Schälungen, Vorsetzen) wird diese Construction häufig angewendet, obgleich sie eigentlich nicht zu empfehlen ist, und die dabei beabsichtigte Kostenersparniß nicht so groß zu werden pflegt, als man gemeinhin voraussetzt.

Besteht die Hintermauerung der Quadern aus Bruch- oder Backsteinen (Ziegeln), so kommen in derselben, auf dieselbe Höhe, weit mehr Lagerfugen als dieß bei der Quaderverblendung der Fall ist; und besteht das Bindemittel der Mauer aus einem Material, welches beim Erhärten sein Volumen verändert, so muß hierdurch eine ungleichartige Bewegung in der Verblendung und Hintermauerung entstehen, wodurch eine Trennung dieser beiden Theile bewirkt wird. Hierdurch leidet aber die Festigkeit der Mauer bedeutend, und im richtigen Gefühl dieses Uebelstandes macht man solche Mauern auch gewöhnlich stärker, als wenn sie aus lauter Quadern beständen. Besser, wenn auch etwas theurer, wird man daher immer construiren, wenn man auch die Hintermauerung aus, natürlich nur roh bearbeiteten, Quadern von gleicher Höhe mit denen der Verblendung aufführt, und man wird, da man nun die ganze Mauer schwächer machen kann, auch einen Theil der Kosten wieder einbringen können.

Will man dieß Verfahren aber nicht einschlagen, so geben Backsteine (Ziegeln) und lagerhafte Bruchsteine die beste, Feldsteine oder Geschiebe aber die schlechteste Hintermauerung. Bei einer solchen Verblendung mit Quadersteinen ist das Minimum der Breite der Läufer zu 10 bis 12 Zoll und die Länge der Binder mindestens zu 30 bis 36 Zoll anzunehmen.

Für dergleichen Mauern wendet man verschiedene Steinverbände an, die immer um so fester sein werden, je mehr Binder- oder Ankersteine in denselben vorkommen.

Der festeste Verband würde daher der sein, in welchem auf jede Läuferschicht eine Binderschicht folgte; doch wird ein solcher, da die Bindersteine immer die theuersten sind, in den meisten Fällen zu kostspielig werden, weßhalb man ihn nur bei niedrigen Mauern, etwa bei den Sockeln von Gebäuden, anwendet.

Ein sehr fester, und wohl für die meisten Fälle ausreichender Verband ist der, wenn in jeder Schicht zwischen zwei Läufern immer ein Binder folgt, und letztere dabei so angeordnet werden, daß immer ein Binder auf die Mitte eines Läufers der unteren und oberen Schicht trifft, Fig. 5 Taf. 6, oder daß die Mauer im Aeußeren den gothischen

ober polnischen Verband zeigt. Weniger Festigkeit gewährt der Verband, bei welchem in jeder Schicht, zwischen
zwei Bindern, immer zwei oder drei Läufer liegen, Fig. 6
Taf. 6 und Fig. 1 Taf. 7, und noch weniger der, bei
welchem ganze Läuferlagen, ohne alle Binder, vorkommen.

In letzterem Falle kann man die Festigkeit des Verbandes dadurch etwas erhöhen, daß man die Läuferlagen, in denen keine Binder vorkommen, breiter macht
als die, in denen Binder liegen; und da gewöhnlich die
Steine, die einen größeren cubischen Inhalt haben, die
verhältnißmäßig theuersten sind, so kann man hierbei an
Kosten ersparen, wenn man den breiteren Läuferlagen
eine geringere Höhe gibt.

Einige der gebräuchlichsten dieser Verbände geben die
Figuren 5 und 6 Taf. 6, und 1 bis 9 Taf. 7, in denen
die Binder in der Stirn der Mauer schraffirt sind, und
von denen Fig. 9 den Verband Fig. 5 Taf. 7 von der
hinteren Seite, ohne die Hintermauerung, in isometrischer
Projection darstellt.

Bei allen diesen Mauern gewinnt man sehr an Festigkeit, wenn man die Steine der Quaderverblendung durch
ein künstliches Ineinandergreifen, oder durch eiserne Klammern und an den Ecken durch beides möglichst mit einander zu verbinden sucht. Wie dieß geschehen kann, zeigen
die Figuren 5A und 6A Taf. 6, und Fig. 1A und 2
Taf. 7, wobei dann nur noch darauf aufmerksam zu machen
ist, daß die Verbindungen den Vorzug verdienen, bei denen,
wie schon früher bemerkt wurde, keine Ecken vorkommen,
die kleinere Winkel als 90 Grade enthalten. (Eine nähere
Erläuterung der Figuren kann dem mündlichen Vortrage
vorbehalten bleiben.)

Ferner ist zu bemerken, daß alle solche Einschnitte in
den Steinen, die dazu dienen, das Ineinandergreifen derselben zu bewirken, nie sehr tief gemacht werden dürfen,
und daß in den meisten Fällen eine Tiefe von 1 bis 2 Zoll
hinreichend sein wird.

In stark geböschten Mauern gibt man den Steinen
gern, um die scharfen Kanten zu vermeiden, eine etwa
3 Zoll breite Abstumpfungsfläche, die mit der geböschten
dann einen Winkel von 90 Graden macht, Fig. 10 Taf. 7.
Ein ähnliches Verfahren wendet man an, wenn eine
Mauer nicht horizontal, sondern in einer geneigten Linie
endet, wie z. B. die Flügelmauern bei Brücken c., Fig. 11
Taf. 7.

Sobald man Werkstücke mit anderen Steinen zu einer
Mauer vereinigt, so dürfen sie nur so weit eben bearbeitet
werden, als sie mit andern Werkstücken in Berührung
kommen, und natürlich an der Fläche mit welcher sie in
der Stirn oder dem Haupte der Mauer liegen. An alle
den Seiten aber, wo sie mit der Hintermauerung in Berührung stehen, läßt man sie ganz rauh, um die Verbin-

dung des Ganzen zu befördern. Die Bindersteine namentlich läßt man gern mit dem stärkeren Ende, welches ebenfalls rauh bleibt, in die Hintermauerung hineinreichen.

§. 21.

Sehr oft werden die Werkstücke auch dann, wenn sie
der Natur der Sache nach von lauter Rechtecken begränzt
sein sollten, nicht so bearbeitet, sondern vielmehr in Form
einer abgestumpften Pyramide, deren Grundfläche das Haupt
des Steins bildet, Fig. 1 Taf. 8. Dieß Verfahren sucht
man dadurch zu rechtfertigen, daß auf diese Weise mehr
Bindemittel (Mörtel) in die Fugen gebracht werden könnte,
ohne das Schließen der Fugen in dem Mauerhaupte zu
gefährden, die Steine daher ein sicheres Lager bekämen,
und dadurch der Gefahr des Zerdrücktwerdens leichter ent-
gingen. Ein Blick auf die Fig. 2 Taf. 8 wird indessen
das Unstatthafte einer solchen Behandlungsweise zur Genüge darthun, und zeigen, daß dabei die Steine nur mit
ihren in dem Mauerhaupte ruhenden Kanten tragen, weil,
wenn auch eine vollständige Füllung der Fugen mit Bindemittel (Mörtel) stattgefunden hat, dieses doch beim Erhärten schwinden, d. h. sein Volumen verringern wird, wodurch nothwendig ein Hohlliegen der Steine hervorgebracht,
und der ganze Druck auf die Kanten derselben transponirt
werden muß. Es ist daher dieses Unterarbeiten der Lager-
und Fugenflächen der Steine durchaus nicht zu billigen,
sondern darauf zu halten, daß diese Flächen als Ebenen
bearbeitet werden, die auf der Richtung des, auf die Steine
wirkenden, Drucks senkrecht stehen. Besonders nachtheilig
wird dieß Unterarbeiten (Unterspitzen) bei den Lagerflächen, weniger bei den Fugenflächen. Ein Vortheil läßt sich aber aus dieser keilförmigen Gestalt der
Stoßfugen schwerlich herleiten, denn daß man mehr Bindemittel auf diese Weise in dieselben bringen kann, dürfte
von geringem Belang sein, da dasselbe doch nie so fest als
der Stein selbst werden wird, und, wie wir früher schon
nachgewiesen haben, die Festigkeit einer Quadersteinmauer
weit mehr von der richtigen und sicheren Lage der
einzelnen Steine abhängt, als von der Vereinigung
derselben durch das Bindemittel. Eine Bequemlichkeit beim Aneinanderreihen (Versetzen) der Steine, er-
wächst allerdings aus dieser Gestalt derselben, doch ist
diese, wie so oft im Leben, dem zu erreichenden Zwecke
(hier einer soliden Construction) nicht besonders förderlich.
(Näheres hierüber kann dem mündlichen Vortrage überlassen werden.)

§. 22.

Eine häufige Anwendung finden die Werkstücke in
Plattenform zur Bekleidung von Mauern aus anderem
Material. Diese Bekleidung hat hierbei nicht eine Ver-

größerung des Tragvermögens der Mauer zum Zwecke, sondern dient entweder zur Zierde, oder was am häufigsten der Fall ist, zum Schutze gegen die Witterung, besonders bei den Sockelmauern der Gebäude.

Eine solche Bekleidung mit Werksteinplatten ist in diesen Fällen sehr wohl zulässig, und daher nicht mit den früher erwähnten verkleideten Mauern zu verwechseln; denn hier soll die Plattenbekleidung nicht eigentlich einen Theil der Mauer selbst ausmachen, sondern nur, ähnlich einem Mörtelüberzuge, als Mantel dienen. Eine Trennung der Bekleidung von der eigentlichen Mauer kann letzterer daher nicht so schädlich werden, als wir dieß früher bei Werksteinbekleidungen hervorgehoben haben, und wenn man auf diese, später eintretende, Trennung gleich anfänglich gehörig Rücksicht nimmt, und die Plattenbekleidung so anordnet, daß ein vollkommenes Loslösen derselben nicht stattfinden kann, so wird man den durch die Bekleidung beabsichtigten Zweck auch sicher erreichen können.

Die Befestigung solcher Platten *) geschieht auf verschiedene Weise. Häufig wendet man metallene (eiserne) Stichanker an, welche in den Platten vergossen und in der Hintermauerung vermauert werden. Da indessen eiserne Anker leicht oridiren und dadurch, besonders bei Sockelverkleidungen, den Platten verderblich werden können, so ist eine Befestigung durch Binder oder Ankersteine vorzuziehen. Die Figuren 3 bis 5 Taf. 8 zeigen diese Befestigung deutlich, und es bleibt nur zu bemerken, daß in Fig. 3 die Ankersteine A ebenso wie der übrige höhere Theil der Mauer mit Mörtel überzogen (gepußt) werden, während sie in den Figuren 4 und 5 ein vor den Ueberzug vortretendes Band, oder ein Sockelgesims bilden. Im ersten Falle muß jede Platte wenigstens in ihrer Mitte durch einen Ankerstein gehalten werden; doch können auch zwei benachbarte Platten durch einen gemeinschaftlichen, über die Stoßfuge greifenden, Ankerstein ihre Befestigung finden.

Da die Hintermauerung der Platten sich immer setzen wird, und die Ankersteine dieser Bewegung folgen werden, so muß die Fuge zwischen den Platten und den letzteren immer einigen Spielraum hierzu gewähren, wenn die Platten nicht zersprengt oder herausgedrängt werden sollen. Die Platten können unter sich noch durch Dübel in horizontaler Richtung verbunden werden, Fig. 3 Taf. 8 bei D, doch dürfte dieß letztere selten nöthig sein.

Daß solche Plattenbekleidungen nur zu dem angegebenen Zwecke, nicht aber etwa zur Bekleidung von Mauern, die dem Angriffe fließender Gewässer ausgesetzt sind, verwendet werden können, wird hier nur beiläufig bemerkt.

---

*) Nicht alle Steinarten können zu einer solchen Plattenbekleidung gebraucht werden, sondern nur solche, die, aufrecht gestellt, nicht schiefern und spalten.

b) Vom Mauern selbst, oder von der Verbindung der Steine durch Bindemittel.

§. 23.

Wir haben schon früher erwähnt, daß bei der Darstellung des Mauerwerks zweierlei zu unterscheiden sei: das Aneinanderreihen der Steine, und die Verbindung derselben durch Bindemittel. Von dem Ersteren, dem Steinverbande, haben wir in dem Vorstehenden das Wichtigste mitgetheilt, so daß wir jetzt nur noch über das Letztere die nöthigen Regeln anzuführen haben.

Zuerst müssen wir uns klar zu machen suchen, zu welchem Zwecke man die verschiedenen Bindemittel (Mörtel 2c.) in das Mauerwerk bringt, und welche Leistungen man von denselben erwartet.

Durch das Bindemittel sollen alle nicht beabsichtigten Höhlungen in dem Mauerwerke gefüllt werden, damit das Ganze als eine compakte und solide Masse erscheint. Hierdurch muß die Festigkeit der Mauer zum größten Theile bedingt werden, denn wenn zwischen den einzelnen Steinen durchaus keine hohlen Räume stattfinden, so ist auch die drehende Bewegung eines einzelnen Steines, unabhängig von den benachbarten, nicht denkbar *). Eine gleitende Bewegung wird durch eine Ausfüllung aller hohlen Zwischenräume aber auch sehr erschwert, weil bei einer solchen jedenfalls eine weit größere Reibung überwunden werden muß, da letztere mit der Größe der Berührungsflächen wächst. Hieraus folgt, daß nicht nur gewisse, sondern daß alle Fugen in einer Mauer mit Bindemittel gefüllt werden müssen, wenn man einen möglichst starken Zusammenhang des Mauerkörpers beabsichtigt.

Demnächst soll das Bindemittel den Druck, welchen zwei benachbarte Steine auf einander ausüben, auf die ganzen, dem Drucke ausgesetzten, Berührungsflächen gleichmäßig vertheilen, weil die Steine bei der immer unvollkommenen Bearbeitung dieser Berührungsflächen sich ohne eine (wenigstens anfänglich) weiche Zwischenlage, nur in einzelnen Punkten berühren würden, wodurch leicht ein Zertrümmern der Steine bei starkem Drucke eintreten könnte. Das Tragvermögen einer Mauer, oder der Widerstand gegen Pressung, normal auf die Richtung der Lagerfugen, wird daher durch eine sorgfältige Füllung dieser Fugen mit Bindemittel vergrößert.

Dem bisher ausgesprochenen Zwecke des Bindemittels, Füllung der Fugen, genügt dasselbe unabhängig von seinen chemischen Eigenschaften, wenn nur seine Beschaffenheit

---

*) Diese Behauptung ist nur für den Fall unhaltbar, wenn die Steine als Umdrehungskörper gestaltet sind, wo dann allerdings eine Drehung um die Achse möglich bleibt; daß dieser Fall aber nie eintritt, bedarf keines Beweises.

eine solche ist, daß es sich leicht in die Fugen bringen läßt, und, einmal bis auf einen gewissen Grad comprimirt, dann einem großen Drucke widersteht, ohne sein Volumen zu ändern. Diese Eigenschaften haben nun Moos, gewisse Erdarten, Blei ꝛc., und man wendet diese Materialien auch in den Fällen, wo man nur die eben besprochenen Leistungen von ihnen verlangt, als Bindemittel an. Auf diese Art ausgeführte Mauern heißen trockene, auch wohl Feld=Mauern.

Außer der Füllung der Fugen in einer Mauer und der Vertheilung des Drucks auf die sich berührenden Stein=flächen, bezweckt man aber durch das Bindemittel auch noch ein Zusammenkitten der einzelnen Steine einer Mauer und ein Verschließen der, in das Mauerhaupt tretenden, Fugen gegen das Eindringen von Nässe.

Hier sind es die chemischen Eigenschaften des Bindemittels, welche bei der Wahl eines derselben in Be=tracht kommen, und wonach die Regeln für die Behandlung desselben abgewogen werden müssen.

Es liegt außer den Gränzen unseres Werks, alle die Bindemittel, welche die verlangten Eigenschaften haben, aufzuzählen, oder deren Verhalten zu beschreiben; es genügt uns, zu bemerken, daß wir unter den chemischen Eigen=schaften dieser Bindemittel das Vermögen derselben ver=stehen, aus einem anfänglich weichen, bildsamen Zustande in einen sehr harten, festen überzugehen, und dabei fest an den Steinen zu haften; wobei die Verbindung zwischen dem Bindemittel und den Steinen aber immer nur eine mechanische bleibt, wenn sie auch oft so fest wird, daß sie selbst einer gewaltsamen Trennung widersteht. Wir fassen alle diese Bindemittel unter den Namen Mörtel, Mauerspeise, Cement ꝛc. zusammen, und nennen eine durch dieselben verbundene Mauer eine gemörtelte oder gespeiste. Wir wollen zuerst die Regeln für die Auf=führung gemörtelter oder gespeister Mauern kennen lernen, wo uns dann nur wenige Bemerkungen für das besondere Verfahren bei trockenen oder Feld=Mauern hinzuzufügen bleiben werden.

§. 24.

Zuerst kommt es darauf an, in eine Mauer gerade die nöthige Menge Mörtel zu bringen, nicht zu viel und nicht zu wenig. Ein absolutes Maaß läßt sich hier nicht angeben, und nur die Erfahrung kann die Quantität des, für ein bestimmtes Stück Mauer je nach den ver=schiedenen Steinen erforderlichen, Mörtels bestimmen. Im Allgemeinen wird zu bemerken sein, daß je unregel=mäßiger die Steine sind, desto mehr Mörtel erforder=lich wird. Zu viel Mörtel wird in einer Mauer sein, wenn sein Volumen mehr beträgt, als zur Ausfüllung der Fugen und der kleinen, nicht mit Steinen zu füllenden,

Zwischenräume, und zum Ueberziehen und Ausgleichen aller in der Mauer liegenden Seitenflächen der Steine durchaus erforderlich ist; zu wenig, wenn sich die Steine unmittel=bar, also ohne eine Zwischenlage von Mörtel, berühren, die Mörtelung in den Fugen so gering ist, daß die Un=ebenheiten der die Fugen begränzenden Steinflächen nicht vollständig ausgeglichen werden, und endlich, wenn ein=zelne Fugen oder kleine Zwischenräume ganz hohl bleiben. Wenn zu einer Mauer gerade die erforderliche Menge Mörtel verwendet ist, so sagt man, sie sei scharf ge=mauert.

Um nicht zu viel Mörtel in eine Mauer zu bringen, wird man die Steine derselben einander so nahe bringen müssen, als dieß nur immer thunlich ist, d. h. man muß mit möglichst engen Fugen mauern.

Das Maaß der Fugen hängt nun aber zum Theil von der Gestalt der Steine, dann aber auch von der Beschaf=fenheit des Mörtels ab. Sind die Steine regelmäßige Parallelepipeden, wie etwa bearbeitete Werkstücke, und ist der Mörtel dünnflüssig, so wird man die Stärke der Fu=gen bis auf 1 oder 2 Linien einschränken können. Die Fugen noch enger zu machen, ist nicht rathsam, weil es sehr umständlich werden würde, in noch engere Fugen den Mörtel hineinzubringen. Daß in diesem Falle in dem Mörtel keine Sandkörner, größer als etwa 1 Linie im Durchmesser, enthalten sein dürfen, leuchtet ein. Besteht das Material der Mauer aus Backsteinen, so ist das Maaß der Stoßfugen, wie wir früher gesehen haben, durch das Verhältniß der Breite des Steins zu seiner Länge ge=geben, und es bliebe hier nur noch etwas über die Stärke der Lagerfugen zu bemerken.

Diese Fugen schwächer zu machen als die Stoßfugen, dürfte in seltenen Fällen, und etwa nur da von Nutzen sein, wo man das Setzen der Mauer auf ein Minimum zurückführen will. Gegentheils wird man in den meisten Fällen die Stärke der Lagerfugen noch etwas größer an=nehmen müssen, weil man dadurch in den Stand gesetzt wird, die nöthige horizontale Lage der einzelnen Steinschich=ten zu erhalten. Die Dicke der Steine, welche die Höhe der Schicht bestimmt, ist bei den einzelnen Steinen immer etwas verschieden, und man würde bei schwachen Lager=fugen daher nicht im Stande sein, die Oberkanten der Steine einer zu legenden Schicht in eine Ebene zu brin=gen, wenn das starke Mörtelbett nicht erlaubte, die etwas dickern Steine tiefer in dasselbe hineinzudrücken, wobei dann aber die Lagerfuge, unter den stärkeren Steinen, noch stark genug bleiben muß, um die zur Ausgleichung der Lagerflächen nöthige Menge Mörtel aufnehmen zu kön=nen, wobei die geringste Stärke der Mörtellage wieder durch die Größe der im Mörtel befindlichen Sandkörner be=dingt wird.

Hiernach erscheint eine Stärke von 0,4 bis 0,5 Zoll als angemessen für die Lagerfugen bei Mauern aus gewöhnlichen Backsteinen. Nur wenn die Steine besonders sorgfältig geformt und der dem Mörtel zugesetzte Sand ꝛc. sehr fein ist, wird man unter dieß Maaß, doch aber nicht weiter als bis auf 3 Linien, hinabgehen können.

Aber auch die Menge der zu einer Mauer, von gegebener Höhe, erforderlichen Backsteine ist von der Stärke der Lagerfugen abhängig; denn bezeichnet d die Dicke der Backsteine, x die Stärke der Lagerfugen, h die Höhe der aufzuführenden Mauer, und n die Anzahl der Schichten, um die Höhe h zu erreichen, so ist:

$$n = \frac{h}{d + x}$$

in welchem Ausdrucke, da h und d unveränderliche Größen sind, n nur noch von x abhängig bleibt. Da nun ferner, bei zusammenhängenden Mauern aus Backsteinen, die einzelnen Schichten sämmtlicher Mauern in ein und derselben wagerechten Ebene liegen müssen, so leuchtet ein, daß durch eine zu weit getriebene Verringerung der Stärke der Lagerfugen eine sehr große Anzahl Steine mehr erforderlich werden kann, wodurch, wenn eine Kubikeinheit Backsteine theurer ist, als dieselbe Kubikeinheit Mörtel, leicht ein unnützer Geldaufwand herbeigeführt wird.

Begreiflich muß nun aber in dem Ausdrucke

$$n = \frac{h}{d + x}$$

n immer eine ganze Zahl sein, wenn man nicht die Backsteine ihrer Dicke nach verhauen will. Wenn daher, nachdem man für x ein schickliches Maaß angenommen hat, $\frac{h}{d + x}$, wie es oft vorkommen wird, keine ganze Zahl gibt, so hat man mit der zunächst liegenden ganzen Zahl wiederum in h zu dividiren, wo dann der Quotient das neue d + x gibt, woraus man das verbesserte x sehr leicht erhält, indem man d subtrahirt.

Es sei z. B. h = 13′; d = 2,5 Zoll und x = 0,5 Zoll gesetzt, so ist d + x = 3 Zoll und $n = \frac{h}{d + x} = \frac{130}{3} = 43,333 \ldots$

Nehmen wir nun für n die nächste ganze Zahl, d. i. 43, so ist $d + x = \frac{h}{n} = \frac{130}{43} = 3,0232'' \ldots$, mithin x = 3,0232″ — 2,5″ = 0,5232″.

Hätten wir hier ursprünglich x = 0,3″ angenommen, so würde sich n = 46 ergeben haben. Wären nun z. B. die Mauern eines Stockwerks von einem Gebäude von 60 Fuß Länge und 40 Fuß Tiefe, mit einer Mittelmauer, zu errichten, und diese Mauern im Durchschnitt zwei Stein stark, so betrüge die Länge sämmtlicher

Mauern 247,28 Fuß und es lägen in einer Schicht circa $\frac{247,28}{0,54} \cdot 2 = 916$ Steine, mithin wären für den zweiten Fall 916 . 3 = 2748 Steine mehr erforderlich, während etwa 382 Kubikfuß Mörtel erspart würden.

In unserem Beispiele ergab sich oben eine Stärke der Lagerfuge von 0,5232 ... Zoll, ein Maaß, was sich in der Ausführung nicht wohl abmessen und so in Anwendung bringen läßt. Um dieser Unbequemlichkeit zu entgehen, theilt man eine Latte, von der ganzen Höhe der aufzuführenden Mauer, in die durch Rechnung gefundene Anzahl (n) gleicher Theile, wo dann jeder Theilstrich ohne weiteres die Lage der Oberkante jeder Steinschicht anzeigt.

Wird das Backsteingemäuer als sogenannter „Rohbau" ausgeführt, d. h. nicht geputzt (was bei gutem Material und äußern Mauern immer geschehen sollte), so pflegt man wohl, besonders bei weniger geübten Mauerern, auf eingelegten Schienen zu mauern. Es werden nämlich glatt gehobelte Latten von der Stärke der vorher ermittelten Fugenstärke, ungefähr 1½—2 Zoll breit und 4—5 Fuß lang, so auf die bereits vermauerte Steinschicht gelegt, daß eine auf der Mitte der Breite der Latte gezogene gerade Linie genau über der Vorderkante der vermauerten Schicht liegt und in dieser Lage durch einen an das freie Ende gelegten Stein festgehalten. Die Stärke der Latte begränzt nun das aufzubringende Mörtelbett sowohl nach der Breite als nach der Stärke und die zuverlegende Backsteinschicht wird so gelegt, daß die untere vordere Kante der Steine mit der auf der Latte befindlichen geraden Linie zusammen fällt. Das Verfahren ist etwas umständlicher als das eben angegebene, hat aber den Vortheil, daß die Stirn der Mauer reinlicher bleibt und man später, wenn das Mauerwerk „gefugt" werden soll, ein Aufkratzen der Fugen erspart.

Bei Mauern aus Quadersteinen oder Werkstücken hängt die Stärke der Fugen, wie schon bemerkt, von der Genauigkeit der Bearbeitung der Steine und der Beschaffenheit des Mörtels ab, und man wird hierbei immer Sorge tragen müssen, die Fugen so dünn als möglich zu machen.

Bei unregelmäßigen Geschieb- oder Bruchsteinen hat man die Bestimmung über die Stärke der Fugen weit weniger in seiner Gewalt, und man wird bald engere, bald weitere Fugen machen müssen, je nachdem die Gestalt der Steine beschaffen ist, oder je nachdem man mehr Zeit und Mühe auf die Auswahl der unmittelbar neben einander liegenden Steine verwenden kann, und es wird hier um so nöthiger sein, den Zweck, den man durch die Anwendung des Mörtels zu erreichen strebt, unausgesetzt vor Augen zu haben, um immer scharf zu mauern.

§. 25.

Nächst der gehörigen Quantität des Mörtels, den man in eine Mauer bringt, kommt es nun aber auch noch darauf an, denselben so zu behandeln, daß er seine Eigenschaft, nach dem Vermauern in möglichst kurzer Zeit zu erhärten, und fest an den Steinen zu haften, nicht verliert.

Die meisten zur Anwendung kommenden Mörtelarten bedürfen zu ihrer Erhärtung eines gewissen Antheils Wassers, und man muß Sorge tragen, daß denselben dieser Wassergehalt nicht entzogen wird. Es ist daher nöthig, die Steine, ehe sie mit dem Mörtel in Berührung kommen, von allem Schmutze und Staube zu reinigen und, wenn sie das Wasser gierig einsaugen, gehörig zu nässen. Letzteres wird besonders bei thonhaltigen Steinen nöthig, und ist daher bei allen Backsteinen unerläßlich. Am vollständigsten erreicht man das Nässen der Backsteine, wenn man sie kurz vor dem Gebrauch in einem Gefäße eine Zeit lang, ganz von Wasser bedeckt, stehen läßt. Diese Operation ist indessen ziemlich umständlich und zeitraubend, weßhalb man sich meistens begnügt, nur diejenigen Backsteine, welche zu besonders ausgezeichneten Mauertheilen (Fensterbögen ꝛc.) verwendet werden sollen, auf die angegebene Art zu nässen. Gewöhnlich geschieht das Nässen der Steine mittelst eines großen Pinsels (Quasts) durch den Maurer bei jedem einzelnen Steine kurz vorher, ehe er denselben auf sein Mörtelbett legt. Da sich die Maurer dieser Arbeit aber gern zu entziehen pflegen, so geht man sicherer, wenn man das Nässen der Backsteine kurz vorher, ehe sie den Maurern zugetragen werden, durch besondere Arbeiter vornehmen läßt, so daß die Maurer nur angenäßte Steine vermauern können. Am bequemsten ist es alsdann, sich hierzu einer kleinen Feuerspritze zu bedienen, mit welcher die, ordnungsmäßig in Haufen aufgesetzten, Steine bespritzt werden, wie solches z. B. in Hamburg nicht ungewöhnlich ist.

Weniger nöthig ist das Nässen bei natürlichen Steinen, wenn sie nicht gerade besonders gierig das Wasser einsaugen. Bei frisch gebrochenen, harten (besonders blau gefärbten) Kalksteinen muß man häufig das Nässen ganz unterlassen, weil sonst die Steine keine feste Lage in der Mauer annehmen, und — wie sich der Maurer ausdrückt — in der Mauer schwimmen.

§. 26.

Ferner ist es von Wichtigkeit, den Stein, wenn er einmal mit dem Mörtel in Berührung gekommen und in denselben fest eingedrückt ist, unverrückt in seiner Lage zu lassen, wenn man verlangt, daß der Mörtel fest an dem Steine haften soll. Die meisten Mörtelarten haben nämlich die Eigenschaft, nur einmal mit dem Steine eine in-

nige Verbindung einzugehen, und, wird diese gestört, sie nicht zum zweitenmale zu bewirken. Liegt daher ein Stein, nachdem er in sein Mörtelbett eingedrückt ist, nicht richtig, so daß er bedeutend verrückt werden muß, so muß auch das Mörtelbett desselben mit der Kelle aufgenommen, in den Mörtelkasten geworfen und von Neuem gebildet werden. Es ist daher die an manchen Orten*) übliche Methode, jede Schicht eines Gemäuers aus Sandsteinen, nachdem solche geschlossen und gehörig gemörtelt ist, noch mit der Zweispitze zu bearbeiten, um derselben ein horizontales und ebenes, oberes Lager zu geben, durchaus zu verwerfen, wenn man von dem Mörtel mehr als ein bloßes Ausfüllen der Fugen und Zwischenräume verlangt**).

Da der bereitete Kalkmörtel, wenn er der freien Luft ausgesetzt ist, von seiner Bindekraft verliert, indem er Kohlensäure aus der Luft anzieht, so muß man suchen, nur möglichst frisch bereiteten Mörtel zu verarbeiten, und sich daher so einrichten, daß am Abend, wo die Arbeit eingestellt wird, alles Material aus den Mörtelkästen verarbeitet ist. Wenigstens an solchen Abenden, auf welche ein Ruhetag folgt, an welchem die Maurerarbeit eingestellt bleibt, darf kein Mörtel in den Kästen übrig bleiben, und der doch übrig bleibende darf nicht verwendet werden, wenn man ein festes Mauerwerk darstellen will.

Hat man dagegen einen Mörtel zu verarbeiten, der über Feuer geschmolzen und in diesem Zustande verwendet wird (wie z. B. Mastix-Cement, Asphalt ꝛc.), so dürfen natürlich die Steine nicht nur nicht angefeuchtet werden, sondern man hat gegentheils alle Sorgfalt darauf zu verwenden, die vorhandene Feuchtigkeit möglichst zu entfernen; weßhalb es oft nöthig wird, die Fugen- und Lagerflächen der Steine durch Kohlenfeuer zu erwärmen, ehe man sie mit dem Mörtel in Berührung bringt.

Wendet man ein Bindemittel an, von welchem man ein Aneinanderkitten der Steine nicht erwarten darf, was

---

*) Namentlich hier in Stuttgart.

**) Dieses verderbliche „Abspitzen" der Steinschichten wird hauptsächlich durch das Bestreben herbeigeführt, recht enge Lagerfugen in der Stirn der Mauer zu haben. Denn da die Steine nicht von genau gleicher Höhe sind und das dünne Mörtelbett ein tieferes Eindrücken der höheren Steine in dasselbe nicht erlaubt, so bleibt nichts Anderes übrig, als diese größere Höhe fort zu nehmen. Würde man stärkere Lagerfugen gestatten, oder besser noch vorschreiben, das Abspitzen aber auf's Strengste verbieten, so würden die Maurer eine größere Sorgfalt auf das Auswählen der Steine zu ein und derselben Schicht verwenden, was sie sonst nicht thun, weil sie sich auf das leidige Abspitzen verlassen. Bei sehr großen, eigentlichen Quadersteinen, deren Gewicht so bedeutend ist, daß sie durch den Schlag der Zweispitze nicht bewegt werden können, ist das Abspitzen wohl zulässig und, weil man bei solchem Mauerwerk auf sehr enge Fugen halten muß, nicht zu umgehen. Aber bei gewöhnlichen Mauersteinen, die oft kaum 1/2 Kubikfuß Masse enthalten, läßt es sich durchaus nicht entschuldigen.

aber doch in einem weichen, breiartigen Zustande verwendet werden muß, wie dieß z. B. bei dem Lehme der Fall ist, so muß man dasselbe in so dickflüssigem Zustande verarbeiten als möglich, d. h. man muß bei der Bereitung solcher Mörtel so wenig Wasser zusetzen, daß die Masse nur noch eben mit der Kelle verarbeitet, und in die Fugen gebracht werden kann. Die Steine werden nicht genäßt, weil hier ein Entziehen des im Bindemittel enthaltenen Wassers keinen Nachtheil herbeiführen kann, da das Erhärten des Mörtels in diesem Falle nur ein Austrocknen, d. h. ein Verdunsten des Wassers, nicht aber, wie bei den Kalkmörteln, ein gewisser Theil Wasser zum Erhärten nothwendig ist. Je mehr Wasser daher in eine solche Mauer gebracht wurde, desto mehr muß beim Austrocknen verdunsten, und desto stärker wird sich die Mauer setzen. Hieraus folgt ferner die Regel, die Fugen in diesen Fällen so dünn als möglich zu halten, damit nur eben so viel Mörtel in die Mauer komme, als zur Ausfüllung der kleinen Zwischenräume zwischen den Steinen und der Unebenheiten auf den Lagerflächen unumgänglich nöthig ist.

Was endlich die sogenannten trocknen oder Feldmauern anbetrifft, so kommt es bei deren Verbindung einzig darauf an, die hohlen Zwischenräume auszufüllen, und den Steinen ein sattes, festes Auflager zu verschaffen. Das Material wird daher im trocknen Zustande verwendet werden müssen, damit später kein Setzen und Schwinden stattfinden könne, doch ist hier natürlich keine staubartige Beschaffenheit der Erde 2c. gemeint, sondern ein solcher Zustand derselben, daß sie sich noch gut komprimiren läßt, wozu ein gewisser, meistens sehr geringer, Feuchtigkeitsgrad nothwendig ist. Das Komprimiren geschieht durch Stampfen und Klopfen mit dem Mauerhammer und mit dem Stiele desselben. Die Geschicklichkeit des Feldmaurers besteht hauptsächlich in der Fertigkeit, durchaus alle hohlen Zwischenräume in der Mauer zu füllen, und zu dem Ausfüllen ein solches Material und dieses in solchem Zustande zu wählen, daß die Kompression desselben leicht und möglichst vollkommen geschehen kann.

§. 27.

Außer diesen Regeln in Bezug auf die Bindemittel, hat man auf noch mehrere Umstände sein Augenmerk zu richten, wenn man ein möglichst festes Mauerwerk darstellen will.

Hierher gehört zuerst eine wagerechte Lage der einzelnen Steinschichten bei regelmäßigen Steinen, und der, hier als eine Schicht anzusehende, mehrere Fuß starke, zwischen zwei horizontalen Abgleichungen befindliche Mauerkörper, bei unregelmäßigen Bruchsteinen. In einzelnen Fällen kann zwar eine nicht horizontale Lage der Schicht, nach der Stärke der Mauer, vortheilhaft werden; immer muß aber jeder Schnitt, den eine lothrechte, mit der Länge der Mauer parallele Ebene mit der Ebene der Lagerfuge macht, eine horizontale Linie geben.

Die horizontale Lage der Lagerfugen verursacht, besonders bei langen Mauern aus regelmäßigen Steinen, bei denen außerdem eine Abweichung sehr unangenehm in's Auge fällt, oft große Mühe, und man verwendet überhaupt nicht leicht zu viel Sorgfalt darauf. Am leichtesten kommt man hierbei zum Ziele, wenn man die Ecksteine jeder Schicht mit ihrem oberen Lager genau in eine wagerechte Ebene legt, und dann durch das Ausspannen einer Schnur, die man, je nach ihrer Länge, noch in einem oder mehreren Punkten unterstützt, die oberen Lager der übrigen Steine in derselben Schicht bestimmt. Zu diesem Zwecke theilt man auf einem Paar Latten, von der Höhe der Mauer, sämmtliche Schichten (nach den früher darüber gegebenen Regeln) ein, und stellt diese Latten dann an den Ecken auf zwei, mittelst der Bleiwage, oder mit Hülfe eines andern Nivellirinstrumentes, genau in eine Horizontalebene gebrachte feste Punkte — etwa dem Sockelvorsprunge — vertikal auf. Nach den Theilpunkten der Latten werden dann die Ecksteine jeder Schicht versetzt.

Der Fall, wo es nicht durchaus nöthig ist, daß die Ebene der Lagerfugen nach der Stärke der Mauer horizontal liegt, findet bei Mauern mit gebröschten Stirnen statt. Wir haben schon früher gesehen, daß man bei dergleichen Mauern aus Werksteinen oder Quadern, um die spitzwinkligen Kanten zu vermeiden, die Lagerflächen nach Fig. 10 Taf. 7 einrichtet, wo dann der vordere Theil derselben in einer Ebene liegt, die auf der Böschungsfläche normal steht und dieselbe in einer horizontalen Linie schneidet. Diese Anordnung bringt aber, außerdem daß sie mehr Material kostet, noch den Nachtheil mit sich, daß in diese abwärts geneigten Fugen das Wasser leicht eindringt, weßhalb man, wenn die Böschung nicht bedeutend ist, die Lagerfugen besser horizontal durchlaufen läßt, weil in diesem Falle der Winkel an der untern, vordern Kante des Steins nur um Weniges kleiner als 90 Grad sein wird.

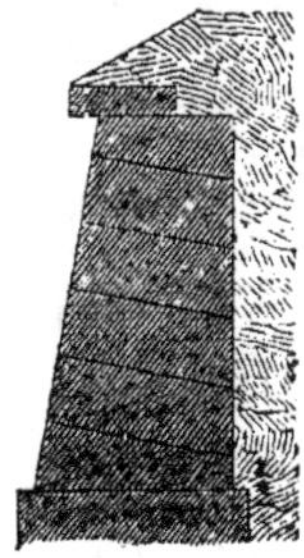

Sehr oft legt man bei dergleichen Mauern, besonders wenn sie einhäuptige (Futtermauern 2c.) sind, die Steine so, daß die Lagerfuge in ihrer ganzen Ausdehnung normal auf der Mauerstirn steht. Dann kommen die spitzwinkligen Kanten der Steine auf die innere nicht häuptige Seite der Mauer, wo das Ausbrechen weniger schädlich ist. Diese Lage hat aber denselben Nachtheil, daß nämlich das an der Stirn der Mauer herablaufende Regenwasser leicht in die Fugen bringt, und wenn es hier gefriert, das Verderben der Mauer einleitet. Man hat daher in diesem Falle für einen sorgfältigen Schluß der Fugen durch guten Mörtel ganz besonders Sorge zu tragen.

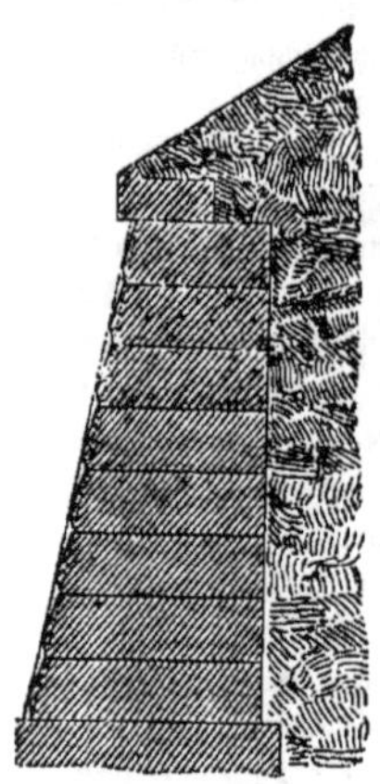

Kommt es nicht darauf an, daß die Stirn der Mauer eine Ebene bildet, was häufig der Fall sein kann, so kann man die mit der geneigten Richtung der Lagerfugen verbundenen Uebelstände und auch die scharfen Kanten an den Steinen vermeiden, wenn man, nach nebenstehender Figur, die Lagerfugen horizontal anordnet und die vordere scharfe Kante der Steine durch eine 2 bis 3 Zoll breite vertikale Fläche abstumpft.

Sollen dergleichen Mauern von Backsteinen aufgeführt werden, so ist man genöthigt, die Lagerfugen normal auf die Böschung zu richten, wenn die Ausladung der Böschung bedeutend ist; denn bei horizontaler Lage der Fuge müßte man die Steine nach der Richtung der Böschungslinie zuhauen, und wenn man auch den großen Aufwand von Zeit, Mühe und Material nicht in Anschlag bringen wollte, so würde doch die Festigkeit und Dauer der Mauer beeinträchtigt werden, weil man die äußere, feste Kruste der Backsteine vernichten, und eine

wund und rauh gehauene Fläche der Witterung aussetzen würde.

Die Holländer pflegen bei ihren aus Backsteinen bestehenden stark geböschten Wassermauern (Kaimauern) die Lagerfugen nach nebenstehender Figur so einzurichten, daß in dem eigentlichen Kern der Mauer dieselben horizontal gerichtet sind, während sie in einer Art von Verblendung der Mauer, aus demselben Material, normal auf der Stirn stehen. Der Kern erhält alsdann eine Abtreppung und hat an sich die nothwendige Stärke. Diese Einrichtung gewährt den Vortheil, daß wenn die äußere Verblendung, wegen ihrer starken Böschung, ruinirt wird, dieselbe leicht und ohne großen Materialaufwand reparirt werden kann und der Kern der Mauer unberührt bleibt. Eine sorgfältige Unterhaltung der Fugen in der Verblendung wird indessen auch in diesem Falle immer nöthig.

Weil die geneigte Lage der Lagerfugenfläche, außer dem schon angeführten Nachtheile, auch noch eine beschwerlichere Ausführung herbeiführt, da es umständlich ist, die Lage der Fugenfläche während des Mauerns genau zu bestimmen, so böscht man Mauern aus Backsteinen immer nur sehr gering, legt die Steine alle horizontal, und führt die äußere, geböschte Fläche treppenartig auf, indem man die oberen Schichten gegen die unteren um etwas zurückzieht. Es leuchtet ein, daß bei diesem Verfahren die Böschung der Mauer nur sehr gering sein darf.

Hierbei kann man die einzelnen Vorsprünge in den Schichten (die des darauf stehen bleibenden Wassers wegen immer möglichst klein sein müssen) noch dadurch verringern, daß man die Vorsicht gebraucht, die einzelnen Steine auf ihre rauhe Seite zu legen. Diese Seite ist nämlich die, welche bei dem Formen (Streichen) der Backsteine unten, d. h. auf dem Streichtische lag, und weil dieser immer mit Sand bestreut ist, eben rauh wird. Die Streichformen sind immer etwas pyramidal gestaltet, damit der gestrichene Stein leichter aus der Form geht, und schon durch das Abheben der Form wird der Stein etwas pyramidal. Dieß ist zwar so wenig, daß es mit bloßem Auge kaum wahrzunehmen ist, doch kann es in dem angegebenen Sinne vortheilhaft benutzt werden. Hat man dagegen Mauern mit vertikaler Stirn auszuführen, so muß, aus leicht begreiflichen Gründen, die rauhe Fläche des Steins in der Mauer die obere werden.

Außer einer horizontalen Lage der Lagerfugen hat man dann noch darauf zu sehen, daß das Haupt oder die Stirn der Mauer die vorschriftsmäßige Gestalt erhält, oder daß die Mauer loth- und fluchtrecht aufgeführt wird. Die hierzu anzuwendenden Hülfsmittel sind theils so bekannt, theils für jede besondere Gestalt der Mauerstirn so leicht aufzufinden, daß ihre Erwähnung füglich dem mündlichen Vortrage vorbehalten bleiben kann.

§. 28.

Wir haben früher gesehen, daß bei unregelmäßigen Steinen die Zwischenräume zwischen den größeren derselben durch kleinere, passende Steinstücke, sogenannte Zwicksteine, ausgefüllt werden müssen, und diese Manipulation erfordert große Sorgfalt, weil von ihr ein großer Theil der Festigkeit der Mauern abhängt. Soll eine Höhlung in einer Mauer aus Bruchsteinen verzwickt werden, so ist zuförderst ein Stein von der Form der Höhlung zu wählen, oder etwas mit dem Mauerhammer zuzurichten, dann die Oeffnung mit Mörtel auszuwerfen und der Stein damit zu überziehen, einzusetzen und mit dem Hammerstiel festzustoßen. Nie aber ist das Verzwicken als eine Art Pflasterarbeit auszuführen, wie es leider nur zu oft geschieht, indem die Maurer eine Hand voll kleiner Stein stücke auf der Mauer ausbreiten, diese mit dem Hammer in die Oeffnungen und Fugen treiben, und dann das Ganze mit einer Lage Mörtel wahrhaft — überschmieren.

Zum Verzwicken von Mauern aus ganz unregelmäßigen Geschiebsteinen wendet man, besonders im Innern der Mauer, vortheilhaft Backsteinbrocken an, die man gehörig mit Mörtel vermischt, in die hier immer weit unregelmäßigern und häufigern Höhlungen bringt, und mit dem Hammer festkeilt.

Bei lagerhaften und harten Bruchsteinen, welche sich schwer mit dem Mauerhammer bearbeiten lassen, kommt man oft in die Verlegenheit, daß die vorhandenen Bindersteine um etwas (einige Zolle) zu lang sind, d. h. um so viel länger als die Stärke der Mauer beträgt. Versucht man nun diese überflüssige Länge der Steine abzuhauen, so springt der Stein oft in der Mitte seiner Länge und ist dann als Binder unbrauchbar. In einem solchen Falle thut man daher besser, den Stein in seiner ganzen Länge als Binder zu vermauern, und auf einer Seite der Mauer, der später nicht sichtbaren etwa, vorstehen zu lassen, und wenn die Mauer ihre ganze Höhe, also der betreffende Stein eine große Belastung und eine feste Lage erhalten hat, das vorstehende Steinende durch einen kräftigen Schlag mit einem schweren Hammer zu entfernen, wo es dann gewöhnlich in der Stirn der Mauer abspringt.

§. 29.

Besondere Vorrichtungen erfordert das Mauern mit Werkstücken oder Quadern, weil diese Steine, ihres oft bedeutenden Gewichts wegen, nicht aus freier Hand an die Stelle, die sie in der Mauer einnehmen sollen, gebracht werden können.

Das Vermauern der Werkstücke nennt man das Versetzen derselben.

Es kommt hierbei darauf an, das genau bearbeitete Werkstück unbeschädigt und ohne großen Zeitverlust, genau und sicher an die ihm bestimmte Stelle zu bringen. Ist das Werkstück nicht hoch zu heben, so transportirt man dasselbe wohl mittelst Walzen und schützt es gegen Beschädigungen durch Strohunterlagen. Bei höherer Lage, und überhaupt mit mehr Bequemlichkeit, bedient man sich der sogenannten Hebegeschirre. Es sind dieß Windevorrichtungen, die so auf ein Gerüst gesetzt werden, daß sie sich nach zwei auf einander senkrechten Richtungen horizontal verschieben lassen. Hierdurch wird es möglich, das Werkstück mit Leichtigkeit zuerst genau über die Stelle zu bringen, welche es einnehmen soll, und da es, an der Windevorrichtung hängend, auch nach lothrechter Richtung leicht beweglich ist, dasselbe dann auf sein Lager niederzulassen. Diese Vorrichtung werden wir, wenn wir bei den Constructionen in Holz, von den Gerüsten sprechen, näher

beschreiben; hier genügt es, die Art und Weise kennen zu lernen, wie man das Werkstück am Bequemsten an dem Tau der Windevorrichtung befestigt, so daß es, in die richtige Lage gebracht, leicht und ohne Verrückung gelöst werden kann.

Es sind zu diesem Zwecke verschiedene Vorrichtungen ersonnen worden, deren mehrere zu erwähnen dem mündlichen Vortrage vorbehalten bleiben mag, und von denen wir hier nur die gebräuchlichsten anführen wollen.

Die auf Taf. 8 Fig. 6 dargestellte Vorrichtung ist der sogenannte Wolf, und die Zeichnung zeigt ihn in zwei Ansichten mit dem Steine. Derselbe besteht aus zwei Seiten- und einem Mittelstücke, einem starken Bügel und einem Splintbolzen. Die Art und Weise, wie der Stein festgehalten wird, erklärt sich aus dem Anblick der Figur, und wir bemerken daher nur, daß zuerst die beiden Seitenstücke in das, nach passender Form in den Stein gehauene, Loch eingesetzt werden, dann das Mittelstück eingetrieben und zuletzt der Bügel mittelst des, durch alle Theile gehenden, Bolzens befestigt wird.

Ganz ähnlich ist die in Fig. 7 Taf. 8 gezeichnete Vorrichtung. Sie unterscheidet sich nur durch eine andere Form des Mittelstücks a, welche das Herausziehen desselben erleichtert. Die Fig. 8 und 9 sind, dem Prinzip nach, den vorigen gleich, und ihre Wirksamkeit geht aus den Zeichnungen deutlich hervor. Bei Fig. 9 ist zu erwähnen, daß der Stein an der Kette a hängt, und das Seil b dazu dient, den Keil auch dann lösen zu können, wenn man nicht unmittelbar zu demselben gelangen kann, weßhalb diese Vorrichtung beim Versetzen von Werkstücken unter Wasser Anwendung findet.

Um diese Vorrichtungen mehr zu befestigen, werden die Zwischenräume zwischen denselben und den Wänden des in den Stein gehauenen Lochs, wohl mit Gipsmörtel ausgegossen, oder auch mit ganz feinem, trocknen Sande gefüllt.

Diese und ähnliche Vorrichtungen sind aber nur dann anwendbar, wenn der Stein fest genug ist, so daß kein Ausreißen zu befürchten bleibt.

Bei weicheren Steinarten schlingt man wohl nach Fig. 10 Taf. 8 ein Tau um den Stein, dessen Kanten man durch unterlegte Strohpolster schützt. Oder man legt den Stein auf ein starkes Brett, Fig. 11, von dessen vier Ecken gleich lange Taue nach einem gemeinschaftlichen Ringe laufen, in welchem man den, am Windetaue befestigten, sogenannten S-Haken einhängt. Beide letztbeschriebenen Vorrichtungen sind indessen bei weitem nicht so bequem als die zuerst beschriebene, wovon der Grund einleuchtend sein wird.

Auch der in Fig. 12 Taf. 8 dargestellten, sich selbst erklärenden Vorrichtung hat man sich schon zum Versetzen von Werkstücken bedient. Nach dem Versetzen müssen hierbei die in Fig. 12 schraffirten Vertiefungen, entweder mit passenden, oft anders gefärbten, Steinen ausgesetzt, oder mit einem dauerhaften Cemente ausgegossen werden.

Benutzt man den sogenannten Wolf, oder eine ihm ähnliche Vorrichtung, die den Stein nur in einem Punkte hält, so muß dieser Punkt, wenigstens annähernd, über dem Schwerpunkte des Steins liegen, damit das untere Lager des Steins nicht zu sehr von der horizontalen Lage abweicht.

Um die scharfen Kanten der Steine zu schonen, pflegt man wohl, besonders bei den, dem größten Drucke ausgesetzten, unteren Schichten, das untere Lager um etwa einen Zoll breit und eine Linie hoch von der vorderen Fläche des Steins zurückzusetzen.

Man legt nun entweder den gehörig eingepaßten und auf seinem Lager angenäßten Stein auf ein Mörtelbett und klopft ihn vorsichtig, aber doch kräftig, mit hölzernen Schlägeln fest, oder man versetzt mehrere (etwa eine ganze Schicht) Steine trocken neben einander, indem man in die Fugen kleine, 1½ Linien starke Keile von Eichenholz bringt, und vergießt dann die Fugen mit dünn angemachtem Mörtel, wobei nöthigenfalls die Fugen in der Stirn der Mauer mit Werg verstopft werden. Es werden zuerst die Lager= und dann die Stoßfugen vergossen*).

Dieser in die Fugen gegossene dünnflüssige Mörtel wird zwar beim Erhärten mehr schwinden, als Mörtel von gewöhnlicher Konsistenz, den man nur mittelst Einstreichens in die Fugen bringen kann; doch dürfte ein möglichst vollständiges Ausfüllen aller Höhlungen bei den, doch immer schwachen Fugen eines guten Quadermauerwerks leichter durch die Methode des Ausgießens erreicht werden, weßhalb wir diese vorzuziehen geneigt sind, sobald es sich nur um die Darstellung gewöhnlicher Mauern handelt, bei welchen man nicht geneigt ist, größere Mühe und viel Zeit auf diese Operation zu verwenden. Daß dieß Verfahren aber bei wichtigen Gewölbebauten nicht anzuwenden ist, werden wir später erörtern.

Bemerkt soll hier noch werden, daß bei diesem Ausgießen der Fugen die Stirnfläche der Mauer durch Kalkwasser und Mörtel verunreinigt zu werden pflegt, und daß man die Spuren davon, wenn die Stirn der Mauer aus geschliffener Arbeit besteht, sehr schwer wieder vertilgen kann; was dann dem vollendeten Bauwerke ein fleckiges und schmutzig Ansehen gibt. Das leichteste Schutzmittel gegen diesen Uebelstand besteht in einem dicken Lehmanstriche, den man mittelst eines großen Pinsels vor dem Vergießen einer Schicht, auf den bereits fertigen Mauertheil aufträgt.

_____

*) Eine nähere Beschreibung dieser Operation kann dem mündlichen Vortrage vorbehalten bleiben.

Derselbe verhindert das Eindringen des Kalks in die Oberfläche der Steine, und läßt sich, nachdem das Bauwerk vollendet ist, sehr leicht wieder abwaschen.

§. 30.

Wir müssen hier auch noch des Aus= und Vormauerns der Fach= oder Riegelwände mit natürlichen Steinen erwähnen. Besonders das Letztere, das Vormauern (Verblenden), kann nur mit den besten und lagerhaftesten Bruchsteinen einigermaßen dauerhaft ausgeführt werden. Da es aber in der Natur der Sache liegt, daß hier ein so regelmäßiges Wechseln von Läufer= und Binderlagen, wie bei Backsteinen, nicht stattfinden kann, so kommt außer den früher erwähnten, dieser Constructionsart anklebenden Mängeln, auch noch der einer geringeren Haltbarkeit in Betracht; der noch dadurch vermehrt wird, daß das Setzen einer solchen Mauer aus unregelmäßigen Bruchsteinen nothwendig bedeutender sein muß, als bei Anwendung von Backsteinen.

Sind nur die Fache einer Wand auszumauern (auszuriegeln), so ist vor dem Mauern selbst darauf zu sehen, daß die inneren Flächen der die Fächer umschließenden Hölzer so vorgerichtet werden, daß die, die Ausmauerung bildende, Tafel von Mauerwerk Halt an ihnen findet und nicht so leicht herausgedrückt werden kann. Diese Vorrichtungen bestehen gewöhnlich darin, daß die genannten Holzflächen eine Art rohen Falzes bekommen, in welchen das Mauerwerk etwas eingreifen kann. Besser, wenn auch etwas kostspieliger, ist es aber, wenn man statt der eingehauenen Falze, durch angenagelte im Querschnitt dreieckige Latten, Hervorragungen bildet, an welchen das Mauerwerk ebenfalls einigen Halt findet. Daß übrigens alle früher für den Verband der Mauern aus Bruchsteinen gegebenen Regeln, bei diesem schwachen Mauerwerke um so strenger eingehalten werden müssen, leuchtet ein. Soll die Ausmauerung nur einigermaßen Dauer gewähren, und den Anforderungen an eine geschlossene Wand genügen, so wird sie, selbst bei den lagerhaftesten Steinen, nicht unter 6 bis 7 Zoll Stärke erhalten dürfen.

§. 31.

Bei allen Mauern, mögen sie aus künstlichen oder natürlichen Steinen bestehen, bleibt es endlich noch eine Hauptregel, alle zusammenhängenden Mauern möglichst gleichmäßig, d. h. immer in gleicher Höhe aufzuführen, damit das unvermeidliche Setzen derselben gleichmäßig und unschädlich stattfindet. Ist man indessen durch irgend einen Umstand gezwungen, von dieser Regel abzuweichen, und einen Theil einer Mauer in geringerer Höhe liegen zu lassen, um ihn erst später mit dem bereits höher aufgeführten Theile wieder zu verbinden, so darf diese Verbindung nicht durch Verzahnung, sondern sie muß durch Abtreppung bewirkt werden, d. h. man muß den höher aufgeführten Mauertheil nach dem niedriger liegenden zu mit einer Abtreppung endigen lassen.

Oft kommt auch der Fall vor, daß eine alte, bereits in Ruhe gekommene Mauer verlängert, oder mit einer andern neuen unter irgend einem Winkel verbunden werden soll. In diesem Falle darf man nicht etwa in die alte Mauer (wie es leider häufig geschieht) eine Verzahnung einbrechen, sondern man kann bei einer Verlängerung allenfalls eine Abtreppung in der alten Mauer bilden, und hierdurch eine Verbindung mit dem neuen Mauertheile hervorzubringen suchen. Da dieß indessen bei einiger Höhe der Mauer sehr umständlich wird, und man außerdem die Entstehung von Rissen in dem neuen Mauerwerke dadurch doch nicht verhindern kann, bei einem Zusammenstoße der beiden Mauern unter einem Winkel die Abtreppung überdieß nicht ausführbar ist, so bleibt es in beiden Fällen am Besten, die Mauer stumpf mit einer durch die ganze Höhe sich erstreckenden Stoßfuge an die alte zu setzen; wo dann allerdings diese Fuge offen bleiben wird, dem regelmäßigen Setzen des neuen Mauertheils aber kein Hinderniß im Wege steht und daher schädliche Risse vermieden werden. Erlaubt es die Stärke der Mauern, so kann man dieselben durch einen Falz mit einander verbinden, wie solches die Fig. 1 und 2 Taf. 9 zeigen. Hat das Setzen der neuen Mauer aufgehört, so wird die Trennungsfuge beider Mauertheile mit Mörtel zugestrichen.

Erfahrungen zufolge setzt sich eine, unter den gewöhnlichen Vorsichtsmaßregeln aufgeführte, Backsteinmauer um den 200sten bis 150sten Theil ihrer Höhe.

§. 32.

Erwähnen müssen wir endlich noch die sogenannten Gußmauern, obgleich derartige Massen nicht eigentlich gemauert, sondern geformt werden. In den Mauertrümmern der Ritterburgen, den Ringmauern mittelalterlicher Städte, besonders häufig aber in den Ueberresten römischer Befestigungsmauern, finden wir ein solches Gußwerk im Innern sehr starker, auf beiden äußern Seiten mit einem regelmäßig gemauerten Mantel bekleideter, Mauern. Man erkennt hier deutlich, daß nur die Mauerhäupter in geordnetem Steinverbande aufgeführt, der Kern der Mauern aber durch, ohne alle Regelmäßigkeit, eingeschüttete Massen von Steinbrocken und Mörtel gebildet wurden. Eine solche Construction dürfte wohl nur höchst selten wieder vorkommen, denn wir wissen jetzt, daß die Stärke einer Mauer nicht nur von ihrer Dicke, sondern besonders auch von einem guten Verbande abhängig ist, und daß eine gehörig verbundene Mauer, von weit geringerer Dicke, denselben

Widerstand zu leisten vermag, als eine solche Gußmauer von weit größeren Breitenabmessungen.

Wir haben früher schon auf die Nachtheile aufmerksam gemacht, die entstehen, wenn man eine Mauer, deren innerer Kern aus Bruch- oder Backsteingemäuer besteht, mit Quadern verblendet, indem das ungleichförmige Setzen der verschiedenen Mauerkörper nothwendig eine Trennung derselben zur Folge haben muß. Dieser Nachtheil muß jedenfalls noch weit bedeutender werden, wenn der Kern der Mauer aus Gußwerk besteht, weil hier eine bedeutend größere Menge, noch dazu dünnflüssigen, Mörtels vorhanden ist, die beim Erhärten ihr Volumen verringert, und daher ein bedeutendes Setzen des innern Mauertheils zur Folge haben muß. Als Nachtheil dieser Constructionsart bleibt endlich noch zu bemerken, daß sie eine größere Menge Mörtel erfordert.

Es können indessen Umstände eintreten, wo es vortheilhaft wird ganze Mauern aus Gußwerk, dann aber auch ohne gemauerte Bekleidung, darzustellen*). Solche Mauern über der Erde und in mäßigen Dimensionen aufgeführt, dürften indessen wohl nur als Einfriedigungen vorkommen, denn denselben eine Last zu tragen zu geben, wird immer gewagt erscheinen. Will man daher eine solche Gußmauer aufführen, so werden über dem gehörig gemauerten Fundamente zwei provisorische Bretterwände, mit den Bundseiten gegen einander gekehrt, und in einem Abstande gleich der Stärke der aufzuführenden Mauer, errichtet, und der Zwischenraum zwischen beiden schichtweise mit Steinbrocken und dünnflüssigem Mörtel ausgefüllt. Das Hauptaugenmerk muß hierbei darauf gerichtet werden, alle Zwischenräume zwischen den Steinbrocken mit Mörtel zu füllen und den Steinen selbst eine möglichst sichere Lage zu geben. Man wird dieß am Leichtesten erreichen, wenn man die Steine in dünnen Lagen (etwa 1 Fuß hoch) schüttet, und dann so viel Mörtel hinzufügt, daß alle Zwischenräume ausgefüllt werden und die Oberfläche der Schicht durch Mörtel ausgeglichen erscheint. Während dem Schütten sucht man dann mittelst Stangen die Steine in eine vortheilhafte Lage zu bringen. Die Bretterwände dürfen natürlich erst dann entfernt werden, wenn der Mörtel in der Mauer schon bis auf einen gewissen Grad erhärtet ist. Die Stärke solcher Mauern darf nicht wohl unter $\frac{1}{6}$ bis $\frac{1}{5}$ ihrer Höhe betragen**).

---

*) Alle Bétonschüttungen sind dergleichen Mauermassen, die, in neuerer Zeit, bei Fundirungen eine immer häufigere Anwendung finden.

**) Bei einem ziemlich großen, unter meiner Leitung ausgeführten Bauwesen, wo eine sehr bedeutende Menge Bruchsteine (Kalkstein) vermauert waren, hatte sich eine große Quantität Steinbrocken auf der Baustelle gesammelt. Am Ende des Baues war noch eine, einige zwanzig Fuß lange, 10 Fuß hohe Bewährungsmauer aufzuführen, und eine Berechnung ergab, daß die Kosten für das Fortschaffen der er-

Wie man endlich auch aus Gipsplatten Mauern (oder Wände) von nur einigen Zollen Stärke aufführen kann, wie solches in Paris nicht selten der Fall ist, mag als zu unbedeutend, dem mündlichen Vortrage vorbehalten bleiben.

B. Mauern aus lehmiger Erde, Kalksand ꝛc.

Wir verstehen unter diesen Mauern solche, die nicht aus einzelnen Steinen zusammengesetzte Körper bilden, sondern geformte Massen darstellen, bei denen sich nach der Anfertigung weder eine Schichtung, noch ein Verband der einzelnen Bestandtheile der Mauer nachweisen lassen.

a) Lehm-Pisémauern.

§. 33.

Die Kunst, auf diese Weise Mauern und Wände darzustellen, war nach Plinius schon im Alterthume bekannt. Im Jahre 1790 machte ein Franzose, der Professor Cointereaur, diese Bauart unter dem Namen le pisé (von piser, schlagen) bekannt, und gab sie als seine Erfindung aus. Rondelet fand indessen schon im Jahre 1764 im Ain-Departement ein 150 Jahre altes Schloß, dessen Mauern aus pisé bestanden, und im Jahre 1786 bauete Joh. Rudolph auf dem westpreußischen Amte Rieszewitz ein Haus auf diese Weise.

Die Cointereaur'sche Schrift regte indessen zuerst ein lebhafteres Interesse für diese Bauart in Deutschland an, und es wurden im Jahre 1795 die ersten bedeutenden Versuche im Pisé-Bau auf den Gütern eines Herrn von Lestewitz in Schlesien gemacht.

Im Anfange dieses Jahrhunderts baute man darauf, besonders in Mecklenburg, Preußen und Sachsen, viele ländliche Gebäude en pisé, und in den Jahren 1824, 25 und 26 war es namentlich der Bauinspektor Sachs in Berlin, der sich um diese Bauart durch Versuche und durch die Feder Verdienste erworben hat. In neuerer Zeit hört man wenig davon, wenigstens muß man eingestehen, daß der früher so warme Enthusiasmus für diese Bauart bedeutend abgekühlt ist.

Daß der Pisé-Bau viele Vortheile gewährt, wird Niemand in Abrede stellen können, der das Wesen desselben erkannt hat; aber eben so wenig wird man die sanguinischen Hoffnungen theilen dürfen, die Sachs in seinem Werke von dieser Bauart hegt.

Uns genügt es zunächst, das Verfahren kennen zu lernen, wie solche Pisé-Mauern darzustellen sind, ohne auf die Fälle einzugehen, in welchen deren Anwendung vortheilhaft oder räthlich erscheint.

Der Gegenstand hat sich einer nicht unbedeutenden Literatur zu erfreuen, und da der uns zugemessene Raum es nicht erlaubt, denselben weitläufig durch alle verschiedenen dabei zur Anwendung gekommenen Methoden zu verfolgen, so wollen wir einige Schriften anführen, die ausführlicher über diesen Gegenstand handeln, uns aber begnügen, das Wesentlichste desselben kurz zusammen zu drängen; ohne indessen dadurch der Wichtigkeit der Sache selbst zu nahe treten zu wollen.

In D. Gilly's Handbuch der Land-Baukunst, Braunschweig bei Vieweg, 1822, Band I. pag. 51 u. s. f. wird die ältere Cointereaur'sche Methode ausführlich beschrieben.

Wolfram gibt in seinem schon mehrfach erwähnten Werke, Band I., Abtheilung I., pag. 158 und Band III., Abth. II., pag. 55, historische Notizen und eine Beschreibung der vereinfachten Bauart der Pisé-Wände.

Held, praktische Darstellung über den Pisé-Bau, Hildesheim 1808 bei Gerstenberg. Eine, auf Beobachtungen bei den erwähnten, in Schlesien ausgeführten Pisé-Bauten, basirte Schrift.

Am Ausführlichsten behandelt den Gegenstand S. Sachs in seinem Werke: „Anleitung zur Erd-Bau-Kunst, Berlin bei Friedrich Amelang, 1825." Der Leser wird hier ausführliche Belehrung über den Pisé-Bau finden, wenn er auch nicht mit den Ansichten des Verfassers über die fast unbeschränkte Anwendung desselben, einverstanden sein sollte.

W. J. Wimpf, der Pisé-Bau oder vollständige Anweisung ꝛc., Weilburg 1837 bei Lanz, stützt sich, wie der Titel sagt, auf 30jährige Erfahrungen [*]).

§. 34.

Die meisten Schriftsteller sind darüber einverstanden, daß eine jede Lehm- und Erdart, die nicht mit zu viel Sand vermengt ist, zum Pisé-Bau tauglich sei. Beimengungen von kleinen Kieseln, Kalk- und Mergeltheilen sollen nach einigen nicht nur nichts schaden, sondern sogar noch mehr Festigkeit gewähren. Als Kennzeichen einer brauchbaren Erdart gilt die Eigenschaft: daß die Erde in steilen Wänden stehen bleibt, sich nur in Klößen mit dem Spaten ausheben läßt, Risse und Sprünge bekommt: kurz eine jede ballbare, fette, nicht zu sandige, röthliche, bläuliche oder schwarze Erdart ist brauchbar.

---

wähnten Steinbrocken etwa so groß sein würden, als die für den muthmaßlichen Mehrbedarf an Mörtel für eine Gußmauer, so daß die Anschaffungskosten der Steine zu einer regelmäßigen Mauer, sich als reine Ersparniß herausstellten. Es wurde daher die Bewährungsmauer zwei Fuß stark von Gußwerk aufgeführt.

---

[*]) Weitere Nachrichten von Werken, die diesen Gegenstand behandeln, findet man im „Handbuch der Land-Baukunst" ꝛc. von D. Gilly, neu bearbeitet von F. Triest, Braunschweig bei Vieweg, 1831, Band I. pag. 634.

Nach der Cointereaur'schen Anweisung findet weiter keine Zubereitung statt, nur wird vorgeschrieben, daß die Erde die Feuchtigkeit haben müsse, die drei Fuß unter der Erdoberfläche zu herrschen pflege, und daß man sie in dieser während der Dauer der Arbeit durch künstliches Anfeuchten erhalten müsse. Die großen Klöße sollen mit dem Spaten zerstoßen und die großen Steine bei dieser Gelegenheit aus der Erde entfernt werden. Bei den in neuerer Zeit zur Ausführung gekommenen Pisé-Bauten hat man indessen weit mehr Sorgfalt auf die Zubereitung der Erde verwendet; indem man dieselbe durch Treten und Kneten in einen dicken, gleichförmigen Teig, der mit Stroh vermengt wird, verwandelt, und so in die Formen bringt. Die gebräuchliche Behandlung ist folgende:

Die Erde wird trocken, so wie sie aus dem Boden kommt, in einzelnen kleinen Haufen, auf einen mit Brettern gedielten, etwa 10 bis 12 Fuß im Quadrat großen Tretplatz aufgeschüttet. Diese Haufen werden, 12 Stunden vor ihrer weiteren Bearbeitung, stark genäßt und mit dem Spaten (Grabscheid) die Klöße zerstoßen. Nach Verlauf dieser Zeit wird der Tretplatz etwa drei Zoll hoch mit Erde beschüttet, und diese dadurch zu einem gleichförmigen Teige geknetet, daß sie von den Arbeitern, nach nochmaliger Annässung, mit den nackten Füßen mehreremale durchtreten und umgeschaufelt wird. Bei dem letzten Durchtreten wird reichlich kurz gehacktes Stroh, was die Arbeiter unter dem einen Arme tragen, beigemengt. Auf diese erste Lage kommt eine zweite, dritte und vierte Erdschicht, welche eben so behandelt werden wie die erste, bis die, nun 10 bis 12 Zoll hohe, Schicht den Arbeitern das Treten zu beschwerlich macht. Die so zubereitete Masse wird mit gewöhnlichen Mistforken in einen oder mehrere Haufen aufgeschichtet, und man läßt sie vor dem weiteren Gebrauch 8 bis 10 Stunden liegen und abtrocknen. Erfahrungen zufolge gibt eine gewachsene (umgegrabene) Masse Lehm $= m$; $^4/_3$ m gegrabenen, $^3/_2$ m zubereiteten Lehm und $^{13}/_{12}$ m gestampften Wandkörper. (Siehe Triest Grundsätze zur Anfertigung richtiger Kostenanschläge ꝛc. Berlin, 1809.)

Solche Zubereitung allein macht die verschiedenen Erdarten zum Pisé-Bau tauglich, wobei ihre Güte noch besonders von ihrer Beschaffenheit abhängt. Dem fetten Lehm, statt des Strohes, Sand zuzumengen, hat kein günstiges Resultat geliefert, indem eine von solchem Sandlehm erbaute Einfriedigungsmauer schon nach wenigen Monaten durch den Schlagregen zerstört wurde.

§. 35.

Bei Beschreibung der Anfertigung der Pisé-Wände selbst, übergehen wir die ältere Cointereaur'sche Methode, die abschreckende Zurüstungen erfordert, und geben die von Sachs befolgte und beschriebene Art in Folgendem:

Die Form, mittelst welcher eine Pisé-Wand dargestellt werden soll, und in welche die zubereitete Erde eingefüllt und dann festgetreten wird, besteht aus zwei 10 bis 20 Fuß langen, etwa 2 Zoll starken und wenigstens 11 bis 12 Zoll breiten, gehobelten Bohlen (Dielen), Fig. 3 Taf. 9, die auf jede 6 Fuß Länge, mit starken, aufgenagelten Leisten, gegen das Verwerfen geschützt sind. Die beiden Bohlen erhalten da, wo die Querleisten sitzen, und in der Mitte der Bohlenbreite, genau korrespondirend, 4 Zoll im Quadrat große Löcher, durch welche die die Verbindung der Bohlen bewirkenden Riegel gesteckt werden. Diese Riegel, Fig. 3 A, ebenfalls 4 Zoll im Quadrat stark, erhalten an einem Ende einen Kopf, am andern einen 1 Zoll breiten Schlitz. Die Bohlen lehnen sich auf einer Seite gegen die Köpfe der Riegel, auf der andern gegen die, durch die Schlitze der Riegel gesteckten, Keile. Die lichte Entfernung der Bohlen von einander bestimmt die Stärke der aufzuführenden Mauer, und man darf daher nur Riegel von verschiedener Länge haben, um mit denselben Bohlen, Mauern von verschiedener Stärke aufführen zu können. Geringe Abänderungen in der Mauerstärke kann man schon dadurch bewirken, daß man die Schlitze in den Riegeln länger macht, und in diese verschieden breite Keile einsetzt. Bequem ist es, wenigstens 2 Formen von verschiedenen Längen zu haben, schon deßhalb, weil bei kurzen Scheidewänden die langen Formen nicht wohl zu gebrauchen sind. An den Ecken bedient man sich besonders gestalteter Formen, die durch eiserne Ueberwürfe zusammengehalten werden, Fig. 4, Taf. 9.

Die Formen werden gehörig loth- und wagerecht aufgestellt, dann die zubereitete Lehm- oder Erdmasse mit Mistforken hineingeworfen, und gleichzeitig durch andere Arbeiter, mit den nackten Füßen, festgetreten. Dieß Treten ersetzt das früher übliche Stampfen, mit eigens geformten Stämpfern, wie solches Cointereaur vorschreibt, vollkommen.

So wird die Form bis zur Oberkante der Bohlen nach und nach gefüllt, wobei man darauf zu sehen hat, daß nirgends Höhlungen bleiben, sondern Alles in stetigem Zusammenhange ausgefüllt wird. Nach der Seite hin, nach welcher man arbeitet, wird die Masse in der Form unter einem Winkel von etwa 60 Graden abgeböscht, damit, wenn man die Form weiter rückt, sich die neue Masse mit der bereits festgetretenen besser verbindet. Ist eine Schicht vollendet, so wird die zweite so darauf gesetzt, daß, wenn in der ersten die schrägen Stoßfugen von der Rechten zur Linken gehen, dieß in der zweiten in umgekehrter Richtung der Fall ist, Fig. 5 Taf. 9. Die Oberfläche der ersten Schicht, die außerdem möglichst wagerecht zu halten ist, muß einen solchen Feuchtigkeitsgrad haben, daß sich die zweite gut mit ihr verbinden kann, und derselbe muß nöthigenfalls durch Begießen mit Wasser hervorgebracht werden, wenn ein zu starkes Trocknen stattgefunden haben sollte. Sachs gibt an, daß auf eine heut beendigte Schicht morgen die zweite aufgesetzt werden könne.

Vortheilhaft für die Mauer wird es immer sein, wenn man die Arbeit unter einer leichten Verdachung vornimmt, weil dann eintretendes Regenwetter keinen nachtheiligen Einfluß ausüben kann, und auch das Austrocknen der Mauer gleichförmiger stattfindet, als wenn sie der Sonne ausgesetzt ist, welche die äußere Oberfläche leicht verkrustet und dadurch das Austrocknen des Innern verzögert.

Wo sich zwei Mauern in einem Punkte vereinigen oder durchschneiden, kann man (in den einzelnen Schichten) abwechselnd die eine als Hauptmauer betrachten und durchgehen lassen, während man die andere stumpf dagegen setzt, nur hat man darauf zu sehen, daß alle Mauern eines Gebäudes immer in gleicher Höhe gehalten werden, wie dieß auch bei den Mauern aus Steinmaterial als Regel aufgestellt wurde.

Sind die Bohlen der Form 12 Zoll breit, so wird jede Schicht, von der Unterkante der Riegel bis zur Oberkante der Bohlen, 8 Zoll hoch werden, und es ist erklärlich, daß eine aus vielen solchen niedrigen, in kurzen Zeiträumen über einander gesetzten Schichten bestehende Mauer viele Unebenheiten und Buckel zeigen wird, da jede untere Schicht durch das Treten oder Stampfen der oberen, da sie noch nicht vollständig erhärtet sein kann, leicht etwas ausbauchen wird. Diese Unebenheiten werden, nachdem die Mauer in ihrer ganzen Höhe vollendet ist, nach „Flucht und Loth" mit einem scharfen Beile abgehauen.

§. 36.

Schon Cointereaur hat das Beschwerliche seiner Bauweise, mittelst schwerer und umständlich aufzustellender Formkasten, eingesehen, und daher eine andere Methode, le nouveau pisé genannt, vorgeschlagen, die darin besteht: daß man in besonders gefertigten Formen einzelne Steine (Erdquadern) stampft, und diese dann, nach den Regeln des Steinverbandes, vermauern soll.

Erfahrungen haben gezeigt, daß diese „Erdquader" zwar eine große Festigkeit erlangen, aber auch weit theurer und umständlicher anzufertigen sind, als gewöhnliche, in Formen gestrichene Luftsteine oder Lehmpatzen. Letztere haben sich aber, wenn sie am rechten Orte angewendet werden, als haltbar und dauerhaft gezeigt, weßhalb man wohl nicht leicht zu jenen Erdquadern greifen wird, wenn man denselben Zweck mit einfacheren und wohlfeileren Mitteln erreichen kann.

Auch Sachs findet seine, doch bei weitem einfachere, Formkasten noch zu schwer und unbehülflich, und schlägt

daher vor, die Mauern auf beiden Seiten mit gestrichenen, gewöhnlichen Lehmsteinen zu bekleiden, das Innere aber mit auf die beschriebene Weise zubereitetem Lehm auszufüllen. Hierbei sollen indessen diese Bekleidungen, nach Fig. 6 Taf. 9, nur aus Läufern bestehen, und dieß ist auch nothwendig, wenn man, wie es in der Sachs'schen Schrift heißt, die Bekleidungen „wangenartig", etwa 1 Fuß hoch, aufführen und dann den Zwischenraum auf die angegebene Art ausfüllen will. Diese Methode dürfte indessen wenig Festigkeit gewähren, und jedenfalls ist die zweite, ebenfalls von Sachs angegebene Art, nach welcher die Ausfüllung in Schichten von der Dicke der Lehmsteine, gleichzeitig mit dem Aufmauern dieser eingebracht werden soll, vorzuziehen; wobei dann aber die Bindersteine nicht fehlen sollten. Am zweckmäßigsten würde hier der polnische oder gothische Verband Anwendung finden, wie Fig. 7 Taf. 9 zeigt. Gegen diese Construction läßt sich nur einwenden: daß eine Trennung zwischen der inneren Ausfüllung und der äußeren Verblendung eintreten wird, weil die Lehmsteine in weit trocknerem Zustande vermauert werden, als in welchem sich die Füllmasse befindet, und daher ein ungleiches Setzen stattfinden wird. Um diesen Umstand möglichst unschädlich zu machen, wird man die Lehmsteine zu den Verblendungen nicht ganz ausgetrocknet, und die Füllmasse in möglichst trockenem Zustande verwenden müssen.

Sachs preist ferner eine eigene Art Pisé-Steine, denen er den Namen „Mörtelsteine" gibt, zur äußeren Bekleidung der Pisé-Wände an, und behauptet von ihnen, daß sie, auch ohne schützenden Ueberzug, den Einflüssen der Witterung vollkommen widerständen. Dieselben sollen aus einer Masse von 3 Raumtheilen Lehm und einem Theile Kalkmörtel, der wiederum aus einem Theile Kalk und zwei Theilen scharfem Kiessande bestehen soll, ganz wie die Backsteine, auch mit diesen von gleicher Größe und Form, gestrichen und an der Luft getrocknet werden.

So lange nicht gelungene Versuche über die Dauer dieser Steine bekannt geworden sind, müssen wir den Werth der ganzen Erfindung dahin gestellt sein lassen, denn a priori dürfte man wohl kaum ein günstiges Resultat von diesem Gemenge von Lehm, Kalk und Sand erwarten dürfen, sondern ein solches mit Recht bezweifeln.

b) Kalksand-Pisé-Mauern.

§. 37.

Statt des Lehms hat man sich in neuester Zeit des Sandkalks zur Erbauung von Piséwänden bedient, und diese Bauweise hat besonders in Pommern und in den Marken Preußens schon häufige Anwendung gefunden. Außer den Mittheilungen in den technischen Zeitschriften find uns zwei kleine Werke über diesen Gegenstand zu Handen gekommen, von J. C. Wedeke*) und Friedrich Engel**). Die erstere, nur aus 22 Octavseiten bestehend, handelt den Gegenstand so kurz ab, daß ohne eigene Anschauung das Verfahren schwerlich deutlich werden dürfte, dahingegen behandelt die zweite Schrift die Sache ausführlicher, und gibt durch hinreichend deutliche Zeichnungen eine so klare Anschauung, daß man in den Stand gesetzt wird, das Verfahren selbst zu probiren. Beide Schriftsteller heben besonders die Wohlfeilheit der Bauart hervor, die sie durch vergleichende Kostenüberschläge gegenüber vom Steinbau nachweisen. Ohne auf diesen wichtigen Punkt näher eingehen zu können, erwähnen wir nur, daß die Kosten des Kalk=Sand=Piségbaues sich wenigstens um 50 bis 60% pro Schachtruthe billiger stellen als Mauern aus Backsteinen. Das Verfahren, dessen man sich jetzt nach mehreren Versuchen ziemlich allgemein zu bedienen scheint, ist nach den genannten Schriften folgendes:

Das Hauptmaterial ist Sand, und zwar kommt es weniger auf das Korn desselben, als vielmehr darauf an, daß derselbe durchaus rein von erdigen Theilen sei. In dieser Beziehung wird Flußsand vorgezogen, oder ein Waschen des unreinen Sandes empfohlen. Ein gleiches Korn des Sandes wird nicht verlangt, im Gegentheil die Anwesenheit von Steinen bis zur Größe eines Zolles von Herrn Wedeke als vortheilhaft gerühmt, die Reinheit von erdigen und staubigen Theilen aber für das Gelingen der Arbeit als unerläßliche Bedingung aufgestellt.

Der Kalk ist sogenannter fetter Kalk, er muß von vorzüglicher Güte, namentlich gut gebrannt und frisch sein. Das Einlöschen desselben muß im vorliegenden Falle mit doppelter Vorsicht geschehen, weil er gewöhnlich sogleich verbraucht wird und daher keine Zeit hat, in der Kalkgrube sich nachzulöschen, d. h. sich auch in den kleinsten Theilen aufzulösen, doch aber ist es von Wichtigkeit, nur vollkommen gelöschten Kalk zu dem Kalk=Sand=Pisé zu verwenden. Zugleich muß der Kalk so dünn als möglich eingelöscht, oder, vor der Mengung mit dem Sande, der steifer eingelöschte Kalkbrei durch Zusatz von Wasser in eine dicke Kalkmilch verwandelt werden.

§. 38.

Die Masse des Kalk=Sand=Piséees ist nichts anderes als ein sehr magerer Mörtel, und es kommt, wenn die beiden ebengenannten Materialien beschafft sind, nur darauf an, die Mengung derselben in dem richtigen Verhält-

*) „Der Bau mit gestampftem Mörtel. Allgemein faßlich dargestellt von J. C. Wedeke, K. Preuß. Wegebaumeister." Quedlinburg und Leipzig bei Gottfr. Basse 1850.
**) „Der Kalk=Sand=Piségbau 2c., bearbeitet v. Friedr. Engel." Wriezen a. O. bei C. Roeder 1851.

niß und so vorzunehmen, daß die Bereitung der bedeutenden Menge die wenigsten Kosten verursacht.

Was zuerst das Mischungsverhältniß anbelangt, so hängt dieses von der Beschaffenheit des Sandes und Kalkes ab, denn es kommt darauf an, nur so viel Kalkmilch dem Sande zuzumengen, daß die Zwischenräume zwischen den einzelnen Sandkörnern ausgefüllt werden. Das gewöhnlich angewendete Verhältniß ist: 8 bis 9 Theile Sand auf 1 Theil Kalk, hierbei wird der Kalk als gelöscht und „eingesumpft" vorausgesetzt, d. h. in einem Zustande, wie er sich in der Kalkgrube findet, nachdem das Wasser abgezogen ist und der Kalk an seiner Oberfläche Risse und Sprünge zeigt, wobei er etwa die Consistenz der weichen Butter oder des Schmalzes hat. Bei der Vermischung mit der großen Quantität Sand muß natürlich Wasser zugesetzt werden, doch darf dies nicht in zu großer Menge geschehen, die von dem größeren oder geringeren Feuchtigkeitsgrade des Sandes abhängt. Ist der Sand durch langes Liegen auf der Baustelle sehr trocken geworden, so thut man besser, denselben vor der Vermischung mit dem Kalk vermittelst einer Gießkanne anzufeuchten, als ihn ganz trocken dem mit Wasser sehr verdünnten Kalk zuzusetzen. So wichtig es ist, gerade die rechte Menge Wasser zuzusetzen, so läßt sich dieselbe doch nicht genau angeben, sondern es muß nach Engel „der Erfahrung und Umsicht der Arbeiter überlassen bleiben," dasselbe der Beschaffenheit des Sandes sowohl, als auch der jedesmaligen trockenen oder feuchten Temperatur entsprechend zu bestimmen, und es läßt sich im Allgemeinen hierüber nur sagen: „daß die zum Verarbeiten fertig gemengte Masse eine der frisch ausgegrabenen mageren Gartenerde ziemlich ähnliche Textur haben muß."

Herrschen Zweifel über das richtige Mengungsverhältniß, so soll man nach Wedeke zwei einander ganz gleiche (congruente) Gefäße nehmen, die mithin gleichen cubischen Inhalt haben, das eine mit dem vorhandenen Sande, das andere mit Wasser füllen, und nun aus letzterem in erstes, ohne etwas zu verschütten, so viel Wasser schütten, als der Sand aufzunehmen vermag, so daß Wasser und Sand in dem ersten Gefäße gleich hoch stehen. Mißt man nun die Höhe des im zweiten Gefäße noch befindlichen Wassers und ebenfalls die Höhe des über dem Wasser entstandenen leeren Raumes in demselben Gefäße, so darf man nur das letztere Maaß durch das erstere dividiren, um das richtige Verhältniß des dem Sande zuzusetzenden Kalkes zu haben. Z. B. es betrage die Höhe H des in dem Gefäße zurückgebliebenen Wassers 12 Zolle und die Höhe h des darüber entstandenen leeren Raumes 1,5 Zolle, so ist das gesuchte Verhältniß $\frac{h}{H} = \frac{1,5}{12} = \frac{1}{8}$ oder es müssen zu einem Theil Kalk 8 Theile Sand hinzugesetzt werden.

Engel führt an, daß er mehrere Kalk=Sand=Pisébauten kenne, bei welchen man 10, ja 15 Theile Sand 1 Theile Kalk zugesetzt habe, meint aber, man thue wohl, „nicht zu sparsam mit dem Kalke umzugehen," da keine Ursache vorhanden sei, „aus Gründen der Oekonomie gegen die Güte des beabsichtigten Gebäudes zu handeln." Er hält das Verhältniß von 1 : 8 für das beste.

§. 39.

Da immer eine bedeutende Menge Mörtel zu mengen ist, so liegt der Gedanke sehr nahe, sich hierzu einer Maschine zu bedienen, und es sind auch in der That mehrere dergleichen versucht, welche in dem Engel'schen Werke beschrieben werden. Engel ist aber durch Erfahrung dahin gekommen, und Webeke ist derselben Ansicht, die Mengung durch unmittelbare Handarbeit, sowohl in Beziehung auf die Kosten als auch besonders in Ansehung der Güte des erzielten Materials, den Maschinen vorzuziehen. Ersterer beschreibt die Arbeit wie folgt. Zuerst werden von den 8 Theilen Sand etwa 3 Theile mit dem Kalk, wie bei der gewöhnlichen Mörtelbereitung, vermengt, und dann die

noch fehlenden 5 Theile Sand hinzugesetzt. Engel bediente sich zu dieser Bearbeitung einer besonderen „Mengehacke", welche in vorstehender Figur abgebildet ist. Dieselbe ist 14 Zoll breit; die Zähne sind 2,75 Zoll lang und stehen 0,4 Zoll von einander entfernt. Auf dem Rücken der „Harke" befindet sich eine Krücke von 2,3 Zoll Höhe mit einer Schmiege „nach rückwärts und etwas gekrümmt." Die Mengung geschieht in einer geräumigen Kalkbank, indem man die Masse mit dem eben beschriebenen Instrumente gegen die Wände derselben harkt und mit der Krücke

nach der Mitte „zurückquetscht". Durch dieses Manöver soll sich das kleinste Kalkstückchen zerdrücken, und 4 Mann sollen, an zwei Kalkbänken angestellt, im Stande gewesen sein, 16 bis 18 Stampfen täglich mit dem erforderlichen Material zu versehen. Webeke sagt: „Es darf niemals mehr Mörtel zubereitet werden, als man höchstens in einem halben Tage zu verarbeiten gedenkt; auch muß der Raum, wo er aufbewahrt wird, gegen Sonne und Regen geschützt sein. Sollte es sich dennoch ereignen, daß mehr Mörtel angefertigt werden müßte, als sogleich verbraucht werden kann, so muß er mit feuchten Decken bedeckt werden, um ihn genügend feucht zu erhalten; denn ist er zu sehr abgetrocknet, so kann ein abermaliges Anfeuchten ihn nicht wieder brauchbar machen."

§. 40.

Die zubereitete Masse wird nun ganz ähnlich wie bei dem Lehmpisébau in Formkästen eingestampft, und zwar sind diese Kästen, nach Engel, auf folgende Weise angefertigt. Zunächst bedarf man zweierlei Formen, und zwar „Wandformen" und „Eckformen". Eine solche Wandform besteht aus zwei 1 bis 1¼ Zoll starken, etwa 2 Fuß breiten gespundeten und auf einer Seite glatt gehobelten Bretterwänden, welche auf 2½ bis 3 Fuß Entfernung mit 4 bis 4½ Zoll breiten, ⅝ Zoll starken Leisten, die am besten auf den Grat eingeschoben werden, gegen das Verwerfen geschützt sind. Da ferner sehr viel auf das genaue Aneinanderfügen der Formen der Länge nach ankommt, so müssen beide Tafeln nicht nur genau von gleicher Länge, sondern auch an den Enden genau rechtwinklig abgerichtet sein. Eichenholz zu den Tafeln hat keine Vortheile, im Gegentheil ist gutes harziges Furchenholz, welches besser „steht", vorzuziehen. Zwei solcher Tafeln bilden mit Hülfe von mehreren Riegeln einen sogenannten Wandkasten. Die Länge derselben soll, der leichteren Handhabung wegen, nicht über 16 bis 17 Fuß sein. In untenstehender Figur ist ein solcher Kasten in der Ansicht und im Durchschnitt dargestellt. Die Riegel, 2 und 3 Zoll im Quadrat stark, haben an jedem Ende einen Schlitz für einen Keil und einen Absatz, gegen welchen sich die Tafeln lehnen und so

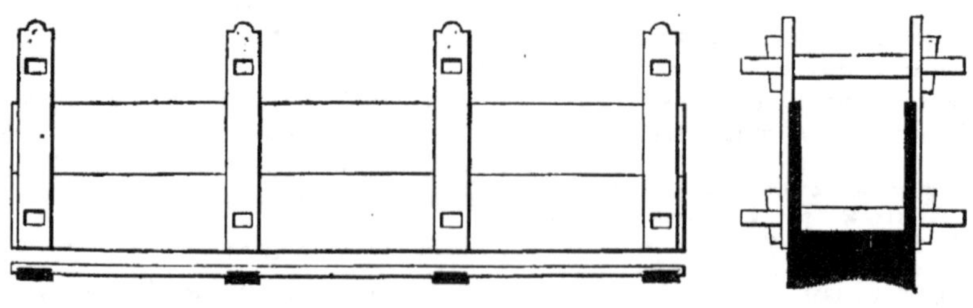

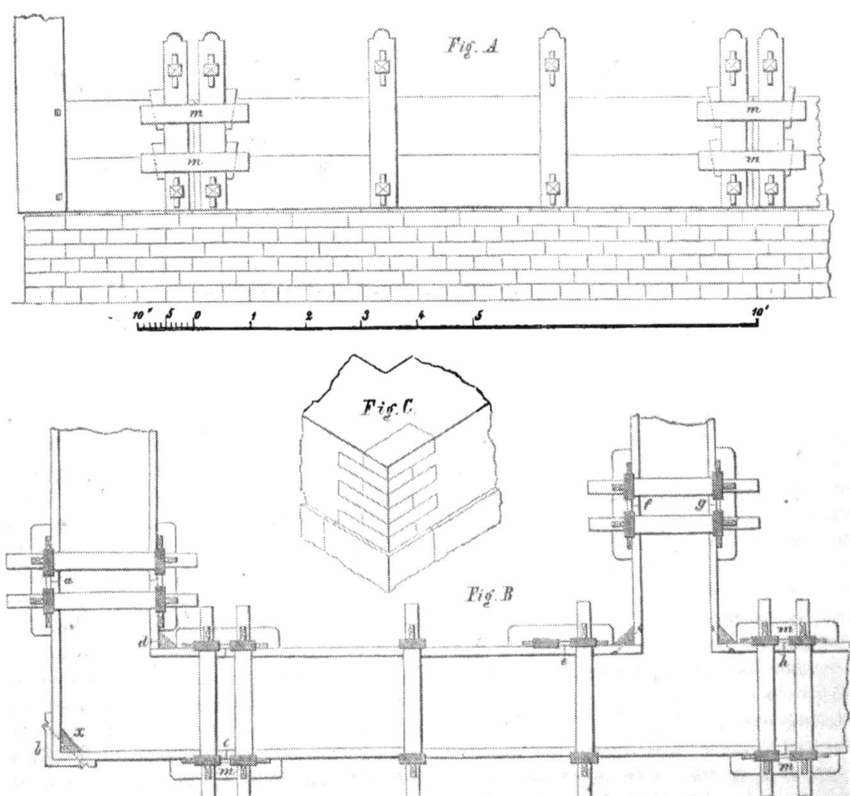

die Stärke der Mauer bestimmen. Diese Form der Rie=
gel ist der, nach welcher sie an einer Seite einen Kopf
bilden (wie in Fig. 3 Taf. 9), vorzuziehen, weil man
nach Lösung der Keile beide Tafeln abnehmen kann, ohne
die Riegel aus der noch frischen Masse herausziehen zu
müssen, was von Wichtigkeit ist. Zu einer 16 Fuß lan=
gen Form gehören 8 Riegel, 4 Ober= und 4 Unterriegel,
die übrigens gleich gestaltet sind, nur gehen die unteren
durch die Leisten und die Tafeln, die oberen aber nur durch
die Leisten, welche ihrer Seits die Tafeln überragen. Die
Eckformen oder Eckkästen werden nach Engel am
besten so angefertigt, wie sie oben in Figur A und B,
dargestellt sind, a b c d ist ein äußerer, e f g h ein innerer
Eckkasten, welch' letzterer zur Verbindung sich kreuzender
Mauern dient. Engel sagt: „Da scharfe Ecken an den
äußern Wänden sich nicht allein schwer aufführen, sondern
auch fast gar nicht erhalten lassen, so ist es zweckmäßig,
durch Anbringung des dreieckig gearbeiteten Holzes x Fig. B
in dem Punkte, wo die beiden Schenkel des Winkels zu=
sammenstoßen, die scharfen Ecken abzustumpfen, und somit
zu vermeiden. Eiserne Schraubenbolzen, welche schräg durch
die Ecke gehen und sowohl die äußeren Leisten und Bretter
als auch den Eckpfosten fassen, geben dem Kasten selbst
eine große Festigkeit, die außerdem durch die Riegel erhöht
wird. Bei Eckkästen ist jedoch darauf besonders zu sehen,
daß diese mit nicht zu kurzen Schenkeln angefertigt sind;
wenigstens müssen die äußern Schenkel 4 bis 4,5 Fuß lang
sein. Nach Webeke sollen „die äußern Ecken und im
Innern der Gebäude diejenigen, welche leicht abgestoßen
werden könnten, von Backsteinen aufgeführt werden, wie
in Fig. C angedeutet ist. Diese Backsteine werden, stark
angenäßt, in die Ecken der Formen gelegt, und mit dem
Mörtel festgestampft, wobei darauf zu sehen ist, daß sie
stets wagerecht gelegt, und die Lagerfugen gleich stark ge=
macht werden." Diese letztere Methode scheint uns der mit
abgestumpften Ecken vorzuziehen, wenn gleich sie einige
Mehrkosten verursacht.

Die Verbindung der Wandkästen unter sich, wie mit

den Eckkästen, wird durch übergelegte sogenannte Klammern und Keile von hartem Holze bewirkt, wie dieß die Fig. A und B zeigen. Die Klammern m, m sollen von Birkenholz am besten sein und etwa 16 Zoll lang, 4 Zoll breit und 3 Zoll stark gemacht werden; die Keile sind mit ¾ bis 1 Zoll stark genug.

Es muß hier noch darauf aufmerksam gemacht werden, daß man auf die genaue Anfertigung der Kästen die größte Aufmerksamkeit verwenden muß, weil von denselben die Gestalt der aufzuführenden Mauern abhängt, die nicht, wie bei dem Lehmpisébau erwähnt wurde, durch ein Abbeilen und Reiben rectifizirt werden können, sondern so bleiben müssen, wie sie aus der Form hervorgehen. Ganz besonders kommt es darauf an, daß die Brettertafeln der Kästen nicht windschief sind oder werden, wovon man sich häufig durch das Auflegen von Richtscheiten in diagonaler Richtung überzeugen muß.

Außer den Kästen gebraucht man noch Stößer (Pisoirs), um die Masse festzustampfen. Dieselben haben die in nebenstehender Figur dargestellte Gestalt, eine Höhe von 7 bis 8 Zoll und eine quadratische Grundform von 4 bis 5 Zoll Seite. Sie werden am besten von recht hartem Holze, Weiß- oder Rothbuchen, die Stiele aber von weichem Holze angefertigt. Wedeke will die Stößer an ihrer Unterfläche mit Blech beschlagen haben, welches über die Kanten gebogen wird, er sagt: „Dieser Blechbeschlag ist aus dem Grunde unerläßlich, weil ohne denselben der Mörtel an den Stößern haften, und dadurch die Arbeit sehr erschwert werden würde; auch wird durch denselben die Abnützung des Stößers verhindert, in Folge dessen er unten immer eben bleibt, was für einen guten Erfolg der Arbeit unerläßlich ist."

§. 41.

Zur Aufstellung der Kästen ist es eine wesentliche Hülfe, wenn man auf dem gemauerten Sockel der zu errichtenden Mauer wenigstens eine Schicht von Backsteinen und Mörtel genau in der Stärke der Mauer aufführt, welche dann, für die erste einzustampfende Mörtellage gewissermaßen den Boden bildend, ein dichtes Anschließen der Kastenwände erlaubt und dadurch die fluchtrechte Stellung derselben sichert, so daß man hauptsächlich nur noch auf die lothrechte Stellung sein Augenmerk zu richten hat. Ist die Aufstellung vollendet, so wird die gemengte Masse in einer Lage von 2 bis 2,5 Zoll Stärke eingeschüttet und mit dem Stößer festgestampft. Das feste Zusammenstampfen der Masse ist sehr wesentlich, und es darf daher nicht früher eine neue Schüttung vorgenommen werden, bis die

vorhergehende so hinuntergerammt ist, daß sie unter den Stößen des Pisoirs einen „dem Metalle ähnlichen Klang gibt". Auf diese Weise werden die Kästen nach und nach gefüllt, und können, wenn dieß unter Beobachtung des gehörigen Festrammens geschehen ist, sogleich zum erneuten Gebrauch auseinander genommen werden. Dieß geschieht in der Art, daß die Keile der Ober- und Unterriegel herausgeschlagen und die ersteren aus den Formen herausgeschlagen werden. Die unteren Riegel läßt man indessen an ihrer Stelle und entfernt die Kastenwände dadurch, daß man sie an beiden Seiten her Mauer behutsam von den Riegeln abhebt und die letzteren erst dann aus der Mauer zieht, wenn die Masse rings um dieselben etwas abgetrocknet ist. Es ist sowohl für die Beschleunigung der Arbeit, als für die Solidität der Mauer von Wichtigkeit, daß man eine Reihe von mehreren Kästen zugleich vollstampft; und es ist am besten, den Bau an einer Ecke so zu beginnen, daß man wenigstens noch einen Kasten neben den Eckkasten aufstellt, so daß auch ein Theil der Seite, nach welcher man nicht sogleich fortarbeiten, sondern wo man bei der Beendigung der Schicht endigen will, gleich im Verbande mit aufgestampft wird. Am Ende des letzten Kastens in jeder Kastenaufstellung muß das Material schräg abgestampft werden, und der nächstfolgende neu aufgestellte Kasten muß diesen schräg abfallenden Mauertheil wieder in sich aufnehmen. Der letzte Unterriegel in dem schrägen Theile bleibt stecken und wird bei der neuen Kastenaufstellung wieder mitbenutzt, um so die Verbindung herzustellen. Eben so wichtig ist es, alle Scheidewände, welche sich mit den Umfangswänden oder auch unter sich kreuzen, gleich mit im Verbande aufzustampfen, so daß keine höhere Schicht (Kastenstellung) begonnen werden darf, bis nicht die vorhergehende in allen Wänden beendigt ist. Hat man so eine Kastenaufstellung geschlossen, worüber bei einem einigermaßen ausgedehnten Gebäude immer einige Tage vergehen, so kann man die zweite sogleich beginnen, an demselben Punkte, wo die erste begann. Bei kleineren Bauten, wo eine Schicht schneller zum Schluß kommt, muß man die Vorsicht gebrauchen, immer einen Zeitraum von wenigstens 24 Stunden vergehen zu lassen, ehe man auf eine beendigte Schicht eine neue setzt. Um eine Verbindung der neuen Schicht mit der alten zu bewirken, wird letztere, wenn die neue Kastenaufstellung vollendet ist, an ihrer Oberfläche mit einer Gießkanne genäßt. Zum lothrechten Aufstellen der Formkästen bedient man sich des in nebenstehender Figur abgebildeten, sogenannten Töpfer- (Hafner-) Lothes. 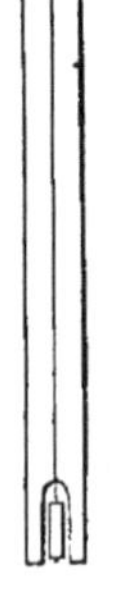 Die Löcher der Kastenriegel soll man nach Engel bis nach Aufführung aller Wände offen lassen, da dieselben, offen gelassen, zum Austrocknen der Wände sehr viel beitragen sollen; Webeke sagt dagegen: „Die Riegellöcher werden sogleich mit frischem Mörtel vollgestopft und mit einem Reibholze verrieben."

Bei heftigem Regen muß man die Arbeit unterbrechen und die angefangenen Formkästen mit Brettern, die vorräthige Mörtelmasse aber mit Stroh bedecken; ein feiner, nicht anhaltender Regen ist aber der Arbeit eher förderlich als hinderlich.

Die Anlage der Thür- und Fensteröffnungen in diesen Mauern, werden wir an dem gehörigen Orte erwähnen, müssen aber den Gegenstand hier verlassen und in Beziehung auf die Specialitäten unsere Leser auf das Engel'sche Werk verweisen.

e). Die Wellerwände.

§. 42.

Zu den aus lehmiger Erde gefertigten Mauern oder Wänden, gehören auch noch die sogenannten Wellerwände.

Als Material wird der Lehm, wie bei dem Pisébau beschrieben, erweicht und dann mit langgehacktem (gewöhnlich Roggen-) Stroh innig durch Treten oder Umarbeiten mit Hacken, vermengt.

Die Wand selbst wird aus dieser Lehmmasse mittelst Mistforken und mit Zuhülfenahme der Hände in der Art gebildet, daß einzelne Schichten von höchstens 4 Fuß Höhe, auf einander gebracht werden. Hierbei darf die neue Lage nicht eher aufgebracht werden, bis die vorhergehende fest geworden ist und sich gesetzt hat, welches letztere $\frac{1}{24}$ bis $\frac{1}{16}$ der Höhe beträgt. Man gibt dabei den Außenflächen der Mauern eine Böschung, deren Anlage etwa gleich $\frac{1}{24}$ der Höhe ist.

Eine andere, verbesserte Methode, die von dem Amtmann Hunt in Mecklenburg herrührt, besteht in Folgendem:

Der Lehm wird vorher gegraben, einen Winter hindurch dem Wetter ausgesetzt, und dann mit gehacktem Stroh, wie früher, zu einem steifen Teige bearbeitet. Diese Masse wird nun mit den Händen, in etwa 4 Zoll hohen Lagen, aufgebracht, oben und an den Seiten glatt gestrichen, und auf dieselbe eine Lage dicker Holzreiser oder Spähne, um einige Zoll kürzer als die Mauerstärke, so gelegt, daß die Reiser etwa 4 bis 6 Zoll aus einander liegen und mit der Längenrichtung der Mauer einen Winkel von circa 45 Graden bilden. Diese Reiser werden mit einem hölzernen Hammer in die noch weiche Lehmlage eingeschlagen, und in der folgenden, eben so behandelten Schicht bekommen sie eine, die erste unter einem rechten Winkel schneidende Richtung.

Eine dritte Methode besteht darin, daß man aus der mit Stroh gemengten Lehmmasse, mit einer dreizinkigen Mistforke Zöpfe (Kauten genannt), von etwa 2 Fuß Länge und 5 Zoll Stärke herauszieht, dieselben in abwechselnden Lagen, der Länge und der Stärke der Mauer nach, im Verbande über einander legt, auf diese Weise Schichten von 2 bis 3 Fuß bildet, und dieselben dann mit geeignet geformten, hölzernen Schlägeln von oben und an den Seiten festschlägt. Die Wellerwände stehen übrigens den Pisé-Wänden und denen aus Lehmsteinen, hinsichts ihrer Festigkeit und Dauer bedeutend nach; es sind vielleicht die schlechtesten aller Wände.

Daß alle dergleichen Mauern und Wände aus lehmiger Erde, auf ein über das Terrain gehörig erhöhtes Fundamentgemäuer von Steinmaterial gestellt werden müssen, wird nur beiläufig bemerkt.

Zweites Kapitel.

Construction der Steindecken.

§. 1.

Wir verstehen hier unter Decke nicht nur die Begrenzung ganzer Räume gegen oben, sondern auch die einzelner Oeffnungen in den Mauern oder zwischen Stützenstellungen.

Im Allgemeinen unterscheiden wir drei verschiedene Arten der Bildung der Steindecken. Die einfachste und natürlichste Decke ist unstreitig die, wenn man einen Stein oder eine Platte von hinreichender Größe und Festigkeit, so auf den Begrenzungsmauern des Raums oder der Oeffnung lagert, daß dadurch dieselbe gegen oben geschlossen, oder mit einer Decke versehen wird.

Ist der zu überdeckende Raum zu groß, oder die relative Festigkeit der disponibeln Steine und Platten nicht groß genug, um auf die durch die Größe der Oeffnung bedingte Weite die eigene oder auch noch eine fremde Last zu tragen, so kann die Decke auch noch auf folgende Weise gebildet werden. Von zwei einander gegenüber stehenden, oder auch von allen Begrenzungsmauern des Raums aus, läßt man immer mehr horizontale Steinschichten so über einander vor- und in das Licht des Raums hineintreten, daß jede obere Schicht auf der unteren noch eine sichere Unterstützung findet, bis die Größe der Oeffnung so eingeschränkt ist, daß sie mit einem einzigen Steine oder einer Platte, entweder ganz, oder doch so geschlossen werden kann, daß der Stein, oder die Platte von zwei einander gegenüber stehenden Begrenzungsmauern getragen wird, und mehrere auf diese Weise neben einander gelegte Steine ober Platten die Decke bilden. Diese Construction war schon im frühesten Alterthume bekannt, wie solches das Innere der Pyramiden und die sogenannten Schatzhäuser der Griechen beweisen.

Diese beiden Arten der Deckenbildung geben die sogenannten Steinbalkendecken.

Die dritte Art und Weise endlich, wie eine Steindecke gebildet werden kann, besteht darin, daß man dieselbe aus einzelnen, keilförmig gestalteten Steinen so zusammenfügt, daß jeder einzelne derselben vermöge seiner Gestalt und Lage, von den benachbarten an einer Bewegung gehindert, und die ganze Decke durch den unverrückbar festen Stand aller, oder einiger Begrenzungsmauern des Raumes oder der Oeffnung, schwebend erhalten wird. Eine solche Decke nennen wir allgemein ein Gewölbe.

Es ist daher nicht die äußere Gestaltung, etwa nach Kreis- oder andern krummen Linien, was eine Decke zu einem Gewölbe macht, denn eine solche läßt sich auch durch die eben beschriebene Uebertragung darstellen. Das Bezeichnende für das Gewölbe ist: daß die dasselbe bildenden Steine, durch ihre Gestalt und die Art und Weise ihrer Zusammenfügung, auf und zwischen festen Mauern, schwebend erhalten werden; vermöge des Gleichgewichts, was zwischen dem aus ihrer eigenen, oder noch hinzukommenden fremden, Last hervorgehenden Drucke und dem Widerstande der Mauern bestehet. Die krummlinige Gestaltung einer Decke ist für das Gewölbe durchaus nicht bezeichnend, wenn auch gewöhnlich; denn das sogenannte scheitrechte Gewölbe bildet eine ebene, gerade Decke, und entspricht doch dem eben aufgestellten Begriffe eines Gewölbes vollkommen.

A. Von den Gewölben.

§. 2.

Den Namen Gewölbe behalten die Steindecken gewöhnlich nur da, wo sie ganzen Räumen als Decken dienen, und werden da, wo sie Oeffnungen in den Mauern decken, Bogen oder Sturz genannt, letzteres besonders dann, wenn sie eine ebene, gerade Fläche bilden (Fenster- und Thürsturze). Ein wesentlicher Unterschied zwischen Bogen und Gewölbe findet aber nicht statt, denn ein Bogen ist ein Gewölbe, welches die Mauerdicke, in der die überspannte Oeffnung befindlich ist, zur Länge hat. Ein Brückengewölbe z. B. ist von einem Fenster- oder Thürbogen gewiß nicht wesentlich verschieden, wenn wir die Breite der Brücke als die Dicke einer Mauer ansehen, in welcher eine Oeffnung überwölbt wurde.

Die einzelnen Theile eines Gewölbes oder Bogens haben verschiedene Namen bekommen, und um diese kennen zu lernen, wollen wir in Fig. 8 Taf. 9 ein Gewölbe zum Grunde legen, welches in seiner Form die eine Hälfte eines, durch eine Ebene in seiner Achse geschnittenen, hohlen, geraden Cylinders darstellt, also in seinem auf die Cylinderachse senkrechtem Querschnitte ein halbkreisförmiges Ringstück bildet; in den nachfolgenden Definitionen aber, die Gewölbform etwas allgemeiner aufzufassen versuchen.

1) Widerlager, Widerlagsmauern AA heißen diejenigen Begrenzungsmauern des überwölbten Raumes, auf oder zwischen welchen das Gewölbe selbst eine Stütze findet, und die vermöge ihrer Stabilität dem Drucke des Gewölbes Widerstand leisten.

2) Stirn- oder Schildmauern B nennt man diejenigen Umfassungsmauern eines überwölbten Raumes, welche nicht Widerlager sind. Fehlen sie, wie z. B. bei allen Brückengewölben, so heißt das Gewölbe ein offenes.

3) Gewölbstirn, Haupt eines Gewölbes, ist der dem Beschauer sichtbare Querschnitt C desselben.

4) Gewölbrücken nennt man die äußere Gewölbfläche E.

5) Leibung nennen wir die innere (untere, von unten angesehene) Fläche des Gewölbes D. Man kann sich dieselbe erzeugt denken durch stetige Bewegung eines Bogens, dessen Mittelpunkt in einer gegebenen Linie fortschreitet, und dessen Ebene auf dieser Linie immer normal bleibt.

6) Die Linie, welche bei dieser Erzeugung vom Mittelpunkte des Bogens durchlaufen wird, heißt die Gewölbachse. (Im Beispiele der Figur eine gerade Linie.)

7) Jede Lage des erzeugenden Bogens heißt die Bogenlinie des Gewölbes.

8) Der höchste Punkt der Bogenlinie heißt ihr Scheitelpunkt; die von ihm (bei Erzeugung der Leibungsfläche) beschriebene Linie die Scheitellinie des Gewölbes.

9) Gewölbfuß, Gewölbanfang heißt der untere, zunächst auf dem Widerlager ruhende Theil des Gewölbes.

10) Gewölbsohle ist diejenige Fläche, mit welcher der Gewölbfuß auf der Oberfläche des Widerlagers aufsitzt, in der Figur durch a b c d bezeichnet.

11) Die Linien, in welchen sich die Leibungsfläche und die Gewölbsohle schneiden, heißen die Kämpferlinien; zwei in diesen Linien, und zugleich in einem auf die Gewölbachse normalen Querschnitte liegende Punkte sind zusammengehörige Kämpferpunkte.

12) Gewölbweite, Spannweite nennt man die Entfernung zwischen den Horizontalprojectionen zweier zusammengehöriger Kämpferpunkte.

13) Gewölbhöhe, Pfeilhöhe ist die größte rechtwinklige Ordinate zwischen der geraden Verbindungs-

linie zweier zusammengehöriger Kämpferpunkte und der Bogenlinie.

14) Legt man durch die Scheitellinie eines Gewölbes
eine lothrechte Fläche, so theilt dieselbe das Gewölbe in
zwei Gewölbschenkel. Fällt eine der Kämpferlinien
mit der Scheitellinie zusammen, so daß nur ein Gewölbschenkel vorhanden ist, so heißt das Gewölbe einschenk-
lig. Jeder Schenkel eines Mauerbogens, für sich betrachtet, heißt ein Strebebogen.

15) Die das Gewölbe bildenden, keilförmig gestalteten Steine heißen Gewölbsteine, der in einem Querschnitte höchstgelegene der Schlußstein, und die am tiefsten liegenden die Anfänger. Die ersteren bilden den
Gewölbscheitel, die letzteren die Gewölbfüße.

16) Gewölbfugen heißen die in der Gewölbstirn
sichtbar werdenden Fugen, wie ef und gh, Fig. 8 Taf. 9.
Ihre geradlinigen Verlängerungen treffen in die, zu den
betreffenden Bogenelementen gehörigen Mittelpunkte, oder
stehen normal auf diesen Bogenelementen.

17) Die Gewölbdicke wird durch die Länge der
Gewölbfugen gemessen.

a) Von den Gewölbformen.

§. 3.

Die Grundform aller, so verschieden gestaltet erscheinenden Gewölbe bildet, wie solches schon von Wolfram*) dargestellt ist, das Tonnengewölbe, und wir
wollen, wenn wir auch die, durch den Gebrauch eingeführten, Benennungen der verschiedenen Gewölbe, glauben beibehalten zu müssen, doch bei Erklärung der Entstehung
der verschiedenen Gestaltungen, dem genannten Schriftsteller folgen.

Das einfachste und regelmäßigste Tonnengewölbe entsteht, wenn wir uns ein halbkreisförmiges Ringstück in
fortwährend lothrechter Stellung, auf einer Horizontalebene
geradlinig so fortbewegt denken, daß die, durch die Bewegung des Mittelpunktes erzeugte gerade Linie, stets senkrecht auf der Horizontalprojection der Ebene der Ringfläche
steht. In dem so entstandenen Gewölbe bildet die Leibung
den Mantel eines halben, geraden Cylinders, die Kämpfer-
und Scheitellinien liegen horizontal, sind gerade und parallel zur Achse und haben gleiche Länge mit dieser, die
Bogenlinie ist in jedem zur Achse senkrechten Querschnitte
ein Halbkreis von demselben Radius, und die Gewölb- oder
Pfeilhöhe ist der halben Spannweite gleich.

Diese regelmäßige Form ist aber vieler Veränderungen und Umgestaltungen fähig, je nachdem man die Bedingungen für die Lage und Gestalt der eben angeführten
Gewölbtheile ändert.

Alle diese möglichen Veränderungen anzuführen, würde
sehr weitläufig und fast ohne Nutzen sein. Wir wollen
daher nur die allergewöhnlichsten kennen lernen und uns
begnügen, darauf hinzudeuten, daß durch Veränderung der
geraden Gestalt, gleichen Länge, horizontalen und parallelen Lage der Kämpfer-, Achs- und Scheitellinien, ferner
durch Veränderung der Gestalt der Bogenlinie fast unzäh-
lig verschiedene Tonnengewölbformen entstehen können, bei
denen die ursprüngliche Gestalt oft gar nicht wieder zu erkennen sein wird.

Die gewöhnlichsten Tonnengewölbformen sind folgende:

Halbkreisförmig oder ein Gewölbe im vollen
(römischen) Bogen, heißt das eben zum Grunde gelegte
Tonnengewölbe, dessen Bogenlinie in jedem zur Achse normalen Querschnitte einen Halbkreis zeigt.

Enthält die Bogenlinie weniger als die Hälfte einer
Kreislinie, so heißt das zugehörige Gewölbe ein flaches,
ein Stichbogengewölbe. Die Pfeilhöhe ist hierbei
kleiner als die halbe Spannweite. Man nennt diese
Gewölbe auch Kappengewölbe, wenn die Pfeilhöhe
um sehr viel von der halben Spannweite übertroffen wird,
oder das Gewölbe sehr flach ist.

Bildet die Bogenlinie keine stetig gekrümmte Kurve,
sondern besteht sie aus zwei Bogenschenkeln, die im Scheitel einen Bogenwinkel bilden, so heißt das Gewölbe ein
spitzbogiges oder gothisches Gewölbe.

Besteht die Bogenlinie aus einer halben Ellipse, so
heißt auch das Gewölbe elliptisch, und zwar flach
(gedrückt), wenn die halbe kleine Achse die Pfeilhöhe und
die ganze große Achse die Spannweite, hoch (überhöht,
gebürstet), wenn umgekehrt die ganze kleine Achse die
Spannweite und die halbe große die Pfeilhöhe bildet. Eben
so kann der Bogenlinie eine andere Kurve, eine Parabel,
Kettenlinie u. s. w. zum Grunde gelegt sein, wonach dann
auch das Gewölbe Gestalt und Namen annimmt. Wird
die Bogenlinie eine Gerade, so heißt das Gewölbe ein
scheitrechtes.

Unter den verschiedenen krummen Linien, nach denen
die Bogenlinie des Gewölbes gestaltet sein kann, verdient
der Korbbogen einer besondern Erwähnung, weil er
(besonders früher bei Brückengewölben) häufig zur Anwendung kommt. Der Korbbogen besteht aus mehreren,
stetig in einander übergehenden, aus verschiedenen Mittelpunkten und mit verschiedenen Halbmessern beschriebenen
Kreisbogen. Er wird für die Ausführung von Gewölben
deßhalb der Ellipse häufig vorgezogen, weil die Bestimmung der Gewölbfugenrichtung bei letzterer unbequemer ist,

---

*) Wolfram, Band III. Abth. I. pag. 110 u. f. f. Neuerdings
hat der (inzwischen leider gestorbene) Bauinspektor v. Lassaulx in
Koblenz einen, durch Figuren erläuterten Aufsatz über die verschiedenen Gewölbformen in der Allgemeinen Bauzeitung 1846, pag. 376,
bekannt gemacht, den wir unsern Lesern angelegentlichst empfehlen.

und weil bei der großen Unbestimmtheit der Form, der Korbbogen einen sehr großen Spielraum bei seiner Gestaltung zuläßt, und daher Gelegenheit gibt, den lichten Raum unter dem Gewölbe je nach Erforderniß zu vergrößern, was bei andern Kurven von bestimmterer Natur nicht der Fall ist.

Im Allgemeinen nennt man einen Bogen einen gedrückten, wenn seine Pfeilhöhe kleiner als die halbe Spannweite, einen überhöheten (gebürsteten), wenn seine Pfeilhöhe größer als die halbe Spannweite ist. Hierbei ist aber vorausgesetzt, daß die verlängerte Richtung des Widerlagers, in einem zur Achse senkrechten Querschnitte, in den Kämpferpunkten die Bogenlinie tangirt. Man pflegt die nicht halbkreisförmigen Bögen gewöhnlich dadurch zu bezeichnen, daß man sie nach dem Verhältniß ihrer Pfeilhöhe zur Spannweite benennt; es heißt z. B. ein Bogen auf ein Drittheil gedrückt, wenn sich seine Pfeilhöhe zur Spannweite wie 1 zu 3 verhält u. s. f.

Man nennt ferner ein Gewölbe oder einen Mauerbogen einhüftig, wenn die Kämpferlinien desselben, zwar jede für sich wagerecht, aber nicht beide in ein und derselben Horizontalebene liegen, steigend dagegen, wenn die Kämpferlinien zwar in ein und derselben Ebene, auch zwei zusammengehörige Kämpferpunkte in einer wagerechten Linie liegen, die Ebene der Kämpferlinien selbst aber nicht horizontal, sondern geneigt liegt.

Ein Gewölbe heißt gerade, wenn die Horizontalprojektionen der Stirnen desselben senkrecht zur geradlinigen Achse sind, schief dagegen, wenn dieß nicht der Fall ist.

Ein Ringgewölbe entsteht, wenn die Achse eine horizontalliegende Kurve bildet, und ein Schneckengewölbe, wenn die Achse eine Schraubenlinie ist.

Diese hier aufgeführten Benennungen gelten zunächst zwar nur für Tonnengewölbformen, doch sind sie auch für manche andere Gewölbe anwendbar, wie sich dieß in der Folge zeigen wird.

§. 4.

Denkt man sich ein (der Einfachheit wegen regelmäßiges) Tonnengewölbe durch zwei diagonal gestellte, lothrechte Ebenen geschnitten, so entstehen vier Theile AA' und BB', Fig. 9 Taf. 9, von denen zwei gegenüber liegende einander gleich, zwei benachbarte aber wesentlich von einander verschieden sind.

Die Theile A und A' wollen wir, mit Wolfram, Kappen, die Theile B und B' Wangen oder Walme nennen. Der Unterschied beider leuchtet ein, denn die Wangen B, B' behalten ihren Gewölbfuß, ein geradliniges Widerlager, und bilden in ihrer Leibungsfläche eine, aus einer geraden und zwei gebogenen Linien bestehende, dreiseitige Figur, deren höchster Punkt der Scheitel des Gewölbtheils

ist; sie haben daher eine Widerlagslinie und nur einen Scheitelpunkt.

Die Kappen A, A' hingegen haben nur die Punkte a a als Widerlager, die Leibungsfläche bildet eine durch drei gekrümmte Linien begrenzte, dreiseitige Figur, deren höchst gelegene Linie zugleich einen Theil der Scheitellinie des zerschnittenen Gewölbes bildet; weßhalb die Kappen eine Scheitellinie und nur Widerlagspunkte haben.

Aus diesen Wangen und Kappen lassen sich nun verschiedene Gewölbformen bilden, die, weil die Elemente aus denen sie bestehen, so verschieden sind, ebenfalls bedeutende Verschiedenheiten zeigen müssen.

Zunächst können wir schon a priori bemerken, daß ein aus Gewölbwangen zusammengesetztes Gewölbe nur einen Scheitelpunkt und so viel Widerlagsmauern haben muß, als der überwölbte Raum Umfangsseiten hat; das aus Gewölbkappen gebildete Gewölbe hingegen nur so viele Widerlagspunkte als die Umfangsfigur des überwölbten Raums Ecken hat, und so viel Scheitellinien, als Gewölbkappen zur Bildung des Gewölbes zusammengesetzt wurden, d. h. so viele als die Grundfigur Seiten hat. Figur 10 Taf. 9 zeigt ein aus 4 Gewölbwangen und Fig. 11 ein aus 4 Gewölbkappen über einem viereckigen Raume zusammengesetztes Gewölbe, woraus die angedeutete Verschiedenheit hinreichend hervorgehen wird.

Wo die Leibungsflächen zweier Gewölbwangen sich durchschneiden, bildet sich ein vertiefter, hohler Grat mit ausspringendem Winkel; wo zwei Gewölbkappen sich durchdringen aber, ein erhabener, rückenförmiger Grat mit einspringendem Winkel.

§. 5.

Die gewöhnlichsten aus Gewölbwangen gebildeten einfachen Gewölbformen sind folgende:

Das Klostergewölbe entsteht, wenn man die Umfassungsmauern eines drei-, vier- oder mehrseitigen Raumes als Widerlager eben so vieler Gewölbwangenstücke von gleicher Pfeilhöhe ansieht, welch' letztere mit ihren Spitzen in einem Punkte, dem Scheitelpunkte des Klostergewölbes, zusammentreffen. In diesem Punkte müssen daher auch alle hohlen Gräte des Gewölbes zusammenlaufen, und in der Horizontalprojection des Gewölbes werden diese Gräte gerade Linien bilden, die von einem Punkte, der Projection des Scheitelpunktes, ausgehend sternförmig nach den Winkelpunkten der Grundfigur laufen.

Da die Anzahl der Seiten der Grundfigur für das Klostergewölbe unbegrenzt ist, so können wir diese auch unendlich groß, die Seiten selbst aber unendlich klein annehmen, wo dann eine in sich geschlossene krumme Linie als Umfang des überwölbten Raumes entsteht; und da nun die Gräte des Gewölbes verschwinden, so bildet sich aus dem Klostergewölbe die **Kuppel**. In der Ausführung wird nicht leicht eine andere Kurve als die Kreislinie für den Umfang des zu überwölbenden Raumes vorkommen; und dann entsteht ein Gewölbe, was in allen lothrechten, durch seinen Scheitelpunkt gelegten Querschnitten lauter congruente Figuren zeigt. Sind diese Figuren congruente Kreisabschnitte, so entsteht ein **Kugelgewölbe**.

Unter Voraussetzung eines Kreises als Grundfigur, können wir uns daher das Kuppelgewölbe auch so entstanden denken, daß sich ein Kreisabschnitt (auch Halbkreis), eine halbe Ellipse, eine Parabel, Hyperbel, ein Korbbogen ꝛc. um die lothrecht gestellte Achse bewegt, und durch die Kurve selbst die Leibungsfläche eines Kuppelgewölbes erzeugt wird, welches nach dieser Kurve den Namen eines kugelförmigen, ellipsoidischen, paraboloidischen ꝛc. Kuppelgewölbes annimmt.

Stellt man ein solches Kuppelgewölbe mit seiner Gewölbsohle auf die Oberfläche einer ringförmigen Umfangsmauer, so bildet diese zugleich das zusammenhängende Widerlager, und die Kämpferlinie ist ein horizontalliegender Kreis. Man kann sich die Kuppel aber auch über einem geradlinig begrenzten Raume so aufgestellt denken, daß nur einzelne Punkte der Kuppel auf die wagerecht abgeschnittenen Widerlagsmauern treffen, wie a a und b b, Taf. 10 Fig. 1, und nun die Leibungsfläche weiter fortgesetzt wird, bis sie in die lothrechten Widerlagsmauern einschneidet, und so die Zwickel c c überdeckt werden. Die Kämpferlinie der Kuppel ist hierbei an keiner Stelle gerade und horizontal, sondern eine bogenförmig an den Umfangsmauern hinlaufende Linie, die in den Ecken des Raumes ihre tiefsten und in den Berührungspunkten a a und b b ihre höchsten Punkte hat. Eine solche Kuppel könnte man, weil das Gewölbe in den Ecken des Raumes tiefer herabhängt, vielleicht eine **Hängekuppel** nennen.

Ist hierbei in einem besondern (aber auch sehr häufig vorkommenden) Falle die Grundfigur ein Quadrat und das Gewölbe durch Umdrehung eines Halbkreises entstanden, dessen Durchmesser gleich der Diagonale des Quadrats ist, so gibt der Schnitt einer lothrechten Ebene durch eine der Diagonalen der Grundfigur einen Halbkreis als Bogenlinie, und der Durchschnitt, lothrecht durch den Scheitel und parallel mit einer der Seiten, einen Kreisabschnitt von demselben Halbmesser. Die Kämpferlinie aber bildet an den Seitenmauern des Quadrats vier congruente Halbkreise, die in den Ecken zusammenlaufen. Diese Umfangsmauern des Quadrats lassen sich nun ebenfalls halbkreisförmig durchbrechen, so daß dann eine, nur auf vier in den Ecken angebrachten, durch Mauerbogen verbundenen Stützen (Pfeilern, Säulen) ruhende Kuppel entsteht. Die

Fig. 1, 2 und 3 Taf. 10 zeigen ein solches Gewölbe im Grundrisse und in den beiden erwähnten Durchschnitten.

Das Kuppel- und Klostergewölbe können beide auch so vorkommen, daß man sich einen Theil derselben durch eine durch den Scheitel gelegte lothrechte Ebene abgeschnitten denkt, so daß die schneidende Ebene bei dem Klostergewölbe mit einer der Umfangsseiten parallel ist und der überwölbte Raum auf einer Seite der schneidenden Ebene offen bleibt. Dergleichen Gewölbe werden häufig bei Kirchenchören und angebauten Kapellen benützt, und haben daher auch den Namen **Chorgewölbe** bekommen. Kleine, in der Leibung eine Viertelkugel bildende Gewölbe, nennt man auch wohl **Nischengewölbe**, weil sie häufig zur Ueberwölbung von Nischen gebraucht werden.

Das **Muldengewölbe**, Fig. 4 und 5 Taf. 10 dargestellt, und wegen seiner Aehnlichkeit mit einer Mulde so genannt, entsteht, wenn man über einem länglich rechteckigen Raume vier Wangenstücke von gleicher Pfeilhöhe und einer Spannweite, gleich der Entfernung der beiden langen Seiten von einander, so zusammengesetzt, daß alle Seiten der Grundfigur als Widerlager dienen. Die Gräte bilden hierbei, wie bei dem Klostergewölbe, vertiefte Rinnen mit ausspringendem Winkel, und in der Horizontalprojection gerade Linien, die aber nicht in einen Punkt zusammenlaufen, sondern zwei Dreiecke bilden, deren Spitzen durch eine Scheitellinie verbunden werden. Das Muldengewölbe bildet daher in seinem mittleren Theile ein gerades Tonnengewölbe, und ist an beiden Enden durch zwei halbe Klostergewölbe geschlossen, die mit ihm einerlei Bogenlinie haben.

§. 6.

Durch Anwendung der Gewölbkappen A A', Taf. 9 Fig. 9, entsteht das **Kreuzgewölbe**. Der zu überwölbende Raum kann, wie bei den Klostergewölben, eine drei-, vier- oder mehrseitige, regel- oder unregelmäßige Figur sein. Keine dieser Umfangsseiten erscheint als Widerlager, sondern nur die Ecken erscheinen als solche. Das Kreuzgewölbe hat daher auch keine **Kämpferlinien**, sondern nur **Kämpferpunkte**, und kann allein durch, in den Ecken der Grundfigur angebrachte, Stützen (Pfeiler, Säulen) getragen werden. Ist der überwölbte Raum geschlossen, so sind die Umfangsmauern sämmtlich **Schild-** oder **Stirnmauern**. Die Gräte sind rückenförmig gebildet mit einspringenden Winkeln und über ihre Horizontalprojectionen gilt dasselbe, was wir bei den Klostergewölben angeführt haben.

Jedes **einfache** Kreuzgewölbe besteht aus so vielen Gewölbkappen, als die Grundfigur Seiten hat; diese Kappen bilden in der Horizontalprojection geradlinige Dreiecke, deren Spitzen sich alle in einem Punkte, der Projection des Schnittpunktes aller Scheitellinien der einzelnen Kappen, vereinigen, und deren Grundlinien mit den Projectionen der Umfangsseiten der Grundfigur zusammenfallen. Diese Dreiecksgrundlinien sind die Horizontalprojection der Stirnen der Gewölbkappen, und diese allein finden in den Ecken der Grundfigur ihre Widerlagspunkte. Für die beiden übrigen Seiten der Kappen müssen aber erst Widerlagen gebildet werden. Diese erhält man, indem man besondere, einschenklige oder einhüftige Mauerbogen (Gratbogen), von den Ecken der Grundfigur aus, gegen den Schnittpunkt der Scheitellinien (den man wohl, wenn auch uneigentlich, den Scheitelpunkt des Kreuzgewölbes nennt) hin wölbt, wo sie sich alle in einem gemeinschaftlichen Schlußsteine vereinigen *). Bei regelmäßigen Grundfiguren mit gerader Seitenzahl bilden die von zwei einander diagonal gegenüber liegenden Eckpunkten ausgehenden Gräte in der Horizontalprojection gerade, durch die Projection des Scheitelpunktes gehende Linien. Ein lothrechter Durchschnitt durch dieselben gibt Bogenlinien, deren Scheitel mit dem des Gewölbes zusammenfallen und deren Fuß in den Ecken des überwölbten Raumes sein Widerlager findet.

Denkt man sich nun diese Gratbögen allein aufgeführt, so kann man die dadurch gebildeten Dreiecke wieder als zu überwölbende Räume ansehen, mithin in jedes solches Dreieck wieder einen Scheitelpunkt legen und von diesem Gräte nach den Ecken führen. Durch Wiederholung dieser Operation und durch Verbindung der so entstandenen Dreieckssysteme lassen sich unendlich verschiedene Formen hervorbringen, von denen die Fig. 6 bis 10 Taf. 10 nur einige der einfachsten zeigen, da Formenbildung, in sofern sie nicht nothwendig aus der Construction hervorgeht, außer den Grenzen unseres Vortrags liegt **). Dergleichen Gewölbe zeigen in der Horizontalprojection mannichfache, meist sternförmige Figuren, und werden daher auch wohl Sterngewölbe genannt, obgleich sie von den Kreuzgewölben eben so wenig wesentlich verschieden sind, als es einen constructiven Unterschied begründet, ob die Gewölbkappen zu einem kreisförmigen, spitzbogigen oder elliptischen Gewölbe gehören.

*) Bei den Kreuzgewölben aus Quader- oder Werksteinen werden dergleichen Gratbogen zwar nicht besonders eingewölbt, sondern durch die sogenannten Gratsteine, von denen jeder zwei aneinander grenzenden Kappen gemeinschaftlich angehört, gebildet, doch geschieht hierdurch der obigen Erklärung kein Eintrag, denn diese Steine halten sich allein, mit Hülfe der Widerlager in den Ecken gegenseitig im Gleichgewicht, dienen den übrigen Kappentheilen als Widerlager und vertreten daher die Stelle der Gratbogen vollkommen.

**) Diese Gewölbe sind besonders in der sogenannten gothischen Bauweise vorherrschend. Siehe Hoffstadt's Gothisches ABC-Buch ꝛc., Frankfurt a. M., Schmerber, 1843, und den erwähnten Aufsatz von de Lassaulx.

Sind die Gräte der Kreuzgewölbe aus der übrigen Leibungsfläche heraustretend gebildet und diesem gemäß besonders geformt, oder profilirt, so nennt man sie Rippen, wobei man dann, in Bezug auf die eben beschriebenen Sterngewölbe, Haupt- und Nebenrippen ꝛc. unterscheiden und diese verschieden ausbilden kann.

§. 7.

Bisher haben wir uns sowohl bei den aus Gewölbwangen, als aus Gewölbkappen entstandenen Gewölben die Leibungsfläche bis zum Scheitel derselben fortgeführt gedacht, so daß die Gräte (wenn dergleichen nicht etwa ganz fehlen, wie bei den Kuppelgewölben) sich hier vereinigen. Man pflegt aber zuweilen die aus Wangenstücken zusammengesetzten Gewölbe, in angemessener Tiefe unter dem Scheitel, durch eine mit der Sohlenfläche parallele Ebene zu schneiden, und die dadurch gebildete Oeffnung entweder mit einer Ebene zu schließen, oder auch offen zu lassen. Im ersten Falle, und bei den Gewölben, die keine Kuppeln sind, nennt man diesen ebenen Theil einen Spiegel, bei Kuppeln aber einen Nabel. Ist insbesondere das Muldengewölbe mit einem, immer rechteckig gestalteten Spiegel versehen, der dann gewöhnlich den größern Theil der ganzen Decke einnimmt, so heißt das Gewölbe ein Spiegelgewölbe, Taf. 10 Fig. 11 in der Horizontalprojection, Fig. 12 und 13 in zwei senkrechten Durchschnitten dargestellt. Ist der Nabel eines Kuppelgewölbes, zur Gewinnung einer Licht- oder Luftöffnung, offen und mit einer lothrecht oder schräg gestellten Umwandung versehen, so entsteht eine Laterne des Gewölbes.

§. 8.

Das Trichter- oder Fächergewölbe entsteht, wenn wir uns in den vier Ecken eines horizontalen Quadrats die Hälfte einer, zwei dieser Punkte verbindenden, Bogenlinie um eine lothrechte Achse in den Eckpunkten des Quadrats um 90 Grad gedreht denken, und die hierbei durch die Bogenlinie erzeugte Fläche als Leibungsfläche eines Gewölbes ansehen. In der Mitte des Raums bleibt dann eine, von vier converen Viertelkreisen ab, ab, Fig. 1 Taf. 11, begrenzte Ebene offen, die durch ein scheitrechtes Gewölbe geschlossen wird. In diese Ebene pflegt man einen, jene vier Viertelkreise tangirenden Kreis c Fig. 1, zu legen, und durch eine, aus der Leibungsfläche heraustretende, Rippe auszuzeichnen.

Die Gestalt eines solchen Gewölbes, durch die Fig. 2 und 3 in zwei Durchschnitten und in Fig. 4 von oben angesehen, dargestellt, wird durch die der erzeugenden Bogenlinie bedingt, und es ist für die Construction eigentlich gleichgültig, welche man wählen will. Ist die erzeugende Bogenlinie eine solche, die in ihrem Scheitel eine horizontale Tangente hat, so wird der mittlere, horizontal liegende Theil des Gewölbes mit dem gebogenen stetig zusammentreffen. Doch kommt auch der Spitzbogen als erzeugende Bogenlinie sehr häufig vor, besonders dann, wenn die Grundfigur kein Quadrat ist, sondern ein Rechteck bildet. Denn das Quadrat haben wir unserer Erklärung nur deßhalb zu Grunde gelegt, weil sich die Entstehung dieser Gewölbform so am leichtesten herleiten ließ.

Nehmen wir allgemein ein Rechteck, Fig. 5 Taf. 11, als Grundform an und als erzeugende Bogenlinie einen Kreisbogen von einem Halbmesser, der gleich oder größer ist, als die Hälfte einer Diagonale der Grundfigur, so können wir uns die trichterförmige Leibungsfläche auch so entstanden denken, daß sehr schmale Gewölbrippen, von einerlei Krümmung, aus den 4 Ecken aufsteigen und sich soweit fortsetzen, bis sie sich gegenseitig durchdringen, wobei ihre Horizontalprojectionen gerade, strahlenförmig von den Eckpunkten ausgehende Linien bilden. Es entstehen dann in Folge dieses Durchdringens Gräte, die in der Horizontalprojection zwar gerade, mit den Seiten der Grundfigur parallele Linien ab, cd Fig. 5 bilden, im Durchschnitt aber geschwungene Kurven a'b' Fig. 6 und c'd' Fig. 7 darstellen. Auf diese Weise fällt der horizontalliegende Theil des Gewölbes fort, wie Fig. 8 in der Ansicht von oben zeigt, und das Ganze bekommt wieder Aehnlichkeit mit einem spitzbogigen Kreuzgewölbe, dessen Diagonalgräte verschwunden sind, und bei welchem die horizontalen Durchschnitte der Leibungsflächen aus den Eckpunkten der Grundfigur beschriebene Kreisbögen zeigen.

Das scheitrechte (scheitelrechte) Gewölbe bildet eine ebene Decke, und hat daher eine Scheitelfläche, während das Tonnen- und Kreuzgewölbe Scheitellinien, das Kloster- und Kuppelgewölbe aber nur einen Scheitelpunkt haben. Man kann das scheitrechte Gewölbe als ein solches von unendlich großem Krümmungshalbmesser ansehen, und hierbei das Tonnengewölbe, wo zwei, oder das Klostergewölbe, wo alle Umfangswände als Widerlager erscheinen, zum Grunde gelegt sich denken. Gewöhnlich kommt das scheitrechte Gewölbe nur als Mauerbogen vor, wo es dann auch häufig Sturz, besonders bei Ueberdeckung von Fenster- und Thüröffnungen, genannt wird.

§. 9.

Schon die Kloster- und Kreuzgewölbe können wir uns entstanden denken, indem zwei oder mehrere Tonnengewölbe von gleicher Scheitelhöhe sich durchdringen und man bei ersteren die Theile beibehält, für welche die Umfangsmauern Widerlager, und bei letzteren die, für welche die Umfangsmauern Schild- oder Stirnmauern werden. Bei diesem Eindringen eines Gewölbes in das andere, braucht aber die Voraussetzung der gleichen Scheitelhöhe nicht statt zu finden, wie solches gar oft bei Anbringung von Fenster- und Thüröffnungen der Fall ist, und wovon Figur 1 Taf. 12 ein Paar Beispiele zeigt. Diese (gewöhnlich nur kleinen) in das Hauptgewölbe eindringenden Gewölbtheile pflegt man Ohren oder (Fenster-, Thür-) Kappen zu nennen. Die hierbei möglichen, vielfachen Gestaltungen werden einleuchten, wenn wir an die mannichfach verschiebenen Formen der Tonnengewölbe uns erinnern. Einige der am häufigsten vorkommenden Fälle werden wir später näher besprechen.

§. 10.

Aus den bisher betrachteten Gewölben lassen sich nun durch Zusammensetzung und Wiederholung größere Wölbungen ausführen, die Wolfram unter dem Namen der zusammengesetzten Wölbungen begreift und von denen wir einige der gebräuchlichsten vorläufig kennen lernen wollen.

Theilt man einen geradlinig begrenzten (vorläufig rechteckigen) Raum, Taf. 12 Fig. 2, durch einen oder mehrere, mit einer der Umfangsmauern parallelen Mauerbogen ab in zwei oder mehrere, ebenfalls rechteckige, kleinere Felder, und überwölbt diese mit flachen Tonnengewölben, wobei man da, wo es nöthig ist, die Mauerbogen (hier Gurtbogen genannt) als Widerlager ansieht, deren Scheitel daher wenigstens noch einige Zolle unter der Kämpferlinie der Tonnengewölbe bleiben müssen, so entsteht eine Wölbung, die in Norddeutschland, besonders in Preußen, üblich ist; und dort, so wie von Gilly und andern Schriftstellern, mit dem Namen Kappengewölbe bezeichnet wird, und wovon Fig. 3 Taf. 12 ein Bild gibt. Wolfram verwirft diese Benennung, weil er nur die von uns Kreuzgewölbe genannten Wölbungen als Kappengewölbe anerkennt. Die Benennung ist allerdings nicht bezeichnend genug, da man überhaupt schon jedes flache Tonnengewölbe ein Kappengewölbe nennt; und wir dürfen um so mehr dem Vorschlage des eben genannten Schriftstellers, sie preußische Gewölbe zu nennen, folgen, als man die ihnen ähnlichen, besonders in Böhmen gebräuchlichen Wölbungen, böhmische Gewölbe benannt hat.

Spannt man nämlich zwischen die Gurt- oder Mauerbögen statt der flachen Tonnengewölbe flache Kuppeln, Taf. 12 Fig. 4, 5 und 6, so entstehen Wölbungen, die man unter dem Namen böhmische Gewölbe kennt, und bei denen, wie wir aus dem Früheren wissen, die Kämpferlinien in Bogenform an den Umfangsmauern oder Gurtbögen hinlaufen.

Es ist leicht ersichtlich, daß man statt der Tonnen- oder Kuppelgewölbe, auch Kloster- oder Kreuzgewölbe, überhaupt jede beliebige Art von Gewölben zwischen die

Gurt= oder Mauerbogen spannen und so verschieden gestaltete Wölbungen bilden kann, wobei es nur darauf ankommt, immer eine schickliche und zweckmäßige Wahl zu treffen.

Ebenso kann man, statt der Umfangsmauern, den zu überwölbenden Raum mit einer durch Mauerbögen verbundenen Stützenstellung umschließen und durchkreuzen, indem es nur darauf ankommt, für die Füße der Gurtbögen die nöthigen Widerlager zu schaffen. Diese Eigenschaft der in Rede stehenden Wölbungen macht dieselben geschickt, sehr große Räume damit zu bedecken, sobald einzelne Stützen (Pfeiler, Säulen) im Innern derselben angebracht werden dürfen.

Auch das Trichter= oder Fächergewölbe läßt sich in vervielfältigter Form zur Ueberwölbung größerer Räume benutzen. Setzt man nämlich zwei oder mehrere der vorhin beschriebenen Gewölbe an einander, so entstehen in der Horizontalprojection, Fig. 9 Taf. 11, statt der früheren Viertel=, jetzt halbe oder ganze Kreise, und es kommt wieder nur darauf an, die Mittelpunkte dieser Kreise durch Pfeiler oder Säulen zu stützen. Dergleichen Gewölbe kommen, aus dem Mittelalter stammend, auf dem Continent nicht, wohl aber in England und zwar in sehr reicher und zierlicher Anordnung vor. In neuerer Zeit ist der Saal der neuen Börse in Frankfurt am Main mit dergleichen, durch Säulen gestützten Gewölben überdeckt worden; ebenso kommen sie in dem, noch von Schinkel entworfenen Schlosse der Prinzessin Albrecht von Preußen, zu Camenz in Schlesien, und auf der Villa des Kronprinzen von Württemberg bei Stuttgart, vor.

b) Ausführung der Gewölbe.

I. Zeichnung der Bogenlinie.

§. 11.

Um ein Gewölbe überhaupt ausführen zu können, sind, mit einigen Ausnahmen, Lehrgerüste nothwendig, d. h. provisorisch aufgestellte Zimmerungen, die in ihrer Oberfläche die (ganze oder theilweise) Gestalt der Leibungsfläche erhaben zeigen und über welche dann das Gewölbe selbst, wie ein Mantel, aufgeführt wird.

Die Darstellung dieser Rüstungen gehört in das Bereich der Holzconstructionen, und wir werden sie dort abhandeln, hier aber die Construction und Zeichnung der verschiedenen Bogenlinien der Gewölbe kurz berühren. Dabei begnügen wir uns, die Methode des Zeichnens dieser Linien anzudeuten, weil eine Herleitung und Begründung derselben in die Kurvenlehre gehört, einem Theile der Mathematik, den wir hier als bekannt voraussetzen müssen.

Wir haben früher die Bogenlinien der Gewölbe in volle (halbkreisförmige), gedrückte und überhöhete eingetheilt, und nur die beiden letzteren Arten werden uns hier beschäftigen, da wir die Kreislinie als vollkommen bekannt voraussetzen. Hierher rechnen wir denn auch den aus zwei Kreisbogen zusammengesetzten Spitzbogen, und bemerken nur noch in Bezug auf Kreisbögen von sehr großen Halbmessern, die sich nicht mehr mit Hülfe des (aus einer Latte construirten) Stangenzirkels zeichnen lassen, und von denen einzelne Punkte durch Coordinaten berechnet werden müssen, daß man die, zwischen zwei solchen Punkten liegenden Theile der Kreislinie auf die Weise zeichnen kann, daß man in die Punkte Stifte schlägt und an diesen die Schenkel eines Winkels, der die Hälfte des zu dem fraglichen Kreisstücke gehörigen Centriwinkels zu zweien rechten ergänzt, hin= und herschiebt, wo dann ein an der Spitze des ersten Winkels befestigter Stift die Kreislinie beschreibt, wie solches Fig. 1 Taf. 13 näher nachweist.

§. 12.

Bei den gedrückten oder überhöheten Bogenlinien unterscheiden wir die Fälle, wo die Sehne des Bogens horizontal, und wo sie geneigt liegt, der Bogen also ein einhüftiger wird. In allen hier möglichen Fällen läßt sich die Aufgabe im Allgemeinen so auffassen: Man soll eine stetige Kurve zeichnen, die durch drei gegebene Punkte geht und zugleich drei, durch diese Punkte gelegte, gerade Linien berührt. Daß die Aufgabe mehr als eine Lösung in jedem Falle zuläßt, geht aus der Natur der ersteren hervor, wenn man die Kurve selbst nicht näher bestimmt.

Unter den mannichfachen, hier anwendbaren Kurven wollen wir nur die in der Ausführung gebräuchlichsten und diese auch nur für einige besondere Fälle betrachten. Diese gewöhnlich zur Anwendung kommenden Kurven sind die Ellipse und der Korbbogen.

Machen wir die Voraussetzung, daß die gerade Verbindungslinie zweier zusammengehöriger Kämpferpunkte horizontal liegen soll, so haben wir zugleich eine nähere Bestimmung der obigen allgemeinen Aufgabe, indem nun die Richtung der drei geraden Linien, welche zu der zu zeichnenden Kurve Tangenten sein sollen, gegeben ist. Die beiden durch die Fußpunkte des Bogens gezogenen Linien stehen nämlich lothrecht, und die dritte, durch den Scheitelpunkt gezogene, liegt horizontal.

Soll nun endlich die Kurve noch eine Ellipse sein, so ist diese ganz bestimmt, indem durch die gegebene Spannweite des Bogens die eine Achse ganz und durch die Pfeilhöhe die andere in halber Länge gegeben ist; so daß uns hier nichts weiter zu erwähnen bleibt, als die gewöhnlichsten Methoden, die man in der Praxis anzuwenden pflegt, um eine elliptische Bogenlinie im Großen zu zeichnen.

§. 13.

Begnügt man sich damit, einzelne, im Umfange der Ellipse liegende, Punkte zu bestimmen, um diese dann aus freier Hand stetig zu verbinden, so pflegt man häufig eine Methode anzuwenden, die mit dem Namen Vergatterung bezeichnet wird, und in Folgendem besteht:

Es sei Taf. 13, Fig. 2 und 3, durch AB die Spannweite und durch CD die Pfeilhöhe des Bogens gegeben, und CD in der Mitte von AB senkrecht auf AB gezogen. Unter irgend einem beliebigen Winkel gegen AB ziehe man aus A eine Gerade AB' = 2 CD. Ueber AB' wird ein Halbkreis beschrieben und die Linie AB' selbst (am bequemsten symmetrisch von der Mitte aus zu beiden Seiten) in eine beliebige Anzahl gleicher oder ungleicher Theile a b e f.... getheilt und in diesen Theilen Perpendikel zu AB' errichtet, die die Peripherie des Halbkreises in den Punkten l, m, n, p, q.... treffen. Theilt man nun AB in eben so viel gleiche, oder eben so proportionirte Theile als AB', errichtet in den Punkten a' b' e'.... ebenfalls Senkrechte auf AB und macht diese mit den in a, b, e.... errichteten von gleicher Länge, so liegen die Punkte l', m', n',.... in der Peripherie der verlangten Ellipse, die dann aus freier Hand vollendet wird. (Wegen der stärkeren Krümmung thut man gut, die Theile nach den Punkten A und B' zu kleiner anzunehmen.)

Eine andere Methode, die unmittelbar die elliptische Linie selbst gibt, und bei nicht gar zu großen Abmessungen für die Ausführung sehr bequem ist, benutzt die Brennpunkte der Ellipse als Hülfsmittel.

Sind durch die Linien AB und CD, Taf. 13 Fig. 4 und 5, wieder die Spannweite und Pfeilhöhe des Bogens gegeben, so bezeichne man auf der großen Achse, der hierdurch bestimmten Ellipse, die Brennpunkte E und E' derselben, indem man von einem Endpunkte einer kleinen Achse, mit der halben großen als Radius, die letztere in den Punkten E und E' schneidet, oder indem man

$$CE = CE' = \sqrt{\overline{DE}^2 - \overline{DC}^2} = \sqrt{\frac{S^2}{4} - H^2}$$

macht, wenn nämlich die Spannweite AB mit S und die Höhe DC mit H bezeichnet wird. In den Brennpunkten befestige man ein Paar Stifte, und schlinge um dieselben eine Schnur ohne Ende, deren doppelte Länge der Entfernung eines Brennpunktes von dem entferntesten Endpunkte der großen Achse, oder dem Umfange des Dreiecks EDE' Fig. 4 oder EAE' Fig. 5 gleich ist. Setzt man nun in diese Schnur einen Stift (oder ein Stück Kreide, Rothstein ꝛc.), so beschreibt die Spitze desselben, wenn man ihn unter steter Anspannung der Schnur (wobei diese sich an die in den Brennpunkten befindlichen Stifte anlegt) bewegt, die verlangte Ellipse.

Um eine Ellipse im Großen zu zeichnen, kann man den von D. Eichberg erfundenen Ellipsographen in Anwendung bringen, der zugleich die Normale an jeden Punkt der Ellipse gibt *). Derselbe besteht aus drei Latten a, b und d Fig. I. Die Latte d ist im Mittelpunkt C der Ellipse an einem vertikalen Pfosten P (der Bogenrüstung etwa) so befestigt, daß sie sich um C charnierartig drehen kann, in F ist sie ebenfalls charnierartig mit der Latte a

Fig. I.

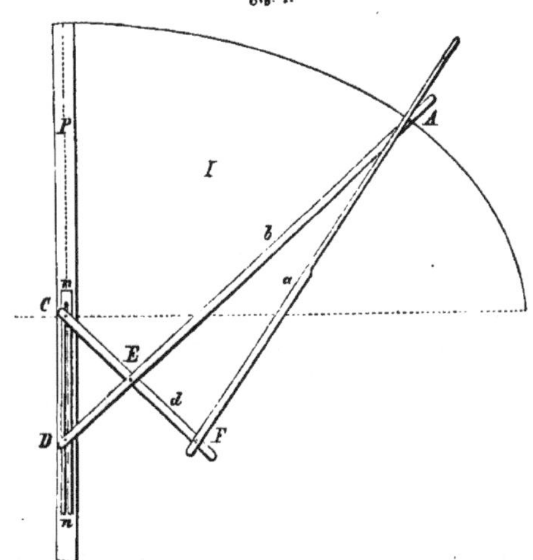

verbunden, und zwar so, daß die Länge CF genau gleich der Differenz der beiden Ellipsenhalbachsen ist. Die dritte Latte b ist in der Mitte von CF in E mit der Latte d charnierartig verbunden, sie trägt bei A einen Stift, an welchen sich die Latte a lehnt und bei der Bewegung von b daran fortgleitet. Bei D ist an der Latte b ebenfalls ein Stift angebracht, der jedoch so gerichtet ist, daß er in der an dem Pfosten P befindlichen Nuth n laufen kann. Die Entfernung der Punkte A und D ist gleich der großen Halbachse, ferner ED gleich der halben Differenz der beiden Halbachsen, so daß ED = EF = EC ist. Die Nuth n besteht am besten aus einem geschlitzten auf den Pfosten P genagelten Brettstücke.

Die Bewegung des Ganzen ist so, daß während der Stift bei D in der Nuth n läuft, der Punkt A den Umfang der Ellipse beschreibt und die an A gleitende Kante der Latte a stets die Normale angibt.

Kann man aus irgend einem Grunde die vertikale Nuth n nicht anbringen, so kann die Anordnung auch nach Fig. II. getroffen werden. Hier ist die Nuth n, in welcher wieder der Stift bei D läuft, genau horizontal befestigt,

*) Vergl. Eisenbahnzeitung Jahrg. 1852. Nr. 16.

und die Entfernung der Punkte A und D ist nun gleich der kleinen Halbachse der Ellipse; alles Uebrige bleibt wie vorhin.

Fig. 11.

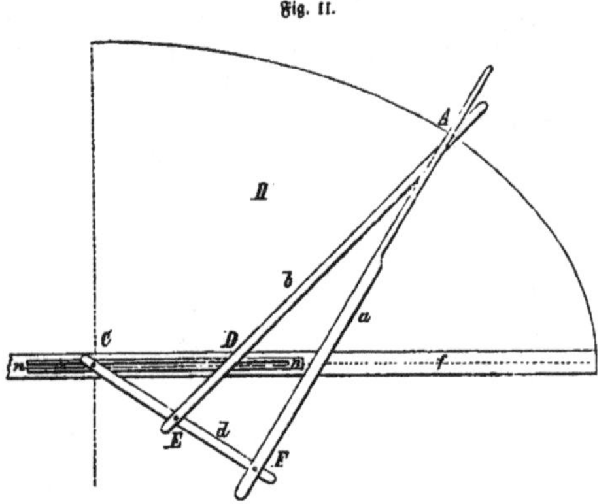

Eine Aufgabe, die in der Praxis häufig vorkommen kann, mag hier noch Platz finden. Es sei die Spannweite einer elliptischen Bogenlinie oder die eine ganze Achse A B, Fig. 6 Taf. 13, der Ellipse gegeben, und die Bedingung: daß in einer Höhe C D die horizontal gemessene Weite E F stattfinde; man soll die Höhe C H des Bogens, oder die halbe andere Achse der Ellipse bestimmen, um die letztere selbst zeichnen zu können.

Man beschreibe über A B einen Halbkreis, mache $CK = \dfrac{EF}{2}$, errichte in K eine Senkrechte K M auf A B bis zur Peripherie des Halbkreises, ziehe D E parallel A B und die Gerade M C, welche die E D in einem Punkte G schneiden wird. Das auf M C abgeschnittene Stück C G gibt die verlangte zweite Achse, oder die Höhe des Bogens. Die Richtigkeit der Construction, daß nämlich E ein Punkt der Ellipse ist, leuchtet ein, sobald man den Bogen G H zum Halbkreise vollendet, wo dann, nach einer anderen bekannten Zeichnungsart der Ellipse, sich E sogleich als ein Punkt derselben ergibt. Will man die halbe kleine Achse der Ellipse durch Rechnung bestimmen, so setze man $AC = S$, $KC = ED = a$, $EK = DC = h$, und $CH = x$. Man hat alsdann:

$$MK : CM = EK : HC$$
$$MK : S = h : x$$

ferner
$$MK = \sqrt{MC^2 - CK^2}$$
$$MK = \sqrt{S^2 - a^2}$$

folglich
$$x = \frac{S \cdot h}{\sqrt{S^2 - a^2}} = \frac{S \cdot h}{\sqrt{(S - a)(S + a)}}.$$

Früher haben wir gesehen, daß die Richtung der Gewölbfugen normal auf dem zugehörigen Bogenelemente sein soll, und es muß daher für jede Fuge eines elliptischen Bogens die zugehörige Normale construirt werden können. Sind beide Brennpunkte bestimmt, so verbindet man den fraglichen Punkt mit diesen durch gerade Linien, wo dann die gerade Halbirungslinie des von letzteren eingeschlossenen Winkels die Richtung der Normale gibt. Hat man die Brennpunkte der Ellipse nicht, so kann man näherungsweise in einem Punkte p, Fig. 6 Taf. 13, derselben eine Normale errichten, wenn man zu beiden Seiten desselben gleiche Stücke p v und p w von nicht zu großer Länge abschneidet und durch p auf v w senkrecht, eine Gerade zieht, indem man aus v und w durch Kreuzbogen von gleichen Halbmessern die Punkte r und z bestimmt.

Will man indessen die Normale genau haben, ohne die Brennpunkte der Ellipse vorher zu kennen, so kann man die in Fig. 7 und 8 Taf. 13 dargestellte Construction benutzen. p sei ein Punkt der Ellipse ACB, in welchem eine Normale errichtet werden soll. Ueber der einen Achse beschreibe man den Viertelkreis A D, lege durch p eine Parallele m n zur zweiten Achse, ziehe m o und in m die Kreistangente m q, senkrecht auf m o, bis sie die verlängerte Achse o A in q schneidet. Zieht man nun p q, so ist dieß eine Tangente für die Ellipse an den Punkt p und eine auf diese errichtete Senkrechte r s die verlangte Normale.

§. 14.

In der Absicht, die Oeffnung des Bogens, bei bestimmten Scheitel- und Fußpunkten, mehr in der Gewalt zu haben, und um die Unbequemlichkeit, für jede einzelne Gewölbfuge die Richtung besonders construiren zu müssen, zu vermeiden, wendet man häufig Korblinien statt der Ellipse an. Eine solche besteht, wie wir gesehen haben, aus einer Reihe stetig in einander übergehender Kreisbögen von verschiedenen Halbmessern und aus verschiedenen Mittelpunkten beschrieben. Liegt die gerade Verbindungslinie der Fußpunkte des Bogens horizontal, mithin auch die Tangente im Scheitelpunkte, so muß der Mittelpunkt des den Scheitelpunkt enthaltenden Kreisstücks in der Lothrechten durch den Scheitel liegen, und es folgt daraus, daß für den erwähnten Fall die Anzahl der Mittelpunkte immer ungerade sein muß. Die geringste Zahl von Mittelpunkten, aus denen daher eine Korblinie, deren gerade Verbindungslinie der Fußpunkte horizontal liegt, construirt werden kann, ist drei. Weiter hinauf ist die Anzahl der Mittelpunkte durchaus nicht beschränkt, da jeder Schenkel einer solchen Korblinie eine Evolvente darstellt, deren Evolute ein Theil eines Polygonumfanges ist, und sich zu jeder Evolvente die Evolute finden läßt. Die größte bisher in der Ausführung zur Anwendung gekommene Anzahl scheint 11 zu sein, wie bei den Gewölbbögen der, von Perronet erbauten, Brücke zu Neuilly. Aus der Eigen-

schaft der Korblinie als Evolvente folgt, daß die **Krümmungshalbmesser** für die einzelnen Bogentheile vom Scheitel nach dem Fußpunkte zu kleiner werden müssen; und
man wird durch Bestimmung des Minimum des kleinsten,
und des Maximum des größten Halbmessers, weitere Bedingungen für die Korblinien aufstellen können. Dem
größten Halbmesser gibt man nicht gern mehr, als die
doppelte Spannweite des Bogens zur Länge, damit das
Scheitelbogenstück nicht zu flach werde, und dem **kleinsten**
immer noch eine solche Größe, daß die Bogenlinie am
Fuße eine steilere Lage und der Bogen mehr Oeffnung bekommt. Perronet machte bei der erwähnten Brücke den
kleinsten Krümmungshalbmesser gleich $\frac{1}{6}$ der Spannweite.
Da überhaupt jedesmal da, wo zwei verschieden gekrümmte
Kreisstücke in einander übergehen, eine schwache Stelle in
dem Gewölbbogen entsteht, so muß man das Verhältniß
der auf einander folgenden Halbmesser der Einheit so nahe
als möglich zu bringen suchen.

Wir wollen nun einige der gebräuchlichsten Constructionen von Korbbogenlinien kennen lernen.

§. 15.

Korblinien aus 3 Mittelpunkten. Es sei die
halbe Spannweite des Bogens durch AC und die Pfeilhöhe durch CD, Fig. 9 Taf. 13, gegeben; man soll eine
Korblinie aus **drei** Mittelpunkten construiren unter der
Bedingung: daß der zu dem mittleren Kreisbogen gehörige
Mittelpunktswinkel $= 2\alpha$ ist, d. h. gleich einem Winkel,
dessen Tangente gleich dem Verhältniß der Pfeilhöhe zur
halben Spannweite $= \dfrac{DC}{AC}$ ist.

Man vollende das Rechteck ACDE, halbire die
Winkel EDA und DAE durch gerade Linien DF und
AG, die sich in einem Punkte H schneiden. Von diesem
aus ziehe man senkrecht auf AD eine Gerade, bis solche
die AC in K und die verlängerte DC in M schneidet, so
sind K und M die beiden Mittelpunkte, so wie AK = KH
und MH = MD die Radien der verlangten Korblinie,
von welcher die Figur (der Platzersparniß wegen) nur die
Hälfte zeigt. Die Fig. 10 Taf. 13 zeigt dieselbe Construction bei einem überhöheten Bogen.

Will man die Radien DM und AK durch Rechnung
bestimmen, und setzt man zu diesem Zwecke DM = x,
AK = y, die halbe Spannweite AC = S, die Höhe
CD = H und bezeichnet man der Kürze wegen die Linie
$AD = \sqrt{AC^2 + H^2} = \sqrt{S^2 + H^2}$ mit Z, so ergibt
sich leicht

$$1)\quad x = Z\,\frac{Z - H}{H + S - Z} \quad \text{und}$$

$$2)\quad y = Z\,\frac{Z - S}{H + S - Z}$$

wo es dann am Bequemsten ist, Z in Zahlenfällen vorher
auszumitteln.

Aus einem Blicke auf die Figur erkennt man leicht,
daß sich MC : KC = S : H verhält. Wäre nun statt des
Centriwinkels α das Verhältniß von

$$KC : MC = m : n \text{ gegeben,}$$

so ist auch
$$KC : KM = m : \sqrt{m^2 + n^2}\ .$$
folglich
$$MC : KM = n : \sqrt{m^2 + n^2}$$
d. i. $(x - H) : (x - y) = n : \sqrt{m^2 + n^2}$

folglich
$$x = \frac{H\sqrt{m^2 + n^2} - yn}{\sqrt{m^2 + n^2} - n},$$

ferner ist $(S - y) : (x - H) = m : n$ und daraus

folgt $x = \dfrac{nS - ny + Hm}{m}$.

Es findet sich nun:

$$1)\quad x = \frac{Sn + H(m - \sqrt{m^2 + n^2})}{m + n - \sqrt{m^2 + n^2}}$$

und

$$2)\quad y = \frac{Hm + S(n - \sqrt{m^2 + n^2})}{m + n - \sqrt{m^2 + n^2}}$$

Ist z. B. m : n = 3 : 4 gegeben, so wird aus

$$1)\quad x = 2S - H \text{ und aus}$$

$$2)\quad y = \frac{3H - S}{2}$$

Um nun die Punkte M und K durch Construction zu
bestimmen, bemerke man, daß

$$MC = x - H = 2(S - H) = \frac{4}{2}(S - H)$$

und $KC = S - y = \dfrac{3}{2}(S - H)$ wird. Schneidet man
daher in Figur 11 Taf. 13 EC = CD = H auf
AC = S ab, so wird AE = S − H; theilt man dann
AE in zwei gleiche Theile und trägt deren drei von C nach
K und vier von C nach M, so ist $KC = \dfrac{3}{2}(S - H)$
und $MC = \dfrac{4}{2}(S - H)$. Man darf daher nur durch
K und M eine gerade Linie legen und KF = KA machen,
so ist auch MF = MD.

Es kann ferner der Punkt K, Fig. 12 Taf. 13, oder
das Verhältniß von AK : KC gegeben sein. Es sei z. B.

$$AK : KC = m : n, \text{ so ergibt sich aus}$$
$$AK + KC : AK = m + n : m$$
$$S : y = m + n : m.$$

$$1)\quad y = S\,\frac{m}{m + n}$$

und aus $(x - y)^2 = (S - y)^2 + (x - H)^2$

$$x = \frac{S(S - 2y) + H^2}{2(H - y)}$$

und für y den Werth gesetzt.

2) $\quad x = \dfrac{S^2(n - m) + H^2(m + n)}{2(H(m + n) - Sm)}$.

Diese letztere Formel für x zeigt, daß das Verhältniß von AK : KC nicht ganz willkürlich ist, sondern daß AK immer kleiner als DC sein muß. Setzt man nämlich in der Proportion

$$AK : KC = m : n$$
$$m = H, \text{ so ist } n = S - H$$
$$n + m = S, \quad n - m = S - 2H,$$

und es wird y = H und x unendlich groß, indem der Nenner in der obigen Formel gleich Null wird.

Die Construction ergibt sich nun leicht nach Fig. 12 Taf. 13 wie folgt: Nachdem K der Bedingung $AK < H$ gemäß bestimmt ist, mache man DF = KA, ziehe KF und halbire diese in G. Errichtet man nun in G auf KF einen Perpendikel und verlängert denselben, bis er die, gleichfalls verlängerte, DC in M schneidet und zieht MK, so sind M und K die Mittelpunkte und AK = KE, so wie ME = MD die Radien der durch A und D gehenden Korblinie.

Es sei ferner die Bedingung gestellt, daß die zwei verschiedenen, die Korblinie bildenden Kreisbögen jeder zu einem Centriwinkel von 60° gehöre. Man zeichne über AC, Fig. 13 Taf. 13, ein gleichseitiges Dreieck AEC, mache CF = CD und ziehe durch F und D eine Gerade, bis diese die AE in G schneidet. Eine von G, parallel zu EC gezogene Linie, schneidet dann die AC in K und die verlängerte DC in M, welche beiden Punkte die gesuchten Mittelpunkte sind; so wie KA = GK und MG = MD die Radien. Will man die Radien DM = x und AK = y durch Rechnung bestimmen, so bemerke man, daß $\angle \gamma = 60^0$, $\angle \beta = \delta = 90 - \dfrac{\varphi}{2} = 90 - 15 = 75^0$, mithin $\angle \alpha = 180 - (\gamma + \beta) = 180 - (60 + 75) = 180 - 135 = 45^0$ ist.

Ferner ist $KM^2 = KC^2 + CM^2$ oder
$$(x - y)^2 = (S - y)^2 + (x - H)^2$$

und daraus sind die allgemeinem Formeln für alle dergleichen Korbbögen

1) $\quad x = \dfrac{S^2 + H^2 - 2Sy}{2(H - y)}$ und

2) $\quad y = \dfrac{2xH - (S^2 + H^2)}{2(x - S)}$.

Nach einem bekannten trigonometrischen Satze ist nun
$$EG \sin \alpha = EF \sin \beta$$
oder $\quad (S - y) \sin 45 = (S - H) \sin 75$

und hieraus $\quad y = \dfrac{S \sin 45 - (S - H) \sin 75}{\sin 45}$,

oder $\quad y = \dfrac{H \sin 75 - S (\sin 75 - \sin 45)}{\sin 45}$

Nach den Vega'schen Tafeln ist aber

$$\sin 75^0 = 0{,}966 \text{ und}$$
$$\sin 45^0 = 0{,}707$$

daher, wenn man diese Zahlenwerthe substituirt:

3) $\quad y = S - 1{,}366 (S - H)$.

Setzt man endlich diesen Werth von y in 1, so wird

4) $\quad x = S + 1{,}366 (S - H)$.

Macht man ferner, in Fig. 14 Taf. 13, EC = DC; CF = AE = S — H; AG = GF = ½ AF, errichtet in G einen Perpendikel auf AD, der die AC in K und die verlängerte DC in M schneidet, so sind K und M die Mittelpunkte, so wie AK = KO und MO = MD die Halbmesser einer aus 3 Mittelpunkten beschriebenen Korblinie, die der Ellipse ziemlich nahe kommt. Um die Radien x = DM und y = AK durch Rechnung zu bestimmen, bemerke man, daß folgende Proportionen stattfinden:

1) $\quad MD : GD = AD : CD,$
2) $\quad AK : AG = AD : AC,$

daraus ist

$$MD = x = \dfrac{GD \cdot AD}{CD}$$

und

$$AK = y = \dfrac{AG \cdot AD}{AC}.$$

Setzt man nun wie früher AC = S; DC = H und der Kürze wegen $AD = Z = \sqrt{S^2 + H^2}$, so wird

$$x = \dfrac{Z + (S - H)}{2H} \cdot Z \text{ und}$$
$$y = \dfrac{Z - (S - H)}{2S} \cdot Z.$$

Ist ein Verhältniß des größten Radius zur Spannweite gegeben, so daß x = mS gesetzt werden kann, so ergibt sich aus der obigen allgemeinen Formel für

$$y = \dfrac{2xH - (S^2 + H^2)}{2(x - S)} \text{ jetzt}$$
$$y = \dfrac{2mSH - (S^2 + H^2)}{2S(m - 1)}.$$

Hieraus sieht man sogleich, daß m immer größer als 1 sein muß, wenn für y noch ein möglicher Werth sich ergeben soll.

Ist z. B. m = 2, mithin x = 2S gleich der ganzen Spannweite, also Dm = AE, in Fig. 15 Taf. 13, so ziehe man AM, halbire diese in T und ziehe TN senkrecht auf AM, mache CN = CO und ziehe die Geraden MNV und MOR, so sind O, M und N die drei Mittelpunkte, so wie AO = OR; MD = MR und NV = NE die Radien der verlangten Korblinie.

Die Construction ist für jeden Werth von $m > 1$ dieselbe, denn für m = 1½, also $x = \dfrac{3S}{2}$ gleich ¾ der Spannweite, mache man in Fig. 1 Taf. 14 AE = DM

7

$= \tfrac{3}{4} AB = \dfrac{3}{2} S$, ziehe EM, halbire diese in L und ziehe LN senkrecht auf EM, so sind N und M die verlangten Mittelpunkte. In Fig. 15 Taf. 13 fiel der Punkt E mit B zusammen, weil DM = 2S = AB bedingt wurde; sonst ist die Construction ganz dieselbe.

Wird $m > 2$, so fällt, in Fig. 2 Taf. 14, der Punkt E über B hinaus; doch ändert dieß in der Construction nichts, denn in beiden Figuren ist:

$$MD = MP = AE = NE + NA = NM + PN$$

und weil $\quad NE = NM$

und $\qquad\quad AN = AN$

so ist $\quad NE + AN = NM + AN = NM + PN$

und $\qquad\quad AN = PN.$

§. 16.

Wird das Verhältniß der Pfeilhöhe des Bogens zur Spannweite geringer als etwa 3 : 8, so pflegt man die Korblinie aus mehr als 3 Mittelpunkten zu beschreiben, weil dann der Unterschied der auf einander folgenden verschiedenen Halbmesser kleiner, und die Festigkeit des Bogens vermehrt wird.

Soll ein Korbbogen aus mehr als 3 Mittelpunkten beschrieben werden, so läßt sich die Aufgabe allgemein so auffassen: Die Anzahl n der Mittelpunkte ist unbeschränkt, nur muß sie eine ungerade sein; jede Hälfte des Bogens besteht aus $\dfrac{n + 1}{2}$ Kreisstücken, vorausgesetzt, daß n eine ungerade Zahl ist. In eben so viele Theile wird die halbe Spannweite AC, Fig. 3 Taf. 14, und in einen weniger die Verlängerung CM des Pfeils CD getheilt, wenn man die zu jenen Kreisbögen gehörigen Radien zieht.

Das Verhältniß dieser Theile zu einander ist willkürlich; ebenso das Maaß des kleinsten oder größten Halbmessers, doch muß begreiflich der erstere k l e i n e r, der zweite aber g r ö ß e r als die halbe Spannweite sein.

Bestimmt man nun den kleinsten oder größten Halbmesser diesem gemäß, so daß die Punkte a' oder M gegeben sind, und theilt nach irgend einer Voraussetzung die Linien Ca' und CM in die nöthigen Theile, so muß die Bedingungsgleichung bestehen:

$$MC + CD = Mm + mm' + m'm'' + m''m'''$$
$$+ m'''a' + a'A$$

oder wenn wir $\qquad MC = x$

$$DC = H$$
$$AC = S$$
$$Ca' = y \quad \text{und}$$

$Mm + mm' + m'm'' + m''m''' + m'''a' = Z$ setzen,

$$1) \quad x + H = Z + S - y.$$

Ist ferner das Verhältniß MC : Ca' oder x : y wie m : n bestimmt, so kann man mittelst einer ähnlichen,

ganz bekannten Hülfsfigur, wie Fig. 4 Taf. 14, die Aufgabe lösen.

Sind nämlich, in Fig. 4, VW = m und VP = n gegebene Linien und eben so getheilt wie CM und Ca' in Fig. 3, und bezeichnet q die Summe der zwischen W und P liegenden Polygonseiten, so daß also m, n und q bekannte Größen darstellen (denn daß q aus den gegebenen Größen gefunden werden kann, leuchtet ein), so ist

$$x : y = m : n \quad \text{oder} \quad x = \frac{m}{n} y$$

und wegen Aehnlichkeit der Figuren

$$y : Z = n : q \quad \text{oder} \quad Z = \frac{q y}{n}.$$

Setzt man nun diese Werthe für x und Z in obige Gleichung 1, so kommt

$$\frac{m}{n} y + H = \frac{q y}{n} + S - y$$

und daraus $\qquad 2) \quad y = \dfrac{(S - H) n}{m + n - q},$

so daß für den gegebenen Fall x und y, mithin die Punkte a' und M gefunden werden können. Daß die Mittelpunkte der verschiedenen Kreisbögen in den Punkten M, m, m', m''.... und a' liegen, braucht kaum erwähnt zu werden.

Diese Methode ist allgemein gültig, doch ziemlich weitläufig [*]), weßhalb wir einige Constructionen für gewöhnlich vorkommende Fälle, die leichter zum Ziele führen, kennen lernen wollen.

§. 17.

Korblinien aus 5 Mittelpunkten. Ueber AB, Fig. 5 Taf. 14, soll ein Korbbogen aus 5 Mittelpunkten beschrieben werden; der größte Halbmesser sei gleich der Spannweite.

Auf CB nehme man willkürlich die beiden Punkte E und F an, jedoch so, daß BF < DC, ziehe die MK durch E, zeichne aus M den Bogen DK, mache KN = BF, ziehe NF, halbire diese Linie in G und schneide die NM durch den auf NF errichteten Perpendikel GH in H und ziehe HL durch F, so sind H und F die andern beiden Mittelpunkte.

Nach der Construction ist NK = BF, HN = HF, folglich HF + BF = HN + NK, und MH + HF + FB = MH + HN + NK = MK = DM.

Die Lage der Punkte E und F hängt von dem Verhältniß DC zu AB ab; ist DC = 2/5 AB, so wird die Krümmung am gefälligsten, wenn CE = EF = 1/4 BC genommen wird.

___

[*]) Wir geben weiterhin in §. 20 ein Beispiel der Anwendung dieser Methode.

Es sei wie in Fig. 5, jetzt in Fig. 6 Taf. 14, $DM = AB$; man nehme E willkürlich, ziehe KM durch E, zeichne aus M den Bogen DK, nehme willkürlich auf EM den Punkt H an, doch so, daß $KH > BE$, mache $BG = KH$, ziehe GH und bestimme den Punkt F durch den auf der Mitte von GH errichteten Perpendikel LF. Zieht man nun HN durch F, so sind in H und F die fehlenden Mittelpunkte gegeben.

Es ist $GF = FH$, mithin $GB = HF + FB$, aber $GB = KH$, folglich $MH + HF + FB = MK = DM$.

Ist $DC = \frac{1}{4} AB$ gegeben, so nimmt man am besten $CE = \frac{1}{3} BC$ und $EH = HM$.

Ist der größte Halbmesser größer als die Spannweite, etwa $DM = \frac{3}{2} AB$, wie in Fig. 7 Taf. 14, so nehme man die Punkte F und H beliebig, doch so an, daß $BF < CD$, $MH > CF$ wird, ziehe ON durch H und F, zeichne aus F den Bogen BO, mache $ON = DM$, ziehe NM und bestimme den Mittelpunkt G durch den in der Mitte von NM errichteten Perpendikel LG, und ziehe MP durch G, so sind G und F die gesuchten Mittelpunkte.

Es ist $BF = FO$, $NG = MG$, folglich $MG + GF + BF = NG + GF + FO = ON = DM$. Für $CD = \frac{1}{4} AB$ und DM $\frac{3}{2} AB$, nehme man $BF = \frac{1}{3} BC$ und MH nahezu $= \frac{1}{2} MC$.

Will man die Korblinie der Ellipse möglichst nahe bringen, so mache man in Fig. 8 Taf. 14, $FC = CD$, theile AF in 5 gleiche Theile, trage 7 derselben von C nach K, und von C nach N und noch einmal von N nach M, mache ferner $KE = \frac{1}{3} KC$, ziehe OM durch E und PN durch K, so sind K und L die beiden gesuchten Mittelpunkte.

Die Construction ist nicht ganz genau richtig für alle Verhältnisse von $CD : AC$, doch ist der Fehler so gering, daß er für die Ausführung unschädlich wird.

§. 18.

Korblinien aus 7 Mittelpunkten. Ueber AB, Fig. 9 Taf. 14, soll ein Korbbogen aus 7 Mittelpunkten beschrieben werden. Es sei $CD = \frac{1}{4} AB$, $DM = AB$. Man theile BC durch die Punkte E, F und G in 4 gleiche Theile, mache $MN = NK = \frac{1}{4} MC$, ziehe SM durch E, NT durch F, und KV durch G, zeichne aus M den Bogen DS, aus O den Bogen ST, mache $BR = TP$, ziehe RP und bestimme durch den in der Mitte von RP errichteten Perpendikel LH den Punkt H, so sind H, P, O und M die Mittelpunkte, so wie $MD = MS$, $OS = OT$, $PT = PV$ und $HV = HB$ die Radien der verlangten Korblinie.

Es ist $RH = HP$, $RB = TP$, folglich $PH + HB$ $= RH + HB = RB = PT$; ferner $OT = OS$, $MO = MO$ und $MS = DM$, mithin $MO + OP + PH + HB = DM$. In unserer Figur fallen die Punkte G und H beinahe zusammen, was aber nur zufällig ist.

Es sei wiederum, Fig. 10 Taf. 14, $CD = \frac{1}{4} AB$, $DM = AB$ und BF oder der kleinste Radius gleich $\frac{1}{6}$ der Spannweite $= \frac{1}{3} BC$. Man mache $MG = GH = \frac{1}{4} MC$, ziehe EH durch F, zeichne aus F den Bogen EB, mache $PF = \frac{1}{3} HF$, ziehe NK durch P und G, zeichne aus P den Bogen EK, mache $KN = DM$, errichte in der Mitte dieser Linie den Perpendikel LR und ziehe die MO durch R.

Es ist $BF = FE$, $PE = PK$, $RK = RO$, folglich $RP + PF + FB = RO$, ferner ist $NR = RM$, $NK = DM$, mithin auch $MR + RP + PF + FB = NK = MO = DM$.

Es ist leicht einzusehen, daß auf ganz ähnliche Weise eine Korblinie auch aus 9 Mittelpunkten gezeichnet werden kann, weßhalb wir diese Construction übergehen und die einer solchen Linie aus 11 Mittelpunkten zeigen wollen.

§. 19.

Korblinien aus 11 Mittelpunkten. Es sei, in Fig. 1 Taf. 15, $DC = \frac{1}{2} CB = \frac{1}{4}$ der Spannweite, der größte Halbmesser der aus 11 Mittelpunkten zu beschreibenden Korblinie $DM = AB$. Man mache $ML = LN = NO = OP = \frac{1}{6} MC$, theile CB in 6 gleiche Theile CE, EF, FG, GH, HK und KB, ziehe MM' durch E, LL' durch F, NN' durch G, OO' durch H und PK, so bestimmen sich die Mittelpunkte M, Q, R, S und T, aus denen man die Bogen DM', M'L', L'N', N'O' zieht; ferner mache man $BV = TT'$ und bestimme durch den in der Mitte von VT errichteten Perpendikel WU den Mittelpunkt U*) für den kleinsten Radius, durch diesen ziehe man TT' und zeichne endlich aus T und U die letzten Bogen O'T' und T'B.

Daß man ganz ähnlich, wie in dem letzten Falle des vorigen §, auch die Größe des kleinsten Radius festsetzen und dann den Mittelpunkt Q durch die dort angegebene Construction bestimmen kann, darf kaum erwähnt werden.

§. 20.

Um eine Anwendung der in §. 16 dieses Kapitels gegebenen allgemeinen Methode zu zeigen, wollen wir uns folgende Aufgabe stellen.

Ueber AB, Fig. 2 Taf. 15, sei die Hälfte eines aus 11 Mittelpunkten zu beschreibenden Korbbogens zu zeichnen,

---

*) Auch hier fallen die Punkte K und U beinahe zusammen, wie dieß mit den Punkten G und H in Fig. 9 Taf. 14 der Fall war; doch auch hier wie dort zufällig.

AD sei $= \frac{1}{2}$ AB; ferner verhalte sich A a' : A e $= 1 : 3$ und a' b' : b' c' : c' d' : d' e' : e' A $= 1 : 2 : 3 : 4 : 5$, und die auf A e abgeschnittenen Stücke A a, ab, bc, de seien einander gleich. Nach der in §. 16 angenommenen Bezeichnung haben wir daher

$$AB = S$$
$$AD = H$$
$$Aa' = y$$
$$Ae = x$$

e q q' q'' q''' a' $= Z$, und $x : y = 3 : 1$.

Es sei ferner AB $= S = 60'$, mithin AD $= H = 30'$ gegeben.

Nehmen wir nun A e a' als die in §. 16 gedachte, ähnliche, ganz bekannte Hülfsfigur an, und das dortige m $= 120'$, so ist n $= 40'$.

Es wird daher, weil m $=$ Ae und n $=$ Aa' gemacht werden muß, auch Ae $= 120$ und Aa' $= 40$ Fuß.

Dann wird wegen der Bedingung der Aufgabe:

$$Ae' = \frac{5}{15}\, Aa' = \frac{1}{3} \cdot 40 = \frac{40}{3}\ \text{Fuß.}$$
$$Ad' = \frac{9}{15}\, Aa' = \frac{3}{5} \cdot 40 = 24'$$
$$Ae' = \frac{12}{15}\, Aa' = \frac{4}{5} \cdot 40 = 32'$$
$$Ab' = \frac{14}{15}\, Aa' = \frac{14}{15} \cdot 40 = \frac{112'}{3}$$
$$Aa' = \frac{15}{15}\, Aa' = \frac{15}{15} \cdot 40 = 40'$$

Ferner:

$$Ae = m = 120'$$
$$Ad = \frac{4}{5}\, Ae = \frac{4}{5} \cdot 120 = 96'$$
$$Ac = \frac{3}{5}\, Ae = \frac{3}{5} \cdot 120 = 72'$$
$$Ab = \frac{2}{5}\, Ae = \frac{2}{5} \cdot 120 = 48'$$
$$Aa = \frac{1}{5}\, Ae = \frac{1}{5} \cdot 120 = 24\ \text{Fuß.}$$

Um nun Z zu berechnen, was mit dem q in §. 16 gleichbedeutend ist, bemerke man, daß folgende Proportionen statt finden.

1) $Ae' : Ae = lq : Ae - Al$
2) $Ad' : Ad = lq : Ad - Al$

aus 1 ist $lq = Ae' - \dfrac{Ae'}{Ae}\, Al$

aus 2 ist $lq = Ad' - \dfrac{Ad'}{Ad}\, Al$

mithin $Al = Ae \cdot Ad \cdot \dfrac{Ad' - Ae'}{Ad' \cdot Ae - Ae' \cdot Ad}$

und $lq = Ae' - \dfrac{Ae'}{Ae}\, Al$

oder, bezeichnen wir lq mit v und Al mit w, so haben wir

$$\begin{cases} w = Ae \cdot Ad \cdot \dfrac{Ad' - Ae'}{Ad' \cdot Ae - Ae' \cdot Ad} \\[2ex] v = Ae' - \dfrac{Ae'}{Ae}\, w, \end{cases}$$

und eben so, wenn l' q' $=$ v', und Al' $=$ w' gesetzt wird, 2c.

$$\begin{cases} w' = Ad \cdot Ac \cdot \dfrac{Ac' - Ad'}{Ac'\, Ad - Ad'\, Ac} \\[2ex] v' = Ad' - \dfrac{Ad'}{Ad}\, w' \end{cases}$$

$$\begin{cases} w'' = Ac \cdot Ab \cdot \dfrac{Ab' - Ac'}{Ab'\, Ac - Ac'\, Ab} \\[2ex] v'' = Ac' - \dfrac{Ac'}{Ac}\, w'' \end{cases}$$

$$\begin{cases} w''' = Ab \cdot Aa \cdot \dfrac{Aa' - Ab'}{Aa'\, Ab - Ab'\, Aa} \\[2ex] v''' = Ab' - \dfrac{Ab'}{Ab}\, w'''. \end{cases}$$

Ferner ist:

$$eq = \sqrt{el^2 + lq^2} = \sqrt{(Ae - Al)^2 + lq^2}$$
$$= \sqrt{(Ae - w)^2 + v^2}.$$

und

$$q\,q' = \sqrt{(w - w')^2 + (v' - v)^2}$$
$$q'\,q'' = \sqrt{(w' - w'')^2 + (v'' - v')^2}$$
$$q''\,q''' = \sqrt{(w'' - w''')^2 + (v''' - v'')^2}$$
$$q'''\,a' = \sqrt{w'''^2 + (Aa - v''')^2}.$$

Setzen wir nun nach obiger Annahme die Zahlenwerthe, so haben wir:

$$Ae \cdot Ad = 120 \cdot 96 = 11520'.$$
$$Ad \cdot Ac = 96 \cdot 72 = 6912'.$$
$$Ac \cdot Ab = 72 \cdot 48 = 3456'.$$
$$Ab \cdot Aa = 48 \cdot 24 = 1152'.$$

$$Ad' - Ae' = 24 - \frac{40}{3} = \frac{32}{3}$$
$$Ac' - Ad' = 32 - 24 = 8$$
$$Ab' - Ac' = \frac{112}{3} - 32 = \frac{16}{3}$$
$$Aa' - Ab' = 40 - \frac{112}{3} = \frac{8}{3}$$

$$Ad' \cdot Ae = 24 \cdot 120 = 2880.$$
$$Ac' \cdot Ad = 32 \cdot 96 = 3072.$$
$$Ab' \cdot Ac = \frac{112}{3} \cdot 72 = 2688.$$
$$Ad' \cdot Ab = 40 \cdot 48 = 1920.$$

$$A e' \cdot A d = \frac{40}{3} \cdot 96 = 1280.$$

$$A d' \cdot A c = 24 \cdot 72 = 1728.$$

$$A c' \cdot A b = 32 \cdot 48 = 1536.$$

$$A b' \cdot A a = \frac{112}{3} \cdot 24 = 896.$$

$$A d' \cdot A e - A e' \cdot A d = 2880 - 1280 = 1600.$$
$$A c' \cdot A d - A d' \cdot A c = 3072 - 1728 = 1344.$$
$$A b' \cdot A c - A c' \cdot A b = 2688 - 1536 = 1152.$$
$$A a' \cdot A b - A b' \cdot A a = 1920 - 896 = 1024.$$

Dann ist:

$$w = 11520 \cdot \frac{32}{3 \cdot 1600} = 76,8'$$

$$w' = 6912 \cdot \frac{8}{1344} = 41,14285'$$

$$w'' = 3456 \cdot \frac{16}{3 \cdot 1152} = 16$$

$$w''' = 1152 \cdot \frac{8}{3 \cdot 1024} = 3$$

und

$$A e - w = 120 - 76,8 = 43,2.$$
$$w - w' = 76,8 - 41,14285 = 35,65714.$$
$$w' - w'' = 41,14285 - 16 = 25,14285.$$
$$w'' - w''' = 16 - 3 = 13.$$
$$w''' = 3.$$

Ferner

$$w \cdot \frac{A e'}{A e} = 76,8 \cdot \frac{40}{3 \cdot 120} = 8,5333.$$

$$w' \cdot \frac{A d'}{A d} = 41,1428 \cdot \frac{24}{96} = 10,28571.$$

$$w'' \cdot \frac{A c'}{A c} = 16 \cdot \frac{32}{72} = 7,111111.$$

$$w''' \cdot \frac{A b'}{A b} = 3 \cdot \frac{112}{3 \cdot 48} = 2,333\ldots$$

und

$$v = \frac{40}{3} - 8,5333 = 4,8.$$
$$v' = 24 - 10,2853 = 13,7142.$$
$$v'' = 32 - 7,1111 = 24,8888.$$
$$v''' = \frac{112}{3} - 2,333 = 35.$$

Ferner

$$y = 4,8$$
$$v' - v = 13,7142 - 4,8 = 8,914286$$
$$v'' - v' = 24,8888 - 13,7142 = 11,1746$$
$$v''' - v'' = 35 - 24,8888 = 10,1111$$
$$A a' - v''' = 40 - 35 = 5.$$

und endlich

$$\begin{aligned}
e\,q &= \sqrt{43,2^2 + 4,8^2} &&= \sqrt{1889,28} &&= 43,46584 \\
q\,q' &= \sqrt{35,6^2 + 8,91^2} &&= \sqrt{1350,78209} &&= 36,76354 \\
q'\,q'' &= \sqrt{25,1^2 + 11,17^2} &&= \sqrt{757,03542} &&= 27,51425 \\
q''\,q''' &= \sqrt{13^2 + 10,11^2} &&= \sqrt{271,234519} &&= 16,46920 \\
q'''a' &= \sqrt{3^2 + 5^2} &&= \sqrt{34} &&= 5,83095 \\
\hline
\text{mithin } Z &&&= &&130,04378
\end{aligned}$$

In §. 16 dieses Kapitels hatten wir nun die Formel $y = \dfrac{(S - H)n}{m + n - q}$, und da das dortige q unserm jetzigen Z entspricht, so wird

$$y = \frac{(60 - 30)\,40}{120 + 40 - 130,04378} = 40,058$$

und da aus $y : x = 1 : 3$; $x = 3y$, so ist
$$x = 3 \cdot 40,058 = 120,174'.$$

Soll also die Aufgabe den zu Anfang dieses §. gestellten Bedingungen gemäß gelöst werden, so muß $A a' = y = 40,058'$ und $A e = x = 120,174'$ gemacht, ferner $A a'$ in 15 gleiche Theile getheilt werden, $A e = 5$, $e' d' = 4$, $d' c' = 3$, $c' b' = 2$ und $b' a' = 1$ solcher Theile genommen, und $A e$ für die Punkte d, c, b und a in 5 gleiche Theile getheilt werden.

Läßt man hingegen die Theilung so, wie wir sie für die Hülfsfigur $e A a'$ annahmen, d. h. $A e = 120$ und $A a' = 40'$, so wird, wenn wir die Bögen von B anfangend beschreiben, da $e D = Z + a' B$ sein muß, $e D = 130,04378 + 60 - 40 = 150,0438$ Fuß, mithin der Bogen bei D um 4 Linien circa höher; oder beschreiben wir die Bögen von D aus, so wird $a' B = 150 - Z = 150 - 130,04378 = 19,95622$ Fuß und der Bogen statt 120 nur $2\,(40 + 19,95622) = 119,91244$ Fuß weit, mithin um 0,08756 Fuß enger.

Wir haben vorstehendes Beispiel aus Perronets Werk über die Brücke zu Neully gewählt, um zu zeigen, daß die dort angegebene Construction des Korbbogens zwar paßt, wenn man sie nach einem verjüngten Maaßstabe anträgt, aber eine scharfe Rechnung nicht aushält. Uebrigens wird man die Construction unbedenklich immer anwenden können, weil die geringe Abweichung ohne Einfluß bleibt, da es wenig ausmachen wird, ob ein Bogen von 120 Fuß Weite und 30 Fuß Höhe, entweder 4 Linien höher oder 8 Linien enger wird.

§. 21.

Man kann endlich einen Korbbogen auch auf die Art construiren, daß die Vereinigungspunkte der verschiedenen Kreisbögen in dem Umfange einer Ellipse liegen, deren große Achse gleich der Spannweite und deren halbe kleine Achse gleich der Pfeilhöhe des Bogens ist.

Man zeichne mit beiden halben Achsen als Radien, die Quadranten $A B$ und $\alpha\beta$, Fig. 3 Taf. 15, theile einen derselben in so viele (am bequemsten gleiche) Theile als Kreisbögen die halbe Korblinie bilden sollen, ziehe durch diese Punkte Radien Ca, Cb und Cc und bestimme die Punkte a″, b″, c″, die bekanntlich im Umfang einer Ellipse liegen, dadurch, daß man die Linien aa″, bb″, cc″ parallel BC und die Linien a′a″, b′b″, c′c″ parallel Ac zieht. Ferner ziehe man die Sehne c″β und errichte in der Mitte derselben einen Perpendikel, bis dieser die verlängerte BC in D schneidet, ziehe c″D und b″c″, errichte in der Mitte von b″c″ wieder einen Perpendikel bis zum Durchschnitt mit c″D und bestimme so den Punkt E, ziehe b″E, a″b″, bestimme F und endlich G ganz auf dieselbe Weise, so sind G, F, E und D die Mittelpunkte für die Kreisbogen Aa″, a″b″, b″c″, c″β, deren Vereinigungspunkte a″, b″, c″ in dem Umfange einer durch A und β gehenden Ellipse liegen. Der Mittelpunkt G für den kleinsten Halbmesser der Korblinie fällt nicht immer in die Linie AC, und dann hat auch die Korblinie an ihrem Fußpunkte A keine lothrechte Tangente (wenn AC wagerecht), doch wird diese Abweichung, wenn das Bogenstück Aa klein genug genommen wurde, so unbedeutend sein, daß man dieselbe für die Ausführung im Großen unbeachtet lassen darf. Will man hingegen doch eine lothrechte Tangente in A haben, so darf man nur die Lage des Punktes a″ in dem Umfange der Ellipse opfern und die in der Figur angedeutete, aus den früheren Figuren bekannte Construction, gewissermaßen als eine Correction, in Anwendung bringen. Nachdem nämlich der Punkt F bestimmt ist, mache man AF′ = b″F, ziehe FF′ und bestimme den Punkt G′ durch den auf der Mitte von FF′ errichteten Perpendikel HG′. Zieht man dann die Linie Fa‴ durch G′, so kann man aus F den Bogen b″ a‴ und aus G′ den Bogen a‴A ziehen, welch' letzterer dann in A eine lothrechte Tangente haben wird, weil G′ in der wagerechten AC liegt*).

§. 22.

Um eine der Ellipse ebenfalls sehr nahe kommende Korblinie zu zeichnen, kann man sich auch folgender Methode bedienen. Ist in OA, in nachstehender Figur, die halbe Spannweite und in OB die Pfeilhöhe gegeben, so zeichne man mit OA und OB zwei Viertelkreise und einen dritten mit einem Halbmesser OC = BO + AO. Zieht man nun die beliebigen Radien OI, OII, OIII ꝛc., bestimmt auf die bekannte Weise die in dem Umfang der, durch A und B gehenden Ellipse liegenden Punkte m, n, p ꝛc. und zieht durch

*) Wegen Kleinheit des Maaßstabes fallen in unserer Figur die Punkte a″ und a‴, so wie α, G und G′ fast ganz zusammen, so daß es rathsam wird, die Figur nach einem größeren Maaßstabe aufzutragen.

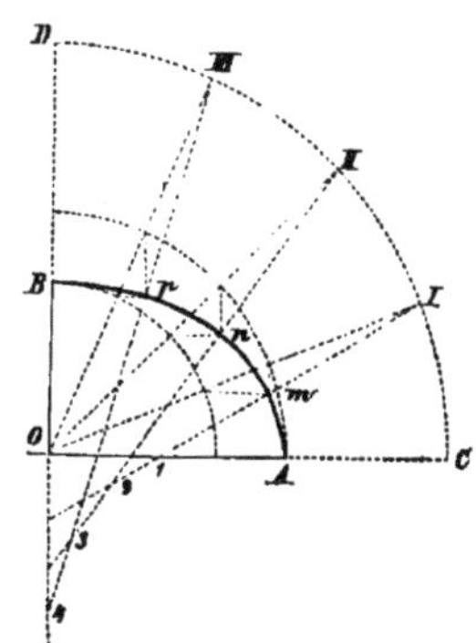

III und p, II und n ꝛc. gerade Linien, so sind dieß, nach einem von Prof. Reusch aufgefundenen Satze, Normalen zu der Ellipse in den Punkten n, m, p ꝛc.*), auf denen daher die Krümmungsmittelpunkte der zugehörigen Ellipsenelemente liegen. Verlängert man nun mehrere solcher auf einander folgender Normalen, bis sie sich gegenseitig in den Punkten 1, 2, 3 und 4 schneiden, so kann man diese Punkte benutzen, um durch eine Reihe aus ihnen beschriebener, stetig in einander übergehender Kreisbögen, eine Korblinie zu construiren, welche von der Ellipse selbst nur wenig abweicht und dadurch, daß man die Zahl der Mittelpunkte vermehrt, was sehr leicht ist, derselben beliebig nahe gebracht werden kann.

§. 23.

Um die Bogenlinie für einhüftige Bögen, d. h. für solche, von denen zwei zusammengehörige Kämpferpunkte nicht in einer Horizontalebene liegen, zu zeichnen, haben wir im Allgemeinen die Aufgabe zu lösen, eine stetige Kurve so zu zeichnen, daß sie durch zwei oder drei gegebene Punkte geht und zugleich drei ihrer Richtung nach ebenfalls gegebene gerade Linien tangirt. Zwei der gegebenen Punkte sind immer die Kämpferpunkte; ist ein dritter gegeben, so ist es der Scheitelpunkt des Bogens. Zwei von den drei geraden Linien sind aufwärts verlängerte Stirnlinien der Widerlagsmauern, die dritte eine gerade durch den Scheitel. Von den Kämpferpunkten kann in einzelnen Fällen auch nur der eine gegeben sein, doch ist dann die gerade Linie, in welcher der zweite liegt, immer bestimmt.

Diese Aufgabe lösen wir dadurch, daß wir die Bogenlinie entweder als den Theil einer Ellipse zeichnen, oder aus mehreren stetig in einander übergehenden Kreisbögen construiren. Im letzteren Falle fällt die frühere Bedingung, wonach die Anzahl der Kreisbogenmittelpunkte eine ungerade sein mußte, fort.

Bei der obigen allgemeinen Aufgabe wollen wir folgende Fälle unterscheiden.

1) Die Richtungslinie am und bn, Fig. 4 Taf. 15, der Widerlager sind parallel (gewöhnlich lothrecht), eben so

*) Vergl. Eisenbahnzeitung Jahrg. 1849. Nr. 4.

bie Scheitellinie c d unb bie gerabe Verbindungslinie a b der beiden zusammengehörigen Kämpferpunkte.

2) Beibe eben aufgestellten Bedingungen finden nicht statt, es ist baher in Fig. 5 weder a m parallel b n noch c d parallel a b.

3) Nur eine ber in 1 aufgestellten Bedingungen findet statt, unb zwar ist, in Fig. 6, a m parallel b n, c d aber nicht parallel a b ober

4) in Fig. 7 ist c d parallel a b, aber a m nicht parallel b n.

§. 24.

In Betreff bes ersten Falls sei in Fig. 8 Taf. 15 a b parallel c d unb a m parallel b n, so wie die horizontale Spannweite des Bogens a e, seine Steigung e b unb die Entfernung der Scheitellinie c d von der steigenben a b gegeben; man soll die einhüftige Bogenlinie als eine Ellipse zeichnen.

Die für bie Praris brauchbarste Auflösung ist bie burch sogenannte Vergatterung, weil bie babei nothwendigen Hülfslinien sich leicht construiren laffen, was bei ben andern Methoden auf dem Papiere zwar ebenfalls leicht, in der Praris aber oft sehr schwierig ist.

Ist die lothrechte Entfernung der Scheitellinie c d von der steigenben a b, gleich der halben Spannweite a e, Fig. 8 Taf. 15, ober gleich der halben steigenden Linie a b, Fig. 9, so beschreibe man über biesen Linien Halbkreise, theile ben Durchmeffer in eine beliebige Anzahl Theile unb errichte in ben Theilpunkten f, g, h, k, l ꝛc. Senkrechte zu dem Durchmeffer bis an die Kreisperipherie. Errichtet man nun in denselben Punkten f, g, h . . . Parallelen f f″, g g″, h h″ . . . zu a m ober b n unb macht diese, von der steigenben Linie a b an, eben so lang als jene Perpendifel f f′, g g′, h h′ . . . unb verbindet die Punkte a, l″, k″, f″, g″, h″, b burch eine stetige Kurve, so ist die Aufgabe gelöst.

Ist in Fig. 10 Taf. 15 die lothrechte Entfernung der Scheitellinie von der steigenben beliebig, gleich f f″ gegeben, so beschreibe man wieder über der steigenben Linie a b einen Halbkreis, ziehe barin ben auf a b senkrechten Halbmeffer f f′ unb theile biesen in eine beliebige Anzahl Theile. Durch biese Theilpunkte ziehe man Parallelen zu a b bis an die Kreisperipherie, verbinde f′ unb f″ burch eine Gerade nnb schneibe die f f″ burch Parallelen mit f′ f″, bie man burch die Theilpunkte der f f′ legt. Durch bie auf f f″ gefunbenen Theilpunkte ziehe man ebenfalls Parallelen zu a b unb mache sie (bezüglich auf die Linien f f′ unb f f″) gleich lang mit den burch die zugehörigen Theilpunkte auf f f′ gelegten Parallelen, so geben die Endpunkte der burch die Punkte der f f″ gelegten Linien, stetig verbunben, die verlangte Bogenlinie.

Daß man bei bieser Methobe bie Bogenlinie um so genauer finbet, je mehr Punkte man bestimmt, leuchtet ein.

Will man die Ellipse mittelst einer Schnur ohne Ende ober auf irgend eine anbere Weise construiren, so ist es nöthig, bie Lage unb Größe der beiden Achsen zu bestimmen.

Man bemerke, baß bie steigenbe Linie a b, Fig. 1 Taf. 16, ein Durchmeffer unb die Kämpferpunkte a unb b Scheitelpunkte der Ellipse sind. Der Mittelpunkt der letzteren liegt baher in der Mitte von a b in f. Da nun c d parallel a b unb eben so a c parallel b d, so muß auch der dem Durchmeffer a b conjugirte Durchmeffer, parallel mit a c unb b d laufen; er ist baher burch f f′ seiner Hälfte nach gegeben unb in f′ der Berührungspunkt für bie Scheitellinie gefunden. Man ziehe nün f′ g senkrecht auf c d unb mache sie gleich a f = f b = ½ a b, ziehe g f unb halbire diese Linie in h, ziehe h f′ so lang, bis sie ein aus h mit h f als Halbmeffer beschriebener Kreisbogen in k schneidet, so gibt eine burch f unb k gelegte gerade Linie die Richtung der großen Achse, auf ber die kleine senkrecht steht, mithin ihrer Richtung nach ebenfalls gegeben ist. Macht man nun ferner auf h g, h r = h f′, so gibt f r bie halbe Länge der großen unb f′ k bie ber halben kleinen Achse, unb es kann nun die Ellipse selbst leicht gezeichnet werden.

Die Lage unb Größe der Achsen läßt sich auch noch auf folgende Weise finden. Nachbem die Punkte f, f′, g unb h, Fig. 2 Taf. 16, wie eben beschrieben, gefunden sind, errichte man in h auf f g ben Perpendifel h k bis zum Durchschnitt mit der verlängerten c d in k. Von k aus, mit dem Halbmeffer k f, zeichne man ben Halbkreis m o n unb ziehe die Linien m v unb n t von m unb n burch f, so sind burch dieselben die beiden Achsen ihrer Lage nach gegeben. Zieht man ferner die Linien g m unb g n unb bestimmt auf biesen die Punkte p unb q burch einen aus g mit dem Halbmeffer g f′ beschriebenen Kreisbogen, so hat man nur von p unb q aus Parallelen zu g f zu ziehen, um baburch auf n t unb m v die Punkte s unb r zu bestimmen, welche die Endpunkte der beiden Achsen, mithin ihre Längen, bezeichnen.

Will man bie einhüftige Bogenlinie mit 2 Kreisbögen aus zwei verschiedenen Mittelpunkten beschreiben, so seien zuerst die beiden Kämpferpunkte a unb b, Fig. 3 Taf. 16, ihrer Lage, unb die Scheitellinie c d ihrer Richtung nach (parallel a b), nicht aber ber letzteren Entfernung von a b gegeben. Man ziehe c d in beliebiger Entfernung von a b, dieser parallel, unb verlängere die a m unb b n, bis sie bie c d in c unb d treffen, schneibe auf c d bas Stück c a′ = c a unb bas Stück d b′ = d b ab unb ziehe die Geraden b b′ unb a a′. Der Schnittpunkt f′ bieser Linien gibt ben Scheitelpunkt des Bogens.

Durch diesen ziehe man eine Senkrechte auf c d, bis sie die auf a m senkrecht stehende a e in g schneidet, so ist g der Mittelpunkt für den Bogen a f'; und zieht man die b h parallel a e bis sie die f' g in h schneidet, so ist in h der zweite Mittelpunkt für den Bogen f' b gefunden.

Man sieht leicht, daß hierbei c' f' = f' d' = c' a = d b, d. h. die lothrechte Entfernung der Scheitellinie von der steigenden, gleich der Hälfte der letzteren sein muß, wenn nämlich diese beide Linien parallel sein sollen.

Findet dieses Verhältniß nicht statt, und ist der Abstand der Scheitellinie c d von der mit ihr parallelen steigenden a b in Fig. 4 Taf. 16 gegeben, so kann man folgende Constructionen anwenden, um den einhüftigen Bogen aus drei Mittelpunkten zu construiren. Man bestimme den Scheitelpunkt f so, daß c f = c a wird, ziehe f g senkrecht auf c d bis zum Durchschnitt mit der, aus a senkrecht auf a c gezogenen a e, so ist g der Mittelpunkt für den Bogen a f; ferner ziehe man b m parallel zu a e, nehme darauf das Stück b k willführlich, doch kleiner als b l an, mache f h = b k, ziehe h k, halbire diese in n, und errichte in n den Perpendikel n m auf h k bis zum Durchschnitt mit der b m, so gibt, nachdem m t durch h gezogen ist, h den Mittelpunkt für den Bogen f t und m den für den den dritten Bogen t b.

Ist wie in Fig. 5 Taf. 16 e b = ½ a e und b d = b e (ein bei Treppenanlagen oft vorkommendes Verhältniß), so gibt folgende Construction eine angemessene Kurve für den einhüftigen Bogen.

Den Scheitelpunkt f bestimme man wie vorhin so, daß c f = a c wird, ziehe f h senkrecht auf c d vorläufig unbegrenzt lang, bemerke aber den Schnittpunkt g mit der a e. Innerhalb g f nehme man den beliebigen Punkt k an und beschreibe aus demselben mit k f als Radius einen Kreis, der die verlängerte b e in l und m schneidet. Durch b lege man die Sehne n o parallel zu a e (senkrecht auf a c oder b d), mache b p = b o und b q = b l; den Unterschied zwischen dem Durchmesser f h und dem Sehnenstück n p trage man von b nach r, ziehe die Gerade q r, und mit dieser parallel die m s. Macht man nun b t = b s, und zieht durch k und t die Gerade k u, so gibt g den Mittelpunkt für den Bogen a f, k den für f u, und t endlich den für u b.

Ist in Fig. 6 Taf. 16 auch der Scheitelpunkt f gegeben, so ziehe man f k senkrecht auf c d, nehme den Punkt k beliebig an und mache a h = f k. Hierbei muß man jedoch Sorge tragen, daß g h kleiner als g k werde. Dann ziehe man h k und errichte in deren Mitte den Perpendikel m n auf h k bis zum Durchschnitt mit a e und ziehe k t durch n. Zieht man ferner durch b die b l parallel a e, und nimmt l beliebig, doch so an, daß dieser Punkt über o hinausfällt, macht f p = b l, zieht l p und errichtet in

der Mitte dieser Linie den Perpendikel q r bis zum Durchschnitt mit l b und zieht p s durch r, so sind n, k, p und r die vier Mittelpunkte für die vier Bogen, a t, t f, f s und s b.

Oder man ziehe, in Fig. 7 Taf. 16, f k aus dem in f gegebenen Scheitelpunkte senkrecht auf c d, mache f g = h b beliebig groß, doch kleiner als b m; ziehe g h und bestimme durch den auf der Mitte von g h errichteten Perpendikel l n den Punkt n in der b n. Zieht man nun durch g die n o, so ist g der Mittelpunkt für den Bogen f o und n der für o b. Ferner nehme man f p beliebig [*)], doch so an, daß, wenn man a q = f p gemacht, p k > q k, ziehe p q und bestimme den Punkt s in der, nöthigen Falls verlängerten, a e, durch den auf der Mitte von p q errichteten Perpendikel r s, so ist p der Mittelpunkt für den Bogen f v und s für v a, wenn man vorher durch p die Gerade s v gezogen hat.

Man sieht, daß es bei den in Fig. 3 bis 7 Taf. 16 dargestellten Constructionen durchaus gleichgültig ist, ob die Scheitellinie c d der steigenden a b parallel ist oder nicht, wenn nur die Widerlager a m und b n parallel bleiben, so daß der früher, unter Ziffer 3 erwähnte Fall in dem eben behandelten mit enthalten ist.

Um für diesen Fall auch die in Fig. 1 und 2 Taf. 16 dargestellte Construction, wo der einhüftige Bogen durch eine Ellipse gebildet wird, zu ergänzen, sei a b Fig. 8 Taf. 16 die steigende, c d die Scheitellinie, beide nicht parallel, wohl aber die Widerlager a m und b n. Die Scheitellinie c d muß an die Ellipse, deren Scheitel in a und b liegen und zu welcher a b ein Durchmesser ist, eine Tangente sein, und es kommt zuförderst darauf an, den Berührungspunkt selbst zu bestimmen. Man verlängere die a m über c hinaus und mache a c = c f; zieht man dann die Gerade f b, so ist deren Durchschnitt g mit der Scheitellinie der gesuchte Berührungspunkt. Der Mittelpunkt der Ellipse liegt in der Mitte von a b in h. In diesem errichte man einen Perpendikel auf a b und beschreibe aus h den Quadranten a k; aus g ziehe man die g l parallel zu a m, aus l die l q parallel zu h k und die k n parallel zu a b; verbindet man nun den Punkt q, wo die l n den Quadranten schneidet, durch eine Gerade mit g, verlängert die g l über g hinaus, bis sie von einer, aus n parallel zu q g gezogenen geraden Linie in r geschnitten wird, so gibt l r die halbe Länge des zu a b gehörigen, mit a m parallelen Durchmessers; zieht man daher h s parallel a m und r s parallel a b, so ist der Fall auf den in Fig. 1 oder 2 behandelten zurückgeführt, indem jetzt zwei conjungirte Durchmesser der Ellipse ihrer Lage und Länge nach gegeben sind, aus denen, nach der in Fig. 1 oder 2

[*)] p fällt in der Figur zufällig auf a b.

Taf. 16 gezeichneten Constructionen, die Ellipse selbst bestimmt werden kann.

Ist für einen besonderen Fall die Scheitellinie horizontal, aber nur ihrer Richtung nach gegeben, ein Fall, der wohl vorkommen kann, so kann man auch auf folgende Weise eine Korblinie construiren. In beistehender Figur

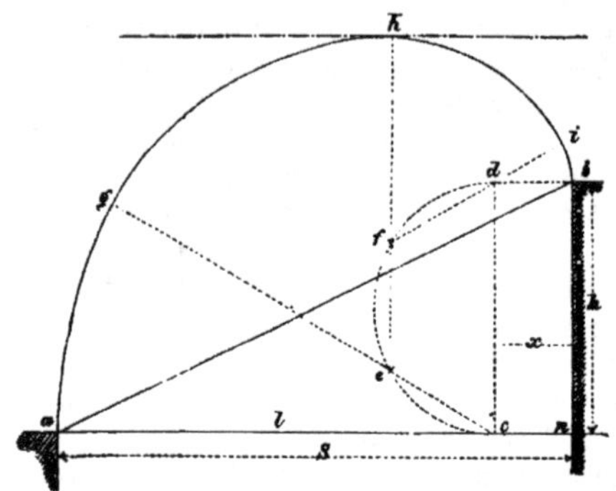

sei a b die steigende Linie und a n horizontal. Zieht man in einer, vorläufig noch unbekannten Entfernung = x von b n eine ihr gleiche und parallele Linie c d, beschreibt über dieser einen Halbkreis und trägt den Halbmesser desselben dreimal in demselben herum und bestimmt dadurch die Punkte e und f, so darf man die Linien ce, ef und fd nur verlängern und aus c den Bogen ag, aus e den gk, aus f den ki und aus d den ib beschreiben und der letzte Bogen wird durch den Punkt b gehen, wenn die Entfernung x richtig bestimmt wurde. Um diese zu bestimmen, bemerken wir, daß, wenn a n mit S und n b mit h bezeichnet wird, alsdann die Gleichung bestehen muß:

$$db + df + fe + ec + cn = an \text{ oder}$$

$$2x + 3\frac{h}{2} = S \text{ und}$$

$$x = \frac{S}{2} - \frac{3}{4}h.$$

Man findet daher den Punkt c, aus welchem die c d parallel mit b n zu ziehen ist, wenn man a n in l halbirt und von l nach c dreiviertel von b n trägt, weil man dann

$$cn = x = \frac{S}{2} - \tfrac{3}{4}h \text{ gemacht hat.}$$

Häufig kommt auch der Fall vor, daß bei parallelen Widerlagern nur einer der Kämpferpunkte und die Richtung der Scheitellinie gegeben sind; alsdann läßt sich der einhüftige Bogen sehr leicht aus zwei Mittelpunkten construiren. Ist a Fig. 1 Taf. 17, der gegebene Kämpferpunkt, c d die Scheitellinie, ae die Spannweite des Bogens, und am parallel en die Richtung der Widerlager, so verlängere man am bis zum Durchschnitt mit c d, mache cf

= ca, ziehe fg senkrecht auf cd, bis zum Durchschnitt mit ae, verlängere en ebenfalls bis zum Durchschnitt mit cd, mache db = df und ziehe bh parallel ae, so sind in g und h die Mittelpunkte der beiden Kreisbögen, und in b der zweite Kämpferpunkt gefunden.

§. 25.

Es seien nun für den zweiten Fall weder die Richtungen der Widerlager, noch die steigende und Scheitellinie parallel, und man soll den einhüftigen Bogen als Ellipse construiren. Fig. 2 Taf. 17.

Die folgende Construction ist ganz allgemein gültig, doch nehmen wir nur den, in der Ausführung wohl allein vorkommenden, Fall an, wo die Richtungen der Widerlager nach oben divergiren (geböschte Widerlagsmauern).

Zuerst verlängere man die am und bn bis zum Durchschnitt mit der cd, halbire cd in e und ziehe ef parallel bd, eg parallel ac; zieht man dann die Geraden fd und gc, so gibt deren Durchschnittspunkt i den Mittelpunkt der Ellipse. Ferner ziehe man fl und gk parallel cd, verbinde l und k mit e durch gerade Linien, ziehe die ao parallel zu ke und die ob parallel zu el, so werden sich beide Linien in einem in ed liegenden Punkte o, dem Berührungspunkte der Scheitellinie und der Ellipse, schneiden. Jetzt ziehe man op, vorläufig von unbestimmter Länge, senkrecht auf cd, ferner von i aus die iq parallel zu bd und schneide von q aus mit dem Halbmesser qd auf op das Stück or ab; darauf verbinde man r mit i durch eine Gerade und ziehe dieser parallel, sonst aber willführlich, die Linie st, ziehe oi, welche die st in v schneidet, und parallel mit op die iu bis zum Durchschnitt u mit st, halbire uv in x und beschreibe mit dem Halbmesser xi über st den Halbkreis sit. Zieht man nun die ss' und die tt' durch i, so ist hierdurch die Lage der beiden Achsen der Ellipse gegeben. Zieht man ferner rr' parallel der tt' und rr'' parallel der ss', so werden die Punkte r'', r' und o in einer geraden Linie liegen, und or'' bestimmt die Länge der halben großen, so wie or' die der halben kleinen Achse der Ellipse, die nun nach einer der bekannten Methoden gezeichnet werden kann.

Setzen wir den unter Ziffer 4 erwähnten Fall voraus, daß nämlich die Scheitellinie cd der steigenden ab parallel sei, wie in Fig. 3 Taf. 17, so bleibt die eben angegebene Construction ganz dieselbe, nur wird sie dadurch, daß der Berührungspunkt o Fig. 3 mit dem Halbirungspunkte e der cd Fig. 2 zusammenfällt, vereinfacht, indem die besonderen Constructionen zur Auffindung des Berührungspunktes fortfallen. In Fig. 3 stehen die Buchstaben gerade so wie in Fig. 2, so daß man nach dem zu letzterer Figur gegebenen Texte auch die erstere wird zeichnen können.

Soll, bei nicht parallelen Widerlagern, der einhüftige Bogen aus mehreren Kreisbögen zusammengesetzt werden, und ist nur die Richtung der Scheitellinie cd, Fig. 4 Taf. 17, nicht aber ihre Entfernung von der, durch beide Kämpferpunkte gegebenen, steigenden Linie ab bestimmt, so kann man die verlangte Kurve auf folgende Weise aus zwei Kreisbögen zusammensetzen.

Man verlängere die Richtungslinien der Widerlager am und bn bis zum Durchschnitt mit der zur gegebenen Richtung der Scheitellinie parallel gezogenen Linie cd, mache cf = ca und dg = db, und ziehe die Geraden af und bg, die sich in h schneiden. Dieser Punkt wird der Scheitelpunkt, und die durch denselben parallel mit cd gezogene Linie c'd' die Scheitellinie. Zieht man ferner hk senkrecht auf cd, und schneidet diese Linie durch senkrecht auf am und bn gezogene Linien ak und bl in k und l, so sind letztere beiden Punkte die gesuchten Mittelpunkte für die Bogen ah und hb. Ob hierbei cd der ab parallel ist oder nicht, ändert begreiflicher Weise nichts in der Construction.

Ist einer der Kämpferpunkte, etwa a Fig. 5 Taf. 17, die Richtung beider Widerlager, und die Scheitellinie ihrer Richtung und Entfernung nach gegeben, so verlängere man am und bn bis zum Durchschnitt mit cd, und mache ch = ac, ziehe hg senkrecht auf cd, und ak senkrecht auf am, ferner mache man db = dh und ziehe bl senkrecht auf bn, so sind in k und l die Mittelpunkte und in b der zweite Kämpferpunkt gefunden.

Ist endlich in Fig. 6 Taf. 17 die steigende Linie ab, die Scheitellinie cd und in dieser der Scheitelpunkt g gegeben, so ziehe man gf senkrecht auf cd, nehme gh = ak, sonst aber beliebig an, nachdem man vorher ak senkrecht auf am gezogen hat, ziehe hk und bestimme den Punkt l durch den auf der Mitte von hk errichteten Perpendikel ol, so sind, wenn man pl durch h zieht, l und h die Mittelpunkte für die Bogen ap und pg; ferner ziehe man bq senkrecht auf bn, nehme gr = bs an, ziehe rs, errichte auf der Mitte dieser Linie den Perpendikel tu bis zum Durchschnitt mit gf und ziehe uv durch s, so ist u der Mittelpunkt für den Bogen gv und s der für vb.

§. 26.

Der Scheitelpunkt g wird selten gegeben, sondern meistens willkührlich sein. Um dann in den verschiedenen Fällen den einhüftigen Bogen der Ellipse möglichst nahe zu bringen, kann man eine solche nach Fig. 2 Taf. 17 zuerst zeichnen, und dann die in Fig. 6 derselben Tafel der Willkühr überlassenen Annahmen so einrichten, daß die Korblinie der Ellipse so viel als thunlich nahe kommt; jedenfalls kann man den Scheitelpunkt g nach der in Fig. 2 gezeigten Construction bestimmen.

Sind die gegebenen Dimensionen so groß, daß die Radien zu lang werden, um noch mit dem Stangenzirkel die Bögen ziehen zu können, so wird man die nöthigen Punkte durch Ordinaten berechnen müssen. Dieß wird dem, der mit der Anwendung der Algebra auf Geometrie vertraut ist, auch nicht schwer werden, und die in §. 20 dieses Kapitels geführte Rechnung gibt hierzu einige Anleitung.

II. Construction der Gewölbe selbst.

1) Die Mauerbögen.

§. 27.

Obgleich, wie wir früher nachgewiesen, zwischen einem Bogen und einem Gewölbe eigentlich kein wesentlicher Unterschied besteht, und man ersteren als einen Theil des letzteren ansehen kann, so werden wir doch folgerecht von dem Einfacheren zu dem Zusammengesetzteren übergehen, wenn wir zuerst die Construction der Bögen besprechen und dann die der Gewölbe darauf folgen lassen. Zugleich halten wir wieder den Unterschied im Material fest, und betrachten Bögen aus künstlichen und solche aus natürlichen Steinen besonders.

α) Mauerbögen aus künstlichen Steinen.

§. 28.

Wir verstehen unter diesen Steinen zunächst wieder gebrannte Ziegeln oder gewöhnliche Backsteine, und keilförmig geformte Steine.

Unter Stärke eines Mauerbogens verstehen wir hier seine Abmessung nach der Richtung seiner Gewölbfugen, und unter Tiefe desselben seine Abmessung nach der Richtung seiner Achse. Beide Abmessungen werden, wie bei dem geraden Mauerwerke, nicht nach Fußen und Zollen, sondern nach Steinlängen ausgedrückt; so zeigt z. B. Fig. 12 Taf. 18 einen 1½ Stein starken und ebenso tiefen Bogen.

Zuerst wird es hier wieder auf einen richtigen Steinverband ankommen, wobei die Gestalt der Bogenlinie ganz ohne Einfluß ist. Mit demselben Verbande wird man einen kreisförmigen, elliptischen oder scheitrechten Bogen wölben können, wenn nur die Stärke und Tiefe dieselbe bleibt.

Unter Schicht oder Lage eines Bogens wollen wir die zwischen zwei Gewölbfugen der ganzen Tiefe des Bogens nach liegenden Steine verstehen, und werden dann die, zwei solche Schichten trennenden, Fugen auch Lagerfugen, die zwischen den einzelnen Steinen einer Schicht befindlichen aber Stoßfugen nennen dürfen.

Als Hauptregel für die Steinverbände der Mauer=
bögen gelten folgende Bestimmungen: Die Lagerfugen müs=
sen durch die ganze Tiefe des Bogens hindurch gehen, also
in der Stirn des Bogens centrale, in der Leibung aber
mit der Achse parallele Linien bilden. Die Stoßfugen da=
gegen, in zwei benachbarten Schichten, dürfen weder in
der Stirn, noch in der Leibung, noch im Innern des
Bogens, auf einander treffen. Es folgt hieraus, daß zur
Herstellung eines Verbandes mindestens zwei verschie=
dene Schichten gebildet werden, und diese dann immer
abwechseln müssen. Die Fig. 1 bis 10 Taf. 18 zeigen
solche Verbände für die üblichsten Abmessungen, zu denen
wir weiter keiner Erläuterung bedürfen, wenn wir bemer=
ken, daß die Steinstücke (Zwei= und Dreiquartiere) durch
Schraffirung ausgezeichnet sind.

Werden die Bögen stärker als 2½ Stein (die Tiefe
ist ohne Einfluß), so werden die Gewölbfugen zu lang,
als daß man sie geradlinig in ihrer ganzen Länge durch=
laufen lassen könnte, weil man, um die keilförmige Ge=
stalt derselben hervorzubringen, die gewöhnlich nur 2½ Zoll
dicken Steine an ihrem untern Ende zu sehr verhauen
müßte, und doch noch genöthigt wäre, die Fugen oberhalb,
am Rücken des Bogens, sehr breit zu machen oder Stein=
splitter hineinzukeilen. Letzteres bringt aber leicht die nach=
theilige Wirkung hervor, daß die Gewölbsteine oben dichter
aneinander schließen als auf den übrigen Theil ihrer Länge,
wodurch, nach dem Ausrüsten des Bogens (wovon weiter=
hin ein Mehreres), ein Oeffnen der Fugen an der Leibung
in zu großer Ausdehnung eintreten könnte. Es ist daher
in solchen Fällen, und besonders bei kleinen Krümmungs=
halbmessern der Bogenlinien, besser, den Bogen aus meh=
reren, zwar gleichzeitig, aber ohne Zusammenhang (gegen=
seitigen Verband) gewölbten Ringen von nur ½ Stein
Stärke bestehen zu lassen. Diese Ringe bilden nach Fig. 11
Taf. 18 eigentlich nur bogenförmige Rollschichten, bei
denen die keilförmige Gestalt der Lagerfugen so unbedeu=
tend ist, daß man sie ohne alles Verhauen der Steine, oder
ein Austeilen der Fugen, einzig und allein dadurch hervor=
bringen kann, daß man den Fugen oberhalb etwas mehr
Mörtel gibt als unten.

Diese Construction ist auch keineswegs neu, sondern
an vielen Gebäuden aus dem Mittelalter angewendet, und
steht bei den Engländern fortwährend in sehr häufigem
Gebrauche. Bei einem Viaduct der London=Birmingham
Eisenbahn bei Wolverton, bestehen die Bögen aus Back=
steinen, bei einer Spannweite von 60 englischen Fuß und
20 Fuß Pfeilhöhe, aus neun Ringen von ½ Stein Stärke,
die eine Gesammtstärke des Bogens· von 3 Fuß 10½ Zoll
geben*). Die Gewölbe über den Kreuzesarmen der neuen
Kirche zu Potsdam, 60 preußische Fuß weit im Halbkreise
gespannt, bestehen aus drei concentrischen, isolirten Bögen,
jeder von 2 Stein Stärke, aus besonders geformten keil=
förmigen Gewölbsteinen gebildet*).

Sind dergleichen Bögen indessen einer sehr bedeuten=
den Belastung ausgesetzt, so ist eine solche Construction
immerhin bedenklich, denn da jeder Steinring aus einer
andern Anzahl Steinen besteht und das Setzen eines jeden
Ringes in Verhältniß der Anzahl seiner Lagerfugen statt=
findet, so folgt, daß die äußeren Steinringe sich mehr setzen
müssen als die innern. Dieser Bewegung können sie aber
nicht folgen, indem jeder äußere Ring durch den nächstfolgen=
den innern daran gehindert wird und die Folge davon ist,
daß die Steine der einzelnen Ringe nicht gehörig an ein=
ander schließen, mit Ausnahme des innersten Ringes, und
die Steine dieses Ringes werden daher einer weit größeren
Pressung zu widerstehen haben als die der übrigen. Wird
die Festigkeit der Steine dieses Ringes überwunden, so
kommt der nächstfolgende Ring in dieselbe Lage und so
fort, so daß also, streng genommen, nur immer ein Stein=
ring der ganzen Pressung zu widerstehen hat**).

§. 29.

Soll ein Mauerbogen von Backsteinen ausgeführt wer=
den und ist die Gestalt für die Bogenlinie desselben fest=
gesetzt, so muß zunächst das Widerlager für den Fuß des
Gewölbes gebildet werden, d. h. die oberen Endigungsflächen
der als Widerlager bestimmten Mauern. Diese lassen sich
aber immer als die ersten Lagerfugen des Bogens ansehen;
und da, wie wir früher gesehen haben, die Richtungen die=
ser normal auf dem zugehörigen Bogenelemente stehen müs=
sen, so müssen auch die Widerlagsflächen nach dieser Regel
gebildet werden. Bögen nach dem vollen Halbkreise, nach
einer halben Ellipse und nach der Korblinie erhalten daher
horizontal abgeglichene Widerlager, während Bögen nach
flachen Kreisbögen ꝛc. schräg gestaltete Widerlager erhalten.
Dieß Letztere findet auch bei allen scheitrechten Bögen statt,
bei denen überhaupt die allgemeine Regel, daß die Gewölb=
fugen auf den zugehörigen Bogenelementen normal stehen
müssen, eine Ausnahme erleidet. (Das Nähere darüber
weiterhin.)

Bestehen die Widerlagsmauern auch aus Backsteinen,
so müssen die Steine längs der Widerlagslinie ab Fig. 12
Taf. 18 schräg abgehauen werden; hat man aber leicht zu
bearbeitende, natürliche Steine als Material der Wider=

---

*) Allgemeine Bauzeitung, Jahrgang 1838, Nr. 10.

*) Notizblatt des Architekten=Vereins zu Berlin, Jahrgang 1833,
Seite 10.

**) Wenn ich nicht sehr irre, sind bei den Tunnelbauten auf der
Churhessischen Eisenbahn sehr bittere Erfahrungen in dieser Beziehung
gemacht worden.

lager, so kann man dieselben wie bei c d derselben Figur bearbeiten, um die spitzwinkligen Kanten zu vermeiden.

§. 30.

Ferner muß nun der Bogen eingerüstet, d. h. es muß das die Bogenform erhaben zeigende provisorische Gerüst zwischen den Widerlagern aufgestellt werden.

Ein solches besteht im Allgemeinen aus einzelnen, in ihrer oberen Begrenzung die Form der beabsichtigten Bogenlinie zeigenden, aus Brettern, Dielen (Bohlen), oder stärkeren Hölzern zusammengesetzten Bindern oder Rippen, bei kleinen Abmessungen Gewölbscheiben genannt, die in gewissen Entfernungen lothrecht aufgestellt, befestigt und dann eingeschalt werden.

Diese Einschalung besteht aus schmalen Brettstücken oder Latten von der Länge des Gewölbes, die so auf die Rippen gelegt werden, daß ihre Oberflächen der beabsichtigten Leibung des Bogens genau entsprechen. Hieraus folgt zunächst, daß der Halbmesser für die Krümmung der Rippen um so viel verkürzt werden muß, als die Stärke der zur Einschalung verwendeten Hölzer beträgt.

Die Construction größerer Lehrgerüstbögen oder Rippen können wir erst bei den Constructionen in Holz besprechen, bemerken aber hier, daß für kleinere Wölbungen, namentlich zu Mauerbögen, die Lehrgerüstbögen gewöhnlich nur aus einfachen, oder doppelt zusammengenagelten Brettern gebildet, und dann an manchen Orten auch von den Maurern selbst angefertigt werden. Einige solche Gewölbscheiben und Lehrbögen zeigen die Figuren 12 bis 14, Taf. 18.

Bei Mauerbögen, von denen wir hier zunächst sprechen, werden selten mehr, aber auch nicht weniger als zwei solcher Rippen oder Wölbscheiben nöthig sein, die man dann etwas hinter den Stirnen der Bögen zurückliegend, aufzustellen pflegt.

Bei Bögen von 1 oder auch wohl von 1½ Stein Tiefe läßt man die Einschalung fort, weil hier die Steine durch die Wölbscheiben selbst Unterstützung finden. Fig. 13 Taf. 18 zeigt einen 1 Stein hohen und eben so tiefen Bogen mit der Einrüstung. Letztere wird durch ein Paar an die Widerlagsmauern gelehnte Bohlstücke gestützt. Eine ganz ähnliche Einrüstung zeigt Fig. 12 Taf. 18 für einen flachen Kreisbogen von 1½ Stein Stärke und Tiefe, so wie Fig. 14 für einen 2 Stein starken und so tiefen Korbbogen, daß eine Einschalung nöthig wird.

Sobald, wie in Fig. 14, der Lehrbogen nicht mehr als eine volle Scheibe (wie in den Figuren 12 und 13) aus Brettern gebildet werden kann, sondern aus mehrfachen Bretterlagen felgenartig, wie der Kranz eines Wasserrades, zusammengesetzt werden muß, so darf eine, beide Schenkel des Bogens verbindende Latte a b Fig. 14 Taf. 18, nicht

fortbleiben, weil sonst bei der Belastung des Lehrbogens durch die Gewölbsteine leicht ein Ausweichen des ersteren stattfinden könnte.

Die Schalung, hier aus gewöhnlichen Dachlatten bestehend*), die mit etwa 1 Zoll breiten Zwischenräumen auf die Lehrbögen gelegt sind, wird immer nur nach Erforderniß, so wie man mit dem Einwölben des Bogens fortschreitet, aufgelegt, und nur die Lattstücke zunächst an den Gewölbfüßen bedürfen des Festnagelns.

Fig. 14 Taf. 18 zeigt zugleich, auf welche Weise größere Lehrbögen aufzustellen sind. Die Schenkel derselben stehen zunächst mit einer sogenannten Klaue auf einem Rahmstücke c, welches seinerseits wieder durch Pfosten (Säulen, Ständer, Stiele) unterstützt wird, die mit ihrem untern Ende nöthigenfalls auf einer Schwelle oder auch nur auf untergelegten Brettern oder großen Steinen stehen, jedenfalls aber einen unverrückbar festen Stand haben müssen. Bei dem Aufstellen der Lehrbögen und Gewölbscheiben kommt es besonders darauf an, daß die Ebene derselben durchaus normal auf der Achse des Gewölbes steht, und die, zwei zusammengehörige Kämpferpunkte verbindende Linie genau die vorgeschriebene Richtung hat. Bei tieferen Gewölben muß man häufig die richtige Stellung der Lehrbögen durch innerhalb angenagelte Latten oder Bretter, die die einzelnen Lehrbögen mit einander verbinden, zu sichern suchen.

Kleine Gewölbscheiben pflegt man, wie in Fig. 12 Taf. 18, unmittelbar auf ihre Unterstützungspunkte aufzustellen; bei größeren Lehrbögen muß man aber die Einrichtung so treffen, daß man, nachdem das Gewölbe geschlossen ist, den Lehrbogen lösen kann, ohne das Gewölbe selbst einer Erschütterung auszusetzen. Diesen Zweck erreicht man am Einfachsten, wenn man da, wo der Lehrbogen mit seinen Füßen auf den unterstützenden Hölzern aufsteht, zwischen den Fuß und die Unterstützung doppelte Keile anordnet, wie bei d Fig. 14 Taf. 18. Diese Keile erleichtern zugleich das Aufstellen der Lehrbögen ungemein, indem sie das genaue Einstellen der Kämpferpunkte weniger beschwerlich machen, sind aber vom größten Nutzen, wenn die Ausrüstung vorgenommen werden soll, dadurch, daß sie eine allmählige Entfernung des Lehrbogens von dem Gewölbe möglich machen, so daß man die Schalhölzer herausziehen und den Lehrbogen frei machen kann, ohne das Gewölbe dabei in eine mehr als kaum merkliche Bewegung zu bringen.

Die Gewölbscheiben für scheitrechte Bögen, welche

---

niemals in großen Spannweiten ausgeführt werden, be=
stehen in der Regel nur aus einem Brette oder Bohlstücke
und werden dann Stege genannt. Ist die Spannweite
des Bogens nur gering (3 bis 4 Fuß) und bestehen auch
die Widerlager aus Backsteinen, so pflegt man das den
Steg bildende Brettstück an den Enden zuzuschärfen und
nur durch ein Einklemmen in die Fugen bei aa, Fig. 1
Taf. 19, zu befestigen. Ein in der Mitte spreizenartig
untergestelltes Brettstück b gibt dann die noch nöthige Un=
terstützung. Bei größerer Spannweite, oder wenn sich in
der Kämpferhöhe nicht gerade eine horizontale Fuge in den
Widerlagern befindet, wird die Befestigung des Stegs auf
eine ähnliche Weise wie bei den nach krummen Linien ge=
wölbten Bögen erreicht, wie solches Fig. 2 Taf. 19 zeigt.

Man pflegt die Leibung eines scheitrechten Bogens nie
ganz horizontal, oder überhaupt geradlinig, zu machen, son=
dern die Mitte immer um etwas über die gerade Verbin=
dungslinie der Fußpunkte zu erheben, oder den Bogen, wie
der Maurer sagt, zu stechen. Man bewirkt dieß da=
durch, daß man das den Steg bildende Brett oben in der
Mitte, quer über, etwa bis auf die Hälfte oder ⅔ seiner
Stärke mit einer Säge einschneidet, und dann durch ein
Antreiben der mittlern, immer etwas schräg gestellten Stütze,
eine Biegung des Stegs hervorbringt.

§. 31.

Soll nun der Bogen selbst eingewölbt werden, so muß
dieses symmetrisch gegen den Scheitel (der übrigens immer
genau auf dem Lehrbogen bezeichnet sein muß) geschehen,
so daß man zwei oder auch vier Maurer an einem Bo=
gen anzustellen hat. Auch ist darauf zu sehen, daß jeder
an seinem Fußende mit derselben von den zwei abwechseln=
den Schichten anfängt.

Um die centrale Richtung der Gewölbfugen zu erlan=
gen, ist es bei kreisförmigen Bogenlinien das Bequemste
und Sicherste, in den zugehörigen Mittelpunkt, den man
an irgend einem passenden Gegenstande (einer Latte rc.)
bezeichnet hat, einen Nagel einzuschlagen und an diesem
eine Schnur zu befestigen. Wird dann diese Schnur an=
gespannt, indem man sie zugleich an einen Fugenpunkt in
der Leibungskante bringt, so zeigt erstere die Richtung der
Gewölbfuge an. Oft wird man aber den Mittelpunkt des
Bogens nicht bezeichnen können, indem er entweder zu ent=
fernt liegt, oder durch andere nicht zu entfernende Gegen=
stände verdeckt wird; alsbann fertigt man eine Chablone
an, die, auf die Einschalung gestellt, mit einer ihrer Sei=
ten die Richtung der Gewölbfugen bezeichnet.

Eine solche Chablone ist nichts anderes, als ein Brett=
stück, welches an einer Seite von einem Theile der Bogen=
linie des in Rede stehenden Gewölbes, und an einer die=
ser anliegenden Seite durch eine Normale auf die

Bogenlinie begrenzt wird. Die Anfertigung ist daher sehr
leicht und geschieht am besten gleichzeitig mit der des Lehr=
bogens, weil dabei der Mittelpunkt des Bogens doch be=
stimmt werden mußte. Daß man bei Korbbögen eben so
viele verschiedene Chablonen haben muß als verschieden
gekrümmte Linien die Korblinie bilden, versteht sich von
selbst.

Ist der Krümmungshalbmesser nicht zu klein, so daß
eine Bogenlinie von etwa 6 Zoll ohne merklichen Fehler
als gerade angesehen werden kann, so kann man die Cha=
blone entbehren. Der einigermaßen geübte Maurer stellt
nämlich den rechtwinklig begrenzten Backstein, wie Fig. 15
Taf. 18 zeigt, so mit seiner Breite auf die Einschalung,
daß die lange Seite die Richtung der Gewölbfuge anzeigt.
Dieses Verfahren, was bei einiger Aufmerksamkeit hinläng=
liche Genauigkeit gewährt, läßt elliptische Bögen in Back=
steinen eben so leicht ausführen als Korbbögen, und da
die Ellipse die Mängel der Korblinien nicht theilt, die
Schwierigkeit der Bestimmung der Gewölbfugen durch das
eben erwähnte Verfahren umgangen wird, so zieht man,
bei Bögen aus Backsteinen, die elliptischen Bogen=
linien den Korbbögen vor.

Eine eigene Schwierigkeit, hinsichtlich der Fugenrich=
tung, entsteht bei Anwendung von gewöhnlichen Backsteinen
in der Nähe des Scheitels spitzbogiger Gewölbe, wie Fig. 7
Taf. 19 dergleichen zeigt. Die beiden Gewölbschenkel sind
hier Kreisbögen, die mit der Spannweite, als Halbmesser,
aus den gegenüberliegenden Kämpferpunkten beschrieben sind.
Es laufen daher auch die Richtungen der Gewölbfugen in
diesen Punkten zusammen, bis nahe zum Scheitel, wo noth=
wendig eine Aenderung in dieser Richtung eintreten muß.
Gewöhnlich behält man die normale Fugenrichtung bis auf
5 bis 6 Zoll vom Scheitel auf jedem Schenkel bei, und
läßt sie dann steiler werden. Sind nämlich mp und nr,
Fig. 7A, die beiden letzten normalen Fugenrichtungen, die
sich in dem Punkte z schneiden, so richtet man die zwischen
den Punkten r und p befindlichen Schichten nach diesem
Punkte. Dadurch werden indessen die den Scheitel bilden=
den Steine, nach innen zu, sehr spitz und der Schluß des
Bogens geschwächt, weßhalb es vorzuziehen bleibt, einen
besonders zugehauenen Werkstein, Fig. 5, von der Form
osrp als Schlußstein einzusetzen, oder dergleichen Steine,
wie es bei dem Bau der Werder'schen Kirche in Berlin
z. B. geschehen ist, von Thon besonders formen und bren=
nen zu lassen. In einzelnen Fällen, und wenn man durch=
aus mit gewöhnlichen Backsteinen wölben will, könnte man
die Fugenrichtung etwa nach Fig. 7B Taf. 19 einrichten.
Hier bilden die letzten normalen Fugen ab und cd mit
der Horizontalen ac einen Winkel von 45 Graden, und
die übrigen bis zum Scheitel sind so bestimmt, daß man
die halbe Spannweite ae in einen Theil mehr theilt, als

Fugen bis zum Schlußstein (von b oder d bis f) statt=
finden, und diese nach jenen Theilpunkten zieht. Das Ver=
fahren ist ziemlich mühsam, weßhalb es wohl nur bei ein=
zelnen Bögen, die nicht geputzt werden sollen, Anwendung
finden wird.

Bei scheitrechten Bögen läßt man die Fugenrichtungen
ebenfalls in einen Punkt zusammenlaufen, und je nachdem
man dem Bogen, wie in Fig. 2 Taf. 19, einen gewölbten,
oder nach Fig. 1 einen ebenfalls scheitrechten Rücken gibt,
kann man ihn als einen kreisförmigen Bogen ansehen, der
entweder durch eine, seinen innern Scheitel berührende,
oder auch noch durch eine zweite dieser parallelen Ebene,
geschnitten wird. Hiernach ist es ziemlich gleichgültig, in
welcher Entfernung man den Richtungspunkt für die Fugen
annimmt; doch scheint es am angemessensten zu sein, diese
Entfernung etwa gleich der doppelten Spannweite anzuneh=
men. Nimmt man diese Entfernung noch größer, so
werden die Steine zunächst am Schlusse des Bogens zu
wenig keilförmig und der Bogen zu schwach. Nimmt man
sie aber viel kleiner, so werden einmal die Steine zu
keilförmig, und zweitens die Fugen zunächst am Widerlager
zu flach, so daß dadurch die Widerlagsmauern selbst zu
sehr geschwächt werden. Dies wird besonders dann von
Nachtheil, wenn mehrere mit scheitrechten Bögen überwölbte
Oeffnungen über einander stehen, und die Pfeiler zwischen
zwei neben einander liegenden Oeffnungen nur schwach sind,
weil dann das keilförmig zugeschärfte Mauerwerk der un=
teren Pfeiler auch keilförmig auf das obere Mauerwerk
wirkt. (Das Nähere hierüber muß dem mündlichen Vor=
trage vorbehalten bleiben.)

§. 32.

Da man selten, und wohl nur bei sehr bedeutenden
Gewölbebauten, besondere, keilförmig gestaltete Backsteine
zu verwenden haben wird, so versucht man auf verschiedene
Weise diesem Mangel abzuhelfen. Entweder behaut man
die Backsteine gar nicht, und setzt sie unterhalb, wie dies
Fig. 13 Taf. 18 bei A zeigt, hart an einander, wodurch
dann oberhalb breite Fugen entstehen, die durch eingetrie=
bene Steinsplitter ausgefüllt werden müssen; oder man be=
haut alle Steine etwas, und sucht so ziemlich gleich
starke Gewölbfugen zu erhalten. Dies letztere Verfahren,
was in derselben Figur bei B dargestellt ist, und welches
dem ersten vorgezogen zu werden pflegt, setzt immer ein sehr
gutes Material und sehr geübte Maurer voraus, und ist
dabei doch sehr zeitraubend. Außerdem geht die feste Rinde
der Backsteine durch das Behauen verloren, weßhalb es
für die Ausführung am besten sein dürfte, der Methode
zu folgen, nach der man abwechselnd den einen Stein be=
haut, und den zweiten läßt, wie er ist. Dies Verfahren
läßt sich auch vollkommen rechtfertigen: denn die Haltbar=

keit und Festigkeit eines Bogens oder Gewölbes aus Back=
steinen hängt nicht sowohl von einer durchaus richtigen
Gestalt der einzelnen Gewölbsteine, als vielmehr von dem
innigen Verbande aller Steine zu einem Ganzen, mithin
von der Güte der Steine und des Mörtels ab.

Jeder Bogen soll in seinem Scheitel einen Stein,
den Schlußstein, und nicht eine Fuge enthalten; deßhalb
muß die Anzahl der (gleichgroßen) Gewölbsteine, bei sym=
metrischer Gestalt beider Gewölbschenkel, eine ungerade sein.
Viel zu zeitraubend und pedantisch würde es nun aber
sein, wollte man die ganze Leibung eines mit Backsteinen
zu wölbenden Bogens, der eben gemachten Bemerkung zu=
folge, eintheilen. Man begnügt sich daher, wie schon an=
geführt, damit, von beiden Widerlagern an symmetrisch ge=
gen den Schluß hin zu arbeiten, und nur wenn die Oeff=
nung des Bogens etwa noch 1 ½ bis 2 Fuß beträgt, wird
ein ordentlicher Maurer diesen noch fehlenden Theil der
Leibung so eintheilen, daß über den, vorher am Lehrbogen
bezeichneten, Scheitelpunkt die Mitte des Schlußsteins zu
liegen kommt.

Um den Stirnen eines Bogens die gehörige Lage zu
geben, werden, wie bei gewöhnlichem Mauerwerke, Flucht=
schnüre ausgespannt.

§. 33.

Ueber scheitrechten Bögen von einiger Spannweite,
die bestimmt sind, außer ihrer eignen Last auch noch das
Gewicht eines größeren Mauerkörpers zu tragen, muß man
sogenannte Entlastungsbögen spannen, wie dies Fig. 3
Taf. 19 zeigt. Wenn man diesen letzteren, wie es sehr
häufig der Fall sein wird, nur wenig Pfeilhöhe geben kann,
so ist es schwer, den nöthigen Lehrbogen nach dem Schluß
des Bogens heraus zu nehmen, was doch geschehen muß,
da der Raum zwischen beiden Bögen mit Mauerwerk aus=
gefüllt wird. Man begnügt sich daher in diesen Fällen
häufig damit, aus angefeuchtetem Sande eine Wölbscheibe
zu bilden, die, ist der Entlastungsbogen geschlossen, leicht
entfernt werden kann.

Zuweilen benutzt man die Entlastungsbögen zugleich
als ein Mittel, um weitgespannte, scheitrechte Bögen in der
Mitte zu stützen. Es wird zu diesem Zwecke eine eiserne
Tragstange, am besten mittelst einer Schraubenmutter, auf
dem oberen Bogen befestigt, die bis zur Leibung des scheit=
rechten Bogens hinabreicht und mittelst eines Splintes den
Schluß des letzteren Bogens trägt. Fig. 3 Taf. 19 zeigt
diese Construction, bei der aber, statt des untern Splintes,
eine Eisenschiene von einigen Zollen Breite angebracht ist,
die durch einen angestauchten, breiten Kopf der Hänge=
stange getragen wird, und wo oberhalb auf dem Entla=
stungsbogen, unter der Schraubenmutter, eine nach der Form

des Bogens geformte Schiene liegt, um den Druck auf mehrere Schichten zu vertheilen.

Diese Construction, die in der Ausführung nicht ungewöhnlich, und im Crelle'schen Journal für Baukunst, Bd. IV. Hft. 3, von Herrn Voit als etwas Neues mitgetheilt ist, dürfte demungeachtet nicht leicht zu vertheidigen sein, wenn man sie etwas näher beleuchtet.

Läßt man die untere Eisenschiene, wie dies Hr. Voit gethan, unter der Leibung des scheitrechten Bogens ganz hindurch gehen, so wird der scheitrechte Bogen selbst unnütz, denn die an beiden Enden aufliegende und in der Mitte noch unterstützte Eisenschiene wird das wenige, zwischen ihr und dem Entlastungsbogen befindliche Mauerwerk, ganz sicher tragen. Macht man aber die untere Schiene, wie es gewöhnlich geschieht, nur etwa 2 Fuß lang, so muß, sobald die Eisenconstruction wirksam wird, der scheitrechte Bogen in seinem Zusammenhange gestört werden. Senkt sich nämlich der scheitrechte Bogen, woran das Stück a b c d, Fig. 3 Taf. 19, durch die Eisenconstruction gehindert wird, so sind die Umstände ganz dieselben, die eintreten, wenn wir uns den Bogen selbst ruhend, den Theil a b c d aber in die Höhe gezogen denken. Dann wird aber die Verbindung in den Fugen a d und b c aufgehoben und die Stücke a e f d und b g h c werden durch Nichts am Sinken gehindert; und wenn dies auch nicht merklich eintritt, so werden doch Risse in a d und b c unvermeidlich sein, die man aber gerade durch die gewählte Construction vermeiden will. Es dürfte daher zweckmäßiger sein, den mittlern Theil des scheitrechten Bogens nach Fig. 4 oder 6 Taf. 19 wie ein doppeltes Widerlager zu gestalten, und so den einen scheitrechten Bogen in zwei kleinere zu verwandeln. Am besten wird es hiebei allerdings sein, den Theil a b c d aus einem festen, natürlichen Steine bestehen zu lassen, wie in Fig. 4; doch kann man auch durch wagerechtes Mauerwerk denselben herstellen, wie in Fig. 6, denn auf etwas mehr oder weniger Künstelei wird es, bei der ganzen, der Natur des Materials (Backstein) durchaus nicht angemessenen Construction, ohnedies nicht ankommen.

Zu allen Mauerbögen müssen die besten der vorhandenen Backsteine ausgesucht werden, und um eine möglichst feste Verbindung derselben durch den Mörtel zu befördern, reicht ein Annässen der Steine mittelst des Pinsels nicht aus, sondern man muß die Steine vorher in einem Gefäße ganz mit Wasser bedecken, und einige Zeit so stehen lassen. Außerdem bleibt es Regel, die Bögen mit möglichst engen Fugen zu wölben; doch kann sich dieß nur auf die Lagerfugen beziehen, da die Stärke der Stoßfugen auch hier von den Dimensionen der Steine abhängig ist.

Bei Bögen aus Backsteinen, die mit Kalkmörtel gemauert sind, wird, der nothwendigen vielen Fugen wegen,

die beim Erhärten des Mörtels stattfindende Verminderung des Volumens des letzteren immer sehr nachtheilig, weßhalb der Vorschlag[*]), alle dergleichen Bögen mit frisch aber nicht zu stark gebranntem Gips zu mauern, wohl zu beachten sein dürfte. Hierbei soll man dann den Bogen trocken, mit gehörig offenen Fugen auf die Schalung stellen, und erst nach dem Schluß die Fugen mit dem dünnflüssigen Gipse ausgießen. Zugleich werden in dem in der Note angeführten Aufsatze Vorschläge zu besonders geformten Steinen statt der immer nothwendigen ¾ Steine gemacht, die ebenfalls, so wie der ganze, sehr lesenswerthe Aufsatz, alle Aufmerksamkeit verdienen.

β) Mauerbögen aus natürlichen Steinen.

§. 34.

Wir können hier nur von bearbeiteten, besonders zugehauenen Steinen sprechen, denn wenn auch zuweilen von rauhen, unbearbeiteten Bruchsteinen Bögen gewölbt werden, so hängt die Möglichkeit einer solchen Construction doch fast nur von der Gestalt der vorhandenen Steine ab, und es lassen sich keine besondern Regeln dafür aufstellen, sondern nur die bei den aus Backsteinen gewölbten Bögen gegeben in Erinnerung bringen.

Hauptsächlich wird man darauf zu sehen haben, daß die Lagerfugen in einer Ebene durch den ganzen Bogen hindurchgehen, mithin in einer Schicht nur Steine von gleicher Dicke liegen. Die innige Verbindung der Steine durch den Mörtel zu einem Ganzen wird die Festigkeit des Bogens namentlich bedingen; weßhalb auf diesen Gegenstand die größte Aufmerksamkeit zu verwenden sein wird.

Bei Bögen aus größeren, keilförmig bearbeiteten Steinen tritt für die Construction sogleich ein wesentlicher Unterschied gegen die aus Backsteinen gewölbten hervor. Bei letzteren kommt sehr viel auf eine tüchtige Verbindung der einzelnen Steine durch den Mörtel an, während bei ersteren hierauf kein besonderer Werth gelegt werden kann, sondern die Festigkeit des Bogens weit mehr von der richtigen Gestalt und Lage der einzelnen Steine abhängig ist. Man hat daher auch von jeher einen großen Werth auf die Ausmittelung der richtigen Gestalt der Gewölbsteine gelegt, und die hierher gehörigen Lehren in eine eigene Disciplin der Baukunst gebracht, die man unter dem Namen der Lehre vom Steinschnitt zusammengefaßt hat.

Unter dieser versteht man zwar nicht allein die Kenntniß und Ausmittelung der richtigen Gestalt der Gewölbsteine, sondern auch aller anderen Steine, aus denen überhaupt Mauerkörper aus Werkstücken oder Schnittsteinen zusammengesetzt werden; doch bilden die verschiedenen

---

[*]) Crelle's Journal für die Baukunst, Band II. pag. 294.

Gewölbe den Haupttheil der hierher gehörigen Aufgaben, so daß die übrigen Mauerkörper, mit etwaiger Ausnahme der Treppen, sehr in den Hintergrund treten. Die Lehre vom Steinschnitte wird in eigenen ausgedehnten Werken behandelt, und bildet überhaupt einen besondern Lehrvortrag, so daß wir hier auf jene Werke verweisen, und nur einige allgemeine Regeln, so wie die gewöhnlich vorkommenden Fälle, näher besprechen können.

Da die Kreislinie von allen Kurven die einzige ist, die in allen Theilen gleiche Krümmung hat, und alle Normalen auf dieselbe in dem zugehörigen Mittelpunkte zusammenlaufen, so eignet sich diese Kurve auch ganz besonders für die Bogenlinie von Bögen oder Gewölben, die aus Werksteinen hergestellt werden sollen, weil die für einen Stein gefundene Chablone zu allen übrigen benutzt werden kann. Diese Bequemlichkeit, die zugleich die Genauigkeit der Arbeit befördert, gibt der Kreislinie den Vorzug vor allen übrigen Kurven, wenn auch die Theorie andern eine größere Festigkeit beilegt. Bögen nach der Kettenlinie verlangen der Theorie nach, schwächere Widerlager als kreisförmige Bögen von derselben Spannweite; doch wird die hierdurch zu bewirkende Ersparniß an Material mehr als aufgewogen werden durch die größeren Kosten, welche die schwierige Bearbeitung der Gewölbsteine verursacht, abgesehen davon, daß durch die so leicht zu gefährdende Genauigkeit die Festigkeit des Bogens nothwendig beeinträchtigt werden muß.

Aus diesem Grunde wendet man auch bei gedrückten Bögen die Ellipse nicht an, sondern begnügt sich mit einer dieser möglichst nahegebrachten Korblinie, wenn man nicht, wie es in neuerer Zeit immer häufiger geschieht, flache Kreisbögen vorzieht.

Mauerbögen aus Werksteinen werden selten tiefer als eine Steinlänge gemacht, weil man sie sonst schon zu den Gewölben rechnet; ebenso beträgt auch die Stärke des Mauerbogens nicht mehr als das angegebene Maaß, so daß in einem solchen Bogen gar keine Stoßfugen vorkommen, und die Schichten oder Lagen immer nur aus einem Steine bestehen.

An einem solchen Gewölbsteine (eines Halbkreisbogens), Fig. 1 Taf. 20, unterscheidet man das vordere Haupt a b c d und das hintere Haupt e f g h, ferner die Leibungsfläche a b e h, die Rücken= oder obere Bogenfläche d c f g und die beiden Fugenflächen e f c a und h g d b.

Werden in Fig. 2 Taf. 20, aus den tiefstgelegenen Punkten A und C der Gewölbsteine F und G, die wagerechten Linien AB und CD gezogen, und darauf von den Punkten C und E die Perpendikel CB und ED gefällt, so nennt man AB und CD die Auslabungen der Steine F und G.

Um einen Gewölbstein richtig bearbeiten zu können, müssen die nöthigen Projectionen desselben in natürlichem Maaßstabe gezeichnet werden. Wie dies für die mancherlei Fälle, die bei der Gestalt der Bogen vorkommen können, geschieht, zeigt die Lehre vom Steinschnitt, auf welche wir uns hier, aus früher angeführten Gründen, nicht einlassen können.

Die Bearbeitung selbst geschieht dann am bequemsten mit Hülfe der sogenannten Brettungen. Es sind dies nichts anderes, als die Projectionen der zu bearbeitenden Seiten des Steins auf Ebenen von gegebener Lage, die oft mit diesen Seiten selbst parallel sind. So ist z. B. a b o n, Fig. 1 Taf. 20, die Brettung für die Leibung des Steins eine Ebene, während die Leibung selbst der Theil eines Cylindermantels ist. Die Brettungen nehmen die Namen der Seiten an, zu deren Bearbeitung sie gebraucht werden, und bestehen aus Pappdeckel, dünnen Brettern oder Blech. In Fig. 1 Taf. 20 sind die verschiedenen Brettungen angegeben und mit ihren Namen bezeichnet.

Aus der symmetrischen Gestalt des dargestellten Steins folgt leicht, daß zur Bearbeitung desselben nicht alle die verschiedenen Brettungen nöthig sind, sondern daß man mit der Haupt= und Leibungsbrettung ausreicht, wenn man das Winkeleisen bei der Arbeit zu Hülfe nimmt. Um die Bearbeitung eines solchen Steines an einem Beispiele anzudeuten, wollen wir annehmen, der in Fig. 1 Taf. 20 gezeichnete, zu einem Kreisbogen gehörige Stein a b c d e f g solle dargestellt werden.

Nachdem ein Stein von der nöthigen Größe und Gestalt, d. h. ein solcher ausgesucht worden, der im allgemeinen eine parallelepipedische Gestalt hat, und etwas länger als b h, breiter als c d, und höher als a c ist, so bestimmt man eine der Seitenflächen für die Leibungsfläche, und bearbeitet diese zu einer Ebene. In Fig. 3 Taf. 20 möge die obere Fläche diese darstellen. Darauf wird eine zweite, für eines der Häupter bestimmte Fläche ebenfalls eben bearbeitet, und zwar so, daß sie auf der ersteren senkrecht steht und eine geradlinige Kante mit derselben bildet. Alsbann legt man die Leibungsbrettung a b o n, Fig. 1, so auf die für die Leibung bestimmte Seitenfläche des Steins, daß die Linie a b genau mit der durch die beiden bearbeiteten Seitenflächen des Steins gebildeten Kante zusammenfällt, und umzieht den Contour der Brettung mit Rothstein. Hierdurch ist die Länge des Steins mittelst der Linie o n Fig. 3 bestimmt, und man bearbeitet nun das zweite, mit dem ersten parallele Haupt des Steins so, daß die Kante, welche diese Fläche mit der Leibungsfläche bildet, genau mit der Linie o n zusammenfällt. Jetzt legt man die Hauptbrettung a c l m, Fig. 1, so auf die für die

Häupter bestimmten Seiten des Steins, daß die Punkte a b der Brettung erst in die Linie ab, und dann in die Linie o n Fig. 3 fallen, und zeichnet die Form des Hauptes mittelst der Brettung auf den Stein. Nun lassen sich, wie solches Figur 4 zeigt, die Fugenflächen bearbeiten, indem man die Linie bd, und die mit ihr correspondirende, auf dem andern Haupte, als Leitlinien ansieht, auf denen man sich eine andere gerade, das Richtscheit, fortbewegen läßt. Soll auch (wie es übrigens selten geschieht), die obere Bogenfläche des Steins bearbeitet werden, so geben dc, Fig. 4, und die mit dieser Linie auf dem entgegengesetzten Haupte correspondirende, die Leitlinien für das Richtscheit. Zuletzt wird die Leibung auf ähnliche, in Fig. 4 angedeutete, Art bearbeitet und damit der Stein vollendet.

§. 36.

Gibt man den Mauerbögen aus Werksteinen eine abgerundete Rückenfläche, so bekommen die in den horizontalen Mauerschichten dem Bogen sich anschließenden Steine, wenigstens in der Nähe des Scheitels, zu scharfe Kanten; weßhalb man verschiedene Methoden angewendet hat, um diesen Uebelstand zu vermeiden.

Bei den älteren florentinischen Palästen, wo die erwähnte Construction ganz gewöhnlich vorkommt, wird der Uebelstand dadurch gemildert, daß die Rückenfläche der (Fenster- und Thür-) Bögen einen Spitzbogen formirt, während die Leibung halbkreisförmig gebildet ist. Jedenfalls werden hierdurch die Kanten an den Steinen der horizontalen Mauerschichten weniger scharf, als wenn die Rückenfläche des Bogens mit seiner Leibung parallel ginge, wie dieses Fig. 5 Taf. 20 deutlich nachweist, indem die Winkel α, β - 2c. kleiner sind, als α', β' 2c. Dies gibt vielleicht eine Erklärung für die sonst so abweichende Form dieser Bögen da, wie wir später sehen werden, die kreisförmigen Bögen und die elliptischen aus statischen Gründen am Fuße stärker sein sollten als am Scheitel, und nur parabolische Bögen das umgekehrte Verhältniß als Bedingung stellen.

Sind die Bögen sehr flache Kreissegmente, so hat man wohl sämmtliche Gewölbsteine bis zu einer durch den äußeren Scheitel gelegten Horizontallinie reichen lassen, wie in Fig. 6 Taf. 20; doch werden hierbei die unteren Steine sehr lang, und es bekommen dadurch die Gewölbsteine Ecken und Kanten von weniger als 90 Graden. Will man den früher aufgestellten Grundsatz, daß kein Werkstück schärfere als rechtwinklige Kanten haben darf, festhalten, so muß man jeden Gewölbstein mit einer Horizontalschicht so zusammenstoßen lassen, wie dies die Fig. 7 bis 9 Taf. 20 zeigen, wobei keine Winkel kleiner als 90 Grad vorkommen können. Hierbei tritt indessen der Uebelstand ein, daß, wenn man wie in Fig 7, die Horizontal-

schichten alle von gleicher Höhe und auch die Länge der Gewölbfugen gleich machen will, dann die Gewölbsteine nach dem Scheitel hin zu groß werden im Verhältniß zu den Steinen der Gewölbfüße; oder, wenn man, wie in Fig. 8, die Gewölbsteine, in der Leibung gemessen, alle gleich groß und auch in den Gewölbfugen von gleicher Länge macht, die Horizontalschichten gegen den Scheitel hin zu niedrig werden. Man wird daher am leichtesten zum Ziele gelangen, wenn man, wie in Fig. 9 geschehen, die Gewölbsteine in der Leibung gleich groß, in den Gewölbfugenlängen nach dem Scheitel hin etwas zu-, und die Horizontalschichten in der Höhe etwas abnehmen läßt. Häufig macht man hierbei die zunächst des Schlußsteins befindlichen Steine mit diesem von gleicher Höhe, obgleich dann letzterer oben zwei scharfe Kanten behält. Durchaus verwerflich, und gegen eine vernünftige Construction streitend, ist die Anordnung in Fig. 10 mit den sogenannten Hakensteinen, um lauter gleichhohe Horizontalschichten zu erlangen. Solche Steine konsumiren unnützer Weise Material, und sind daher kostspielig. Und da sie ein gebrochenes Lager haben, das zum Theil horizontal liegt und zum Theil normal auf der Leibung steht, in beiden Theilen aber verschiedene Pressungen stattfinden, so wird bei großen Belastungen des Bogens sehr leicht ein Bruch der Steine bei a a eintreten, wie solches mehrfache Beispiele beweisen.

Sollen in einer Mauer die Bögen allein aus sorgfältig bearbeiteten Werkstücken, die Mauer selbst aber aus ordinären Bruchsteinen ausgeführt, und dann geputzt (verblendet) werden, so wird nur der sichtbar bleibende, gewöhnlich ringförmige Theil der Gewölbsteinstirnen sauber bearbeitet, und der übrige so weit, oder auch noch weiter zurückgesetzt, als die Stärke des Putzes beträgt. Dieser Theil ist in Fig. 2 Taf. 21 punktirt. Hiebei sollte die Anordnung auf die in der genannten Figur links gezeichnete Weise geschehen, doch wird wegen Materialersparniß sehr häufig die rechts gezeichnete vorgezogen; und wenn dies auch bei kleinen Fenster- und Thürbögen wohl zulässig ist, sollte es doch bei größeren und stark belasteten Bögen nicht geschehen.

Bei scheitrechten Bögen aus Werkstücken tritt der Uebelstand der zu scharfen Kanten der Steine immer ein, wenn man nicht seine Zuflucht zu gebrochenen Gewölbfugen nehmen will. Um solche anzuordnen, richtet man die Fugen nach Fig. 1 Taf. 21 so ein, daß sie zunächst an der Leibung und am Rücken auf eine Länge von einigen Zollen (je nach der Beschaffenheit des Materials) senkrecht auf der Leibung stehen.

Der scheitrechte Bogen ist überhaupt eine von den Constructionen, die man nur mit Vorsicht anwenden darf. Seiner Natur nach ist er durchaus nicht geeignet, große Lasten zu tragen, und erfordert immer, wie wir später fehen werden, sehr starke Widerlager. Die Erfahrung lehrt zwar, daß dergleichen Bögen, über mäßige Oeffnungen gespannt, vollkommene Sicherheit gewähren; und da es in vielen Fällen bequemer ist, vorhandene Oeffnungen auch dann scheitrecht zu schließen, wenn man keine Steine hat, die groß genug sind, um die Oeffnungen balkenartig zu überdecken, so mögen in diesen Fällen die scheitrechten Bögen auch ferner in Anwendung bleiben; doch sollten billig alle Künsteleien bei dergleichen Constructionen vermieden werden. Sind die Oeffnungen weiter als man, den gemachten Erfahrungen zufolge, mit dem vorhandenen Material scheitrecht wölben kann, so wähle man eine andere Bogenform, und folge dem ersten Grundsatze einer gesunden und vernünftigen Bauweise: den jedesmaligen Zweck mit den einfachsten Mitteln zu erreichen.

Die Lehrbücher über den Steinschnitt weisen eine Menge von künstlichen Eingriffen der scheitrechten Gewölbsteine in einander nach, und man hat außerdem eine solche Menge von Eisen in dergleichen Constructionen hineingebracht, daß sie kaum noch auf den Namen einer Steinconstruction Anspruch machen können. Besonders die Zeit der sogenannten Renaissance und des Perrückenstyls hat sich dergleichen Constructionen bedient, wie dies die Säulenstellungen des Louvres in Paris mit ihren Steindecken, in Rondelet's l'art de bâtir mitgetheilt, in großem Maßstabe zeigen. Wir wollen uns mit diesen Werken einer Periode der Baukunst, in der die Construction in ihrer eigentlichen Wesenheit so wenig erkannt wurde, nicht aufhalten, sondern der Hoffnung leben, daß die jetzt so sichtbaren Fortschritte in der Anwendung statischer Grundsätze auf die Constructionen uns vor einem Rückfalle in die unnatürlichen Künsteleien eines Zeitalters Ludwig XIV. bewahren werden.

<h3 style="text-align:center">§. 37.</h3>

Bei der Construction von Mauerbögen kommt man zuweilen in den Fall, schwache Pfeiler zwischen denselben anordnen zu müssen, welche wohl im Stande sind, dem

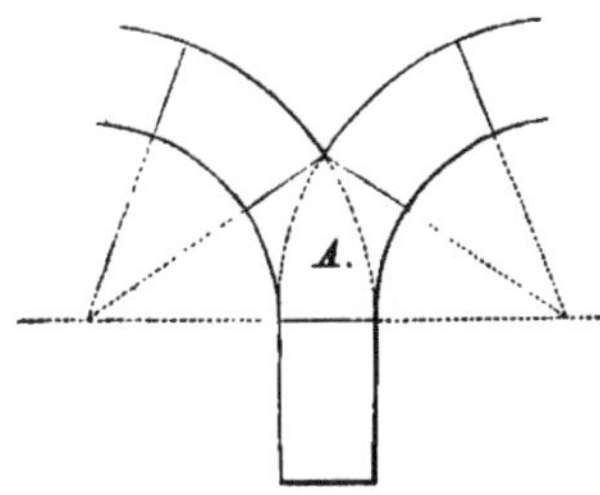

durch die Bögen 2c. auf sie ausgeübten Vertikaldrucke hinreichenden Widerstand zu leisten, aber keinen Raum für die Widerlager der Bögen darbieten, wie z. B. in nebenstehender Figur, wo der Stein A beiden

Bogenfüßen gemeinschaftlich ist. Hat man natürliche, hinlänglich große Steine, so wird man solche immer anwen-

ben; im andern Falle aber durch ein Aufmauern mit horizontalen Fugen über die Kämpferebene a b (in untenstehender Figur) des Bogens hinaus, einen Mauerkörper bilden, welcher den nöthigen Raum für die ersten Gewölbfugen darbietet. Hierbei wird man immer dafür Sorge tragen müssen, daß zwischen den tiefsten Punkten der Rückenlinien eine möglichst große horizontale Fläche gebildet wird, besonders dann, wenn über dem Pfeiler noch eine bedeu-

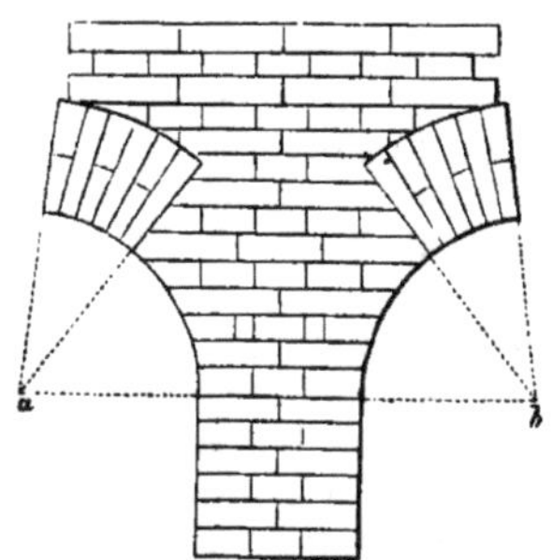

tende Mauermasse sich erhebt, wie dies bei mehrstöckigen Gebäuden sehr oft der Fall ist. Vernachlässigt man diesen Umstand, so wirkt der zwischen den Bögen herabreichende Mauerkörper mehr oder weniger keilförmig und bringt nachtheilige Risse und Sprünge in dem obe-

ren Mauerwerke oder in den Bögen hervor. Besonders wichtig wird das eben Gesagte, wenn etwa vier Bögen auf einem gemeinschaftlichen Pfeiler aufsitzen, so daß das Widerlager die Gestalt einer vierseitigen Pyramide annimmt.

<h3 style="text-align:center">§. 38.</h3>

Zur Ausführung der Mauerbögen aus Werksteinen sind unter allen Umständen Lehrgerüste nöthig; und wir wollen zu dem früher hierüber Bemerkten nur noch erwähnen, daß wegen des oft großen Gewichts der einzelnen Wölbsteine, die Lehrgerüste stärker angefertigt werden müssen als bei Bögen aus Backsteinen, und daß man häufig die Schalung so einrichtet, daß jeder einzelne Stein durch Keile in seine vorgeschriebene Lage gebracht werden kann.

Was das Mörteln der Bögen aus Werkstücken anbetrifft, so kommen dabei dieselben Grundsätze in Anwendung, die wir früher bei den Mauern aus diesem Material kennen gelernt haben. Dort sahen wir, daß auf die Verbindung der einzelnen Steine durch den Mörtel nicht viel zu geben sei, weil es sehr schwer hält, den Stein gleich so richtig in sein Mörtelbett zu legen, daß eine spätere Verrückung desselben nicht nöthig wird, und daß, wenn dies dennoch geschieht, der Mörtel nach der ersten keine zweite innige Verbindung mit dem Steine eingeht. Dieser Umstand tritt bei den Bögen und Gewölben noch weit nachtheiliger hervor, weil eine öftere Bewegung der bereits versetzten Gewölbsteine gar nicht zu vermeiden ist. Wir können nämlich das Bogengerüst niemals als durchaus unbeweglich ansehen, und da dasselbe durch die nach und nach aufgebrachten Gewölbsteine immer mehr und mehr belastet wird, so wird es auch demgemäß seine Form verändern und an der hierbei stattfindenden Bewegung müssen die bereits versetzten Gewölbsteine theilnehmen. Ist endlich der Bogen oder das Gewölbe geschlossen und den stattfindenden Bedingungen gemäß Gleichgewicht eingetreten, so wird solches doch wieder gestört, sobald das Lehrgerüst entfernt, d. h. der Bogen ausgerüstet wird, weil der Lehrbogen die Gewölbsteine, wenigstens zum Theil, unterstützte und diese Stütze nun fortfällt. Bei der hierbei eintretenden Bewegung wird der Zusammenhang in den Mörtelfugen nothwendig aufgehoben, indem sich die Gewölbfugen zum Theil öffnen oder an andern Stellen fester schließen. Ist die Ausrüstung so frühzeitig geschehen, daß der Mörtel in den Fugen noch hinreichend weich war, so wird er den verschiedenen Pressungen nachgeben, und es ist dann ein Oeffnen der Fugen nicht so sehr zu fürchten; doch aber wird der innige Zusammenhang gestört sein, so daß das Gewölbe oder der Bogen keineswegs als eine einzige, fest zusammenhängende Masse angesehen werden darf. Man kann nun zwar die geöffneten Fugen, wenn solche bei schon zu sehr erhärtetem Mörtel entstanden, wiederum mit dünnflüssigem Mörtel füllen und so die Verbindung herstellen; doch wenn man dann, wie es fast immer der Fall sein wird, den Bogen oder das Gewölbe noch übermauert, so ändern sich die Bedingungen des Gleichgewichts abermals, eine abermalige Bewegung der Gewölbsteine ist unvermeidlich, und wenn sich hierbei wieder Fugen öffnen, so können sie nicht mehr mit Mörtel gefüllt werden, weil die Uebermauerung dieß hindert.

Aus allem diesem folgt, daß man auf den innigen Zusammenhang der einzelnen Gewölbsteine durch den Mörtel, wenn sie aus großen Werkstücken bestehen, nicht mit Sicherheit rechnen darf, und man daher auf die richtige Gestalt der Steine und eine richtige Lage derselben, als wodurch sie sich allein im Gleichgewicht halten können, die größte Aufmerksamkeit verwenden muß.

a) Die eigentlichen Gewölbe.

§. 39.

Wir wollen jetzt zu der Construction der eigentlichen Gewölbe übergehen, wobei uns das über die Mauerbögen Gesagte häufig als Grundlage wird dienen können.

Zuvörderst bemerken wir, daß bei dem sogenannten Hochbauwesen die Gewölbe meistens von Backsteinen ausgeführt werden. Ausgenommen sind hiervon in manchen Gegenden die Kellergewölbe und in sehr vereinzelten Fällen auch Gewölbe über Räumen, die über der Erde liegen, wenn entweder leicht zu bearbeitende Hausteine billig zu haben sind, oder eine große Festigkeit verlangt wird, oder endlich wenn, anderer Umstände halber, eine Anwendung von Backsteinen unpassend erscheint.

Die Anwendung der Backsteine als Material zu den gewölbten Decken gewährt so viele Vortheile, daß man nur selten ein anderes Material im Hochbauwesen anwenden wird. Hierbei rechnen wir lagerhafte, natürliche, sogenannte Bruchsteine, die dort, wo sie leicht zu haben sind, sehr häufig zu Gewölben in Anwendung kommen, mit zu den Backsteinen, denn sie erscheinen durchaus als ein Surrogat der letzteren, weil bei ihrer Anwendung fast ganz dieselben Regeln beobachtet werden müssen, wie bei den Backsteinen, und daher für die Construction eigentlich kein Unterschied besteht.

Zu den erwähnten Vortheilen rechnen wir die geringere Kostbarkeit, indem ein Gewölbe aus Backsteinen selbst unter ungünstigen Umständen wohlfeiler als ein solches aus Hausteinen werden wird. Ein solches Gewölbe ist ferner von geringem Gewicht und bedarf daher keiner so starken Widerlagsmauern als eines aus Werksteinen, besonders auch deßhalb nicht, weil ein solches Gewölbe, sobald es ausgetrocknet ist, fast als aus einem Stücke bestehend angesehen werden kann, da, wie bei dem geraden Mauerwerke, die Verbindung der einzelnen Backsteine durch den Mörtel eine weit innigere ist als bei Hausteinen.

Die Gewölbe aus Backsteinen bedürfen ferner leichterer und in manchen Fällen gar keiner Lehrgerüste, sind in kürzerer Zeit auszuführen und können endlich, wenn es nur darauf ankommt, eine feuerfeste Decke zu bilden, so dünn und leicht ausgeführt werden, wie dies mit keinem andern Material der Fall ist.

Der Backstein muß bei dem Gewölbebau im Hochbauwesen als das Hauptbaumaterial angesehen werden, und wir wollen dasselbe daher auch zum Grunde legen, jede der gewöhnlich vorkommenden Gewölbarten einzeln durchgehen, und bei jeder gleich das Nothwendige über die etwaige Ausführung desselben in Werksteinen hinzufügen*).

a. Das Tonnengewölbe.

§. 40.

Was zuerst den Steinverband anbelangt, so gelten dafür im Allgemeinen dieselben Regeln, die wir für das Mauerwerk aus Backsteinen kennen gelernt haben. Die Leibung der Gewölbe zeigt gewöhnlich den Blockverband, und es sind daher wenigstens zwei verschiedene und ab-

---

*) Wir halten uns hierzu um so mehr berechtigt, als wir unsern Vortrag auf die Lehren des Steinschnitts nicht auszudehnen haben, und ohne diese der Gewölbebau aus Werksteinen nicht genügend abgehandelt werden kann; auch durch die vorhandene Literatur für diesen Zweig der Baukunst auf andere Weise hinreichend gesorgt ist.

wechselnde Lagen oder Schichten zur Bildung des Verbandes erforderlich. Es steht der Anwendung der in §. 5 Kap. 1 gegebenen Verbände durchaus nichts im Wege, doch aber findet man für Tonnengewölbe häufig andere Verbände angegeben, wie solche in den Fig. 3 bis 7 Taf. 21 gezeichnet sind, und die sich nur dadurch auszeichnen, daß sie mehr Dreiquartierstücke enthalten als die früheren, was zu ihrer Festigkeit keineswegs beitragen und nur dann ohne pekuniären Nachtheil sein kann, wenn die Dreiviertelsteine auf der Ziegelei besonders gebrannt werden, weil sonst durch das Verhauen der Steine ein großer Verlust an Material entstehen würde. Die Figuren 8 bis 11 derselben Tafel zeigen Verbände für dieselben Stärken wie in Fig. 3 bis 7, aber nach den früher für das gerade Mauerwerk angegebenen Regeln.

Soll das Gewölbe nur ½ Stein stark werden, so erscheinen alle Steine als Läufer und man wird das Aufeinandertreffen der Stoßfugen leicht vermeiden, wenn man eine Schicht um die andere mit einem Zweiquartier oder halben Steine beginnt.

§. 41.

Sind dergleichen ½ Stein starke Gewölbe nicht nach einem vollen Halbkreise gestaltet, sondern bilden sie kleinere Theile mit großem Halbmesser beschriebener Kreise, so kann man dieselben, wie dies Fig. 1 Taf. 22 zeigt, in dem gewöhnlichen Läuferverbande ausführen, was am bequemsten ist, weil die Steine gar kein Behauen erfordern, außer daß man eine Schicht um die andere mit einem halben Stein anzufangen hat.

Ist indessen das Gewölbe ein geschlossenes, d. h. sind Stirnmauern (oder an deren Stellen hinreichend starke Mauerbögen) vorhanden, und ist die Bogenlinie eine recht flach gekrümmte, so kann man das Gewölbe auch so ausführen, daß man lauter mit der Stirn desselben parallele Ringe, von einer Tiefe gleich der Steindicke, bildet, so daß die Steine mit ihrer Dicke parallel zur Gewölbachse stehen und die Länge derselben senkrecht zu dieser Linie ist. Daß man hierbei einen Ring um den andern ebenfalls mit einem halben Steine an den Widerlagern anfangen muß, damit die Fugen nach der Länge des Gewölbes Verband halten, leuchtet ein. Man erreicht hierbei den Vortheil, daß man in den Umfang der Bogenlinie des Gewölbes nur den vierten Theil der Fugen bekommt, als bei einer Ausführung nach Fig. 1 Taf. 22, wenn nämlich die Dicke des Steins in seiner Länge viermal enthalten ist. Hierdurch wird auch das Setzen des Gewölbes auf den vierten Theil reducirt, was, namentlich bei recht flachen Gewölben (wo außerdem die Ausführung am bequemsten ist), nicht ohne Vortheil erscheint. Es müssen übrigens nun die Steine an einer Seite wenigstens etwas schräg

verhauen werden, damit die Fugen im Rücken des Gewölbes nicht zu sehr klaffen, weil sie so stehen, wie in Fig. 4. Taf. 22.

Häufig pflegt man auch einen andern Verband anzuwenden, der Fig. 2 Taf. 22 dargestellt ist, und den man den schwalbenschwanzförmigen Verband nennt. Die Lagerfugen der Steine bilden hierbei mit der Achse des Gewölbes, in der Horizontalprojection, einen Winkel von 45 Graden, und unter sich, bezüglich auf beide Schenkel des Gewölbes, rechte Winkel, wie solches Fig. 2 näher nachweist. Die Wölbung beginnt hierbei wenigstens in zwei Ecken des zu überwölbenden Raumes gleichzeitig, bequemer in allen vier Ecken; und der Schluß erfolgt in der Mitte in quadratförmiger Gestalt. Diese Art der Einwölbung hat, wenn man die Scheitellinie des Gewölbes von beiden Stirnenden nach der Mitte hin etwas steigen läßt, einige Vortheile vor der früher erwähnten und in Fig. 1 Taf. 22 dargestellten Methode, weil die einzelnen Schichten mehr Spannung unter sich bekommen und der Druck des Gewölbes sich auf die Umfangsmauern mehr vertheilt, indem auch die Stirnmauern theilweise als Widerlager dienen. Dagegen erfordert die Ausführung geschicktere Arbeiter und ist nicht so einfach als die frühere Art. Da nämlich auf einem Cylindermantel nur die Linien gerade sind, welche mit der Achse parallel laufen, so folgt, daß die Steine bei der schwalbenschwanzförmigen Wölbung, wenn sie überall die Einschalung berühren sollen, an zwei diagonal gegenüberliegenden Ecken verhauen, oder wie die Maurer sich ausdrücken, geschnäbelt werden müssen. Außerdem würden die Stoßfugen der Steine, wollte man dieselben in ihrer rechtwinklichen Gestalt lassen, oberhalb sehr klaffen, und es ist daher auch nöthig, jeden Stein, an einer Seite wenigstens, passend zuzuhauen. Hierbei stehen zwar die Stoßfugen nicht normal auf dem zugehörigen Bogenelemente, wie solches Fig. 4 Taf. 22 zeigt, doch kommt dies hier weniger in Betracht, weil, wie schon bemerkt, die Festigkeit bei Backsteingewölben nicht sowohl von der genauen Form der einzelnen Steine, als vielmehr von einem tüchtigen Zusammenhange derselben unter einander abhängt. Das Nähere über das Verhauen der Steine mündlich beim Vortrage.

Eine dritte Methode des Einwölbens solcher flachen Tonnengewölbe zeigt Fig. 3 Taf. 22. Sie unterscheidet sich von der vorigen besonders dadurch, daß man in der Mitte des Gewölbes anfängt und die einzelnen Schichten an den Widerlagern schließt. Die Vortheile sind dieselben wie bei der schwalbenschwanzförmigen Wölbung, und sie ist außerdem bequemer und regelmäßiger auszuführen; weßhalb man sie da anwenden kann, wo das Gewölbe nicht abgeputzt werden, aber doch ein regelmäßiges Ansehen haben soll. Das Verfahren ist folgendes: Zuerst werden in

der Mitte auf der Schalung vier ganze Steine a a recht=
winklig gegen einander und unter einem Winkel von 45
Graden gegen die Gewölbachse so zusammengepaßt, wie dies
Fig. 3 zeigt, darauf immer ein ganzer Stein b mit einem
Dreiviertelstein c auf die in der Figur angedeutete Weise
rechtwinklig zusammengestellt, bis die Umfangsmauern des
zu überwölbenden Raumes erreicht sind, wo dann die letz=
ten Steine scharf gegen diese gepaßt werden müssen. Jetzt
werden die Diagonalschichten mit lauter ganzen Steinen
ausgeführt, indem man bei den Steinen b und c anfängt
und nach den Umfangsmauern hin arbeitet, bis die mit
den Steinen a, b, c angefangenen Schichten mit den Um=
fangsmauern, die hier, wie bei der vorigen Methode, alle
vier Widerlager bilden, verbunden sind.

Daß das Schnäbeln und Verhauen der Steine hier
so gut wie bei der in Fig. 2 Taf. 22 dargestellten Me=
thode nach Maßgabe des Krümmungshalbmessers des Ge=
wölbes stattfinden muß, leuchtet ein; eben so daß beide
Methoden nur bei sehr flachen Gewölben (Kappen) und
überhaupt nur da Anwendung finden können, wo Stirn=
mauern vorhanden, mithin keine offenen Gewölbe herzu=
stellen sind.

Eine ganz besondere Art flacher Tonnengewölbe be=
schreibt Moller in seinen „Beiträgen zur Lehre von den
Constructionen“ im 3ten Hefte, auf folgende Weise.

Das Gewölbe besteht aus auf die hohe Kante ge=
stellten Backsteinen, so daß die Dicke der Backsteine parallel
zur Gewölbachse gerichtet ist, und zwar aus abwechselnden
Schichten, in denen die Backsteine ein Mal mit ihrer Länge
normal auf der Bogenlinie stehen und das andere Mal
horizontal liegen, wie dies Fig. 5 Taf. 22 zeigt. Das
Gewölbe ist dabei im Scheitel ½ Stein stark und im
Rücken horizontal abgeglichen.

Die Wirkung dieser auf solche Art angeordneten
Schichten ist nach Moller folgende: „Da der hintere Theil
„der horizontalen Schichten a d e c b in b c, Fig. 5 Taf. 22,
„unterstützt ist, so werden die nach dem Centrum gerichte=
„ten Steine der Schicht d e f h, um einen Seitendruck auf
„die Widerlager ausüben zu können, sich zwischen diesen
„horizontalen Schichten herabsenken müssen; dies kann nur
„stattfinden, wenn zuvor der Widerstand überwunden wor=
„den ist, welchen die Abhäsion der sich berührenden Back=
„steinschichten hervorbringt. Da letztere mit der breiten
„Fläche an einander liegen und außerdem durch Mörtel
„verbunden sind, so ist dieser durch die Abhäsion bewirkte
„Widerstand größer als das Gewicht der Steine. Die
„Schichten e d f g h können also nicht zwischen den Schichten
„e d a b c herunterrutschen, mithin ist das Gewölbe als
„eine Masse anzusehen und wirkt nur senkrecht auf die
„Unterlagen b c und h g.“ So weit Moller; und wir
können nur hinzufügen, daß durch das Verhalten dieser

Gewölbe (welche in dem neuen Kanzleigebäude in Darm=
stadt ausgeführt sind), unsere Behauptung, daß bei Back=
steingewölben die Bindekraft des Mörtels eine sehr große
Rolle spiele, wieder bestätigt wird. Nur mit Backsteinen,
die durch den Mörtel zu einer Masse verkittet sind, wird
ein solches Resultat zu erreichen sein, und man würde,
wollte man den hier angewendeten Fugenschnitt bei einem
Quadergewölbe auch anwenden, einem sofortigen Einsturze
mit Zuversicht entgegensehen dürfen; so daß die Regel auf's
Neue bestätigt wird: bei Backsteingewölben weni=
ger auf eine richtige Lage und Gestalt der ein=
zelnen Steine nach den Regeln des Stein=
schnitts, als vielmehr darauf zu sehen, daß die
Steine durch den Mörtel möglichst vollständig
zu einer Masse vereinigt werden*).

§. 42.

Um an Material zu sparen, pflegt man die Tonnen=
gewölbe, wenn nicht ganz besondere Festigkeit verlangt wird,
so leicht, d. h. so dünn als möglich auszuführen. Um aber
doch nicht zu viel an Festigkeit einzubüßen, versieht man
diese Gewölbe, auf Entfernungen von 3—4 Fuß in ihrer
Längenachse gemessen, mit Verstärkungsgurten, die
gewöhnlich und wenigstens ½ Stein stärker als der
übrige Theil des Gewölbes, und eben so tief als stark
sind. Diese Verstärkungsgurte läßt man, um in der in=
nern Leibung keine Unterbrechungen zu haben, mit ihrer
größeren Stärke nach außen zu vortreten, wie solches Fig. 6
Taf. 22 beispielsweise für ein Gewölbe von ½ und Fig. 7
für ein solches von ein Stein Stärke zeigt; im ersten
Falle sind die Gurte 1 Stein, im zweiten 1½ Stein stark
und tief.

Bei weitgespannten und stark belasteten Gewölben läßt
man die Stärke derselben vom Scheitel nach dem Fuße hin
wachsen, wie solches durch statische Gesetze bedingt wird.
Die Beschaffenheit der Backsteine erlaubt aber nur ein stu=
fenförmiges Wachsen der Gewölbstärke um ½ Stein; und
Fig. 1 Taf. 23 zeigt ein solches Gewölbe, welches im Schei=
tel ½, in der Mitte der Schenkel 1 und am Fuße 1½
Stein stark ist, als ein Beispiel solcher Anordnung.

§. 43.

Alles, was wir über die Richtung der Gewölbfugen
und über die Mittel, diese zu bestimmen, bei den Mauer=

---

bögen gesagt haben, findet auch dann, wenn sich die Bögen zu Gewölben ausdehnen, Anwendung; nur leuchtet es ein, daß man sich zu Bestimmung dieser Richtung nur selten der Schnur bedienen kann, weil eine solche nur in den Stirnen offener Gewölbe anwendbar ist.

Daß die Ausführung der Tonnengewölbe aus Backsteinen, so lange die Achse derselben gerade und horizontal bleibt, durchaus keine Schwierigkeiten zeigt, ist aus Obigem klar; und selbst dann, wenn die Gewölbe steigend, ringförmig oder gar schneckenförmig werden, bleibt die Darstellung solcher Gewölbe, wenn auch weniger einfach, doch immer ausführbar. Es kommt hierbei alles auf die Ausmittelung der Lehrbögen für die Einschalung und auf letztere selbst an.

Die Ausmittelung der Lehrbögen, die nach der Schwere der Gewölbe und nach der Stärke der Einschalung, in Entfernungen von 3 bis 6 Fuß aufgestellt werden, ist aber bei einiger Kenntniß der beschreibenden Geometrie leicht zu bewirken, sobald die Durchschnittslinie des Gewölbes in einer, entweder lothrechten oder auf der Achse des Gewölbes normalen Ebene bestimmt ist.

Ist z. B. das Gewölbe ein steigendes und die Bogenlinie eine kreisförmige, so ist es für die Ausführung aus leicht begreiflichen Gründen am bequemsten, die Ebene dieser kreisförmigen Bogenlinie normal auf die Achse des Gewölbes anzunehmen, und da die Lehrbögen immer lothrecht aufgestellt werden müssen, so werden sie in diesem Falle Ellipsen bilden, zu deren Construction aber alles Nöthige gegeben ist.

Die Ausführung des Gewölbes auf der Schalung bleibt dann ganz so, als ob die Achse horizontal läge, wie Fig. 2 Taf. 23 ein solches zeigt; und es soll hier nur bemerkt werden, daß dergleichen Gewölbe auch nach Taf. 22 Fig. 2 schwalbenschwanzartig ausgeführt werden können.

Liegt die Achse des Gewölbes in einer wagerechten Ebene, bildet aber in der Horizontalprojection eine Kurve, so werden die Lehrbögen normal auf diese Kurve aufgestellt, so daß die Horizontalprojectionen derselben eine strahlenförmige Figur bilden, und die Einschalung muß mit biegsamen Latten oder sehr schmalen Brettstreifen geschehen. Die Einwölbung erfordert hier schon einige Aufmerksamkeit, und man wird am leichtesten zum Ziele gelangen, wenn man, je nach der Größe des Krümmungshalbmessers der Gewölbachse, breitere oder schmälere Gurte, von der Stärke des Gewölbes, in normaler Richtung auf die Gewölbachse und mit Verzahnung (etwa über den Lehrbögen) einwölbt, und dann die entstehenden Zwickel mit immer kürzer werdenden ringförmigen Schichten schließt. Ist der Krümmungshalbmesser für die Gewölbachse von so bedeutender Größe, daß auf die Länge eines Backsteins die Abweichung der Sehne von dem zugehörigen Bogen beinahe verschwin-

det, so ist das angedeutete Verfahren nicht nöthig, weil man dann mit einiger Aufmerksamkeit die richtige Stellung der Steine leicht erreichen kann.

Ist die Achse des Gewölbes gerade gebrochen, d. h. bildet sie in der Horizontalprojection irgend ein Polygon, so entsteht über jedem Winkelpunkte ein Grat, der zur Hälfte einem Kloster- und zur Hälfte einem Kreuzgewölbe angehört, und wir können daher hinsichtlich des Steinverbandes dieser Gräte auf die Regeln verweisen, die wir bei Beschreibung der genannten Gewölbarten kennen lernen werden. Eben so werden wir den Fall, in welchem sich Tonnengewölbe kreuzen und einander durchdringen und der in Fig. 1 Taf. 12 dargestellt wurde, bei der Construction der Fenster und Thüröffnungen in überwölbten Räumen, mit abhandeln können, da die sogenannten Stich- oder Fensterkappen nichts anderes sind als kleine Gewölbe, welche das Hauptgewölbe durchdringen oder in dieses einmünden.

Bildet die Achse des Gewölbes eine Schraubenlinie, ist also das Gewölbe ein schneckenförmiges, so hat die Aufstellung der Lehrbögen gerade keine großen Schwierigkeiten, eben so die Einschalung, wenn gleich beides mehr Aufmerksamkeit erfordert als im vorigen Falle. Für die Aufstellung der Lehrbögen bemerke man nur, daß die Steigung der Gewölbachse, d. h. der Höhenunterschied zwischen den beiden Endpunkten derselben, in eben so viele gleiche Theile getheilt werden muß, als man Lehrbögen (in gleichen Zwischenräumen) aufstellen will, und daß dann jeder folgende um einen solchen Theil höher zu stellen ist als der vorhergehende.

Die Ausführung eines solchen Gewölbes selbst ist allerdings mit Schwierigkeiten verknüpft, und wohl die schwierigste von allen. Die Einwölbung einzelner Gurte, in möglichst regelmäßigem Verbande, wird jedenfalls wieder am leichtesten zum Ziele führen. Die ringförmig steigenden Gewölbe sind auch von Werksteinen nur mit Anwendung großer Sorgfalt auszuführen, indem die Ausmittelung der Gestalt und die Darstellung der einzelnen Steine zu den schwierigsten Aufgaben des Steinschnitts gehören dürften *).

---

*) Da diese Gewölbe im Ganzen ziemlich selten vorkommen, so mache ich auf ein paar derselben aufmerksam, die ich selbst zu sehen Gelegenheit hatte. Eins, von Backsteinen ausgeführt, findet sich über einem Theile der Treppe, auf welchem man zu der Kuppel über dem Chor des Mainzer Domes emporsteigt. Dies Gewölbe zeigt einen höchst unregelmäßigen und mangelhaften Verband, so daß die schon öfter aufgestellte Bemerkung, daß die Festigkeit von Backsteingewölben nur durch die innige Verbindung der Steine durch den Mörtel bedingt wird, hier einen Beleg findet, denn dieses Gewölbe, welches Jahrhunderte steht, ist in Hinsicht seines Verbandes kaum einem Pflaster gleich zu stellen. Ein zweites Beispiel findet sich in dem Thurmreste

§. 44.

Ehe wir zu der Construction der Tonnengewölbe aus natürlichen Steinen übergehen, müssen wir noch derer aus hohlen Steinen oder der sogenannten Topfgewölbe kurz gedenken. Schon im Alterthume finden wir Wölbungen aus hohlen Steinen oder Töpfen ausgeführt: so ein antikes Thor in Form eines Tonnengewölbes auf Sicilien, ferner das Mausoleum der St. Helena vor den Thoren Roms, mit einer wahrscheinlich kuppelförmigen Ueberwölbung. Beim Bau der Kirche St. Sebastian vor den Thoren Roms im vierten Jahrhundert, wurden ebenfalls Töpfe verwendet, und die mittlere Kuppel der Kirche St. Vital zu Ravenna aus dem sechsten Jahrhundert, besteht ebenfalls aus Töpfen.

Diese Töpfe haben im Allgemeinen eine cylinderförmige Gestalt, eine Länge von 8—22 Zoll und einen Durchmesser von 4 bis 8 Zoll. Zuweilen erscheinen sie an einem Ende zugespitzt, um in einander geschoben werden zu können; auch sind sie mitunter auf der äußeren Seite mit schraubenförmigen Reifen versehen, ja einige zeigen sogar eine förmliche Vasenform ohne Fuß, und sind mit Henkeln versehen. Es hat bisher nicht gelingen wollen, einen haltbaren Grund für diese abweichenden Formen aufzufinden, und man muß es dahin gestellt sein lassen, ob man mit dieser, für das eigentliche Wölben selbst hinderlichen Form besondere Zwecke zu erreichen beabsichtigt, und noch mehr, ob man sie erreicht hat*).

Man hat daher auch in neuerer Zeit, wo man, und zwar zuerst in Paris bei dem Bau der Halle à l'eau de vie, den Topfgewölbebau wieder angewendet hat, einfachere Formen für zweckmäßiger gefunden. Die Töpfe bilden bei den letzt genannten Gewölben gerade Cylinder von 8 Zoll Länge und 4 Zoll äußerem Durchmesser, sind an beiden Seiten geschlossen und haben eine Wandstärke von ¼ Zoll. In der Seitenwand befindet sich ein kleines Loch, um der Luft beim Brennen der Töpfe einen Ausweg zu verschaffen. Die erwähnten Gewölbe bilden flache Kreisbögen von etwa 60 Grad Mittelpunktswinkel, sind 8 Zoll (nach der Länge der Töpfe) stark, und die Widerlagsmauern 1½ Fuß dick.

Dergleichen Tonnengewölbe werden auf leichten Lehrbögen, genau nach der festgesetzten Form, eingeschalt, die

der Klosterkirche zu Lorch bei Gmünd. Dies Gewölbe ist auf das Sorgfältigste aus Werksteinen nach den Regeln des Steinschnitts ausgeführt und ebenfalls noch sehr gut erhalten.

*) Abbildungen der Töpfe bei den oben angeführten Bauresten findet man in „Vorlegeblätter für Maurer ꝛc." Nach der Originalausgabe der K. technischen Deputation für Gewerbe in Berlin mit deren Bewilligung herausgegeben. Berlin 1841, bei Schenk und Gerstäcker, Taf. XVIII.

Töpfe darauf möglichst dicht an einander gestellt, und dann die Zwischenräume mit Gips ausgegossen. Die Lehrbögen können schon am Tage darauf entfernt werden.

Um ein recht leichtes Material zu Gewölben zu erhalten, hat man das Material zu den gewöhnlichen Backsteinen vor dem Formen mit gestoßener und gesiebter Holzkohle (etwa in dem Verhältniß von 1 Theil Kohle zu 2 Theilen Lehm) vermischt. Bei dem Brennen ist dann die Kohle zu Asche verbrannt und man hat Backsteine erhalten, die noch nicht die Hälfte der gewöhnlichen wogen. Mit demselben Kostenaufwande würde man übrigens auch einfach gestaltete Töpfe haben anfertigen können, deren Anwendung zweckmäßiger erscheint als die solcher poröser Backsteine, weil letztere gewiß sehr zerbrechlich ausfallen dürften. Uebrigens wendet man dergleichen Töpfe nicht nur zu Tonnengewölben, sondern auch zu Kuppeln und scheitrechten Gewölben an; und wir werden daher bei diesen nochmals darauf zurückkommen*).

§. 45.

Sollen Tonnengewölbe aus natürlichen Steinen, und zwar aus rauhen, unbearbeiteten, sogenannten Bruchsteinen ausgeführt werden, so hat man, wie schon erwähnt, dieselben als Surrogat für die Backsteine anzusehen und daher alle für dieses Material aufgestellten Regeln, so weit es die Form der Steine zuläßt, zu befolgen. Nur mit lagerhaften, d. h. mit zwei, wenigstens beinahe parallelen Seitenflächen versehenen, Steinen lassen sich dergleichen Gewölbe ausführen. Wenn es das Material erlaubt, sucht man den Steinen mit dem Mauerhammer eine etwas keilförmige Gestalt zu geben. Ist dieß nicht thunlich, so müssen die nach dem Rücken des Gewölbes zu klaffenden Lagerfugen mit passenden Steinstücken ausgezwickt werden, wie denn überhaupt alle die Vorschriften, welche wir für gerade Mauern aus Bruchsteinen angeführt haben, auch hier volle Anwendung finden. Was dort das Herstellen horizontaler Schichten bezwecken sollte, muß hier dadurch hervorgebracht werden, daß man so oft als thunlich eine Lagerfuge parallel mit der Achse des Gewölbes und normal auf die Leibung darzustellen sucht, weil man unmöglich jedem einzelnen Steine die genau richtige Stellung im Gewölbe geben kann, sondern sich damit begnügen muß, dieselben in möglichst gutem Verbande und dem Augenmaße nach normal auf die Einschalung des Gewölbes zu vermauern. Die Steine müssen dabei im Allgemeinen eine solche Länge haben, daß sie durch die ganze Stärke des Gewölbes hindurchreichen, und nur einzelne dürfen in dieser Richtung gestoßen werden.

*) Bei dem Bau des neuen Museums in Berlin hat man leichte Gewölbsteine aus Infusorienerde gebrannt und verwendet.

Sind die Gewölbe nicht zu schwach, so lassen sie sich mit Bruchsteinen leicht und sicher ausführen, und selbst ziemlich flache Gewölbe erlauben dieses bei fleißiger Arbeit und Anwendung eines tüchtigen Bindemittels. Ueberhaupt tritt die innige Verbindung der Steine durch das Bindemittel hier wieder, wie bei den Backsteingewölben, als Hauptbedingung für die Festigkeit auf; weßhalb hierauf das Hauptaugenmerk zu richten ist.

§. 46.

Tonnengewölbe aus behauenen Werk- oder Quadersteinen endlich sind als verlängerte Mauerbögen anzusehen, und wir werden daher zu dem über diese bereits Gesagtem nur wenig hinzuzufügen haben; besonders so lange die Achse des Gewölbes gerade und horizontal bleibt. Die Steine, die nun natürlich nicht mehr durch die ganze Länge hindurchreichen, müssen gestoßen werden, und man hat dieß im gehörigen Verbande, d. h. so auszuführen, daß die Stoßfugen zweier benachbarten Steine nicht in ein und dieselbe Ebene fallen. Nach der Stärke des Gewölbes werden nicht leicht Stoßfugen vorkommen, weil die Größe der Steine für diese wohl bei allen im Hochbauwesen vorkommenden Tonnengewölben ausreichen wird. Die Flächen der Stoßfugen nach der Länge des Gewölbes liegen in Ebenen, die normal auf der Gewölbachse stehen, und es sind daher die Fugenflächen der einzelnen Steine leicht zu bestimmen. Werden die Tonnengewölbe ringförmig oder schneckenförmig, so ist die Ausmittelung der einzelnen Gewölbsteine ihrer Form nach nicht mehr so einfach wie bei geraden Gewölben; doch können wir uns darauf hier nicht einlassen, sondern müssen auf die Werke über den Steinschnitt, in denen die hierher gehörigen Lehren vorgetragen werden, verweisen.

Das Versetzen der Gewölbsteine geschieht mit denselben Hülfsmitteln, die wir bereits früher bei dem geraden Mauerwerk kennen gelernt haben; nur reichen Setzwaage und Bleiloth in ihrer einfachen Anwendung nicht mehr aus, die richtige Lage der Gewölbsteine zu bestimmen. Bei geschlossenen, d. h. mit Stirn- oder Schildmauern versehenen Gewölben muß man sich allein auf die früher beschriebenen Chablonen zur Bestimmung der Gewölbfugen verlassen, und nur bei offenen Gewölben, wie bei Brücken, kann man andere Hülfsmittel anwenden, um an den Stirnen der Gewölbe die Richtung der Fugen genau zu bestimmen. Die Fugenpunkte in der innern Leibungskante bestimmt man dann durch berechnete Coordinaten, auf ein paar Achsen bezogen, die in den Ebenen der Widerlagerstirnen liegen, und die Richtung der Fugen selbst wohl mit Hülfe eines Quadranten, auf dem alle die Punkte, auf welche das Loth für jede einzelne Fugenrichtung einspielen muß, wenn man den Quadranten auf den bereits versetzten Stein setzt,

bezeichnet sind. Solche Vorrichtungen kommen indessen nur bei wichtigen Brückengewölben vor, weßhalb wir hier nicht weiter darauf eingehen und nur bemerken wollen, daß dieser Gegenstand in dem Perronet'schen Werke über Brückenbau weitläufig und erschöpfend abgehandelt ist. Ebenso müssen wir die Construction der schiefen Brückengewölbe unberührt lassen, obgleich sie in neuerer Zeit bei den vielen Eisenbahnbauten eine immer häufigere Anwendung finden *).

In Bezug auf das Mörteln der Gewölbe aus Quadersteinen können wir auf das bereits bei den Mauerbögen aus diesem Material Gesagte zurückweisen, und müssen die verschiedenen Methoden, die man dieserhalb vorgeschlagen hat, dem mündlichen Vortrage vorbehalten **).

Die sogenannte Hintermauerung der Gewölbe (Ankengemäuer), d. i. die Ausfüllung der zwischen dem Gewölbrücken und dem aufwärts verlängerten Widerlager entstehenden, zwickelförmigen Räume mit Mauerwerk, gehört in unserm Sinne nicht zur Construction der Gewölbe, da sie aus geradem Mauerwerk besteht. Von ihrer Nothwendigkeit werden wir aber später, wo von der Stärke der Mauern und Gewölbe die Rede sein wird, mehr sprechen.

b. Das Klostergewölbe.

§. 47.

Das Klostergewölbe findet wenig Anwendung, da es nur über quadraten und regelmäßig vieleckigen Räumen ein gutes Ansehen gewährt und außerdem die Unannehmlichkeit bedingt, alle Umfassungsmauern als Widerlager demgemäß stark machen zu müssen. Zugleich wird die Anlage der Fenster- und Thüröffnungen erschwert, wenn die Umfangsmauern nicht so hoch sind; daß die Kämpferlinien des Gewölbes noch höher als der Schluß jener Oeffnungen liegen.

Die häufigste Anwendung im Hochbauwesen finden die Klostergewölbe wohl bei der Darstellung der sogenannten Rauchmäntel über den Küchenherden ꝛc.

Soll ein Klostergewölbe ausgeführt werden, so ist zuerst die Wölbungslinie des Gewölbes in einer Ebene senkrecht auf eine der Umfassungsmauern festzusetzen, aus der dann die Gräte abzuleiten sind. Die erstere ist in der Regel eine Kreislinie und die letzteren werden alsdann Ellipsen, die leicht zu zeichnen sind, da die Grundlinie des Grates als Spannweite gegeben und die Pfeilhöhe mit der

---

*) Ueber den letztgenannten Gegenstand findet sich in dem Romberg'schen Journal für praktische Baukunst Jahrg. 1847, Hft. 1 von John Hart ein lesenswerther Aufsatz.

**) Vergleiche §. 85 dieses Kapitels.

der Bogenlinie des Gewölbes identisch ist. Aber auch für jede andere Wölbungslinie wird man die zugehörigen Kurven für die Gräte durch die Methode der Vergatterung immer leicht bestimmen können. In den Gräten des Gewölbes und wenigstens in der Mitte jeder Umfangsmauer, und senkrecht auf dieselbe, müssen Lehrbögen aufgestellt werden, um das Gewölbe einschalen zu können*). Alle diese Lehrbögen durchschneiden sich in einer lothrechten Linie durch den Scheitel des Gewölbes, und müssen daher hier unterstützt werden. Dies geschieht durch einen Pfosten, den sogenannten Mönch, der alle die genannten Lehrbögen in Einschnitten aufnimmt und festhält. Es leuchtet ein, daß nur einer der Lehrbögen — gemeinhin einer der Gräte — in einem Stücke durchgehen kann, vorausgesetzt, daß seine Grundlinie eine gerade ist, und daß alle übrigen aus zwei Hälften bestehen müssen.

Sind die Umfangsmauern des zu überwölbenden Raumes so lang, oder die zur Einschalung bestimmten Hölzer so schwach, daß sie mehr als einer Unterstützung an beiden Endpunkten und in der Mitte bedürfen, so müssen mehr Lehrbögen aufgestellt werden, die dann wieder senkrecht auf die Umfassungsmauern zu stehen kommen und an die Gratbögen angeschiftet werden. Diese Lehrbögen sind sehr leicht zu bestimmen, da sie Theile der für die Mitte derselben Umfangsseite gefundenen Bogenlinien sind. Nehmen wir, um einen bestimmten Fall vor Augen zu haben, ein Quadrat als Grundfigur des zu überwölbenden Raumes, und für die Gewölblinie, senkrecht auf eine der Seiten, einen Halbkreis an, dessen Durchmesser daher der Seite des Quadrats gleich ist, so zeigt Fig. 4 Taf. 23 die verschiedenen Kurven für die nöthigen Lehrbögen: a b c Fig. 4 ist die Bogenlinie, nach welcher die Lehrbögen a a Fig. 3 Taf. 23 gestaltet werden müssen, und b d o Fig. 4 die Kurve für die Gräte b b Fig. 3. Diese Figur zeigt zugleich, wie die Lehrbögen alle im Mittelpunkte des Gewölbes zusammenlaufen und hier von dem Mönche aufgenommen und unterstützt werden. Ist nun etwa der Raum zwischen c d Fig. 3 so groß, daß für die Schalhölzer noch eine Unterstützung nöthig wird, und man wollte diese in b f Fig. 3 anbringen, so findet man die Form des hier aufzustellenden Lehrbogens sehr bald, wenn man die Länge b f aus Fig. 3 von b nach f′ Fig. 4 trägt und in f′ die lothrechte f′ g errichtet, indem dann durch das Kreisstück b g Fig. 4 die Form des gesuchten Lehrbogens gegeben ist, der über b f Fig. 3 aufgestellt und in b an den Gratbogen befestigt werden muß. Daß der Punkt b Fig. 3 außerdem von unten sicher, etwa durch einen Pfosten, unterstützt werden muß, leuchtet ein.

------

*) Die eben erwähnten Rauchmäntel werden, ohne Schalung, aus freier Hand eingewölbt.

Mit Hülfe dieser Lehrbögen wird nun das ganze Gewölbe eingeschalt, und dann kann mit dem Wölben begonnen werden.

§. 48.

Der Verband für die einzelnen Wangenstücke, aus denen das Klostergewölbe besteht, ist, Backsteine als Material vorausgesetzt, ganz der wie für Tonnengewölbe, von denen sie ja auch Theile sind. Die Gräte, die keiner Verstärkung bedürfen, bilden sich ganz von selbst, wenn man, von den Ecken des Gewölbes aus anfangend, die einzelnen Steinschichten in immer horizontalen Ringen normal auf die Schalung stellt und nur darauf achtet, daß die Steine in den Gräten gehörig in einander greifen und sich nicht etwa im Grat eine durchlaufende Fuge bildet. Ist, wie in Fig. 5 Taf. 23, die Grundfigur des Gewölbes ein Quadrat, so greifen die Steine im Grat rechtwinklig in einander und sind nur abwechselnd an den schmalen Seiten central zuzuhauen, ähnlich wie bei der Wölbung auf den Schwalbenschwanz bei den Tonnengewölben. Fig. 6 zeigt zwei Steinschichten im Durchschnitt, normal auf die Kurve des Grats, im größern Maßstabe, wo das von den Steinen Fortzuhauende durch punktirte Linien angedeutet ist.

Bildet die Horizontalprojection des Grats mit der Lagerfugen keine Winkel von 45 Graden, so müssen die Steine auch ihrer Dicke nach passend zugehauen werden, wie solches Fig. 7 Taf. 23 zeigt.

§. 49.

Soll ein Klostergewölbe aus Bruchsteinen ausgeführt werden, so müssen letztere lagerhaft, plattenförmig gestaltet und nicht zu groß sein, auch leicht mit dem Mauerhammer sich etwas zurichten lassen, damit die Verbindung auf den Gräten eine möglichst regelmäßige werden kann. Eine sehr sorgfältige, aufmerksame Arbeit, und vor allem ein gut bindender Mörtel, sind Haupterfordernisse für das Gelingen eines solchen Gewölbes.

Bei der Ausführung in Werk- oder Quadersteinen ist es nöthig, das Gewölbe in seiner Horizontalprojection und in einigen Durchschnitten nach dem natürlichen Maaß aufzuzeichnen; wozu man sich eines sogenannten Reißbodens, d. h. eines von Brettern horizontal hergerichteten Fußbodens, bedient. Auch die Kurven für die Bogen- und Gratlinien müssen in natürlicher Größe und zwar doppelt gezeichnet werden; einmal nämlich zur Ausmittelung der Gestalt der Lehrbögen für die Einschalung, und dann zur Bestimmung der Gestalt der Gratsteine und zur Anfertigung der Chablonen oder Brettungen für dieselben. Daß man die Lehrbögen und diese Brettungen nicht nach ein und derselben Zeichnung anfertigen kann, leuchtet ein, wenn wir uns erinnern, daß die Kurven der Lehrbögen um die

Dicke der Schalbretter von der Leibung des Gewölbes ab=
stehen, die nach jenen Brettungen bearbeitenden Steine aber
diese Leibung selbst bilden sollen.

Unter Gratsteinen verstehen wir diejenigen Gewölb=
steine, welche einen Theil des Grates bilden, daher Theile
von zwei benachbarten Wangenstücken sind und in beiden
zugleich liegen. Die Ausmittelung der Gestalt dieser Steine
und der Brettungen zur Bearbeitung derselben, so wie die
vortheilhafteste Eintheilung der Gewölbfugen, um mit dem
geringsten Verlust an Material diese Steine darzustellen,
müssen wir hier übergehen und in dieser Beziehung auf die
Lehre vom Steinschnitt verweisen.

c. Das Muldengewölbe.

§. 50.

Dieses Gewölbes dürfen wir hier nur kurz erwähnen,
denn nach der in §. 5 Kap. 2 gegebenen Erklärung dessel=
ben ist es aus einem Tonnen= und zwei halben Kloster=
gewölben zusammengesetzt und wird daher auch nach den
für diese Gewölbe bereits gegebenen Regeln sich ausführen
lassen. Wir wollen daher nur über die Einschalung be=
merken, daß der mittlere Theil ganz wie ein Tonnengewölbe
behandelt werden muß, an den Enden desselben aber über
den Linien a b und c d, Fig. 8 Taf. 23, Lehrbögen auf=
zustellen sind, an welche in den Punkten f und o die über
den Gräten e f, g f, l o und o m, so wie die über den
Linien h f und o k aufzustellenden sich anschiften.

Ueber die Ausführung des Gewölbes selbst, sowohl
in Backsteinen als in Werkstücken, könnten wir nur das
schon bei den Tonnen= und Klostergewölben Gesagte wie=
derholen, da auch die über den Punkten o und f befind=
lichen Gewölbtheile oder Gewölbsteine (bei Werkstücken)
die Hälfte des Schlusses eines regelmäßigen Klostergewöl=
bes bilden, wie wir ein solches in Fig. 5 Taf. 23 bereits
dargestellt haben.

d. Das Kuppelgewölbe.

§. 51.

Nur bei Anwendung von Bruch= oder Werksteinen ist
eine vollständige Einschalung nothwendig; bei Backsteinen
genügen einige in lothrechten, durch den Mittelpunkt der
Kuppel gelegten Ebenen aufgestellte Lehrbögen, die alle, ist
die Grundfigur ein Kreis, einander congruent sind. Die
unteren Schichten kann man nämlich ohne alle Beschwerde
ohne eine Schalung versetzen, weil ihre Lagerfugen so we=
nig von der Horizontalebene abweichen, daß die Reibung
das Abgleiten der Steine vollständig verhindert. Außerdem
bildet jede ringsum geschlossene Schicht einen festen Ring,
der keiner Unterstützung weiter bedarf. Man hat nur dar=

auf zu sehen, daß sowohl die Lager= als auch die Stoß=
fugen normal auf der Leibung des Gewölbes stehen. Man
erlangt dies durch das Anspannen einer im Mittelpunkte
der Kuppel befestigten Schnur vollständig, wenn die Kup=
pel ein Kugelgewölbe ist. Bei parabolischer oder einer an=
dern Form ist es allerdings schwieriger, diese Normalen zu
bestimmen; doch wird man sich bei der Anwendung von
Backsteinen und bei einigermaßen geschickten Mauerern mit
hinreichender Genauigkeit durch das Augenmaaß von der
richtigen Lage der einzelnen Steine überzeugen können. Hat
man Arbeiter, denen man nicht so viel Augenmaaß zu=
trauen darf, so wird man freilich am besten thun, die ganze
Kuppel einzuschalen, wobei man dann dasselbe Mittel zur
Bestimmung der Fugenrichtung anwenden kann, welches
wir in §. 31 dieses Kapitels angegeben haben. Sind nur
einzelne Lehrbögen aufgestellt, so kann man eine richtige
Leibung des Gewölbes auf die Weise erzielen, daß man
in irgend einem beliebigen Punkte der lothrechten Achse des
Gewölbes eine Schnur befestigt, solche in der Höhe der
gerade zu wölbenden Schicht an die Außenkante eines der
Lehrbögen bringt, mäßig anspannt und die Länge durch
einen Knoten oder durch eine in die Schnur gesteckte Na=
del bezeichnet. Diese Nadel rc. wird, wenn man sie in
gleicher Höhe rund herum führt, immer in der Leibung
der Kuppel bleiben, mithin auch die Lage der Steine ein
und derselben Schicht genau bezeichnen. Ja man kann
Kugelgewölbe ohne alle Schalung, selbst ohne einzelne
Lehrbögen ausführen. Denn befestigt man in dem Mittel=
punkte der Kugel das eine Ende einer Latte von der Länge
des Kugelhalbmessers, um zwei auf einander senkrecht
stehende Achsen beweglich, von denen die eine lothrecht ist,
so wird das andere Ende der Latte sich stets in der Lei=
bung des Gewölbes bewegen müssen, so daß man mit Hülfe
dieser Latte jeden Stein an seinen richtigen Ort legen,
und durch eine längs der Latte ausgespannte und darüber
hinaus verlängerte Schnur, auch die Richtung jeder Fuge
bestimmen kann.

In der Höhe der Kuppel, in welcher die Lagerfugen
der Steine so stark geneigt sind, daß die relative Schwere
der Steine den aus der Reibung und der Adhäsion des
noch weichen Mörtels herrührenden Widerstand überwindet,
kann man die einzelnen Steine vor dem Schlusse der gan=
zen Schicht dadurch gegen das Herabgleiten schützen, daß man
außerhalb des Gewölbes, oder in einer tiefer gelegenen
äußeren Fuge etwa, das eine Ende einer Schnur mittelst
eines Nagels befestigt, an das andere Ende einen schweren
Gegenstand (etwa einen Backstein) befestigt, denselben im
Innern der Kuppel frei herabhängen läßt, und die dadurch
gespannte Schnur immer über den zuletzt versetzten Stein
legt. Das vorstehend Gesagte ist auf Taf. 24 durch Fig. 1
darzustellen versucht.

§. 52.

Der Steinverband für die Kuppelgewölbe ist ganz so wie bei den Tonnengewölben, mit Berücksichtigung der für die Richtung der Fugen oben gegebenen Regeln. Bei kleinen Krümmungshalbmessern wird man indessen häufig die Läuferschichten ganz fortlassen und lauter Binderschichten anordnen müssen.

Das Letztere tritt in der Nähe des Scheitels immer ein, weil hier die horizontalen Kreise so klein werden, daß auf eine Backsteinlänge die Abweichung der Sehne vom Bogen zu bedeutend wird. Ueberhaupt ist der dem Scheitel zunächst gelegene Theil eines Kuppel-, besonders eines Kugelgewölbes der am schwierigsten auszuführende, weil die Lagerfugen der Steine zu steil gerichtet, und die Steine selbst zu wenig keilförmig gestaltet werden. Man sucht daher den Schlußstein möglichst groß zu machen oder dem ganzen Scheitel möglichst wenig Gewicht zu geben, indem man denselben aus besonders gefertigten leichteren Backsteinen herstellt.

Aus dem eben angeführten Grunde, und weil der Scheitel eines Kuppelgewölbes außerdem der geeignetste Platz ist, um eine Licht- und Luftöffnung in dem Gewölbe anzuordnen, läßt man den oberen Theil desselben sehr oft ganz fort und versieht die Kuppel mit einem sogenannten Nabel. Dies ist in jeder beliebigen Höhe leicht auszuführen, da jede geschlossene Horizontalschicht einen festen Ring bildet. Um indessen einem solchen Schlusse mehr Festigkeit zu geben, und weil man der Leibung desselben gern eine cylindrische Gestalt gibt, dieselbe auch wohl mit mehr oder weniger Gliedern verziert, pflegt man diesen Ring aus größeren Steinen darzustellen. Hat man Werksteine, so geben diese das beste Material; in Ermangelung derselben wendet man besonders (oft hohl) geformte Backsteine an, oder wenn auch dies nicht thunlich ist, formt man den fraglichen Ring aus recht gesundem und kernigen Eichenholze an.

§. 53.

In der Leibung der Kuppelgewölbe, namentlich in deren unterem Theile, werden häufig eckige Vertiefungen, sogenannte Kassetten, angeordnet, die in constructiver Beziehung zwar zur Erleichterung des Gewölbes dienen, ihre Entstehung aber fast immer ästhetischen Rücksichten verdanken.

Die Darstellung solcher Kassetten hat keine großen Schwierigkeiten; doch erfordert sie einige Aufmerksamkeit, besonders wenn das Gewölbe aus Backsteinen construirt wird. Es ist hierbei durchaus nothwendig, das Gewölbe aus freier Hand, ohne Schalung, zu bilden, weil man sonst das Innere dieser Kassetten, worauf es vorzüglich ankommt, nicht vor Augen hat. Die einzeln aufzustellenden Lehrbögen müssen hierbei immer auf die, zwischen den Kassetten angeordneten, glatten Friese treffen, und die Gestalt der Kassetten selbst wird man durch zweckmäßig gestaltete Chablonen erreichen können. Diese Chablonen haben sich dann aber nicht allein auf die äußere Umrahmung der Kassetten zu beziehen, sondern auch auf das denselben zu gebende Profil. Die Auffindung dieser Chablonen aus der Horizontalprojection und einem Durchschnitte der Kuppel wird Jedem, der mit den Elementen der beschreibenden Geometrie bekannt ist, nicht schwer fallen, weßhalb wir hier nicht näher darauf eingehen, sondern dies dem mündlichen Vortrage vorbehalten wollen. Daß übrigens die ganze Tiefe der Kassette in der Stärke des Gewölbes enthalten sein, und daher, wenn erstere gegeben, letztere darnach bestimmt werden muß, bedarf kaum einer Erwähnung.

§. 54.

Soll eine Kugel über ein regelmäßiges Polygon gewölbt werden, so ist der Durchmesser dieser Kugel, nach §. 5 dieses Kapitels, gleich einer Diagonale des Polygons, und es entsteht ein Gewölbe, welches wir in dem angezogenen §. eine Hängekuppel genannt haben.

Am häufigsten kommen dergleichen Gewölbe über Räumen von quadratischem Grundrisse vor, und wir wollen diesen Fall näher betrachten, da er auch für mehrseitige Grundrisse gültige Anhaltspunkte darbieten wird.

Die Kämpferlinie der Kuppel wird an den 4 Umfangsmauern 4 congruente Halbkreise beschreiben, deren Scheitel in ein und derselben Horizontalebene liegen. Bis zu dieser Ebene besteht die Leibung des Gewölbes aus den 4 Eckzwickeln (Pendentifs), und darüber beginnt die eigentliche Kuppel, deren Leibung eine Kugelkalotte darstellt. Die Halbmesser der Kämpferlinien sind durch die halbe Länge der Seiten des zu überwölbenden Quadrats gegeben, und man kann eine solche Kuppel ohne alle Schalung, unter Anwendung der früher angegebenen Hülfsmittel ausführen; doch pflegt man gewöhnlich ein Paar (halbkreisförmige) Lehrbögen über den Diagonalen des Quadrats aufzustellen.

Die 4 Zwickel laufen in den Ecken in scharfe Spitzen aus, und es ist daher gut, hier einen größeren Stein als Anfänger des Gewölbes zu versetzen, um den nächsten Gewölbsteinen ein ordentliches Lager zu verschaffen.

Will man nun, wie es gewöhnlich geschieht, schon in den Gewölbzwickeln die Fugen normal auf die Leibung richten, so werden schon die Zwickel einen Horizontalschub auf die Umfangsmauern ausüben, und man wird letztere im Allgemeinen so stark machen müssen als die Widerlager eines Tonnengewölbes von einer Spannweite gleich der Diagonale des Raumes.

Führt man dagegen die Zwickel als Mauerwerk mit horizontalen Lager- und centralen Stoßfugen, und in Verbindung mit den Umfangsmauern aus, so daß sie mit diesen eine Masse ausmachen, so verändern sich die Verhältnisse zwischen dem Gewölbe und seinen Widerlagern bedeutend.

Betrachtet man die Lage des Schwerpunktes dieser, mit horizontalen Lagerfugen und im Zusammenhange mit den Umfangsmauern gemauerten Zwickel, so ergibt sich offenbar ein Bestreben dieser Massen, nach dem Innern des Raumes zu zufallen. Diesem Bestreben können sie aber nicht folgen, weil jede Steinschicht mit ihren centralgerichteten Stoßfugen einen geschlossenen Ring bildet, so daß die Zwickel, statt ein Ausdrängen der Mauern zu veranlassen, gegentheils auf ein Hineinziehen nach innen wirken. Diese so verbundenen Mauern bilden nun das Widerlager für die obere Kalotte der Kuppel, aus deren Gewicht ein Bestreben entsteht, die Widerlager horizontal nach außen zu drängen. Die Masse der Kalotte ist aber jedenfalls geringer als die der voll ausgemauerten Zwickel, und es läßt sich mit Sicherheit schließen, daß die resultirende aus den nach innen und außen auf die Mauern wirkenden Kräften noch nach innen gerichtet sein wird. Da in dieser Richtung eine Bewegung aber durch den ringförmigen Schluß jeder einzelnen Schicht unmöglich gemacht wird, so bleibt für die Umfangsmauern nur noch ein lothrecht abwärts wirkender Druck übrig, so daß man eine auf diese Weise ausgeführte Kuppel als ein gar keinen Seitenschub mehr ausübendes Gewölbe ansehen kann.

Daß dem so ist, beweisen zwei solche von Moller ausgeführte Kuppelgewölbe über den Treppenhäusern in dem Theater zu Mainz und im Palais des Prinzen Karl von Hessen in Darmstadt*).

Im ersten Falle bestehen die Umfangsmauern und die Zwickel aus Bruchsteinen, die obere Kalotte aus Backsteinen. Die ersteren sind, bei einer lichten Weite des Quadrats von 36 Fuß, oben nur 35 Zoll stark, und zwar in einer Höhe von 62 Fuß. Die Kalotte ist einen Stein oder 10 Zoll stark, und besteht aus lauter Binderschichten.

Die Fig. 2 bis 4 Taf. 24 zeigen diese Construction, und zwar in Fig. 3 in der Horizontalprojection die abwechselnden Schichten der horizontal gemauerten Zwickel, woraus deren innige Verbindung mit den Umfangsmauern hervorgeht. Fig. 2 gibt den lothrechten Durchschnitt nach der Diagonale des Grundrisses, und Fig. 4 den parallel mit einer der Seiten des Quadrats.

Im zweiten Falle ist die lichte Weite des Quadrats 21 Fuß, und die Stärke der Mauern, die, so wie die Ka-

*) Siehe Moller's Beiträge zu der Lehre von den Constructionen, Heft III.

lotte, aus Backsteinen construirt sind, beträgt nur 10 Zoll oder einen Stein. Die Fig. 1 bis 3 Taf. 25 zeigen auch diesen Fall in denselben Darstellungen, wie die Fig. 2 bis 4 Taf. 24 den vorigen.

In beiden Fällen ist die Anwendung von Eisen, zum Zusammenhalten der Umfangsmauern, durchaus vermieden. Die Gewölbe sind mit Nabeln versehen, und die Figuren zeigen den früher erwähnten stärkeren Schlußring.

§. 55.

Um mögliche Leichtigkeit, und dadurch geringen Schub auf die Umfangsmauern zu erhalten, kann man dergleichen Kuppelgewölbe auch aus Töpfen construiren. Zugleich erlaubt dies Material den Nabel fortzulassen und das Gewölbe bis zum Scheitel zu schließen; was mit gewöhnlichen Backsteinen, wie schon erwähnt, schwierig auszuführen ist. Die Töpfe erhalten hierbei am besten eine etwas konische, oder auch eine cylindrische Gestalt, so daß sie ohne Beschwerde auf der gewöhnlichen Töpferscheibe angefertigt werden können. Die Wandstärke solcher Töpfe richtet sich nach der Größe derselben, und dürfte im Durchschnitt 1/4 bis 1/2 Zoll betragen. Den nach dem Innern des Gewölbes zu gerichteten Boden der Töpfe versieht man mit einigen Löchern, damit beim Brennen der Töpfe die Luft entweichen kann, und damit der Mörtel bei einem späteren Putzen der Gewölbleibung besser haftet.

Da die Gewölbe, aus Gründen, die wir später mittheilen werden, in ihrer Stärke vom Scheitel nach den Anfängen hin zuzunehmen pflegen, so müssen, wenn man dieß auch bei Topfgewölben festhalten will, Töpfe von verschiedener Größe angefertigt werden, deren Abmessungen leicht aus dem Grundrisse und Durchschnitte des Gewölbes bestimmt werden können. Hierbei ist darauf Rücksicht zu nehmen, daß jeder horizontale Ring durch eine gewisse Anzahl ganzer Töpfe geschlossen wird, weil Theile von Töpfen begreiflich nicht verwendet werden können. Zu viele verschiedene Nummern von Töpfen vertheuern aber deren Beschaffung, und man thut, um dies zu vermeiden, besser, eine früher gebrauchte Nummer von passendem Durchmesser später wieder folgen zu lassen. Man setzt die Töpfe möglichst dicht neben einander in ein Mörtelbett, und zwickt die Zwischenräume gewöhnlich erst aus, nachdem das ganze Gewölbe geschlossen ist, um hiermit recht rasch zu Stande zu kommen. Eine Schalung ist auch hier nicht nöthig, sondern es reichen wieder einige Lehrbogen aus. Die Fig. 1 und 2 Taf. 26 zeigen ein solches Gewölbe im Durchschnitt und in der Horizontalprojection.

§. 56.

Soll endlich ein Kuppelgewölbe aus Bruch- oder Quadersteinen aufgeführt werden, so ist eine vollstänbige Einschalung nöthig. Aus rauhen Bruchsteinen dürfte eine Kuppel sehr schwer zu construiren sein, wenn man nicht ein sogenanntes Gußgewölbe darstellen will, von denen wir weiterhin einige Worte reden werden.

Sind Quadern das Material, so ist die Form der einzelnen Steine sehr leicht zu bestimmen, sobald die Höhe der Schichten und die Eintheilung der Steine in denselben gegeben ist. Beides wird sich bei einer glatten Leibung nach der Größe und Festigkeit der vorhandenen Steine richten, bei einer mit Kassetten verzierten Leibung aber hauptsächlich mit nach diesen, indem man die Fugen der Steine mit den Friesen zwischen den Kassetten in Uebereinstimmung bringen muß. Daß letztere vor dem Versetzen in die Steine gearbeitet werden, überhaupt das ganze Gewölbe mit Vorsicht und Genauigkeit behandelt werden muß, darf kaum erwähnt werden.

Natürliche Steine kommen übrigens zu Kuppelgewölben sehr selten in Anwendung, weil sie eine vollständige Einschalung verlangen, sehr schwer in's Gewicht fallen, und aus diesem Grunde, besonders in den oberen Theilen des Gewölbes, die schon erwähnten Schwierigkeiten herbeiführen.

Chor= und Nischengewölbe erscheinen entweder als halbe Kuppeln oder als halbe Klostergewölbe, und es bedarf daher keiner näheren Beschreibung der Ausführung derselben. Erwähnt soll hier nur werden, daß Nischengewölbe keinen Nabel bekommen, und daher bei der Bildung des Scheitels derselben Vorsicht angewendet werden muß.

e. Das Kreuzgewölbe.

§. 57.

Die Kreuzgewölbform ist eine der fruchtbarsten für die Anwendung, und wir müssen derselben daher auch eine besondere Aufmerksamkeit schenken.

Es ist in gerader, steigender, ringförmiger und schneckenförmiger Gestalt ausführbar; man überwölbt mittelst desselben, fast mit derselben Leichtigkeit, regelmäßige und unregelmäßige Grundfiguren, und in Bezug auf das Material lassen sich sowohl natürliche als künstliche Steine bequem verwenden.

Soll irgend ein Raum mit einem Kreuzgewölbe überspannt werden, so ist zuerst der Punkt zu bestimmen, in welchem sich alle Scheitellinien des Gewölbes durchschneiden, und den wir mit der allgemein eingeführten (eigentlich aber ungenauen) Benennung Scheitelpunkt bezeichnen wollen. Zuerst ist dieser Punkt nur durch seine Horizontalprojection zu bestimmen, und diese fällt immer mit dem Schwerpunkte der Grundfigur des zu überwölbenden Raumes zusammen, weil nur auf diese Weise die Last des

Gewölbes in einem natürlichen und symmetrischen Verhältnisse auf die Widerlagspunkte vertheilt werden kann. Die Lage dieses Punktes, in vertikaler Beziehung, hängt von der Höhe des Gewölbes, und diese von den Bogenlinien ab, welche die Gestalt der einzelnen, das Gewölbe bildenden Kappenstücke (§. 4 Kap. 2 und Fig. 9 Taf. 9) bestimmen.

Da nun die Scheitellinien dieser Kappen im Allgemeinen immer in eine Ebene, d. h. gleich hoch gelegt zu werden pflegen, so folgt daraus, daß auch die Pfeilhöhen aller Kappengewölblinien einander gleich sein müssen; und hieraus, daß die Bogenlinien selbst nur bei regelmäßigen, gleichseitigen Grundfiguren einander congruent sein können. Ist daher die Grundfigur ungleichseitig, so kommt es darauf an, eine Pfeilhöhe zu finden, die für alle Bogenlinien die passendste ist.

Gewöhnlich werden nur zwei verschiedene Arten von Bogenlinien bei Kreuzgewölben angewendet: entweder stetige Kreislinien oder Spitzbogen; und von den Kreislinien ist wieder der Halbkreis die gebräuchlichste, in welchem Falle man das Kreuzgewölbe selbst wohl halbkreisförmig zu nennen pflegt.

Hierbei gilt als Regel: die kleinste Seite der Grundfigur diesem Halbkreise zum Grunde zu legen, so daß alle andern Bogenlinien gedrückte werden. Ist indessen diese Seite gegen alle übrigen bedeutend kleiner, so pflegt man von dieser Regel abzuweichen, und eine Seite von mittlerer Größe zum Grunde zu legen, um nicht allzusehr gedrückte Bogenlinien zu bekommen.

§. 58.

Ist so die Pfeilhöhe der Bogenlinien festgestellt, so können, da die Spannweiten alle durch die Seiten der Grundfigur gegeben sind, nach den früheren Lehren die Bogenlinien gezeichnet werden. Dasselbe findet hinsichtlich der Gratlinien statt; denn die Pfeilhöhe derselben ist der der übrigen Bogenlinien gleich, und durch die Horizontalprojection des Scheitelpunktes sind für diese Gratbogenlinien die halben Spannweiten (gleich den Entfernungen der Projection des Scheitelpunktes von den Eckpunkten der Grundfigur) gegeben.

Nach den Gewölb= und Gratbogenlinien sind Lehrbögen zu bearbeiten und über den Horizontalprojectionen dieser Linien aufzustellen. Alle Gratlinien schneiden sich im Scheitelpunkte des Gewölbes; mithin kann höchstens ein ganzer Gratbogen von einer Ecke der Grundfigur zur gegenüber liegenden durchgehen, und alle übrigen müssen aus halben Bogenlinien bestehen. Es wird daher über der Horizontalprojection des Scheitelpunktes ein Pfosten, der so=

genannte Mönch, aufgestellt, der alle Lehrbögen für die Gräte in passenden Einschnitten aufnimmt.

§. 59.

Soll das Gewölbe mit Backsteinen eingewölbt werden, so ist eine Einschalung dieser Lehrbögen nicht nur nicht nothwendig, sondern es läßt sich das Gewölbe, namentlich in den Anfängen, weit besser aus freier Hand als auf einer Schalung ausführen. Gut ist es hierbei, noch mehr aber bei einer vollständigen Einschalung, zum Anfänger in den Ecken des Gewölbes einen größern natürlichen Stein nach Fig. 6 Taf. 26 zu nehmen, um für die ersten Gewölbsteine ein besseres Auflager zu bilden.

§. 60.

Wir wissen aus §. 6 dieses Kapitels, daß die einzelnen Gewölbkappen ihr Widerlager nur in den Gräten finden, und es müssen daher diese als die eigentlich allein tragenden Theile des Gewölbes verstärkt werden. Man pflegt sie daher immer um ½ Stein stärker zu machen als die Kappen selbst, jedoch im Verbande mit diesen aufzuführen. Am gewöhnlichsten erhalten die Kappen nur eine Stärke von ½ Stein, und zwar bis zu einer Weite der Kappen von 16—18 Fuß; höchstens macht man sie einen ganzen Stein stark, die Gräte alsdann aber 1½ Stein. Stärkere Kreuzgewölbe von Backsteinen dürften nicht leicht vorkommen; doch würde sich für einen solchen Fall auch leicht ein passender Verband auffinden lassen.

Die Fig. 3—5 Taf. 26 zeigen die Steinverbände für ½ und 1 Stein starke Kappen, mit jedesmal um ½ Stein verstärkten Gräten, in Querschnitten, senkrecht auf die letzteren. Fig. 3 Taf. 27 und Fig. 2 Taf. 28 geben die Rückenansichten von einem Gewölbe über einem Quadrate und einem unregelmäßigen Fünfeck. Diese Figuren zeigen, daß die einzelnen Kappen auf den Schwalbenschwanz (§. 41 Kap. 2) eingewölbt sind. Letzteres ist bei der Ausführung ohne Schalung nothwendig, weil nur so jede Steinschicht in sich geschlossen erscheint, sobald sie vom Grat aus die beiden zugehörigen Stirnmauern erreicht hat.

Die Ausführung dieser Kappen geschieht übrigens ganz so, wie wir dies bei den Tonnengewölben in §. 41 und Fig. 2 Taf. 22 gelehrt haben, weil ja die Kappen auch nichts anders sind als Theile eines Tonnengewölbes. Nur ist zu bemerken, daß in jeder Schicht mit den Gratsteinen über den Gratlehrbogen angefangen wird, d. h. diese Steine werden zuerst passend (nach den Fig. 3—5 Taf. 26) zugehauen, normal auf den Gratlehrbogen aufgestellt, und dann zu beiden Seiten die zu den Kappen gehörigen Steine aus freier Hand bis zu den Stirnmauern vermauert. Diese Arbeit ist durchaus nicht schwierig, und nur in der Nähe

des Schlusses wird einige Aufmerksamkeit erfordert, um diesen regelmäßig zu bewirken.

Fig. 1 Taf. 27 gibt einen Durchschnitt nach der Linie a b in Fig. 3 derselben Tafel, Fig. 2 einen solchen nach der Linie c d derselben Figur, und Fig. 1 Taf. 28 einen Durchschnitt nach der Linie x y des Grundrisses Fig. 2 derselben Tafel. Diese Durchschnitte erklären sich in Bezug auf das eben Gesagte von selbst.

In Fig. 1 Taf. 29 ist endlich bei F der sogenannte Mönch und in A, B, C, D, E derselben Figur sind die Horizontalprojectionen der Gratlehrbogen, die innerhalb der Grundfigur mit denselben kleinen Buchstaben bezeichnet sind, gezeichnet; zugleich sind die verschiedenen Bogenlinien der Kappen auf die horizontale Bildfläche niedergeklappt.

Da der Scheitel eines solchen Gewölbes sich nach der Ausschalung immer etwas setzt, so pflegen die Maurer die Scheitellinien der Kappen von den Stirnmauern aus etwas steigen zu lassen, und zwar um 1/30 bis 1/20 der Länge dieser Linien, was sie das Stechen der Kappen nennen. Die Fig. 1 und 2 Taf. 27 und Fig. 1 Taf. 28 zeigen diese Anordnung.

§. 61.

Schon früher haben wir erwähnt, daß sämmtliche Umfangsmauern eines mit einem Kreuzgewölbe überspannten Raumes Stirnmauern sind, und nur die Ecken als Widerlagspunkte auftreten. Dies gibt ein Mittel an die Hand, größere Räume mit Kreuzgewölben zu überdecken, indem man dieselben durch einzelne, mittelst Gurtbögen mit einander verbundener Stützen (Pfeiler, Säulen) in kleinere Räume theilt, und diese nun, jeden für sich, mit einem Kreuzgewölbe überspannt. Die die Stützen verbindenden Gurtbögen können dabei in der Leibung der Gewölbe vortreten oder nicht, und im letzteren Falle im Rücken des Gewölbes vorhanden sein, oder ganz fehlen, wenn sie nicht als Verstärkungen wünschenswerth sind.

Je nachdem die Gurte in der Leibung sichtbar sind oder nicht, entstehen in der Horizontalprojection Zeichnungen wie A A oder wie B in Fig. 2 Taf. 29.

Die Construction bleibt hierbei für jedes einzelne Kreuzgewölbe ganz wie früher beschrieben, nur ist darauf aufmerksam zu machen, daß die Stützen eine verhältnißmäßig sehr große Last zu tragen haben; und daß man besondere Sorgfalt tragen muß, den auf ihnen aufsitzenden Grat- und Gurtbögen einen sichern Fuß zu verschaffen. Deshalb ist es immer anzurathen, den eigentlichen Kämpfer der Stützen aus festen, natürlichen Steinen darzustellen und zwar so, daß diese Steine noch die untern Theile der verschiedenen Gurt- und Gratbögen in sich enthalten, wie Fig. 3 Taf. 29 einen solchen zeigt. (Vergl. auch §. 37 dieses Kapitels.)

§. 62.

Bei den bisher beschriebenen Kreuzgewölben erscheinen die Gräte nur als scharfe Kanten; doch haben wir schon früher bemerkt, daß man dieselben sehr bald mehr ausgezeichnet, d. h. aus der Leibung heraustreten und durch besondere Profile bemerklich gemacht hat. Diese so ausgezeichneten Gräte nennt man Rippen, und sie sind gewöhnlich von besserm Materiale als die Kappen, d. h. aus besondern Formsteinen oder aus Hausteinen construirt, dann, ohne Verband mit den Kappen, abgesondert aufgeführt, und letztere später zwischen die Rippen eingewölbt.

Diese Rippen aus besondern Hausteinen machen nun aber Schwierigkeiten in der Ausführung, wenn man den Halbkreis für die Stirnen der Kappen beibehält. Denn sollen hierbei die Scheitellinien horizontal bleiben, so werden alle Gräte Ellipsen und es treten für die Einwölbung derselben die bekannten Schwierigkeiten ein. Auf diese Weise läßt sich eine Entstehung des Spitzbogens aus einer constructiven Nothwendigkeit nachweisen, die, wenn sie auch nicht in der Wirklichkeit begründet sein sollte, doch eine gewisse Folgerichtigkeit für sich hat.

Die Ausführung elliptischer Gewölbsteine für die Rippen war schwierig: man suchte daher die weit leichter darzustellenden kreisförmigen zu substituiren; und in der That sind bei den älteren Kreuzgewölben mit Rippen die Diagonalrippen, besonders bei rechteckigen Grundfiguren, Halbkreise. Sollten hierbei die Scheitellinien der Kappen horizontal bleiben, so mußten, bei einerlei Kämpferhöhe, die Stirnen aller Kappen überhöhte Bogen zeigen; und da man einmal daran war, die elliptischen Bögen zu vermeiden, so versuchte man vielleicht die nach denselben Chablonen wie die Diagonalrippen bearbeiteten Steine auch zu den Stirnen der Kappen zu benutzen; wo dann der Spitzbogen ganz von selbst entstehen mußte. Wir wollen hier keineswegs die eben aufgestellte Hypothese besonders vertheidigen oder weiter verfolgen; für uns ist der Spitzbogen etwas Gegebenes, und wir haben nur seine Anwendung bei den Kreuzgewölben näher zu betrachten.

§. 63.

Der Spitzbogen ist für das Kreuzgewölbe das wahre Lebensprinzip; er ist das Mittel geworden, die Ausbildung des Gewölbebaues auf die Weise möglich zu machen, wie sie uns in den Denkmälern des Mittelalters, namentlich des 13ten bis 15ten Jahrhunderts entgegentritt.

Das einfache Kreuzgewölbe, nur mit den Diagonalrippen versehen, nimmt bald immer mehr und mehr die Gestalt eines netzförmigen Rippengewebes an; die großen Gewölbkappen werden durch immer mehr Rippen in immer kleinere Felder getheilt; und es entstehen die reichen, ja

oft abentheuerlichen Wölbungen der alten Kirchen, Kreuzgänge, Refectorien ꝛc.

Zunächst kommen außer der Diagonalrippe weitere Rippen an den Stirnen der Kappen vor, besonders wenn die Stirnmauern fehlen und die Widerlager nur durch einzelne Pfeiler ꝛc. gebildet sind. Die Scheitel der Kappen bilden bei der Anwendung des Spitzbogens vertiefte Gräte, und werden nun auch durch Rippen, die Scheitelrippen, verziert und verstärkt. Diese Gräte bleiben auch nicht mehr horizontal, ja auch nicht immer geradlinig, sondern sind oft ebenfalls kreisförmig gekrümmt. Die Scheitelrippen verbinden die Scheitel der Hauptrippen, d. h. der aus den Kämpferpunkten aufsteigenden. Aber es gibt auch noch andere, die die Hauptrippen an andern Punkten als an ihren Scheiteln verknüpfen, oder auch die Scheitel mit solchen Zwischenpunkten verbinden. Diesen letzteren Rippen hat man den Namen Liernen gegeben. Die Durchschneidungspunkte der Rippen und Liernen sind dann gewöhnlich noch mit rosettenartig gehaltenen Verzierungen, den sogenannten Knäufen, versehen, wodurch der Reichthum des ganzen Gewölbes noch mehr gesteigert wird.

Welche Figuren man nun auch durch diese verschiedenen Rippen und Liernen hervorzubringen im Stande ist, so haben diese auf die Construction keinen wesentlichen Einfluß. Wir wollen daher irgend ein solches Gewölbe als Beispiel annehmen und das Verfahren zeigen, wie die verschiedenen Bogenlinien für die Rippen, Gräte und Liernen, so wie die Gestalt der Knaufsteine, auf geometrischem Wege gefunden werden können; was uns zugleich befähigen wird, in andern Fällen ein analoges Verfahren zu befolgen.

§. 64.

Um indessen das Verfahren, mittelst dessen man die Krümmung der Rippen findet, kennen zu lernen, wollen wir vorläufig einen einfachen Fall, nämlich ein Gewölbe ohne Liernen annehmen. Fig. 1 Taf. 30 mag ein solches darstellen. Die Krümmungen der Stirnrippen AFD und DKC seien gegeben, ebenso die Lage des Scheitelpunktes E. Alsdann ist auch bestimmt, ob die Scheitellinien oder Scheitelrippen HK und FG horizontal liegen oder nicht, und es ist nur noch festzusetzen, ob diese Linien gerade oder gekrümmt sein sollen. Man sieht, daß hier der Willkühr ein großes Feld gelassen ist und daß man verschiedene Annahmen machen kann, nach welchen entweder die Scheitellinien als maaßgebend für die Zwischenrippen DL, DM und DN auftreten, oder umgekehrt letztere die Gestalt der Scheitellinien oder Scheitelrippen bestimmen können. Eine dieser Annahmen ist die: daß alle Rippen einander ähnlich sein, d. h. daß bei allen dasselbe Verhältniß zwischen Spannweite und Höhe stattfinden soll; eine andere: daß man die Gestalt der Scheitelrippen FG und HK bestimmt und zugleich die Figur des horizontalen Querschnitts aller Rippen, in einer gewissen (etwa der halben) Höhe der Diagonal-rippe DE, wie bei o p q festsetzt. Zu diesen Annahmen kommt dann noch die über die Natur der Krümmungen der Rippen, ob sie nämlich Kreissegmente aus einem Mit-telpunkte, oder Korblinien aus verschiedenen Mittelpunkten beschrieben, sein sollen.

Nehmen wir zuerst den Fall, daß die Rippen Kreis-segmente, die Scheitellinien gerade und horizontale Linien, und in Fig. 2 Taf. 30 a b c und d e f die Querschnitte, dicht über dem Kämpfer, und in einer Höhe der Rippen gleich f q, in der Horizontalprojection gegeben seien; als-dann finden sich die Bogenlinien der Rippen über A C, A B und A E, Fig. 2, auf folgende Weise.

Die Gestalt der Stirnrippe über A G sei durch c F gegeben; und um nun die der Diagonalrippe über A E zu finden, errichte man in e einen Perpendikel e t und mache diesen gleich der im Punkte f errichteten senkrechten Ordi-nate f q, ferner ziehe man E H senkrecht auf A E und mache diese Linie gleich G F, so sind b, t und H drei Punkte, durch welche eine Kreislinie zu ziehen ist, deren Mittelpunkt man ohne Mühe finden kann. Auf dieselbe Weise findet man die Rippe über A C, indem man die Punkte t' und H' wie vorhin bestimmt und den zugehöri-gen Mittelpunkt sucht.

Die Rippen über A D und A B derselben Figur kann man nun zwar auch nach der eben angegebenen Methode finden; doch kommt es bei lang gezogenen Rechtecken als Grundfigur, d. h. wo A D bedeutend kleiner ist als A G, häufig vor, daß man die Stirnrippe über A D stelzt, d. h. bis auf eine gewisse Höhe lothrecht führt, und dann erst krümmt. Es sei dies in a's K dargestellt. Um dann die Rippe über A'B' zu finden, errichte man in k', g' und B' Perpendikel auf A'B', mache k'm gleich ½ a's, g'n = d'q' = q f, B'L = D'K = G F und suche nun zu den drei Punkten n, m und L den Mittelpunkt, so ist auch die Bogenlinie der Rippe über A'B' gefunden.

Bei diesen Rippen, aus je einem Kreisbogen beste-hend, sieht man leicht, daß man es nur bei einer derselben in der Gewalt hat, dieselbe mit einer lothrechten Tangente von der gemeinschaftlichen Kämpferebene aufsteigen zu las-sen, wie dies in dem eben berührten Beispiele mit der Rippe c F über A G der Fall ist, und daß dies bei allen übrigen nicht stattfindet. Da es nun aber für das Auge weit angenehmer ist, alle Rippen senkrecht aufsteigen zu lassen, so hat man die Rippen aus mehreren Kreisbögen, die stetig in einander übergehen und von denen die unter-sten alle eine zur Kämpferebene normale Tangente haben, construirt, dabei aber wieder verschiedene Methoden befolgt, von denen wir einige kurz berühren wollen.

Solche Rippen können in beliebiger Anzahl von einer gemeinschaftlichen Kämpferebene unter einerlei Winkel auf-steigen, dabei bis zu einer gewissen Höhe alle einerlei Krümmungshalbmesser, doch aber, unter gewissen einfachen Beschränkungen, eine verschiedene Höhe oder Spannung haben. Diese Rippen haben gewöhnlich 2 verschiedene Krümmungshalbmesser, und der obere kann, während der untere constant bleibt, entweder auch bei allen Rippen der-selbe, oder bei jeder ein anderer sein.

Es stelle Fig. 3 Taf. 30 in A B C D den vierten Theil des Grundrisses eines Gewölbes dar, und es seien, der Einfachheit wegen, die Scheitellinien horizontal, so daß also alle Rippen gleiche Höhe haben, und d d' bezeichne diese Höhen.

Man trage die Projectionen der Rippen A E, A D und A C nach A e, A d und A c, errichte in B, e, c und d die unter sich und mit der Gewölbhöhe gleichen Perpen-dikel B b', e e', c c' und d d'; bestimme ferner den Mittel-punkt für die untere, bis G reichende Krümmung aller Rippen auf A d in F beliebig und ziehe die gerade G H durch F vorläufig unbegrenzt lang. Auf dieser Linie sind dann die Mittelpunkte H, K, L und M für die Kreisbögen Gb', Gc', Ge' und Gd' auf die bekannte Weise leicht zu finden.

Setzt man ferner fest: daß die oberen Bögen der Rip-pen, bei wieder horizontalen Scheitellinien des Gewölbes, ebenfalls, wie die untern, gleiche Krümmungshalbmesser haben sollen, so können die untern Bögen nicht mehr einer-lei Höhe behalten, sondern der Uebergang der Bögen in einander muß in verschiedenen Höhen stattfinden.

Es stelle Fig. 4 Taf. 30 in A B C D wieder den vierten Theil der Horizontalprojection des Gewölbes dar, und es seien die Projectionen der Rippen über A E, A D und A C wie vorhin nach e, c, d gebracht, auch die Höhe sämmtlicher Rippen mittelst einer durch d', parallel mit A d gelegten Geraden bestimmt; ebenso die Perpendikel B b', e e', c c' und d d' gezogen und auf A d oder deren Verlängerung der Punkt F als Mittelpunkt für die unte-ren Bögen der Rippen angenommen, endlich der gemein-schaftliche Halbmesser der oberen Bögen gleich A P gege-ben. Mit dem Unterschiede F P der beiden Krümmungs-halbmesser A P und A F beschreibe man von F aus einen Kreisbogen P M; in diesem liegen die Mittelpunkte der oberen Bögen; und sie werden gefunden, wenn man mit dem Halbmesser A P, von den Punkten b', e', c' und d' aus, den Kreisbogen P M in den Punkten H, K, L und M schneidet. Zieht man nun durch die so gefundenen Punkte und durch F gerade Linien H G, K n, L l und M m, so sind von F aus, mit dem Halbmesser F A, die unteren Bögen A G, A n, A l, A m, und von den Punkten H, K, L, M die oberen Bögen Gb', n e', l c', m d' zu ziehen;

die Punkte G, n, l und m bezeichnen dann die stetigen Uebergänge der Bögen in einander.

§. 65.

Es sei nun, Fig. 1 Taf. 31, ABCD der vierte Theil der Horizontalprojection eines mit Liernen und Knäufen versehenen Gewölbes. Es sollen die Formen eines Knauf-steins bei G, und der Liernen GE und GF gefunden wer-den; wobei wir die Krümmung der von B ausgehenden Rippen, so wie die Gestalt der Scheitelrippen DC und AD als bekannt, oder nach dem Vorigen gefunden, ansehen dürfen.

Man errichte in D die zu BD senkrechte DK, mache sie gleich der Höhe des Gewölbes und zeichne den Aufriß der Diagonalrippe über BD in HK. Denken wir uns nun durch die Mitten der Diagonalrippe und der beiden Liernen Ebenen gelegt, die auf der Projectionsebene senk-recht stehen, so werden sich diese in einer auf der Projec-tionsebene normal stehenden geraden Linie schneiden, deren Horizontalprojection der Punkt G ist*). Diese Linie soll die Achse des Knaufsteins heißen, und wenn wir die Linie Gg' senkrecht auf BD ziehen, so wird diese jene Achse in der Ebene der Diagonalrippe darstellen.

Die Knäufe sind in der Regel mit sphärisch oder kreisförmig begrenzten Verzierungen (Schnitzwerken, Wap-pen ꝛc.) versehen, wie Fig. 11 Taf. 31 einen solchen zeigt; allein der Mittelpunkt dieser Begrenzung findet sich nicht immer in der Achse des Knaufsteins, sondern oft so ange-ordnet, daß die Verzierung (besonders Schnitzwerk) die Durch-schnittsstellen der Rippen gut verdecken kann. Der um (nicht aus) G beschriebene Kreis (Fig. 1) bezeichne diese Begrenzung. Auf den Rippen und Liernen bestimme man die Punkte M, N, O und P gemäß den Orten, wo in den Unteransichten die Fugen befindlich sein sollen. Die Punkte N und M projicire man aufwärts nach n und m, ziehe durch diese Punkte, von dem zugehörigen Krümmungsmit-telpunkte L der Rippe aus, die Linien mm' und nn', und bestimme durch die, senkrecht zur Achse des Knaufs gezo-gene Linie n' m' die (immer horizontalliegende) Oberfläche des Knaufsteins.

Diese Linie muß in einer hinreichenden Höhe über g gezogen werden, damit der Stein an seiner schmalen Seite bei mm' noch hinreichende Stärke erhält.

Bringt man nun die Punkte m' und n' wieder in die Horizontalprojection nach m" und n", so ist durch m" n" die Länge des Knaufsteins in seiner Oberfläche, bezüglich auf die Lage derselben zur Achse, gegeben. Diese Methode des Auf- und Abwärtsprojicirens findet immer Anwendung;

denn die Stelle der Fugen bestimmt sich bei diesen Gewöl-ben immer nach den Verzierungen ꝛc. auf der unteren oder sichtbaren Fläche, während man die Form der Steine durch die Projection der oberen Fläche erhält.

Jetzt ist die Form des Steins in der durch GE ge-legten Vertikalebene zu bestimmen; und zugleich wird hier-bei die Form der Lierne in einem vertikalen Längenschnitte sich ergeben. Man ziehe EE' und Gh' senkrecht zu GE, so ist Gh' die Achse des Knaufs und Gh = Gg; Gh' = Gg'; und die Lage des Punktes E' ist von der Ge-stalt der Gratrippe über CD abhängig; hier, wo letztere horizontal angenommen, ist EE' = DK.

Bei den vorhandenen Beispielen solcher Gewölbe scheint die Gestalt der Liernen niemals genau bestimmt zu sein, was, da sie gewissermaßen nur als Streben der Rippen anzusehen sind, auch von keinem Belang ist. Oft sind sie gerade, und in andern Fällen haben sie eine leichte Krüm-mung. Letzteres dürfte das Angemessenere sein, und es ist daher in unserem Beispiele auch angenommen. In Bezug auf die Fuge oo', welche den Knauf mit der Lierne ver-bindet, muß wieder wie vorhin bei den Fugen nn' und mm' verfahren werden, nachdem der Punkt O so angenom-men ist, daß er den Ornamentalknauf frei läßt.

Da der Knaufstein mittelst der Fugen mm' und nn' an der zugehörigen Rippe einen Halt findet, so ist es nicht nothwendig, daß die Fuge oo' genau normal auf die Krümmung der Lierne gerichtet ist; es reicht vielmehr aus, diese aus freier Hand und zwar so zu bestimmen, daß der Knaufstein einmal nicht zu sehr geschwächt, anderntheils aber auch nicht zu groß wird.

Auf ganz dieselbe Weise findet man die Lierne über GF und die Gestalt des Knaufsteins bei Z p' p ii', und es ist durch m" n" o" p" die vollständige Horizontalpro-jection der oberen Fläche des Knaufsteins gegeben, nach welcher man denselben anfertigen kann.

Das einfachste Verfahren bei Anfertigung eines Knauf-steins mögte etwa folgendes sein: Man zeichne den Grundriß der Rippen, Liernen und Knäufe wie in Fig. 1 Taf. 31; desgleichen den Aufriß jeder Rippe wie HK. Ist nun die Projection der Oberfläche des Knaufsteins wie in o" p" n" m" gefunden, so ebene man die passende Fläche des Steinblocks, um auf dieser weiter operiren zu können. Auf ihr ziehe man eine, der Rippe über BD entsprechende Linie, nehme in dieser den Punkt G an und ziehe von hier aus die den Liernen GE und GF entsprechenden Linien. Vom Achsenpunkte trage man die Entfernungen g'n' und g'm' auf und bearbeite dann mit Hülfe eines Winkelmaaßes (Schmiege) die Fugenflächen nn' und mm', wozu die Winkel m'n'n und n'm'm, welche diese Fugenflächen mit der Oberfläche des Steins bilden, in der Figur gegeben sind. Man sieht leicht, daß die Fugen nur so weit nor-

---

*) In Fig. 1 Taf. 31 bezeichnet G den Punkt, in welchem sich die Linien FP und EO verlängert, schneiden.

mal auf dem Bogen zu stehen brauchen, als die Stärke des letzteren reicht, und daß man von hier an die Fuge brechen und, wie bei x x′, p′ Z und o′ e, winkelrecht zur Oberfläche des Steins fortführen kann; wodurch man bei n′ die spitzwinklige Kante vermeidet und an der Größe des Steins erspart, bei o′ y und p′ Z aber den Stein nicht unnöthig schwächt. Daß man ferner die Fugen o o′ und p p′, so wie die Brettungen für die Gestalt der Liernen, ganz nach den vorigen Angaben finden kann, braucht kaum erwähnt zu werden.

§. 66.

Die Art der Darstellung dieser Gewölbe ist verschieden. Die meisten und die aus der besseren Zeit herrührenden sind so gebaut, daß man zuerst das Gerippe der aus Hau= oder Formsteinen gebildeten Rippen, Liernen und Knaufsteine auf Lehrbögen, die unter die Rippen gestellt waren, einwölbte, so daß die Kappen oder Felder dazwischen aus freier Hand eingewölbt werden konnten. Die Figuren 5—10 Taf. 31 zeigen einige dergleichen (aus dem Magdeburger Dome entlehnten) Rippen ꝛc. im Profil. Sind die Kappen groß, so fertigt man dieselben aus leichtem Mauerwerk an, am besten aus Backsteinen, doch sind auch lagerhafte Bruchsteine anwendbar, wie dies die Gewölbe des Magdeburger Doms z. B. zeigen. Sind die Felder klein und hat man plattenartige Steine, so construirt man sie aus einer oder zwei solcher Platten. Die an den Knaufsteinen befindlichen Rippenstümpfe sind entweder frei ausgearbeitet, so daß sie wie eben so viele Zweige davon wegragen (Fig. 11 Taf. 31), oder jeder Knaufstein enthält den Theil Kappenfläche, der von einer die Rippenstümpfe verbindenden Linie eingeschlossen wird.

In der spätgothischen Zeit hat man diese, unstreitig aus der Construction selbst folgende, Darstellungsweise dieser Gewölbe verlassen und, wie z. B. an den bereits eingewölbten Theilen des Kölner Domes, die Gewölbe unabhängig von den Gräten und Rippen aus Backsteinen ausgeführt und dann die Rippen aus Werksteinen ohne allen Verband mit den Kappen untergewölbt. Bei dieser Darstellungsweise verlieren die Rippen alle constructive Bedeutung und werden reines Decorationsmittel. Der Vortheil, welchen man dieser Bauweise vindiciren will, soll darin bestehen, daß der Zusammenhang zwischen den aus Backsteinen bestehenden Kappen nicht gestört werde und nun ein gleichförmigeres Setzen stattfinden könne, als wenn die aus Werkstein bestehenden Rippen dieselben trennten. Der Zweck der Rippen ist aber unzweifelhaft eine Verkleinerung der großen Kappen, um sie dadurch stabiler und das Setzen derselben unschädlich zu machen. Die Rippen und Liernen bilden das Gerippe des Gewölbes, was allein für sich Standfähigkeit hat, und machen es möglich, die dazwischen liegenden Kappen aus freier Hand einzuwölben, was sonst, bei großen Gewölben, schwerlich auszuführen sein dürfte, und wodurch man den großen Vortheil verliert, daß das Setzen derselben schon während der Arbeit vor sich geht. Untergewölbte Rippen werden zur Festigkeit eines Gewölbes wenig oder gar nichts beitragen, und wie man dann die in den Gräten, welches die allein tragenden Theile sind (da ja auch die Kappen nur in denselben eine Stütze finden), nothwendigen Verstärkungen herstellen will, ist nicht recht einzusehen; denn daß man einen Verband, wie wir solchen auf Taf. 26 in den Fig. 3 bis 5 dargestellt haben, nur bei ganz einfachen Grundfiguren, wo keine anderen als die Diagonalgräte vorkommen, anwenden kann, leuchtet ein. Man wird gezwungen sein, die Gewölbe auf vollständigen Einschalungen auszuführen, und das ist gewiß kein Vortheil.

Will man die Rippen unterwölben, so muß man jeden Falls das Setzen der Gewölbe vorher abwarten, und dann dürfte es doch unserer Meinung nach vorzuziehen sein, gerade umgekehrt zu verfahren, d. h. die Rippen zuerst zu versetzen, die, bei der immer nothwendigen genauen Bearbeitung der Fugenflächen (welche außerdem in geringer Anzahl vorhanden sein werden), sehr bald nach dem Schlusse alle Bewegung beendet haben, und dann die Kappen dazwischen zu wölben. Bei untergewölbten Rippen können sich, durch nachlässige Arbeit verursachte, Risse und Sprünge in den Gewölben ungehindert durch das ganze Gewölbe ausdehnen, was im andern Falle nur in den einzelnen Feldern zwischen den Rippen stattfinden kann. Ja durch die angedeutete Construction (welche man auch bei den neuen Gewölbebauten am Kölner Dome auszuführen gesonnen sein soll) wird dem eigentlichen Grundgedanken der gothischen Bauweise: den ganzen Bau in ein System von einzelnen festen Linien aufzulösen, die in ihren Verknüpfungspunkten feste Knoten bilden, geradezu entgegen gehandelt, und man bauet dann nicht mehr gothisch, sondern man decorirt nur in diesem Style. Das kann man aber billiger haben, wenn man die Rippen ꝛc. unterputzt statt unterwölbt, und in der Hauptsache, d. i. in der Construction, wird dadurch nichts geändert.

Da mehrere (und oft viele) Rippen von einer gemeinschaftlichen Kämpferebene, und gewissermaßen von einem Punkte derselben aus, aufsteigen, so schneiden sie, je nach ihrer größeren oder geringeren Breite, in größerer oder kleinerer Höhe in einander ein. Man pflegt daher den untern Theil, bis dahin, wo die Rippen frei aus einander heraustreten, aus einem einzigen Hausteine zu fertigen, oder in Ermanglung großer Steine, den Fuß der Gewölbe, bis beiläufig zur halben Höhe der letzteren, aus solidem Mauerwerk mit horizontalen Fugen bestehen zu lassen, von wo aus dann erst die einzelnen Rippen mit normalem

Fugenschnitte aufsteigen. Die Fig. 2, 3 und 4 **Taf. 81** zeigen diese Construction.

§. 67.

Wir sind bei der Construction dieser Kreuz= oder Stern=Gewölbe weiter in die Disciplin des Steinschnitts eingegangen als in andern Fällen, und als es sonst in unserer Absicht liegt. Hierzu sind wir aber durch den Um=stand veranlaßt, daß in den meisten Lehrbüchern über den Steinschnitt diese Gewölbe gar nicht berührt, und nur so=genannte halbkreisförmige Kreuzgewölbe abgehandelt sind. Letztere bilden aber überall einen Haupttheil der Lehre vom Steinschnitt, und wir können hier mit der Bemerkung dar=über hinweggehen, daß solche Gewölbe immer einer voll=ständigen Einschalung bedürfen, und alle Bögen, sowohl für die Stirnen als für die Gräte, doppelt gezeichnet wer=den müssen, da die, welche für die Lehrbogen dienen, um die Stärke der Schalung niedriger, die für die Brettungen aber in ihrer wahren Gestalt gezeichnet werden müssen.

Kreuzgewölbe ganz aus Quadersteinen kommen bei eigentlichen Hochbauten, wenn wir Kellergewölbe ausneh=men, selten vor, weil sie theuer, sehr schwer und daher starker Widerlager benöthigt sind.

Das Kreuzgewölbe wird als steigendes Gewölbe und auch als Ringgewölbe angewendet, während es als Schneckengewölbe wohl sehr selten in der Praxis vorkom=men dürfte.

Die Darstellung solcher Gewölbe aus Hausteinen lehrt der Steinschnitt, und für die Construction derselben aus Backsteinen werden wenige Bemerkungen genügen; denn die eigentliche Construction, d. h. die Darstellung der Gräte, Gurte und Kappen, so wie der Steinverband derselben bleibt ganz wie bisher beschrieben, und allein die Zeich=nung der verschiedenen Kurven für die Lehrbögen der Stir=nen und Gräte erfordert einige Aufmerksamkeit. Ist das Gewölbe ein gerade aufsteigendes, so werden diejenigen Stirnbögen, deren Fußpunkte in verschiedenen Höhen lie=gen, so wie die Diagonalgräte, einhüftige Bögen, deren geometrische Construction nach den in §. 24 und 25 dieses Kapitels gegebenen Regeln keine Schwierigkeit haben kann, da alle nothwendigen Daten, d. i. die Neigung der stei=genden und Scheitellinien, entweder gegeben sein werden oder angenommen werden können.

Sind die so gefundenen Lehrbögen auf ihren Hori=zontalprojectionen vertikal aufgestellt, so kann die Einwöl=bung durchaus ganz nach den gegebenen Regeln ausge=führt werden; nur ist nicht zu läugnen, daß es einer etwas gesteigerten Aufmerksamkeit und einiger Gewandtheit der Maurer bedarf, um ein steigendes Kreuzgewölbe tabel=los auszuführen.

Dasselbe findet in noch größerer Ausdehnung statt, wenn das Gewölbe ringförmig wird. Hier macht auch die Zeichnung mehrerer der verschiedenen Kurven für die nöthi=gen Lehrbögen einige Schwierigkeiten, indem die Kurven jetzt sowohl in der Vertikal= als in der Horizontalprojec=tion gekrümmt erscheinen. Indessen mit Hülfe einiger Kenntniß der beschreibenden Geometrie werden sich diese Kurven leicht finden, und die Darstellung der Lehrbögen aus Holz, wenn auch nicht ohne größeren Aufwand an Geschicklichkeit und Kosten, doch immer noch bewirken las=sen. Einige Bemerkungen über das Zeichnen dieser Bögen, und der für schneckenförmige Gewölbe mögen dem münd=lichen Vortrage vorbehalten bleiben.

f. Das Trichter= oder Fächergewölbe.

§. 68.

Die allgemeine Form dieser Gewölbe haben wir be=reits in §. 8 dieses Kapitels und durch die Figuren auf Taf. 11 zu erklären gesucht, und bemerken über die Con=struction derselben hier nur noch Folgendes.

Auf dem Continente finden wir keine Beispiele solcher Gewölbe aus dem Mittelalter; wohl aber in England. Dort ist die innere Fläche derselben meist ganz mit Verzierungen bedeckt, die dem in der gothischen Architektur heimischen Leistenwerke (Maaßwerke) zur Darstellung scheinbarer Fen=sterburchbrechungen, wie sie namentlich an den Mauer=flächen der Thürme vorkommen, angehören. Diese Ge=wölbe sind immer aus natürlichen Steinen, mit einem großen Aufwande von Fleiß und Genauigkeit, construirt; und wir wollen daher ein solches unserer Betrachtung zum Grunde legen. Hieran werden wir dann einige Folgerun=gen für die Ausführung in Backsteinen knüpfen können; denn dieses Material erscheint, bei den meist sehr beschränk=ten Geldmitteln unserer Tage, am geeignetsten zur Ausfüh=rung solcher Gewölbe.

Die Fig. 1, 2 und 3 **Taf. 32** geben eine allgemeine Uebersicht der Construction, und zwar zeigt Fig. 1 ober=halb einen Theil der innern Leibung des Gewölbes, unter=halb dieselbe Parthie in der oberen Rückenansicht. Fig. 2 zeigt einen lothrechten Durchschnitt nach der Linie A N Fig. 1, und Fig. 3 die Rückenansicht in isometrischer Pro=jection. Der Theil, welcher dem Halbmesser A C in Fig. 1 entspricht, ist, wie bei den vorhin betrachteten Sterngewöl=ben, aus Rippen und dazwischen liegenden Feldern oder kleinen Gewölbkappen, der Rest bis zum Scheitel aber ohne solche Rippen, aus eigentlichen Gewölbsteinen con=struirt. Der untere Theil der Fächer ist, wie bei den Sterngewölben, etwa bis zur halben Gewölbhöhe aus so=lidem Mauerwerke gebildet, wie dies Fig. 2 und 3 zeigen. Die Fugen des Gewölbes sind offenbar mit Rücksicht auf die Verzierungen an der Leibungsfläche angeordnet. So ist z. B. der um den Mittelpunkt A Fig. 1 gehende, der Linie BK entsprechende Steinring so eingerichtet, daß er die erste Reihe der verzierten Spitzbogen und die Kreisrippe mit den Tudorblumen enthält; der folgende zu KM gehörende Ring enthält die nächste Felderreihe mit ihren Bogenverzierungen und Tudorblumen, und der nächste erstreckt sich dann über den Scheitel des Gewölbes. Werden hierbei die Steine zu groß, so theilt man sie wie bei m n Fig. 1, und zwar so, daß die Fugen so wenig als möglich die Verzierungen unterbrechen; dergleichen Fugen finden sich auch oft in einer Rippe wie bei p q. Die strahlenförmigen Fugen liegen in unserm Beispiele in der Mitte der Felder; doch ist dies keineswegs immer der Fall. Da die Anordnung der Fugen bei diesen Gewölben hauptsächlich durch die Verzierungen bestimmt wird, so ist es natürlich, daß zuerst die Lagen der Fugen in der Leibung bestimmt wurden, woraus die Fugen im Gewölbrücken sich von selbst ergaben. Man muß annehmen, daß die untere Fläche der Steine glatt ausgearbeitet wurde, daß man die kleineren ornamentalen Theile dann auf diese Fläche zeichnete, und zur Ausmittelung der Fugen blos die Rippen und kreisförmigen Bänder in den Grundriß projicirte, weil sonst sehr große Verschiebungen der Zeichnungen zum Vorschein gekommen sein würden.

§. 69.

Ein Verfahren, nach welchem man die Gestalt und Form der einzelnen Steine ausmitteln kann, zeigt Fig. 1 Taf. 33, welche dem in Fig. 1 Taf. 32 dargestellten Grundrisse entspricht. Die gewählten Steine sind: der in Fig. 1 und 3 Taf. 32 mit P bezeichnete, und die, welche mit Q und R Fig. 1 und 3 auf der anderen Seite der Scheitellinie symmetrisch liegen, und in Fig. 3 mit Q' und R' bezeichnet sind.

In Fig. 1 Taf. 33, wo die Rippen und kreisförmigen Bänder durch parallele Doppellinien angedeutet sind, ziehe man die Mittellinie A B der Rippe, in welcher der fragliche Stein liegt, und zeichne ihren Aufriß CD; dieser gilt zugleich für alle Rippen des Gewölbes. Zunächst müssen nun die Fugen an der Leibungsfläche gezeichnet werden, wie solche die punktirten Linien zeigen. Die nach A zu convergirenden, strahlenförmigen Stoßfugen sind vertikal, weßhalb ihre Projectionen auf die Rückenfläche des Gewölbes mit der auf die Leibung zusammenfallen. Die Projection der eigentlichen Gewölb= oder Lagerfugen auf der Rückenfläche erhält man nach der schon bei den Sterngewölben angegebenen Methode. Die Fugen durchschneiden die AB in den Punkten n, q und s; man projicire sie aufwärts nach N, Q und S, ziehe FMX concentrisch mit CD in einem Abstande gleich der Stärke des Gewölbes, oder die Rippe über AB. In den Punkten N, Q und S

errichte man die Normalen NM, QP und SR, und bringe die Punkte M, P und R in den Grundriß nach m, p und r. Aus A zeichne man nun die Kreisbögen m a, p c und r g, so erhält man die obere horizontale Operationsfläche der Steine NP und QR, wobei die Linien TP und OR diese Flächen im vertikalen Durchschnitt zeigen. Um den dritten Stein S X zu vollenden, ist es nöthig, zuerst die Gestalt der Scheitellinie über GH zu bestimmen, da der Stein seiner Lage nach einem der früher beschriebenen Knaufsteine ähnlich ist, und in der Horizontalprojection auch eine von vier Lager= und zwei Stoßfugen begrenzte sechseckige Figur zeigt. Von den vier Lagerfugen sind die beiden gt und wx concave Flächen, die beiden andern tw und dy aber Ebenen; erstere sind einander congruent, weßhalb es hinreicht, eine derselben zu bestimmen; letztere aber müssen jede für sich gesucht werden, und hierzu ist die Kenntniß der Gestalt der Gratrippe erforderlich.

Da die Bogenrippen eines Fächergewölbes nach §. 8 dieses Kapitels alle dieselbe Krümmung haben, so können die Scheitellinien nicht mehr horizontal sein, jedoch auf folgende Weise gefunden werden. Fig. 2 Taf. 33 stelle in ABCD den Grundriß des Gewölbtheiles in Fig. 1 dar, und A C, A E, A F, A G und AD die Horizontalprojectionen der von A ausgehenden Rippen. Die Krümmung dieser Rippen zeichne man mittelst des Bogens a P, bringe die Punkte C, E, F, G und D nach c, e, f, g, d und errichte die Senkrechten cP, eN, fM, gL und dK, so sind durch P, N, M, L und K die Höhen der Punkte C, E, F, G und D gegeben; errichtet man daher in letzteren Punkten Perpendikel und zieht aus den Punkten P, N, M, L und K die Horizontallinien P p, N n, M m, L l und K k bis an diese Perpendikel, so gibt eine durch p, n, m, l und k gezogene stetige Kurve die Gestalt der Scheitellinie über AB Fig. 2 oder GH Fig. 1. Es sei nun diese Linie in Fig. 1 nach gh übertragen und eine Parallele g'h' in dem erforderlichen Abstande gezogen, um die Stärke des Gewölbes anzudeuten. Den Durchschnitt des Steins B in einer durch die Mitte der Gratrippe gelegten lothrechten Ebene, und zugleich die Gestalt der Lagerfugen tw und dy findet man in K ganz auf dieselbe Weise wie früher bei den Knaufsteinen, wobei die Linien BDX und BK der Achse des Knaufs entsprechen.

Der Stein NP Fig. 1 kann nun auf folgende Weise ausgearbeitet werden: Man zeichne auf die geebnete obere Operationsfläche die Form m a c p aus dem Grundrisse Fig. 1 und den Bogen b q; arbeite die Stoßfugen senkrecht auf diese Fläche und zeichne darauf die Form NMTPQ dieser Fugenfläche; bearbeite die auf der Operationsfläche in a m senkrechte concave Seitenfläche, und ebenso die in b q. Fig. 3 Taf. 33 zeigt den Stein so weit bearbeitet in isometrischer Projection; tTP ist die Kante der oberen

Operationsfläche, NMTPQ eine der auf dieser Fläche senkrechten Stoßfugenflächen, tTMm die auf derselben Fläche senkrechte concave Seitenfläche. Um den Stein zu vollenden, wird noch die Bearbeitung der beiden Lagerfugen MNmn und PQ erfordert. Letztere wird leicht erzeugt, wenn man mittelst eines biegsamen Lineals, auf der convexen Seitenfläche eine horizontale Linie durch Q zieht und von dieser bis zu der auf der oberen Operationsfläche durch P bereits gezogenen Bogenlinie, den Stein geradlinig abarbeitet. Man kann diese Fläche auch mittelst eines auf den Winkel TPQ, Fig. 1, gestellten Winkelmaaßes darstellen. Die untere Lagerfuge MnmN erhält man, wenn man entweder auf der concaven Seitenfläche tTMm die horizontale oder mit tT parallele Linie Mm zieht, und dann die Fugenfläche selbst mittelst eines nach dem Winkel TMN, in Fig. 1, gestellten Winkelmaaßes bearbeitet, oder wenn man die untere Fläche Z des Steins (wenigstens theilweis) mit der oberen parallel bearbeitet, darauf den Bogen kn aus Fig. 1 nach Nn Fig. 3 überträgt, auf den Stoßfugenflächen die Linien MN und mn zieht, diese als Leitlinien betrachtet und darnach die Fläche MNmn selbst bearbeitet. Die nun noch fehlende untere Leibungsfläche des Steins ist sehr leicht darzustellen, denn wir haben nur daran zu erinnern, daß die unteren Begrenzungslinien der Stoßfugenflächen, von denen NQ Fig. 3 eine zeigt, als Leitlinien anzusehen sind, und auf diesen das Richtscheid zu führen ist, um die Leibungsfläche zu erhalten. Auf ganz ähnliche Weise wird auch der knaufähnliche Stein B Fig. 1 zu bearbeiten sein.

Bei großen Fächergewölben hat man, um die Steine leichter zu machen, einen bedeutenden Theil der oberen horizontalen Operationsfläche weggehauen, so daß sie die in Fig. 1 a Taf. 33 und Fig. 3 Taf. 32 dargestellte Form erhielten, indem man die in Fig. 1 Taf. 33 mit E bezeichneten Theile fortnahm.

§. 70.

Diese Gewölbe sind meistens sehr dünn ausgeführt, so daß die Stärke derselben, centrisch mit der inneren Leibung gemessen, selbst bei einigen dreißig Fuß Spannung, nur 3 bis 4 Zoll beträgt*). Hierbei gehen dann aber einzelne Hauptrippen, die oberhalb aus dem Gewölbrücken heraustragen, in einer Stärke von etwa 10 bis 12 Zoll von einem Fußpunkt der Fächer zum andern; um so die schwächeren Gewölbtheile gewissermaßen einzurahmen.

§. 71.

Sollen nun dergleichen Gewölbe aus Backsteinen construirt werden, so bemerken wir zuerst in Bezug auf die

*) Gewölbe der Kapelle Heinrich VII. in Westminster, gegründet 1502.

Einrüstung derselben, daß eine vollständige Einschalung dieser, aus den Mantelflächen von Kugelkonoiden zusammengesetzten Gewölbflächen nicht wohl thunlich ist; sondern daß man sich begnügen muß, einzelne Lehrbögen aufzustellen. Solche Lehrbögen werden nöthig sein: in Fig. 4 Taf. 33, auf den Projectionen der Stirnen AB, BD 2c., der Scheitellinien FG und HK, der Diagonalrippen AE, EB 2c. und, je nach der Ausdehnung des Gewölbes, über der Projection einer Zwischenrippe wie BL und DL, oder über mehreren derselben wie CM, CN und DM und DN. Wie die Form aller dieser Lehrbögen gefunden werden kann, geht aus dem Vorigen zur Genüge hervor; und wir bemerken daher nur, daß in E, wie bei den Kreuzgewölben, ein sogenannter Mönch aufgestellt werden muß, der die Bögen für die Diagonal- und Gratrippen unterstützt, und daß die Lehrbögen für die Zwischenrippen an die für die Gräte, in den Punkten L, M und N 2c. angeschiftet und befestigt werden müssen. Fig. 5 Taf. 33 zeigt diese Lehrbögen in einem Durchschnitte nach FG Fig. 4.

Bei der Darstellung des Mauerwerks selbst sind die untern Theile der Fächer (beiläufig bis zur halben Höhe des Gewölbes) als eine solide Masse mit horizontalen Lagerfugen aufzuführen; wobei die Steine, wenigstens in den unteren Schichten, wo der horizontale Krümmungshalbmesser der Leibungsfläche noch sehr klein ist, hiernach zugehauen werden müssen; weßhalb es gerathen sein möchte, diese Schichten aus Rollschichten zu bilden. An der oberen Begrenzung dieses vollen Mauerkörpers ist alsdann für den übrigen Theil des Gewölbes, auf die Breite eines halben Backsteins, ein konisches, auf die Krümmung der Rippen normal gerichtetes Lager darzustellen, und hierauf dieser Theil einen halben Stein stark aufzuführen. Der Steinverband ist ganz wie bei einem Tonnengewölbe von derselben Stärke anzuordnen; und wenn das Gewölbe mit Verstärkungsrippen versehen werden soll, so sind diese analog denen in Fig. 6 und 7 Taf. 22 angegebenen zu bilden. Zur Controle für die richtige Darstellung der Gewölbform dient, außer den aufgestellten Lehrbögen, noch die Bemerkung: daß jeder horizontale Schnitt eines Fächers immer eine Kreislinie darstellt und jede Schicht daher in dieser Beziehung leicht geprüft werden kann. Ueber den Scheitellinien sind die Steine ebenso zu verbinden, wie dies bei den Gräten der Klostergewölbe gelehrt und in Fig. 5 Taf. 23 dargestellt ist.

Fig. 1 Taf. 34 zeigt in isometrischer Projection die Rückenfläche eines solchen, aus Backsteinen construirten, mit Verstärkungsrippen versehenen Gewölbes.

Soll ein Gewölbe über einen quadraten Raum nach Fig. 1 Taf. 11 ausgeführt werden, so dürfte der die Fächer in der Mitte tangirende Kreis durch eine verstärkte Rippe zu bilden sein, um dem mittleren Theile des Gewölbes als

Widerlager zu dienen. Dieser Theil selbst, der in Fig. 2 Taf. 11 scheitrecht angegeben ist, wird besser als ein flaches Kugelgewölbe zu bilden sein, und auch die dreieckigen Zwickel zwischen diesem Kreise und den Fächerbegrenzungen sollten etwas Wölbung bekommen, um dem Ganzen mehr Spannung zu geben. Der in Fig. 2 Taf. 34 dargestellte, dem schon erwähnten Börsensaale in Frankfurt a. M. angehörige Durchschnitt zeigt diese Anordnung.

Um solche Backsteingewölbe auf ihrer Leibung mit den früher erwähnten Verzierungen zu versehen, muß man sich des Putzes oder Stucks bedienen. Einfachere Verzierungen lassen sich nach passenden Schablonen gleich beim Putzen der Gewölbfläche darstellen; sind sie aber reicher, so wird es am besten sein, einzelne Theile in Thon zu modelliren, eine Form dazu zu fertigen und nun so viel tafelförmige Gipsabgüsse zu machen, als erforderlich sind, und diese an der Gewölbfläche mit Gips oder nöthigen Falls mit Zuhülfenahme von eisernen Stiften und Haken (die aber durch irgend einen fettigen Ueberzug gegen den Angriff der im Gips enthaltenen Schwefelsäure geschützt werden müssen) zu befestigen.

g. Das scheitrechte, Spiegel= und b'Espié'sche Gewölbe.

§. 72.

Das scheitrechte Gewölbe kommt zur Ueberdeckung größerer Räume sehr selten vor, und paßt seiner Natur nach auch nur zur Darstellung von Bögen oder Sturzen über mäßig weite Maueröffnungen. Will man indessen ein solches Gewölbe über einen größeren viereckigen Raum (9 bis 10 Fuß) spannen, so kann man dasselbe entweder als einen tieferen Mauerbogen ansehen, so daß nur zwei der Seitenmauern als Widerlager, und die andern beiden als Schildmauern dienen; oder man betrachtet es als ein Klostergewölbe und benutzt alsdann alle vier Seitenmauern als Widerlager. Das letztere Verfahren ist das gewöhnlichere, und da man das Gewölbe doch niemals ganz eben aufführen kann, sondern immer mit einiger Aufwölbung (Busen) versehen muß (wenigstens $\frac{1}{36}$ der Spannweite), so verwandelt man das Klostergewölbe in ein sehr flaches Kuppelgewölbe, und gleicht die Aufwölbung durch einen stärkeren Putzantrag in der Mitte so viel aus, daß das Gewölbe, von unten gesehen, scheitrecht erscheint.

Als Rüstung stellt man einzelne Lehrbögen auf, deren Oberfläche die beabsichtigte Gewölbfläche darstellen. Wie die Krümmung solcher Bögen zu finden ist, werden wir bei Gelegenheit der sogenannten böhmischen Gewölbe, wohin diese Art scheitrechter Gewölbe gehören, zeigen.

Die Wölbung beginnt in den Ecken des Raumes, wo man gern einen größern natürlichen Stein als Anfänger benützt, und ist die sogenannte schwalbenschwanzförmige; so

daß über der Mitte des Raums geschlossen wird. Fig. 2 Taf. 35 zeigt ein solches Gewölbe in der Rückenansicht und Fig. 1 derselben Tafel in einem diagonalen Querschnitte. Die Gewölbstärke beträgt ½ Stein. Daß einem solchen Gewölbe keinerlei fremde Last aufgebürdet werden darf, überhaupt die Construction zu den gewagten gehört, ist leicht ersichtlich.

§. 73.

Soll ein scheitrechtes Gewölbe aus Hausteinen oder Quadern aufgeführt werden, so ist eine vollständige Einrüstung erforderlich; und man behandelt dann das Gewölbe ganz wie ein Klostergewölbe mit ebener Leibung. Die Lehrbücher vom Steinschnitt weisen eine Menge von künstlichen Verbindungen der einzelnen Steine mit einander, durch Haken und Eingriffe nach, weil man wohl fühlt, daß es mit der Stabilität solcher Gewölbe in praxi bös aussieht. Indessen diese künstlichen Eingriffe der Steine in einander helfen nichts; denn setzen wir auch ein so festes Ineinandergreifen voraus, daß sämmtliche Steine als zu einer einzigen Platte vereinigt angesehen werden können, so wird doch Niemand es wagen, einen ganzen Raum mit einer solchen Platte zu überdecken, indem er mit Recht der relativen Festigkeit derselben mißtraut. Aus dieser sehr einfachen Betrachtung erhellt zur Genüge, daß alle diese künstlichen Verbindungen der Steine durch Haken und Einschnitte das Gewagte eines scheitrechten Gewölbes nicht aufheben können.

Wo dergleichen Gewölbe wirklich ausgeführt sind, spielt das Eisen eine gar große Rolle, so daß es eigentlich als Hauptmaterial, der Stein aber als Nebensache, als Füllmaterial, auftritt. Wir wollen daher bei den Eisenconstructionen auch dieses Falles später gedenken.

Bei Anwendung von Eisenconstructionen, die über den zu bedeckenden Raum ein rostartiges Netz bilden, hat man als Füllmaterial hohle Töpfe an Stelle der Gewölbsteine angewendet, um eine größere Leichtigkeit zu bezwecken. Wir werden daher auch dergleichen (uneigentliche) scheitrechte Gewölbe am passendsten bei den Eisenverbindungen abhandeln können, weil diese, wie bemerkt, die Hauptrolle spielen.

§. 74.

Das Spiegelgewölbe ist nach §. 7 dieses Kapitels ein durch eine wagrechte Ebene, in beliebiger Höhe, abgeschnittenes Kloster= oder Muldengewölbe, und daher eine Zusammensetzung dieser Gewölbe mit einem scheitrechten.

Für die Ausführung ist eine vollständige Einschalung nöthig, und es wird über dieselbe nichts weiter zu bemerken sein, als daß der mittlere, den Spiegel bildende Theil wieder nicht als Ebene, sondern mit einiger Aufwölbung dargestellt wird. Ist Backstein das Material, so führt man die ½ Stein starke Wölbung schwalbenschwanzförmig aus, wie solches Fig. 4 Taf. 35 in einer Rückenansicht darstellt. Hierbei werden, wie dies Fig. 3 derselben Tafel in einem diagonalen Durchschnitte zeigt, die den Umfangsmauern zunächst liegenden, dem Kloster- oder Mulden-Gewölbe angehörigen Theile flacher als ein Viertelkreis gehalten, weil sonst die schwalbenschwanzförmige Wölbung nicht wohl auszuführen sein würde. Soll der Querschnitt aber nach Fig. 5 ausgeführt werden, so sind, wie dies Fig. 6 zeigt, die bogenförmigen Theile wie ein Klostergewölbe zu behandeln, und nur der mittlere Theil ist schwalbenschwanzförmig einzuwölben. Hier ist es wiederum wünschenswerth, in die Ecken bei a, Fig. 6, feste, natürliche Steine als Anfänger für die schwalbenschwanzförmige Wölbung zu versetzen.

Auch einem solchen Spiegelgewölbe darf eine fremde Belastung durchaus nicht zugemuthet werden, und wenn seine Festigkeit auch etwas weniger gering anzuschlagen ist, als die eines scheitrechten, so bleibt das Gelingen der ganzen Construction doch hauptsächlich von dem Vorhandensein eines vorzüglichen Bindemittels (Mörtels) abhängig, da der mittlere Theil nur dann einige Sicherheit gewähren kann, wenn er als ein durch das Bindemittel zu einer einzigen Masse verbundenes Ganze angesehen werden darf.

Aus Hausteinen läßt sich ein Spiegelgewölbe allerdings auch darstellen, und wohl noch leichter als ein scheitrechtes; wie solches denn auch in jedem Lehrbuche über den Steinschnitt sich aufgeführt findet. Hier fehlen dann aber auch niemals für den mittleren scheitrechten Theil die schon erwähnten künstlichen Verbindungen durch Haken ꝛc., welche aber auch hier eben so wenig helfen als bei dem eigentlich scheitrechten Gewölbe. Der Fugenschnitt ist ganz wie bei einem Klostergewölbe angeordnet.

Das Spiegelgewölbe, besonders mit ziemlich großen Fenster- oder Thürkappen versehen, welche in den untern Theil des Gewölbes einschneiden und durch den Wechsel der verschiedenen Gewölbflächen eine sehr reiche Wirkung hervorbringen, kommen in den italienischen und französischen Palästen der sogenannten Renaissanceperiode sehr häufig vor, sind dann aber fast eben so häufig nur scheinbare Gewölbe, indem sie aus Holz gebildet und geputzt sind.

§. 75.

Das d'Espié'sche Gewölbe, so genannt nach seinem Erfinder, einem Grafen d'Espié, ist eigentlich gar keine Wölbung mehr, sondern die ganze Construction gehört mehr in den Bereich der Pflasterarbeiten; weshalb wir hier desselben auch nur historisch erwähnen wollen.

In der äußeren Erscheinung stimmt es ganz mit dem eben betrachteten Spiegelgewölbe überein, wie dies die Fig. 1 und 2 Taf. 36, in der Ansicht von oben und in einem Querschnitte zeigen.

Auf der die ganze Deckenform darstellenden Einschalung wird das sogenannte Gewölbe aus einer doppelt und verbandmäßig gelegten Lage 2 bis 2½ Zoll starker, gebrannter Fliesen dargestellt; und in Entfernungen von etwa 3 Fuß, von Mitte zu Mitte, werden von den Umfangsmauern aus, bis an den Spiegel der Decke, 1 Stein starke Zwickel mit horizontalen Fugen herausgemauert, um dem Ganzen etwas mehr Stabilität zu geben; besonders aber, um dazu zu dienen, den Ripphölzern eines über der Decke etwa anzubringenden Fußbodens ein Auflager zu verschaffen. Nach der Meinung des Erfinders soll indessen ein besonderer, aus Holz gebildeter Fußboden nicht nöthig sein, sondern ein über der Decke angebrachter Gipsestrich als solcher genügen.

Im südlichen Frankreich sollen dergleichen Decken häufig gefunden werden. In diesen Gegenden hat man aber einen ganz vorzüglich gut bindenden Gips, und da dieses Material als Bindemittel von dem Erfinder angegeben wird, so mag wohl allein der Güte desselben die Möglichkeit der ganzen Ausführung zuzuschreiben sein; wenigstens hat diese Construction in Deutschland keine Nachahmung gefunden, und dies wohl aus dem triftigen Grunde, daß dieselbe ein Vertrauen einzuflößen durchaus nicht im Stande ist.

h. Das Preußische Gewölbe.

§. 76.

Diese bereits in Fig. 2 Taf. 12 ihrer Form nach dargestellte Wölbung haben wir an dem genannten Orte unter den zusammengesetzten Wölbungen aufgeführt, weil sie, aus mehreren sehr flachen Tonnengewölben bestehend, einen Raum überdeckt. Die einzelnen Tonnengewölbe (Kappen, daher der Name Kappengewölbe) sind durch Mauerbögen (Gurtbögen) getrennt. Wir kennen daher bereits die Elemente, aus denen diese Wölbungen bestehen, und haben uns nur noch mit der Anordnung des Ganzen zu beschäftigen.

Um unter den einzelnen Tonnengewölben möglichst viel nutzbare Höhe zu erhalten, macht man sie sehr flach; und um dies ohne Gefahr thun zu können, gibt man ihnen auch eine nur geringe Spannweite. Letztere beträgt 10 bis höchstens 16 Fuß, wobei im letzteren Falle schon ein vorzügliches Material, sowohl zu den Steinen als zum Mörtel, vorausgesetzt ist. Für gewöhnliche Fälle sind 10 bis 12 Fuß eine passende Abmessung. Als Pfeilhöhe nimmt man $\frac{1}{8}$ bis $\frac{1}{12}$ der Spannweite, und es dürfte auch hier die Mitte, d. i. $\frac{1}{10}$ der Spannweite, als angemessen erscheinen. Die Bogenlinie ist immer ein Theil des Kreisumfanges.

Als Widerlager für diese Tonnengewölbe dienen Mauerbögen, deren innere Scheitel daher wenigstens einige Zolle (2 bis 3) unter der Kämpferlinie der Kappen liegen müssen. Die Eigenschaft der Gurtbögen als Widerlager bedingt eine Tiefe derselben von 1½ Stein bei Backsteinen und 1 Fuß bei natürlichen Steinen als Minimum. Die Stärke macht man nicht gern geringer als 2 Stein, oder 1½ Fuß bei Hausteinen; doch hängt dieselbe auch von der Spannweite der Gurtbögen ab. Zuweilen dienen die Gurtbögen aber nicht allein als Widerlager für die Kappen, sondern zugleich auch als Unterstützungen darüber stehender Mauern, und dann müssen sich die Abmessungen der ersteren nach denen der letzteren richten. Der Bogenlinie der Gurtbögen gibt man gewöhnlich als Minimum eine Pfeilhöhe von ¼ der Spannweite, und bildet sie als Kreisstücke, Ellipsen oder Korbbögen. Wo indessen die Gurtbögen nur als Widerlager für die Kappen dienen und hinreichend starke, oder gut verankerte Widerlager vorhanden sind, vermindert man die Pfeilhöhe der Gurtbögen wohl bis auf ⅛ der Spannweite. Ein Beispiel dieser Anordnung gibt die neue Bauakademie in Berlin, bei welcher aber auch eine vorzüglich wirksame Verankerung angeordnet ist, und wo über den Gurtbögen, die Mauern zu tragen haben, eigene Entlastungsbögen gesprengt sind *).

Als Material für die Kappen ist im Allgemeinen der Backstein anzunehmen; doch lassen sich auch recht lagerhafte Bruchsteine (Kalksteine) verwenden; nur wird man dann die Pfeilhöhe der Kappen nicht unter ⅛ der Spannweite, und ihre Stärke nicht unter 7—8 Zoll annehmen dürfen. Bei Backsteinen beträgt diese Stärke gewöhnlich nur ½ Stein, und man legt bei sehr langen Kappen, zur Verstärkung, in 4- bis 6füßiger Entfernung 1 Stein starke (im Rücken vorspringende) Gurte an, wenn deren Entfernung von einander nicht durch besondere Umstände, etwa durch zu tragende Ripphölzer von Fußböden ꝛc. anders bestimmt werden; denn es muß als Regel gelten, daß **diesen flachen, nur ½ Stein starken Kappen keine andere als ihre eigene Last aufgebürdet werden darf.**

Die Gurtbögen können ebenfalls aus Backsteinen construirt werden, und die Steinverbände für diesen Fall sind in den Figuren 1 bis 10 Taf. 18 gegeben. Hat man indessen Hausteine zur Hand, so sind solche als Material für die Gurtbögen vorzuziehen, besonders bei geringer Pfeilhöhe derselben.

----

*) Notizblatt des Architekten-Vereins zu Berlin Nr. 3 p. 17.

§. 77.

Soll nun ein größerer Raum, etwa das Souterrain eines Gebäudes, mit preußischen Gewölben überdeckt werden, so ist zuvörderst die Eintheilung für die Kappen zu machen, wobei zu berücksichtigen ist, daß, wenn der Raum Fenster erhalten soll, man die Kappen gern so ordnet, daß die Fenster in den Stirnmauern derselben befindlich sind.

Zuerst bestimmt man die Stellen für solche Gurtbögen, die entweder der Eintheilung des Raumes, seines Zweckes wegen, oder für die Unterstützung daraufstehender Mauern und Wände nothwendig sind, und dazwischen die, welche nur als Widerlager für die Kappen dienen sollen. Letztere werden, wie oben bemerkt, in Entfernungen von 10 bis 16 Fuß angeordnet; doch nimmt man hierbei auch gern darauf Rücksicht, daß die Achsen der Kappen auf die Mitten der Fenster in den Umfangsmauern treffen, weil man so den Fenstern die möglichst größte Lichthöhe geben kann. Ferner vermeidet man gern eine zu verschiedene Spannweite der einzelnen Kappen, bestimmt aber die Pfeilhöhe aller gewöhnlich nach der größten. Die Umfangsmauern des zu überwölbenden Raumes dienen theilweise als Widerlager für die Gurtbögen, und wenigstens zwei davon auch als solche für die Kappen. Da nun die Stabilität dieser Mauern durch die Belastung derselben oberhalb der Kämpferlinie bedeutend vermehrt wird, so folgt daraus, daß man sowohl die Gurtbögen als die Kappen erst dann einwölben kann, wenn die Widerlagsmauern ihre volle Last bekommen haben. Zuweilen reicht aber die Stärke der Umfangsmauern als Widerlager für die Gurtbögen nicht aus, und man legt dann die Widerlager, pfeilerartig vorspringend, nach dem Innern des Raumes an. Da nun die Gurtbögen erst eingewölbt werden, nachdem die Umfangsmauern in ihrer ganzen Höhe aufgeführt sind, und die erwähnten Vorsprünge daher erst später die ihnen zugedachte Belastung erhalten, so spart man in den Mauern ½ Fuß oder ½ Stein tiefe Falze aus, und führt die Pfeiler erst auf, wenn die Bögen eingewölbt werden sollen, damit das ungleiche und ungleichzeitige Belasten der Mauern und vorspringenden Pfeiler, was eine ungleiche Senkung hervorbringt, keinen nachtheiligen Einfluß haben kann. Diese Falze werden aus demselben Grunde auch über der Kämpferhöhe der Pfeiler bis zur äußern Scheitelhöhe der Bögen fortgesetzt, damit das die Schenkel der Bögen bis zum äußeren Scheitel horizontal ausgleichende Mauerwerk sich unabhängig von den Mauern setzen kann.

§. 78.

Sind die Umfangsmauern in ihrer ganzen Höhe aufgeführt, so werden die Pfeiler für die Gurtbögen ebenfalls aufgemauert, die Lehrbögen aufgestellt und die Bögen eingewölbt. Alles Nöthige hierüber ist bereits früher bei den Mauerbögen angeführt, und es bleibt hier nur noch zu bemerken, daß die nöthigen Widerlager für die Kappen hergestellt werden müssen. Dies kann auf zweierlei Weise geschehen: entweder führt man die Bögen wie gewöhnlich aus, ebenso das Mauerwerk in den Bogenwinkeln (Ankengemäuer), und haut mittelst eines scharfen Stemmeisens einen der Stärke der Kappen angemessen breiten Streifen in schräger Richtung in den Bogen und das Gemäuer ein, wie solcher sich in Fig. 1 Taf. 37 bei aa zeigt. (Fig. 4 Taf. 36 zeigt zugleich die schräge Richtung dieses Widerlagers, damit die Kappen mit einer centralen Fuge sich dagegen lehnen können.) Da aber das Einhauen dieses Widerlagers der Festigkeit des Bogens leicht gefährlich werden kann, so ist es vorzuziehen, gleich bei dem Einwölben desselben jeden einzelnen Stein mit dem nöthigen Einschnitte zu versehen; zu welchem Zwecke man eine der — doch nöthigen — Fluchtschnüre in der Höhe der Unterkante des zu bildenden Widerlagers ausspannt. Bestehen die Gurtbögen aus Hausteinen, so ist es freilich viel bequemer, die Widerlager für die Kappen, mit scharfem Geschirr, in die fertigen Bögen einzuspitzen, als an jedem einzelnen Bogensteine das zugehörige Stück auszuarbeiten.

Diejenigen Gurtbögen, auf welche Mauern zu stehen kommen, die mit den übrigen des Gebäudes im Zusammenhange aufgeführt werden, müssen natürlich gleich eingewölbt werden, sobald die Umfangsmauern die Höhe erreicht haben, daß diese Mauern angelegt werden können. In diesem Falle ist es aber nothwendig, die Einrüstung der Gurtbögen so lange stehen zu lassen, bis die als Widerlager dienenden Mauern ihre ganze Belastung erhalten haben.

§. 79.

Sind so alle Gurtbögen aufgeführt, so werden die Kappen eingerüstet. Dieß geschieht bei allen denen, deren Achsen parallel laufen gleichzeitig, damit der durch die Kappengewölbe hervorgebrachte, horizontale Seitenschub auf die Enden der ganzen Kappenreihe reducirt werde, wo immer für hinreichend starke Widerlager gesorgt sein muß. Soll aus irgend einem Grunde eins oder mehrere der Kappenfelder leer bleiben, so müssen diese gegen die eingerüsteten abgestützt werden, damit keine nachtheiligen Verschiebungen der Gurtbögen stattfinden können. Denn diese können wohl die lothrecht wirkende Last, welche aus zwei auf einem gemeinschaftlichen Widerlager aufsitzenden Kappen entspringt, tragen, aber nicht einzelnen Kappen als Widerlager dienen. Die Einrüstung der Kappen besteht aus Gewölbscheiben hh Fig. 3 und 4 Taf. 36 und Fig. 2 Taf. 37, die aus Brettstücken geschnitten und am besten mit Dachlatten eingeschalt werden. Die Gewölbscheiben stehen auf Rahmstücken aa von schwachem Holze (5 bis

6 Zoll) in Entfernungen von 3 bis 4 Fuß, und letztere werden durch Pfosten b b unterstützt, die 4 bis 6 Fuß von einander entfernt sind und auf untergelegten großen Steinen oder Bohlstücken ruhen. Zwischen den Rahmstücken und den Gewölbscheiben bringt man die schon früher bei den Mauerbögen erwähnten Keile an, um bei der Ausrüstung diese bequem, und ohne nachtheilige Bewegungen für die Gewölbe zu veranlassen, zu bewirken.

Das Einwölben der Kappen geschieht nun auf eine der in §. 41 dieses Kapitels beschriebenen und in Fig. 1 bis 3 Taf. 22 gezeichneten Arten, von denen die sogenannte schwalbenschwanzförmige den Vorzug verdient; und wobei nicht zu übersehen ist, die Scheitellinie der Kappen von den Stirnen nach der Mitte zu um einige Zolle steigen zu lassen.

Die Fig. 2 und 4 Taf. 36, und 1 und 2 Taf. 37 zeigen eine nach obiger Beschreibung dargestellte Preußische Wölbung, und zwar Fig. 2 Taf. 37 die Ansicht von oben, Fig. 4 Taf. 36 einen Querschnitt nach der Linie AB; Fig. 3 Taf. 36 einen Längenschnitt durch das fertige, aber noch eingerüstete Gewölbe, und Fig. 1 Taf. 37 die Seitenansicht eines Gurtbogens mit dem bereits eingehauenen Widerlager für die Kappen, und mit der Einrüstung des Gurtbogens. In Fig. 3 Taf. 36 ist der Gurtbogen aus Hausteinen, in Fig. 1 Taf. 37 aber aus Backsteinen, und zwar 1½ Stein stark und 2 Stein tief, angenommen. In dem Querschnitt Fig. 4 Taf. 36 ist auch bei x x angedeutet, wie die Gewölbwinkel der Kappen bis zur horizontalen Abgleichung der Gurtbögen ausgemauert sind.

§. 80.

Man sieht leicht, daß man, wenn die Gurtbögen sehr flach ausfallen würden (und es sonst die Benützung des Raums erlaubt), dieselben durch zwischengesetzte Pfeiler in zwei oder mehrere theilen könnte, und daß man endlich eine solche Reihe von Gurtbögen auch an die Stelle einer der Umschließungsmauern setzen, und so sehr große Räume auf die beschriebene Weise überdecken kann, sobald einzelne Pfeiler im Innern desselben angebracht werden dürfen.

Unsere Figuren zeigen rechteckige Räume für die Kappen, aber es macht auch keine großen Schwierigkeiten, wenn nach der Eintheilung durch die Gurtbögen ein unregelmäßiger viereckiger Raum sich bilden sollte; ein solcher kann, wenn die Divergenz zweier gegenüberliegender Seiten nur nicht gar zu stark ist, ganz auf die beschriebene Weise eingewölbt werden. Man gibt der betreffenden Kappe an beiden Stirnen gleiche Pfeilhöhe, so daß ein konisches Gewölbe entsteht, dessen Einwölbung, besonders nach der Methode des Schwalbenschwanzverbandes, durchaus keine Schwierigkeiten hat, wenn nur die einzelnen Lehrbögen der Einrüstung diesem gemäß eingerichtet sind.

Bei diesen für die Praxis so vortheilhaften und daher sehr häufig vorkommenden Gewölben, pflegt man die Oberflächen der einzelnen Kappen in den Kostenüberschlägen nur nach der Größe ihrer Horizontalprojection anzugeben und den Preis pro Quadrateinheit »in plano« gemessen zu bestimmen. Dieses ziemlich ungenaue Verfahren hat seinen Grund in der Unbequemlichkeit, welche mit der Berechnung der Bogenlängen der Kappen verbunden ist, wenn man dazu vorher die Länge des Halbmessers und die Größe des zugehörigen Centriwinkels ermitteln muß. Wir führen daher hier eine Tabelle an, mit deren Hülfe, sowohl die Länge der Bogenlinie, als auch die Größe des Centriwinkels und des Flächeninhalts des Kreisabschnittes sehr leicht gefunden werden können, wenn nur die Sehne (Spannweite) und Höhe (Pfeilhöhe) der Kappe gegeben sind, Daten, welche man immer sehr leicht zur Hand hat.

Kreis-Segmenten-Tabelle.

A.	Diff.	$\frac{1}{2}\varphi$	B.	Diff.	C.	Diff.	A.	Diff.	$\frac{1}{2}\varphi$	B.	Diff.	C.	Diff.
229,184		1°	1,0000		1,0000		4,7117	1167	46	1,1161	54	1,0351	16
114,575		2	1,0002	2	1,0001	1	4,5997	1120	47	1,1216	55	1,0369	18
76,375	48200	3	1,0005	3	1,0002	1	4,4921	1076	48	1,1273	57	1,0386	17
57,274	19101	4	1,0008	3	1,0003	1	4,3886	1035	49	1,1332	59	1,0404	18
45,808	11466	5	1,0013	5	1,0004	1	4,2890	996	50	1,1392	60	1,0422	18
38,162	7646	6	1,0018	5	1,0005	1	4,1931	959	51	1,1454	62	1,0441	19
32,700	5462	7	1,0025	7	1,0007	2	4,1006	925	52	1,1517	63	1,0461	20
28,601	4099	8	1,0033	8	1,0010	3	4,0114	892	53	1,1583	66	1,0481	20
25,412	3189	9	1,0041	8	1,0013	3	3,9252	862	54	1,1650	67	1,0501	20
22,860	2552	10	1,0051	10	1,0016	3	3,8420	832	55	1,1719	69	1,0523	22
20,771	2089	11	1,0062	11	1,0019	3	3,7615	805	56	1,1789	70	1,0545	22
19,029	1742	12	1,0073	11	1,0022	3	3,6835	780	57	1,1862	73	1,0567	22
17,554	1475	13	1,0086	13	1,0026	4	3,6081	754	58	1,1937	75	1,0590	23
16,289	1265	14	1,0100	14	1,0031	5	3,5350	731	59	1,2013	76	1,0614	24
15,191	1098	15	1,0115	15	1,0035	4	3,4641	709	60	1,2092	79	1,0638	24
14,2307	9603	16	1,0131	16	1,0039	4	3,3953	688	61	1,2173	81	1,0663	25
13,3824	8483	17	1,0148	17	1,0044	5	3,3286	667	62	1,2256	83	1,0689	26
12,6275	7549	18	1,0166	18	1,0050	6	3,2637	649	63	1,2341	85	1,0715	26
11,9515	6760	19	1,0186	20	1,0056	6	3,2007	630	64	1,2428	87	1,0742	27
11,3426	6089	20	1,0206	20	1,0062	6	3,1394	613	65	1,2517	89	1,0770	28
10,7910	5516	21	1,0227	21	1,0068	6	3,0798	596	66	1,2609	91	1,0799	29
10,2891	5019	22	1,0250	23	1,0075	7	3,0217	581	67	1,2703	94	1,0828	30
9,8303	4588	23	1,0274	24	1,0083	8	2,9651	566	68	1,2800	97	1,0858	31
9,4093	4210	24	1,0299	25	1,0090	7	2,9100	551	69	1,2909	100	1,0889	32
9,0214	3879	25	1,0325	26	1,0098	8	2,8563	537	70	1,3002	102	1,0921	33
8,6629	3585	26	1,0352	27	1,0106	8	2,8040	523	71	1,3106	104	1,0954	34
8,3306	3323	27	1,0380	28	1,0114	8	2,7528	512	72	1,3213	107	1,0988	34
8,0216	3090	28	1,0409	29	1,0123	9	2,7028	500	73	1,3323	110	1,1022	36
7,7334	2882	29	1,0440	31	1,0132	9	2,6541	487	74	1,3436	113	1,1058	36
7,4641	2693	30	1,0472	32	1,0142	10	2,6064	477	75	1,3552	116	1,1094	38
7,2118	2523	31	1,0505	33	1,0152	10	2,5599	465	76	1,3671	119	1,1132	38
6,9748	2370	32	1,0539	34	1,0163	11	2,5143	456	77	1,3793	122	1,1170	40
6,7519	2229	33	1,0575	36	1,0174	11	2,4698	445	78	1,3918	125	1,1210	40
6,5417	2102	34	1,0612	37	1,0185	11	2,4262	436	79	1,4046	128	1,1250	42
6,3432	1985	35	1,0650	38	1,0196	11	2,3835	427	80	1,4178	132	1,1292	43
6,1554	1878	36	1,0690	40	1,0208	12	2,3417	418	81	1,4313	135	1,1335	43
5,9774	1780	37	1,0730	40	1,0221	13	2,3007	410	82	1,4452	139	1,1379	44
5,8084	1690	38	1,0772	42	1,0233	12	2,2606	401	83	1,4595	143	1,1425	46
5,6478	1606	39	1,0816	44	1,0246	13	2,2212	394	84	1,4742	147	1,1471	48
5,4950	1528	40	1,0861	45	1,0260	14	2,1826	386	85	1,4892	150	1,1519	50
5,3492	1458	41	1,0907	46	1,0274	14	2,1447	379	86	1,5047	155	1,1569	51
5,2102	1390	42	1,0955	48	1,0289	15	2,1076	371	87	1,5205	158	1,1620	52
5,0773	1329	43	1,1004	49	1,0304	15	2,0711	365	88	1,5368	163	1,1672	54
4,9502	1271	44	1,1055	51	1,0319	15	2,0352	359	89	1,5536	168	1,1726	55
4,8284	1218	45	1,1107	52	1,0335	16	2,0000	352	90	1,5708	172	1,1781	55

Mit Hülfe dieser (aus Proß's „Lehrbuch der praktischen Geometrie" entlehnten) Tabelle findet man blos aus der Sehne und Höhe eines Kreisabschnittes nicht nur seinen Inhalt sehr einfach und genau, sondern noch überdieß auch die Anzahl der Grade und die Länge des Bogens; sie ist für die Berechnung der Kreisabschnitte viel bequemer als die bekannte Lambert'sche Tabelle, bei welcher man außer der Sehne und Höhe auch noch den Halbmesser des Bogens kennen muß, und bei welcher man, da sie für einen bestimmten Halbmesser berechnet ist, den Inhalt erst durch eine geometrische Proportion erhält; ferner gewährt sie noch den weitern Vortheil, daß man durch dieselbe auch die Anzahl der Grade des Bogens und dessen Länge erhält.

Die Einrichtung der Tabelle ist folgende:

Die Columne A enthält den Höhen-Coefficienten $\frac{s}{h}$, wo s die Sehne und h die Höhe des Abschnittes bezeichnet.

Die Columne ½ φ enthält die Anzahl der Grade des halben Bogens.

Die Columne B enthält den Coefficienten, mit welchem man die Sehne multipliciren muß, um die Länge des Bogens zu erhalten.

Die Columne C endlich enthält die Coefficienten, mit welchen man die Näherungsformel $F = \frac{2}{3} sh$ multipliciren muß, um den Inhalt des Abschnittes genau zu erhalten.

Folgendes Beispiel wird den Gebrauch dieser Tabelle näher erläutern:

Die Sehne s des Kreisabschnitts sei $= 40'$ und die Höhe $h = 5'$.

Hier ist $A = \frac{40}{5} = 8$.

Sucht man nun in der Tabelle für $A = 8$ den zugehörigen Bogen ½ φ und die Coeficienten B und C, so findet man mit Hülfe der beigesetzten Differenzen:

1) Die der Zahl 8 am nächsten kommende kleinere Zahl $= 7,7334$ und die zugehörige Differenz $= 2882$ oder eigentlich $= 0,2882$; daher aus

$$0,2882 : 8 - 7,7334 = 60 : x$$

$$x = \frac{2666 \cdot 60}{2882} = 55,7 \text{ Minuten}$$

und daher $\quad$ ½ φ $= 29^0 - 55,7' = 28^0\ 4,3'$
mithin $\quad\quad$ φ $= 56^0\ 8,6'$.

2) Auf ganz ähnliche Weise findet man den Coefficienten $B = 1,0411$ aus

$$0,2882 : 8 - 7,7334 = 0,0031 : x;$$

nämlich $x = \dfrac{2666 \cdot 0,0031}{2882} = 0,00287$ rund $= 0,0029$,

und daher $\quad B = 1,0440 - 0,0029 = 1,0411$ Fuß,
mithin die Länge des Bogens $= 1,0411 \cdot 40 = 41,644$ Fuß.

3) Eben so findet sich der Coefficient $C = 1,01236$ aus

$$0,2882 : 8 - 7,7334 = 0,0009 : x$$

$$x = \frac{2666 \cdot 0,0009}{2882} = 0,000832;$$

daher $\quad C = 1,0132 - 0,000832 = 1,012368$,

mithin der Flächeninhalt des Kreisabschnitts

$$F = 1,01236 \cdot \frac{2}{3} \cdot 40 \cdot 5 = 134,98 \text{ Quadratfuß}.$$

Man sieht leicht, daß die verschiedenen Coefficienten durchaus dieselben bleiben, für die verschiedensten Spannweiten oder Sehnenlängen, wenn nur das Verhältniß $\frac{s}{h}$ das gleiche bleibt, so daß die Benützung der Tabelle für die Praxis eine sehr bequeme ist. Bei allen auf $\frac{1}{8}$ gedrückten Kreisbögen ist daher die Spannweite mit der Zahl 1,0411 zu multipliciren, um die Länge des Bogens zu erhalten; und der Flächeninhalt des Kreisabschnitts wird gefunden, wenn man ⅔ sh mit der Zahl 1,01236 oder das Produkt sh mit 0,66816 multiplicirt.

Außerdem soll hier noch bemerkt werden, daß sich über die Berechnung der Gewölbflächen von Kreuz- und Klostergewölben in Förster's „Bauzeitung" 1845 Seite 194 ein lesenswerther Aufsatz findet.

i. Das Böhmische Gewölbe.

§. 81.

Spannt man zwischen die auf die vorige Weise angeordneten Gurtbögen statt der flachen Tonnengewölbe flache Kugelgewölbe, so entsteht eine Wölbung, wie sie in Böhmen sehr gebräuchlich ist, und daher auch mit dem Namen Böhmischer Gewölbe, böhmischer Kappen, bezeichnet wird. Der Fall ist dem in §. 54 dieses Kapitels abgehandelten und in den Figuren auf Taf. 24 und 25 dargestellten ganz ähnlich; nur wird der Kugelhalbmesser viel größer angenommen im Verhältniß zur Seite des zu überwölbenden Raumes, wodurch eben die Wölbung flach ausfällt. Die Aufwölbung beträgt gewöhnlich nur $\frac{1}{12}$ von der längsten Seite des Raumes, und zuweilen noch weniger. Die Ausführung geschieht ohne Einschalung, aus freier Hand, nur mit Hülfe einiger Lehrbögen, und beginnt in den Ecken des zu überwölbenden Raumes.

Die Stärke des Gewölbes beträgt, selbst bei Räumen von 20 Fuß Weite, gewöhnlich nur 5 Zoll oder eine halbe Backsteinlänge; wie denn überhaupt Backstein als das einzig passende Material für diese Gewölbe erscheint; wobei aber natürlich die Gurtbögen wieder sehr wohl aus Hausteinen bestehen können.

Bei der Eintheilung eines größern Raumes durch Gurtbögen in kleinere Felder hat man hier mehr darauf zu sehen, daß man nicht zu lange Rechtecke erhält, als daß man eine Weite von 10 bis 12 Fuß nicht überschreitet. Denn wenn auch gerade diese Gewölbe recht eigentlich geschickt sind, um unregelmäßige Räume zu überdecken, so ist doch für die Festigkeit, für eine bequeme Ausführung und für das beffere Ansehen eine mögliche Annäherung an ein reguläres Polygon immer wünschenswerth.

§. 82.

Die Ausmittelung der Formen für die verschiedenen Lehrbögen ist es, was uns hier beschäftigen muß; denn sind diese aufgestellt, so ist die eigentliche Mauerung ganz so, wie wir sie bei den Kuppelgewölben beschrieben haben. Für diese Ausmittelung bemerken wir: daß die Leibung des Gewölbes stets einen Theil einer Kugel= fläche bildet, deren Mittelpunkt in einer Loth= rechten durch den Schwerpunkt der Grundfigur liegt. Hiernach wird die Bestimmung der Form der ver= schiedenen Lehrbögen dem nicht schwer fallen, der mit der Kugel und ihren Schnitten durch Ebenen bekannt ist. Wir wollen daher auch nur in ein Paar Beispielen eine nähere Andeutung der für die Praxis anzuwendenden Methode geben.

Es sei Fig. 1 Taf. 38, ABCD ein Rechteck, wel= ches mit einem flachen Kugelgewölbe überdeckt werden soll. Zunächst sind die Bögen für die Widerlager an den vier Seiten zu bestimmen und für zwei Lehrbögen, die über den Diagonalen AC und BD aufzustellen sind; weil diese fast immer, auch bei kleinen Räumen, nöthig sein werden.

Auf einem Schnürboden ziehe man zwei Linien senk= recht auf einander, wie a b und c d Fig. 2 Taf. 38; mache a e = e b = ½ AC aus Fig. 1, und e c gleich der Auf= wölbung, die man dem Gewölbe geben will, etwa = ¹⁄₁₂ AD. Zu den drei Punkten a, c und b, Fig. 2, suche man den Kreismittelpunkt d und ziehe einen Theil dieses Kreises. Derselbe stellt einen größten Kreis der Kugel dar, von welcher das zu bildende Gewölbe ein Theil der Oberfläche ist, so daß durch ein nach der Form a c b ausgeschnittenes Brett ein solcher Diagonal=Lehrbogen gebildet wird. In d ziehe man eine unbegrenzte Gerade, senkrecht auf d c, trage die senkrechte Entfernung EF des Punktes E von der Seite BC, in Fig. 1, von d nach f in Fig. 2 und ziehe f g parallel d c, so ist g f der Halbmesser desjenigen Kreises, nach welchem das Widerlager über BC Fig. 1 angelegt werden muß. Zieht man daher in Fig. 3 mit diesem Halbmesser einen Kreisbogen k g i, macht g h = g h aus Fig. 2 und legt durch h eine Senkrechte zu g f, so ist in k g i, Fig. 3, der Bogen für das Widerlager längs BC Fig. 1 gefunden; denn daß die Linie k i Fig. 3 gleich BC in Fig. 1 sein wird, bedarf wohl keines Beweises. Man kann die Punkte k und i auch dadurch bestimmen, daß man den Kreisbogen durch ein Paar Linien x y schnei= det, welche parallel zu f g und in einem Abstande gleich ½ BC (Fig. 1) von dieser Linie gezogen sind. Zieht man dann die Gerade k i, so wird auch h g in Fig. 3 = h g in Fig. 2 sein. Auf dieselbe Weise findet man die Form

des Widerlagers für die Seite CD in Fig. 1, nur hat man EH aus Fig. 1 nach d f' in Fig. 2 zu übertragen und f' g' als Halbmesser zu benutzen.

Bei größeren Räumen sind außer den beiden Diago= nal=Lehrbögen noch andere nöthig, um mehr Anhaltspunkte bei dem Einwölben aus freier Hand zu haben, und es ist ganz gleichgültig, wo man dieselben aufstellt; wenn man sie nur so einrichtet, daß der Mauerer frei zwischen den Lehrbögen stehen kann, um seine Arbeit zu verrichten. Es sei in Fig. 1 über KL z. B. ein solcher Lehrbogen aufzu= stellen. Man bestimme zuerst in Fig. 1 den Punkt M, in= dem man die mit AB parallele KL bis zum Durchschnitt mit der zu AD parallelen MH verlängert, trage dann die Entfernung ME aus Fig. 1 von d nach m in Fig. 2 und ziehe m l parallel c d, so ist m l der Halbmesser für den zu suchenden Lehrbogen. Mit diesem ziehe man einen Kreisbogen a b c Fig. 4, ziehe b d nach dem Mittelpunkte, mache b e = l n aus Fig. 2 und ziehe a e senkrecht auf b d. Ferner mache man e f und f h in Fig. 4 gleich ML und LK aus Fig. 1, und ziehe die Linien f g und h k Fig. 4 parallel zu b d, so ist h f g k Fig. 4 die Form des gesuchten Lehrbogens, dessen Punkt k in den Punkt K des Widerlagers längs BC Fig. 1 fällt, und der in L an den Diagonalbogen befestigt werden muß. Auf diese Weise kann man beliebig viele Lehrbögen und auch an beliebigen Stellen anbringen, nur hat man bei Aufstellung dersel= ben darauf zu achten, daß sie genau über ihren früher angenommenen Horizontalprojectionen zu stehen kommen. Daß alle diese Lehrbögen auf ein und dieselbe Horizontal= ebene bezogen sind, und diese durch die Linien ab, ki und ac in Fig. 2, 3 und 4 repräsentirt wird, bedarf kaum der Erwähnung.

Es sei nun in Fig. 5 Taf. 38 durch ABCDE ein unregelmäßiges Fünfeck gegeben, für welches die nöthigen Lehrbögen ermittelt werden sollen.

Zuerst wäre der Schwerpunkt der Grundfigur zu be= stimmen, um als Horizontalprojection des Scheitelpunktes des Gewölbes zu dienen. Wenn dieser jedoch einer der Umfangsseiten gar zu nahe fällt, so daß die Entfernungen der Eckpunkte von demselben sehr ungleich werden, wodurch die Sehnen der Bögen für die Widerlagslinie eine zu schiefe, d. h. gegen die Horizontale zu geneigte Lage be= kommen würden, was unangenehm aussieht, so verläßt man den Schwerpunkt, und sucht dafür einen solchen auf, der möglichst gleichweit von allen Eckpunkten, oder doch von den beiden entferntesten absteht. F sei ein solcher Punkt. Zuvörderst sind wieder die, von den Ecken nach dem Punkte F aufzustellenden Lehrbögen zu zeichnen, und zwar ganz auf die vorhin beschriebene Weise; nur werden lauter halbe Kreisabschnitte gebildet werden müssen. Ste= hen ab und c d Fig. 6 Taf. 38 senkrecht auf einander, ist ec gleich der dem Gewölbe zu gebenden Aufwölbung (etwa = $\frac{1}{12}$ der längsten Seite AE) und eb = EF, gleich der längsten Verbindungslinie einer der Eckpunkte mit dem Punkte F in Fig. 5; so suche man auf der Geraden cd den Mittelpunkt des durch c und b gehenden Kreises, der wieder ein größter Kreis der zugehörigen Kugel sein wird. Um die übrigen nach den Ecken gehenden Lehrbögen zu finden, hat man nur Parallellinien zu dc zu ziehen, in Entfernungen von dieser Linie gleich der Länge der Horizontalprojection der zu suchenden Lehrbögen, so daß z. B. ef Fig. 6 = AF Fig. 5, eg = BF 2c. wird; alsdann sind die Bogenstücke fc, cg die gesuchten, und die Längen der Perpendikel ff', gg' 2c. geben zugleich die Höhen an, um welche die Spitzen der Lehrbögen in den Ecken bei A, B 2c. höher gestellt werden müssen als in E. Um den Bogen für das Widerlager über AE, Fig. 5, zu finden, fälle man von F auf diese Linie den Perpendikel FG, mache, in Fig. 6, en = FG, und ziehe mm' parallel zu dc, nachdem man vorher xx senkrecht auf cd gezogen; alsdann ist mm' der Halbmesser des Kreises für das gesuchte Widerlager. Mit diesem Halbmesser ziehe man einen Kreisbogen in Fig. 7, ziehe die cd central, und in Entfernungen AG und GE aus Fig. 5 Parallelen xy und vz zu cd, so wird durch diese der Kreisbogen hck begrenzt, welcher der gesuchte ist, und in dem, wenn man die Gerade hk gezogen, tc = m'n in Fig. 6 sein muß.

Ganz auf dieselbe Weise werden alle übrigen Widerlagslinien und sonstigen Lehrbögen gefunden.

Die Bögen für die Widerlager gebraucht man nun entweder, um an den schon fertigen Gurtbögen die Linie vorzuzeichnen, nach welchen die Widerlager eingehauen werden sollen, oder um sie, wenn man die Widerlager (was auch hier besser ist) gleich beim Wölben der Gurtbögen darstellt, als Lehre zu gebrauchen.

§. 83.

Sind die Widerlager fertig und die übrigen Lehrbögen aufgestellt, so beginnt die eigentliche Wölbung, wie schon bemerkt, in den Ecken des Raumes aus freier Hand, indem jede Schicht an ihren Enden scharf gegen die Widerlager gepaßt wird. Hierbei dienen die Lehrbögen nur als Anhaltspunkte für das Auge; denn man darf die Steine, welche über dieselben treffen, nicht etwa auf die Lehrbögen auflegen, weil sich das Gewölbe sonst ungleich setzt und buckelig wird. Vielmehr bleibt man mit den Steinen etwas von den Lehrbögen zurück, so daß, wenn man die Schichte erreicht hat, welche etwa 6 Fuß (im Bogen gemessen) lang ist, man circa $\frac{1}{2}$ Zoll über dem Lehrbogen ist. Längere Schichten kann man überhaupt nicht wohl darstellen, weil die Steine leicht herabfallen, weßhalb man den Verband

so einzurichten sucht, daß keine längeren Schichten entstehen, wie dies in Fig. 8 Taf. 38 dargestellt ist. Bei kleinern Gewölben kann man diese Maßregel umgehen, und diese stellen sich dann in ihrer Rückenansicht, wie Fig. 9 zeigt, dar.

Gleich nach dem Schlusse des Gewölbes nimmt man sämmtliche Lehrbögen heraus, damit das Gewölbe sich frei setzen kann. Man findet hierbei fast immer, daß sich das Gewölbe, selbst bei der fleißigsten Arbeit, schon während des Wölbens etwas gesetzt hat, so daß der über den Lehrbögen gelassene Spielraum verschwunden ist und das Gewölbe auf den Lehrbögen aufliegt.

Die Gewölbwinkel müssen auch hier, wie bei den preußischen Gewölben, gleich nach dem Schlusse des Gewölbes ausgemauert werden. In den Ecken verwendet man gern natürliche Steine als Anfänger, und legt auch wohl hier das Gewölbe 10 Zoll oder einen ganzen Stein stark an; doch geht man gegen den Scheitel hin immer wieder auf eine Stärke von 5 Zoll zurück.

Daß an die Stelle der bisher vorausgesetzten Gurtbögen auch volle Mauern als Umfassungen der Gewölbe treten können, versteht sich von selbst.

Bei dem schon erwähnten Schloßbaue zu Camenz in Schlesien, sind die verschiedenartigsten Wölbungen in dieser Beziehung zur Ausführung gekommen und in der Försterschen Bauzeitung Jahrg. 1850 S. 177—184 so lehrreich beschrieben, daß wir das Studium dieses Aufsatzes angelegentlichst empfehlen müssen.

k. Das Gußgewölbe.

§. 84.

Analog mit dem im ersten Kapitel erwähnten Gußmauerwerk müssen wir hier auch einige Worte über die aus solchem Mauerwerk gebildeten Gewölbe, die sogenannten Gußgewölbe, sagen.

In neuerer Zeit dürften dergleichen Gewölbe wohl nicht zur Ausführung gekommen sein; jedoch finden sich Reste, besonders bei römischen Bauwerken. Die Masse derselben besteht aus Lavastücken und Puzzolana, und die Stärke wechselt von $1\frac{1}{2}$ bis 4 Fuß. Die Construction setzt immer eine vollständige Einschalung voraus, welche die dem Gewölbe zu gebende Gestalt genau in erhabener Form zeigt. Mehrere dieser Gewölbreste sind mit Kassetten verziert, die dann auf der Einschalung als Erhabenheiten dargestellt sein mußten.

Läßt man sich durch irgend welche Gründe bestimmen, ein solches Gewölbe auszuführen, so wird es ziemlich gleichgültig sein, welche Art von Gewölbform man wählt. Denn von den sonst eine Wahl bestimmenden constructiven Gründen werden keine vorhanden sein, weil die ganze Con

struction nicht mehr vorhanden ist, indem die so zu bildende
Decke, nach unserer zu Anfang dieses Kapitels gegebenen
Erklärung, ein Gewölbe nicht mehr genannt wer=
den kann.   Man wird vielmehr die ganze Decke als eine
zusammenhängende Masse ansehen müssen, die, so lange
sie dies bleibt, d. h. so lange keine Risse und Sprünge
in ihr entstehen, nur einen lothrechten Druck auf die Wi=
derlagsmauern ausübt. Da diese Risse und Sprünge aber
selten ausbleiben werden, so folgt, daß man zu flache For=
men zu vermeiden hat; und in der That zeigen die vor=
handenen Reste auch meist Tonnengewölbe nach dem „vollen
Bogen“. Zur Darstellung des Schlusses eines Kugelgewöl=
bes, welches keinen Nabel bekommen soll, wäre, gute Ma=
terialien vorausgesetzt, ein solches Gußwerk an seinem
Platze, wie man denn auch römische Reste von Kreuzge=
wölben findet, die in ihren untern Theilen aus regelmäßig
verbundenem Mauerwerke, im oberen aber aus Gußwerk
bestehen.   Will man ein Tonnengewölbe ganz aus Guß=
werk herstellen, so ist es nöthig, durch sich kreuzende Gurte
die Gewölbfläche netzartig zu gestalten, und nur die Ma=
schen dieses Netzes mit Gußwerk zu füllen; damit, wenn
in letzterem Risse und Sprünge entstehen, sich diese nicht
weiter als über eine solche Masche ausdehnen können.

Als Material sind Steine mit scharfkantigen Bruch=
flächen, und von möglichst gleicher Größe (zerschlagene Back=
steine), vor allem aber ein gut und rasch bindender Mörtel
erforderlich. Beide müssen in einem solchen Verhältniß und
so innig gemengt sein, daß jedes Steinstück mit Mörtel
überzogen erscheint, aber auch nicht mehr Mörtel in der
Masse ist, als hierzu und zur Ausfüllung der unvermeid=
lichen Zwischenräume erforderlich ist.   Der Mörtel darf
ferner sein Volumen beim Erhärten nicht zu sehr vermin=
dern, weil sonst die zu fürchtenden Risse fast unvermeid=
lich sind.

Da das Gußwerk immer als ein schlecht verbundenes
Mauerwerk anzusehen ist, so wird man auch die Stärke
solcher Gußgewölbe größer, und zwar wenigstens um das
Doppelte größer annehmen müssen als bei einem regel=
mäßigen Steinverbande. Diese Stärke ist dann durch ein
schichtweises Auftragen zu erreichen, wobei man auf ein
möglichst regelmäßiges Vertheilen der Steine, und darauf
zu sehen haben wird, daß keine Höhlungen entstehen. Einem
solchen Gewölbe muß man hinreichende Zeit zum Austrock=
nen geben (bei einer Weite von 20 bis 30 Fuß vielleicht
zwei Monat), ehe man die Ausrüstung beginnen darf; und
diese selbst muß besonders vorsichtig geschehen, um die Masse
des Gewölbes vor einer stoßweisen Bewegung zu schützen,
die jedenfalls Sprünge, und dadurch eine nachtheilige Ein=
wirkung auf die Widerlager, zur Folge haben würde.

§. 85.

Ehe wir die Gewölbe ganz verlassen, müssen wir
über die Ausführung derselben noch einige allgemeine Re=
geln anführen, die zwar mit den für das Mauerwerk ge=
gebenen ziemlich genau übereinstimmen, doch aber auch
manches Eigenthümliche haben.

Das Mangelhafte einer Gewölbausführung zeigt sich
hauptsächlich in einer Veränderung der Gewölbform nach
der Ausrüstung, oder in dem sogenannten Setzen der
Gewölbe.   Diese Erscheinung hat ihren Grund entweder
in einem unrichtigen Entwurfe des Gewölbes, d. h. in
einer unrichtigen Bestimmung der verschiedenen Abmessun=
gen desselben und seiner Widerlager, oder in einer man=
gelhaften Ausführung des an und für sich fehlerfreien Ent=
wurfs.   Letzteres ist es, was wir hier betrachten wollen,
indem wir auf die Bestimmung der Stärken ꝛc. später in
einem eigenen Kapitel zurückkommen werden.

Ueber die richtige Stellung der Lagerfugen haben wir
schon gesprochen, und auch die Mittel angegeben, die man
anzuwenden hat, um diese Stellung zu erreichen.   Es
kommt nun aber auch darauf an, diese Fugen gehörig mit
Mörtel zu füllen, so daß keine Höhlungen bleiben, in
welche später, sobald das Gewölbe geschlossen und ausge=
rüstet ist, der Mörtel hineingedrückt und so ein näheres
Zusammenrücken der Steine bewirkt werden könnte. Um
dies noch mehr zu vermeiden, müssen aber auch schon an=
fänglich die Steine so nahe zusammengebracht werden als
der Mörtel in den Fugen nur irgend erlaubt, d. h. es muß
jeder Stein fest auf sein Mörtelbett angedrückt und nöthi=
genfalls gestoßen oder gerammt werden. Damit der Mör=
tel aber auch die Eigenschaft behalte, in alle Unebenheiten
der Lagerfugen einzudringen und so alle Höhlungen zu
füllen, müssen die Gewölbsteine, ehe sie mit dem Mörtel
in Berührung gebracht, gehörig genäßt werden, um den
Mörtel nicht zu schnell auszutrocknen; dies ist besonders
bei solchen Steinen wichtig, die das Wasser begierig ein=
saugen.   Damit nun aber auch der Mörtel selbst nicht
nachgebe, sollte man zu einem Gewölbe immer solchen ver=
wenden, der beim Erhärten nicht schwindet, d. h. sein Vo=
lumen nicht verringert, zu dem also kein sogenannter gedie=
hener Kalk verwendet ist. Die hydraulischen Mörtel haben
die eben gerügte Eigenschaft nicht und sind daher zum
Wölben besonders brauchbar. Der Gips vermehrt bekannt=
lich sein Volumen beim Erhärten, und er wäre (nicht zu
stark gebrannt) dieses Umstandes wegen ein sehr gutes
Mörtelmaterial zum Wölben, wenn er unter allen Umstän=
den eine hinlängliche Festigkeit und Dauer gewährte. Letz=
teres ist aber da, wo Feuchtigkeit ihn erreichen kann, nicht
der Fall; und hier ist seine Anwendung daher unbedingt
ausgeschlossen. Da aber, wo durchaus kein Feuchtwerden

der Gewölbe zu befürchten steht, wie dies bei Hochbauten gar oft der Fall, ist der Gips ein sehr empfehlenswerthes Material. Denn obgleich der Theorie nach ein solches sich ausdehnendes Material ein Verlängern der Bogenlinie hervorbringen, und dadurch eine nachtheilige Wirkung auf die Widerlager äußern müßte, so steht dies doch in der Praxis nicht leicht zu befürchten, besonders bei Anwendung von Backsteinen. Wenn Werksteine mit besonders genauem Fugenschnitte etwa zu einem Brückengewölbe zusammengesetzt sind, so wird man einen Mörtel anwenden müssen, der sich beim Erhärten weder ausdehnt noch zusammenzieht. Man wird einen solchen durch Versuche immer ermitteln können, wie dieses die Baumateriallehre zeigt; der Zweck wird z. B. erreicht, wenn man Cement mit ungelöschtem, pulverisirtem Kalk in einem geeigneten Verhältnisse mengt.

Der Mörtel darf aber auch nicht zu wasserreich, d. h. zu dünnflüssig in die Fugen gebracht werden, damit kein Schwinden durch das Verdunsten des Wassers bewirkt werde. Es ist daher, im Allgemeinen wenigstens, nicht anzurathen, die Gewölbfugen mit Mörtel auszugießen, sondern man muß denselben in die Fugen einstreichen. Dies Einstreichen des Mörtels ist zwar etwas schwierig und mühsam, jedoch nur bei Gewölbsteinen, die groß und schwer aus Hausteinen gebildet sind, und dies kommt, wie schon erwähnt, bei Hochbauten sehr selten, weit mehr beim eigentlichen Brückenbau aus Quadern vor. Eine gegen 2 Fuß lange, sägenartig gebildete Kelle erleichtert die Operation, weil die Zähne den Mörtel vor sich herschieben, beim Zurückziehen der Kelle aber nicht wieder mit herausnehmen. Bei der Anwendung derselben werden die Gewölbsteine auf hölzerne Keile von der Stärke der Fuge versetzt, die aber, sobald der Mörtel eingebracht ist, und vor dem Andrücken des Steins in sein Mörtelbett, wieder entfernt werden.

<h3 align="center">§. 86.</h3>

Sodann hat die Einrüstung großen Einfluß auf die spätere richtige Gestalt des Gewölbes; denn wenn diese durch das successive Aufbringen der Gewölbsteine eben so ihre Form ändert, so nehmen letztere falsche Lagen an, die sie, wenn das Gewölbe zum Schluß gekommen ist, nicht beibehalten können. Es muß daher Sorge getragen werden, die Einrüstung so fest zu machen, daß eine Aenderung der Gestalt derselben nicht eintreten kann; weßhalb sogenannte feste Gerüste den gesprengten vorzuziehen sind.

Eben so wichtig wie die Einrüstung eines Gewölbes ist auch die Ausrüstung desselben, und nicht nur in Beziehung auf das dabei anzuwendende Verfahren, sondern auch in Betreff der Zeit, wann sie vorgenommen werden muß. In dieser Beziehung treten zwei verschiedene

Fälle hervor: entweder läßt man nämlich dem Mörtel Zeit in einem hohen Grade zu erhärten, ehe man die Einrüstung entfernt, oder man entfernt diese, während der Mörtel noch weich ist. Beide Methoden haben ihre Vertheidiger gefunden, und beide lassen sich auch vertheidigen. Hat man nämlich so gewölbt, daß man ein späteres näheres Aneinanderrücken der einzelnen Steine, d. h. ein Setzen des Gewölbes nicht zu befürchten hat, so ist es jedenfalls unschädlich, das Gerüst bis zum vollständigen Erhärten des Mörtels stehen zu lassen. Muß man aber eine Veränderung der Bogenlinie nach Fortnahme der Einrüstung voraussetzen, so ist es gewiß besser, wenn der Mörtel noch so viel Bildsamkeit besitzt, daß er diese Veränderung zuläßt, ohne ein Sprengen der Mörtelfugen zu bewirken.

Wir mögten in dieser Frage unsere Meinung dahin abgeben: daß bei Gewölben aus großen Werksteinen, die sich nur durch richtige Gestalt und Lage der einzelnen Steine im Gleichgewicht erhalten können, und wo der Mörtel mehr zur Ausfüllung der Fugen und Höhlungen, als zur Verkittung der Steine zu einer zusammenhängenden Masse dient, man früher ausrüsten solle, als bis der Mörtel ganz erhärtet ist; so daß bei einer eintretenden Bewegung alle Fugen noch etwas nachgeben können und nicht einzelne brechen und größere Sprünge und Risse veranlassen. Hierbei muß der Mörtel natürlich schon eine gewisse Consistenz erreicht haben, damit er nicht etwa aus einzelnen Fugen ganz herausgedrückt wird. Perronet schreibt bei dem Bau der Brücke zu Neuilly vor, daß die Lehrbögen nicht eher entfernt werden sollen, bis der Mörtel so weit erhärtet sei, daß man mit einem Messer nicht mehr in die Fugen zu bringen vermöge.

Besteht das Gewölbe aber aus Backsteinen, wo der Mörtel den innigen Zusammenhang aller einzelnen Steine ganz besonders zum Zweck hat, und es weit weniger auf eine richtige Gestalt und Lage der Steine ankommt, und ist ein solches Gewölbe auf einer vollständigen Einschalung aufgeführt, so sollte diese auch so lange stehen bleiben, bis der Mörtel (im gewöhnlichen Sinne) erhärtet ist. Hierbei leuchtet der große Vortheil ein, den man erreicht, wenn man die Gewölbe, so weit es ihre Natur zuläßt, aus freier Hand und ohne Einschalung wölbt; weil dann das Setzen fast unmerklich, schon während der Arbeit, eintritt, und nach dem Schlusse des Gewölbes keine nachtheilige Gestaltsveränderung mehr stattfinden kann.

Hat man einzelne Lehrbögen aufgestellt, so müssen diese gleich nach dem Schlusse entfernt werden, damit kein ungleichmäßiges Setzen eintreten kann.

Bei kleinen Gewölben und besonders bei kleinen Mauerbögen mit hinreichend starken Widerlagern (Fenster und Thürsturze) entfernt man die Gewölbscheiben immer unmittelbar nach dem Schlusse. Hier geschieht auch diese

Entfernung ohne besondere Vorsicht, die indeſſen bei größe=
ren Bögen von bedeutender Spannung durchaus nicht bei
Seite geſetzt werden darf.

Die Fortnahme der Einrüſtung muß nicht nur bei ein
und demſelben Gewölbe ganz ſymmetriſch in Beziehung auf
den Schlußſtein geſchehen, ſondern auch in Beziehung auf
alle durch gemeinſchaftliche Widerlagspfeiler verbundene
Gewölbe, wie z. B. bei mehrbogigen Brücken, gleichzei=
tig. Auch darf durchaus keine ſtoßende Bewegung ein=
treten, und die Schalhölzer müſſen zuerſt in den Anfängen
der Gewölbe entfernt werden. Es ſind daher bei Gewöl=
ben aus großen Werkſtücken, wie bei Brücken ꝛc., die
Schalhölzer jedes einzelnen Steins (oder jeder Steinſchichte)
mit Keilen verſehen, um eine leichte und behutſame Fort=
nahme zu erleichtern. Bei Gewölben aus Backſteinen, ſo
wie überhaupt bei kleinen Gewölben, pflegt man nur die
Stützpunkte der Lehrbögen auf Keile zu ſtellen; und ein
Löſen dieſer bedingt dann ſogleich eine Entfernung der
Schalung im ganzen Umfange der Leibung. Früher hat
man wohl die Regel befolgt, bei ſtark belaſteten Einrüſtun=
gen immer ein Schalholz um das andere fortzunehmen und
ſo ihre Anzahl auf die Hälfte zu vermindern, dann aber=
mals dies Verfahren anzuwenden und ſo fortzufahren, bis
die ganze Schalung entfernt war. Dieſe Methode iſt in=
deſſen durchaus nicht zu empfehlen, und der jetzt gebräuch=
lichen, wonach man die Anfänge der Gewölbe zuerſt aus=
ſchalt, weit nachzuſetzen.

Eine noch nähere Beſchreibung der verſchiedenen Ma=
nipulationen beim Ausrüſten großer Gewölbe, müſſen wir
dem mündlichen Vortrage vorbehalten.

B. Von den Stein-Balkendecken.

§. 87.

Dieſe Conſtruction ſetzt immer das Vorhandenſein gu=
ter, feſter Hauſteine, wie Granit, Kalk= und Sandſteine ꝛc.
voraus, und iſt allein nur von dieſem Material auszuführ=
ren. Sie kommt ſehr ſelten zur Anwendung, da ſie keine
großen freien Räume geſtattet, für mehrſtockige Gebäude
nicht wohl paßt, und ſehr koſtbar wird. Nur etwa als
Decke von Periſtylen und Vorhallen, wenn ſolche antiken
Muſtern nachgebildet werden ſollen, kommt ſie vor; und
auch dann oft nur ſcheinbar. Die Reſte antiker, nament=
lich griechiſcher, Monumente geben hierzu Muſter, und in
dem rühmlichſt bekannten Mauch'ſchen Werke *) ſind
mehrere derſelben ſo genau und verſtändlich abgebildet, daß
wir nur auf dieſes Werk verweiſen können; eines der dort

---

*) Neue ſyſtematiſche Darſtellung der architektoniſchen Ordnungen
der Griechen, Römer und neueren Baumeiſter. Vierte Auflage von
J. M. v. Mauch. Potsdam bei Ferdinand Riegel.

aufgeführten Beiſpiele aber wollen wir in conſtructiver
Beziehung noch näher beſprechen.

Die Weite, auf welchen die Steinbalken frei liegen
und ſich und die Decke tragen können, hängt von der rela=
tiven Feſtigkeit des angewendeten Materials ab; und man
wird in dieſer Beziehung, abgeſehen von den äſthetiſchen
Anforderungen, von den antiken Muſtern nicht weit ſich
entfernen dürfen *).

Die Darſtellung von Balkendecken aus Stein muß
als eine Nachahmung der Holzconſtruction angeſehen wer=
den **); und da wir bei letzterer doch auf die Stärkebe=
ſtimmungen der einzelnen Stücke (der Balken ꝛc.) näher
eingehen müſſen, ſo können wir hier dorthin verweiſen, in=
dem wir dann nur in die für die Beſtimmung der Holz=
balkenſtärke entwickelten Formeln die Verſuchs=Coefficienten
für das in Rede ſtehende Material zu ſubſtituiren haben
werden. Hierbei iſt aber zu bemerken, daß gar wenige
Verſuche über die relative Feſtigkeit der Steinarten an=
geſtellt ſind, und daß man bei dieſem Material noch weit
mehr auf das eigene Gewicht deſſelben Rückſicht zu neh=
men hat als beim Holze, und daß man dieſem eigenen
Gewichte ſelten oder nie eine fremde, nur einigermaßen
bedeutende Laſt wird hinzufügen dürfen. Deshalb iſt eben
die Anwendung dieſer Conſtruction bei mehrſtockigen Ge=
bäuden ſo mißlich; ſo wie denn auch die Steindecken der
antiken Gebäude nichts als ihre eigene Laſt zu tragen
hatten. Die ausgedehnteſten Deckenwerke dieſer Art, die
wir aus dem Alterthum kennen, ſind die der Propiläen.
Wir wollen daher ein ſolches näher beſprechen, um da=
durch einen Anhaltspunkt für derartige Conſtructionen zu
gewinnen.

§. 88.

Das weſentlichſte Stück der Conſtruction iſt der
Architrav oder Hauptbalken, der unmittelbar von der
Stützenſtellung getragen wird. Er beſteht aus zwei, hoch=
kantig neben einander geſtellten, Steinbalken, von einer
Stütze (Säule) zur andern reichend. Am Eck geht einer
der äußeren Balken bis zu dieſem durch und ſtößt hier mit
dem der andern Front ſtumpf zuſammen; während die in=
nern auf die Kehrung zuſammengeſchnitten ſind, weil ſo
alle vier Stücke auf dem Deckel der Eckſtütze das beſte Auf=
lager erhalten. Auf den mittleren Stützen geht die Stoß=
fuge durch die Stärke beider Balken geradlinig hindurch;
und wenn auch ein beſſerer Verband erreicht würde, wenn

---

*) An den Decken der athenienfiſchen und eleuſiniſchen Propiläen
befanden ſich Balken aus peutheliſchem Marmor, auf 18 bis 20' frei=
liegend.

**) Dieſe Streitfrage der Archäologen können wir hier nicht wei=
ter erörtern, glauben aber, wenigſtens in conſtructiver Beziehung,
unſere oben ausgeſprochene Anſicht verfechten zu können.

man diese Stoßfugen verwechseln könnte, so wären doch hierzu Steine von einer Länge gleich zwei Stützenweiten erforderlich. Die Länge der vorhandenen Steine zu Architravstücken bestimmte aber die Entfernung der Stützen von einander, so daß auf andere Weise für die Wiederherstellung des Verbandes Sorge getragen werden mußte. Hierzu dient der Fries, der über dem Architrav liegt und dessen Steine die Fugen der Architravstücke überbinden. Dieser Theil des antiken Säulengebälks, dessen Nothwendigkeit nachzuweisen den Archäologen schon manche Schwierigkeit gemacht hat, erklärt sich sehr leicht (wenn man auch den eben ausgesprochenen Zweck als genügend nicht anerkennen will) aus der Deckenconstruction selbst, sobald man die Decke so groß annimmt, daß im Innern des überdeckten Raumes noch Stützen nöthig werden, wie solches bei den Propiläen der Fall war. Es würden nämlich, da auch die innern Stützen eines Architravs bedürfen, auf dem Deckel einer äußeren Stütze, nach Fig. 3 Taf. 39, nun zwei Architrave und zwar in sechs einzelnen Stücken zusammentreffen, und so ein schlechtes Auflager erhalten. Man hat daher in diesem Falle die innern Stützen höher gemacht als die äußern, und zwar um so viel, daß der Architrav der inneren Stützen auf dem der äußeren sein Auflager findet, und durch seine Höhe den Fries der äußeren Stützenstellung bedingt.

Daß man übrigens sich nicht gescheut hat, den Fries dort, wo seine constructive Nothwendigkeit nicht vorhanden war, fortzulassen, beweist z. B. das sogenannte Pandroseion in Athen, wo der Fries in der That fehlt.

(Taf. 39 Fig. 1 und 2). Die interessanteste Anordnung zeigt der dorische Fries mit seinen Metopen und Triglyphen. Er besteht seiner Dicke nach ebenfalls aus zwei Steinschichten, die so angeordnet sind, daß sie die Stoßfugen des darunter liegenden Architravs decken. Ueber jeder Stützenachse, mit Ausnahme der der Eckstütze, ruht in der vorderen Steinschicht ein Triglyph, in seiner Masse ein Prisma von quadrater Grundfläche darstellend, und die hier befindliche Architravfuge deckend; eben ein solcher über der Mitte der Stützenweite und endlich einer an jedem Eck, dieses bildend. In Fig. 1 Taf. 39 sind dieselben mit a bezeichnet. Die hintere Scheinschicht ist dann häufig so angeordnet, daß die Architravfuge über der Stützenachse überbunden wird und die Stoßfuge dieser Friessteine auf die über den Stützen-Intervallen liegenden Triglyphen trifft. Diese Anordnung ist auch überall bei der dorischen Ordnung fest gehalten, und nur da, wo die Säulenweite größer sein mußte, wie z. B. in der Mitte der Propiläen, durch welche man hindurchfahren konnte, sind mehr als ein Triglyph über derselben angeordnet. Hier bestand dann aber auch Architrav und Fries aus einem einzigen Steinblocke.

Die Räume zwischen den Triglyphen, die Metopen, sind mit dünnen Steintafeln ausgefüllt, die durch Falze mit ersteren verbunden werden, und die besonders geschickt waren, den für diese Räume bestimmten Bildhauerschmuck aufzunehmen. Bei der eben beschriebenen Construction geht eine Stoßfuge parallel mit der Länge des Gebälks durch die ganze Höhe desselben, und diesem Uebelstande hat man durch Klammern und Schwalbenschwänze (oft von Holz), die die Steinlagen A der Dicke nach verbinden, abzuhelfen gesucht; wie wir solches schon früher bei der Construction des Mauerwerks kennen gelernt haben.

Auf den Architraven A der die Halle umschließenden Stützen und Mauern lagen also jene innern Architrave oder Unterzüge B, nebst ihren, sie zu derselben Höhe ausgleichenden Fortsetzungen B', als eine den innern Fries bildende Schicht. Die Architrave B dienten der Decke als Unterzugsbalken, und auf ihnen und den Friesen B' fanden die eigentlichen Balken C ihr Auflager, in Entfernungen, welche ihrer Tragkraft angemessen waren. Die nun noch bleibenden Oeffnungen waren endlich mit Steinplatten D bedeckt, die, um sie zu erleichtern, mit Vertiefungen, den sogenannten Kassetten, versehen waren.

Eine auf gleiche Weise gebildete Decke ist in den Figuren 1 und 2 auf Taf. 39 dargestellt, und auf Taf. 17, 12 und 38 des genannten Mauch'schen Werks, zugleich mit den dabei vorkommenden Ornamenten und Formenverhältnissen, so ausführlich gezeichnet, daß wir auf dieses Werk (das wohl in keiner Bibliothek eines Architekten fehlen wird) verweisen können; um so mehr, da die Construction der antiken Tempel &c., wenn sie auch dem Architekten nicht unbekannt bleiben darf, doch eigentlich mehr in das Bereich der Kunstgeschichte, als in das unserer heutigen Constructionen gehört.

Die durch Ueberkragung gebildeten Decken der Thesauren und der Grabkammern der Pyramiden bedürfen in constructiver Beziehung kaum einer Erläuterung, und mögen daher dem mündlichen Vortrage vorbehalten bleiben.

Drittes Kapitel.

Construction der Fenster- und Thüröffnungen.

§. 1.

Die Fenster- und Thüröffnungen sind in zweifacher Beziehung von wichtigem Einfluß auf ein Bauwerk. Sie bestimmen zum größten Theile den äußeren Eindruck der Erscheinung des Gebäudes, durch ihr Verhältniß in sich und als Oeffnung im Gegensatz zur Masse. Anzahl,

Größe und Form der Fenster= und Thüröffnungen geben häufig allein einer Gebäudefaçade Charakter, und sind daher in ästhetischer Beziehung von großer Bedeutung.

Aber auch auf den zweckmäßigen Gebrauch eines Gebäudes wirken sie ein, denn es ist in gar vielen Fällen von großer Wichtigkeit, einem Raume gerade die erforderliche Menge von Licht und Luft zuzuführen, oder eine eben genügende Anzahl von Zu= und Ausgängen zu verschaffen; so daß die Fenster= und Thüröffnungen auch in dieser Beziehung eine bedeutende Rolle spielen. Daß sie außerdem gerade durch ihre Wesenheit, als Oeffnung im Gegensatz zur Masse, auf die Festigkeit und Stabilität eines Gebäudes, und dadurch auf die Construction desselben einwirken, bemerken wir hier nur beiläufig, da wir es vorerst nur mit den einzelnen Oeffnungen selbst zu thun haben.

Diese Oeffnungen sollen nicht immer als solche dienen, sondern auch verschlossen werden können; und zwar dann so dicht als möglich, um dem Eindringen von Regen und Wind zu widerstehen. Der Verschluß selbst geschieht zwar durch die erst später zu besprechenden Fenster und Thüren, doch müssen die Oeffnungen schon so eingerichtet werden, daß sie diesen Verschluß erleichtern; und diese Einrichtungen sind es, welche wir im vorliegenden Kapitel kennen lernen wollen.

Es ist natürlich, daß die Form der Oeffnungen durchaus nicht gleichgültig sein kann; doch wird sie durch den Zweck und durch ästhetische Anforderungen bedingt, auf welche wir nicht einzugehen haben; so daß wir die Form immer als gegeben ansehen können. Im Allgemeinen bemerken wir nur, daß diese Form gewöhnlich ein Rechteck oder ein oberhalb durch irgend eine Bogenlinie geschlossenes Rechteck ist; denn obgleich es auch ganz kreisrunde Fensteröffnungen gibt, so kommen sie doch im Ganzen selten vor, und ihre Construction zeigt eigentlich nichts Abweichendes von der anderer.

Nach dem Vorstehenden kann es hier nur auf die Begrenzungen der Oeffnungen ankommen, um solche ihrem Zwecke gemäß einzurichten. Diese Begrenzungen müssen wir nach ihrer Lage unterscheiden, und in dieser Beziehung haben wir:

1) die Begrenzung unterhalb, bei den Fenstern Sohlbank, Fensterbank, bei den Thüren Schwelle genannt;

2) die Begrenzung oberhalb. Ist sie geradlinig, so heißt sie bei Fenstern und Thüren Sturz, ist sie nach einer krummen Linie gestaltet, Fenster= oder Thürbogen;

3) die Begrenzungen zur Seite, durch die Benennung Fenster= oder Thür=Gewände, auch Fenster= oder Thürstöcke bezeichnet. Alle 3 Theile zusammen hat man auch wohl Fenster= oder Thürgestell genannt.

Fenster und Thüren werden meistens nicht in einer Ebene mit der Mauerflucht, sondern immer mehr oder weniger hinter dieser zurückliegend angebracht, und man nennt die Flächen, welche die Ebenen der Fenster und Thüren selbst mit der äußeren Mauerflucht verbinden, die Fenster= oder Thür=Leibung. Endlich wird der Theil der ganzen Oeffnung, der von dem Fenster oder der Thür geschlossen wird, das Fenster= oder Thür=Licht genannt. Die in der ganzen Baukunst so beliebten „Lichtmaße" haben ihre Benennung vielleicht dem Umstande zu verdanken, daß sie bei einer Fensteröffnung die Fläche bestimmen, mit welcher das Licht auf die Erleuchtung des betreffenden Raumes wirkt.

A. Die Fensteröffnungen.

I. Bei Anwendung von Hausteinen.

§. 2.

Wie immer, so muß auch hier die Construction nach dem Material sich richten; und wir müssen daher die Fälle unterscheiden, wo die Oeffnungen mit großen Hausteinen oder mit gewöhnlichen Bruch= und Backsteinen begrenzt werden sollen. — Wir wollen zuerst die Fensteröffnungen betrachten, und Hausteine in beliebiger Größe als vorhanden annehmen.

Die Sohlbank ist der wichtigste Theil des Fenstergestells. Sie begrenzt das Fenster zu unterst und dient dem Fensterrahmen als Basis. Das durch den Wind an das Fenster getriebene Regenwasser läuft an diesem herab auf die Sohlbank, und muß von dieser so abgeleitet werden, daß die äußere Mauer so wenig als möglich davon leidet. Aus diesem Grunde ist es nöthig, daß die Sohlbank breiter wird als die Fensterleibung, eine geneigte Oberfläche bekommt, und mit ihrer Vorderfläche über die Mauerflucht hinausreicht. Damit hier aber auch wirklich ein Abtropfen stattfindet, und die Wassertropfen nicht durch Abhäsion an der Unterfläche der Sohlbank haften und so die Feuchtigkeit durch die Lagerfuge der Sohlbank in das Innere der Mauer leiten, ist es nöthig, diese Unterfläche entweder steigend anzuordnen, oder bei horizontaler Lage mit einer sogenannten Wassernase zu versehen.

Das an dem Fenster herablaufende Wasser trifft zunächst die Fuge zwischen Fensterrahmen und Sohlbank, oder wird vom Winde hineingetrieben; und da diese Fuge niemals ganz dicht zu halten ist, so muß man Sorge tragen, dieselbe so einzurichten, daß das eingedrungene Wasser wieder ablaufen kann. Es ist daher zweckmäßig, den Falz, gegen welchen der Fensterrahmen sich lehnt, statt nach innen, nach außen anzuordnen, und die schräge Oberfläche der Sohlbank auch unter dem Fensterrahmen fortreichen zu laſſen. Hiernach wird der Querſchnitt wie in Figur 1 Taf. 40 gezeichnet ſich darſtellen. Bei a iſt die erwähnte Waſſernaſe angedeutet, und der Fenſterrahmen iſt mit b bezeichnet, während A die Sohlbank ſelbſt darſtellt. In Figur 3 derſelben Tafel iſt, ſtatt der Waſſernaſe, die Unterfläche ſteigend gezeichnet, zugleich aber der Falz für den Fenſterrahmen innerhalb angeordnet, welches Letztere noch an manchen Orten gebräuchlich, aber jedenfalls fehlerhaft iſt.

Die Sohlbank muß, wenn es irgend angeht, ſo lang ſein als das Fenſter breit iſt, und noch ſo viel länger, daß die Fenſtergewände wenigſtens zum Theil auf ihr aufſtehen. Letzteres muß aber auf einem horizontalen Lager geſchehen; und da die Oberfläche der Sohlbank ſchräg geſtaltet iſt, ſo müſſen die Anfänge der Gewände noch mit aus dem für die Sohlbank beſtimmten Blocke gearbeitet werden. In den Figuren 1, 2, 3 und 6 Taf. 40 iſt die horizontale Lagerfuge der Fenſtergewände mit cd bezeichnet, und Fig. 4 zeigt eine fertige Sohlbank in iſometriſcher Projection, in welcher die Lager für die Gewände mit L bezeichnet ſind.

Da die Fenſtergewände auf der Sohlbank aufſtehen, ſo übertragen ſie die Laſt des über dem Fenſter befindlichen Mauerwerks auch auf letztere, und die, aus einem Stück beſtehende, Sohlbank wird daher an dem Setzen des Mauerwerks, im Verhältniß der Belaſtung, mit theilnehmen. Die Mauer unter dem Fenſterlicht, die Brüſtungsmauer, iſt aber wegen der darüber befindlichen Oeffnung weniger belaſtet und wird ſich daher auch weniger ſetzen. Hierdurch kann ſehr leicht ein Brechen der Sohlbank herbeigeführt werden; weßhalb man dieſelbe nur mit ihren Enden auf das Mauerwerk lagert, die Mitte aber, etwa um ½ bis 1 Zoll, hohl läßt, und dieſen Zwiſchenraum (der auch in Fig. 2 Taf. 40 bei ef angedeutet iſt) erſt ausfüllt, wenn das Mauerwerk zur Ruhe gekommen iſt.

Wie breit eine Sohlbank ſein muß, läßt ſich nicht allgemein beſtimmen. Der Vorſprung vor der Mauer iſt ſehr verſchieden groß und wird zum Theil von äſthetiſchen Anforderungen bedingt. Für den Zweck der Waſſerableitung genügen einige Zolle. Hierzu kommt dann die Leibung und der Falz für den Fenſterrahmen, und wenn hierdurch die Breite ſo groß geworden iſt, daß die Sohlbank ein ſicheres Lager auf der Fenſterbrüſtungsmauer findet, ſo kommt es nur noch auf die Stärke dieſer Mauer an, ob die Sohlbank noch breiter werden muß oder nicht. Wenn nämlich dieſe Stärke ſo gering iſt, daß von der nur eben ſicher aufliegenden Sohlbank bis zur innern Stirn der Brüſtungsmauer nur noch wenige Zolle bleiben, ſo laſſen ſich dieſe durch gewöhnliches Mauerwerk nicht ſolid darſtellen, und man muß die Sohlbank bis in die innere Stirn der Brüſtungsmauer reichen laſſen. Bei der gewöhnlichen

Leibungsbreite von 5 bis 6 Zoll wird Letzteres immer geſchehen müſſen, wenn die Brüſtungsmauer nicht ſtärker als ein Fuß iſt.

Dieſe Fenſterbrüſtungsmauern werden nämlich oft ſchwächer gemacht als der übrige Theil der Mauer, um näher an das Fenſter treten, und ſo leichter hinausſehen zu können. Hieraus entſtehen die ſogenannten Fenſterniſchen, die außerdem bei einiger Tiefe den Vortheil eines angenehmen Arbeitsplatzes gewähren. Die geringſte Stärke, welche man den Fenſterbrüſtungsmauern zu geben pflegt, beträgt einen Fuß; wenn ſonſt das vorhandene Material Mauern von ſo geringer Stärke erlaubt. Die Fig. 7 und 8 Taf. 40 zeigen ſolche Fenſterniſchen im horizontalen Durchſchnitte; ab bezeichnet die Breite der Fenſterleibung, cd die Tiefe der Fenſterniſche (welche Abmeſſung auch wohl die Breite der Leibung der Fenſterniſche genannt wird) und ef die innere Stirn der Brüſtungsmauer. In Fig. 8 ſteht die Leibung der Fenſterniſche ſenkrecht auf der inneren Mauerflucht, in Fig. 7 nicht. Fig. 5 gibt die innere Anſicht dieſer Fenſterniſche. Die letztere Anordnung findet man oft deshalb getroffen, um mehr Licht in die Räume zu bringen und um die immer ſehr ſchlecht beleuchteten Mauermaſſen zwiſchen den Fenſtern ſchmäler zu machen. Die Anordnung gewährt allerdings einige Vortheile, iſt aber auch mit Unbequemlichkeiten bei der Conſtruction der Fenſterbögen verbunden, wie wir ſpäter ſehen werden.

Die Stärke der Sohlbank hängt von der Höhe ab, die man ihrer Stirn gibt, und dieſe wird meiſtens von äſthetiſchen Rückſichten bedingt. Für den conſtructiven Zweck genügen wenige Zolle.

§. 3.

Die Fenſtergewände dienen beſonders zur Befeſtigung des Fenſterrahmens, und ſind daher mit einem Falze (Spund und Geläuf) verſehen, gegen welchen ſich letzterer lehnt. Dieſer wird immer ſo angeordnet, daß der Fenſterrahmen von innen eingeſetzt werden kann, weil ſo die Verbindung deſſelben mit dem Fenſterfutter leicht geſchehen kann und auch die Befeſtigung des Rahmens erleichtert wird. Das in die hier entſtehende Fuge eindringende Waſſer kann, wegen der lothrechten Stellung der letzteren, leicht abfließen und durch die Sohlbank unſchädlich abgeführt werden. Der Falz muß daher auch in den mit der Sohlbank aus einem Stücke beſtehenden Anfängen der Gewände ausgearbeitet werden; wie dies in Fig. 4 Taf. 40 bei GG angedeutet iſt. Die Tiefe dieſes Falzes beträgt 1 bis 2 Zoll, und ſeine Breite richtet ſich nach der Stärke des Fenſterrahmholzes. Hiernach zeigen Fig. 7 und 8 horizontale Durchſchnitte eines Fenſtergewändes, und es kommt nur noch auf die Beſtimmung der Größe der Durchſchnittsfigur an. Nach der Stärke der Mauer muß dieſe Figur

13 *

die Leibung und den eben besprochenen Falz enthalten, und es tritt nun derselbe Fall ein, wie bei der Sohlbank. Hat nämlich die Mauer nur eine geringe Stärke, so wird das Gewände bis zur innern Stirn derselben reichen müssen, und nur bei starken Mauern genügt eine geringere Abmessung desselben, so daß nur ein sicheres Lager erreicht wird. Nach der Länge der Mauer enthält das Gewände die (oft verzierte) sogenannte Fenstereinfassung aa Fig. 7 und 8, und A Fig. 2 und 6 Taf. 40, und seine Begrenzung in dieser Richtung ist nur von einem sichern Lager desselben abhängig; die aber besonders von der Höhe des Gewändes bestimmt wird. Wird das Gewände daher, wie es oft geschieht, von der Sohlbank bis zum Sturz aus einem Stücke dargestellt, so muß das Lager desselben mit der Höhe des Fensters wachsen, wenn das Gewände einen sichern Stand haben soll. Man wählt diese Anordnung gern, um bei verzierten Fenstereinfassungen keine Fugen der Höhe nach zu haben, macht dabei aber das Lager keineswegs der Höhe angemessen groß, so daß diese Fensterstöcke oft nichts weniger als einen sichern Stand haben. Um diesem Uebel abzuhelfen, bringt man sogenannte Bindersteine an, d. h. man legt längere Steine oben auf die Fensterstöcke und läßt sie 1 bis 2 Fuß in das Mauerwerk reichen; in Fig. 6 Taf. 40 ist auf der linken Seite diese Construction angegeben und der Binderstein mit B bezeichnet. Auch gibt man wohl den Fensterstöcken kurze Zapfen und läßt sie mit diesen, unten in die Sohlbank, oben in den Binderstein, eingreifen; und wenn auch hierdurch der feste Stand der Gewände erreicht wird, so bleibt doch immer die lange Stoßfuge, mit welcher der Fensterstock sich dem übrigen Mauerwerke anschließt, ein Fehler, der nachtheilige Folgen herbeiführen kann. Da nämlich von der Sohlbank bis zu dem Binder, je nach der Größe und Regelmäßigkeit des zu den Mauern verwendeten Materials, eine größere oder kleinere Menge Lagerfugen stattfinden wird, das Gewände aber aus einem Stücke besteht, so wird letzteres dem Setzen dieses Mauertheils nicht folgen können, und hierdurch wenigstens die lange Stoßfuge geöffnet werden, wenn nicht gar ein Bruch des Bindersteins eintritt; was um so leichter geschehen kann, je länger, d. h. ein um so besserer Binder er ist. Jedenfalls ist die, rechts der Fig. 6 Taf. 40, gezeichnete Anordnung, wo das Fenstergewände aus mehreren Steinstücken besteht, die mit dem übrigen Mauerwerke ordentlichen Verband halten, einer guten Construction angemessener. Die Steine haben ein sicheres Lager und können, abwechselnd als Läufer und Binder für die Mauer angewendet, dem Eck die nöthige Festigkeit gewähren. Die Bearbeitung und Versetzung solcher Steine erfordert, wenn die Fenstereinfassung reich profilirt ist, zwar größere Genauigkeit und mehr Sorgfalt, gewährt aber auch unbedingt den Vorzug größerer Stabilität. Besonders da, wo keine

profilirten Einfassungen vorhanden sind, sondern wo es sich nur um die Bildung eines Mauerecks handelt, sollte man immer das letztere Verfahren anwenden; es wird jeden Falls solider sein.

Wenn Doppelfenster oder innere Läden angebracht werden sollen, so ändert sich die in Fig. 7 und 8 Taf. 40 gezeichnete horizontale Durchschnittsfigur in etwas; doch wird es angemessener sein, dieses dann zu besprechen, wenn von Anfertigung dieser Gegenstände und ihrer Befestigung die Rede sein wird.

§. 4.

Der Fenstersturz hat für das Fenster nur die Bestimmung der Gewände, d. h. die Befestigung desselben möglich zu machen, für die Fenster=Oeffnung aber bildet er die Decke, und diese Bestimmung macht ihn für die Construction wichtig.

Wir müssen die Fälle unterscheiden, wo diese Decke geradlinig, und wo sie bogenförmig gestaltet ist. Im ersten Falle kann der Fenstersturz, außer seiner eigenen Last, keine fremde tragen; eine Rücksicht, die bei dem Fensterbogen fortfällt. Da nun aber über der Fensteröffnung immer noch einiges Mauerwerk befindlich ist, auf welchem in vielen Fällen das Zwischen= oder Dachgebälk sein Auflager findet, so hat die Ueberdeckung in diesem Falle eine nicht unbedeutende Last zu tragen.

Bei starken Mauern pflegt man daher den geraden Fenstersturz nur so weit von Außen hineinreichen zu lassen, als dies die Breite der Fensterleibung und der Falz für den Fensterrahmen nöthig machen; den übrigen Theil der Fensteröffnung oder die Fensternische aber mit einem Bogen zu überspannen. Reicht der Fenstersturz durch die ganze Mauerstärke hindurch (was bei nur 1 Fuß starken Mauern immer geschehen muß), so wird über demselben ein sogenannter Entlastungsbogen, durch die ganze Stärke der Mauer reichend, eingewölbt. Ein solcher wird auch meistens über dem vorderen Theile des Sturzes nöthig werden, um diesem die Last des darüberliegenden Mauerwerks abzunehmen. Die Bögen über den Fensternischen, noch mehr aber die Entlastungsbögen über ganz durchreichenden Sturzen, werden in vielen Fällen sehr flach ausfallen, weil man die Fensteröffnungen gewöhnlich gern so hoch als möglich macht und daher den Raum zwischen der Decke und dem Fensterlicht auf ein Minimum beschränkt. Ist von dem Bogen über der Nische ein Gebälk zu tragen, so darf man denselben nicht unter einen Fuß stark machen, bei einer Spannweite von 3 — 4 Fuß, und nicht flacher, als daß er einem Kreisbogen von 60 Grad Mittelpunktswinkel entspricht. Wird der Bogen scheitrecht, so muß er wenigstens einen Bogen wie den eben beschriebenen in sich enthalten.

Bei ganz durchreichenden Fenstersturzen läßt man (bei

der eben angegebenen Spannweite und geringer Belastung) den Entlastungsbogen wohl aus einer nur etwa 5 Zoll starken, wenig gewölbten Rollschicht bestehen, arbeitet dann zuweilen die Widerlager für diesen Bogen an den Sturz selbst, und bildet auf diese Weise eine Art steinernen Sprengwerks. Fig. 4 Taf. 41 zeigt diese Anordnung in der Ansicht und im Durchschnitt, und Fig. 5 den hiernach gestalteten Sturz in isometrischer Projection. Die Bögen können aus natürlichen oder künstlichen Steinen gewölbt werden, doch werden zu den Entlastungsbögen gern Backsteine genommen.

In Fig. 1 — 3 Taf. 41 ist eine Fensteröffnung in einer 2 Fuß starken Mauer dargestellt, und zwar in Fig. 2 von außen, in Fig. 3 von innen und in Fig. 1 im Durchschnitt. Der gerade Sturz reicht nur um die Fensterleibungsbreite in das Innere, der Entlastungsbogen darüber ist 10 Zoll hoch, und der Bogen über der Fensternische 1½ Fuß stark und tief; beide aber im Verbande gezeichnet, so daß Fig. 1a die zweite nothwendige Schicht des Bogens darstellt. Als Material für die Bögen ist Backstein angenommen, und der Steinverband nach den früher gegebenen Regeln angeordnet. Der in Figur 1 dunkler schraffirte Theil ist die Uebermauerung des vordern Sturzes unter dem Entlastungsbogen, welche mit horizontalen Fugen ausgeführt wird, wenn sich der Bogen gesetzt hat.

Sehr oft ist über der Fenstereinfassung noch ein bekrönendes Gesims, eine sogenannte Verdachung, angebracht; und besteht diese auch aus Werksteinen, so muß der vordere Entlastungsbogen um so viel höher angebracht werden, wie dieses in Fig. 6 Taf. 41, die den gedachten Fall im Durchschnitt zeigt, angedeutet ist. Beide Bögen stehen nicht mehr in Verbindung, und wenn daher über einer großen Oeffnung sehr lastende Mauermassen sich befinden, so ist es anzurathen, in bequemer Höhe einen durch die ganze Mauerstärke reichenden, zweiten Entlastungsbogen AB anzuordnen. Die Bögen sind auch hier von Backsteinen angenommen, und die abwechselnden Schichten in den Figuren 6a, 6b und 6c daneben gezeichnet, weil Bögen aus Hau- oder Bruchsteinen ganz nach dem früheren ausgeführt werden können und keiner näheren Erläuterung bedürfen.

§. 5.

So lange der Sturz geradlinig bleibt und aus einem Werkstücke besteht, ist es für die Construction fast von gar keinem Einfluß, ob die Fensternische mit parallelen oder divergirenden Leibungen angelegt ist; nicht aber wenn die Fensternische durch einen Bogen überdeckt wird. Dieser bildet bei divergirenden Leibungen ein kurzes konisches Tonnen- (auch scheitrechtes) Gewölbe, und wenn die Con-

struction eines solchen aus Werkstücken auch keine Schwierigkeiten macht, so häufen sich diese doch bei einem andern Material nicht unbedeutend, und die Bögen sind dann kaum noch regelrecht auszuführen. Deshalb findet man die divergirenden Leibungen der Fensternischen auch nur in den Gegenden üblich, wo man die Bögen (wenn ja solche vorhanden sind) mit Werksteinen einzuwölben pflegt. Wie man dergleichen Bögen behandelt, werden wir im Zusammenhange mit den Fällen besprechen können, wo auch das Fensterlicht bogenförmig überdeckt wird.

So lange hierbei die Fensternische parallele Leibungen, senkrecht auf der Richtung der Mauer stehend, behält, unterscheidet sich der Fensterbogen von einem gewöhnlichen Mauerbogen in nichts, als daß an den einzelnen Gewölbsteinen der Falz für die Befestigung des Fensterrahmens herzustellen ist. Bei schwächeren Mauern reichen dabei die Gewölbsteine durch die ganze Mauerstärke, und sind die Mauern hierzu zu stark, so führt man den hintern, über der Fensternische befindlichen Theil des Bogens wie ein Tonnengewölbe aus, so daß die Stoßfugen der einzelnen Steine gehörig wechseln. Fig. 4 Taf. 42 zeigt dies im Durchschnitt. Auch wird es nach dem früher über die Mauerbögen Gesagten gleichgültig sein, welche Krümmung die Bogenlinie hat, oder ob sie scheitrecht ist.

Läßt man die Leibungen der Fensternische divergiren, so entstehen konische Gewölbe für die Fensterbögen, deren vorderer Theil aber gewöhnlich einem cylindrischen Gewölbe angehört. So lange hierbei die Achsen dieser zwei Gewölbe in eine auf der Stirn der Bögen senkrecht stehende lothrechte Ebene fallen, wie es gewöhnlich der Fall ist, hat die Sache auch gar keine Schwierigkeiten. Die Steine werden ganz wie zu einem Tonnengewölbbogen gehörig betrachtet, und die Brettungen für die Fugenflächen sind sehr leicht zu bestimmen. In den Fig. 1—3 Taf. 42 ist ein solcher Bogen, im vollen Halbkreise geschlossen, und zwar in Fig. 1 von außen, in Fig. 2 von innen, und in Fig. 3 im Durchschnitt dargestellt; und in Fig. 5 die äußere Ansicht eines flachen Kreisbogens, in welch' letzterer Figur zugleich in A die den Fugen e f und g h entsprechenden Brettungen, auf die horizontale Projectionsebene niedergelegt, gezeichnet sind. Fig. 6 zeigt den Schlußstein dieses Bogens in isometrischer Projection.

In Fig. 5 Taf. 42 ist die Anordnung so getroffen, daß die schrägen Leibungsflächen der lothrechten Seitenwände und des Bogens der Fensternische, sich in geraden Linien schneiden, deren Vertikalprojectionen mit den ersten Lagerfugen ab und cd des Bogens zusammenfallen. Nur in diesem Falle führt man die Fuge durch die inneren Eckpunkte k und m, Fig. 5. Ist aber die Anordnung wie in Fig. 7 Taf. 42 getroffen, wo sich die Leibungen in Linien schneiden, deren Vertikalprojectionen ab und cd sind, so führt man, um unbequeme Fugenflächen zu vermeiden, die Schnitte für die Fugen e f und g h nicht durch die innern Eckpunkte b und d, sondern arbeitet die dreieckigen Theile a b f' und c d h der Leibung aus den Widerlagssteinen A und B aus, wie dies die isometrische Projection eines dieser Steine in Fig. 8 zeigt.

Unter den vielen möglichen Veränderungen, welche in der Gestalt solcher konischen Fensterbögen vorkommen können, und welche die Lehre vom Steinschnitt zu behandeln pflegt, wollen wir hier nur eine erwähnen, die bei den in neuerer Zeit so beliebten Rundbogenfenstern bei Wohngebäuden Anwendung finden kann. Ist nämlich der Bogen der Fensternische ein Halbkreis, so gibt dies allerlei Unbequemlichkeiten bei Anordnung der Fenstervorhänge und man hat für letztere am liebsten eine geradlinig geschlossene Fensternische. Soll nun aber der Halbkreis als Fensterbogen in der Façade beibehalten werden, so bildet sich die Aufgabe, einen Bogen zu construiren, der bei dieser äußern Form die Fensternische geradlinig schließt.

Taf. 43 Fig. 1 stelle die innere Ansicht eines solchen (sogenannten Kern=) Bogens dar. Die gerade Linie h'o und der Halbkreis m'slm — wovon hier nur die Hälfte gezeichnet ist — liegen in parallelen vertikalen Ebenen, die Achse des Bogens steht auf diesen Ebenen senkrecht und ihre Vertikalprojection ist der Punkt α. Denkt man sich nun durch diese Achse Ebenen gelegt (wie solche durch die punktirten Linien Wα, nα dargestellt sind) die zugleich die Ebenen der Gewölbfugen bilden, und die Punkte, wo diese den Halbkreis mm' und die gerade Linie h'o schneiden, durch gerade Linien verbunden, so liegen diese in der Leibung des fraglichen Gewölbes; und man kann sich so einen Begriff von der Gestalt und der Entstehung dieser Leibung bilden. Um die Kurve zu bestimmen, in welcher die Leibung der Fensternische die des Bogens schneidet, und um die Gestalt des sogenannten Spiegels oder der Fläche o o'm'p, gegen welche der geöffnete Fensterflügel schlägt, zu finden und auf die Horizontalebene niederzulegen, bemerke man Folgendes: Denkt man sich die Leibung des Bogens durch Ebenen, parallel mit denen, in welchen der Halbkreis m'lm und die gerade Linie h'o liegen, geschnitten, so werden diese Schnitte in der Horizontalprojektion, Fig. 2, durch die in der Figur parallel gezogenen geraden Linien dargestellt werden, in der Vertikalprojection aber Kurven bilden. Um letztere zu bestimmen, projicire man einige der in der Leibung des Bogens liegenden geraden Linien, wie ln Fig. 1, in den Grundriß, welche Projectionen ebenfalls gerade Linien sein werden. Bringt man nun die Durchschnittspunkte dieser Linien mit den Schnitten der erstgedachten parallelen lothrechten Ebenen wie 1, 2, 3 2c. in die Vertikalprojection nach 1, 2, 3 2c., so sind dies Punkte der gesuchten Kurven. Projicirt man jetzt die

Punkte 4, 5, 6 Fig. 2, in welchen die Hülfsebenen die Horizontalprojection der Leibung der Fensternische scheiden, in den Aufriß Fig. 1 nach 4, 5, 6 2c., so hat man die krummlinige Begrenzung für die Vertikalprojection der Spiegelfläche, deren Niederlegung in die Horizontalebene sehr leicht, und in der Figur dargestellt ist. Wie die Brettungen, Fig. 4, 5 und 6, für die Gewölbfugen spr, ln und v'z und der senkrechte Durchschnitt, Fig. 3, durch die Achse des Bogens gefunden werden, geht aus den Zeichnungen deutlich hervor, und mag deren nähere Erläuterung für den mündlichen Vortrag aufgespart bleiben.

Einige der Gewölbsteine sind in isometrischer Projection in den Fig. 7, 8 und 9 dargestellt und mit denselben Buchstaben A, B, C bezeichnet, wie in dem Aufriß Fig. 1.

II. Bei Anwendung von Backsteinen.

§. 6.

Sind keine Werksteine vorhanden, überhaupt keine behaubaren, natürlichen Steine, so wird man die Fenster- und Thürgestelle aus Backsteinen construiren müssen; wenn man sie noch von Stein darstellen, und keine sogenannten Blockzargen von Holz anwenden will.

Die Sohlbank wird in diesem Falle aus einer Rollschicht construirt, und man hat dazu die bestgebrannten Steine zu verwenden, und auf recht enge, wohlgefüllte Stoßfugen zu sehen. Bleibt die Sohlbank (was übrigens selten der Fall ist) ohne Mörtelüberzug, so muß die Rollschicht etwas gegen die Horizontale geneigt werden, um den Wasserablauf zu befördern; im andern Falle wird die schräge Oberfläche und die Wassernase an der Unterseite durch den Mörtelüberzug (Putz) gebildet. Bei der Anwendung von Backsteinen pflegt man die Breite der Fensterleibung gleich der Steinbreite, und die Stärke der Fensterbrüstungsmauer gleich der Steinlänge zu machen; dann gewährt eine Rollschicht der Sohlbank zugleich den nöthigen Vorsprung vor der Mauerflucht, und der Verband wird sich so anordnen lassen, wie dies Fig. 1 Taf. 44 im Durchschnitte zeigt.

§. 7.

Die Gewände werden gemauert und der Falz für den Fensterrahmen auf die Weise gebildet, wie dies in den Figuren auf Tafel 1 und 2 bei F angedeutet ist, worauf wir hier, um Figuren zu ersparen, verweisen. Die hier vorkommenden kleinen Quartierstücke sind ein Uebelstand, aber unvermeidlich, wenn man nicht besondere Formsteine anwenden kann. Dadurch, daß sie jedes Mal durch einen ganzen Stein in den Läuferschichten überbunden werden, wird ihre Lage möglichst gesichert.

§. 8.

Der Fenstersturz kann im Allgemeinen nach den in §. 28 Kap. 2 und in den Figuren 1 bis 10 Taf. 18 gegebenen Verbänden für Mauerbögen eingewölbt werden, so lange die Fensternische rechtwinklich auf der Mauerflucht stehende Leibungen hat; nur ist auf die Bildung des Falzes für den Fensterrahmen einige Rücksicht zu nehmen. Wir geben daher in den Figuren 2 bis 5 Taf. 44 solche Verbände für die gebräuchlichsten Mauerstärken, wobei es auf die Form des Bogens durchaus nicht ankommt, indem der Steinverband derselbe bleibt, der Bogen mag scheitrecht oder nach einer Bogenlinie geformt sein. Bei Fig. 5 ist die Breite der Fensterleibung gleich einer Steinlänge angenommen, bei den übrigen gleich der Steinbreite. Im Aeußern ist der scheitrechte Bogen der am häufigsten vorkommende, und man thut am besten, auch beim Bogen über der Fensternische diese Form zu geben.

An manchen Orten ist es noch gebräuchlich, den inneren Bogen nach einer Kreislinie darzustellen, wenn auch der äußere scheitrecht eingewölbt wird, indem man glaubt, dieser Kreisbogen habe mehr Tragkraft, als ein scheitrechter. Da nun aber beide Bögen im Zusammenhange, d. h. in gemeinschaftlichem Steinverbande, also auch gleich hoch gewölbt werden müssen, so ist nicht wohl einzusehen, warum der in Fig. 7 Taf. 44 dargestellte innere Bogen mehr Tragfähigkeit bekommen soll, wenn das durch die punktirt gezeichnete Kreislinie begrenzte Stück b c d fortfällt.

Da nun ferner, wie wir schon früher bemerkten, im Innern eine geradlinig geschlossene Fensternische sehr angenehm ist, so hat man, um dies zu erreichen, sogar eine Holzconstruction eingeschoben, indem man unter den innern Bogen starke (bis zu 4 Zoll) eichene Dielen eingemauert hat. Daß diese Construction verwerflich ist, braucht kaum erwähnt zu werden; auch führt sie noch außer ihren in die Augen fallenden Mängeln den mit sich, daß man entweder an Höhe des Fensters, oder an der oft sehr beschränkten Stärke des innern Bogens verliert. Denn es muß nun letzterer nicht nur (wie immer) um den Fensteranschlag, sondern auch um die Stärke der einzuschiebenden Dielenstücke höher gerückt werden; wie dieß die Fig. 6 Taf. 44 zeigt, wo zwei für eine solche Construction passende Steinlagen gezeichnet sind. Der vordere Bogen hat eine Höhe von 2 Stein, und doch bekommt der hintere nur 1 Stein zur Höhe, während er nach der vernünftigeren Constructionsweise hier 1½ Stein Höhe bekommen sollte, wie dies die Fig. 4 und 5 nachweisen.

Sollen die Leibungen der Fensternische divergiren, so ist ein vielfaches Verhauen der Backsteine, selbst in den gewöhnlichen wagerechten Mauerschichten, nicht zu vermeiden, wie dies Fig. 8 Taf. 44 zeigt. Der Fensterbogen aber erfordert, wenn er einige Festigkeit gewähren soll, eine besondere Aufmerksamkeit. Da nämlich der Bogen hinten weiter ist als vorn, so enthält er dort auch mehr Steindicken, d. h. Schichten, und man wird die hieraus entstehenden Schwierigkeiten nur überwinden können, wenn man den Bogen absatzweise nach hinten weiter werden läßt, wie dieses die Figuren 9 bis 12 Taf. 44 zeigen. Fig. 9 zeigt die Anordnung des in Fig. 12 in isometrischer Projection dargestellten Widerlagers, in der Höhe der Schicht a b c Fig. 11. Letztere Figur zeigt zugleich die innere Ansicht des Fensterbogens und Fig. 10 die Rückenansicht desselben. Aus Fig. 11 und 12 ersieht man leicht, daß die mit A, B, C und D bezeichneten Widerlager nicht parallel sein können, und hierin möchte gerade, will man genau verfahren, die Hauptschwierigkeit zu suchen sein. Man könnte zwar das Widerlager A in einer Ebene durch die ganze Mauerstärke hindurch laufen lassen, wodurch dann der äußere Fensterbogen auf jeder Seite um das Stück E D, Fig. 12, weiter werden würde, was, wenn das Mauerwerk ohne Putz bleibt, sehr übel aussieht; außerdem aber auch (wenn die Pfeiler zwischen zwei Fenstern nicht sehr breit sind) den constructiven Nachtheil mit sich bringt, diesen Pfeiler zu sehr zu schwächen und ihn zum Tragen des darüber befindlichen Mauerwerks ungeschickt zu machen; weshalb man dies letztere Verfahren nur da wird anwenden können, wo die Divergenz der Fensterleibungen sehr unbedeutend ist.

In dem in den Figuren dargestellten Beispiele ist die Leibung des Bogens der Fensternische horizontal angenommen; denn wollte man diese, symmetrisch mit den lothrechten Leibungen, steigend anordnen, so würden kaum zu besiegende Schwierigkeiten entstehen. Alle Steine müßten verhauen werden, und der ganze Bogen würde nur ein aus Backsteinstücken und Mörtel gebildetes Conglomerat darstellen. Diese Erweiterung der Fensternische nach oben kann man aber auch unbedingt immer fortlassen, denn an dem Aussehen wird man schwerlich etwas gewinnen, und auf die dadurch bezweckte, etwas bessere Beleuchtung der Zimmerdecke kann es wohl niemals ankommen; abgesehen davon, daß ein Bogen mit steigender Leibung schwächer, daher ein schlechterer Träger des Gebälks wird.

§. 9.

Wir haben jetzt noch den Fall zu betrachten, wenn die Fensteröffnungen Gewölbe durchbringen, und zwar insbesondere den, wo die Fenster, in den Widerlagsmauern angebracht, höher hinauf reichen als die Kämpferlinie des Gewölbes, wie dies bei Kelleranlagen sehr häufig der Fall ist. Die eigentliche Fensteröffnung in den Widerlagsmauern erleidet in ihrer Construction eigentlich keine Veränderung; nur pflegt man die Fensterbrüstungsmauern in ihrer Oberfläche stark fallend abzuschrägen, um so mehr Licht in das Gewölbe zu bringen. Es handelt sich hier daher hauptsächlich nur um die Fortsetzung der Fensternische bis in die Gewölbleibung. Das vorhandene Material modificirt auch hier die anzuwendende Construction.

Sind große Werksteine und Platten zur Hand, besteht das Gewölbe aus solchen Steinen und beträgt die Weite der Fensternische nicht mehr als 3 bis 5 Fuß, so läßt sich folgende Construction anwenden. Nachdem man in der Horizontalprojection die Größe der für den Eintritt des Lichts in das Gewölbe bestimmten Oeffnung bestimmt hat, begrenzt man dieselbe parallel zur Gewölbachse, mit einem die Breite der Oeffnung seiner Länge nach noch um etwas übertreffenden Steine A, Fig. 1 und 2 Taf. 45, der aber stark genug sein muß, um für die gegen ihn treffenden Gewölbsteine, a b c ꝛc. Fig. 2, als Widerlager dienen zu können. Die beiden übrigen Begrenzungen der Lichtöffnung in dem Gewölbe erscheinen als Gewölbstirnen, auf denen man zwei angemessen starke Wangenmauern B, Fig. 1 und 2, in dreieckiger Form aufführen kann, die sich mit ihrer lothrechten Seite an die Widerlagsmauer, jedoch stumpf, anschließen; über diese legt man dann die vorausgesetzten Platten C, Fig. 1, die sich auf den Stein A stützen, und so diese Art Lichtkasten vervollständigen. Der Stein A bekommt hierbei eine nach Umständen bedeutende Last zu tragen, welche man aber, nach Fig. 3 Taf. 45, zum Theil auf die Wangenmauern B übertragen kann, so daß die die Wangenmauern stützenden Gewölbstirnen diese Last mit tragen helfen. Der Stein A muß besonders sorgfältig gearbeitete Fugenflächen haben, auch dürfen die Wangenmauern B und die Platten nicht früher aufgeführt werden, bis das Gewölbe ausgerüstet ist und alle Steine die gehörige Spannung erhalten haben.

Sind keine Platten vorhanden, so kann man zunächst die beiden Wangenmauern B, Fig. 5 Taf. 45, als Widerlager für ein flaches steigendes Tonnengewölbe aus Backsteinen ansehen, dessen eine Stirn die Widerlagsmauer des großen Gewölbes ist und dessen zweite Stirn durch den Stein A gebildet wird. Um hierbei die Last des steigenden Gewölbes von diesem Steine ab, und mehr auf die Wangenmauern zu leiten, kann man dasselbe schwalbenschwanzförmig einwölben, wie solches Fig. 4 in der Horizontalprojection zeigt.

Ist endlich die Fensteröffnung sehr weit, oder sind keine so großen Steine, wie die früher mit A bezeichneten, zu haben, das Ganze aber doch aus Hausteinen ausgeführt, so stellt sich eine Aufgabe des Steinschnitts dar, die in allen hierüber geschriebenen Lehrbüchern zu finden ist; nämlich die Durchbringung zweier Tonnengewölbe, deren Achsen nicht in einer Horizontalebene liegen und deren Lösung auch nur dann einigermaßen schwierig wird, wenn die

lothrechten Ebenen, in welchen die Gewölbachsen liegen, sich nicht senkrecht durchschneiden, die beiden Achsen daher in der Horizontalprojection keine rechten Winkel mit einander bilden. Da wir uns auf die Lehre vom Steinschnitt hier nicht einzulassen haben, so wollen wir noch den im Hochbauwesen sehr häufig vorkommenden Fall, daß Alles aus Backsteinen construirt werden soll, annehmen, und einige dahin bezügliche Constructionen kennen lernen. Es kommen hierbei die früher erwähnten Stichkappen oder Ohrgewölbe in Anwendung, und Taf. 46 zeigt in den Figuren 1 bis 4 eine Zusammenstellung der gewöhnlich vorkommenden Fälle.

In dem Hauptgewölbe sind die Verstärkungsgurte S so angeordnet, daß jedesmal eine Fenster= oder Thürkappe zwischen dieselben trifft. Bei m Fig. 4 ist eine gewöhnliche Stichkappe gezeichnet. Sie besteht, wie der Durchschnitt Fig. 3 zeigt, aus einem flach ansteigenden Tonnengewölbe, dessen Widerlagsmauern von den die Kappe einschließenden Verstärkungsgurten getragen, eigentlich aber durch die Hintermauerung des Hauptgewölbes (welche Fig. 2 in einem Durchschnitte nach der Linie x y des Grundrisses Fig. 4 zeigt) gebildet werden. Beide Gewölbe schneiden sich in den Gräten p q und q r, und die Steine müssen hier passend zugehauen werden, wie dies in dem Durchschnitt Fig. 3 bei q q' angedeutet ist. Gewöhnlich geht durch die ganze Länge des Grats, wie bei q p Fig. 4, eine Stoßfuge, doch ist eine Anordnung, wie bei q r gezeichnet, vorzuziehen. Sind die Stichkappen größer, so pflegt man zwischen die Verstärkungsgurte des Hauptgewölbes besondere Ringe o o Fig. 4 einzuwölben, gegen welche sich dann die entweder gewöhnlich, wie bei n, oder schwalbenschwanzförmig, wie bei l Fig. 4, gewölbten Stichkappen stützen. Trifft es sich hierbei, daß zwei solcher Stichkappen einander gerade gegenüber liegen, wie bei l l Fig. 4, so kann man zur besseren Verspannung der beiden Ringe noch einen Gurt v V dazwischen wölben, Fig. 1 zeigt dies im Durchschnitt. In den Figuren sind das Hauptgewölbe ½ Stein, und die Verstärkungsgurte 1 Stein stark angenommen; daß die Construction der Stichkappen aber ganz dieselbe bleibt, wenn sich diese Dimensionen auch ändern, leuchtet ein, und wir bemerken nur noch, daß letztere wohl in allen Fällen nur ½ Stein stark gewölbt werden. Die Form der Stichkappen muß durch eine Einschalung derselben bestimmt werden, wenn sie nicht etwa so klein sind, daß sie aus freier Hand eingewölbt werden können. Man sieht leicht, daß der Theil des Hauptgewölbes, wo die Stichkappen mit demselben sich verbinden, besonders bei flacher Steigung der letzteren, mit einem Kreuzgewölbe sehr genau übereinstimmt; weßhalb wir für den Fall, daß die Stichkappen groß, und daher besondere Verstärkungen der Gräte rathsam werden, dorthin verweisen können.

B. Die Thüröffnungen.

§. 10.

Die Thüröffnungen unterscheiden sich von den Fensteröffnungen eigentlich in Nichts, als daß an die Stelle der Sohlbank die Schwelle tritt; weshalb wir, was die Construction der Gewände und des Sturzes anbelangt, auf das bei den Fenstern Gesagte verweisen können.

Bemerkt soll hier aber noch werden, daß eine schräge Richtung der innern Leibung bei Thüren den Vortheil gewährt, daß der ganze Lichtraum zum Transport größerer Gegenstände gewonnen wird, indem bei einer solchen die Thürflügel so weit zurückschlagen können, daß vorstehende Beschlagtheile, wie Drücker, Zuziehknöpfe ꝛc. nicht mehr das Licht der Thür verengen; was bei senkrechten Leibungsflächen der Fall ist.

§. 11.

Die Schwelle der Thüröffnung macht man, wenn es irgend, ohne zu große Kosten zu verursachen, möglich ist, gern aus einem Stücke wie die Sohlbank. Ein Vorsprung derselben vor der Mauerflucht findet nicht statt, weil solcher den Eintritt erschweren würde; es sei denn, daß die Schwelle zugleich Treppenstufe ist, wo dann allerdings eine größere Breite derselben bedingt werden kann. Letztere ist daher nur der Breite der Thürleibung gleich, diese jedoch gewöhnlich etwas größer als bei den Fensteröffnungen, um der Thür mehr Schutz zu gewähren, und bei der größern Thüröffnung die Gewände nicht riemenartig erscheinen zu lassen.

Ist die Thür eine äußere, etwa eine Hausthür, so ist es gut, der Schwelle in ihrer Oberfläche eine geringe Neigung nach Außen zu geben, um das auf sie fallende Regenwasser vom Innern des Gebäudes abzulenken. Am Bequemsten ist es ferner, der Thür keinen Anschlag an der Schwelle zu gewähren, sondern letztere mit dem Fußboden des Raumes, zu welchem die Thür führt, in eine Ebene zu legen; es sei denn, daß die Thür nach außen sich öffnet, wo man die Schwelle etwa um ½—1 Zoll tiefer legen kann, als den Fußboden des durch die Thür verschlossenen Raumes; wodurch zugleich dem auf die Schwelle fallenden Regenwasser das Eindringen in das Gebäude erschwert wird.

Ein solcher geringer Höhenunterschied zwischen der Schwellenoberfläche und dem Fußboden hat übrigens das Unangenehme, daß man leicht über denselben stolpert, weil er seiner Kleinheit wegen nicht in die Augen fällt.

Die Stärke der Schwelle hängt von der Festigkeit der Steinart ab, und es dürften immer, wenn die Schwelle nicht zugleich Treppenstufe ist, wenige Zolle genügen, denn eine tief ausgetretene Schwelle ist auch unangenehm.

Hat man keine Werkstücke für die Thürschwelle zu verwenden, so dürfte es vorzuziehen sein, dieselbe lieber aus recht kernigem Eichenholze zu fertigen, statt sie durch eine Rollschicht von Back- oder andern Steinen zu bilden; denn da hier ein Ueberziehen mit Putz nicht wohl thunlich ist, so würde die Rollschicht durch das Betreten sehr bald bestruirt werden, und hinsichtlich der Dauer einer eichenen Schwelle nachstehen.

§. 12.

Bei dem Thürsturze ist noch zu bemerken, daß, wenn derselbe nicht geradlinig, sondern im Bogen geschlossen ist, und die Thür in ihrer ganzen Höhe aufgehen soll, dann für die Thürnische immer ein sogenannter Kernbogen angeordnet werden muß, wie wir solchen schon bei den Fensteröffnungen kennen gelernt haben. Dort kann man denselben aber umgehen, wenn man die oberen, rund begrenzten Fensterflügel beim Oeffnen um eine in der Mitte angebrachte lothrechte Achse sich drehen läßt, was begreiflich bei einer Thür nicht stattfinden kann.

Die immer etwas schwierige Anfertigung eines solchen Kernbogens scheint den sonst so geschickten Steinmetzen des Mittelalters nicht bekannt gewesen zu sein; und hieraus erklärt sich dann auch die, sonst etwas sonderbare Anordnung: die in der Hauptmauer mit einem Rund- oder Spitzbogen geschlossene Thüröffnung in der vordern Leibung durch eine eingesetzte Steinplatte wieder geradlinig zu schließen. Denn daß diese, freilich fast immer durch Bildhauerarbeit verzierte Steinplatte, nur dieser Verzierung wegen ursprünglich schon angeordnet sei, läßt sich nicht wohl voraussetzen.

Bei Backsteinen, in welchem Material ein solcher Kernbogen nicht herzustellen ist, bleibt daher kein anderes Mittel übrig, als entweder die Thürflügel ganz hinter die Mauer zu legen, d. h. die Breite der Thürleibung gleich der ganzen Mauerstärke zu machen, oder in der Kämpferhöhe des Thürbogens ein sogenanntes Loosholz, Latteiholz (Dorment) anzuordnen, und den obern, bogenförmigen Theil der Thür, getrennt von den beweglichen Flügeln, zu befestigen.

Obgleich nun die Construction der Kernbögen in den Werken über Steinschnitt ebenfalls abgehandelt wird, so wollen wir hier doch ein Beispiel näher betrachten und dabei auf einen Umstand aufmerksam machen, der in jenen Werken nicht erwähnt zu sein pflegt.

Wir wählen einen halbkreisförmigen Thürbogen, und für die Gestalt der innern Thürnische ebenfalls eine Kreislinie, weil die Gründe, welche bei einer Fensternische für eine geradlinige obere Begrenzung vorhanden sind, hier wegfallen.

14

Halten wir vorläufig die in §. 5 dieses Kapitels und auf Taf. 43 angegebene Entstehungsart der Leibung des Kernbogens fest, so wird die bis zum Durchschnitt mit dieser Leibung verlängerte lothrechte Leibungsfläche der Thürnische durch irgend eine krumme Linie begrenzt erscheinen (x y Fig. 2 Taf. 43), deren Gestalt von der Entstehungsart der Leibung des Bogens abhängt.

Es werde nun die Bedingung gestellt, daß diese krumme Linie ebenfalls eine Kreislinie sei, und zwar von demselben Halbmesser, mit welchem der Halbkreis a b c d Fig. 1 Taf. 47 (wovon aber nur die Hälfte gezeichnet wurde) beschrieben ist. Ferner soll jede mit der Vertikalebene parallele Ebene die Bogenleibung in einer Kreislinie, eine durch die Achse α gelegte, auf beiden Projectionsebenen senkrecht stehende Ebene diese Leibung aber in einer geraden Linie xy Fig. 3 schneiden, so daß von den eben erwähnten kreisförmigen Schnitten jeder durch drei Punkte, nämlich den Durchschnittspunkten jener Ebenen mit der geraden Linie x y und den Begrenzungen der beiden Spiegelflächen, bestimmt ist.

Im Allgemeinen ist klar, daß die durch die Bogenachse gelegten Ebenen die Leibung nicht mehr, wie früher, in geraden Linien schneiden können, sondern daß nur die Vertikalprojectionen dieser Schnitte gerade, die Horizontalprojectionen aber krumme Linien sein müssen.

Durch die Bezeichnung der auf Taf. 47 dargestellten Figuren ist das Verständniß der Construction so erleichtert, daß wir sie hier, um ermüdende Weitläufigkeit zu vermeiden, nur in ihren Hauptmomenten angeben wollen. Nachdem der Grundriß Fig. 2 und der eigentliche Thürbogen in Fig. 1 gezeichnet ist, construire man die in die Horizontalebene niedergelegte Spiegelfläche a' e' f Fig. 2 den Bedingungen gemäß, und entwerfe sofort deren Vertikalprojection a f e in Fig. 1; bestimme die Lage des Punkts x in derselben Figur und zeichne nun den Kreisbogen f g h x, so wie die übrigen Kreisbögen, in welchen die senkrechten Ebenen die Leibung schneiden. Jetzt können die Fugen in den Grundriß projicirt werden, und es ist alles geschehen, um den Durchschnitt Fig. 3, die verschiedenen Fugenbrettungen Fig. 4, 5 und 6, und die einzelnen Steine A, B und C Fig. 7, 8 und 9, isometrisch darzustellen.

Ebenso wie die Horizontalprojectionen der Gewölbfugen durch einzelne Punkte bestimmt wurden, so muß dieß Verfahren auch beim Zeichnen der Fugenbrettungen, und bei den isometrischen Darstellungen angewendet werden, wie dies Fig. 9 zeigt.

Bei einem auf diese Weise construirten Kernbogen läßt sich nicht mit Gewißheit voraussetzen, daß der sich öffnende Thürflügel, wenn er genau dem Bogen a b c d Fig. 1 entspricht, nirgends die Bogen-

leibung streife, und will man sicher gehen, so muß man eine hierauf bezügliche Probe vornehmen. Jeder Punkt auf der kreisförmigen Kante des Thürflügels nämlich beschreibt bei dem Oeffnen des letztern einen horizontalliegenden Kreisbogen, der in der Horizontalprojection sich auch als ein solcher, und zwar aus a' Fig. 2 beschriebener, darstellt. Denkt man sich nun durch diese Punkte Horizontalebenen gelegt, so werden die Schnitte derselben mit der Bogenleibung in der Vertikalprojection grade Linien, in der Horizontalprojection aber Kurven bilden, welche leicht mit Hülfe der früher parallel mit der Vertikalebene durch die Bogenleibung geführten Schnitte in den Grundriß projicirt werden können. In Fig. 2 sind, um die Figur nicht undeutlich zu machen, sowohl die Kreisbögen, welche die Punkte des Thürflügels beschreiben, als die eben erwähnten Kurven fortgelassen, und es mag die Darstellung derselben dem mündlichen Vortrag und dem Privatfleiß überlassen bleiben. Soll nun ein Streifen des Thürflügels an der Bogenleibung vermieden werden, so dürfen sich die Kreisbögen mit den zugehörigen Kurven in der Horizontalprojection nicht schneiden. Ist dieses aber der Fall, so ist auch ein Streifen des Thürflügels unvermeidlich, und es muß die Lage des Punktes x Fig. 1 und 3 darnach geändert werden.

§. 13.

Was die Anlage der Thür= und Fensteröffnungen in Piséwänden (sei dies Lehm= oder Kalk=Sand=Pisé) anbelangt, so werden die Oeffnungen gewöhnlich mit hölzernen Zargen (vergl. den II. Theil Kap. 10 §. 11) eingefaßt und diese mit in die Masse eingestampft. Da das Holz derselben hierbei aber naß wird und dadurch sich ausdehnt,

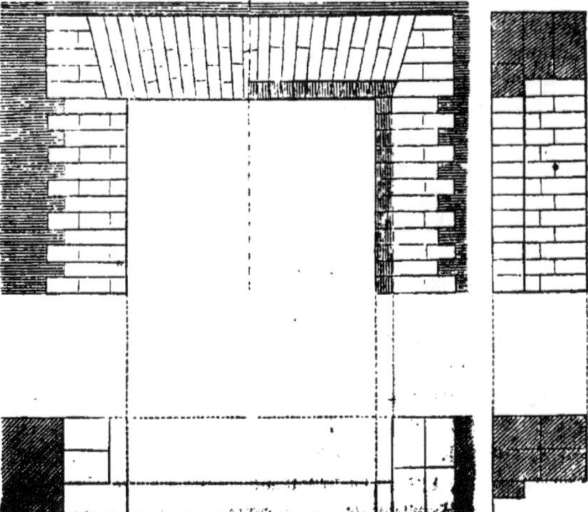

später aber mit der Wand trocknet und sich wieder zusammenzieht, so wird hierdurch der feste Stand der Zargen sehr gefährdet, was, besonders bei den Thüren, ein großer Uebelstand genannt werden muß.

Es ist daher jeden Falls besser, die Gewände der Oeffnungen und die Ueberdeckung derselben von gut gebrannten Backsteinen herzustellen, wie solches in der Figur auf S. 106 gezeichnet ist. Die vertikalen Theile werden schichtweise mit eingestampft, bis das Widerlager des Bogens gebildet ist. Alsdann wird der Bogen wie bei dem gewöhnlichen Mauerwerke eingewölbt und später ebenfalls mit eingestampft.

Viertes Kapitel.
Construction der Steingesimse.

§. 1.

Unter Gesimsen im Allgemeinen versteht man die zur Endigung, Theilung oder Umrahmung ganzer Bauwerke, oder einzelner Theile derselben dienenden, streifenartigen Theile, von denen wiederum die einzelnen Theile architektonische Glieder genannt werden. Beendet ein Gesims ein Bauwerk zu oberst, so nennt man es ein bekrönendes Gesims oder eine Verdachung; geschieht die Bezeichnung der Endigung zu unterst, so ist das Gesims ein Fußgesims. Die zur Theilung, z. B. zur Bezeichnung der verschiedenen Stockwerke eines Gebäudes dienenden Gesimse nennt man gewöhnlich Gurtgesimse oder Gürtungen; und umrahmende Gesimse sind z. B. die Fenster- und Thüreinfassungen. Die Gesimse bringen Ordnung in die Architekturmassen, und zeichnen einzelne Theile besonders aus; sie sind daher in ästhetischer Beziehung von großer Bedeutung, und haben das Studium der Architekten von jeher besonders auf sich gezogen.

Die Schönheit einer Gebäudefaçade hängt größtentheils von einer richtigen Anordnung und Gestaltung der verschiedenen Gesimse ab. Da aber in der Architektur nichts wahrhaft schön genannt werden kann, was nur willführlich und ohne Zweck da zu sein scheint, so müssen die auf die Schönheit so wesentlich einwirkenden Gesimse auch einen durch die Nothwendigkeit gebotenen Zweck haben. Ein solcher läßt sich aber auch sehr leicht nachweisen, besonders bei den bekrönenden Gesimsen oder Verdachungen. Er ist: den unterhalb liegenden Theilen Schutz zu gewähren, namentlich gegen den Schlagregen, und das von dem Dache des Bauwerks abtropfende Wasser abzuweisen, d. h. eine Traufe zu bilden. In dieser Weise wirken schon die Fenster- und Thürverdachungen, indem sie das oberhalb an die Mauer schlagende Regenwasser entweder seitwärts leiten oder vor der Oeffnung frei abtropfen lassen. Hauptsächlich sind es aber die ein ganzes Gebäude zu oberst abschließenden Gesimse, welche die Dachtraufe bilden, und das ganze Gebäude zu schützen bestimmt sind; und die daher auch den Namen Hauptgesimse bekommen haben.

Alle zum Schutz darunter liegender Flächen bestimmten Gesimse müssen über diese Flächen hervorragen, und unsere Aufgabe kann daher nur die sein, diese Hervorragung mit dem gegebenen Materiale sicher zu bewirken, da die Form der Gesimse (ihre Profilirung), insofern sie nicht durch die Construction bedingt wird, für uns etwas Gegebenes ist.

Die Hervorragung eines Gesimses vor einer darunter befindlichen Mauerfläche nennt man seine Ausladung, und zwar versteht man darunter immer die horizontal gemessene Entfernung des am weitesten hervorragenden Punktes von der Ebene der darunter liegenden Mauerfläche, und unter Ausladung eines einzelnen Gliedes, die horizontale Entfernung seines äußersten Punktes von der lothrechten Linie durch den äußersten Punkt des darunter befindlichen.

Die Hauptgesimse werden daher unsere Aufmerksamkeit hauptsächlich fesseln, da diese allein weit vorzuragen oder auszuladen pflegen, alle übrigen Gurt-, Fuß- und selbst Verdachungsgesimse hingegen, schon aus ästhetischen Gründen, eine so geringe Ausladung haben, daß ihre Construction durchaus keine Schwierigkeit hat.

§. 2.

In constructiver Beziehung zerfällt ein vollständiges Hauptgesims in drei Theile: das Obergesims, den Rinnleisten enthaltend, die hängende Platte oder Kranzplatte darunter, der eigentliche zum Abweisen des Tropfwassers bestimmte Theil, und endlich das Untergesims, was zur Unterstützung der Hängeplatte, und zur Vermittelung der horizontal hervorragenden Hängeplatte mit der darunter befindlichen, gewöhnlich lothrecht stehenden, Mauerfläche dient.

Der Rinnleisten — die Sima — repräsentirt die Dachrinne und wird daher nach einer geschwungenen, den Charakter des „Insichaufnehmens" tragenden Linie gebildet. Er fehlt zuweilen, und ist auch überall da, wo man das Traufwasser nicht in einer Rinne sammelt, sondern frei abtropfen läßt, durchaus nicht motivirt. Die älteren griechischen Tempel hatten die Sima nur an den schrägaufsteigenden Dachlinien der Giebel, weil hier des Eingangs wegen kein Wasser überstürzen durfte, während dieselbe an den langen Seiten fehlte, wo das Wasser an der Unterkante der Häng- oder Kranzplatte frei abtropfte.

Die Hängplatte bildet den Haupttheil eines Gesimses, und hat im Allgemeinen eine plattenartige Gestalt mit lothrechter Vorder= und wagrechter Unterfläche. Doch darf die Unterfläche nicht in ihrer ganzen Ausdehnung wagrecht bleiben, weil sonst das an der Vorderfläche herablaufende Wasser an ersterer abhäriren und nicht abtropfen würde. Deßhalb werden die sogenannten Wassernasen, Traufrinnen oder Unterschneidungen angebracht; oder auch die ganze Unterfläche nach dem Gebäude zu steigend angeordnet. Dies ist daher keineswegs eine willführliche, sondern eine constructiv nothwendige Form. Die Hängplatte, als Haupttheil des Gesimses, ist auch als solcher ausgezeichnet, indem sie durch ein besonderes, aus ein oder zwei geschwungenen Gliedern bestehendes Gesims zu oberst begrenzt oder bekrönt wird.

Das Untergesims soll die Hängplatte stützen, derselben ein größeres Auflager gewähren und den Uebergang in die lothrechte Mauerfläche vermitteln. Es wird daher aus einem oder zwei geschwungenen, den Charakter des Tragens aussprechenden Gliedern gebildet.

Das eben beschriebene Gesims würde daher im Allgemeinen die in Fig. 1 Taf. 48 dargestellte Form haben, und a das Obergesims oder den Rinnleisten, b die Hängplatte mit ihrer Bekrönung, c aber das Untergesims; ferner d die Auslabung des ganzen Gesimses, e die der Hängplatte, f des Untergesimses, g des Rinnleisten, und endlich h die Auslabung des die Hängplatte bekrönenden Gliedes bezeichnen.

Um eine größere Auslabung der Gesimse zu erlangen, hat man zwischen die Hängeplatte und das Untergesims eine zweite Platte eingeschoben, die aber nicht die plattenartige Gestalt behalten hat, sondern durch Einschnitte erleichtert ist und das bekannte, namentlich den neujonischen Gesimsen eigenthümliche Zahnschnittband bildet, wie dies Fig. 2 Taf. 48 zeigt. Um die Auslabung noch weiter zu treiben, ist eine dritte Platte eingeschoben, die aber ebenfalls in eine Reihe einzelner Hervorragungen, in sogenannte Konsols oder Kragsteine aufgelöst ist und zunächst unter der Hängeplatte folgt. Besonders die Prachtbauten unter den römischen Kaisern zeigen dergleichen Hauptgesimse, und Fig. 3 Taf. 48 gibt das allgemeine Bild derselben. Eine sehr kräftige Wirkung, und eine leichte und zweckmäßige Construction (wie solche Fig. 4 zeigt) wird erreicht, wenn man der Hängeplatte selbst eine vorwiegend große Auslabung gibt, und dieselbe durch Kragsteine oder Konsols unterstützt, die, höher als vorragend, den Charakter von Stützen aussprechen und an die Stelle des Untergesimses treten.

Es ist nicht unsere Absicht, auf die Formen=Entwickelung der Gesimse weiter einzugehen, weil es uns nur auf die Darstellung (Construction) gegebener Formen ankommt. Doch wollten wir die Entstehung dieser Formen aus der Construction einigermaßen nachweisen, um dadurch auf den

nothwendigen Zusammenhang beider hinzudeuten. Wenn wir uns hierbei hauptsächlich an die antiken Gesimsformen gehalten haben, so ist dies deshalb geschehen, weil gerade diese, ihrer großen Auslabung wegen, zuweilen einige Schwierigkeiten in der Construction verursachen können, wenn Formen dargestellt werden sollen, denen sich die Natur des gegebenen Materials widersetzt.

Die Gesimsformen der mittelalterlichen Bauwerke im romanischen und gothischen Style zeigen selten bedeutende Auslabungen, sind dem jedesmaligen Materiale angepaßt, und machen daher in ihrer Construction durchaus keine Schwierigkeiten, so daß wir sie hier füglich unberücksichtigt lassen können.

§. 3.

Wie bei allen Constructionen, so müssen wir auch hier das Material unterscheiden, und werden daher Gesimse aus Hausteinen und solche aus Backsteinen besonders betrachten müssen.

Gesimse aus hinlänglich großen Hausteinen zu bilden, macht in der Regel keine Schwierigkeiten, besonders dann nicht, wenn das ganze Gesims, auch der Höhe nach, aus einem Steine gehauen werden kann. Es kommt nämlich immer nur darauf an, den überragenden Theil des Gesimses gegen das Ueberkippen zu sichern. Dies wird man erlangen, wenn man dem auf der Mauer liegenden Theile der Gesimssteine ein Uebergewicht verschafft, was entweder durch das größere Gewicht dieser Theile unmittelbar, oder auch dadurch hervorgebracht werden kann, daß man dieselben oben durch Mauerwerk beschwert oder durch Verankerung einen Theil der unteren Mauer an den hintern Theil des Gesimses anhängt.

Besteht nun das ganze Gesims der Höhe nach aus einem Steine, so darf die Länge des aufliegenden Theils nur der Auslabung des Gesimses gleich gemacht werden, um immer ein hinreichendes Uebergewicht des aufliegenden Theils zu erreichen, da der in Fig. 5 Taf. 48 dunkler schraffirte Theil des Steins fortgehauen, mithin sein Gewicht gegen den aufliegenden Theil bedeutend verringert wird. Größere Gesimse werden aber, gerade des großen Materialverlustes wegen, gewöhnlich der Höhe nach aus mehreren Steinen zusammengesetzt, und dann bleibt die Aufgabe die, jeder einzelnen Steinschicht ein sicheres Auflager zu verschaffen. Hierbei pflegt das Untergesims, die Hängeplatte mit ihrer Bekrönung, und das Obergesims oder die Sima je eine Steinschicht zu bilden. In diesem Falle tritt die Hängeplatte als Haupttheil der Construction auf, denn das Untergesims wird immer, als eine nur wenig vortretende Schicht, keine großen Steine erfordern. Die Hängeplatte kann aber, wenn sie einen bedeutenden Ueberschuß von Tragkraft hat, das Obergesims tragen, so daß für dieses ebenfalls kleinere Steine verwendet werden dürfen, wie solches Fig. 6 Taf. 48 im Profil darstellt.

Diese Anordnung wird besonders dann von Wichtigkeit, wenn über der Hängeplatte kein Mauerwerk zur Beschwerung derselben angebracht werden darf, auch keine vollständige Balkenlage, sondern nur in größeren Entfernungen liegende, einzelne Bundbalken vorhanden sind.

Hat man große Steine genug und darf man den Aufwand dafür nicht scheuen, so wird die oben bezeichnete Construction sehr einfach und leicht herzustellen sein. Ist aber eine mögliche Ersparung an großen Steinen geboten, so kann man die Hängeplattenschicht aus Läufern und Bindern zusammensetzen, wie solches Fig. 7 Taf. 48 zeigt. Die Läufersteine liegen hierbei nur mit ihrer hintern, untern Kante auf dem Untergesimse auf, und an beiden Enden mit kurzen Zapfen in den Bindersteinen. Daß wegen dieser Zapfen die verwendete Steinart die gehörige Festigkeit haben muß, darf kaum erwähnt werden. Wie weit hierbei die Binder auseinander zu legen sind, läßt sich leicht ermitteln. Vorausgesetzt, daß die relative Festigkeit der Bindersteine groß genug ist, um die ihnen am vorderen Ende angehängte Last der Läufer und des etwa noch darauf liegenden Obergesimses zu tragen, so wird ihre Entfernung von einander, einmal durch die Länge der vorhandenen Läufersteine, dann aber auch durch die Betrachtung bestimmt, daß das statische Moment des auf der Mauer liegenden Theils des Bindersteins größer sein muß, als das Moment seines überragenden Theils, vermehrt um das Moment des von ihm getragenen Läufers, wobei der Drehpunkt, auf welchen diese Momente sich beziehen, der äußerste des Untergesimses ist. Bezeichnet daher P Fig. 7 Taf. 48 das Gewicht des auf der Mauer ruhenden Theils des Binders und P' das Gewicht des freiliegenden Theils, vermehrt um das Gewicht des zu tragenden Läufers ꝛc., so müssen die Produkte aus diesen Gewichten, multiplicirt mit den Abständen des Drehpunktes von den Lothrechten aus den bezüglichen Schwerpunkten, einander nicht nur gleich, sondern es muß das Moment von P größer sein; oder nach den Bezeichnungen in Fig. 7 muß $P\,e > P'\,e'$ sein.

Um die der Zapfen wegen entstehenden, in der Ansicht des Gesimses unangenehm aussehenden, gebrochenen Stoßfugen zu vermeiden, kann man, wie es in Fig. 2 Taf. 49 angedeutet und in Fig. 4 in isometrischer Projection besonders gezeichnet ist, die Zapfen um einige Zolle von der Vorderfläche der Hängeplatte zurücksetzen. Man sieht leicht, daß, wenn man von dieser Anordnung einigen Vortheil haben will, man im Stande sein muß, das Moment $P\,.\,e$ recht groß zu machen, um einigermaßen lange Läufer einlegen und an Bindern ersparen zu können. Die Länge der Bindersteine ist meistens durch die Stärke der unteren Mauer bedingt, auch pflegen gerade die Bindersteine theuer

zu sein, weshalb man eine Vermehrung des Gewichts mit geringen Kosten dadurch erreichen kann, daß man auf den Theilen der Binder, welche auf der Mauer aufliegen, nöthigenfalls bis zur Oberkante der Sparren, einen Mauerkörper a b c d Fig. 1 und 3 Taf. 49 aus gewöhnlichen Steinen aufführt. Hierbei ist es nur nöthig, die Eintheilung der Bindersteine des Gesimses und die der Dachsparren so zu treffen, daß nicht einer der letzteren auf erstere trifft. Fig. 5 Taf. 49 zeigt diese Anordnung in isometrischer Projection.

In den Figuren auf Taf. 49 ist das Gesims ohne Rinnleisten gezeichnet, weil derselbe in der That sehr selten aus Stein hergestellt wird, wenn er wirklich die Dachrinne bilden soll. Die wenigsten unserer Hausteine nämlich sind so wasserdicht, daß man ohne Weiteres die Wasserrinne in ihnen ausarbeiten könnte, und wenn sie diese Eigenschaft auch besäßen, so wird man doch sehr schwer das Wasser von den Fugen ganz abhalten können; findet aber letzteres Gelegenheit, hier auch nur im mindesten einzubringen, so erweitert es die Fugen bei eintretendem Froste, und wird auf diese Weise bald den Ruin der Rinne und des ganzen Gesimses herbeiführen. Man ist daher in den meisten Fällen genöthigt, eine in Stein ausgehauene Rinne mit Metallblechen auszufuttern; und da die Befestigung dieser an den Steinen nicht ohne Schwierigkeiten zu bewirken ist, so zieht man es vor, den ganzen Rinnleisten aus Metallblechen zu verfertigen, wodurch man noch den Vortheil der größeren Leichtigkeit des am weitesten vorspringenden Gesimstheils gewinnt, an Solidität und Feuersicherheit aber, wenn man nicht gerade Zinkblech wählt, nichts verliert. Diese Vortheile sind so groß, daß man die Rinnleisten von Metallblech, sogar bei Holzgesimsen, jetzt immer allgemeiner anwendet, wovon wir später, wenn von der Ableitung des Wassers von den Dächern die Rede sein wird, näher reden werden. Bei jeder, vorzüglich aber bei der eben beschriebenen Gesimsconstruction, ist es durchaus nöthig, darauf aufmerksam zu sein, daß nicht der Fuß der Sparren (oder gar von Aufschieblingen) auf der Ausladung des Gesimses aufsteht, worauf in unseren Figuren durch den angedeuteten Zwischenraum auch Rücksicht genommen wurde.

Man sieht leicht, daß die einem Gesimse möglicherweise zu gebende Ausladung mit der Mauerstärke darunter im Zusammenhange steht, und daß, wenn man nicht besonders künstliche Mittel anwenden will, diese Mauerstärke das Maaß der größten Ausladung gibt; woraus wiederum folgt, daß die Stärke der Frontmauern eines Gebäudes von der Größe der dem Hauptgesimse zu gebenden Ausladung abhängig ist.

Ein Beispiel einer interessanten Gesimsconstruction liefert die bei dem Palast Strozzi in Florenz angewendete, wo das weit auslabende, reiche Kranzgesimse auf einer so schwachen Mauer ruht, daß das Gewicht eines unterhalb des Gesimses liegenden Theils der Mauer zu Erlangung der nöthigen Stabilität benutzt werden mußte. In Fig. 1 Taf. 50 ist diese Construction nach einer in dem schon mehrfach genannten Mauch'schen Werke mitgetheilten Skizze dargestellt.

Das Gesims hat Konsolen oder Kragsteine und Zahnschnittband unterhalb der Hängeplatte. Letzteres bildet eine Binderschicht, während das darüberliegende geschwungene Glied als Läuferschicht behandelt und nur hintermauert ist. Auf dieser liegen die die Hängeplatte und Sima tragenden Kragsteine wiederum als durch die ganze Mauerstärke reichende Bindersteine, und jeder derselben ist mit dem unter ihm liegenden Mauertheile, auf eine Höhe von etwa 10 Fuß, durch eine Art steinerner Klammern verankert, wie solches die Figur deutlich zeigt. Die Zwischenräume zwischen den Kragsteinen sind mit Läufern ausgesetzt. Die Hängeplatte ist durch stark vertiefte, mit besondern Platten geschlossene Kassetten erleichtert, und die Sima oder der Kranzleisten besteht aus Läufer= und Bindersteinen, wobei letztere aber nur bis über die Auslabung der Hängeplatte sich zurück erstrecken. Der bei dieser Construction aufgewendete Scharfsinn verdient gewiß alle Anerkennung *), doch ist die Anordnung so gekünstelt und kostspielig, auch die Festigkeit der Ankersteine auf eine Art und Weise in Anspruch genommen, die der Natur des Materials nicht entspricht, so daß die ganze Construction nicht wohl zur Nachahmung zu empfehlen ist, da in solchen Fällen Metall=constructionen weit mehr an ihrem Platze, gewiß sicherer und auch wohlfeiler sind.

Für hohe und weit auslabende Hauptgesimse eignet sich, in constructiver Beziehung, am besten die Fig. 7 Taf. 50 angedeutete Anordnung mit hohen Kragsteinen. Diesen ist leicht eine sichere Lage zu geben; denn da sie mit ihrer bedeutenden Höhe in dem soliden Mauerwerke stecken, so wird die Reibung und der Zusammenhang durch den Mörtel sehr zu ihrer Befestigung beitragen, der man außerdem durch metallene Dübel und Klammern noch zu Hülfe kommen kann. Gewöhnlich erhalten solche Konsols oder Kragsteine nur eine geringe Dicke, und können daher häufig aus Platten gefertigt werden, wenn diese nur einigermaßen fest und nicht zu leicht zum Aufblättern geneigt sind, denn gerade durch die von ihnen getragene Hängeplatte gegen den Schlagregen geschützt, sind die Platten in dieser Lage bei weitem weniger dem leichten Verwittern ausgesetzt, als wenn man sie z. B. zur Bekleidung des Sockels voh Gebäuden verwenden wollte.

*) Den Palast selbst bauete um 1489 Benedetto da Majano, das Gesims aber fügte ein gewisser Simone Pajajuolo hinzu, der deshalb den Beinamen Cronaca erhielt.

§. 4.

Einer besondern Erwähnung verdienen noch die Gesims=Ecken von Gebäuden, sowohl wenn diese horizontal bleiben, als wenn sie in ein schräg aufsteigendes Giebelgesims übergehen.

Im ersten Falle sei, in Fig. 2 Taf. 50, h f g das Gebäude=Eck und a b c d das Gesimsstück, dessen Profil in P dargestellt ist: Es kommt nun augenscheinlich nur darauf an, den Schwerpunkt des Gesimssteines sicher zu unterstützen. Ist das Eck, wie in den meisten Fällen, rechtwinklig, so würde der Schwerpunkt des als voll gedachten Gesimssteins in den Durchschnitt der beiden Diagonalen nach e fallen, und fiele dieser mit dem Eck f zusammen, so würde selbst dann, wenn der Stein ein volles Parallel-epipedum wäre, noch Gleichgewicht stattfinden. Nun ist aber der freiliegende Theil des Gesimssteines um den in P dunkler schraffirten Theil leichter, mithin wird der Schwerpunkt nicht mehr in den Durchschnitt beider Diagonalen, sondern hinter diesen Punkt mehr nach d zu fallen, und der Stein wird noch sicher liegen, wenn man demselben eine quadrate Grundfläche l f k d als Auflager gibt, deren Seiten der Auslabung gleich sind. Die Sicherheit der Lage des Steins wird natürlich um so größer, je größer der dunkelschraffirte Theil in Fig. P ist; und nur wenn dieser sehr unbedeutend ist, wird man l d und k d oder f k und f l um etwas größer machen müssen, als a l und c k, wodurch sich die Größe des nothwendigen Steins jedesmal leicht bestimmen lassen wird. Ist das Eck schiefwinklig, z. B. stumpf wie in Fig. 3 Taf. 50, so ist es, bei der immer rechtwinkligen Anordnung der Stoßfugen des Gesimses, wieder hinreichend, die Längen f l und f k in Fig. 3 gleich der Auslabung, d. i. gleich c k = a l zu machen, vorausgesetzt, daß die Verlängerungen von c k und a l bis zum Punkte d stattfinden können, weil alsdann der Schwerpunkt des als voll gedachten Steines immer nach e innerhalb f fallen wird. Hat aber die Mauer eine geringere Stärke, so daß der Punkt d darüber hinausfällt, und muß der Stein etwa nach m n o ausgewinkelt werden, so wird man f k und f l größer nehmen und untersuchen müssen, ob der Schwerpunkt des Steinstücks a b c o m n auch gehörig unterstützt wird. Ist das Eck aber spitzwinklig, wie in Fig. 4 Taf. 50, so müssen die Längen f l und f k jedesmal bedeutend größer als die Auslabung des Gesimses genommen werden. Dasselbe findet statt, wenn solche Ecken durch Kreisbögen abgerundet werden, wie in den Fig. 5 und 6.

Bei der in Fig. 7 Taf. 50 gezeichneten Gesimsanordnung, oder bei Gesimsen mit Kragsteinen überhaupt, tritt der Uebelstand ein, daß man am Eck immer sehr große Steine gebraucht und viel Material verhauen werden muß. Setzt man nämlich, wie es gewöhnlich geschieht, und wie dies Fig. 2 Taf. 51 zeigt, unmittelbar an das Eck einen Kragstein, so müssen die auf jeder Seite diesem Eck zunächst sitzenden aus einem Stück gearbeitet werden, wie solches Fig. 3 darstellt und wobei natürlich viel Material verhauen werden muß. Rückt man aber die Kragsteine nach Fig. 4 Taf. 51 vom Eck zurück, so ist wiederum ein sehr großer Stein für das Eckstück der Hängeplatte nöthig, weil begreiflich die Stoßfugen dieser immer auf einen Kragstein fallen müssen.

§. 5.

Steigt das Gesims an einer Giebellinie hinauf, ohne sich zugleich horizontal auf dieser Seite fortzusetzen, wie dies oft vorkommt und in Fig. 1 Taf. 51 A, B und C dargestellt ist, so muß die Unterfläche der Hängeplatte an der Frontseite des Gebäudes eine Unterschneidung erhalten, die mit der aufsteigenden Giebellinie in einerlei Ebene liegt, wie solches Fig. 1 B zeigt. Rechtwinklig auf die Giebelfront bezogen, erhält die Hängeplatte alsdann gar keine Unterschneidung, sondern ihre Unterkante liegt in jeder lothrechten Durchschnittsebene horizontal.

Das Auflager des Eck-Gesimssteins muß natürlich horizontal sein, wie es durch k f h g in den Figuren bezeichnet ist; dadurch wird aber ein Stein von der Höhe d g Fig. 1 B nöthig, von welchem viel verhauen werden muß. Man pflegt daher die Länge h g Fig. 1 A und B so klein als möglich zu nehmen und die sichere Lage des Steins durch eine Verlängerung desselben in der Richtung h k zu bewirken, wodurch dann eine Verkröpfung entsteht, wie sie in Fig. 1 C isometrisch dargestellt ist. Die sichere Lage ist besonders auch deshalb nöthig, weil das Eckgesimsstück gewissermaßen als Widerlager für die, auf einer schiefen Ebene ruhenden, übrigen Giebelgesimssteine dient. Die Stoßfugenfläche c d l m Fig. 1 A und B muß auf der steigenden Linie h l senkrecht stehen, damit die übrigen Giebelgesimssteine nach einer, senkrecht auf ihrer Länge anzulegenden Brettung bearbeitet werden können.

Bei einem vollständigen Hauptgesimse, wie solches in den Fig. 5 und 6 Taf. 51 dargestellt ist, bedarf man für das Eckstück immer eines großen Steins, dessen Umfang in Fig. 5 Taf. 51 durch die Buchstaben a b c d angedeutet wird, und um nun den geringsten Materialverlust zu erzielen, arbeitet man den Kranzleisten nur in der Länge b e mit dem übrigen Gesims aus einem Stück, wodurch dann eine Form entsteht, wie sie Fig. 6 in isometrischer Projection zeigt. In dem aufsteigenden Gesimse halten alsdann die Stoßfugen des aus besondern einzelnen Steinen gearbeiteten Kranzleisten mit denen des darunter befindlichen Gesimses Verband, wie solches in Fig. 5 auch dargestellt wurde.

§. 6.

Das Vorstehende dürfte genügen, um jedes aus Hausteinen bestehende Hauptgesimse zu construiren; denn die geringen Modificationen, welche durch eine Abänderung der Profilform, oder durch eine möglichst ökonomische Benutzung des Materials nöthig werden, können keine Schwierigkeiten verursachen.

Was die Anfertigung der einzelnen Gesimssteine anbelangt, so ist darüber nur zu bemerken, daß es einer ganz besonders genauen und aufmerksamen Arbeit und richtig gezeichneter Chablonen oder Brettungen bedarf. Letztere müssen immer die Durchschnittsfigur des Gesimses, in einer auf der Lagerfuge senkrechten Ebene, in natürlicher Größe darstellen. Man verfertigt dieselben aus Pappe, Holz oder Blech. Letzteres Material ist besonders dann vorzuziehen, wenn eine große Anzahl Steine nach ein und derselben Chablone gearbeitet werden sollen, weil es nicht so leicht beschädigt werden kann und sorglosen Arbeitern die Gelegenheit benimmt, die Chablone nach ihrer Arbeit abzuändern, wie solches wohl bei fehlerhafter Arbeit zu geschehen pflegt.

Die Anfertigung der Chablonen hat keine Schwierigkeiten, doch erfordert sie einige Aufmerksamkeit. Ein Blick auf die Fig. 7 Taf. 51 zeigt nämlich sogleich, daß das ansteigende Giebelgesims nicht nach derselben Chablone gearbeitet werden kann, nach welcher das horizontalliegende dargestellt wurde, obgleich am Eck beide in einander übergehen. Stellt A Figur 7 die Chablone des aufsteigenden Gesimses dar, so muß die Ausladung a desselben der a' des horizontalliegenden gleich sein, die Höhe h ist aber der h' begreiflich nicht gleich. Man muß daher aus den Profilpunkten des gegebenen Profils A' Parallelen mit der Giebellinie ziehen, wie z. B. m n, x' x, in n etwa eine Senkrechte n p darauf errichten und von dieser aus die senkrechten Abstände der Profilpunkte in A' von m q ebenfalls senkrecht auftragen, wie solches die Figur zeigt, so daß a = a', b = b' 2c. wird. Hierbei ist es nöthig, bei größeren geschwungenen Gliedern, wie z. B. bei dem Kranzleisten, außer den Endpunkten noch einige Zwischenpunkte auf die angegebene Art zu bestimmen, wie dies in der Figur bei x z. B. geschehen ist.

Und beim Uebertragen der Zeichnung auf das Material der Chablone Fehler zu vermeiden, thut man gut, die auf Papier gezeichneten Originale auf das Material der Chablone kleben und diese dann danach auszuschneiden zu lassen.

Bei langen Gesimsen, und vorzüglich auch bei denen von Archivolten, ist es anzurathen, die letzte, feinste Bearbeitung erst nach dem Versetzen der Steine vorzunehmen, weil es sonst fast nicht zu vermeiden ist, daß Buckel und sonstige Unregelmäßigkeiten in den Gesimslinien entstehen, die sehr unangenehm in's Auge fallen.

§. 7.

Sehr oft sollen nun aber Gesimse von der bisher betrachteten Form aus Backsteinen hergestellt werden, wobei dann durch einen Ueberzug von Putz oder Stuck die feineren Glieder gebildet und die Construction des Gesimses äußerlich verdeckt wird. Dergleichen Gesimse gewähren wenig Dauer, können ohne Zuhülfenahme von Eisenconstructionen nur flach, ohne bedeutende Ausladung, hergestellt werden, verlieren den Charakter des Beschützens der darunter liegenden Mauertheile, und sind überhaupt eine von den Constructionen, die dem Hauptgrundsatze, die Form dem jedesmaligen Materiale anzupassen, widersprechen und daher keine Nachahmung verdienen. Wir setzen hierbei nur gewöhnliche Backsteine voraus, denn sobald man die Gesimssteine in größeren Stücken besonders formt und brennt, wobei dann auch der meistens sehr unhaltbare Mörtelüberzug fortfällt, schafft man sich das Material nach der beabsichtigten Form, und es leidet wohl keinen Zweifel, daß solche Gesimse dann zweckmäßig, schön und auch dauerhaft angefertigt werden können.

Soll ein Gesimse aus gewöhnlichen Backsteinen construirt werden, so hat man allgemein darauf zu sehen, daß jeder einzelne Backstein eine solche Lage bekommt, daß sein Schwerpunkt sicher unterstützt ist. Will man dabei kein Eisen zu Hülfe nehmen, so leuchtet es ein, daß diese Ausladung der, immer die meiste Schwierigkeit machenden, Hängeplatte, höchstens gleich einer halben Steinlänge gemacht werden darf, so daß sich im Allgemeinen diese Ausladung auf 5 Zoll reducirt. Aber selbst mit dieser geringen Ausladung kann man ein Eck des Gesimses nicht ohne Hülfe größerer Steine construiren, wenn man sich nicht des Eisens bedienen will.

Das ganze Gesimse wird aus lauter Binderschichten gebildet, und die Hängeplatte besteht gewöhnlich aus einer Rollschicht, die oft mit einer Reihe Dachplatten (Bieberschwänzen), von denen die Nasen abgeschlagen sind, abgeglichen wird, um die nöthige Höhe zu erlangen und den Vorsprung für das Krönungsglied der Hängeplatte zu gewinnen. Muß die Hängeplatte noch einen, ebenfalls aus Backsteinen gebildeten, Rinnleisten tragen, welcher letzterer gewöhnlich ebenfalls aus einer Rollschicht besteht, so ist eine Aufmauerung des Gesimses zwischen den Sparren nöthig, um dadurch den aufliegenden Theil der die Hängeplatte bildenden Steine so zu belasten, daß sie das Gewicht des Kranzleistens zu tragen vermögen.

In den Gegenden, wo dergleichen Gesimse vielfach zur Anwendung kommen, pflegt man eine größere Sorte Backsteine, Gesimsziegeln genannt, vorräthig zu halten, aus benen man die Hängeplatten bildet, um diesem Gliede eine etwas größere Ausladung geben zu können. Das ganze Gesims wird dann mit Putz überzogen, von welcher Arbeit wir später, wenn von den Putzarbeiten überhaupt die Rede ist, das Nöthige nachholen wollen. Die geschwungenen Glieder des Gesimsprofils werden in so weit schon durch die Steine vorgebildet, daß man diese schräg zuhaut oder „in Fase setzt," so daß wo möglich der Putz nirgends stärker als ½ Zoll aufgetragen zu werden braucht. Die Figuren 3 bis 6 Taf. 52 zeigen einige solcher Gesimse, die keiner weiteren Erläuterung bedürfen und bei denen der Steinverband deutlich angegeben ist. Fig. 6 zeigt den zu Fig. 5 gehörigen Durchschnitt einer Fensterverdachung, wobei zugleich angedeutet ist, daß die architravirte Fenstereinfassung gar nicht vorgemauert, sondern nur in Putz gezogen ist.

Sollen dergleichen Gesimse eine größere Ausladung erhalten, so ist es unvermeidlich, eine Eisenconstruction zu Hülfe zu nehmen. Dieselbe bildet im Allgemeinen immer einen aus dünnen Eisenstangen bestehenden Rost, der so befestigt wird, daß er, in der Unterfläche der Hängeplatte liegend, den Steinen derselben ein sicheres Auflager gewährt. Der Rost wird gewöhnlich an den Köpfen der Dachbalken durch Nägel befestigt, obgleich diese Anordnung wenig Sicherheit gewährt. Denn da gerade die Köpfe der Balken dem Verfaulen am meisten ausgesetzt sind und dieses an der Oberfläche des Holzes gewöhnlich zuerst eintritt, so können hier die Nägel früher lose werden, ehe der Balken selbst alle seine Tragkraft verliert; abgesehen davon, daß die ganze Festigkeit des oft sehr lastenden Gesimses schon anfänglich von einigen Nägeln abhängig gemacht wird. Trotz dieser Mängel ist die erwähnte Anordnung doch vielfältig in Anwendung, und die Fig. 2 und 2 a Taf. 52 zeigen dieselbe so deutlich, daß sie keiner weiteren Erläuterung bedürfen, als daß die Anker, welche die vordere Längenschiene tragen und an die Balken genagelt sind, in den Fällen, wo letztere nicht gerade in der Höhe der Hängeplatte liegen, gekröpft werden müssen, wie dies Fig. 2 zeigt. Bildet das Gesims ein Eck, so ist immer ein Anker in der Richtung der Diagonale nöthig, und die Anordnung der einzelnen Stangen des Rostes muß an dieser Stelle immer so sein, daß ein Stein von einer derselben zur andern reicht.

Eine bessere Construction wird erreicht, wenn man die Anker nicht an den Balkenknöpfen, sondern in der Mauer selbst befestigt, wozu letztere natürlich eine der Ausladung des Gesimses angemessene Stärke haben muß. Die Anker bestehen aus etwa 1,6 Zoll breiten und 0,3 Zoll starken Flacheisen, werden hochkantig gelegt und nach Fig. 1 Taf. 52 so gebogen, daß der horizontale Arm a b Fig. 1 a in eine, um zwei oder drei Schichten unter der Hängeplatte liegende Lagerfuge reicht; dabei muß der Anker so weit in die Mauer zurückgelegt werden, daß die lothrechte Ebene ber Mauerstirn den oberen, wagerecht liegenden Arm, etwa in der Mitte seiner Länge schneidet.

Diese, in Entfernungen von etwa 4 Fuß, in die Stoß-fugen der aus einer Rollschicht gebildeten Hängeplatte ge-legten Anker tragen an ihrem vorderen Ende eine um sie herum gekröpfte Schiene cc von etwa 1,4 Zoll breiten und 0,25 Zoll starken Flacheisen, auf welcher die vorderen Steine der Hängeplatte ruhen, und sind gegen das Herab-biegen durch ein noch auf der vollen Mauer ruhendes Eisenstückchen d geschützt. Die auf die Schiene c treffen-den Steine müssen an ihrer Unterfläche so zugehauen wer-den, daß diese mit der der Schiene bündig liegt, wie solches in Fig. 1 angedeutet ist. Am Eck kann man in der Dia-gonale nicht wohl einen hochkantigen Anker legen, weil man sonst in dieser Richtung eine durchlaufende Stoßfuge bilden müßte, die nicht stattfinden darf, da gerade ein guter Fu-genverband am Eck wesentlich zur Festigkeit des Ganzen beiträgt. Deshalb muß man den Eckrost aus hinlänglich starken Flacheisen bilden, wie dies in Fig. 1 a angedeutet ist, und was sich immer ohne große Schwierigkeiten aus-führen lassen wird.

Nach dieser, von dem Bauintendanten Engel im Crell'schen Journal für die Baukunst mitgetheilten, Con-struction kann man der Hängeplatte eine Auslabung gleich der ganzen Steinlänge geben, denn nach dem in Fig. 1 a dargestellten Verbande liegen die Steine e e mit ihrer hal-ben Länge noch auf dem Untergesimse auf, werden durch die Steine f f mit Hülfe des Mörtels in dieser Lage sicher gehalten, und sind daher im Stande, auf dieselbe Weise das hintere Ende der Steine g g zu halten, deren vorderes Ende auf der Schiene cc ruht.

Da ein Theil der Festigkeit des Gesimses auf der Cohärenz des Mörtels beruht, so ist es nöthig, die Back-steine vor dem Vermauern sorgfältig zu nässen, und wäh-rend des Mauerns, und bis zur Erhärtung des Mörtels, die Hängeplatte durch ein unter ihr befestigtes Brett zu unterstützen.

§. 8.

Nach dem Vorstehenden könnte es den Anschein ha-ben, als ob wir der Ansicht wären, der Backstein gestatte nur eine mangelhafte und ausbruckslose Gesimsbildung. Dem ist aber keinesweges so, sondern wir sind vielmehr der Meinung, daß dieses Material, bei einer seiner Form gemäßen Behandlung, gerade sehr charakteristische und vor-trefflich wirkende Gesimsbildungen zuläßt.

Vor Allem muß man von dem Ueberziehen dieser Ge-simse mit Putzmörtel ganz abstrahiren; denn da dieselben am meisten dem Wetter ausgesetzt sind, so wird der Putz sehr bald abfallen und ein schlechtes Aussehen bewirken. Läßt man aber den Putz fort, so wird sich auch die Nach-

bildung antiker Gesimsformen von selbst verbieten, weil dann das Gekünstelte und Naturwidrige einer solchen Con-struction offen vor Augen läge. Das so verständige Mit-telalter hat auch an solchen Orten, wo man auf den Back-stein als Baumaterial angewiesen war, besonders bei mo-numentalen Bauten, wie bei Kirchen, Rathhäusern, Stadt-thoren und Befestigungsthürmen ꝛc., den Putzüberzug durch-aus verschmäht, und diese Monumente *) bieten viele Gelegenheit dar, Studien über Backsteingesimse zu machen.

Weit vorragende Platten sind nicht ausführbar, aber Zahnschnittbänder und treppenförmig gebildete Consolen sind leicht auszuführen, und machen, wenn man zu den hervorragenden Theilen heller gefärbte, zu den zurücktreten-den aber dunkler gefärbte Steine verwendet, bedeutende Wirkung. Durch das Uebereckstellen der Steine in den Schichten, sowohl liegend als stehend, bildet sich das soge-nannte Sägezahnband, welches einen überaus kräftigen Ausbruck hat. Außerdem lassen sich leicht, noch hinter die Mauerflucht zurücktretende, vertiefte Felder zwischen den Hervorragungen bilden, so daß letztere, trotz der geringen Auslabung, doch tiefe Schatten werfen und badurch wirk-sam werden. Hat man dann noch die nöthigen Geldmittel, um besondere Formsteine nach geschwungenen Profilen ver-wenden zu können, so wird man reiche und auch zierliche Gesimse bilden können, deren Ausdruck dem Material an-gemessen ist, und die zugleich, ein Verständniß ihrer Con-struction zulassend, den Beschauer auch in dieser Beziehung befriedigen werden.

Die Construction solcher Gesimse wird keine Schwie-rigkeit verursachen, wenn wir die im ersten Kapitel gege-benen Regeln über den Steinverband gehörig beobachten; nur an den Ecken der Gebäude werden besondere Formen entstehen, auf welche wir hier indeß nicht weiter einge-hen können, sondern dies dem mündlichen Vortrage vorbe-halten müssen.

Um das Vorstehende durch einige Beispiele zu erläu-tern, geben wir auf Taf. 53 einige dergleichen Gesimse aus dem dritten Hefte der „Architektonischen Entwürfe aus der Sammlung des Architekten-Vereins zu Berlin" **), welche nur aus gewöhnlichen Backsteinen bestehen und bei denen der angewendete Steinverband in den Durchschnitten und geometrischen Ansichten deutlich angegeben ist. Der Rinnleisten ist auch hier aus Metallblech bestehend ange-nommen, und in den nachstehenden Figuren sind ein Paar Gesimse mit Hülfe einfacher Formsteine dargestellt und ein

---

*) 3. B. in Tangermünde, Brandenburg, Lübeck ꝛc. Ebenso die italienischen Städte Bologna, Ravenna, Forli, Siena ꝛc. Siehe dar-über „L. Runge Beiträge zur Kenntniß der Backstein-Architektur Ita-liens." Berlin, Reimann.

**) Die Gesimse sind von Berger entworfen.

runbes Fenster, alle brei Figuren aus dem rühmlichst be=
kannten Werke „Kirchen, Pfarr= und Schulhäuser" ꝛc. ent=

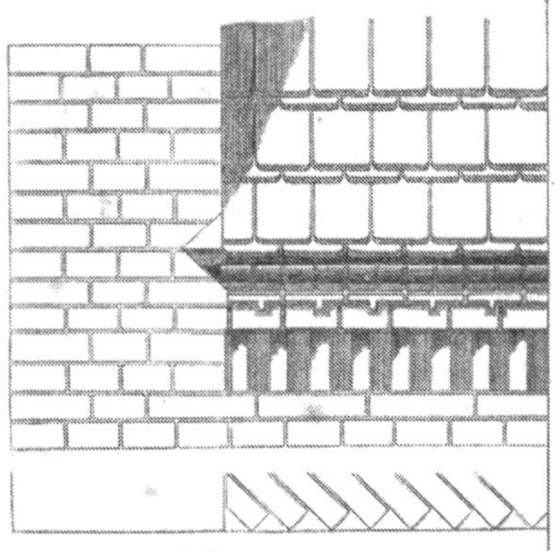

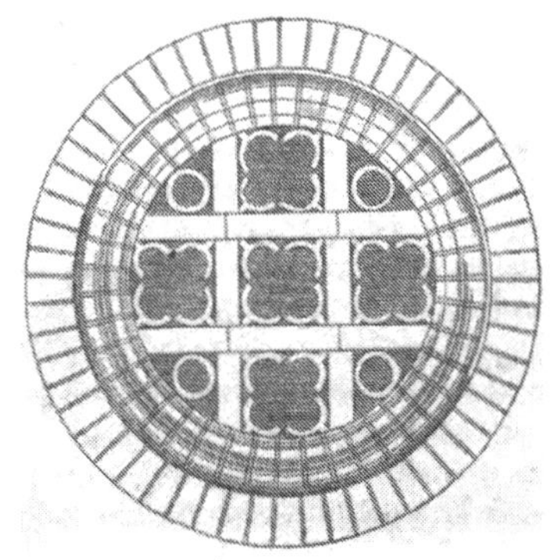

nommen, um anzubeuten, baß der Backstein sehr wohl Ge=
simsbildungen zuläßt, ohne zu jenen verwerflichen Ueber=
kleisterungen mit Mörtel genöthigt zu sein.

————

Fünftes Kapitel.

Construction der Steintreppen.

§. 1.

Unter einer Treppe (Stege, Stiege) verstehen wir
bie stufenförmige Vorrichtung, welche bestimmt ist, einen
höher gelegenen Raum mit einem tiefer liegenben so zu ver=
binden, baß bie Communikation zwischen beiden mit Sicher=
heit und Bequemlichkeit stattfinden kann.

Sicherheit und Bequemlichkeit sind baher bie
beiden Haupterfordernisse einer jeden Treppenanlage. Beide
hängen zwar von einer geschickten Anordnung und präcisen
Ausführung ab; boch wird erstere hauptsächlich burch bie
Wahl des Materials bedingt, während letztere bei jebem
Material mit einiger Aufmerksamkeit immer zu erreichen ist.

Die Materialien, aus denen man Treppen zu con=
struiren pflegt, sind Stein, Holz und Metall, namentlich
Eisen; wir haben aber hier nur bie aus Steinmaterial
erbauten Treppen näher zu betrachten, da bie aus Holz
und Metall dargestellten andern Abschnitten angehören.

Die Treppen haben, abgesehen von ihrem Material,
theils nach dem Orte, wo sie befindlich, theils nach ihrer
Form, ihrem Gebrauche und ihrer Constructionsweise ver=
schiedene Benennungen erhalten; auch hat sich eine gewisse
Terminologie gebildet, bie wir kennen lernen wollen, bevor
wir auf bie Construction der Treppen selbst näher eingehen.

Zunächst unterscheidet man Freitreppen, b. h. solche,
bie im Freien außerhalb von Gebäuden angebracht werden,
von ben im Innern von Gebäuden angelegten innern
Treppen. Letztere nennt man nach ihrer Lage, ihrer Aus=
stattung und ihrem Gebrauche Haupttreppen, Pracht=
treppen, Nebentreppen, geheime Treppen, Kel=
lertreppen, Bodentreppen ꝛc., welche Benennungen
burch ben Wortlaut sich selbst erklären.

Was bie Benennung der einzelnen Theile einer Treppe,
bie bei allen zur Anwendung kommenben Materialien bie=
selbe bleibt, anbelangt, so bemerken wir barüber Folgendes:

1) Treppenwangen (Treppenbäume) sind bie bie
Treppe seitwärts begrenzenben, mehr oder weniger langen,
geraben oder gekrümmten, balkenartigen Theile, in oder
auf welchen bie Treppenstufen an ihren Enden ein Auf=
lager finden.

Man unterscheidet innere Wangen oder solche, bie
von ben das Treppenhaus einschließenben Wänden abge=
kehrt, und äußere Wangen, oder solche, bie biesen
Wänden zugewanbt liegen und oft an benselben befestigt
oder in sie eingelassen sind.

2) Trittstufe nennt man ben wagerechten Theil
der Treppenstufe, auf ben man beim Begehen der Treppe
tritt.

3) **Setzstufe** (Futterstufe) dagegen den Theil der Treppenstufe, der zur Unterstützung jener dient und meistens lothrecht steht.

4) **Blockstufe** nennt man eine solche, wo Tritt- und Setzstufe aus einem Stücke bestehen oder aus dem Vollen gearbeitet sind, wie dies bei allen Treppen aus natürlicher Steinen der Fall zu sein pflegt.

5) **Antritt** einer Treppe nennt man die Stufe, welche, auf das Stockwerk bezüglich, die **unterste** ist.

6) **Austritt** hingegen die oberste Stufe, deren Trittstufe mit dem Fußboden des zu ersteigenden Raumes in einer Ebene liegt.

7) **Steigung** einer Treppe ist die **vertikale** Entfernung von der Oberfläche einer Trittstufe zur Oberfläche der nächstfolgenden; und unter

8) **Auftritt** versteht man den **horizontalen** Abstand von der Vorderkante einer Trittstufe bis zur Vorderkante der nächstfolgenden.

9) **Podest** (Pedest, Ruheplatz, Ruhebank) heißt ein größerer wagerechter Platz, der die Reihenfolge der Stufen unterbricht; er ist eigentlich nichts Anderes, als eine breitere Trittstufe.

10) **Länge** einer Stufe ist die Entfernung von einer Wange zur andern und gleichbedeutend mit **Breite** der Treppe.

11) **Treppengeländer** ist die zum Schutz gegen das Herabfallen und zur Bequemlichkeit beim Begehen angebrachte, meist gitterartig gestaltete Vorrichtung; und unter **Handgriff** versteht man den obersten Theil des Geländers, den man mit der Hand zu umspannen pflegt.

12) **Treppenarm** (Treppenlauf) nennen **wir** eine ununterbrochene Reihenfolge von Treppenstufen, entweder zwischen **An-** und **Austritt**, zwischen dem Antritt und einem Podest, zwischen zwei Podesten oder einem solchen und dem Austritt der Treppe. Unter **mehrarmigen** Treppen verstehen wir aber solche, wo mehrere — gewöhnlich zwei — Treppenarme zu **derselben Höhe**, entweder zu einem gemeinschaftlichen Podest oder zum Austritt der Treppe führen; so daß **wir** einen Unterschied machen zwischen einer Treppe mit **zwei Armen** und einer **zweiarmigen** Treppe.

13) **Treppenhaus** pflegt man den Raum eines Gebäudes zu nennen, in welchem sich die Treppe hinaufwindet, besonders dann, wenn in demselben die Treppen zu den verschiedenen Stockwerken so übereinander liegen, daß ihre Horizontalprojectionen sich decken.

§. 2.

Hinsichtlich der Grundanlage und Form der Treppen unterscheiden wir gerade, gebrochen gerade und gewundene Treppen.

Gerade Treppen nennen wir solche, bei denen die Begrenzungslinien der Breite der ganzen Treppe in der Horizontalprojection gerade und parallele Linien bilden. Folgt dagegen die Treppe mit ihren Armen etwa den Umfangswänden des Treppenhauses, oder ist sie überhaupt so gestaltet, daß in der Horizontalprojection nur jeder einzelne Treppenarm durch zwei gerade und parallele Linien begrenzt wird, jedoch nicht alle Arme in ein und dieselbe Richtung fallen, so heißt die Treppe eine **gerade gebrochene**.

Bei dieser Anordnung sind die inneren Wangen (wenn solche vorhanden sind) in den Ecken, wo sie zusammenstoßen, oft abgerundet, so daß eine steigende Linie entsteht, deren Horizontalprojection irgend eine krumme — meist kreisförmige — Linie bildet, zu welcher die geraden Wangenstücke Tangenten sind.

Bildet eine, oder geben beide Begrenzungslinien der Treppe in der Horizontalprojection **nirgend** eine gerade Linie, so daß die Trittstufen an einem Ende weniger Auftritt haben, als am andern, so heißt die Treppe eine **gewundene**, und wird zur **Windel-** oder **Wendeltreppe**, wenn die Begrenzungslinien der Treppe in der Horizontalprojection eine geschlossene Kurve bilden. Hat eine solche Treppe eine innere Wange, die noch einen hohlen Raum im Innern des Treppenhauses umschließt, so heißt die Treppe eine **Windeltreppe mit hohler Spindel**; ist aber dieser Raum nicht vorhanden, so daß die innere Wange zu einem vollen Pfosten wird, der dann den Namen **Spindel oder Mönch** annimmt, und in welchem alle Trittstufen mit ihrem schmalen Ende ein Auflager finden, so heißt die Treppe eine **Windeltreppe mit voller Spindel** oder **mit einem vollen Mönch**.

§. 3.

In Beziehung auf die Construction müssen wir **unterstützte** und **freitragende** Treppen unterscheiden; denn wenn diese Unterscheidung auch nichts weniger als logisch genannt werden kann, da jede Treppe nothwendig unterstützt sein muß, so ist die Benennung doch kurz und auch ziemlich bezeichnend.

Unter einer **unterstützten** Treppe verstehen wir eine solche, deren Wangen (oder wenn diese fehlen, die Enden der Stufen oder diese in ganzer Länge) durch Pfeiler, Pfosten, volle Mauern, Bogen und Gewölbe unterstützt und die Unterstützungen namentlich auch in den Ecken der gerade gebrochenen Treppen angebracht sind; unter einer **freitragenden** aber eine solche, die dergleichen Unterstützungen nicht hat und bei der sich, sind Wangen vorhanden, diese eine auf die andere und nur die unterste auf ein festes Fundament stützen, oder wenn die Wangen fehlen, die Stufen selbst auf die angegebene Weise sich tragen und nur die unterste unmittelbar auf dem Fundamente ruht. Beide Arten von Treppen unterscheiden sich dann wiederum in solche mit und ohne Wangen, je nachdem diese Constructionstheile angebracht sind oder nicht.

§. 4.

Was die Disposition der Treppen in einem Gebäude, die Wahl ihrer Grundform, der Größe, die Ausstattung derselben ꝛc. anbetrifft, so sind dies alles Gegenstände, die in die Lehre vom Entwerfen der Gebäude gehören und die wir als gegeben betrachten müssen. Bei jeder Treppe gibt es aber gewisse Maaßverhältnisse, die unabhängig von der Grundform derselben sind, und deren Kenntniß bei dem Constructeur vorausgesetzt wird, da sehr häufig in den Gebäudeplänen nur der Ort wo, und die Form wie die Treppe erbaut werden soll, angegeben sind, alles Uebrige aber dem Constructeur überlassen bleibt.

Um nun eine auf die angegebene Weise eigentlich nur angedeutete Treppe ausführen zu können, muß zunächst die zu ersteigende Höhe, d. h. die vertikale Entfernung der Fußbodenoberflächen der durch die Treppe zu verbindenden Räume, die Größe des Raumes, den die Treppe im Grundriß einnehmen, d. h. auf dem sie aufgestellt werden soll, und die Oeffnung im Fußboden des zu ersteigenden Stockwerks gegeben sein. Hiernach bestimmt man alsdann die Anzahl der Stufen, und die Größe des Auftritts und der Steigung der Treppe. Sehr oft ist aber auch die Steigung der Treppe gegeben; und da von diesem Maaß, wie wir sehen werden, die Größe des Auftritts abhängt, so ist alsdann durch die Steigung und die immer gegebene, zu ersteigende Höhe auch die Ausdehnung der Treppe in der Horizontalprojection bestimmt.

Die Steigung einer Treppe darf weder zu groß, noch zu klein angenommen werden, weil in beiden Fällen die Treppe unbequem wird.

Für eine Treppe in einem besseren Wohngebäude dürfte eine Steigung von 5½ bis höchstens 6½ Zoll die angemessenste sein. Bei Prachttreppen in Palästen vermindert man dieses Maaß indessen wohl bis auf 4½ Zoll, und steigt bei unbedeutenden Nebentreppen, oder da, wo mögliche Beschränkung des von der Treppe einzunehmenden Raumes geboten ist, bis zu 7 und 8 Zoll hinauf.

Der Auftritt richtet sich nach der Größe der Steigung, und man pflegt dabei den Grundsatz aufzustellen, daß die jeweilige Anstrengung beim Schritt auf einer Treppe nicht größer sein dürfe, als beim Gehen auf der Ebene, das lothrechte Erheben des Fußes aber das Doppelte der Anstrengung, welche zum Ausschreiten auf der Ebene nöthig sei, erfordere. Nimmt man nun den bequemen Schritt des Menschen auf der Ebene zu 22 Zoll

an*), so würde man die Weite eines Schrittes beim Ersteigen einer Treppe, d. i. die Entfernung von einem Auftritt zum andern, finden, wenn man die Steigung doppelt nimmt und von der Schrittweite abzieht, den Rest aber als Größe des Auftritts ansieht.

Hiernach gehört zu einer

Steigung von	ein Auftritt von
4,5″	13″
5,0″	12″
5,5″	11″
6,0″	10″
6,5″	9″

Bei größeren Steigungen kann man dieser Regel indessen nicht mehr folgen, weil ein kleinerer Auftritt als 9 Zoll beim Herabsteigen der Treppe zu unbequem wird, so daß 9″ als das Minimum des Auftritts angesehen werden kann. Für das Hinaufsteigen auf der Treppe würde auch ein kleinerer Auftritt genügen, indem man die Vorderkante der Trittstufe (besonders bei hölzernen Treppen) leicht 2 bis 2½ Zoll über der Vorderkante der Setzstufe vortreten lassen kann, was beim Ersteigen der Treppe eine größere Fläche für den Fuß gibt, die aber für das Hinabsteigen begreiflicher Weise ohne großen Nutzen ist.

Bei großen Freitreppen, welche etwa auf öffentlichen Plätzen, Promenaden ꝛc. angelegt werden, pflegt man andere Steigungsverhältnisse anzuwenden und zu einer Steigung von 5 Zoll, etwa 14 Zoll Auftritt zu nehmen.

Die Franzosen pflegen das Verhältniß des Auftritts zur Steigung nach folgender empirischen Formel zu bestimmen, in welcher a der Auftritt und s die Steigung in Metern bedeuten. Sie machen nämlich,

$$2s + a = 0,65 \text{ Met.}$$

Setzt man in dieser Formel s der Reihe nach

gleich: 0,19; 0,175; 0,165; 0,15; 0,135 Met.

so ergibt sich daraus beziehungsweise a

gleich: 0,27; 0,30; 0,32; 0,35; 0,38 Met.

oder für württemberger Maaß, wenn s

gleich: 6,7; 6,15; 5,8; 5,3; 4,75 Zoll ist,

so wird a

gleich: 9,5; 10,6; 11,3; 12,3; 13,35 Zoll.

Setzt man s = 0, so wird a = 0,65 Met. = 22,8 Zoll, was dem Schritt der Infanterie gleich sein, und setzt man a = 0, so wird s = 0,325 = 11,4 Zoll, was dem Abstande der Sprossen einer Leiter entsprechen soll.

Die einmal für eine Treppe festgesetzte Steigung sowohl als der Auftritt dürfen durchaus nicht wechseln, sondern müssen bei ein und derselben Treppe dieselben bleiben.

Dividirt man mit der Größe einer Steigung in die zu ersteigende Höhe, so findet man die Anzahl der Stei-

---

*) Hier, wie überall, wo nichts anderes bestimmt wird, ist das württembergische Decimalmaß verstanden.

gungen, die natürlich immer eine ganze Zahl sein muß. Trifft dies, wie es oft der Fall sein wird, nicht zu, so hat man mit der dem gefundenen Quotienten am nächsten kommenden, ganzen Zahl in die zu ersteigende Höhe zu dividiren, wodurch man die genaue Größe der Steigung erhält.

Z. B. die zu ersteigende Höhe betrage 13' = 130" und es sei eine Steigung von 5,5" vorläufig angenommen; so ergibt sich $\frac{130}{5,5} = 23,6363\ldots$ als Anzahl der Stufen. Die nächste Zahl ist 24 und man erhält als genaue Größe der Steigung $\frac{130}{24} = 5,4166"\ldots$

Da sich nun aber eine solche Größe nicht genau messen und übertragen läßt, so bezeichnet man, um dieser Unbequemlichkeit zu entgehen, die ganze zu ersteigende Höhe auf einer Latte, und theilt dieselbe in die durch Rechnung gefundene Anzahl Steigungen, wodurch man die Größe dieser dann ganz genau erhält.

Da in der Regel die verschiedenen Stockwerke eines Gebäudes auch verschiedene Höhen haben, so wird es sich oft treffen, daß die Treppen für jedes Stockwerk eine andere Steigung erhalten müssen. Dies ist aber, besonders wenn die Treppen, wie es am raumsparensten ist, über einander in einem sogenannten Treppenhause liegen, unangenehm für das Ersteigen sowohl, als für das Herabgehen, sobald man mehr als ein Stockwerk zu durchlaufen hat. Dieser Unbequemlichkeit kann man — wenigstens beim Neubau eines Gebäudes — leicht ausweichen, wenn man eine schickliche Steigung für die Treppe wählt, diese in allen Stockwerken beibehält und die Stockwerkshöhen so einrichtet, daß die angenommene Steigung ein aliquoter Theil derselben ist. So auffallend dies anfänglich erscheinen mag, so ist es doch in der That von wenig Belang, ob man das Stockwerk eines Gebäudes einige wenige Zolle höher oder niedriger macht; und mehr als die Hälfte der Steigung kann die erforderliche Abänderung der Stockwerkshöhe niemals betragen.

Aus der Zahl der Steigungen einer Treppe ergibt sich die Anzahl der Auftritte derselben, und hieraus der Raum, welchen die Treppe im Grundrisse einnehmen wird.

Da die letzte Steigung die Oberfläche des zu ersteigenden Bodens erreicht, mithin der Austritt der Treppe mit diesem Boden in einer Ebene liegt, so beträgt die Anzahl der Auftritte Eins weniger als die Anzahl der Steigungen, und man erhält die Länge L des Raums für einen Treppenarm im Grundrisse, wenn man die Größe a des Auftritts mit der um Eins verminderten Anzahl n der Steigungen multiplicirt, mithin

$$L = a\,(n - 1).$$

Für die Größe der Podeste gelten folgende Regeln:

Jedes Podest einer Treppe muß sowohl mit dem von ihm absteigenden als aufsteigenden Treppenarme gleiche Breite haben. Deshalb ergibt sich für den Fall, daß die gleich breiten Arme der Treppe im Grundriß rechte Winkel mit einander bilden, eine quadrate Form für die Podeste, und wenn zwei zunächst auf einander folgende Treppenarme im Grundrisse parallel liegen, so ist die Länge des Podestes gleich der doppelten Breite der Treppe, vermehrt um den Zwischenraum zwischen beiden Armen, und die Breite mindestens gleich der der Treppe. In diesem Falle kann man das Podest indessen auch breiter, jedoch nicht wohl schmäler als die Treppe machen, weil im letzteren Falle der Transport größerer Möbeln zu unbequem wird.

Für Podeste, die zwischen zwei, in ein und derselben geraden oder krummen Richtung fortlaufenden Treppenarmen liegen, bestimmt sich die Breite wie vorhin, die Länge aber danach, daß man entweder ein oder zwei Schritte (mehrere kommen selten vor) machen soll, ehe man den nächsten Treppenarm erreicht. Bei einer Schrittweite wird man daher mit demselben Fuße, mit welchem man das Podest erreicht, auch die erste Trittstufe des folgenden Treppenarmes betreten. Es muß die Länge des Podestes daher gleich einer Schrittweite vermehrt um einen Auftritt sein. Bezeichnen 1 und 3, Fig. 1 Taf. 54, die Mitte des rechten, 2 und 4 aber die des linken Fußes (wobei 1 und 4 zugleich die Mitten der Trittstufen anzeigen), so ergibt sich für die Länge des Podestes nach der Bezeichnung in der Figur, $\frac{1}{2}\,a + b + \frac{1}{2}\,a = b + a$, wo b die Schrittweite, a die Größe des Auftritts bezeichnet. Hat das Podest zwei Schrittweiten, so ergibt sich die Länge desselben auf dieselbe Weise gleich $2b + a$ oder allgemein für n Schrittweiten gleich $nb + a$. Nur bei einer solchen Anordnung ist die Unbequemlichkeit des sogenannten Trittwechselns auf den Podesten zu vermeiden.

Bei gewundenen Treppen werden die Längen der Podeste sowohl, als die Auftritte der einzelnen Stufen, auf einer in der Mitte der Breite der Treppe, parallel mit den Begrenzungslinien derselben, gezogenen Linie gemessen.

Ohne eine solche genaue Berechnung wird man eine bequeme Treppe nicht wohl ausführen können, und in vielen Fällen dürfte auch diese allein nicht ausreichen; sondern man wird am sichersten zum Ziele gelangen, wenn man den zur Treppenanlage bestimmten Raum nach einem großen Maßstabe aufzeichnet, und dann die Treppe im Grundrisse und mehreren Durchschnitten speciell aufträgt. Hierbei wird sich dann auch am leichtesten die Größe der Treppenöffnung im Fußboden des zu ersteigenden Stockwerks ergeben, so daß man beim Begehen der Treppe nicht der Gefahr ausgesetzt ist, mit dem Kopfe anzustoßen. Hierbei ist dann noch darauf Rücksicht zu nehmen, ob die Treppe etwa von solchen Personen begangen werden soll, die eine Last auf dem Rücken oder gar auf dem Kopfe tragen.

Beim Zeichnen der Treppen ist noch zu bemerken, daß

man in den Grundrissen der Gebäude die Treppen in das Stockwerk einzuzeichnen pflegt, in welchem der Antritt der Treppe liegt, so daß die gezeichnete Treppe immer nach dem höher gelegenen Stockwerke führt.

§. 5.

In Beziehung auf die Construction der massiven Treppen müssen wir die Fälle unterscheiden, wo ausschließlich Werkstücke oder Schnittsteine angewendet oder dieselben ganz ausgeschlossen werden sollen.

Es ist nicht zu läugnen, daß die Anwendung von Schnittsteinen einer Treppe ein sehr solides und elegantes Ansehen gibt; und daß solche Treppen sehr dauerhaft, wenn das Material nicht zu weich, und auch bequem sind, wenn dasselbe nicht — wie z. B. der Granit — zu glatt und schlüpfrig wird [*]). Andern Theils muß man aber auch zugeben, daß solche Treppen theuer werden und, in allen nicht ganz gewöhnlichen Fällen, nur durch geschickte Steinhauer ausgeführt werden können. Kommt es daher nicht auf den Kostenpunkt an, und hat man geschickte Arbeiter, so bleiben Treppen aus Werkstücken denen aus künstlichen oder unbearbeiteten Bruchsteinen wohl immer vorzuziehen.

Handelt es sich aber nur darum, mit den einfachsten Mitteln und mit dem geringsten Kostenaufwande eine feuersichere Treppe herzustellen, so kann man solches mit alleiniger Anwendung von Bruch- und gutgebrannten Backsteinen vollkommen erreichen.

Auch bei Construction der Freitreppen, wo man sonst ausschließlich nur Werkstücke anzuwenden pflegte, bedient man sich jetzt sehr häufig der künstlichen Steine unter zu Hülfenahme des so vorzüglichen Portland-Cements, nachdem man die Güte und außerordentliche Dauer des letzteren durch Erfahrung kennen gelernt hat.

Wir wollen zuerst die Construction der Treppen mit Ausschluß aller Werkstücke und Schnittsteine kennen lernen, und dann Einiges über die aus diesem Material dargestellten folgen lassen. Eine vollständige Anweisung dieser letzten Construction gehört aber in die Lehre vom Steinschnitt, und es mögen daher die hierin einschlagenden Werke nachgelesen werden.

A. Massive Treppen ohne Anwendung von Schnittsteinen [**]).

§. 6.

Der einfachste Fall ist der einer geraden Treppe, über und unter welcher sich keine andere befindet.

---

[*]) Diesem letzteren Uebelstande kann man übrigens durch das Belegen der Treppen mit Teppichen abhelfen.

[**]) Wir folgen hier im Allgemeinen dem Aufsatze in Crelle's Journal für die Baukunst Bd. I. S. 250 ꝛc.

In diesem Falle darf man nur die aus tannenen, besser aber aus eichenen Dielen gebildeten Trittstufen [*]) auf gerade aufgehendes, nach der Treppe geformtes, gehörig fundamentirtes Mauerwerk legen; in welchem zur Ersparung an Material, und um Platz für Schränke oder dergleichen zu gewinnen, hohle Räume nischenartig ausgespart werden können. Das Mauerwerk kann von Backsteinen oder auch von Bruchsteinen, und nur der Bogen über der Nische, so wie die stufenförmige Abgleichung des Mauerkörpers unter den Trittstufen, von Backsteinen ausgeführt werden. Die Trittstufen bestehen aus etwa 2 bis 2½ Zoll starken Dielen, die an der Vorderkante nach Fig. 3 Taf. 54 gekehlt, und dadurch befestigt werden, daß die Hinterkante in das Mauerwerk der nächst höheren Setzstufe etwa ¾ Zoll tief eingelassen wird. Deshalb ist es nöthig, mit dem Legen der Stufen von unten anzufangen, und jede sogleich zu befestigen, sobald das Lager für dieselbe hergestellt ist. Etwaigen Beschädigungen hierbei kann man dadurch vorbeugen, daß man auf die Trittstufen alte Brettstücke aufnagelt, die, nachdem das ganze Gebäude fertig ist, wieder fortgenommen werden.

Die Befestigung der Trittstufen an den Hirnenden kann auf verschiedene Weise geschehen. Liegt die Treppe, wie es meistens der Fall sein wird, mit einer Seite an einer Mauer, so werden die Stufen hier 1 Zoll tief eingelassen, und am entgegengesetzten Ende wohl in ein 9 bis 11 Zoll hohes, 3 bis 4 Zoll breites Halbholz ebenfalls eingelassen, und dies Holz auf der schräg abgeglichenen Mauer dadurch befestigt, daß man dasselbe an eingemauerte eichene Dübel anschraubt, Fig. 7 Taf. 54. Oder man kann entweder das Mauerwerk, etwa 1 Fuß stark, wangenartig 3 bis 4 Zoll über die Stufen hinaufreichen lassen und die Enden der Trittstufen in dasselbe ebenso einlassen, wie am andern Ende in die Mauer des Treppenhauses, Fig. 8; oder man stellt das Mauerwerk stufenförmig dar, läßt die Dielen seitwärts um die Ausladung des angekehlten, auch hier am Hirnende angebrachten Gliedes überstehen, und befestigt jede einzelne durch Schrauben an eingemauerten Dübeln, Fig. 3 bei A. Diese Dübel werden in den von Backsteinen hergestellten Körper der Stufen gleich mit vermauert, sind am oberen Ende etwa 3, am untern 4 Zoll

---

[*]) Diese hölzernen Trittstufen schaden der Feuersicherheit einer solchen Treppe keineswegs in dem Grade, wie dies im ersten Augenblick der Fall zu sein scheint. Einmal werden die Dielen, auf welche das Feuer nur von oben und höchstens noch an der vorderen Kante einwirken kann, sich sehr schwer entzünden, und dann auch mehr verkohlen, als mit heller Flamme brennen; außerdem wird eine solche Treppe doch immer noch in so weit gangbar bleiben, daß bedrohte Menschenleben gerettet werden können; und selbst das vollständigste Verbrennen der Trittstufen wird niemals den Einsturz der Treppe herbeiführen, wie dies bei einer in Brand gerathenen hölzernen Treppe immer sehr bald der Fall ist.

breit, und am besten von Eichenholz, ihre Höhe ist der der gemauerten Stufen gleich. Bei Treppen von nicht zu großer Breite, deren Stufen auf beiden oder einer Seite frei liegen, wird man 3 dergleichen Dübel anwenden, von denen der eine in der Mitte, die beiden andern etwa 6 bis 8 Zoll von den Enden der Stufen angebracht werden. An diesen Dübeln wird dann die Trittstufe, etwa 3 - 4 Zoll von ihrer Vorderkante entfernt, mit 3 — 4 Zoll langen Schrauben befestigt, deren Köpfe man in die Trittstufe versenkt und verkittet.

Daß man auf der hölzernen Wange, wenn eine solche angebracht wird, leicht ein eisernes oder hölzernes Geländer befestigen kann, braucht kaum erwähnt zu werden, ebenso daß diese Anbringung auf der Wangenmauer keine besonderen Schwierigkeiten hat. Soll längs der Mauer des Treppenhauses nur ein einfacher Handgriff angebracht werden, so wird derselbe, nach Fig. 4 Taf. 54 mit eisernen Haken so befestigt, daß zwischen demselben und der Mauer einige Zoll Zwischenraum bleiben, damit man beim Gebrauche sich die Hand nicht verletze.

Eine nach Vorstehendem cynstruirte Treppe ist in den Fig. 5 und 6 Taf. 54 dargestellt, die einer weiteren Erläuterung nicht bedürfen. Eine solche Treppe kann jede beliebige Form und Breite erhalten, insofern sie nur nicht „über sich" hingehen soll. Die Fig. 9 bis 12 Taf. 54 zeigen einige dieser Formen im Grundrisse. Die Podeste erhalten, wenn sie hoch genug über dem Fußboden liegen, Nischen, oder können auch, wie dies in Fig. 5 angenommen ist, ganz unterwölbt werden. Die Oberfläche derselben wird ebenfalls mit 2 bis 2½zölligen Dielen belegt, die an den Enden eingemauert oder, wenn es nöthig, auch noch auf eingemauerten Unterlagern (Ripphölzern) festgenagelt werden.

§. 7.

Wenn aber unter einer Treppe eine andere liegen oder, wie man sagt, die Treppe über sich hingehen soll, so können die Stufen nicht auf vollem Mauerwerke ruhen, sondern es müssen unter den einzelnen Treppenarmen hohle Räume geschafft werden, um Platz für das Durchgehen zu erhalten. Dies kann auf zweierlei Art geschehen, indem man nämlich die Stufen auf einhüftigen oder auf steigenden Gewölben ruhen läßt. Im ersten Falle bilden der An= und Austritt jedes Treppenarmes die Widerlager der einhüftigen Gewölbe, die so durchbrochen werden müssen, daß freie Zugänge zu der Treppe gebildet werden. Im andern Falle müssen die Treppenarme entweder mit vollen Mauern eingefaßt werden, an welchen die steigenden Gewölbe ihre Widerlager finden, oder es können auch diese letzteren durch einhüftige Bögen gebildet werden, die wangenartig die Treppe begrenzen.

Die letzte Anordnung ist in der Regel leichter ausführbar als die erste, und erfordert weniger Mauerwerk als Widerlager; besonders wenn man steigende Kreuz= gewölbe anwendet, die bekanntlich nur in den Eckpunkten der Widerlager bedürfen. Sehr häufig kommen indessen auch steigende Tönnen= oder Kappengewölbe zur Anwendung, und wenn man letztere nicht zu flach anordnet, gewähren sie auch hinreichende Sicherheit, und sind von ungeübten Maurern leichter auszuführen, als Kreuzgewölbe.

Kann man keine halbkreisförmigen Gewölbe anwenden, so sollten die Kappen bei Anwendung gewöhnlichen Mörtels doch nicht flacher sein, als daß sie mit einem Halbmesser gleich $\frac{2}{3}$, $\frac{3}{4}$ oder höchstens gleich der Spannweite beschrieben sind. Bei dieser Form, und wenn die Spannweite nicht über 5 bis 5½ Fuß beträgt, ist eine Stärke der Kappen von ½ Stein hinreichend. Ist aber die Spannweite größer, oder sind die Kappen sehr flach, so müssen sie einen Stein stark eingewölbt werden; auch kann man im Nothfalle eine Eisenverankerung anbringen, die aus etwa $\frac{3}{4}$ Zoll im Quadrat starken, eisernen Stangen besteht, welche dicht über dem Gewölbe durch das Mauerwerk der Stufe und durch beide Widerlagsmauern hindurchreichen, und in diesen durch Ankersplinte befestigt sind.

Die Kappen werden schwalbenschwanzförmig eingewölbt, die Gewölbwinkel ausgeglichen, und dann die Stufen durch Rollschichten dargestellt, auf denen die hölzernen Trittstufen, wie früher angegeben worden, befestigt werden.

Ist die Treppe mit Podesten versehen, so werden diese gewöhnlich mit Kreuz= oder auch mit böhmischen Gewölben überwölbt, wenn man nicht der Einfachheit wegen auch Kappengewölbe nimmt, wie unter den Treppenarmen. Gewöhnlich spannt man von den in den Ecken der gebrochen geraden Treppen angeordneten Pfeilern, Gurtbögen nach den gegenüber liegenden Mauern, die dann die Stirnen sowohl für die steigenden Gewölbe der Treppenarme, als für die horizontalen der Podeste bilden.

Sind die steigenden Gewölbe nicht weiter als 6 Fuß und nicht zu flach gespannt, auch die einzelnen Treppenarme nicht zu lang, so genügt für die Widerlagsmauern eine Stärke von 2 Stein; und wenn einhüftige Bögen an die Stelle der Widerlager treten, für diese eine Tiefe von 2 Stein, so daß für die Pfeiler in den Ecken eine Grundfläche von 2 Stein im Quadrat entsteht.

Die Stärke der Bögen hängt von der Pfeilhöhe der Kappen und davon ab, ob die Trittstufen an ihrem innern Ende in Wangengemäuer eingelassen, oder etwa in einer hölzernen Wange befestigt werden sollen; ja man könnte auch förmliche Brüstungsmauern zwischen den Pfeilern statt des Treppengeländers aufführen, in welchem Falle für die

Stärke der Bögen oberhalb Platz genug vorhanden wäre. In den meisten Fällen wird indessen eine Stärke von 2 Stein hinreichend sein. Wendet man Kreuzgewölbe an, so macht man sowohl bei den horizontal liegenden, als bei den steigenden die Gräte einen ganzen, und die Kappen einen halben Stein stark.

Daß man die Pfeiler sowohl, als die einhüftigen und gewöhnlichen Gurtbögen, statt von Backsteinen, auch von Hausteinen darstellen kann, leuchtet ein; und wendet man volle Widerlagsmauern an, so können diese auch von ordinären Bruchsteinen aufgeführt werden. Die Gewölbe wird man aber immer am zweckmäßigsten aus Backsteinen construiren.

Auf den Taf. 55 und 56 ist eine Treppe mit steigenden Kappen, und auf den Taf. 57 und 58 dieselbe Treppe, aber mit Anwendung von steigenden oder einhüftigen Kreuzgewölben*) gezeichnet, die keiner weiteren Erläuterung bedürfen.

§. 8.

Will man die Treppenarme statt mit steigenden, mit einhüftigen Gewölben unterwölben, so wählt man hierzu gewöhnlich ebenfalls flache, kreisförmige Kappengewölbe, deren Pfeilhöhe etwa $\frac{1}{8}$ bis $\frac{1}{10}$ der Sehne beträgt. Denn gedrückte Gewölbe, mit lothrechten Tangenten in den Kämpferpunkten, sehen meistens übel aus; auch liegen deren Kämpferlinien gewöhnlich zu tief an den Widerlagern, so daß, weil diese, um die nöthigen Zugänge zu den Treppenarmen herzustellen, durchbrochen werden müssen, Schwierigkeiten entstehen, die man gern vermeidet.

Die für diese einhüftigen Kappengewölbe nöthigen Widerlager erhalten eine sehr wirksame Verstärkung durch die Podestgewölbe, und an den An= und Austritten der Treppenarme durch die Gewölbe der zu den Treppen führenden Räume. Denn daß diese, wenn die Treppe selbst massiv ausgeführt wird, mit Holzdecken versehen sein sollten, läßt sich kaum annehmen. Wäre dies aber dennoch der Fall, so müßte hier für hinreichend starke Widerlagsmauern gesorgt werden.

Die auf Taf. 59 dargestellte Treppe zeigt, bei A in Fig. 1, im Durchschnitt die vortheilhafte Wirkung der Podestgewölbe auf die Verstärkung der Widerlager für die einhüftigen Kappen.

Die detaillirte Darstellung der auf den Tafeln 54 bis 59 gezeichneten Treppen macht die Construction so deutlich, daß eine weitere Beschreibnng überflüssig ist, und wir wollen daher nur noch einige Bemerkungen über die

*) Bei Kreuzgewölben ist nämlich der früher gemachte Unterschied zwischen steigenden und einhüftigen Gewölben nicht mehr festzuhalten.

Ausführung einiger, besonders oft vorkommender, noch nicht erwähnten Formen der Treppen, hinzufügen.

§. 9.

Die raumsparendste Anordnung einer Treppe, und die daher auch am meisten zur Anwendung kommende, ist die auf Taf. 59 dargestellte; wobei man, nach dem Vorhergehenden, die Treppenarme auch mit steigenden Gewölben statt der in den betreffenden Figuren dargestellten einhüftigen unterwölben kann. Hierbei kann das gemeinschaftliche Widerlager C D, Fig. 2 Taf. 59, auch als volle Mauer durchgeführt werden, wenn man es nicht vorzieht, dasselbe durch einhüftige Bogenöffnungen zu durchbrechen, wodurch an Material gespart und der Treppe ein leichteres und freundlicheres Ansehen gegeben wird. Das Podest kann ebenso, statt mit Kreuzgewölben, wie gezeichnet, mit einem Kappengewölbe, dessen Scheitellinie horizontal liegt, überspannt werden.

Fehlt es an Raum, so unterbricht man wohl das eine große Podest durch einen kurzen Treppenarm und ordnet zwei quadratförmige Podeste an, wie dies in Fig. 1 Taf. 60 dargestellt ist, obgleich das Begehen einer solchen Treppe, des häufigen Wechsels der Bewegung wegen, nicht bequem ist. Dabei pflegt man, wenn die Länge des kurzen Treppenarmes mit der Seite a b des Pfeilers A übereinstimmt, von letzterem aus nach der gegenüber liegenden Mauer in der ganzen Breite a b einen Gurtbogen zu spannen, und auf diesem das Mauerwerk für die Stufen auszuführen, so daß das zweite Podestgewölbe um die angemessene Höhe höher liegt.

Ist der Raum so beschränkt, daß gar kein Podest angelegt werden kann, sondern die Treppe nach den Figuren 2 oder 3 Taf. 60 gewunden werden muß, so kann die Anordnung auf folgende Weise getroffen werden. Unter den gewundenen Stufen, Fig. 3, kann nach den im zweiten Kapitel §. 43 vorgetragenen Lehren ein Schneckengewölbe dargestellt werden, indem man gleiche Lehrbögen in verschiedenen Höhen radienförmig aufstellt. Diese allerdings nicht ganz einfache Arbeit kann man aber umgehen, wenn man die Mittelmauer unter dem Podest durchführt, oder in ihrer Verlängerung einen Gurtbogen wölbt, dann über den Räumen a b c und d e f, in angemessen verschiedenen Höhen, horizontal liegende Kappen wölbt und auf diesen das Mauerwerk für die Stufen aufführt. Leichter kommt man für diesen Fall dazu, wenn man die in Fig. 2 dargestellte Grundform anwendet, wobei die dreieckigen Kappengewölbe vermieden werden.

§. 10.

Sollen endlich Wendeltreppen gebaut werden, so können solche zwar nach den bei Fig. 3 Taf. 60 angegebenen

Anordnungen ausgeführt werden, doch ist dann eine solche Treppenanlage allerdings beschwerlich auszuführen, und es bleibt eine gebrochen gerade Treppe, die sich um einen vollen oder auch hohlen Mittelpfeiler herumwindet, vorzuziehen. Will man indessen durchaus eine runde Wendeltreppe bauen, so kann man eine Construction wählen, wie sie in Fig. 4 und 5 Taf. 60 dargestellt ist, und wie sie in kleinen Dimensionen ziemlich häufig in alten, aus Backsteinen erbauten, Kirchen vorkommt. Jede Stufe besteht dabei aus einem scheitrechten, central nach dem Mittelpunkte gerichteten Bogen, der die vorhergehende Stufe in der Mitte etwa um 3 bis 4 Zoll übergreift, so daß sich alle Stufen gegenseitig unterstützen und den gesammten Druck auf den Antritt der Treppe fortpflanzen, der seinerseits durch ein solides Fundament unterstützt werden muß. Die Spindel (der Mönch) besteht dabei aus besonders geformten Steinen, welche cylindrisch gestaltet sind, mit den Stufen gleiche Höhe und an einer Seite eine schräge Fortsetzung haben, die den Stufen als Widerlager dient; wie solches bei a Fig. 5 angedeutet ist *).

§. 11.

Die vorstehend beschriebenen Constructionen sind die älteren, welche man anwendete, bevor man die, erst in neuerer Zeit bekannt gewordenen, vorzüglichen Cemente kannte und anzuwenden wußte, und welche man auch noch anwenden muß, wenn man das letztgenannte Material nicht haben kann.

Nachdem aber in den letzten Jahren die außerordentlich günstigen Eigenschaften guter Cemente, namentlich des Portland-Cements, bekannter geworden sind, hat man, besonders an solchen Orten, wo brauchbare natürliche Steine entweder gar nicht oder nur mit unverhältnißmäßig großen Kosten zu haben waren, Treppen von gebrannten Steinen mit Hülfe dieses Materials herzustellen versucht und überraschend günstige Resultate erzielt. Ganz besonders ist dies in Berlin der Fall gewesen, wo die sehr heilsame baupolizeiliche Vorschrift, welche die Erbauung feuersicherer Treppen verlangt, wesentlich zur Erzielung jener Resultate mit gewirkt hat.

Herr W. A. Becker hat in einem eigenen Werke **), welches den Gegenstand erschöpfend behandelt, die verschiedenen Constructionen, unter Angabe der Kostenberechnungen, mitgetheilt, und wir wollen Einiges daraus hier anführen, um unsere Leser mit dem Wesen der Sache bekannt

zu machen, ohne uns zu sehr in das Detail zu verlieren, zu dessen Studium wir vielmehr das Werk des Herrn Becker angelegentlich empfehlen.

In Beziehung auf die Construction der Treppenstufen und Podeste unterscheidet Herr Becker solche, welche

1) in besondern Formen oder auf schablonenartiger Zurüstung,

2) unmittelbar auf Rüstung und Schalung, und

3) auf Unterwölbung oder Untermauerung construirt werden.

Die nach der ersten Art construirten Stufen bieten den Vortheil, daß sie zu jeder Jahreszeit in den verschiedensten Längen und Querschnitten in besondern Werkstätten angefertigt und vorräthig gehalten werden können; während die nach den beiden andern Darstellungsarten zu fertigenden erst dann construirt werden können, wenn die zur Unterstützung derselben dienenden Mauern sich gesetzt haben und die betreffenden Gebäude unter Dach gebracht sind.

Die auf Rüstung und Schalung construirten Stufen haben den Vortheil gegenüber den auf Unterwölbung oder Untermauerung construirten, daß eben diese Unterwölbungen und Untermauerungen nicht nöthig sind, und daß die stufenförmige Gestalt der Treppe auch an der Unterseite sichtbar bleibt.

Die dritte Art der Darstellung, wenn nämlich eine Unterwölbung oder Untermauerung aus irgend welchen Gründen nothwendig wird, und die Stufen auf dieser construirt werden sollen, bietet den Vortheil, daß dieselben in den meisten Fällen hohl dargestellt werden können, so daß sie nicht nur weniger lasten, sondern auch etwa nur die Hälfte des Materials erfordern.

§. 12.

Als Material zur Darstellung dieser Treppen dienen gute, hartgebrannte Backsteine, Dachziegeln (Bieberschwänze, Dachplatten) welch' letztere aber am besten ohne Abrundung an ihrem untern Ende zu formen sind, denn diese müssen, so wie die Nasen der Ziegeln, vor dem Gebrauch abgehauen werden.

Sehr glatte Backsteine, wie sie unter den gepreßten und geschnittenen Steinen vorkommen, sind nicht zu empfehlen, sondern mehr solche mit rauhen, aber ebenen Oberflächen. Die Steine müssen durchaus staub- und schmutzfrei sein.

Das zweite und Hauptmaterial ist der Portland-Cement *), welcher durchaus von guter Beschaffenheit sein muß, und welcher mit einem Zusatze von reinem (gewaschenem), scharfen Sande zu Mörtel verarbeitet wird.

---

*) Eine ähnliche Treppe ist in dem „Notizblatte des Architektenvereins in Berlin", neue Folge Nro. 8 auf Blatt III. mitgetheilt.

**) W. A. Becker: „Der feuerfeste Treppenbau von natürlichen und künstlichen Steinen" &c. Berlin, Verlag von Ferdinand Riegel, 1857.

---

*) Siehe darüber: „Erfahrungen über den Portland-Cement." Berlin, Gebauer'sche Buchhandlung, 1853.

Auch poröse und hohle Backsteine hat man zur Construction der Stufen angewendet, wenn es sich um Erzielung möglichster Leichtigkeit handelte.

Wie alle Cement-Arbeiten, so kann man auch die Anfertigung der in Rede stehenden Stufen nur geübten und verständigen Maurern anvertrauen, denn besonders bei dem Portland-Cement hängt die Festigkeit und Dauer des aus demselben gefertigten Mörtels sehr von einer richtigen Behandlung des Materials ab. Hierzu gehört auch ein richtiges Abmessen des Cements und des demselben zuzusetzenden Sandes, was häufig nur sehr unvollkommen mit den Händen geschieht.

Eine Hauptsache bleibt es ferner, frisch gefertigte Cement-Arbeiten nicht den heißen Sonnenstrahlen auszusetzen, sondern dieselben zu beschatten und mit einer Gießkanne mit feiner Brause dann und wann zu benetzen, so daß der Cement nur langsam trocknet und Zeit behält, gehörig zu erhärten, wozu er, wie auch der gewöhnliche Kalkmörtel, eines gewissen Quantums Wasser bedarf. Deshalb müssen auch die gebrannten Steine, ehe sie mit dem Cementmörtel in Berührung gebracht werden, gehörig genäßt werden, wozu aber das gewöhnliche Besprizen mit einem Pinsel nicht ausreicht, sondern der Stein ca. eine Stunde lang, ganz vom Wasser bedeckt, in dieses eingetaucht werden muß.

Die beste Jahreszeit zur Vornahme von Cementarbeiten ist das Frühjahr oder der Herbst. Im Sommer muß man die Arbeit künstlich beschatten, wenn sie frei liegt, und im Winter können solche Arbeiten nur in frostfreien Lokalen ausgeführt werden.

Cementarbeiten dürfen auch nicht zu früh ausgerüstet werden, was häufig schon nach einigen Tagen geschieht, um an Rüstung zu ersparen. Es sollte vielmehr je nach der Jahreszeit das Ausrüsten von Wölbungen erst nach 8 bis 14 Tagen erfolgen. Ferner sind alle größeren Cementarbeiten, wie z. B. auf Rüstung und Schalung gemauerte Stufen, während des Erhärtens, welches bei den genannten Arbeiten, je nach dem Sandzusatze zum Cemente und nach der Jahreszeit, 4 bis 6 Wochen dauern kann, vor allen heftigen Erschütterungen zu bewahren; weshalb die frisch gemauerten Treppen nicht etwa zum Materialtransport benutzt werden dürfen. Eben so dürfen etwaige Probebelastungen der Treppen nicht früher als einige Monate nach ihrer Anfertigung aufgebracht werden.

§. 13.

Um eine Stufe auf „schablonenartiger Zurüstung" anzufertigen, verfährt man auf folgende Weise. Eine etwa 5 Cent. (2 Zoll Preuß.) starke 35—36 Cent. (14 Zoll Preuß.) breite Diele wird auf 62 Cent. hohen Pfeilern von Backstein horizontal gelagert; und nachdem man meh-

rere oder wenigere solcher Stufen zu fertigen hat, werden mehrere solche Zurüstungen in einem gegen die Witterung geschützten Lokale, am besten in einem hellen luftigen Keller vorgerichtet. Auf derselben werden nach Schnur und Richtscheit die Stufen von Backsteinen und Cementmörtel in der Art gemauert, wie solches nachstehende Figur bei A in

einer Ansicht von oben und bei B in einem Querschnitt darstellt. Vor dem Mauern wird die Diele mit einer Lage Makulaturpapier bedeckt. Nachdem der Mörtel in den Fugen erhärtet ist, werden zuerst die 3 freien Seiten der Stufe geputzt und zuletzt die untere Seite der Stufe; dabei wird die Trittkante jeder Stufe im Putzüberzug etwas gebrochen. Das Maaß des Auftritts und der Steigung der Stufe muß durch Auswahl des Formats und der Fugenstärke der Backsteine zu erreichen gesucht werden; auch kann man durch die Stärke des Putzüberzugs eine geringe Regulirung jener Abmessungen erreichen.

Werden die Stufen zu einer freitragenden oder nur zwischen Seitenmauern liegenden Treppe verwendet, so nehme man zum Mauern 1 Theil Cement und 2 Theile Sand. Kommen die Stufen aber auf Unterwölbung oder Untermauerung zu liegen, so kann man zum Mauern 1 Theil Cement und 3 Theile Sand, zum Putzen 1 Theil Cement und 2 Theile Sand nehmen; und werden die Stufen einer sehr starken Benützung ausgesetzt, so nehme man zum Putzen der Trittfläche 1 Theil Cement und 1 bis 1½ Theile Sand.

Soll die Stufe ein möglichst geringes Gewicht erhalten, so kann man auch poröse oder hohle Backsteine anwenden.

Eine solche Stufe von gut gebrannten Backsteinen (Rathenover) gemauert, mit einem Mörtel von 1 Theil Portland-Cement und 1 Theil Sand, geputzt mit einem Mörtel von 1 Theil Cement und 2 Theilen Sand, wog, bei einem Alter von 2 Jahren 1 Monat, und bei 6 Fuß Länge, 13 Zoll Breite und 7 Zoll Höhe (Preuß. Maaß) 3 Centner 48 Pfund. Dieselbe brach bei einer freien Tragweite von 5' 6" unter einer gleichförmigen Belastung von 30 Centner 43 Pfund in 4 Stücke.

§. 14.

In den nebenstehenden Figuren ist die Art und Weise dargestellt, wie man aus gut gebrannten Dachplatten (Bieberschwänzen) und Portland-Cement dergleichen Stufen construirt hat. Fig. A zeigt die benützte Form in einer isometrischen Projection, Fig. B dieselbe im Grundriß und

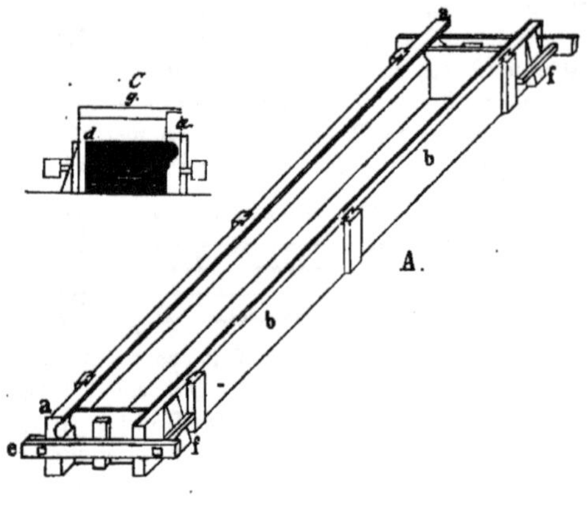

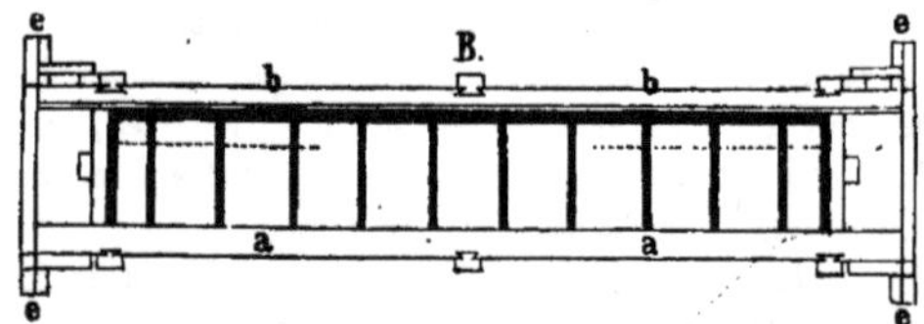

Fig. C im Querschnitt. Die Form besteht aus sauber behobelten furchenen Brettern und Dielen.

Von den mit eingeschobenen Leisten versehenen Langseiten der Form besteht die mit a bezeichnete aus einem 6,5 Cent. starken Diele, in welche das vordere Profil der Stufe ausgekehlt ist; die mit b bezeichnete aus einem 4 Cent. starken Brette, welches die Hinterwand der Form bildet. Bündig mit der Oberkante dieses Brettes ist eine 1 Zoll im Quadrat starke behobelte Leiste d mittelst Holzschrauben befestigt und dient zur Bildung des Falzes an der der Trittkante der Stufe gegenüber liegenden Kante. Die Seitenbretter der Form sind zwischen die Langseiten eingeschoben und begrenzen dieselbe nach der Länge, so daß man mit derselben Form kürzere und längere Stufen darstellen kann. Zum Zusammenhalt der Form dienen die Zargen e und die Keile f, mit denen alles fest zusammen gepreßt werden kann.

Die so gebildete Form, ohne Boden und Deckel, wird an ihren innern Seitenwänden vor dem Gebrauche mit Oel, oder besser, mit Schweinefett bestrichen, um das Anhängen des Mörtels zu verhüten, und auf eine Unterlage von Schreib=Makulaturpapier auf eine Diele oder einen ebenen Fußboden gesetzt. Darauf wird in dieselbe, auf die Papierunterlage, zunächst eine 2 bis 2,5 Cent. ($^3/_4$ bis 1 Zoll Preuß.) starke Lage Mörtel aus 1 Theil Cement und 1 Theil Sand bestehend, gleichmäßig ausgebreitet, welcher indessen, wenn die Dachplatten nicht ganz vollstän=

dig vorher genäßt waren, etwas dünnflüssig zu halten ist, und dann letztere in flacher Lage in denselben so eingedrückt, daß sie von den Wänden der Form 2—2,5 Cent. entfernt bleiben. Auf diese erste Schicht Dachplatten kommt dann wieder eine ca. 1,5 Cent. starke Mörtellage und auf diese die zweite Lage Dachplatten im Verbande mit der ersten, so daß halbe Steine (Schnittlinge) angewendet werden müssen. Auf diese Weise wird fortgefahren, bis die Dicke der Stufe hergestellt ist, wie Fig. C dies im Querschnitt zeigt. Dabei liegen in allen Schichten, mit Ausnahme der obersten, die Dachplatten mit ihrer Länge parallel zur Länge der Stufe, und nur in der obersten Schicht werden die Dachplatten mit ihrer Länge parallel zur Breite der Stufe gelegt und auf diese noch eine 2—2,5 Cent. starke Mörtellage zur Erzielung der vollständigen Stufenhöhe aufgebracht und mit dem Streichbrett g Figur C vollends abgeglichen.

Nach Vollendung der Stufe und nachdem dieselbe (im Sommer) etwa 2 Stunden unberührt gelegen hat, wird die Form behutsam gelöst, um zu weiterem Gebrauch benutzt zu werden. Ist der Mörtel etwas erhärtet, was gewöhnlich einige Stunden nach dem Mauern der Stufen zu geschehen pflegt, so wird die obere Trittfläche derselben mit, in reinem Wasser ohne Sandzusatz aufgelösten Cement und einer Stahlkelle geglättet. Bei dieser Arbeit muß die Kelle mehr in paralleler Richtung geführt, als in kreisförmiger Bewegung gehandhabt werden.

Nach 5—6 Tagen kann die Stufe umgekantet werden, so daß die Fläche der Setzstufe nach oben kommt, um ebenfalls geglättet werden zu können. Nach 3—4 Wochen, im Sommer, sind die Stufen so weit erhärtet, daß sie versetzt werden können.

Eine auf diese Weise construirte Stufe, 5 Fuß 9 Zoll (Preuß.) lang, 12 Zoll breit und $7^3/_4$ Zoll hoch, wog, bei einem Alter von 14 Monaten, 4 Ctr. 28 Pfd. und brach, bei einer freien Tragweite von 5' 6'', auf beiden Seiten frei aufliegend, unter einer gleichmäßigen Belastung von 26 Ctr. 79 Pfd.

§. 15.

Auch beide Materialien, Backsteine und Dachplatten, hat man in Verbindung zur Darstellung solcher Stufen angewendet, und zwar auf folgende Weise. Die Vorrichtung bestand aus einer auf gemauerten Pfeilern gestreckten, 5 Cent. starken und 16 Cent. breiten furchenen Diele. Auf derselben waren in Abständen gleich der Länge der zu fertigenden Stufen Sägenschnitte ca. 2 Cent. tief eingeschnitten und der Raum dazwischen in der ganzen Breite der Diele genau bogenförmig abgehobelt. Die so dargestellte Pfeilhöhe des Bogens von 2 Cent. gehörte zu einer 173 Cent. langen Stufe und betrug daher $^1/_{86}$ der Länge.

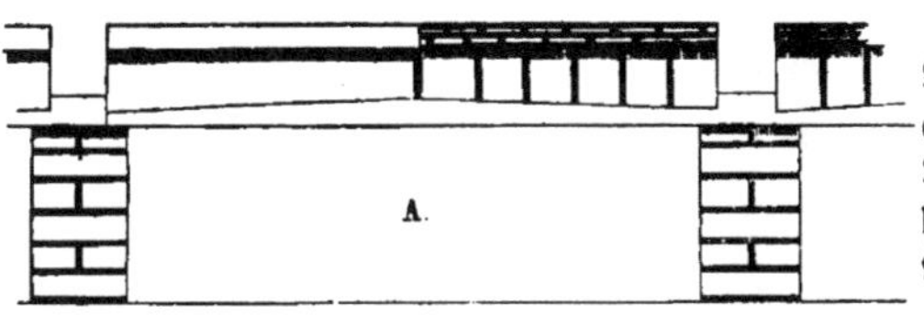

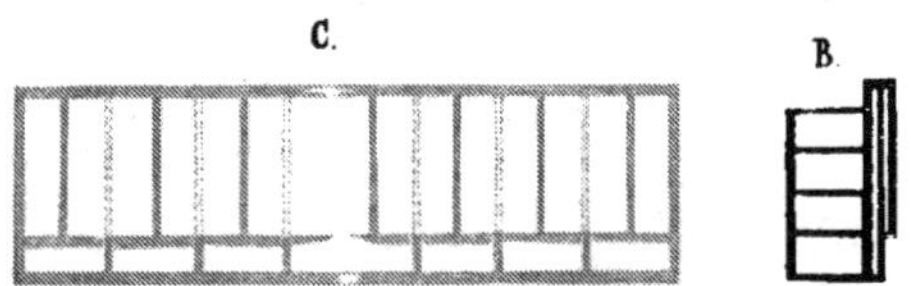

Die Stufen sollten zwischen Seitenmauern fest eingespannt werden, und man beabsichtigte, durch die flach gewölbte Form denselben eine größere Tragfähigkeit zu verschaffen. Sie hatten einen Auftritt von 29 Cent. und eine Steigung von 17,6 Cent. Obenstehende Fig. A zeigt die Stufe auf der Zurüstung zum Theil geputzt, zum Theil ohne den Putz, und Fig. B und C in einem Querschnitt und in einer oberen Ansicht ohne Putz, woraus man sieht, daß der eigentliche Kern der Stufe aus hochkantig gestellten Backsteinen, der obere als Plättchen vorstehende Theil aber aus flach liegenden Dachplatten dargestellt ist. Die bogenartige Unterfläche der Stufen wurde mit Putz wieder ausgeglichen, um ein gleichmäßiges Auflager in dem hintern Falz der Stufen zu erzielen. Sowohl zum Mauern als Putzen wurde Mörtel, aus 1 Theil Cement und 1 Theil Sand bestehend, verwendet. Eine solche Stufe wurde nach 9 Monaten 3 Tagen mit einem Ende 13 Cent. tief eingemauert, so daß der übrige Theil ihrer Länge frei hervorragte. Sie brach unter einer gleichförmig vertheilten Belastung von 8 Ctr. 12 ½ Pfd. dicht an der Mauer ab.

Man hat auch Platten zur Belegung der Podeste aus Backsteinen und Dachplatten auf ähnliche Weise construirt, eben so Stufen aus Béton und hohle Stufen, welche als Blockstufen verwendet sind; doch müssen wir unsere Leser hier auf das Studium des Becker'schen Werkes selbst verweisen.

§. 16.

Bei Darstellung der Stufen und Podeste „auf Rüstung und Schalung" bilden die einzelnen Stufen gleichsam flache Bögen von Backsteinen auf der hohen Kante, welche über einander im Verbande aufgeführt werden, und welchen die Seiten- oder Wangenmauer der Treppe als Widerlager dienen. Solche Stufen haben sich in einer Cavallerie-Kaserne vortrefflich bewährt und lassen daher wohl keinen Zweifel über ihre Anwendbarkeit übrig.

Der Verband dieser Stufen ist in den untenstehenden Figuren dargestellt, und zwar in Fig. A unter Anwendung von ganzen und Dreiviertelsteinen, während bei Fig. B außer den ganzen Steinen noch Quartierstücke gebraucht sind.

Auf Taf. 87 ist in Fig. 1 der Grundriß einer solchen Treppe skizzirt, und die Fig. 2 und 3 geben einen Durchschnitt nach der Linie a b Fig. 1 und eine untere Ansicht des Treppenlaufs, während in Fig. 4 eine der angewendeten Bogenschalungen isometrisch dargestellt ist.

Die Rüstung besteht aus 3 vertikal gestellten und durch gewöhnliche Rüsthölzer unterstützten, chablonenartig nach den Stufen ausgeschnittenen, 5 Cent. starken Dielen. Auf jede Stufe dieser Chablonen und über alle drei hinwegreichend wurde ein 3 Cent. starkes Brett gelegt und darauf zwei Lehrbögen, aus Lattstücken gebildet, genagelt, wie Fig. 4 dieses darstellt. Bei 173 Cent. Länge der Stufen betrug die Aufwölbung des Kerns einer jeden 4 Cent., also etwa $\frac{1}{43}$ bis $\frac{1}{44}$ der Länge.

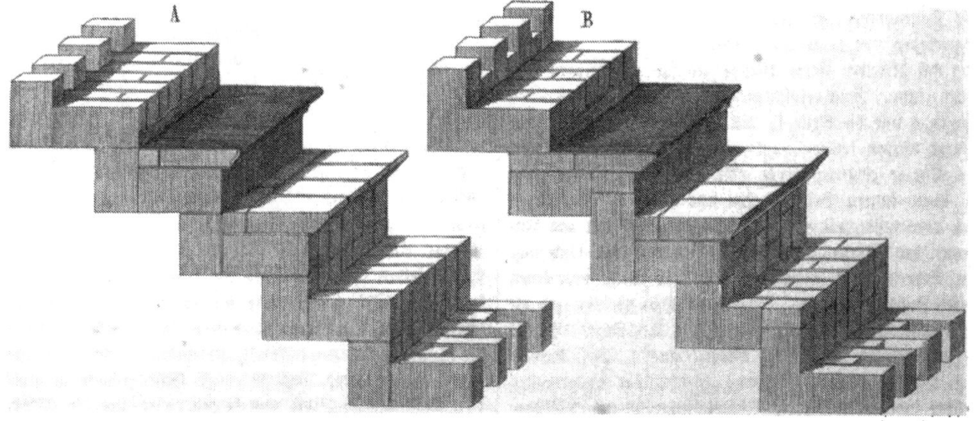

Die Aufstellung der Rüstung und das Einwölben der Stufen geschieht natürlich erst dann, wenn die als Widerlager dienenden Mauern sich (wenigstens der Hauptsache nach) gesetzt haben und das Gebäude unter Dach gebracht worden ist.

Zum Einwölben der Stufen, so wie zum Verlegen der Decksteine gebraucht man einen Mörtel, aus 1 Theil Cement und 2 Theilen Sand bestehend.

Die Stärke der Seitenmauern solcher Treppen ist von der Breite der letzteren abhängig. Bei Treppen von 157 bis 204 Cent. Breite hatten die aus Backsteinen und gewöhnlichem Kalkmörtel dargestellten Widerlagsmauern eine Stärke von 2 Stein, und zwar in der schon erwähnten Cavallerie-Kaserne. In bürgerlichen Wohnhäusern hat man bei 94 bis 126 Cent. breiten Treppen die Mauern durch 3 bis 4 Stockwerke hindurch nur 1½ Stein stark gemacht.

Etwa 5 bis 6 Tage nach Vollendung der Einwölbung der Stufen eines Treppenarmes kann man die Ausrüstung vornehmen und einen folgenden Treppenlauf einrüsten, während man zugleich mit der Legung der oberen Decksteine der Stufen des erstern, von oben anfangend, beginnt.

Daß übrigens solche Arbeiten nur von geübten Mauerern, welche mit Backsteinen umzugehen wissen, ausgeführt werden können, wird hier nur beiläufig bemerkt.

§. 17.

Die große Festigkeit der aus Backsteinen oder Dachplatten und Portland-Cement dargestellten Blockstufen hat zu dem Versuche geführt, auch Treppenwangen aus diesen Materialien zu bilden und auf diesen die Stufen in der eben beschriebenen Weise zu construiren.

Zunächst machte man die Versuche an kleinern Freitreppen, hat aber dann, durch das Gelingen dieser ermuthigt, auch größere Treppenanlagen in der erwähnten Weise ausgeführt, von denen wir eine beschreiben wollen.

Die Treppe, in den Figuren der Taf. 88 dargestellt, führt durch 2 Stockwerke, hat 45 Stufen und zwei Podeste, eine Steigung von 7 Zoll, einen Auftritt — in den geraden Stufen — von 12 Zoll und eine Breite von 5 Fuß 4 Zoll (Preuß.). Die Mauern des Treppenhauses (— nicht für eine steinerne Treppe aufgeführt —) waren schwach und wenig solid, so daß man den Stufen an denselben durch eingemauerte Consolen ein Auflager zu verschaffen suchte, um die Mauern durch das Einstemmen von Widerlagern nicht noch mehr zu schwächen.

Zunächst wurden die beiden Treppenspindeln Schicht um Schicht aus je 2 Backsteinen, denen man immer 2 Ecken abgehauen hatte, bestehend, in Portland-Cement aufgeführt, wie solches nebenstehende Figur zeigt. Nachdem

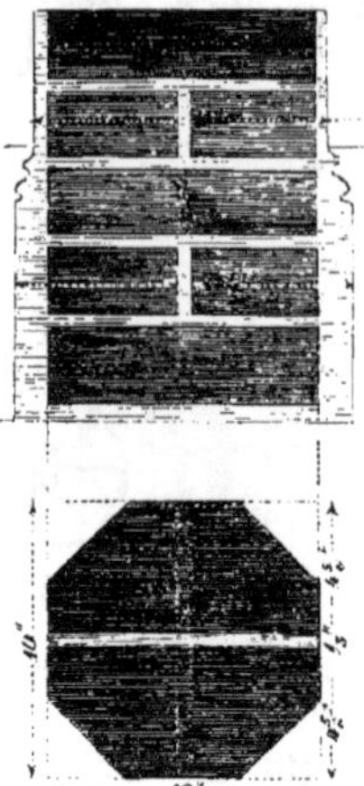

wurden die Wangen zwischen diesen Spindeln und die Träger unter den Podesten und den Vorplätzen in jedem Stockwerke auf Rüstung und Schalung hergestellt. Die Wangen und Träger bestehen aus je 5 im Verbande neben einander liegenden, mit Portland-Cement vermauerten Dachplattenschichten, wie dies die Fig. 7, 8 und 10 Taf. 88 zeigen. Die Construction der Stufen ist in Fig. 9 dargestellt, und es wurden dieselben, sowohl die geraden, wie die gewundenen Stufen auf Rüstung und Schalung, wie vorhin beschrieben, ausgeführt. In der Mitte jeder Stufe wurde zur Verstärkung derselben unterhalb noch eine aus Backsteinen zugehauene Console mit Cement gegen die Tritt- und Setzstufe gedrückt.

Jedes Podest ist auf den (wie vorhin beschrieben, aus Dachplatten gebildeten) Trägern, deren Lage in den Grundrissen Fig. 1 und 2 durch punktirte Linien angedeutet ist, von flach liegenden Backsteinen, im schwalbenschwanzförmigen Verbande mit Cement auf Rüstung und Schalung ausgeführt, wie solches die Fig. 7 und 8 Taf. 88 in zwei Durchschnitten zeigen. Ein solches Podest hatte daher mit der oberen und unteren Cementputzlage eine Stärke von 3½ Zoll. Auf gleiche Weise sind auch die Vorplätze der Treppe ausgeführt. Die ganze Treppe ist mit Cement geputzt, so wie denn auch alle Gliederungen aus diesem Material bestehen. Die Spindeln wurden cannelirt und in den Bekrönungen mit consolartigen Auskragungen versehen.

Zum Mauern der Treppenspindeln wurde ein Mörtel aus 1 Theil Portland-Cement und aus 4 Theilen reingewaschenem scharfem Sande bestehend, verwendet; zum Mauern der Stufen und zum Anfertigen des Putzes aber 1 Theil Cement und 3 Theile Sand. Die Treppe soll sich, obgleich in einem Miethhause befindlich und starker Benützung ausgesetzt, vortrefflich gehalten haben.

§. 18.

Bei den auf Unterwölbung construirten Stufen hat man diese Unterwölbung, wie auch früher beschrieben, entweder als flache steigende Kappen oder als einhüftige Gewölbe ausgeführt; nur bei Anwendung des Portland-Cements weit schwächer und mit sehr geringer Pfeilhöhe.

Bei der ersten Anordnung macht man die steigenden

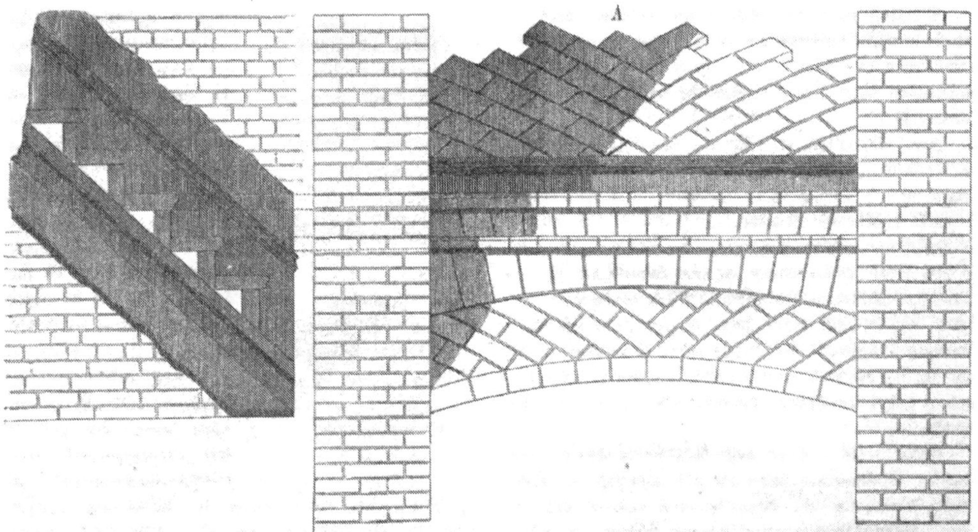

Kappen bei einer Spannweite von 6—7 Fuß (Preuß., 188—220 Cent.) und einer Pfeilhöhe gleich $^1/_{18}$ — $^1/_{24}$ der Spannweite nur so stark, als die Dicke der Backsteine beträgt, ca. 6,5 Cent., und wendet einen Mörtel, aus 1 Theil Cement und aus 2, auch 3 Theilen Sand bestehend, an. Am besten ist es hierbei, die Steine im Schwalbenschwanzverbande zu vermauern, nach obenstehender Figur. Die Widerlagsmauern dieser Kappen wurden bei einer Breite der Treppe von 4—5 Fuß (125—157 Cent.), 1½ Stein stark mit Kalkmörtel aufgeführt, auch in einzelnen Fällen nur 1 Stein stark, dann aber mit Portland-Cement gemauert, und bei einer Länge der steigenden Kappen von 10—14 Fuß, außerdem noch 2 oder 3 ca. 2 Centim. im Durchmesser starke schmiedeiserne Anker dicht über dem Rücken der Kappen eingezogen.

Bei Treppen, deren Arme parallel neben einander liegen, hat man, des leichteren, eleganteren Ansehens wegen, die Mittelmauer fortgelassen und statt derselben gußeiserne Wangen als Widerlager für die steigenden Kappen angeordnet, welche man dann durch schmiedeeiserne Zuganker mit den Umfangsmauern des Treppenhauses verbunden hat.

Bei den einhüftigen Kappen, welche man sehr häufig angewendet hat, beträgt die Pfeilhöhe gewöhnlich $^1/_{24}$ bis $^1/_{25}$ der Sehnenlänge des Bogens, und die Gewölbstärke ist gleich der Backsteinstärke, während ein Mörtel, aus 1 Theil Cement und 2, auch 3 Theilen Sand bestehend, angewendet wird. Dabei liegen die Backsteine meistens mit ihrer Länge parallel zur Achse des Gewölbes, und nur selten hat man sie rechtwinklig zu dieser Richtung gelegt.

Zu den Gurten der Podeste als Widerlager für die einhüftigen Kappen wendet man bei Treppen von 2½ bis 3 Fuß Breite (78—94 Cent.), deren Arme parallel neben einander liegen, den in nebenstehenden Figuren A und B und bei 4 Fuß (126 Cent.) breiten Treppen den in Fig. C dargestellten Verband an. Solche Gurte erhalten dann aber, wenn sie zwischen nur 1 Stein starken Seitenmauern eingespannt werden, im Innern eiserne Zuganker von Flacheisen, wie solches die Figuren bei a a zeigen. Die Pfeilhöhe solcher Gurte beträgt etwa $^1/_{20}$ der Spannweite, und da sich die einhüftigen Kappen mit horizontalen Kämpferlinien an dieselben anlegen, so wird sehr häufig die Leibung der Gurte, durch in Portland-Cement gedrückte Dachsteinstücke, fast zu einer horizontalen Fläche ausgeglichen.

Man kann nun die Stirnen der einhüftigen Kappen in ihrer geringen Stärke sichtbar lassen oder, wie es auch in einigen Fällen geschehen ist, gleichzeitig mit den Kappen Seitenwangen von ½ Stein Tiefe und 1 Stein Stärke mit einwölben. Diese Wangen erhalten eine sehr geringe Pfeilhöhe (— in einem Falle nur $^1/_{20}$ der Sehnenlänge der Wange —), und dieselbe wird dann meistens wieder zu einer geraden Linie beim Putzen ausgeglichen.

Bei Treppen mit gewundenen Stufen sind die einhüftigen Kappen, welche der Windung folgen, allerdings etwas beschwerlich herzustellen, indem die Form derselben auf der Schalung von Lehm modellirt werden muß, welches Modell, wenn es trocken ist, dann dem Gewölbe als Schalung dient.

Die Podeste selbst können zwischen den Gurten als

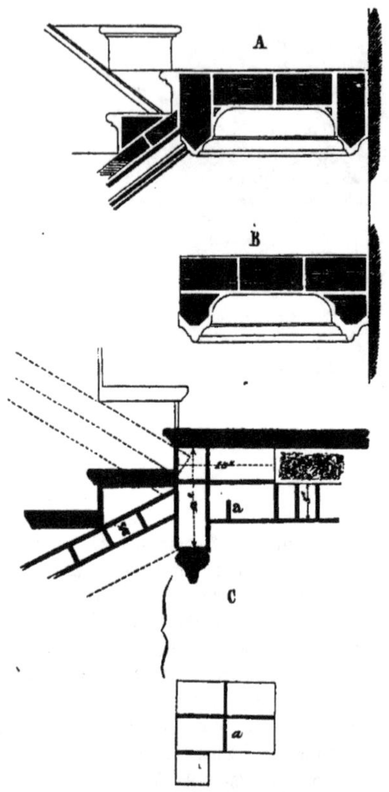

gewöhnliche Kappen, oder als böhmische oder Kreuzkappen eingewölbt werden. Die gewöhnlichen Kappen, die bequemsten und daher in der Ausführung die häufigsten, sind meistens ½ Stein stark, mit Portland-Cement und mit ¹⁄₁₅—¹⁄₁₈, ja zuweilen nur mit ¹⁄₂₀—¹⁄₂₄ der Spannweite als Aufwölbung ausgeführt.

§. 19.

Bei solchen schwachen Unterwölbungen, welche nur die Backsteindicke zur Stärke haben, hat man die Stufen meist hohl darzustellen gesucht und dabei zwei verschiedene Constructionen angewendet.

Bei steigenden Kappen hat man nämlich nach Fig. A und B auf Seite 126 die Stufen so gebildet, daß man die Backsteine mit ihrer Länge vertikal und mit gegen die Kappe normal gestellten Stoßfugen die Setzstufe bilden ließ, welche nun die Backsteindicke als Stärke zeigte, und dann die Trittstufe durch eine Diele, Steinplatte oder durch horizontal gelegte Backsteine bildete.

Bei einhüftigen Kappen dagegen, wo die Stirnseiten der Stufen auf einer oder zwei Seiten sichtbar bleiben, hat man die Setzstufen so gebildet, daß man nach nachstehender Figur die Backsteine mit ihrer Länge parallel zur

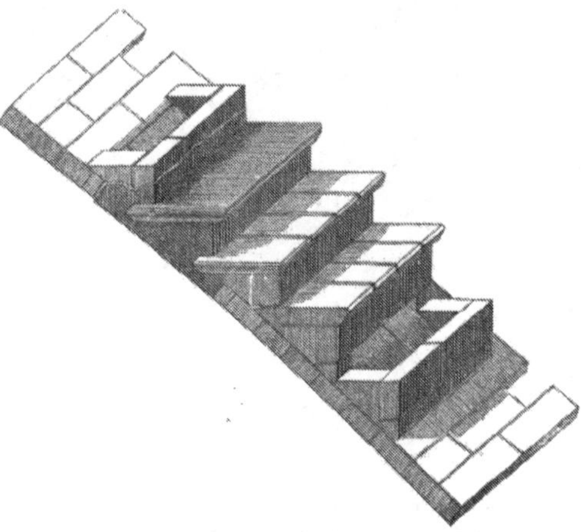

Länge der Stufe vertikal auf die Wölbung stellte und darauf dann, wie vorhin, die Platten oder Backsteine zu Bildung der Trittstufe legte. Bei diesen hohlen Stufen wendet man einen Mörtel, aus 1 Theil Cement und 2, auch 3 Theilen Sand bestehend, an.

Zur richtigen und bequemen Anlage der Stufen auf Unterwölbung ist es rathsam, auf der Wandfläche längs eines Treppenarmes einen Streifen Putz herzustellen und auf diesen die Stufen des Treppenarmes genau aufzuzeichnen. Werden die Trittstufen aus Dielen gebildet, so ist es am allerbequemsten, besonders bei steigenden Kappen, ein Paar Dielen, welche genau nach der Gestalt der Treppe stufenförmig bearbeitet sind, in genau paralleler Richtung und etwa einen Fuß von den Enden der Stufen entfernt auf dem Gewölbe so zu befestigen und bei der Bildung der Stufen mit einzumauern, daß die vertikalen Flächen der stufenförmigen Ausschnitte der Dielen in die Vorderflächen der Setzstufen fallen und die horizontalen Oberflächen die Unterkanten der Trittstufen bezeichnen. Auf diesen können die letzteren festgeschraubt werden und die Dielen dienen während des Mauerns der Stufen als Chablonen.

Wie schon früher bemerkt, können wir diesem interessanten Gegenstande nicht mehr Raum gewähren und müssen deshalb auf das angeführte Werk verweisen.

B. Massive Treppen mit Anwendung von Schnittsteinen.

§. 20.

Zuvörderst müssen wir wohl erwähnen, daß sich schon eine Anwendung von Schnittsteinen ergibt, wenn wir an die Stelle der frühern Dielen Steinplatten setzen und aus diesen die Trittstufen construiren. Alles Uebrige kann durchaus so bleiben, wie in den vorigen §§. beschrieben, und da die Steinplatten nun in ein ordentliches Mörtelbett gelegt werden können, so fällt die Befestigung durch Nägel natürlich fort. Da indessen die dünnen Platten durch das Begehen der Treppe leicht losgerüttelt werden, so ist eine Befestigung beider Enden jeder Trittstufe, mithin eine Anordnung, wie die in Fig. 8 Taf. 54 dargestellte, jedenfalls anzuempfehlen.

Eine zweite und gewöhnlichere Anwendung der Schnittsteine ist aber die, daß man sämmtliche Treppenstufen als Blockstufen bildet, und diese auf vollem Mauerwerke oder auf den gehörig abgeglichenen Gewölbrücken der die Treppenarme bildenden Gewölbe lagert. Da auch hier wieder die Construction dieser Gewölbe und ihrer Stützpunkte ganz dieselbe bleibt, so kommt es nur darauf an, die Gestalt der Blockstufen und ihre Auflagerung kennen zu lernen.

Was die erste betrifft, so ergibt sich als die einfachste Gestalt der Stufen die in Fig. 1 Taf. 61 dargestellte, wo der Querschnitt ein Rechteck bildet, die Stufen etwa 1 bis 1½ Zoll über einander greifen und auf dem treppenartig abgeglichenen Mauerwerke liegen. Bei dieser Abtreppung verschieben sich die Stufen aber leicht nach vorn hin, weshalb man wohl, um dies zu vermeiden, die in Fig. 2 Taf. 61 dargestellte Form wählt, bei welcher die Stufen nicht nur über, sondern auch etwas ineinander greifen, so daß jede Stufe an ihrer unteren, vorderen Kante einen etwa ½ Zoll tiefen Falz erhält, in welchen die nächste tiefer liegende mit ihrer hinteren oberen Kante eingreift. Hat man indessen so weiche oder so grobkörnige Steine, daß sich rechtwinklige Kanten schwer bearbeiten lassen oder gern abspringen, so läßt man die Fugen nach Figur 3 Taf. 61 so zusammenstoßen, daß die Fuge den rechten Winkel a b e zwischen Auftritt und Steigung halbirt; wobei dann nur stumpfe Kantenwinkel vorkommen. Diese Anordnung hat indessen den Nachtheil, daß sich in die abwärts geneigten Fugen leicht das Wasser hineinzieht, welcher Umstand bei der Anlage von Freitreppen in Betracht kommt.

Bei diesen Treppen wird man immer wohl thun, die erwähnten Fugen gegen das Eindringen des Wassers möglichst sicher zu stellen, weil dieses, wenn es gefriert, sehr leicht das Verderben der Treppe veranlaßt. Das Sicherste

in dieser Beziehung dürfte wohl sein, an der hintern oberen Kante jeder Stufe eine kleine Erhöhung nach beistehenden

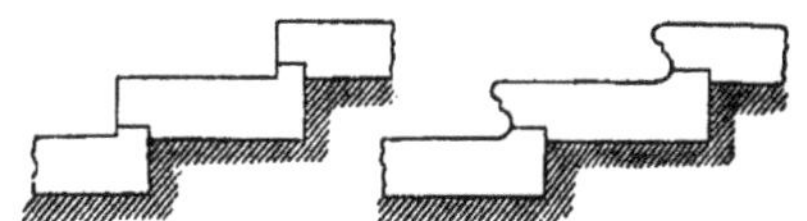

Figuren stehen zu lassen, so daß die Lagerfuge höher liegt, als die etwa um $\frac{1}{100}$ des Auftritts nach vorn geneigte Oberfläche der Trittstufe. Eine ähnliche Anordnung findet sich an der großen Freitreppe der Brühl'schen Terrasse in Dresden.

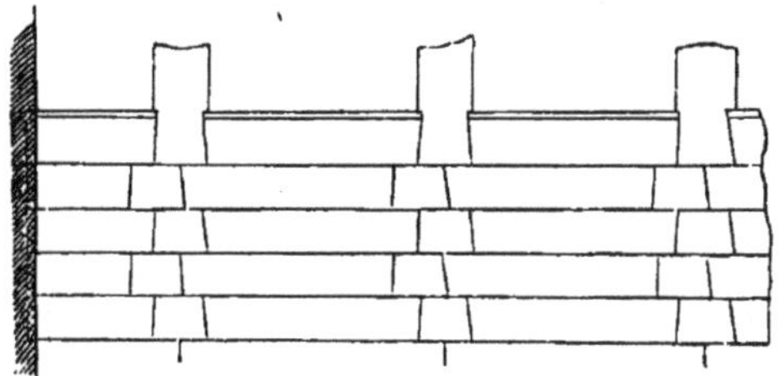

Sind dergleichen Treppen so breit, daß die Stufen der Länge nach nicht aus einem Stücke beschafft werden können, so pflegt man über die Stoßfugen gewöhnlich eiserne Klammern einzulassen, um die einzelnen Stücke mit einander zu verbinden. Dies führt aber mancherlei Uebelstände mit sich, namentlich durch das Rosten der Klammern, so daß es vorzuziehen ist, die Stufen abwechselnd aus Läufern und Bindern zusammen zu setzen, wie dies z. B. bei der großen Freitreppe an der Terrasse vor dem Schlosse zu Sondershausen geschehen ist*). Hier fängt jede Stufe mit einem Läufer zunächst der Wangenmauer an, welcher in letztere eingelassen, an diesem Ende festgehalten wird. Daneben liegt nach untenstehender Figur ein schwalbenschwanzförmig gestalteter Binderstein, welcher tiefer in die Untermauerung der Treppe eingreift; auf diesen folgt wieder ein Läufer und so fort, bis der letzte Läuferstein mit seinem äußern Ende in der zweiten Wangenmauer wieder seine Befestigung findet. In den verschiedenen Stufen liegen die Binder so, daß sie sich um die Hälfte ihrer Breite überdecken.

*) Förster's „Bauzeitung", 1843, S. 245.

Bisher zeigen die Querschnitte der Stufen im Allgemeinen ein Rechteck, so daß dieselben mit einer wagerechten Lagerfuge aufliegen. Diese Anordnung ist auch, so lange die Stufen auf vollem Mauerwerk liegen, bequem und ohne Nachtheil, weil sich das volle Mauerwerk leicht treppenförmig abgleichen läßt und ein größeres Gewicht der Stufen ohne Einfluß ist. Ruhen die Stufen aber auf einem Gewölbe, oder ist die Treppe eine freitragende, so ist es von Vortheil, das Gewicht der Stufen so viel als möglich zu verringern; auch ist, wenigstens bei steigenden Gewölben (im Gegensatze von einhüftigen) das stufenförmige Abgleichen des Gewölbrückens mit Unbequemlichkeiten verbunden, weshalb man in diesen Fällen gern die Unterfläche sämmtlicher Stufen in eine Ebene bringt, die mit der die Vorderkanten aller Stufen berührenden parallel ist, wodurch das Gewicht der Stufen, mithin die Last der ganzen Treppe bedeutend vermindert wird. Dann kann man aber die Stufen nicht nach Fig. 2 Taf. 61 auf einander sich stützen lassen, weil man an ihrer Unterkante einen viel zu spitzen Kantenwinkel bekommen würde. Deßhalb verbindet man die eben erwähnte Art mit der in Figur 3 dargestellten, und gibt den Stufen einen Querschnitt nach Fig. 4 Taf. 61, die Fuge b c steht senkrecht auf der mit der Steigungslinie der Treppe parallelen Linie A B, und ist ebenso wie a b, wenn die Treppe eine unterstützte ist, etwa 1 Zoll lang. Bei freitragenden Treppen richtet sich diese Abmessung nach der Güte des Steins, aus welchem die Stufen gearbeitet werden; im Allgemeinen kann man b c etwa gleich dem dritten Theile der Steigung, und a b doppelt so groß annehmen. Daß bei dieser Form der Stufen jede obere nur durch die untere am Abgleiten gehindert wird und nicht von selbst fest liegt, wie bei der in Fig. 1 bis 3 Taf. 61 gezeichneten Gestalt, leuchtet ein; und es muß daher für eine besonders feste Lage der untersten Stufe gesorgt werden, und zwar so, daß sich dieselbe weder senken, noch daß sie vorwärts gleiten kann.

§. 21.

Die Construction unterwölbter Treppen mit Stufen aus Werksteinen wird nun ohne besondere Figuren aus dem Vorhergehenden deutlich sein, denn um dergleichen Figuren zu bilden, dürfen wir nur in den auf Tafel 55 bis 59 dargestellten Treppen die aus Dielen und einer Rollschicht bestehenden Stufen durch volle Blockstufen, die auf einer der in Fig. 1 bis 4 Taf. 61 dargestellten Arten verbunden sind, ersetzen.

Wir können daher sogleich zu den Treppen übergehen, deren Stufen nur an ihren Enden unterstützt sind, und sich in dem übrigen Theile ihrer Länge nur eine auf die andere stützen.

Die einfachste Art und Weise, die Enden der ihrer ganzen Länge nach aus einem Stück bestehenden Stufen zu unterstützen ist die, sie in volle Mauern zu legen, und es empfiehlt sich hier wieder vor allen die in Figur 5 Taf. 61 dargestellte Treppenform mit parallelen Armen. Auf einer Seite liegen dabei die Stufen in der Umfangsmauer des Treppenhauses, und auf der andern in der, beiden Treppenarmen gemeinschaftlichen, Zungenmauer. Diese kann entweder voll durch alle Stockwerke hindurchgehen, oder auch in der Höhe zwischen einem aufsteigenden und einem niedersteigenden Arme, mit Oeffnungen durchbrochen sein, die mit einhüftigen Bögen überwölbt sind. Letzteres kann da wünschenswerth werden, wo der Treppe etwa nur von einer Seite Licht zugeführt werden kann. Sind die Zungenmauern voll, so wird bei gutem Material und tüchtiger Arbeit eine Stärke von 1 Fuß genügen; sollen sie aber mit Oeffnungen durchbrochen werden, so muß die Stärke 1½ bis 2 Fuß betragen.

Zur Bildung der Podeste kann man von der Stirn der Zungenmauer aus, nach der gegenüber liegenden Umfangsmauer des Treppenhauses, bei b Figur 5 Taf. 61, einen Gurtbogen spannen und das Podest nun aus zwei hinlänglich großen und starken Platten bilden, von denen eine auf allen vier Seiten, die andere aber auf drei Seiten ein Auflager findet. Sind dergleichen Platten aber nicht vorhanden, so kann man von a aus, außer nach b, auch nach c und d Gurtbögen spannen, und dann das Podest durch zwei Kreuzgewölbe bilden und diese mit dünneren oder kleineren Platten belegen.

Daß dieselbe Construction noch ausführbar bleibt, wenn die Treppe im Grundriß die in Figur 6 Taf. 61 dargestellte Form hat, bedarf keiner Erläuterung.

Die vollen Mauern im Innern der Treppenhäuser machen dieselben dunkel und unfreundlich, weshalb man nur in den Eckpunkten bei a a Fig. 6 feste Stützpunkte bildet, zwischen diese Wangen einspannt, die Enden der Stufen in diese einläßt und ihnen so eine Unterstützung schafft. Diese Wangen sind balkenartige Stücke, so lang als die disponiblen Steine es gestatten; und obgleich ihre beiden andern Abmessungen von der Festigkeit des Steins abhängen, so werden sich dieselben doch im Allgemeinen nicht wohl unter eine Breite von 6 bis 10 Zoll, und eine lothrecht gemessene Höhe vermindern lassen, die der doppelten oder 2½fachen der Stufen gleich ist, so daß die durch a b und c d Fig. 7 Taf. 61 bezeichneten Abmessungen, etwa der Hälfte oder ⅔ der Steigung gleich sind. Fig. 8 Taf. 61 zeigt eine solche Wange im Querschnitt nach der Linie e f Fig. 7, wobei zugleich die bei reicherer Ausbildung üblichen Profilirungen angegeben sind. Constructiv wichtig ist der Vorsprung d c, Fig. 8, weil dieser den Stufen ein größeres Auflager verschafft, ohne die praktikable Breite der Treppe zu verringern.

Auf den Stützen in den Ecken, bei a a Fig. 6, müssen natürlich eigens gestaltete Wangenstücke gelagert werden, weil diese sowohl für den aufsteigenden als niedersteigenden Treppenarm die Anfänge bilden, wie dies Fig. 3 Taf. 62 in isometrischer Projection darstellt. Gegen diese Eckstücke stoßen die geraden Wangenstücke gewöhnlich mit einer, auf ihrer Länge senkrecht stehenden Fugenfläche stumpf an; doch gibt man auch zuweilen diesem Stoße die in Figur 9 Taf. 61 dargestellte Gestalt, die indessen vor der einfachen keinen Vortheil hat.

In diese Wangen werden nun die nach Fig. 4 Taf. 61 gestalteten Trittstufen um einige Zolle (etwa ⅓ der Steigung) tief eingelassen, während sie mit ihrem anderen Ende in der Umfangsmauer des Treppenhauses ruhen, hier aber etwa ½ bis 1 Fuß tief eingelassen und sorgfältig vermauert sind. Es leuchtet ein, daß sich die Stufen, auch ohne die Wangen, gegenseitig stützen, sobald die bezüglich unterste unwandelbar fest liegt und sich die Stufen durchaus nicht um eine horizontale Achse d r e h e n können. Hauptsächlich um dies Drehen zu vermeiden, werden die Wangen angebracht; und bestehen daher die Umfangsmauern des Treppenhauses etwa aus kleinen und nicht lagerhaften Steinen, so daß man ein starkes oder ungleiches Setzen dieser Mauern voraussetzen muß, so vermauert man Wangenstücke auch in den Mauern und läßt in diese die Stufen ein, so daß sie auf beiden Seiten gegen das Drehen durch die Wangen geschützt sind.

Eine zu der vorstehenden Beschreibung passende Treppe mit beiderseitigen Wangen ist auf Taf. 62 in den Fig. 1 und 2 dargestellt, zu deren Erläuterung wir nur noch zu erwähnen brauchen, daß die Podeste, wie vorhin erwähnt, unterwölbt oder, wenn es das Material erlaubt, aus frei liegenden Platten gebildet werden können. Dieser letzte Fall ist bei der auf Taf. 62 gezeichneten Treppe angenommen, wo die Platten A und B, Fig. 2, mit zwei Seiten in den Umfangsmauern (etwa 1 Fuß tief) stecken und mit der freien Ecke ebenfalls auf den Eckstützen ruhen; zugleich wird die Seite a b jedesmal durch die oberste Stufe des vom Podest absteigenden Treppenarmes getragen, so daß nur eine Seite der Podestplatte frei liegt, hier aber auch der untersten Stufe des von ihr aufsteigenden Treppenarmes als Fundament dient.

§. 22.

Denkt man sich nur die Wangen und die Podestplatten aufgestellt, so läßt sich nachweisen, daß, wenn der Fuß der untersten Wange unwandelbar fest steht und die Stabilität der Umfangsmauern groß genug ist, die Unterstützungen in den Ecken entbehrlich werden. In Fig. 10 Taf. 61 stelle A C D E die Podestplatte, A B die aufsteigende und A F die absteigende Wange dar, deren Fußpunkt F durchaus unverrückbar fest ist.

Die nach A B wirkende Last oder Kraft zerlegt sich in A zuerst in eine horizontale nach der Richtung A C, welcher die Stabilität der Mauer M widersteht, und in eine lothrechte nach der Richtung A G. Letztere läßt sich aber wieder in zwei Seitenkräfte zerlegen, wovon die eine mit der Wange A F, die andere mit der Kante A E der Podestplatte zusammenfällt. Die erste soll durch das Fundament der Wange unwirksam gemacht werden; da man sie aber in einen vertikalen Druck und in einen horizontalen Schub zerlegen kann, so muß der Fuß der Wange nicht nur gegen S e n k u n g, sondern auch gegen V e r s c h i e b u n g gesichert sein. Die zweite, mit A E zusammenfallende Kraft wird durch die Stabilität der Mauer N aufgehoben.

Hierauf beruht die Construction der sogenannten f r e i t r a g e n d e n T r e p p e n, wie eine solche auf Taf. 63 dargestellt ist. In den Ecken pflegt man, um mehr Platz zu gewinnen, die Wangen abzurunden, wie dieses der Grundriß Fig. 2 Taf. 63 nachweist.

Es entstehen hier alsdann eigenthümlich gestaltete Wangenstücke, denen man den Namen K r ü m m l i n g e beigelegt hat. Man kann sich einen solchen durch Bewegung des Rechtecks, welches als Querschnitt des geraden Wangenstücks zum Vorschein kommt, entstanden denken; wobei die Eckpunkte dieses Rechtecks congruente Schraubenlinien durchlaufen.

Um an Material zu sparen, macht man die Krümmlinge nicht zu groß, und läßt sie in der Horizontalprojection durch Viertelkreise begrenzen, die aus dem Durchschnittspunkte der verlängerten Vorderkanten der Stufen 10 und 13 Fig. 2 beschrieben sind. Um die Punkte v und w Figur 2 Taf. 63 und Fig. 1 Taf. 64 zu bestimmen, theilt man den Bogen r t, Fig. 1 Taf. 64, in drei gleiche Theile, und damit die Kantenlinien c und d senkrecht gegen den Bogen r t treffen, ziehe man durch v und w Radien aus z bis zum Durchschnitt mit ihnen, mache dann die Stücke g h und f k gleich g w und f v, errichte in den Punkten h, w, k und v Perpendikel, bezüglich auf die Linien h g, w z, f k und f z, bis sich diese in m und n schneiden, so sind dies die Mittelpunkte von Kreisbögen, zu welchen die Kantenlinien c und d Tangenten sind und die normal auf dem Bogen r t stehen.

Um die Stoßfugen zwischen dem Krümmling und den geraden Wangenstücken zeichnen zu können, ist es nöthig, dieselben in der Verstreckung zu bestimmen. Man trage zu diesem Zwecke auf eine horizontale Linie A B, Fig. 2 Taf. 64, einige Auftritte 8, 9; 9, 10 ꝛc. aus Fig. 1 auf, und dann auch die Größen r v, v w und w t, und wieder einige Auftritte, t, 14; 14, 15 ꝛc. In diesen Punkten errichte man vorläufig unbegrenzte Perpendikel, nehme auf dem ersten den Punkt 8 beliebig an und trage von hier

aus so viele Steigungen der Treppe auf, als man Auftritte auf A B bezeichnet hat. Zieht man nun aus diesen
Theilpunkten bis zu den gleichnamigen Perpendikeln Horizontallinien, wie dies Fig. 2 Taf. 64 näher nachweist, so
erhält man eine Abwicklung der Stufenstirnen zunächst der
Wange; und wenn man den Vorstand der letzteren über
und unter den Stufen bestimmt und durch diese Punkte
gerade Linien zieht, so erhält man die Abwicklung der
Wange selbst. Da die Auftritte r v, v w und w t kleiner
als die übrigen, die Steigungen aber alle gleich groß sind,
so wird die Abwickelung der Wange von zwei gebrochenen
Linien begrenzt sein, deren Winkel durch passende Kreisbögen abgerundet werden müssen, wenn in der Ausführung
nicht auch unangenehm in's Auge fallende Brüche in der
Oberfläche der Wangen, da wo sie mit den Krümmlingen
zusammenstoßen, erscheinen sollen. Die Mittelpunkte z und
z' dieser Kreisbögen werden ganz so, wie m und n in
Fig. 1, gefunden, und es ist nur noch zu bemerken, daß
man die Stücke $\alpha y' = \alpha x'$ und $\beta y = \beta x$ in Figur 2
nicht zu groß wählen darf, weil sonst zu dem Krümmling
ein zu großer Stein erforderlich wird. Um nämlich die
geraden Wangenstücke ohne Chablonen, als reine Parallelepipeda bearbeiten zu können, müssen die Stoßfugen mit
dem Krümmling durch die Punkte y' und x, und zwar durch
z und z' laufend, gezogen werden. Diese Fugen sind nun
auf die gerade Linie A B Fig. 2, nach x, und y, zu pro-
jiciren, und von hier in den Grundriß Fig. 1 zu übertragen, wodurch die Größe des Krümmlings in der Horizontalprojection bestimmt wird.

Um den Krümmling selbst darzustellen, kann man
zweierlei Wege einschlagen, von denen der eine einfacher
ist, aber mehr Material erfordert, der andere einige Vor-
arbeiten verlangt, dafür aber auch an Material erspart.
Die Fig. 3 und 4 Taf. 64 zeigen die erste Methode (und
zwar Fig. 4 den fertigen Krümmling), die sich bei genauer
Betrachtung selbst erklärt, und die wir daher auch nur
kurz andeuten wollen. Die Größe des erforderlichen
Steins ergibt sich aus der Horizontalprojection, Fig. 1,
nach Breite und Länge durch das um den Krümmling gezogene Rechteck a b c d, und die Höhe aus der vertikalen
Entfernung h h' der beiden Punkte y und x, Fig. 2, über
einander.

Zuerst wird nach der aus der Horizontalprojection zu
entnehmenden Chablone ein normales, hohles Cylinderstück,
Fig. 3, gearbeitet, auf diesen die in Figur 2 gezogenen
Perpendikel als Mantellinien verzeichnet, und auf diesen die
Punkte, wo dieselben die Wangenlinie schneiden, durch unmittelbare Messung aus der Verstreckung bestimmt; worauf
die letztern, mittelst eines biegsamen Lineals, zusammen-
gezogen werden. Diese Operation muß sowohl auf der
convexen, als auf der concaven Seite des Cylinderstücks
geschehen, wie Fig. 3 zeigt, und bei der weiteren Bearbeitung ist zu berücksichtigen, daß nur solche Linien, wie v v'
und w w' ꝛc. Fig. 1, auf beiden Schraubenflächen des
Krümmlings gerade Linien sein können, solche aber auch
sein müssen.

Die zweite Methode wollen wir bei der Bearbeitung
der Wangenstücke gewundener Treppen besprechen.

Um den Podestplatten eine mehr gesicherte Lage zu
geben, pflegt man die Umfangsmauern in den Ecken bei
E E, Fig. 2 Taf. 63, abzurunden, die Podestplatten selbst
aber, wie die punktirten Linien dies zeigen, viereckig zu
lassen. An Raum wird hierdurch nur scheinbar eingebüßt,
weil die Ecken beim Gebrauch der Treppe gar nicht, oder
doch nur selten, betreten werden.

§. 23.

Es läßt sich leicht einsehen, daß aus denselben Gründen, nach denen eine gebrochen gerade Treppe, ohne
Stützen in den Ecken, sich selbst tragen kann, nur mit
Hülfe der Podeste und der Umfangsmauern des Treppenhauses, auch eine gewundene Treppe der Stützen unter
der innern Wange entbehren, und daher als freitragend
ausgeführt werden kann. Taf. 65 zeigt eine solche nach
halbkreisförmigem Grundrisse, die wir etwas näher betrachten wollen.

Was zuerst den Fugenschnitt der Stufen anbelangt,
so kann man eine Ersparniß an Material erzielen, wenn
man die Hinterkanten der Stufen nicht in centraler, sondern in einer mit der Vorderkante der zunächst höher liegenden Stufe parallelen Richtung führt, wie dies Fig. 1
Taf. 65 und die Fig. 4 und 5 Taf. 67 näher nachweisen.
Die Stoßfugenfläche, mit welcher sich eine Stufe gegen
die andere stützt, wird eine windschiefe, weil sie überall
auf der Steigungslinie der Treppe senkrecht stehen soll,
letztere aber nicht ein und dieselbe ist, sondern von innen
nach außen zu eine immer flachere Lage annimmt. Man
bestimmt daher, wie schon früher erwähnt wurde, die Größe
des Auftritts einer solchen Treppe, und somit bei festge-
setzter Steigung auch die Neigung der mittleren Steigungslinie, auf der Mitte der Breite der Treppe, und um die
Stoßfuge zweier Stufen in der Horizontalprojection bestimmen zu können, ist es nöthig, dieselbe zuvor in den
abgewickelten Stirnen der Stufen, Fig. 2 und 3 Taf. 65,
zu zeichnen und von hier aus in jene zu übertragen. Diese
windschiefe Fläche ist nicht schwer zu bearbeiten, wenn man
erwägt, daß sie durch eine gerade Linie erzeugt wird, die
sich auf den an den Stirnen der Stufen ebenfalls geradlinig gezeichneten Stoßfugen so bewegt, daß diese letzteren
Linien immer in ein und demselben Verhältniß getheilt
werden. Will man indessen diese, immerhin einige Aufmerksamkeit erfordernde, Operation vermeiden, so muß man

den Uebelstand zugeben, daß die fragliche Stoßfugenfläche nur an einer Stelle der untern Schraubenfläche der Treppe auf derselben senkrecht steht, sonst aber schiefe Winkel mit ihr bildet. Wie die Abwickelung der Stirnflächen der Stufen und der Wangen, Fig. 2 und 3 Taf. 65, gefunden und daraus die Horizontalprojection und der Aufriß der Treppe vollendet werden können, zeigen die Figuren der 65sten Tafel so deutlich, daß eine nähere Erläuterung füglich dem mündlichen Vortrage überlassen werden kann.

Was die Treppenwangen anbelangt, so ist zuerst nach dem vorhandenen Material eine schickliche Größe der einzelnen Stücke zu wählen, wobei man gern alle Stücke gleich groß macht, weil dann die für eins derselben gezeichneten Chablonen auch für alle übrigen brauchbar sind. Ist die Größe und der Querschnitt, d. h. die Höhe und Breite der Wangenstücke festgesetzt, so kommt es zunächst darauf an, die Stoßfugenfläche, mit welcher diese an einander stoßen, näher zu bestimmen. Eine Ebene ist von allen Flächen am leichtesten zu bearbeiten; und man wählt daher auch eine solche für die Stoßfugenflächen, und zwar unter der Bedingung, daß sie auf der Schraubenlinie normal steht, welche der Mittelpunkt des als Rechteck gedachten Querschnitts der Wange beschreibt, weil auf diese Weise zu scharfe Kantenwinkel vermieden werden.

Um nun diese Stoßfugen in die Horizontalprojection der Wangen einzuzeichnen, und überhaupt um die für die Anfertigung der Wangenstücke, aus dem möglich kleinsten Steine, nothwendigen Chablonen aufzutragen, kann man auf folgende Weise verfahren. Man zeichne, Fig. 1 Taf. 66, die Wange in der Horizontalprojection vorläufig unbegrenzt lang, ziehe darin eine mit dem „Grundschnitt" beider Projectionsebenen parallele Sehne A B und entwerfe einen Theil der Wange in der Vertikalprojection, Fig. 2. In dieser liegen die Punkte f und l, in welchen die innern und äußern Kantenlinien der Wange sich durchschneiden, in der auf der Mitte von A B errichteten Senkrechten C D. Von der Mitte von f l aus zeichne man die Vertikalprojection G T einer Tangente an die mittlere Schraubenlinie im Punkte T. Denkt man sich nun in diesem Punkte die Stoßfugenebene die Wange schneidend, so wird dieser Schnitt als eine gerade, auf G T senkrecht stehende und durch T gehende Linie sich darstellen, und es läßt sich die Horizontalprojection dieses Schnittes zeichnen. Da nun die Horizontalprojectionen aller solcher Schnitte congruent sind, so darf man die in E, Fig. 1, gefundene Figur derselben nur da hinrücken, wo sie bezüglich der Länge des Wangenstücks ihren Platz finden, z. B. nach 1234 und 5678 Fig. 1. Alsdann vollende man die Vertikalprojection des Wangenstücks, indem man die Stoßfugenflächen aus dem Grundriß aufwärts projicirt.

Denkt man sich ferner die vertikale Projectionsebene durch zwei auf ihr senkrecht stehende und mit der Steigungslinie der Treppe ungefähr parallele Ebenen geschnitten, deren Schnittlinien mit der vertikalen Projectionsebene die Linien X Y und V W, Fig. 2, darstellen mögen, so kann man die Projectionen des Wangenstücks auf diese Ebenen mit Hülfe von Fig. 1 finden, und in die vertikale Projectionsebene niederklappen. O und P sind die Projectionen, die einander gleich sein müssen, nur entgegengesetzt liegen, so daß nur eine derselben gezeichnet zu werden braucht, welche als Chablone sowohl für die obere, als untere Fläche des Wangenstücks gebraucht werden kann. Hier sind beide gezeichnet, um die ganze Operation deutlicher zu machen.

Es ist nun leicht ersichtlich, daß das fragliche Wangenstück mit Hülfe der Chablonen O und P aus einem parallelpipedischen Steinblocke gefertigt werden kann, dessen drei Abmessungen Länge, Breite und Höhe durch die Linien V W, f' f" und V X, Fig. 2, bezeichnet sind.

Ist in Fig. 1 Taf. 67 ein solcher Block dargestellt, so kommt es nur darauf an, die Chablonen richtig anzulegen. Dies geschieht mit Hülfe eines Schrägmaßes, indem man dasselbe nach dem Winkel α, Fig. 2 Taf. 66, stellt und diesen auf den Steinbock, Fig. 1 Taf. 67, überträgt. Zieht man dann auf der geebneten Oberfläche desselben die Linie f' f" und legt die Chablone O so an, daß sich die Linien f' f" decken, so wird diese richtig liegen. Die Linie f' m", Fig. 1 Taf. 67, gibt nun das Hülfsmittel zur richtigen Anlage der Chablone P, indem man m" m' wieder senkrecht auf die Kante X' Y' zieht und die Chablone P so anlegt, daß die Linie m' m", Figur 2 Taf. 66, auf m' m", Fig. 1 Taf. 67, fällt; denn gerade die richtige Lage beider Chablonen gegen einander ist es, worauf es ankommt.

Nach diesen Chablonen wird nun ein Cylinderstück bearbeitet, wie Fig. 2 Taf. 67 ein solches zeigt, und auf den Mantelflächen desselben die, alle mit e' l' parallelen Linien d' k', f' m', h' o'... c' i', g' n' ꝛc. gezogen, welches alle Mantellinien des Cylinders sind. Auf diesen werden nun die Punkte 2, a, c, e, g 6; d, k, f, h 5 ꝛc. aus Fig. 2 Taf. 66 bestimmt, indem man z. B. das Maaß f' f aus Fig. 2 Taf. 66 von f' nach f Fig. 2 Taf. 67 und von e' nach e u. s. f. trägt; und dann mittelst eines biegsamen Lineals die Punkte d f h ... und a c e ... zusammenzieht, wodurch die krummen Linien 2 e 6, 4 l 8, 1 f 5 und 3 m 7, Fig. 2 Taf. 67 entstehen, nach welchen das Wangenstück endlich selbst gefertigt werden kann. Figur 3 Taf. 67 zeigt dasselbe bis auf die zum Einlassen der Stufen nöthigen Vertiefungen vollendet.

Es ist leicht ersichtlich, daß die hier beschriebene Operation, Behufs Anfertigung eines krummen Wangenstücks, auch für die mit Hülfe der Fig. 3 u. 4 Taf. 64 beschriebenen Methode der Darstellung eines Krümmlings substituirt werden kann.

Wird die gewundene Treppe zur Windeltreppe mit hohler Spindel, so ändert sich die Construction einer solchen gegen die oben beschriebene gar nicht, und wird die innere Wange zu einer vollen Spindel, so erhält jede Stufe einen Theil derselben, wie die Figuren 1 und 2 Taf. 68 dies zeigen. Daß hierbei die Spindeln oft mit schraubenförmigen Kanälen versehen sind, ändert an der Construction nichts.

§. 24.

Anstatt besonderer, balkenartig gestalteter Wangen in möglichst langen Stücken hat man dieselben auch in der Weise angebracht, daß jede Stufe mit dem ihr zugehörigen Wangenstücke aus einem Steine gearbeitet ist, und auch hierbei wieder Verschiedenheiten eintreten lassen, wie diese in den Fig. 3, 4, 5 und 6 Taf. 68 dargestellt sind.

Der Hauptzweck der Wangen, ein Verdrehen der Stufen zu verhüten, wird hierdurch noch sicherer erreicht, doch auch nur mit größerem Materialaufwande, wie solches aus den Figuren leicht ersichtlich ist. Daß endlich diese Construction auch für gewundene Treppen genau dieselbe bleibt, zeigen die Fig. 7 bis 11 Taf. 68, von denen Fig. 7 eine Wendelstufe von unten, Fig. 8 dieselbe von oben, Fig. 9 zwei verbundene Stufen, und Fig. 10 und 11 die Stirnen derselben zeigen.

Wir haben schon erwähnt, daß die Stufen, wenn sie nach Fig. 7 Taf. 61 gestaltet und gegen jede Drehung um eine horizontale Achse gesichert sind, auch ohne Wangen sich stützen; weshalb man denn auch zuweilen dergleichen Treppen ohne Wangen ausführt. Ihre Construction zeigt durchaus nichts Eigenthümliches, weshalb besondere Figuren unnöthig erscheinen. Man denke sich die Wangen fort, so ist die neue Construction da.

Eine freitragende Treppe ohne Wangen gewährt ein leichteres (beinahe leichtfertiges) Ansehen, hat aber jeden Falls an Solidität eingebüßt, weshalb diese Construction nur da rathsam erscheint, wo man über ein sehr festes Material und ebenso genaue und sorgfältige Arbeit gebieten kann.

§. 25.

Daß bei allen freitragenden Treppen mit oder ohne Wangen die Treppenstufen ihrer Länge nach aus einem Stücke bestehen müssen, darf kaum erwähnt werden, ebenso, daß es gebräuchlich ist, die unterste Stufe der Treppen abzurunden, wie solches Fig. 1 Taf. 65 in ihrer einfachsten Gestalt zeigt, und Fig. 1 Taf. 69 eine Form darstellt, wo das runde Ende der Stufe eine Evolvente bildet, deren

Evolute ein Sechseck ist, und deren Construction, kurz angedeutet, hier noch Platz finden mag.

Man wähle den Punkt d Fig. 1 Taf. 69 in gerader Linie mit einer Stufenkante etwa IV, und mache h d = g h gleich der Wangenbreite, Winkel h d c = 60 Gr., c d = h d, ferner a c = ¼ c d und a b = ⅙ c d, Winkel v a s = 60 Grad, a e = c d, a s = a α, Winkel l α a = 90 Grad. Theile e s in fünf gleiche Theile und mache a f gleich einem solchen Fünftel. Jetzt vollende man die beiden regulären Sechsecke a b n o p p und a f i k l m, ersteres mit der Seite a b, letzteres mit der Seite a f. Die Bogen g v und h c haben ihren Mittelpunkt in d und die für die Bögen v w, w x, x y, y z, z β und β c liegen in den Punkten a, q, p, o, n und b. Ebenso kann man die Bögen α s, s u, u t und t s aus den Punkten a, f, i und k ziehen, und nur für den noch fehlenden Bogen s h bestimmt man den Mittelpunkt dadurch, daß man die Gerade h d bis zum Durchschnitt r mit der s l verlängert, welcher Punkt der verlangte ist. Der Anschluß der Stufen II und III erklärt sich aus dem Anblick der Figur, und ist überhaupt derselbe, wie wir ihn früher mit Hülfe der Fig. 1 Taf. 64 erklärt haben.

§. 26.

Das Versetzen solcher freitragenden Treppen erfordert, ebenso wie die Bearbeitung der einzelnen Theile derselben, eine große Genauigkeit, und das Gelingen der Construction hängt zum großen Theile von dieser Operation ab.

Nachdem die Antrittsstufe auf einem soliden Fundamente und so versetzt ist, daß sie durchaus nicht verschoben werden kann (zu welchem Zweck man die Stufe gegen den Plattenbelag des Fußbodens sich stemmen läßt, und sie dieserhalb um die Dicke dieses Belags höher gemacht hat), werden die übrigen Stufen und Wangen, wenn letztere vorhanden sind, auf einem fest und genau aufgestellten Gerüst, was ganz die Stelle eines Lehrgerüstes bei Gewölben vertritt, versetzt. Ein solches Gerüst muß, wie Figur 2 Taf. 69 dieses andeutet, aus hinreichend starken Hölzern, die keine Befürchtung des Biegens zulassen, errichtet werden und in seiner Oberfläche genau die Fläche darstellen, welche die Unterfläche der Treppe demnächst bilden soll. Die Gerüsthölzer müssen deshalb auf ihrer Oberfläche gehobelt werden, wenigstens die oberen, die mit der Unterfläche der Stufen, Wangen oder Podestplatten in Berührung kommen; ebenso muß die ganze Treppe, von ihrem Antritt bis zu ihrem Austritt, auf ein Mal eingerüstet und darf nicht eher ausgerüstet werden, bis die ganze Treppe versetzt ist und der Mörtel eine gewisse Consistenz erlangt hat, weil dieselbe gewissermaßen ein Gewölbe bildet und ihre Festigkeit erst durch den Schluß, oder das Versetzen der letzten Stufe, oder des letzten Wangenstücks bekommt. Sind Wangen vorhanden, so werden erst die Stufen und Podestplatten versetzt, und dann die Wangen, von unten anfangend, seitwärts auf die Stirnen der Stufen gebracht. Da während des Versetzens die Treppe auf der Rüstung, wie ein Gewölbe auf einem Lehrbogen ruht, so wird nach Fortnahme derselben auch ein Setzen der Treppe stattfinden, weshalb ein geringes Ueberhöhen des Gerüstes auf der innern oder freitragenden Seite der Stufen rathsam sein dürfte, damit, nachdem die Treppe zur Ruhe gekommen ist, die Oberflächen der Stufen wagerecht liegen. Dieses Setzen der Treppe nach dem Ausrüsten macht auch, wie bei allen Quaderarbeiten, ein Ueberarbeiten nothwendig, wobei dann alle aus der Unvollkommenheit der Bearbeitung der einzelnen Theile herrührenden Mängel beseitigt werden können.

Eben dieser, nicht zu vermeidenden, Unvollkommenheiten in der Bearbeitung wegen kann man die Treppen nicht trocken versetzen, sondern muß alle Fugen auf das Sorgfältigste mit einem solchen Mörtel füllen, der beim Erhärten möglichst wenig schwindet; auch wird man, des letzteren Umstandes wegen, die Fugen möglichst dünn halten müssen, jedoch so stark, daß sich die Flächen der Steine nicht unmittelbar berühren, was gewiß ein Abspringen der Ecken und Kanten zur Folge haben würde.

Um die nicht zu verhindernde Bewegung der Treppe, beim Ausrüsten derselben, möglichst unschädlich zu machen, wird man gut thun, ein ähnliches Verfahren wie beim Ausrüsten großer Gewölbe zu befolgen, d. h. das Ausrüsten langsam vorzunehmen, und entweder das ganze Gerüst an den Hauptstützpunkten desselben mit Keilen zu versehen, oder wohl gar jede einzelne Stufe und jedes Wangenstück auf Keilen zu versetzen, durch deren allmählige Lüftung dann die Bewegung der Treppe mit der kleinsten Geschwindigkeit eingeleitet werden kann.

§. 27.

Wir haben hier keineswegs alle möglichen Formen der Treppen, welche vorkommen können, besprochen, weil es uns nur auf die Prinzipien bei Construction derselben ankam und wir auf Formenbildung nicht weiter einzugehen haben, sobald sie nicht durch die Construction selbst bedingt wird. In den Werken über Steinschnitt wird der, welcher sich für die Sache besonders interessirt, überdies reiche Ausbeute finden, indem diese Werke in dem Kapitel über Treppenanlagen reich ausgestattet zu sein pflegen.

Bemerkt soll hier noch werden, daß man freitragende Treppen der beschriebenen Construction, von gutem Keupersandstein, in einer Breite von 7,7 Fuß württemberger Maaß (= 2,2 met.) ausführen kann, ohne daß man zur Anwendung eiserner Anker ic. gezwungen wäre, wie dies

unter andern die Treppe im Königl. Wilhelmspalais in Stuttgart zeigt.

Sechstes Kapitel.
Eindeckung der Dächer.

§. 1.

Zunächst hätten wir es in diesem Kapitel nur mit solchen Dächern zu thun, die mit Steinmaterial eingedeckt werden; doch müssen wir auch Stoffe wie Asphalt, Lehm ic. hierher rechnen, und daher auch die sogenannten Dorn'schen Dächer betrachten. Diese haben aber in ihren mancherlei Modifikationen so verschiedenartige Materialien zur Anwendung gebracht, daß wir sie eigentlich nicht mehr als zu den Steinconstructionen gehörig ansehen können. Nichtsdestoweniger sollen diese verschiedenen Dachdeckungsarten hier beschrieben werden, weil sie sich nicht gut in einem andern Kapitel unterbringen lassen; wenn auch die Bretter- und Schindeldächer im zweiten Theile, bei den Verbretterungen, eine Stelle finden können, wobei dann auch der Stroh- und Rohrdächer gedacht werden wird. Die Metalldächer aber werden bei den Metallconstructionen überhaupt vorkommen.

§. 2.

Unter Dach im Allgemeinen verstehen wir die oberste, zum Schutz gegen die Witterung bestimmte Decke eines Gebäudes, die dabei so eingerichtet ist, daß das aus der Atmosphäre niedergeschlagene, oder von geschmolzenem Schnee herrührende Wasser einen leichten Abfluß findet.

An einem solchen Dache müssen wir die die äußere Decke bildende Fläche und das innere Gerüst unterscheiden, was erstere unterstützt. Im vorliegenden Kapitel haben wir es nur mit ersterer zu thun und nehmen letzteres als gegeben an.

Die äußere Form eines Daches kann eine sehr verschiedene sein, und wir werden die hauptsächlichsten derselben bei den Holzconstructionen kennen lernen. Immer aber wird das Dach aus einer oder mehreren geneigten Flächen bestehen müssen, damit der Bedingung der Wasserableitung unter allen Umständen entsprochen werde.

Die Größe der Neigung dieser Dachflächen hängt zum größten Theile von der Beschaffenheit des Materials, woraus sie bestehen, ab. Weniger Einfluß hat das Klima darauf, obgleich diese Ansicht früher viele Vertheidiger fand.

Je fester und glatter in der Oberfläche das Deckmaterial ist, um so leichter muß das Wasser ablaufen, und um so weniger schädlich wird ein längeres Verweilen desselben auf dem Dache sein. Es wird daher ein Dach mit biesem Material flacher eingedeckt werden dürfen, als mit einem andern, was weniger glatt und wetterbeständig ist. Aber auch die größere oder geringere Sorgfalt, mit der die Einbeckung geschieht oder die Dachfläche hergestellt wird, hat auf die rasche Wasserableitung Einfluß, mithin auch auf den Neigungswinkel der Dachfläche; ebenso der Umstand, ob das Material in einer zusammenhängenden Masse ohne Fugen die Dachfläche bildet (wie z. B. die Asphalt= und Dorn'schen Dächer), oder ob letztere aus vielen kleinen Stücken hergestellt ist und daher viele Fugen enthält.

Die Erfahrung hat für die verschiedenen Deckmaterialien die passenden Neigungswinkel der Dachflächen festgestellt, und wir werden dieselben in der Folge kennen lernen; müssen aber zuvor noch einige Benennungen von Dachtheilen erklären, um später weitläufige Umschreibungen nicht nöthig zu haben.

Dachfirst (Firstlinie, Forst) nennen wir die von zwei sich schneidenden Dachflächen gebildete Kante, wenn sie horizontal liegt und einen ausspringenden Rücken, eine Wasserscheide, bildet; Grat (Gratlinie), wenn letzteres zwar noch der Fall ist, aber die horizontale Lage in eine geneigte übergeht; und Kehle, wenn der Rücken sich in eine vertiefte Rinne, in einen Thalweg verwandelt*). Bord ist die Begrenzungslinie einer Dachfläche, da wo sie sich mit keiner andern schneidet, und wird zur Traufe, wenn die Begrenzungslinie die am tiefsten liegende der Dachfläche ist. In Fig. 1 Taf. 70 sind a b und b c Firstlinien, a e und a d Gratlinien, h b eine Kehle, e f, d g, c i und c k Borde, und endlich g h und h i Trauflinien.

Die Dachflächen sind entweder Ebenen, windschiefe Flächen, Kegelmäntel oder Oberflächen sphärischer Körper; sie bilden entweder zusammenhängende, aus einer Masse ohne Fugen bestehende Flächen, wie die Asphalt= und sogenannten Dorn'schen Dächer zc., oder sind aus einzelnen Tafeln gebildet, wie die Ziegel= und Schieferdächer zc. Von letzteren zuerst.

A. Die Ziegeldächer.
§. 3.

Das Ziegel=, auch Dachplatten=, Dachpfannendach, hat eine aus gebrannten Thonplatten gebildete Fläche, und wird nach den diesen Platten beigelegten Namen benannt. Die gebrannten Thonplatten, allgemein Ziegeln benannt, haben verschiedene Formen und Namen bekommen, von

---

*) Die hier gegebenen Definitionen passen zwar nicht immer für den gewöhnlichen Sprachgebrauch, denn man spricht z. B. von geneigten Firstlinien (bei Vermeidung windschiefer Dachflächen) und nennt auch wohl bei einseitigen oder Pultdächern die obere Begrenzung der Dachfläche die First; doch wollte mir keine andere als die obige allgemein passende Erklärung gelingen.

denen wir wenigstens die gebräuchlichsten kennen lernen wollen.

I. Das Bieberschwanz= oder Dachplatten=Dach.
§. 4.

Bieberschwänze, Taschenziegel (Dachplatten) sind ebene, im Allgemeinen ein Rechteck bildende Ziegeln. Die Länge beträgt gewöhnlich etwas mehr als die doppelte Breite, und die Stärke wird so gering genommen, als es die Zerbrechlichkeit des Materials nur zuläßt. Hier in Württemberg müssen die Dachplatten gesetzlich

12,5 Zoll lang,
5,9 „ breit und
0,6 „ stark

sein. Die gebräuchlichen Formen zeigen die Fig. 2, 3 und 4 Taf. 70. Die Formen Fig. 2 und 3 sollen das Wasser an dem tiefsten Punkte a des Ziegels ableiten, was bei der sogenannten Reiheneinbeckung von Vortheil ist. Wird aber im Verbande eingedeckt, so sind Ziegel von der Form Fig. 4 vorzuziehen, wo das Wasser an den Ecken b b abtropft, und bei der, um dies noch zu befördern, die Ziegel vor dem Brennen mit divergirenden flachen Rinnen, wie solches die Linien f b f b andeuten, versehen werden. Alle diese Ziegeln haben auf der Rückseite, in der Mitte der obern schmalen Seite, einen hakenartigen Vorsprung g, die sogenannte Nase, die ungefähr ¼ Quadratzoll im Querschnitt und ½ — ¾ Zoll Vorsprung hat, und zum Aufhängen auf die Dachlatten dient.

Dächer, mit solchen Ziegeln eingedeckt, sollen nach den gewöhnlichen Angaben mit dem Horizont einen Winkel von 45, wenigstens von 30 Graden bilden, wenn sie das Eindringen des Wassers, oder des vom Winde getriebenen Schnees verhüten sollen. Sehr oft bestimmt man aber die Neigung eines Daches so, daß man ein zweiseitiges, im Querschnitt ein gleichschenkliches Dreieck bildendes, zu Grunde legt, und die Neigung der Seiten durch das Verhältniß der Höhe zur Grundlinie ausdrückt. Ist daher die Höhe 1 und die Grundlinie 3, so sagt man, es sei ein ⅓=Drittelbach zc. Nur wenn das Verhältniß wie 1 : 2, das Dreieck also zugleich ein rechtwinkliges ist, nennt man das Dach ein Winkelbach.

Mit guten Dachplatten oder Bieberschwänzen kann man nun erfahrungsmäßig auf ⅓ recht gut einbecken, sogar auf ¼, wenn die Ziegeln ausgesucht gut, und die Arbeit sehr sorgfältig ist. Doch dürfen in letzterem Falle auch die Dachflächen nicht zu groß, d. h. nicht zu hoch sein, damit nicht eine zu große Menge Wasser über die untersten Schichten zu laufen hat, wo es, vom Winde aufgehalten, leicht eindringen könnte. Wir werden in der Folge sehen, daß bei diesen ⅓ und ¼ Dächern die Ziegel weniger als um 30 Grad gegen den Horizont geneigt sind, und obige Angabe daher durch die Erfahrung moderirt wird.

Es gibt verschiedene Arten der Eindeckung mit Platten oder Bieberschwänzen; wir unterscheiden:

a) das einfache, Spließ- oder Schindelbach;
b) das Doppelbach;
c) das Kronen- oder Ritterbach und
d) das böhmische Dach.

Der Unterschied begründet sich bei den drei ersten hauptsächlich durch die Art und Weise, wie sich die einzelnen Ziegelreihen überdecken, und nur bei der vierten kommt ein förmliches Vermauern der Ziegeln vor.

§. 5.

Alle diese Ziegeldächer bedürfen einer Lattung, und es ist leicht ersichtlich, daß die Weite der Lattung, worunter man die Entfernung der Oberkante einer Latte von der Oberkante der andern versteht, einmal von der Länge der Ziegeln abhängig ist, dann aber auch auf die Eindeckung selbst einen großen Einfluß ausübt. Die Lattung eines Ziegeldaches ist daher eine wichtige Operation, und wir wollen einige allgemeine Regeln darüber aufstellen.

Die Lattweite muß so bemessen werden, daß alle Ziegeln, so weit sie einander decken, sich überall berühren, oder daß sie — wie man sagt — nicht klaffen. Dieses kann aber nach Fig. 5 Taf. 70 nur dann stattfinden, wenn alle Ziegeln mit einer durch die Oberflächen der Latten gedachten Ebene denselben Winkel bilden, und dieser ist abhängig von der Ziegeldicke und der Lattweite. Setzen wir erstere, rechtwinklig auf die Lattenoberfläche gemessen, (oder a b) = d, letztere (oder a c) = w, so ist $\frac{d}{w} = $ t g. α

und $w = \frac{d}{\text{t g. } \alpha}$. Heißt ferner der Winkel, den die Ziegeln mit dem Horizont bilden, β und der den die über die Oberfläche der gleich hohen Latten gezogene, gerade Linie mit der Horizontalen einschließt γ, so ist Winkel $\alpha = \gamma - \beta$.

Es folgt hieraus, daß es für eine bestimmte Größe der Winkel β und γ und eine gegebene Ziegeldicke nur eine Lattweite gibt, bei welcher kein Klaffen stattfindet; und damit die zweite Ziegelreihe nicht klafft, bedarf die unterste, außer der Latte, auf welcher sie hängt, der Trauflatte, nach einer Unterlage, die um so viel dicker ist als die Latten, daß der Ziegel, auf ihr aufliegend, den Winkel β mit dem Horizont bildet, wie Fig. 10 a Taf. 70 solches nachweist. Ist andererseits die Lattweite, mithin auch der Winkel α, gegeben, und soll Winkel β nicht unter ein gewisses Maaß hinabsinken, so ist dadurch auch Winkel γ gegeben.

Die Lattweite ist von der Ziegellänge abhängig, weil sich die Ziegeln noch gehörig (mindestens um 3—4 Zoll) überdecken müssen, um das Durchtreiben des Regens und Schnees zu verhüten.

Hier zu Lande ist es üblich, bei dem einfachen oder Schindelbache 7 Zoll weit zu latten. Dann ist bei einer Ziegeldicke von 0,6 Zoll, t g. $\alpha = \frac{0,6}{7,0} = 0,08571$ und Winkel α nahe $= 5°$. Soll nun Winkel β, wie oben angegeben, nicht kleiner als 30 Grad werden, so muß Winkel $\gamma = 35$ Graden sein. Es ist aber t g. $35° = 0,700208$, und nennen wir die lothrechte Höhe des Dachgebindes h die horizontale Tiefe 2 a, so ist auch $\frac{h}{a} = 0,7$ und $h = 1$ gesetzt, ergibt sich $a = 1,4285$; oder $h : a = 1 : 1,4 = 10 : 14 = 5 : 7$, d. h. es dürfte die lothrechte Höhe des Daches nicht weniger als $\frac{5}{14}$ der Tiefe betragen.

Bei dem sogenannten Doppelbache lattet man hierorts 5 Zoll weit, dann wird Winkel α sehr nahe $= 7$ Grad, und wenn Winkel β wieder $= 30°$ angenommen wird, so ergibt sich Winkel $\gamma = 37°$, oder es dürfte die Höhe des Daches nicht weniger als $\frac{3}{8}$ der Tiefe betragen.

Bei den Ritter- oder Kronendächern, bei denen auf jeder Latte zwei Ziegelreihen unmittelbar auf einander liegen, lattet man allgemein auf $\frac{2}{3}$ der Ziegellänge, d. i. bei 12,5 Zoll langen Ziegeln 8,333 Zoll, wofür wir 8,5 Zoll nehmen wollen. Die Ziegelstärke oder α wird nun $= 2 . 0,6 = 1,2''$, daher t g. $\alpha = \frac{1,2}{8,5} = 0,14116$, und Winkel α ziemlich nahe $= 8$ Grad; es müßte daher Winkel $\gamma = 38°$ werden.

Nichts desto weniger gibt man aber den Kronendächern allgemein $\frac{1}{3}$ der Tiefe zur Höhe. Dann ist t g. $\gamma = 0,6666$ und Winkel γ nahe genug $= 33° 40'$, und es ergibt sich Winkel $\beta = 33° 40' - 8° = 25° 40'$, also beinahe um $5°$ flächer, als früher angegeben.

Bei einem Viertelsbache, 7 Zoll weit zum Schindelbache gelattet, beträgt der Winkel β etwa . . 21° 30', 5 Zoll weit zum Doppelbache gelattet . . . 19° 30', und 8,5 Zoll zum Kronenbache gelattet . . 18° 30'.

Diese Winkel werden nun allerdings ziemlich klein, und es gehören daher zu solchen Dächern ganz ausgesucht gute und besonders sehr scharf gebrannte Ziegeln, wenn sie Dauer gewähren sollen.

Das böhmische Dach setzt keine besondere Lattweite voraus, sondern man kann alle vorher genannten Dächer böhmisch decken, wie wir weiterhin sehen werden.

Ist die Lattweite festgesetzt, so kommt es darauf an, daß alle Latten einander und mit der Trauf- und Firstlinie parallel laufen, d. h., daß die Lattweite überall dieselbe ist. Zu diesem Zwecke fertigt man sich ein sogenanntes Stichmaaß an. Ein solches besteht aus einem Brett- oder Latt-stückchen, von der in Fig. 11 Taf. 70 dargestellten Form, wobei die zur Hälfte ausgeschnittene Breite die Lattweite angibt. Wird dasselbe auf eine bereits festgenagelte Latte aufgesetzt, so zeigt der obere Haken den Ort für die nächste Latte an. Nichts desto weniger ist es aber nöthig, die Entfernung etwa der zehnten Latte von der Trauflinie aus unmittelbar zu messen, damit ein gemachter Fehler nicht durch die ganze Dachfläche fortgepflanzt wird. Bei wind-schiefen Dachflächen bilden die Oberkanten der Latten nur in der Vertikalprojection parallele Linien, während sie in der Horizontalprojection divergiren. Auf jedem Sparren eines solchen Daches liegen gleichviel Latten mit gleichen Zwischenweiten, so daß letztere zwar auf jedem Sparren unter sich gleich, aber auf den verschiedenen Sparren ver-schieden groß sind. Hierdurch wird in Bezug auf Fig. 5 Taf. 70 in dem Ausdrucke $tg . \alpha = \dfrac{d}{w}$, weil w einen im-mer anderen Werth annimmt, auch Winkel α auf jedem Sparren ein anderer, und es muß daher die Unterlage für die Traufschicht auf jedem Sparren eine andere, dem jedes-maligen Winkel α entsprechende Dicke erhalten, wenn kein Klaffen stattfinden soll. Bei Bestimmung der Lattweite auf dergleichen Dachflächen wird man darauf Rücksicht nehmen müssen, daß sich die Ziegel auf dem am flachsten geneigten Sparren noch gehörig überdecken, und auf dem am steilsten gestellten die Latten noch so weit von einan-der entfernt bleiben, daß die Nasen der Ziegel hinreichend Platz behalten.

Außerdem muß in allen Fällen die Sparrenlänge durch die Lattweite ohne Rest theilbar sein, mit Berücksich-tigung des Umstandes, daß die Oberkanten der obersten Latten etwa 2 Zoll von einander entfernt bleiben, aus Gründen, die wir späterhin anführen werden.

Die Latten müssen auf jedem Sparren mit einem Nagel genagelt werden, und da wo zwei Latten auf einen Sparren gestoßen werden, erhält jedes Ende einen Nagel. Die Stöße der Latten müssen verschoffen, d. h. es dürfen nicht zu viel Latten auf ein und demselben Sparren ge-stoßen werden. Die Latten müssen ferner von gleicher Stärke, gerade und astlos sein, außerdem so oft durch einen Sparren unterstützt werden, daß auf ihre freiliegende Länge kein Durchbiegen zu befürchten ist.

Von einer guten Lattung hängt der Erfolg des Eindeckens zum großen Theile ab, weshalb es rathsam bleibt, das Einlatten von demselben Handwer-ker vornehmen zu lassen, der das Eindecken besorgt, damit er eine etwaige schlechte Eindeckung nicht durch eine an-geblich mangelhafte Lattung entschuldigen kann.

Die hier erwähnten Umstände üben, so geringfügig sie auch Manchem erscheinen mögen, einen großen Einfluß

auf die Darstellung eines guten Ziegeldaches aus, und würden, immer gehörig beobachtet, manchen Klagen über die Mangelhaftigkeit dieser Dächer abhelfen.

§. 6.

Zu den allgemeinen Regeln für die Anfertigung der Ziegeldächer gehört auch noch die, daß wenn man Ziegeln von verschiedener Güte, namentlich gut und weniger gut gebrannte Ziegeln hat, man diese sortirt und die bes-sern auf die Wetterseite des Daches bringt, oder bei Kro-nendächern zur obersten Schicht, die schlechtern aber zur unteren bestimmt.

Dieselbe Vorsicht muß angewendet werden, wenn man ein vorhandenes Dach, behufs irgend einer Veränderung, abdeckt und mit dem brauchbaren Theile der alten Ziegeln wieder eindecken will. Man muß dabei die Ziegeln, welche auf der Wetterseite des Daches lagen, wieder auf diese bringen, und umgekehrt. Hat man ein zweiseitiges oder Satteldach einzudecken, so müssen beide Seiten gleichzeitig eingedeckt werden, damit durch eine einseitige Belastung dem Dachverbande kein Nachtheil zugefügt werde. Außer-dem beginnt man mit dem Aufhängen der Ziegel jedesmal in der Mitte der Länge einer Dachfläche, und natürlich an der Traufe.

§. 7.

Hinsichtlich der Lage der Ziegelreihen (Ziegelscharen) über einander unterscheidet man die Reiheneindeckung und die Eindeckung im Verbande. Bei ersterer tref-fen die Mitten aller Ziegeln lothrecht über einander, so daß die Stoßfugen ununterbrochene, gerade, von der First bis zur Traufe reichende Linien bilden, wie dies Fig. 6 Taf. 70 zeigt. Bei der zweiten Art des Eindeckens, in Fig. 7 und 9 Taf. 70 dargestellt, trifft hingegen die Stoß-fuge einer untern Schicht immer auf die Mitte eines Zie-gels der darüber befindlichen Reihe. Sind die Ziegeln nach Fig. 3 oder 2 der genannten Tafel mit einer Spitze oder einer Abrundung an ihrem untern Ende versehen, so wird bei der Eindeckung im Verbande das von einem Zie-gel ablaufende Wasser gerade auf die darunter liegende Stoßfuge geleitet, weshalb es vorzuziehen sein dürfte, bei dergleichen Ziegeln die Reiheneindeckung anzuwenden. Um die hierbei unvermeidlichen, und immer nachtheiligen, lan-gen Stoßfugen zu vermeiden, ohne einen der andern er-wähnten Nachtheile hervorzubringen, pflegt man auch wohl den sogenannten Dreiviertelverband anzuwenden, wo-bei die Stoßfuge zweier Ziegeln etwa mit dem dritten Theile der Breite des darüber liegenden Steines zusam-mentrifft, wie Fig. 8 Taf. 70 zeigt. Allein diese Art der Eindeckung ist schwieriger, weil der Arbeiter weit leichter die Mitte eines Steins, als den dritten Theil seiner Breite richtig schätzen kann. Gäbe eine concave Endigung der Ziegel, Fig. 9 Taf. 70, nicht zu zerbrechliche Spitzen, so wäre eine solche Form für die verbandmäßige Eindeckung jeden Falls die vortheilhafteste, weil dann das Wasser an diesen Spitzen abtropfen und (bei gewöhnlichem Verbande) auf die Mitte des tieferliegenden Steins geleitet würde. Im Allgemeinen sind daher geradlinig endigende Ziegel und eine Eindeckung im Verbande vorzuziehen.

Bei dieser Eindeckung sind, wenn auch die Länge des Daches durch die Ziegelbreite ohne Rest theilbar ist, bei gerade aufsteigenden Borten Ziegeln von der halben Breite, sogenannte Schnittlinge, nothwendig, die entweder auf der Ziegelei besonders geformt, oder von dem Dachdecker zugehauen werden müssen. Im letzteren Falle verfertigt man sich eine Art Streichmaaß aus einem Lattstücke nach Fig. 12 Taf. 70, mit welchem man, mittelst des bei a eingeschlagenen, unten etwas vorstehenden, starken Nagels, auf der Mitte des Steins einen, beiläufig bis zur halben Stärke des Ziegels reichenden Riß darstellt, worauf der in der Hand etwas hohl gelegte Ziegel durch einen mäßigen Schlag mit dem Hammer ohne Verlust in zwei Theile zertrennt werden kann. Alle übrigen, an Walmen und Kehlen 2c. nothwendigen Ziegelstücke müssen von dem Dachdecker mittelst des scharfen Mauerhammers zugehauen werden.

§. 8.

Bei dem einfachen Schindel= oder Spließdache Fig. 10 und 10a Taf. 70, mit 7zölliger Lattung, überdecken sich zwei übereinander liegende Ziegelreihen um 5,5 Zoll; und wenn im Verbande eingedeckt ist, wird auch die Stoßfuge zwischen zwei benachbarten Ziegeln auf diese Länge überdeckt und durch einen Ziegel unterlegt. Auf 1½ Zoll Länge aber, und bei Reiheneindeckung auf die ganze Ziegellänge, ist sie offen, weshalb unter jede solche Fuge eine Schindel, d. i. ein dünnes, etwa 2½'' breites, Brettchen, bb Fig. 10 Taf. 70, von der ganzen Ziegellänge gesteckt, aber nicht weiter befestigt und nur durch die Reibung festgehalten wird. Diese Schindeln (auch Spließe genannt) sind möglichst dünn, doch aber immer gegen 1,5 Linien dick, weshalb unter den Ziegeln zwischen zwei solchen Schindeln ein hohler Raum bleibt, der sich mit der Zeit durch eingewehten Staub 2c. zwar schließt, bei neuen Dächern aber dem Schnee Eingang gestattet. Man hat daher in neuerer Zeit die hölzernen Schindeln durch Streifen von Zinkblech ersetzt, was außer dem besseren Schlusse auch die Feuergefährlichkeit solcher Dächer vermindert.

An manchen Orten ist es gebräuchlich, statt der Schindeln Moosstreifen unter die Ziegeln zu legen; und wenn wirklich Moos hierzu genommen wird, und nicht Heu oder dergleichen, so ist dies Verfahren dem Gebrauche der leicht

verweslichen und feuergefährlichen Holzschindeln vorzuziehen; obgleich dasselbe hier in Württemberg polizeilich verboten ist. Bei einem solchen Dache hängt auf jeder Latte eine einfache Reihe Ziegeln. Ausgenommen sind hiervon nur die unterste oder Trauf= und die oberste oder Firstlatte, auf denen doppelte Ziegelreihen hängen. Es geschieht dies, damit die Stoßfugen dieser Ziegeln gedeckt werden können, weshalb diese Doppelschichten auch immer im Verbande eingedeckt werden müssen, wie dies Fig. 10 Taf. 70 näher nachweist.

§. 9.

Bei einem auf 5 Zoll gelatteten Doppeldache, Fig. 13 und 13a Taf. 70, überdeckt jeder Ziegel den dritten unter ihm liegenden noch um 2,5 Zoll, und auf die übrige Länge liegen sämmtliche Ziegel doppelt, daher der Name. Dergleichen Dächer werden immer im Verbande eingedeckt und deshalb sind die Schindeln 2c. unter den Stoßfugen unnöthig. Aus demselben Grunde wie bei den einfachen Dächern müssen aber auf die Trauf= und Firstlatten doppelte Schichten aufgehängt werden, während auf allen übrigen Latten nur einfache Reihen hängen.

§. 10.

Das Kronen= oder Ritterdach, in Figur 14 Taf. 70 im Durchschnitt dargestellt, unterscheidet sich von den beiden eben genannten dadurch, daß auf jeder Latte doppelte Ziegelreihen liegen, deren Stoßfugen unter sich, und mit den höher oder tiefer liegenden, Verband halten.

Wird hierbei die Lattweite, wie früher angegeben, zu ⅔ der Ziegellänge oder zu 8,5 Zoll angenommen, so überdecken sich zwei übereinander liegende Reihen um 4 Zoll, und es liegen die Ziegel auf diese Länge vierfach übereinander, sonst überall doppelt.

§. 11.

Von diesen drei verschiedenen Dächern ist das einfache Schindeldach das leichteste, aber auch, aus leicht begreiflichen Gründen, das am wenigsten dichte; man benutzt es daher hauptsächlich bei solchen untergeordneten Gebäuden, bei denen eine geringere Wasserdichtigkeit keinen großen Nachtheil bringt, weil dies Dach unzweifelhaft das wohlfeilste ist.

Das Doppel= und Kronendach sind hinsichtlich der Schwere und Wasserdichtigkeit einander ziemlich gleich zu setzen. Das Kronendach hat aber den Vortheil, daß es, wenn auch etwas stärker, doch beinahe nur einer halb so großen Anzahl Latten und in demselben Verhältniß weniger Nägel bedarf, zugleich aber auch das Einziehen neuer Ziegeln, wegen der weiteren Lattung sehr erleichtert; so daß diese Arbeit fast von Jedermann vorgenommen werden kann.

Auch zerbrechen bei dieser Operation auf einem Doppeldache die Ziegel weit leichter, weil mehrere gehoben werden müssen, als bei einem Ritterdache, wie solches eine Vergleichung der Fig. 13a und 14 Taf. 70 zeigen wird.

Es dürfte daher das Kronen- oder Ritterdach unter den bisher genannten den Vorzug verdienen, ausgenommen etwa bei gebogenen Dachflächen, wo ein Klaffen der Ziegeln nicht vermieden werden kann, und wo dann das Doppeldach, seiner engeren Lattung wegen, vorzuziehen sein wird.

§. 12.

Alle diese Dächer sind indessen nicht absolut dicht; und besonders nicht, so lange sie ganz neu sind, weil erst später die Fugen durch eingewehten Staub, Spinnengewebe ꝛc. gedichtet werden. Wenn indessen auch das Regenwasser nicht eindringen sollte, so ist dies doch immer mehr oder weniger mit dem von starkem Winde getriebenen, sandartigen Schnee der Fall. Derselbe setzt sich unter die Ziegeln, und wird von dem Winde und dem nachkommenden Schnee immer weiter geschoben, bis er endlich an der Unterfläche des Daches wie feines Mehl herausbringt und in das Innere der Gebäude fällt.

Um diesem Uebelstande abzuhelfen, hat man an vielen Orten die Gewohnheit, diese Dächer innerhalb zu verstreichen, d. h. die Fugen durch Mörtel zu verschließen; und bei den sogenannten böhmischen Dächern werden die Ziegeln förmlich vermauert.

Was das Verstreichen anbelangt, so kann dasselbe von keinem großen Nutzen sein, weil bei der fast fortwährenden Bewegung, welcher die Ziegel theils durch heftige Winde, theils durch das Ziehen und Werfen des Holzes vom Dachgerüst, ausgesetzt sind, der Mörtel an denselben nicht haften kann, sondern bald Risse bekommt und dann abfällt. Von dem Gesagten kann man sich auf jedem Dachboden, wo eine solche Verstreichung angebracht ist, überzeugen, denn man wird diese immer zum großen Theile auf dem Boden liegend, oder doch so an den Ziegeln und Latten hängend finden, daß von einem dichten Verschlusse der Fugen gar nicht die Rede sein kann. Auch erwartet man eigentlich gar keine Haltbarkeit von dieser Construction, denn wo sie gebräuchlich, ist man auch gewohnt, den Maurer alljährlich diese Verstreichung repariren, d. h. zum größten Theile neu herstellen zu sehen. Man hat deshalb auch allerlei Mischungen versucht, um den Mörtel haltbarer zu machen, und Lehm unter den Kalk gemengt oder Kälberhaare. Die letzteren verhüten ein Abfallen des Mörtels allerdings etwas, jedoch nur dadurch, daß sie die einzelnen Stücke, in welche der Mörtel, in Folge der erwähnten Bewegungen, zerreißt, an einander heften, aber keineswegs das Durchtreiben des Schnees verhüten.

Soll ein Mörtel in dieser Beziehung wirklich Dienste leisten, so muß er die Eigenschaft haben, nicht nur eine feste Verbindung mit den Ziegeln einzugehen, sondern auch nach dem Erhärten einen gewissen Grad von Elasticität zu behalten, um den unvermeidlichen Bewegungen nachgeben zu können, ohne zu reißen. Will oder kann man daher nicht einen Mörtel mit den genannten Eigenschaften anwenden, so lasse man die Verstreichung lieber ganz fort, und verwende die hierdurch ersparten Kosten auf besseres Material und eine sorgfältigere Arbeit beim Latten und Eindecken selbst. Ein Nachtheil der verstrichenen Dächer, der in manchen Fällen nicht unbedeutend sein kann, ist der, daß durch den fortwährend herabfallenden Mörtel auf dem Dachboden aufgeschüttete Früchte oder sonstige Waaren verunreinigt oder gar verdorben werden können. Gerade hier leisten die erwähnten Kälberhaare einigen Dienst, indem die Mörtelklümpchen an den Haaren hängen bleiben.

Wenn man bei dem Eindecken der Ziegeln die langen Kanten derselben an einander reibt, so wird die Stoßfuge dadurch so dicht, daß wenig von dem Durchbringen des Wassers durch dieselben zu fürchten bleibt; und diese Manipulation ist ebenso einfach und nützlich, als ihr Unterbleiben, zum Schaden der Dächer, gewöhnlich.

§. 13.

Was die sogenannte böhmische Eindeckung betrifft, so ist das Verfahren dabei folgendes*). An Handwerkszeug und Geräthschaften benutzt der böhmische Dachdecker:

1) Eine Kelle Fig. 1 Taf. 71 zum Mörtelgeben. Sie ist einer gewöhnlichen Maurerkelle ähnlich, doch etwas schmäler, nur etwa 2¾ Zoll breit, 5¾ Zoll lang und um ¾ Zoll im Löffel gekrümmt; außerdem unterscheidet sie sich noch durch das statt des gewöhnlichen runden Bügels angebrachte Verbindungsblech d. Sowohl der Löffel e als das obengenannte Verbindungsblech werden aus dem stärksten Eisenblech (Sturz) geschmiedet und gut verstählt.

2) Der Hammer Fig. 2 Taf. 71. Dieser ist aus etwa 0,3 Zoll starken Eisen hochkantig geschmiedet und ebenfalls gut verstählt. Die Schneide a desselben dient zum Zuhauen der Ziegelstücke, und die Spitze b zum Vorreißen der Trennungsfuge und zugleich zum Halten des Hammers, wenn er nicht gebraucht wird, indem man ihn mit derselben in einen Sparren haut.

3) Das Mörtelgefäß, mit Kette, nebst Knebel und Haken, mittelst welchen dasselbe auf den Latten befestigt wird. Das Mörtelgefäß ist aus Stäben oder Dau-

____

*) Die hier folgende Beschreibung der böhmischen Deckweise ist nach einem Aufsatze des Herrn Buzke in Crelle's Journal für die Baukunst Bd. II. S. 217 im Auszuge gegeben.

18 *

ben gefertigt und mit einigen eisernen Ringen gebunden. Dasselbe ist etwa 13 Zoll im Durchmesser weit, 6 bis 8 Zoll hoch. Mit dem Fig. 4 Taf. 71 besonders gezeichneten Haken wird es auf eine Latte aufgehängt, und ruht dann mit dem Boden auf einer der folgenden Latten, wie solches Fig. 3 Taf. 71 zeigt.

Ferner bedienen sich die Dachdecker, um die letzte Strecke ohne Beschädigung der schon liegenden Ziegel eindecken zu können, einer Leiter von Latten mit drei oder mehreren Sprossen, welche auf der schon gedeckten Dachfläche auf untergelegte Strohbüschel gehängt und mittelst eines Hakens und Taues befestigt wird.

Der Mörtel, den man zu dieser Arbeit verwenden will, muß besonders sorgfältig und dünnflüssig bereitet werden; übrigens nimmt man einen guten sogenannten Luftmörtel, da Versuche mit hydraulischem Mörtel kein günstiges Resultat gegeben haben sollen. Ein solcher hat dem abwechselnden Naß- und Trockenwerden, namentlich aber den Einwirkungen der Sonnenstrahlen, nicht widerstanden.

Das Decken selbst schreitet von der rechten zur linken Hand fort, weil es so für den Arbeiter am bequemsten ist; es sei denn, er wäre links.

Beim Kronen- oder Ritterdache wird jedem Ziegel, ehe man ihn verlegt, an der langen Seite mit der Kelle eine etwa ¼ Zoll starke Mörtellage gegeben. Der Ziegeldecker hält den Ziegel mit der linken Hand hochkantig und wagerecht, nimmt mit der Kelle eine nur eben für die Fuge ausreichende Menge Mörtel, wendet die Kelle um, fährt damit an der Seitenkante des Ziegels von unten nach oben entlang, wendet sie wieder und streicht damit zurück, wobei er den überflüssigen Mörtel von der Fläche des Steins wieder abzieht, preßt sodann den Ziegel gegen den schon liegenden an und gibt mit dem Stiel der Kelle rasch einige Stöße gegen die freie Kante des Ziegels, so daß die überflüssige Mauerspeise aus der Fuge von unten nach oben herausquillt, welche dann mit der Kelle abgestrichen und in das Mörtelgefäß zurückgeworfen wird. Hierauf wird die Fuge noch mit der scharfen Kante der Kelle glatt gestrichen oder gebügelt, damit sie keine poröse Oberfläche behalte und den Abfluß des Wassers nicht hindere. Die ganze Verrichtung muß mit großer Handfertigkeit und sehr schnell geschehen, weil nur dann der Mörtel gut bindet und einen dichten Schluß gewährt.

Ist so eine Reihe von jedesmal 3 Ziegeln neben einander, über welche der Arbeiter noch bequem hinreichen kann, gelegt, so wird die folgende, sie überdeckende, auf gleiche Weise mit Kalkfugen verlegt, zuvor aber nahe am Kopfende der bereits gelegten, noch der sogenannte Querschlag gegeben. Dieses ist ein etwa ½ Zoll breiter, dünner Mörtelstreifen, welcher quer über jeden Ziegel in wage-

rechter Richtung mit der Kelle aufgetragen wird. Auf diese Weise wird fortgefahren, so daß zwei Ziegel neben einander durch Fugen, zwei Ziegelreihen über einander aber durch Querschläge verbunden werden.

Fig. 5 Taf. 71 zeigt die vordere Ansicht und Fig. 5 a in den beiden oberen Schichten den Querschnitt einer auf die beschriebene Weise eingedeckten Dachfläche eines Kronen- oder Ritterdaches, wo die Querschläge mit a bezeichnet sind.

Aus Fig. 5 a ersieht man leicht, daß die Deckziegel jeder Doppelschicht nach innen klaffen müssen, weil sie mit ihrem oberen Ende auf dem Querschlage des unteren Ziegels, mit dem untern aber auf diesem Ziegel unmittelbar aufliegen. Dieses Klaffen dürfte indessen von keinem großen Nachtheil sein, weil ja der entstehende Klaffraum durch den Querschlag geschlossen wird. Wollte man denselben aber vermeiden, so könnte man nach dem Vorschlage Wolframms, die Querschläge unter den Deckziegeln jeder Doppelschicht fortlassen und sie nur auf diesen Ziegeln beibehalten, wie solches in Fig. 5 a in den untern Lagen und in Fig. 6 Taf. 71 im Querschnitt dargestellt ist. Da hier die Ziegel mit ihrer ganzen Länge einander berühren, so ist ein Durchtreiben des Schnees nicht so leicht zu befürchten, wenn die Ziegel eben sind. Es ist indessen gerade ein Vortheil der böhmischen Deckart, daß man mittelst derselben auch mit krummen, nicht ebenen Ziegeln, wie sie leider so häufig vorkommen, dichte Dächer darstellen kann, weil durch die Querschläge die entstehenden Höhlungen ausgefüllt und geschlossen werden.

§. 14.

Auch die Doppel- und Schindeldächer kann man auf böhmische Art eindecken; doch begnügt man sich damit, die Stoßfugen zwischen den Ziegeln zu mörteln, und läßt die Querschläge fort, weil diese bei den weit übereinander greifenden Ziegeln des Doppeldaches ein Klaffen derselben erzeugen würden, was bei den weiter gelatteten Kronendächern weniger der Fall ist, bei den Schindel- oder einfachen Dächern verbieten sich die Querschläge aber wegen der Schindeln. Bei beiden Dächern wird dann statt der Querschläge der schon erwähnte innere Verstrich angebracht. Dieser ist indessen, wenn das Dach nicht mit einem sogenannten Kniestock (Kniewand) construirt ist, nahe an der Traufe nicht anzubringen, und man muß ihn daher in diesen unteren Schichten durch Querschläge ersetzen.

Ein auf böhmische Art gut eingedecktes Dach ist gewiß wasser-, ja vielleicht luftdicht; doch aber trifft diese Construction derselbe Vorwurf, den wir dem Verstreichen der Dächer von innen gemacht haben, wenn auch vielleicht in geringerem Maße. Eine Bewegung der Dachfläche durch das Trocknen, Schwinden und Werfen des Holzes vom

Dachgerüst ist einmal nicht zu vermeiden, und tritt eine solche ein, so sind Sprünge und Risse in den Mörtelfugen und ein Ablösen der Ziegel von den Querschlägen die Folge. Indessen hat der Sturmwind auf eine auf diese Weise eingedeckte Dachfläche, die gewissermaßen eine zusammenhängende Masse bildet, weniger Einfluß als auf ein gewöhnlich gedecktes Dach, indem er nicht so leicht einen einzelnen Ziegel oder eine Reihe derselben heben kann, wodurch ein großer Theil der nachtheiligen Bewegungen aufgehoben wird. Auch findet kein Verunreinigen des Bodenraumes durch herabfallenden Mörtel statt, wie dies bei dem inneren Verstriche der Fall ist. Ueberdies spricht die Erfahrung sehr für diese Dächer, und es dürfte ein **auf böhmische Art eingedecktes Kronen- oder Ritterdach das beste sein, was mit unsern gewöhnlichen Ziegeln dargestellt werden kann;** obgleich der Einwurf, daß in ein solches Dach nur mit Beschwerde und von außen her neue Ziegel eingezogen werden könnten, nicht unbegründet ist, wenn auch dem weiteren Einwande, daß hierbei nothwendig mehrere Ziegel zerbrochen würden, durch die Anwendung passender Werkzeuge und vorsichtiger Behandlung begegnet werden kann. Theurer ist ein solches Dach allerdings; aber wenn es zugleich besser, schützender für das Gebäude und dauerhafter ist, so ist dies kein Vorwurf.

§. 15.

Wir haben bis jetzt nur das Eindecken der Dachflächen im Allgemeinen betrachtet, und müssen uns daher noch zu einigen Einzelnheiten wenden.

Die Traufe wird bei alle den beschriebenen Ziegeldächern durch eine Doppelschaar gebildet, so daß bei dem einfachen und beim Doppeldache die Latte, auf der diese Doppelschaar hängt, mit ihrer Oberfläche um eine Ziegeldicke tiefer gelegt werden muß, wenn kein Klaffen stattfinden soll. Der Zweck dieser Verdoppelung ist, die Stoßfugen der untersten Ziegelreihe bis an die eigentliche Tropfkante hin zu decken. Da dies nun aber bei dem einfachen Dache nach Fig. 10a **Taf. 70** auf eine Länge von 7 Zoll, und beim Doppeldache nach Fig. 13a derselben Tafel auf 5 Zoll Länge (nach der jedesmaligen Lattweite) nothwendig ist, so braucht die unterste Ziegelreihe der Doppelschaar nicht die ganze Ziegellänge zu haben, sondern nur eine Länge von etwa 7½ und resp. 5½ Zoll, wie dies in den Fig. 10b und 13b **Taf. 70** dargestellt wurde, weil dann ebenfalls nirgend eine ungedeckte Stoßfuge vorkommt.

Der Vorsprung der Traufe vor der Unterlage a beträgt gewöhnlich 2 bis 3 Zoll, und da nach den genannten Figuren die Oberkante dieser Unterlage von der nächsten oder Trauflatte 7,5 oder 5,5 Zoll entfernt ist, so beträgt die Breite der Unterlage bei dem Einfachen Dache 4 bis 5 und beim Doppeldache 2 bis 3 Zoll, kann im letzteren

Falle also durch eine gewöhnliche, etwas stärkere Latte ersetzt werden, während beim einfachen Dache ein sogenanntes Traufbrett nöthig wird. Wie die Figuren zeigen, ist in den zuletzt besprochenen Fällen ein Tieferlegen der Trauflatte nicht nöthig.

Daß man an die Stelle der untersten Ziegelreihe der doppelten Traufschaar auch einen Streifen aus Metallblech auf dem Traufbrette befestigen kann, leuchtet ein; und es geschieht dies öfter des bessern Aussehens wegen, wenn unter der Traufe ein fein gegliedertes Gesims befindlich ist.

Bei dem Kronen- oder Ritterdache ist die Traufschaar, wie jede andere, eine doppelte, und bedarf daher keiner besondern Berücksichtigung.

Uebrigens ist hier unter Traufe nicht nur die einer ganzen Dachfläche, sondern jede Dachkante, an der ein Abtropfen des Wassers stattfindet, verstanden, so also auch die Traufe einer Dachluke ꝛc. Ebenso bleibt die Construction ganz dieselbe, ob die Traufe das Wasser in eine Rinne oder, wie hier angenommen, in das Freie fallen läßt.

§. 16.

Der **First** oder der **Forst** erhält, wie schon früher bemerkt, ebenfalls jedesmal eine doppelte Ziegelschaar auf der obersten Latte, aus demselben Grunde wie bei der Traufe; und da an dieser Stelle die Länge der ungedeckten Stoßfuge bei dem Doppeldache 5 und bei dem einfachen Dache 7 Zoll (ebenfalls so viel als die Lattweite) beträgt, wie dies die Fig. 10a und 13a **Taf. 70** nachweisen, so braucht die oberste Ziegelreihe der doppelten Firstschaar wiederum nicht die ganze Ziegellänge zu haben, sondern es können die bei der Traufe gebrauchten Stücke, von etwa 5,5 und 7,5 Zoll Länge, verwendet werden, wie dies die Fig. 7 und 8 **Taf. 71** auf der linken Seite zeigen. Daß man übrigens diese kürzeren Ziegeln hier sowohl, als bei der Traufbildung nur dann mit Vortheil anwenden kann, wenn dieselben auf den Ziegeleien besonders angefertigt und wohlfeiler als ganze Ziegel zu haben sind, leuchtet ein. Bei dem Kronen- oder Ritterdache ist auch die Firstziegelschaar von allen übrigen eben so wenig als die Traufschaar verschieden, und dies ist, wenn man will, wieder ein Vortheil dieser Dächer.

Den eigentlichen Schluß eines zweiseitigen oder Satteldaches, wie solches die Fig. 7 und 8 **Taf. 71** zeigen, bildet eine in einander geschobene Reihe Hohlsteine, welche die eine Hälfte eines nach seiner Achse durchschnittenen hohlen, abgestumpften Kegels bilden und auf der konveren Seite des dickeren Endes ebenfalls eine Nase haben. Diese Steine unterliegen gewöhnlich keinen vorgeschriebenen Abmessungen, sind hier zu Lande aber meistens 14 Zoll lang, am dickeren Ende 5 und am dünnern 4 Zoll außerhalb breit, und 0,6 Zoll in den Wänden dick.

Damit nun diese Steine über die obersten Ziegelreihen der Firstschaar gehörig übergreifen können, müssen diese sich einander so weit nähern, als dies die Nasen an denselben zulassen. Diese Nasen dürfen aber nicht etwa abgeschlagen werden; und deshalb müssen die Firstlatten, wie schon früher erwähnt, nicht immer ganz an die Spitze der Sparren, sondern so genagelt werden, daß die im Querschnitt des Daches erscheinenden 4 Nasen gehörig Platz haben. Die Fig. 7 und 8 Taf. 71 zeigen, daß die Entfernung dieser Latten von einander auch von dem Dachwinkel abhängt, denn während sie bei dem Winkeldache Fig. 7 beinahe unmittelbar an der Spitze sich befinden, mußten sie bei dem ¼ Dache Fig. 8 etwas davon entfernt bleiben.

Die Hohlsteine, welche sich um 3 bis 4 Zoll der Länge nach übergreifen, werden in Mörtel gelegt, d. h. es werden sowohl die Fugen zwischen den Hohlsteinen, als die zwischen diesen und der obersten Ziegelreihe der Firstschaar, gut und sauber mit Mörtel verstrichen und der innere, in den Fig. 7 und 8 punktirte Raum mit Abfällen von Ziegelstücken und Mörtel (also einer Art Béton) ganz gefüllt. Letzteres ist nöthig, damit der Sturm die Hohloder Firstziegel nicht so leicht herabwehen kann. Es gehört ferner zum guten Ansehen eines Daches, daß die Firstziegel nach der Schnur gelegt werden, so daß die Nasen derselben alle in einer geraden Linie liegen; und vernünftig ist es, dieselben so zu legen, daß die spitzeren Enden derselben der Wetterseite zugekehrt sind.

Bei der First eines einseitigen oder Pultbaches sind Hohlziegel nicht wohl anwendbar. Wenn das Dach nicht etwa gegen eine höhere senkrechte Mauer oder Wand stößt und einen sogenannten Maueranstoß (wovon weiterhin) bildet, bleibt es immer schwierig, der Firstschaar eine sichere Lage zu geben; und es dürfte rathsam sein, diese immer böhmisch einzudecken, d. h. mit gemörtelten Stoßfugen und Querschlägen zu versehen, damit der Wind weniger Gewalt darauf ausüben kann. Außerdem dürfte ein nach Fig. 9 Taf. 71 angeordnetes Metallblech von hinlänglicher Steifigkeit gewiß sehr ersprießliche Dienste leisten. Man sieht aus dieser Figur, daß mit Aengstlichkeit vermieden ist, auch nicht den kleinsten Tropfenfall auf die Seite der lothrechten (sogenannten hohen) Wand zu bringen, und in diesem Fall kommt man zuweilen, wenn man auf der Grenze eines strengen Nachbars baut und man das sogenannte Traufrecht nicht hat. Tritt dieser Fall nicht ein, so kann man die Anordnung nach Fig. 10 Taf. 71 treffen, wo sich dann eine ordentliche First mit Hohlsteinen herstellen läßt. In dieser Figur wurde zugleich der oft vorkommende Fall angenommen, daß die hohe Wand mit einer Vormauerung versehen ist; in welchem Falle dann die auf dieser liegende Firstschaar ganz in Mörtel gelegt wird.

Daß man eine ganz ähnliche Construction anordnen kann, wenn diese Vormauerung fehlt und die hohe Wand entweder eine Fachwand, wie in Fig. 9, oder eine massive Mauer ist, bedarf wohl keiner Erwähnung. In neuerer Zeit sind hier in Stuttgart Firststeine nach der in Fig. 11 Taf. 71 im Querschnitt gezeichneten Form — für verschiedene Dachwinkel — zur Anwendung gekommen, die ohne Uebergriff, nur mit gemörtelten Stoßfugen, nach Fig. 12 neben einander gelegt werden, sich aber nicht bewährt haben.

Soll eine Mauer oder ein Mauerpfeiler mit Ziegeln abgedeckt werden, so werden die Doppelschaaren immer ganz in Mörtel gelegt, eben so die, die eigentliche First bildenden Hohlsteine. Die nebenstehende Figur zeigt die Giebelansicht eines Strebepfeilers, kann aber auch als Querschnitt einer Mauer angesehen werden.

§. 17.

Der Grat ist nach unserer früheren Erklärung eine geneigt liegende First und wird wie diese mit Hohlsteinen eingedeckt, nur fällt die doppelte Firstschaar fort und es müssen statt dessen die an den Grat treffenden Ziegel schräg zugehauen werden. Hierbei wird es sich sehr oft treffen, daß die Nase der Ziegel mit fortgehauen wird, weshalb dann die Stücke in Mörtel gelegt werden müssen. Weil hier die Hohlsteine auf einer geneigten Kante liegen, so müssen sie mittelst eiserner Nägel befestigt werden, und es ist gut, wenn die hierzu nöthigen Löcher schon beim Formen und vor dem Brennen in die Ziegel gestochen werden, weil das nachherige Einhauen derselben beschwerlich ist und viel Bruch erzeugt. Ist der Grat nicht zu steil, so ist es nicht nöthig, jeden Hohlstein zu nageln, sondern es ist hinreichend, wenn der unterste und oberste und dazwischen etwa je der vierte Stein mit einem Nagel versehen wird. Dies Nageln geschieht an dem dünneren Ende der Hohlsteine, so daß der Nagel von dem zunächst höher liegenden Steine überdeckt wird, und man hat daher während der Arbeit darauf zu achten, daß die vorgeschriebene Anzahl Steine auch wirklich genagelt werden, weil man dies später nicht sehen kann. Auch gerade bei den Gräten trägt es viel zum guten Aussehen eines Daches bei, wenn die Hohlsteine desselben nach der Schnur gelegt werden, wie wir dies schon bei der First angegeben haben.

§. 18.

Dem Grate ist die Kehle gerade entgegengesetzt; denn wenn jener einer Wasserscheide zu vergleichen ist, von wel-

cher das Wasser leicht abfließt, so gleicht diese einem Thal-
wege, in welchem sich alles Wasser sammelt. Schon hieraus folgt die Schwierigkeit der wasserdichten Eindeckung
dieses Dachtheils und die Nothwendigkeit, alle Kehlen so
viel als möglich zu vermeiden.

Gewöhnlich stellt man die Kehle selbst von besserem
Material dar als die übrige Dachfläche, d. h. bei Ziegeldächern von Schiefer oder Metallblechen; doch kann man
auch mit gewöhnlichen und mit Hohlziegeln Kehlen eindecken, wenn auch nicht ohne größere Mühe und mit weniger Gewißheit der Wasserdichtigkeit. Taf. 72 zeigt in
den Fig. 1 bis 3 die Kehle eines Doppeldaches, mit Hülfe
von Hohlsteinen eingedeckt; eine Construction, wie sie wohl
bei kurzen Kehlen, in denen sich nicht viel Wasser sammelt, und wo nicht absolute Wasserdichtigkeit, aber größte
Ersparniß in den Kosten Bedingung ist, ausgeführt werden kann. Fig. 2 ist ein Querschnitt normal auf die Richtung der Kehle, und Fig. 3 ein solcher durch die Mittellinie derselben, während Fig. 1 die Horizontalprojection
darstellt.

Zwei Latten a a, zu jeder Seite des Kehlsparrens A
über die Kehlschiftsparren genagelt, nehmen die Enden der
Dachlatten auf und sichern zugleich die Lage der die Kehle
bildenden Hohlziegel, die außerdem mittelst ihrer Nasen einen
Haltpunkt an den zwischen a a aufgenagelten kurzen Lattstücken b finden und sich etwa 3 Zoll weit von oben nach
unten überdecken. Die nach der Linie c d Fig. 1 schräg
zugehauenen Dachziegel überdecken die Ränder der Hohlziegel ebenfalls um einige Zolle, wie aus Fig. 2 zu ersehen. Soll dies Letztere ohne ein Klaffen der Ziegel geschehen, so müssen die Hohlsteine, wie solches in Figur 2
rechts gezeichnet, stark verhauen werden; sie fassen aber
dann so wenig Wasser, daß ein Ueberlaufen desselben sehr
leicht zu besorgen ist, weshalb es vorzuziehen sein dürfte,
bei der im Ganzen wenig Solidität gewährenden Construction auch ein Klaffen der zunächst der Kehle liegenden
Ziegelreihen nicht zu fürchten, und dafür den Hohlsteinen
ihre ganze Tiefe zu lassen, wie dies in Fig. 2 auf der
linken Seite durch punktirte Linien angedeutet ist. Dieses
Klaffen, was sich schon in der dritten Schicht wieder verliert, findet innerhalb statt, und dürfte überhaupt wenig zu
bedeuten haben, da doch die ganze Kehle in allen Fugen
sorgfältig mit Mörtel verstrichen und die kleinen Ziegelstücke wie f f Fig. 1 förmlich vermauert werden müssen,
wenn die Kehle einigermaßen Wasserdichtigkeit gewähren
soll. Da wo sich die Kehle gegen die First hin ausspitzt,
muß dieselbe mit einem Metallblech gedeckt werden, wie
solches in Fig. 1 und 3 Taf. 72 angedeutet ist. Das
Blech g bildet in der Mitte einen Theil eines Kegelman-
tels und reicht bis zu den Punkten h h auf den Firstlatten,
auf welchen zugleich die Befestigung durch Nägel statt-

findet. Dieses Blech überdeckt, wie Fig. 3 zeigt, den obersten Hohlziegel um einige Zolle. Fig. 1 deutet bei B zugleich an, wie die Firststeine dort, wo zwei Firstlinien mit
der Kehle und einem Grat, oder mit zwei Kehllinien zusammenlaufen, passend zugehauen werden müssen, wobei ein
sorgfältiges Verstreichen aller Fugen Hauptbedingung wird.

Die Kehlen größerer Dachflächen können auf die eben
angegebene Weise nicht eingedeckt werden, sondern müssen,
wenn man kein anderes Material verwenden will, mit Bi-
berschwänzen in der Weise gedeckt werden, daß man sie als
Theile von Cylindermänteln darstellt, an welche die angrenzenden Dachflächen tangirende Ebenen bilden.

Die Fig. 1 bis 3 Taf. 73 zeigen eine solche Construction bei einem Kronen- oder Ritterdache, und zwar ist
Fig. 1 die Horizontalprojection, Fig. 2 ein lothrechter Durchschnitt durch die Mittellinie C D der Kehle, und Fig. 3
ein Durchschnitt normal auf die Linie C D, also nach A B
Fig. 2. Mit einiger Aufmerksamkeit kann hier ein Klaffen
der Ziegel vollkommen vermieden werden, und wenn die
Ziegel der eigentlichen Kehle ganz in Mörtel gelegt, die
angrenzenden Schichten der Dachflächen aber böhmisch eingedeckt werden, so läßt sich mit ziemlicher Sicherheit auf
Wasserdichtigkeit der Construction rechnen. Doch ist es
nöthig, daß man nicht nur die besten der vorhandenen Ziegel zu der Kehle selbst auswählt, sondern auch eine recht
sorgfältige Arbeit, wozu besonders ein Dichtreiben der Fugen gehört, nicht scheuet. Zur Erläuterung der gewählten
Construction diene Folgendes.

Ein Paar etwa 7 Zoll breite, 1½ Zoll starke Dielstücke a a werden in passender Entfernung, so daß ihre
Mitten mit den Grenzen der etwa 3 — 4 Ziegel breiten
Kehle zusammentreffen, so auf die Kehlschiftsparren aufgenagelt, daß ihre Oberflächen etwa einen Zoll tiefer liegen
als die Oberflächen der Dachplatten; weshalb die größere
Stärke der Dielstücke da, wo sie auf den Sparren liegen,
ausgeschnitten werden muß. Auf diesen Dielstücken werden
die Enden der Dachlatten befestigt, wie solches Figur 1
deutlich zeigt, und außerdem dienen sie dazu, die Enden der
gekrümmten schwächern Latten b b aufzunehmen. Letztere
müssen so gebogen werden, daß sie mit ihrer Oberfläche in
die eines Cylinders fallen, zu welchem die Oberflächen der
Dachlatten tangirende Ebenen sind, so daß also b b in
Fig. 3 einen Kreisbogen bildet. Um diese Biegung bewirken zu können, nimmt man sogenannte Spallerlatten,
und kommt ihrer Biegsamkeit dadurch zu Hülfe, daß man
sie auf der converen Seite mit Einschnitten versieht, wie
dies in Fig. 3 dargestellt wurde. Außer an ihren Enden
sind diese Latten noch auf zwei auf den Kehlsparren befestigten Latten d d genagelt.

Um den Ort für diese Latten zu bestimmen, bemerke
man Folgendes: Die Ziegeln der Kehle müssen von denen

der angrenzenden Dachflächen, um eine halbe Ziegelbreite etwa, überdeckt werden, und damit dies ohne ein Klaffen geschehen kann, muß die zweite Schicht der Kehlsteine (von unten an) mit der Traufschicht der Dachflächen, die dritte Schicht der Kehle mit der zweiten Schicht der Dachflächen u. s. f. in einerlei Ebene liegen; wo daher z. B. die Unterkante der zweiten Schicht der Dachfläche mit der Begrenzungslinie e f derselben bei f zusammentrifft, muß auch die Oberkante der zweiten Schicht der Kehlsteine beginnen, damit letztere von ersterer überdeckt werden kann, wie solches aus der Horizontalprojection und aus dem Durchschnitt Fig. 2 ersichtlich ist. Hieraus ergibt sich die Weite für die Latten b b, und aus dem Normalschnitt Figur 3 der Raum, den zwei sich überdeckende Schichten der Kehlsteine in der Höhe einnehmen, so daß hieraus und aus der Ziegellänge die Neigung der Kehlsteine, wie sie in Figur 2 erscheint, gefunden werden kann*). Diese fällt nicht ganz mit der, welche die nach der Linie e f abgeschnittenen Ziegelschichten der Dachflächen haben, zusammen, wodurch ein geringes Klaffen der die Kehlsteine überdeckenden Dachziegel unvermeidlich wird, was aber durch ein sorgfältiges Eindecken in Mörtel unschädlich gemacht werden kann.

Bei der in unserm Beispiel angenommenen Lattweite des Daches von 8½ Zoll überdecken sich die Kehlsteinschichten kaum 2 Zoll, weshalb es rathsam sein dürfte, in einem solchen Falle die Lattweite für die Dachflächen nur auf 7 Zoll etwa festzusetzen, oder der Kehle zu lieb lieber das ganze Dach als Doppeldach einzudecken. Uebrigens wird der geringe Uebergriff der Doppelschichten der Kehle dadurch weniger gefährlich gemacht, daß sämmtliche Kehlsteine ganz in Mörtel gelegt, also förmlich vermauert werden müssen, um die in Fig. 3 Taf. 73 sichtbaren hohlen Räume, die dadurch entstehen, daß die ebenen Ziegel auf einem Cylindermantel aufliegen, auszufüllen. Die Breite der Kehle oder die Abmessung h i Fig. 3 ergibt sich dadurch, daß man mit der doppelten Ziegelstärke zwischen der Oberfläche der Dachlatten und der Unterfläche der Schichten k k so weit hinaufgeht, bis diese Stärke den Zwischenraum gerade ausfüllt, wie solches bei 11 der Fall ist, und dann die Ueberdeckung l h und l i etwa eine halbe Ziegelbreite betragen läßt. Alles Uebrige dieser Construction dürfte aus einer aufmerksamen Betrachtung der Figuren deutlich hervorgehen, so auch die, wie in dem vorigen Falle angeordnete, Metallblechkappe in der Spitze der Kehle, und es bliebe nur noch zu bemerken, daß die Traufe der

*) Es würde hier zu weit führen, alle die einzelnen Operationen anzugeben, die nöthig sind, um die Zeichnungen auf Tafel 73 darzustellen; es bleibt daher wünschenswerth, daß Anfänger dieselben (hauptsächlich als Zeichnungsübung) nach einem größeren Maßstabe, etwa ¹/₁₀ der natürlichen Größe, selbst entwerfen, wobei ihnen das oben Stehende als Anleitung dienen wird.

Kehle entweder so wie in Fig. 1 Taf. 73 dargestellt werden kann, oder daß man die Trauflinien der beiden angrenzenden Dachflächen geradlinig verlängert und die Kehlsteine hiernach abhaut.

§. 19.

Weit sicherer und mit weniger Umständen, wohl aber mit etwas größern Kosten verbunden ist die Eindeckung der Dachkehlen mit Metallblechen.

Man nimmt hierzu Kupfer, Zink oder Eisenblech, seltener Blei. Das Verfahren ist bei allen diesen Materialien im Wesentlichen dasselbe, und nur das Zinkblech erfordert, seiner großen Ausdehnung durch die Hitze wegen, eine besonders vorsichtige Behandlung; wovon wir indessen später, wenn von der Verwendung dieses Metalls als Deckmaterial überhaupt die Rede sein wird, das Nöthige anführen werden.

Die Construction einer Dachkehle mit Zuhülfenahme von Metallblechen ist sehr einfach und besteht darin, daß man in einer Breite von etwa zwei Fuß, je nach der Größe der die Kehle bildenden Dachflächen, unmittelbar über der Oberfläche der Dachlatten einen Blechbelag befestigt, dessen Rand auf jeder Seite von den wiederum nach einer schrägen Linie abgehauenen Dachziegeln auf circa ½ Fuß Breite überdeckt wird. Die einzelnen Bleche, aus denen die Kehle besteht, können je nach dem Material entweder zusammengelöthet, oder auch über einander gefalzt werden. Das Letztere ist das Gewöhnlichere, und es geschieht dann nach der in Fig. 4 Taf. 74 dargestellten Art so, daß die Falze nach dem Fuß der Kehle zu niedergeschlagen werden. Die Befestigung der Bleche geschieht entweder dadurch, daß man die Ränder der nach der Breite der Kehle in einem Stücke durchgehenden Bleche, da wo sie die bis in die Kehllinie verlängerten Dachlatten treffen, nagelt, oder daß man nach Fig. 5 Taf. 74 in die Falze Heftbleche einlegt und diese auf einer Bretterschalung festnagelt. Diese Bretterverschalung muß dann so auf den Kehl- und Schiftsparren befestigt werden, daß ihre Oberfläche mit der der Dachlatten zusammenfällt. In diese Bretter werden der Länge nach einige flache Rinnen eingestoßen, um dem Wasser, das durch ein etwaiges Leck der Kehlbleche dringt, einen Ablauf unter denselben hin zu verschaffen. Sehr häufig wird das Blech der Kehle cylinderförmig im Querschnitt gestattet, wie in Fig. 3 Taf. 74. In diesem Falle ist es dann bequemer, die Schalung aus Latten bestehen zu lassen, die sich dieser Form leichter anschließen. Diese Form hat aber, gegenüber der in Fig. 1 dargestellten, wo die Kehle zu einer scharfkantigen Rinne sich zuschärft, keinerlei Vortheile, indem in letzterer das Wasser noch leichter und schneller abfließt als in ersterer.

Da die übergreifenden Dachziegel auf dem Bleche der

Kehle stumpf aufliegen, so entsteht hinter der Oberkante jeder Ziegelschaar ein kleiner dreieckiger, hohler Raum a a Fig. 2, in welchen der Wind das Wasser hineinjagen kann, denn ein Verstreichen dieser Räume mit Mörtel hilft nur auf kurze Zeit, weil letzterer auf dem Metallbleche noch weniger haftet als am Holze. Es ist daher anzurathen, die beiden Ränder der Kehlbleche nach innen umfalzen und nicht ganz niederschlagen zu lassen, wie es in Fig. 1 u. 3 Taf. 74 dargestellt ist, damit das vom Winde getriebene Wasser hier einen Widerstand findet und an den Falzen hinabläuft, ohne in das Innere des Gebäudes zu bringen. Die Fig. 1, 2 und 3 Taf. 74, die eine solche Dachkehle in normalen Querschnitten und in einem Längendurchschnitte darstellen, werden diese einfache Construction so deutlich darstellen, daß sie keiner weiteren Erläuterung bedürfen.

Wir haben weiter oben erwähnt, daß man die Kehlen bei Ziegeldächern auch mit Schiefern einzudecken pflegt; doch ist diese Construction der bei ganzen Schieferdächern üblichen durchaus gleich, so daß wir hier dorthin verweisen können.

§. 20.

Der Borb (Ortgang) eines Ziegeldaches bedarf in so fern einiger Aufmerksamkeit, als er, den Stürmen ausgesetzt, durch diese leicht beschädigt und der Schlagregen und Schnee hier leicht in das Innere des Daches getrieben wird. Um letzteres weniger nachtheilig zu machen, läßt man die Borde immer um eine oder mehrere Ziegelbreiten über die lothrechte Fläche des Gebäudes hinausreichen, indem man die Dachlatten um so viel über die Giebelsparren hervorragen läßt. Die Seitenansicht eines Bordes entspricht ganz dem lothrechten Querschnitt einer Dachfläche, und es finden daher auch hier hinter der Oberkante jeder Ziegelschaar hohle dreieckige Räume statt, die bei Kronen= oder Ritterdächern am größesten sind. Gewöhnlich werden diese nur mit Kalkmörtel verstrichen, was aber übel aussieht und sehr häufige Reparaturen und Erneuerungen zur Folge hat. Besser ist es, diese Räume durch ein sogenanntes Windbrett zu verschließen.

Es wird nämlich nach Fig. 6 Taf. 74 die Unterfläche der über den Giebelsparren vorstehenden Latten mit Brettern verschalt, die an die Latten festgenagelt werden und den Zweck haben, ein Heben der Ziegel durch den auf ihre Unterfläche wirkenden Wind zu verhindern. An diese Verschalung und an die Stirnenden der Latten wird nun ein schmales Brettchen, wo möglich von Eichenholz, dessen Breite der Dicke der erwähnten Schalbretter, der Latten und der Ziegelbedachung zusammengenommen gleich ist, durch Nägel befestigt, was, wie Fig. 6 bei A zeigt, den Schluß bewirkt.

Will man hierbei recht sorgfältig verfahren, so läßt man die Ziegel um ganz wenig mehr, als die Stärke dieses Windbrettes beträgt, über die Latten hinausreichen, und schneidet das Windbrett selbst, nach der Lage der Ziegel, zahnartig aus, wie solches in Fig. 6 bei B dargestellt ist, und wodurch die Fuge, welche nach der vorigen Construction längs des ganzen Bordes zwischen dem Windbrett und den anstoßenden Ziegeln stattfindet, vermieden und gedeckt wird. Man darf hierbei nur die Ziegel nicht zu weit über das Windbrett vorstehen lassen, damit der Wind keine Fläche findet, sie zu heben.

Wo Schiefern nicht zu theuer sind, pflegt man außer den Kehlen auch die Traufen, Firste, Gräte und Borde der Ziegeldächer mit diesem Material in einer Breite von etwa einem Fuß herzustellen, was außer einer großen Solidität einem solchen Dache ein sehr gutes Ansehen gibt. Das Nähere darüber später bei den Schieferdächern.

§. 21.

Stößt ein Dach mit einer seiner Seitenbegrenzungen an eine lothrechte Wand oder Mauer, so entsteht ein sogenannter Maueranstoß, der ebenfalls einige Vorsichtsmaßregeln erfordert. Die anstoßende Seite kann entweder die First eines Pultdaches oder ein Borb sein, denn der Fall, wo die Trauflinie (wenigstens eine längere) an eine lothrechte Fläche trifft, muß unter allen Umständen vermieden werden. Es kommt hierbei immer darauf an, die zwischen der Dachfläche und der lothrechten Wand entstehende Fuge so zu dichten, daß kein Wasser eindringen kann. Ein gewöhnliches Verstreichen dieser Fuge mit Mörtel reicht nach dem früher Gesagten nicht aus, und besonders nicht, wenn die lothrechte Fläche eine Holzwand ist. In diesem Falle bleibt nichts übrig, als die Fuge durch eine übergenagelte Leiste zu decken und diese wohl noch durch ein darüber befestigtes Metallblech zu schützen, über welches der Putz der Wand etwas übergreift, damit das an der Fläche des letzteren herablaufende Wasser von dem Eindringen zwischen Wand und Blech abgehalten wird. Eine dauerhafte und sichere Construction wird man in diesem Falle schwer erreichen; und es ist daher derselbe schon bei dem Entwurfe eines Gebäudes möglichst zu vermeiden.

Weit häufiger kommt indessen der Fall vor, daß die Fläche, gegen welche der Dachanstoß stattfindet, eine massive Mauer ist, und dann läßt sich eine sichere und haltbare Construction auf folgende Weise erzielen.

Wir nehmen als anstoßende Dachseite einen Borb an, weil der Anstoß einer Firstlinie noch geringere Schwierigkeiten macht. Um das auf der Dachfläche herablaufende Wasser von der Fuge des Maueranstoßes möglichst abzuleiten (was bei einer Firstlinie von selbst geschieht), erhebt man die Dachfläche gegen die Mauer hin um etwas, in dem man auf dem, zunächst an der betreffenden Mauer liegenden, Dachsparren unter die Dachlatten eine Latte befestigt, so daß die die Ziegel tragenden Latten um die Dicke der aufgenagelten nach der Mauer hin gehoben werden, wie dies Fig. 7 Taf. 74 zeigt, oder man nagelt auf jede einzelne Dachlatte ein keilförmiges Lattstück (Frosch genannt), mit dem Kopf der Mauer zugewendet, wie in Figur 8 derselben Tafel. Dann läßt man die Ziegel selbst um 2 bis 3 Zoll in eine in die Mauer gehauene oder gleich bei Aufführung derselben ausgesparte Ruth eingreifen und verstreicht die dann noch bleibenden hohlen Räume mit Kalkmörtel, der einerseits an den Ziegeln, andrerseits an der Mauer gut haften wird.

Besteht die Mauer, gegen welche der Anstoß stattfindet, aus Backsteinen, wie solches bei Brandmauern und Rauchrohrkästen sehr oft der Fall ist, so kann man, um das beschwerliche und in einer schwachen Mauer oft ganz unthunliche Einhauen einer Ruth zu umgehen, treppenartig eine Schicht Backsteine, um die halbe Steinbreite etwa, vorstehen lassen, wie solches in Fig. 9 Taf. 74 an einem Rauchrohrkasten beispielsweise gezeichnet ist. Die hier zu Lande zu Rauchrohrwänden üblichen Gluckersteine sind 3,4 Zoll breit, die Backsteine aber, bei gleicher Länge und Dicke der Glucker, 5 Zoll, so daß, wenn man an den betreffenden Stellen Backsteine statt der Glucker verwendet, sich eine um 1,6 Zoll vorspringende Schicht bildet, was für diesen Fall vollkommen hinreichend sein dürfte.

Der weiter oben erwähnte Fall, daß eine Trauflinie an eine lothrechte Wand stößt, kann im Kleinen oft unvermeidlich werden, wenn lothrechte Gegenstände, deren eine Fläche parallel mit den Dachlatten läuft, mitten aus einer Dachfläche hervorragen, z. B. die eben erwähnten Rauchrohrkästen. In diesem Falle kann man, wenn das Rauchrohr nur klein ist, sich dadurch helfen, daß man an der dem Anstoß zugekehrten Seite, wie vorhin erwähnt, eine Backsteinschicht herausragt und den Raum darunter so mit gut bereitetem Mörtel ausstreicht, daß sich ein von der Mitte aus nach beiden Seiten hin abfallender Rücken oder Sattel bildet, der das Wasser ableitet. Ist der Rauchrohrkasten (oder sonstige Gegenstand) aber breiter, so ist es am besten, hinter demselben ein kleines Blechdach so zu construiren, wie dies die Fig. 10 und 11 Taf. 74 in der Horizontalprojection und im Querschnitt deutlich darstellen.

Bei größeren Gegenständen (wie mehrere vereinigte Rauchrohre) setzt man auch wohl ein kleines, mit dem Hauptdache winkelrecht sich schneidendes Ziegeldach nach Fig. 1 Taf. 75 dahinter, was seinen besondern First hat und sich mit zwei Kehlen an das Hauptdach anschließt. Diese Construction ist indessen so umständlich und unangenehm in's Auge fallend, daß sie wohl selten zur Ausführung kommen wird. Die Kehlen a b bestehen aus kleinen Blechrinnen, die so auf die Dachlatten befestigt werden, daß sie längs ihren langen Seiten von den Ziegeln der beiden Dachflächen überdeckt werden, unten bei b b aber so auf die größere Dachfläche ausmünden, daß sie ihrerseits die Ziegel überdecken, wie solches in der Figur deutlich dargestellt ist. Was endlich den Anstoß einer Firstlinie anbelangt, so ist nur zu bemerken, daß die Firstziegelschaar ebenfalls in eine Ruth eingreifen und von einer vorragenden Steinschicht oder Leiste überdeckt werden muß.

§. 24.

Obgleich die Construction der Dachluken oder Dachfenster erst später bei den Holzconstructionen abgehandelt werden kann, so müssen wir hier das auf die Eindeckung derselben Bezügliche doch noch erwähnen.

Die einfachsten Dachluken, die gewöhnlich nur als Luftzüge benutzt werden, sind die sogenannten Kappfenster, wie ein solches in Fig. 2 Taf. 75 in isometrischer Projection dargestellt ist*). Dieselben werden von Thon gebrannt, wie das in unserer Figur dargestellte, oder auch aus Blech oder Gußeisen gefertigt, wie das in Figur 3 Taf. 75 in der Horizontalprojection gezeichnete. Sie erhalten an der Unterfläche zwei Nasen wie die Dachziegeln, womit sie ohne weitere Befestigung auf die Dachlatten aufgehängt werden. Damit sie verbandmäßig zwischen den Ziegeln eingedeckt werden können, muß ihre Breite das 1=, 2= oder 3= 2c. fache der Ziegelbreite betragen, ihrer Länge aber, wenigstens wenn sie aus Thon gebrannt sind, der Ziegellänge gleich sein. Sind sie aus Blech gefertigt, so kann die Länge mehrere Lattweiten und den Uebergriff der Ziegelreihen in sich begreifen, wie in Fig. 3 Taf. 75, wo dann längs der Linien a b derselbe Fall stattfindet wie bei einer mit Blech eingedeckten Dachkehle, und wo man, wie dort, durch ein Umfalzen der Blechkante ob das Einwehen des Regens und Schnees in die hinter den Ziegeloberkanten befindlichen dreieckigen Räume verhüten kann.

Eine zweite Art Dachluken sind die Pultdachluken, so genannt weil sie mit einem Pultdache gedeckt sind. Fig. 4 Taf. 75 zeigt eine solche Luke skizzirt, und Fig. 5

---

*) Die hier als Beispiele gegebenen Dachfenster sollen keineswegs als Muster dienen. Im Gegentheil sind die allereinfachsten, allen Schmuckes baaren, gewählt um das constructiv Wichtige an denselben recht hervorzuheben, was sich bei reicheren und gefälligeren Formen häufig mehr versteckt. Die Form, so weit sie nicht durch die Construction bedingt wird, ist uns hier, wie überall, Nebensache, und damit bei der Wahl einer gefälligeren und reicheren Form die Construction nicht vernachlässigt werden möge, ist diese hier ganz nackt hingestellt. Das Mittelalter und die Rainessance zeigen in dieser Beziehung viele schöne und reizende Formen, die aber leider sehr oft, in constructiver Beziehung, einer unbefangenen Kritik nicht gewachsen sind.

einen lothrechten Durchschnitt durch die Mitte derselben. Was die Eindeckung einer solchen anbelangt, so dürfen wir nur daran erinnern, daß bei a b Fig. 4 eine Trauflinie, bei a f und b d Borde, bei d c ein Dachanstoß und bei c e der Anstoß einer Firstlinie stattfindet; und daß alle die für diese Einzelheiten früher angegebenen Vorsichtsmaß=regeln beobachtet werden müssen. Dahin gehört also die in Fig. 5 bei A angedeutete Doppelschaar für die Traufe a b Fig. 4, und eine solche Gestalt der Lukenschwelle B Fig. 5, daß unter dem Vorsprunge derselben die ebenfalls doppelte Firstschaar (e c Fig. 4) Platz findet. Die schwie=rigsten Stellen bei der Eindeckung einer solchen Dachluke sind aber die Anstöße bei c d und der Anschluß der Pult= an die Hauptdachfläche bei f d Fig. 4 oder bei C Fig. 5. Da nämlich die Seitenwände oder die sogenannten S e i = t e n w a n g e n der Dachluke, b. h. die lothrechten dreieck=igen Flächen b c d Fig. 4 immer aus Holz oder Riegelwerk bestehen, so ist hier eine Dichtigkeit in dem Dachanstoße sehr schwer zu erreichen, und es wird der Mörtelverstrich, der allein angewendet zu werden pflegt, fast alljährlich er=neuert werden müssen.

Um wenigstens das Wasser von dieser Stelle mög=lichst abzuweisen, pflegt man in manchen Gegenden (z. B. in der von Nürnberg) die Seitenwangen nicht gleichlaufend unter sich und parallel mit den Dachsparren, sondern nach oben zu divergirend anzuordnen, wie dies in Fig. 6 Taf. 75 dargestellt ist, was dem angegebenen Zwecke allerdings ent=spricht, aber den Nachtheil mit sich führt, daß nun die Ziegeln an den beiden Borden des Lukendaches schräg ver=hauen werden müssen; außerdem auch übel aussieht.

Da wo sich die Pultdachfläche an das Hauptdach an=schließt, entsteht ein sogenannter W a s s e r s a c k, der um so schädlicher wird, um je größer der Unterschied der Neigungs=winkel der beiden Dachflächen ist. Ein Klaffen der Zie=geln, wenn auch nach innen, ist nicht zu vermeiden; und außerdem wird das von dem immer steileren Hauptdache herabfließende Wasser durch das flachere Lukendach zum Langsamerfließen gezwungen, und kann sich daher bei hef=tigem entgegenstehenden Winde so stauen, daß es in das Innere des Daches eindringt. Dieser Uebelstand, der nur dann ganz zu vermeiden ist, wenn das Pultdach bis zur First des Hauptdaches reicht, wird jedoch in demselben Maße vermindert, um je geringer der Unterschied der Nei=gungswinkel beider Dächer ist, desto niedriger also entwe=der die lothrechte Vorderwand der Luke, oder um so länger das Dach derselben ist.

Dieser zuletzt erwähnte Uebelstand fällt bei den Fron=ton=Dachluken, wie eine solche in Fig. 7 Taf. 75 skiz=zirt und in Fig. 9 derselben Tafel in der Horizontalpro=jection gezeichnet ist, fort, wo hingegen da, wo sich das Satteldach der Luke an das Hauptdach anschließt, zwei

Kehlen entstehen, die am besten mit Blech nach Figur 1 Taf. 74 eingedeckt werden. Alles übrige bleibt wie vorhin.

Eine Abart dieser Luken entsteht nach Fig. 8 Taf. 75, wenn man die lothrechten Wangenstücke der Luke fortläßt, und nur das Dach derselben auf das Hauptdach setzt, wo dann die beiden Kehlen allein übrig bleiben, die Dachan=stöße aber fortfallen. Bei beiden Arten muß indessen die Lukenschwelle über die zunächst unter ihr liegende doppelte Ziegelschaar übergreifen, gerade so wie dies schon bei den Pultdachluken erwähnt und in Figur 5 Taf. 75 gezeich=net ist.

Um auch die bei der letztgenannten Lukenart noch vor=handenen Kehlen fortzuschaffen, hat man eine Form erfun=den, die man mit dem Namen der F l e d e r m a u s = D a c h = l u k e n zu bezeichnen pflegt, und die allgemein für die (in constructiver Beziehung) beste Art der mit Ziegeln einzu=deckenden Dachluken gehalten wird.

Die aus Fig. 1 Taf. 76 ersichtliche Form dieser Dach=luken verlangt viel Raum, wenn ein Klaffen der Ziegeln möglichst vermieden werden soll, und in der That nimmt eine nur 15 Zoll in der Mitte hohe Luke 84 Zoll in der Länge ein, indem, um die zweckmäßigste Form zu erhalten, folgende Regel befolgt werden soll.

Nachdem nämlich die vordere Höhe der Luke in a b Fig. 3 Taf. 76 festgesetzt und durch a eine wagrechte Linie gezogen ist, theile man a b in fünf gleiche Theile und trage deren 14 von a nach c und h; in c errichte man einen Perpendikel, ziehe c b, halbire diese Linie in d und schneide den in c errichteten Perpendikel durch einen zwei=ten in der Mitte von c d auf dieser Linie errichteten in e; zieht man dann d e und verlängert diese Linie bis zum Durchschnitt mit der unterhalb verlängerten a b, so sind e und g die Mittelpunkte zweier Kreisbögen, die in d eine gemeinschaftliche Tangente haben und durch die Punkte c und b gehen.

Diese Form schließt sich nun dem Hauptdache in der Art an, daß alle mit den Dachplatten parallelen, lothrech=ten Durchschnitte durch die Luke lauter ähnliche Figuren zeigen, wobei dann die Scheitellinie der Luke keine zu flache Lage bekommen darf, wie solches aus Fig. 2 Taf. 76, welche einen lothrechten Durchschnitt durch die Mitte der in Fig. 1 in der Vorderansicht dargestellten Luke zeigt, er=sichtlich ist. Diese Form muß nun dergestalt eingelattet werden, daß die Latten der Hauptdachfläche über die Luke hinweggebogen werden, so daß die Anzahl derselben auf der Luke dieselbe bleibt. Steht nun die Vorderwand der Luke vertikal, so leuchtet ein, daß die Lattweite auf der=selben kleiner ausfallen muß, als auf der Hauptdachfläche, und dies ist ein Uebelstand; denn ist die Lattweite auf der Hauptdachfläche zweckmäßig gewählt, so wird sie dieses über der Luke nicht sein. Außerdem müssen nun die Luken=

latten nicht nur gebogen, sondern auch gedreht werden, was beschwerlich ist und sehr biegsame Latten voraussetzt, wenn man nicht durch vielseitige Einschnitte die gewöhnlichen Latten biegsam und drehbar machen will.

Das Drehen der Latten kann man vermeiden, wenn man die Vorderwand der Luke nicht lothrecht, sondern so stellt, daß sie mit der Schräge des Hauptdaches und der der Luke gleiche Winkel bildet, wie dies in Fig. 4 nur durch einfache Linien angedeutet ist. Alsdann wird nicht nur das Drehen der Latten unnöthig, sondern es bleibt auch die Lattweite dieselbe. Alles Uebrige der Einbeckung dieser Luken ergibt sich aus den Fig. 1 und 2 so deutlich, daß unter Beziehung auf das früher Gesagte, eine weitere Erläuterung derselben unnöthig erscheint.

§. 23.

Alle die bisher beschriebenen Dachluken haben mehr oder weniger Mängel, und wenn man auch die Fledermausluken mit gehöriger Vorsicht ziemlich wasserdicht einbecken kann, so sind sie doch theuer und — wahre Ungethüme, so daß auch sie nur noch selten zur Anwendung kommen. Im Allgemeinen sind daher alle Dachluken so viel als thunlich zu vermeiden, und wenn man zu deren Anlage durchaus genöthigt ist, so ist es besser, dieselben ganz von Blech anfertigen zu lassen. Auf diese Weise werden sie kaum theurer werden, jedenfalls aber mehr Sicherheit für die wasserdichte Einbeckung gewähren. Außerdem sind sie leichter und feuerbeständiger als die bisher beschriebenen.

Die Anfertigung dieser Blechdachluken ist so einfach, und hängt mit der Einbeckung der Ziegelbedachung so eng zusammen, daß wir sie hier gleich kurz beschreiben wollen, obgleich sie, streng genommen, erst bei den Metallconstructionen besprochen werden sollten.

Als Material eignet sich am besten das starke verzinnte Eisenblech, sogenannte Ein=Kreuzblech. Das in den Fig. 1 bis 4 Taf. 77 dargestellte Dachfenster, welches seiner äußeren Form nach beliebig gestaltet werden kann, besteht der Hauptsache nach aus zwei Seitenwangen, einem vordern Rahmen, der zugleich den hölzernen Fensterrahmen aufnimmt, und aus einem flachgebogenen oder auch sattelartig gestalteten Dache. Alle diese Theile werden vom Flaschner (Klempner) durch Löthung verbunden und auf einer Grundtafel so befestigt, daß diese auf allen Seiten etwa 12 Zoll breit vorsteht, in der Mitte aber eine nach der Größe des Fensters bemessene Oeffnung hat. Diese Grundtafel dient dazu, die Luke auf den Dachlatten zu befestigen, und wird oben und an den beiden Seiten von den Dachziegeln überdeckt, während sie unterhalb ihrerseits wieder die Ziegeln zunächst unter der Luke überdeckt. Soll nun die Vorderwand der Dachluke nach der Einbeckung

lothrecht stehen, so muß die Verbindung der Grundplatte mit derselben genau nach dem Dachwinkel bemessen, und das Ganze kann daher erst angefertigt werden, nachdem das Dachgerüst aufgeschlagen ist, nach welchem der Flaschner an Ort und Stelle genaue Maße nehmen kann.

Am besten richtet sich die Breite der Dachluke nach der Entfernung der Sparrenmittel von einander, so daß die Seitenwangen der Luke über diese Mittel treffen. Ist dies nicht der Fall, so müssen zwischen die Dachsparren besondere, mit ihnen parallel laufende, kürzere Sparren zwischen Wechsel eingesetzt werden.

Auf die Sparren werden nun keilartige Leisten a b (Fig. 1, 3 und 4 Taf. 77) befestigt, deren Rücken bei a Fig. 4 entweder die einfache oder doppelte Ziegelstärke zur Höhe hat, je nachdem das Dach als Doppeldach oder als Kronendach eingedeckt ist. Diese Keile nehmen die Enden der auf die Luke treffenden Dachlatten auf, wie dies aus den Fig. 1 und 3 zu ersehen ist. Die Oberfläche dieser Latten kommt dadurch so zu liegen, daß, wenn die Grundtafel der Dachluke auf ihnen aufliegt, dieselbe oben und seitwärts unter die Ziegeln trifft, unten, bei g Fig. 4, aber die Ziegeln überdeckt. Da die vorstehenden Ränder der Grundtafel aber auch nach den Seitenwangen der Luke hin ein Gefälle haben müssen, damit das Wasser abgehalten wird, seitwärts unter den übergreifenden Ziegeln in das Dach zu bringen, so nagelt man Doppelkeile oder sogenannte Fröschlinge, deren Rücken in eine gerade Linie und mit der äußern Begrenzung der Grundtafel zusammenfallen, so auf die Latten, daß sie sich von unten nach oben zu bedeutend verjüngen, wie dies in Fig. 1 zu sehen. Die äußern Ränder der Grundtafel werden außerdem noch, ½ Zoll breit etwa, nach innen umgefalzt, wie wir dies früher schon bei den Dachkehlen angeführt haben, damit auch durch den Wind kein Wasser in das Innere getrieben werden kann. Oberhalb bekommen die das Blech überdeckenden Ziegeln, die gewöhnlich bogenförmig verhauen werden, eine Kalkleiste, auf der sie ruhen, damit die darauf folgende Schicht nicht klafft.

Zur bessern Befestigung der ganzen Luke, und damit die Erschütterungen beim Oeffnen und Schließen des Fensters den Kalkverstrich nicht losrütteln, werden an jeder Seitenwange einige starke Blechstreifen m n (Fig. 4) angelöthet und mit Nägeln an den Sparren befestigt.

Unterhalb, wo das Dachfenster bei l (Fig. 4) auf den Ziegeln aufsteht, läßt man diese nach innen wohl 1½ Zoll vortreten, um hier einen Mörtelverstrich und auch wohl eine kleine Blechrinne anzubringen, in welcher sich das an dem Fenster etwa herablaufende Schwitzwasser sammeln und durch kleine blecherne Röhren nach außen, unter dem untern Theile der Grundtafel hindurch, abgeleitet werden kann. Bei einer auf diese Weise angeordneten Dach=

luke, wird das oberhalb und zur Seite von der Dachfläche herablaufende Waſſer von der durch die Grundtafel gebildeten nächſten Umgebung, die eine Vertiefung in der Dachfläche bildet, abgewieſen werden, und nur das wenige, direkt von dem Dach der Luke ablaufende Waſſer wird durch dieſe abzuführen ſein.

§. 24.

Die bisher beſchriebenen Bieberſchwanzdächer ſind von allen Ziegeldächern unſtreitig die am meiſten in Anwendung ſtehenden und beſten, weshalb wir auch alle auf die Eindeckung derſelben bezüglichen Regeln und Erfahrungen möglichſt vollſtändig aufgeführt haben, ſo daß wir einige andere, hier und dort noch gebräuchliche Ziegelformen nur kurz zu erwähnen brauchen, einmal weil ihre Anwendung immer ſeltener wird, und dann, weil der, welcher das Vorſtehende, zunächſt über die Bieberſchwanzdächer Geſagte, verſtanden hat, dies auch leicht auf jene andern Formen zur Anwendung wird bringen können.

II. Das Hohlziegeldach.

§. 25.

Hohlziegeln, wie wir ſie ſchon zur Eindeckung der Firſte und Gräte beſchrieben haben, ſind früher auch zur Eindeckung ganzer Dachflächen benutzt worden. Man hängt dieſelben mit ihrer konveren Seite mittelſt der Naſen auf Latten, deren Weite danach bemeſſen iſt, daß die Hohlſteine ſich etwa 3 bis 4 Zoll überdecken, verſtreicht die Fugen zwiſchen zwei benachbarten Steinen mit Mörtel, wie ſolches Fig. 5 Taf. 77 im Querſchnitt zeigt, und nennt ſolche Dächer dann Rinnendächer, weil die Fläche derſelben aus lauter parallelen, von der Firſt zur Traufe laufenden Rinnen beſteht. Dieſe Dächer können nur ſo lange waſſerdicht ſein, als der Mörtelverſtrich unbeſchädigt bleibt, wozu vor allen Dingen eine ſolche Beſchaffenheit deſſelben gehört, daß er der abwechſelnden Näſſe und Trockenheit und der Sonnenhitze widerſteht. Finden ſich nun auch dieſe Eigenſchaften, ſo werden doch die nicht zu vermeidenden Bewegungen der Dachfläche ein Reißen und Losbröckeln des Mörtels veranlaſſen, ſo daß der Gebrauch dieſer Dächer mit Recht nur noch eine Seltenheit iſt. Statt des Mörtelverſtrichs deckt man die Fuge zwiſchen zwei benachbarten Hohlſteinen mit einem verkehrt, alſo mit der konveren Seite nach oben gelegten Hohlſteine, wie dies aus Fig. 6 und 7 Taf. 77 in Anſicht und Durchſchnitt erhellt. Die deckenden Steine, auch Mönche genannt, werden auf den untern, den Nonnen, durch einen Mörtelverſtrich und dadurch gehalten, daß ſich jeder obere gegen den untern ſtützt, Fig. 6. Wenn ein ſolches Dach auch dem oben

beſchriebenen Rinnendache vorzuziehen iſt, ſo bleibt es doch ſehr mangelhaft, iſt ſehr koſtbar ſchon wegen der häufigen Reparaturen des Mörtelverſtrichs, und ſehr ſchwer, weshalb es eines ſtarken Dachgerüſtes bedarf, und gewährt doch nicht die Dauer und Waſſerdichtigkeit eines gut eingedeckten Bieberſchwanzdaches.

III. Das Dachpfannendach.

§. 26.

Dachpfannen ſind im Querſchnitt nach einem liegenden ∽ geformte Ziegeln, die in einigen Gegenden noch häufig zur Dachdeckung gebraucht werden. Die Steine ſind etwa 15—16 Zoll lang und 10 Zoll breit, und es wird 11—12 Zoll weit zu einem ſolchen Dache gelattet. Der Breite nach deckt ein Stein etwa 8 Zoll. Die Fig. 8 und 9 Taf. 77 geben ein Bild von dieſen Dächern, wobei wir noch Folgendes bemerken wollen.

Die Steine werden mit untergelegten Schindeln (Spließen) oder auch ohne dieſe eingedeckt, jedenfalls aber überall ſorgfältig mit Mörtel verſtrichen. Auf die Firſten und Gräte kommen Hohlſteine, wie bei den Bieberſchwanzdächern, zu liegen. Innerhalb verſtreicht man jeden Stein, außerhalb aber nur die unterſte und oberſte Schicht des Daches und die beiden Schichten zunächſt der Borde; welches Verfahren bei Eindeckung der Dachluken ebenfalls befolgt wird. Dieſe Dächer ſind leichter als die Kronenund Doppeldächer, müſſen aber alljährlich im Verſtrich reparirt werden und koſten daher ſehr viel Mörtel, beſonders wenn die Pfannen krumm und ſchief ſind, wodurch große Fugen entſtehen. Um ein ſolches Dach gut eindecken zu können, iſt es durchaus nöthig, auf gerade Ziegeln zu halten und alle windſchiefen auszuſchießen. Außerdem muß jeder Ziegel mit ſeiner Seitenkante ſcharf an ſeinen ſchon liegenden Kameraden angeſetzt werden, zu welchem Zwecke dieſe Seitenkante mit dem Hammer geſchärft werden muß, damit die Fuge möglichſt dicht werde. Dies Verfahren nennen die Ziegeldecker das Krempen. Es erfordert mehr Zeit als das gewöhnliche Eindecken, gibt aber auch ein beſſeres Dach, und erſpart durch die nun weniger klaffenden Fugen an Mörtel, ſo wie es das feuergefährliche und daher verbotene Einlegen von Strohwiepen (dünnen Strohbüſcheln) in die Seitenfugen entbehrlich macht.

§. 27.

Eine Abart dieſer Dachpfannen ſind die ſogenannten Breit- oder Krempziegeln, wie ein ſolcher in Fig. 10 Taf. 77 dargeſtellt iſt, und die in der Gegend von Braunſchweig, Halberſtadt ꝛc. auf den Dörfern noch vielfach gebraucht werden. Die Eindeckung mit denſelben (Fig. 11) iſt ganz ſo, wie bei den eben beſchriebenen Pfannendächern, und bedarf daher keiner weiteren Erwähnung; um so mehr, da wohl kein Architekt dergleichen Dächer anordnen wird, wenn ihn nicht überwiegende Ursachen dazu zwingen.

IV. Das italienische Dach.

§. 28.

Es hat nicht an Versuchen gefehlt, zweckmäßigere Formen für die Dachziegeln anzugeben; und in den technischen Zeitschriften finden sich hie und da Abbildungen und Beschreibungen, denen wir ihren Werth durchaus nicht streitig machen wollen, die kennen zu lernen wir aber dem Privatfleiße unserer Leser anheim geben müssen; um so mehr, als noch keine von diesen angeblichen Verbesserungen sich in der Praxis Bahn gebrochen und irgend einen bemerkbaren Einfluß auf die Darstellung unserer heutigen Ziegeldächer gewonnen hat. Sie ähneln alle mehr oder weniger den von den alten Römern herrührenden, noch heute in Italien gebräuchlichen, sogenannten italienischen Dachdeckungen, die wir daher kurz beschreiben wollen, wenn auch mehr des historischen Interesses wegen, als daß wir diese an sich ganz vorzügliche Deckmethode für uns zur Anwendung für empfehlenswerth halten.

Ein solches Dach besteht aus zwei ganz von einander unabhängigen Lagen Ziegeln; die untere aus 11½ parifer Zoll langen, 5 Zoll 10 Linien breiten und 1 Zoll 1 Linie starken, fliesenartigen Platten a a, Figur 12 Taf. 77, »pianelle« genannt. Diese liegen unmittelbar auf den schwachen, nur 12 Zoll von Mitte zu Mitte entfernten Dachsparren, werden mit Mörtelfugen versehen und bilden eine Art ebenen Pflasters. Auf dieses kommt eine Lage Plattziegeln b b, mit aufgebogenen Rändern, nach ihrer Länge gleichlaufend mit den Sparren zu liegen. Diese Plattziegeln, »tegole« genannt, sind 15¾ Zoll lang, oben 12⅓, unten 9¼ Zoll breit, die aufgebogenen Ränder 11 Linien hoch und der ganze Ziegel 10 Linien dick. Sie werden so gelegt, daß sie oben, wo sie am breitesten sind, mit ihren Rändern etwa 1 Zoll von einander entfernt bleiben, und sich von oben nach unten um 3 Zoll überdecken. Die Ränder dieser Plattziegeln werden mit Hohlziegeln C C, Fig. 12 Taf. 77, »canali« genannt, 15¾ Zoll lang, am dickeren Ende 8 Zoll 11 Linien, am dünnern 6½ Zoll im Durchmesser, und von 8½ Linien Wandstärke überdeckt, indem die convexen Seiten nach oben, die dickeren Enden aber nach unten gekehrt sind. Gewöhnlich werden nur die untersten Reihen der tegole und canali in Mörtel gelegt, doch wenn man besondere Dauer und Dichtigkeit verlangt, so geschieht dies über die ganze Dachfläche, wodurch ein solches Dach, nach Rondolet, eine »unzerstörbare« Decke bildet. Die Neigung dieser italienischen Ziegeldächer ist gewöhnlich von der Art, daß sie

⅕ der Grundlinie zur Höhe haben, selten mehr als ¼ oder weniger als ⅙. Diese Neigung scheint sich durch die Erfahrung festgestellt zu haben, in Bezug auf die Haltbarkeit der Ziegeln, wie denn auch wir für unsere Bieberschwänze dergleichen Grundsätze anerkennen. Es läßt sich gewiß nicht läugnen, daß die italienischen Dächer eine große Dauer und Dichtigkeit gewähren, aber auch, daß sie sehr schwer und viel theurer als unsere Ziegeldächer sein müssen. Der Hauptgrund aber, warum wir für unsere Ziegeldächer andere zu substituiren suchen, ist der: die hohen Dächer, welche diese bedingen, mit flacheren vertauschen zu können. Nun fragt es sich aber sehr, ob in unserm Klima selbst gut gebrannte Ziegel von römischer Form eine so flache Lage wie in Italien vertragen können, und a priori müssen wir daran zweifeln, weil das Material nichts anderes ist, als unsere Bieberschwänze, und wenn das Material selbst nicht widersteht, so kann die Form desselben und die Methode der Eindeckung, auch wenn sie noch so vorzüglich wäre, nichts helfen. Ueberhaupt wird sich, wenn man auf das durch ein so schweres italienisches Dach bedingte starke Dachgerüst und die dadurch vermehrten Kosten Rücksicht nimmt, ein flaches, mit Metallblechen eingedecktes Dach kaum theurer herausstellen; und ein solches dürfte dann noch den Vorzug verdienen, obgleich das italienische Dach vielleicht das schönste von allen ist.

§. 29.

Die Marmorziegeln der alten griechischen Tempeldächer werden wohl nicht leicht wieder zur Anwendung kommen, weshalb wir darüber hinweggehen und unsere Leser auf das schon mehrfach erwähnte Mauch'sche Werk verweisen, wo auf den Tafeln 13 und 17 der vierten Auflage diese Deckmethode ganz speziell abgebildet ist.

Schließlich wollen wir zu den Ziegeldächern nur noch bemerken, daß man ihre Dauer dadurch vergrößern kann, wenn man die neuen Steine mit heißem Steinkohlentheer überzieht. Der Nutzen dieser Operation besteht darin, daß das Ansetzen der so schädlichen Dachmoose auf lange Zeit verhindert wird. Die unangenehme schwarze Farbe verschwindet bald wieder. Man nimmt gewöhnlich an, daß ein Ziegeldach 24 bis 25 Jahre dauert, woraus in vielen Gegenden die Gewohnheit entspringt, jährlich den 24sten Theil der Ziegeldächer eines Gebäudecomplexes, z. B. einer Domäne zc., umzudecken.

B. Das Schieferdach.

§. 30.

Ueberall da wo sich Thonschiefer in hinreichender Menge und Güte findet, hat man denselben als Dachdeckmaterial benützt und mit Recht; denn wenn der Schiefer

auch dem Feuer nicht widersteht, ja sogar bei einer hefti=
gen Feuersbrunst durch sein Herumfliegen gefährlich wer=
den kann, so gewährt er in jeder andern Beziehung doch
große Dauer, ein dichtes Eindecken unregelmäßiger, wind=
schiefer oder sphärischer Dachflächen, erlaubt einen flacheren
Dachwinkel als Ziegeldächer, und gibt überhaupt angenehm
für das Auge ausfallende Dächer, so daß er überall für
ein edleres Material als die gebrannten Ziegeln angesehen
wird und sehr beliebt ist.

Je nach der Form, in welcher die Brüche die Schie=
fern liefern, haben sich in Deutschland verschiedene Me=
thoden des Eindeckens gebildet, die im Wesentlichen zwar
übereinstimmen, doch aber manche Verschiedenheiten, sowohl
in den Handgriffen als in den technischen Benennungen,
zeigen. So ist das Decken am Rhein, in Sachsen, in
Franken, am Harz verschieden, doch werden überall gute
Schieferdächer dargestellt. Wir können hier daher unmög=
lich alle diese verschiedenen Methoden beschreiben, und be=
gnügen uns mit einer; denn hat man das Wesentliche der=
selben aufgefaßt, so wird es nicht schwer halten, auch über
andere Methoden sich ein Urtheil zu bilden.

In dem Wolfram'schen Werke, in der 5ten Ab=
theilung des 3ten Bandes, ist die in der Umgegend von
Baireuth übliche Deckmethode beschrieben, und der Verfas=
ser sagt in einer Anmerkung, daß ihm von dem in dor=
tiger Gegend rühmlichst bekannten Schieferdeckermeister
Wangemann die technischen Details mitgetheilt seien.
Wir wollen dieser Anweisung folgen, weil sie uns alles
Wichtige, kurz zusammengedrängt, zu enthalten scheint, außer=
dem die Literatur über diesen Gegenstand nicht so reichhal=
tig ist, als es bei andern Spezialien der Baukunst der
Fall ist. Rondelet läßt technische Details ganz unbe=
rührt, auch Gilly fertigt den Gegenstand ganz kurz und
oberflächlich ab; nur S. Sachs in seinem Buche, „die
Schieferdeckerkunst in ihrem ganzen Umfange praktisch dar=
gestellt," Berlin 1836. (70 8° Seiten und 12 Figuren=
tafeln) behandelt die Sache gründlicher, hat aber haupt=
sächlich die am Rhein übliche Deckmethode im Auge. Wer
sich für die Sache näher interessirt, wird manche Auf=
schlüsse, namentlich auch über die mancherlei Geräthschaf=
ten und Rüstzeuge der Schieferdecker, in diesem Buche
finden, weshalb wir dasselbe wohl empfehlen können. Wir
folgen hier der genannten Stelle des Wolfram'schen
Werkes bei Beschreibung der deutschen Deckweise und wer=
den später auch die aus England stammende mit rechteckig
gestalteten Schiefern, welche sich neuerdings, namentlich in
Norddeutschland Bahn bricht, kurz beschreiben.

§. 31.

Was zuerst die Benennung der einzelnen Dachtheile
anbetrifft, so wird aus der Traufe der Ziegeldächer hier
der Fuß, und aus den dortigen Borden entstehen hier
Orte, und zwar bei einer rechtwinkligen Dachfläche, wo
beide Orte parallel und winkelrecht zur Trauf=, hier der
Fußlinie des Daches, aufsteigen, heißen sie Gleichorte,
bei einer dreieckigen oder trapezförmigen Dachfläche, wo sie
nicht parallel zu einander sind, Straakorte. Dabei
werden rechte und linke Orte unterschieden, je nachdem
sie dem mit dem Gesicht vor der Dachfläche stehenden Be=
schauer rechts oder links gelegen sind. Die First behält
ihren Namen bei. Alle diese Theile, die eine Dachfläche
umrahmen oder einfassen, werden mit besonders gestalteten
Steinen eingedeckt, die sowohl unter sich, als auch von den
Decksteinen verschieden sind, mit welch' letzteren der in=
nerhalb dieser Umrahmung befindliche Theil der Dachfläche
gedeckt wird. Die gewöhnlich in schräger Richtung aufstei=
genden Reihen der verschiedenen Steine heißen Gebinde.

§. 32.

Der Dachfuß A B, Fig. 1 Taf. 78, besteht aus
den Fußsteinen, die vom rechten zum linken Ort mit
den Zahlen 1, 2, 3, 4, dann 1', 2', 3', endlich mit 1",
2" bezeichnet sind, und so drei Fußsteingebinde bil=
den, in denen die ersten Steine die Anfänger, also die mit
1, 1' und 1" bezeichneten, die Benennung Binder, Fuß=
steinbinder bekommen.

Fig. 2 Taf. 78 zeigt die allgemeine Form eines Fuß=
steins im größeren Maßstabe; seine Bahn oder Fußlinie
a h liegt in der Trauf= oder Fußsteine des Daches, oder
bildet sie vielmehr. Die Fußlinie unterscheiden sich nur
durch ihre zufällige Länge und ihre von der Rechten zur
Linken abfallende Höhe, und werden durch ein nachträg=
liches Behauen für die speziellen Stellen, die sie einnehmen
sollen, vorbereitet. Wird von dem Steine a c f h, Fig. 2,
das Stück e f g fortgehauen, so entstehen der Fußstein des
rechten Gleichorts; in Fig. 1 mit 1 bezeichnet. Wird
hingegen das Stück a c d fortgenommen, so entsteht der in
Fig. 1 mit 2" bezeichnete Fußstein am linken Gleich=
ort. Wird endlich das rechts der Linie i k liegende Stück
fortgehauen, so daß ein Stück von der Form Fig. 3 übrig
bleibt, so entsteht ein Fußsteinbinder, wie sie in
Fig. 1 mit 1' und 1" bezeichnet sind.

Wie die Fußsteine einander von der Linken zur Rech=
ten überdecken, und ihrerseits wieder von den, sich selbst
ebenfalls, aber von der Rechten zur Linken überdeckenden
Decksteingebinden von oben her überdeckt werden, zeigt. Fig. 1
Taf. 78 deutlich, indem die sichtbaren Steinkanten ausge=
zogen, die überdeckten aber punktirt gezeichnet sind.

Wenn man eine ganz regelmäßige und symmetrische
Deckung ausführen wollte, so müßten alle Fußsteingebinde
von einer gleichen Anzahl gleich langer Steine gebildet
werden, was jedoch viel Abgang oder Verhau bei den

Schiefern erzeugen, zur Dichtigkeit des Daches aber nichts beitragen würde; weßhalb man hiervon ab und nur darauf sieht, daß die jedesmaligen Fußbindersteine eine solche Höhe bekommen, als dies die auf ihnen beginnenden Deckgebinde verlangen. Nun sieht man aber leicht aus Fig. 1, daß der Binder 1″ viel niedriger werden könnte, wenn das vorhergehende Fußsteingebind 1′, 2′, 3′ ꝛc. aus einer größeren Anzahl Steine bestände, wie es in der Wirklichkeit, gegenüber unserer Figur, immer der Fall ist.

§. 33.

Die Decksteingebinde steigen in unserer Figur von der Linken zur Rechten, könnten aber auch umgekehrt von der Rechten zur Linken steigen, wenn die Form der rohen Steine im Bruche eine so gleichmäßige wäre, daß der Verhau sich gleich bliebe, ob man sie für ein rechts oder links steigendes Gebinde zuhaut. Hat man in dieser Beziehung freie Wahl, so richtet man die Steigung so ein, daß sie nach derselben Richtung stattfindet, nach welcher die herrschenden Winde wehen, so daß in dem vorliegenden Falle die sogenannte Wetterseite links gelegen wäre. Diese Steigung der Gebindung wird deßhalb gemacht, damit das an den Kanten des einzelnen Decksteins herablaufende Wasser an einem bezüglich tiefsten Punkte zum Abtropfen gebracht werde. Hiernach bekommen steile Dächer weniger, flache mehr Steigung in den Gebinden, welche an und für sich durch die abnehmende Höhe der Fußsteine bedingt wird.

In Fig. 4 Taf. 78 ist ein einzelner Deckstein im größeren Maßstabe gezeichnet, wobei zugleich die einzelnen Benennungen, welche, nach Wolfram, den verschiedenen Theilen des Steins gegeben werden, eingeschrieben sind. a h bezeichnet die Horizontale, mit welcher die Gebinde den vorher festgesetzten Steigungswinkel g a h machen. Der Deckstein muß nun so zugehauen werden, daß wenn man in a auf a h eine Senkrechte a c errichtet, diese durch den „Bart“ und die „Brust“ des Steins geht, während seine „Bahn“ entlang der Steigungslinie a g liegt. Man sieht leicht, daß der Bart oder der Punkt a der Punkt sein muß, an welchem das Wasser von dem Steine abtropfen wird. In der hier gezeichneten Lage muß der Stein auch auf dem Dache liegen, weßhalb er so auf das schon gedeckte Fußsteingebinde gelegt wird, daß er die Steine desselben gehörig überdeckt, und die, seine Brust mit dem Barte verbindende, Linie parallel zu den Dachsparren läuft. Dann kann auf dem Fußgebinde die Bahn vorgerissen oder „vorgeschrieben“ werden, nach welcher alle Decksteine verlegt werden müssen.

Jedes Deckgebinde fängt entweder auf einem Fußsteinbinder an oder in einem Orte, und geht in gleicher Höhe entweder bis zum anderen Orte, oder „spitzt sich in der First aus.“

Alle Decksteine ein und desselben Gebindes müssen von gleicher Höhe sein, weßhalb sie hiernach sortirt werden; und da man nicht lauter gleiche Steine hat, so läßt man die Gebinde von der Traufe nach der First hin an Höhe abnehmen, wie Fig. 5 Taf. 78 zeigt.

Die Steine werden so gelegt, daß sie sich alle von der Rechten zur Linken überdecken und ihre Fußlinien oder Bahnen in eine gerade Linie fallen, und in den Orten wird jede Schicht mit zwei Ortsteinen v und w Fig. 1 geschlossen. Der eine dieser Steine v heißt der große oder lange, der andere w der kleine oder kurze Ortstein, beide überdecken einander nach Fig. 7 Taf. 78, und haben zusammen die Höhe des zugehörigen Gebindes. Der Grund für diese Verdoppelung und für die bei a b und a′ b′ Fig. 7 gezeichneten Abrundungen ist der, daß das an dem Dachorte herablaufende Wasser auf die Dachfläche geleitet werde, auch wohl der, daß kleinere Steine dem Angriffe des Windes besser widerstehen als große. Beginnt ein Gebinde nicht auf einem Fußsteinbinder, sondern in einem Orte, wie das dritte Gebind in Figur 1 z. B., so geschieht dies ebenfalls mit zwei Ortsteinen, die aber eine etwas veränderte Form haben, wie Fig. 6 Taf. 78 zeigt, und von denen der untere kleinere der Ansetzer oder Stich heißt. Der Grund ist hier ganz derselbe wie bei der Endigung in einem Orte.

Jedes folgende Gebind muß das vorhergehende überbinden, d. h. von oben überdecken, und die Höhe dieser Ueberdeckung nennen die Schieferdecker die Dicke der Ueberbindung. Sie beträgt bei steilen Dächern ¹/₆, bei flacheren ¹/₅ der Gebindhöhe. Je dicker gedeckt wird, um so dichter (aber auch um so theurer) wird das Dach, bis zu einer gewissen Grenze, weil ein zu dickes Ueberbinden ein Klaffen der Schiefer erzeugt. Da bei ungleichen Steinen die oberen Gebinde niedriger sind als die unteren, so ist auch hier die Ueberdeckung geringer, weil diese von der Höhe der Gebinde abhängt.

Bei dem Decken der einzelnen Steine ist besonders darauf zu sehen, daß die Spitze eines jeden Decksteins den unter ihm liegenden an der von den Schieferdeckern mit „Arsch“ bezeichneten Stelle berührt, denn wäre dies nicht der Fall, so würde bei einer Nichtberührung eine Lücke und bei einem Aufliegen ein Klaffen, und in beiden Fällen die Gefahr entstehen, daß an dieser Stelle Einwehungen stattfinden könnten. Wenn in dieser Beziehung ein Stein von der erforderlichen Bahnlänge oder Breite nicht vorhanden ist, so müssen zwei schmälere so zugehauen und verwendet werden, daß sie beide zusammen nach ihrer Aufdeckung die nothwendige Bahnlänge haben; in Figur 5 Taf. 78 ist bei A dieser Fall gezeichnet. Wenn ein Deckgebind nicht in einem Orte endigt, sondern sich in der First „ausspitzt,“ so müssen die Decksteine, sobald sie von den Firststeinen überbunden werden, allmählig niedriger werden, damit diese Ueberbindung gleiche Dicke bekomme, wie dies bei dem dritten und vierten Gebinde in Fig. 1 der Fall ist.

§. 34.

Die First wird wieder mit besonders geformten Firststeinen eingedeckt, und Fig. 8 Taf. 78 zeigt einen solchen Stein in größerem Maßstabe. · Aus dieser allgemeinen Form entsteht der Firststein N am rechten Gleichort Fig. 1, wenn das Stück m c d e f Fig. 8 nach der auf der Bahn a g senkrechten Linie f m abgehauen wird, und der Firststein O Fig. 1 am linken Gleichort wird dargestellt durch Fortnahme des Stücks a h b Fig. 8. Die Bahnlinie der First kann wagerecht, also der Firstlinie parallel sein, doch bedarf es hierzu lauter gleich hoher Firststeine, oder wenn diese nicht vorhanden sind, so läßt man die Bahnlinie denen der Deckgebinde entgegengesetzt, also hier von der rechten zur linken steigen; doch muß die Bahnlinie immer eine gerade sein.

Sind, wie in Fig. 5, Straakorte vorhanden, so werden diese auch mit besondern rechten und linken Straakortsteinen eingedeckt, deren Formen die Fig. 9 und 10 Taf. 78 darstellen. Diese Steine gehen, wie Fig. 5 zeigt, in Firststeine über, und einer derselben, in unserer Fig. 5 mit S bezeichnet, bildet den Schlußstein, der seine beiden Nachbarn zur rechten und linken überdeckt und dessen Nägel, beiläufig bemerkt, die einzigen auf einer Dachfläche sichtbaren sind.

Wo ein ausspringender Rücken, also eine First oder ein Grat, sich bilden, werden auf der Wetterseite die First- oder Straakortsteine gegen die gegenüberliegenden etwas vorgerückt, um ein sattelförmiges Eindecken dieser Theile mit Metallblech zu ersparen.

§. 35.

Die verschiedenen Formen der Steine werden ihnen von den Schieferdeckern durch das Behauen mit dem Schieferhammer gegeben. Dieser Hammer ist in Figur 11 Taf. 78 dargestellt. Er besteht aus der Scheere, dem mittleren Theile, welcher nach dem Querschnitt a b Fig. 12 gestaltet ist, der Spitze zum Einschlagen der Nagellöcher, und aus dem Nacken, der in einer ebenen Fläche endigt und als eigentlicher Hammer zum Eintreiben der Nägel dient. Der zu behauende Schiefer wird bei dieser Operation, wenn es im Großen geschieht, auf dem Rücken der Klammer, im Kleinen, und besonders beim Nachhauen auf dem Dache selbst, auf dem Rücken der Bank oder des Stegs so aufgelegt, daß er nur gerade an der Stelle aufliegt, wo er von der Scheere des Hammers getroffen wird. Zu diesem Zweck sind die Rücken der Klammer (Fig. 13 Taf. 78) sowohl, als der Bank (Fig. 14 derselben Tafel), etwa daumendick, zugeschärft

und in ihrer Schneide etwas convex gestaltet. Beide Instrumente werden mit ihren Spitzen, die Klammer in eine Bank, auf welcher der Arbeiter sitzt, der Steg in einen Dachsparren eingehauen.

Beim Behauen der Schiefer bleibt die obere Kante eben, während die untere schräg absplittert. Diese Abschrägung heißt der Hieb und die Seite des Steins, auf welcher sie befindlich, die Hiebseite, so daß also bei dem in Fig. 15 Taf. 78 im Querschnitt dargestellten Schiefer die Hiebseite sich unterhalb befindet. Dies Letztere findet beim Behauen immer statt, während beim Decken mit wenigen Ausnahmen die Hiebseite nach oben zu liegen kommt.

Beim Zuhauen der Schiefer ist noch Folgendes zu beobachten:

1) Wenn die Schiefer nicht gleich dick, sondern keilförmig gestaltet sind, so sind sie so zu behauen, daß die dünnere Kante die überdeckte, die dickere aber die überdeckende wird, damit die Steine sich dichter auf einander lagern können. Bei den First- und Ortsteinen wird daher die dickere Seite nach unten gerichtet.

2) Die reinste, ebenste Seite des Schiefers soll auf dem Dache die oberste werden. Unreinigkeiten, d. h. Erhöhungen, sogenannte »Putzen«, sind auf der unteren Seite da unschädlich, wo der Stein hohl liegt; liegt er aber damit auf der Schalung oder auf einem Steine so auf, daß dadurch eine stellenweise Erhöhung und daneben eine Höhlung, eine „Kluft“, entstünde, so muß die Unebenheit durch einen scharfen Meißel abgestoßen und der Stein dadurch eben und lagerhaft gemacht werden. Bei dem gewöhnlichen Deckschiefer ist es nur der mit dem Namen Brust bezeichnete Theil, der unmittelbar auf der Schalung aufliegt.

§. 36.

Die Nagellöcher werden im Allgemeinen so eingehauen, daß die durch das Aussplittern entstehende trichterförmige Erweiterung bei dem eingedeckten Steine sich oberhalb befindet. Eine Ausnahme machen die sogenannten Bußnagellöcher, die umgekehrt von oben nach unten eingehauen werden, so daß die trichterförmige Erweiterung an der Unterfläche des eingedeckten Steins sich befindet. Diese Nagellöcher sind in den Figuren der einzelnen Steine an ihren Orten so bezeichnet, daß zwei concentrische kleine Kreise ein gewöhnliches, ein einfacher Kreis aber ein Bußnagelloch bedeutet.

Hiernach erhält ein Deckstein, Fig. 4 Taf. 78, oberhalb 2 bis 3 Nägel und am Rücken zwei, welche um so weiter nach oben rücken, je flacher das Dach ist. Der Straakortstein, Fig. 9 oder 10 ders. Tafel, hat längs des Rückens 3 bis 4 Nägel und einen Bußnagel bei m, der von dem runden Ballen d c Fig. 9 des folgenden Steins überdeckt wird; daſſelbe geſchieht bei dem Bußnagel m des Firſtſteins Fig. 8 Taf. 78.

Da nämlich unbedeckte Nägel ſich nach und nach herausziehen, auch Gelegenheit zum Eindringen des Waſſers geben, ſo müſſen die Stellen für dieſelben ſo gewählt werden, daß die Nagelköpfe durch den Nachbarſchiefer daneben oder darüber überdeckt werden. Die einzige Ausnahme hiervon macht der Schlußſtein, deſſen Bußnägel natürlich unbedeckt bleiben; außer dieſen dürfen aber auf einer richtig eingedeckten Schieferfläche keine Nagelköpfe ſichtbar ſein.

Die Schiefernägel ſind etwa 1,4 Zoll lang und quadratiſch im Querſchnitt. Der Kopf hat zwei, oben ebene, dünne und biegſame Flügel, damit dieſe beim Einſchlagen ſich aufwärts biegen und an die Wände des trichterförmigen Nagelloches anlegen. Die Bußnägel ſind etwa 1,8 Zoll lang ebenfalls quadratiſch im Querſchnitt, haben aber einen Kopf, der eine oben und unten ebene, 0,4 Zoll im Durchmeſſer haltende Scheibe bildet, welche das von oben nach unten eingehauene Loch überdeckt.

Die Schiefer dauern länger als die Nägel, welche durch Oxydation zerſtört werden, wodurch das Dach leicht vor der Zeit „nagelfaul“ wird, ausgebeſſert und endlich umgedeckt werden muß. Es iſt daher von großer Wichtigkeit, die Nägel gegen das Oxydiren zu ſchützen, weshalb man ſie vor dem Einſchlagen in Oel oder Firniß legt; beſſer würde es ſein, wenn man verzinnte Nägel verwendete und auch dieſe noch mit einem fettigen Ueberzuge verſähe. In England ſoll man häufig kupferne Nägel anwenden.

§. 37.

Bei dem bisher beſchriebenen Deckverfahren iſt die Darſtellung der einzelnen Dachtheile wie Traufe (Fuß), Bord (Ort) und Firſt ꝛc. gleichzeitig erläutert, ſo daß wir nur noch die Conſtruction der Dachkehlen nachzutragen haben.

Die Fig. 1 und 2 Taf. 79 ſtellen eine ſolche in horizontaler Projection dar, wobei wir uns aber Alles in die Ebene des Papiers ausgebreitet denken müſſen, und Fig. 3 derſ. Tafel einen Querſchnitt ſenkrecht auf die Kehllinie.

In Fig. 1 ſtellt 5, 5′, 11, 11′ das Kehlbrett dar, welches in einer Breite von ½—¾ Fuß ſo auf die Bretterſchalung, welche den Schiefern des Daches zur Grundlage dient, genagelt wird, wie dies Fig. 3 bei k zeigt. Die Breite des Kehlbrettes wächst mit der Abnahme des Kehlwinkels, alſo mit der Steilheit der denſelben bildenden Dachflächen. Auf ihm werden die Kehllinie ab Fig. 1, und außerdem noch zwei hiermit parallele Linien ſo abgeſchnürt, daß dadurch die Breite des Kehlbrettes in vier gleiche Theile getheilt wird. Die Linien 4g und 4h Fig. 1

zeigen die Richtung der Fußlinien der beiden Dachflächen, die hier unter einem rechten Winkel zuſammenſtoßend angenommen ſind, aber eben ſo gut auch einen ſpitzen oder ſtumpfen Winkel bilden könnten.

In der Kehle ſelbſt ſind zwei Gebinde aus den Kehlſteinen p, n, m; p′, n′, m′; p″, n″, m″, und p‴, n‴, m‴ beſtehend, dargeſtellt, die von den auf den Dachflächen gezeichneten Deckgebinden E′, E″ ꝛc. und D, D⁴ D⁵ ꝛc. überdeckt werden. Das aus den Kehlſteinen p, n, m und p′, n′, m′ beſtehende Kehlgebinde ſoll ein oberes und das darunter befindliche ein unteres Gebinde heißen. Das unterſte oder Traufgebinde der Kehle iſt in Fig. 2 beſonders gezeichnet.

Um ein unteres Gebinde der Kehle einzudecken, wird zuerſt ein „langer Waſſerſtein“, 3 2 4 Fig. 1, auf dem Kehlbrette ſo befeſtigt, daß ſeine Mittellinie auf die Kehllinie ab fällt. Dieſer Stein iſt in Fig. 4 im größeren Maßſtabe beſonders dargeſtellt, und wird oben am Kopf mit 4 Schiefernägeln, außerdem aber noch mit 2 Bußnägeln bei mm Fig. 4 feſtgenagelt. Der Waſſerſtein erhält oben am Kopf und unten an der Bahn den Hieb auf der Oberſeite, an den beiden langen Seiten aber an der Unterfläche. Die Breite deſſelben iſt gleich der halben Kehlbrettbreite. Auf dieſem Waſſerſteine wird nun rechts mit den rechten Kehlſteinen m‴ n‴ p‴ B′, und links mit den linken Kehlſteinen m″ n″ p″ A′ die Kehle in der Art herausgedeckt, daß die beiden Kehlſteine m″ und m‴ in der Mitte des Waſſerſteins mit ihren langen Kanten zuſammenſtoßen, und letzterer nur mit ſeiner unteren ſtumpfwinkligen Spitze ſichtbar bleibt.

In Fig. 5 iſt ein rechter und in Fig. 6 ein linker Kehlſtein vergrößert dargeſtellt. Dieſelben erhalten am Rücken, nämlich von e bis d und gegen b hin, den Hieb an der Unterfläche, bei b a f c e aber an der Oberfläche. Die Nagellöcher ſind auch hier, wie früher, an ihrem Ort gezeichnet. Die Rückenkanten d e erhalten deshalb den Hieb unten, damit ſie da, wo der Rücken ſich nach den Dachflächen hin erhebt, dichter aufliegen; die vorderen (Geſichts-) Kanten aber an der Oberfläche, aus demſelben Grunde wie die Deckſteine, damit das Waſſer hier ſicherer ablaufe. Sämmtliche Kehlſteine ſind eben ſo breit als die Waſſerſteine und überbinden ſich ſeitwärts gegenſeitig um die Hälfte ihrer Breite. Die Bahnlinien dieſer Kehlſteine werden ſo abgehauen, wie es Figur 1 Taf. 79 zeigt. Bei dieſem Eindecken iſt ſorgfältig darauf zu achten, daß die Vorderkanten der Kehlſteine p″ und p‴ Fig. 1 genau über die Seitenkanten des Kehlbretts treffen, und die 4 halben Steinbreiten der Steine n″, m″, m‴, n‴ gleich der Breite des Kehlbretts ſind; was eintreffen muß, wenn das Vorſtehende genau beobachtet wird. Ohne dieſe Genauigkeit kommt der Decker leicht in Unordnung. Auf

der linken Seite bildet der Stein A' Fig. 1 die Verbin=
dung zwischen dem gewöhnlichen Deck= und dem Kehlge=
binde, indem er einerseits den Kehlstein p''', andererseits
aber den Deckstein C überbindet, selbst aber von den Deck=
steinen D', C' des oberen Deckgebindes und von dem Steine
A des obern Kehlgebindes überdeckt wird. Die Steine A
und A' bilden in ihren Formen an den Ecken abgerundete
Dreiecke, wie dies die Fig. 1 zeigt. Auf der rechten Seite
überdeckt der Stein B' den Kehlstein p''' und wird seiner=
seits von dem Deckstein E' überbunden, welcher Anfänger
des Deckgebindes D' D' wird.

Das obere Kehlgebinde wird auf dieselbe Weise ge=
bildet, wie das untere, nur ist noch besonders Folgendes
zu bemerken. Das obere Gebinde muß das untere so dick
überbinden, daß nirgend eine Lücke bleibt, durch welche
Wasser eingetrieben werden könnte, wie solches in der Figur
durch die punktirten Köpfe der unteren Kehlsteine angedeu=
tet ist. Der Wasserstein 1 2 Fig. 1 des oberen Gebin=
des kommt mit seiner Breite zwischen die Vorderkanten der
Kehlsteine n'' und n''' des unteren Gebindes zu liegen,
und er muß den zwischen diesen Kanten um die Schiefer=
dicke vertieften Raum so vollkommen ausfüllen, daß seine
Seitenkanten genau gegen die von den Steinen n'' und n'''
passen. Im Verfolg der Einbeckung des oberen Gebindes
stoßen ferner die Rückenkanten der Steine m und m' des
oberen Gebindes mit den Vorderkanten der Steine p'' und
p''' des untern zusammen, ebenso reichen die Rückenkanten
der Steine n und n' an die Vorderkanten der Steine A'
und B', und die Rückenkante des Steins p' im oberen Ge=
binde stößt an die Vorderkante des Steins E', so daß die
Rücken der Steine p und p' des oberen Gebindes von den
Steinen A und B überbunden und durch diese auf dieselbe
Weise mit den anstoßenden gewöhnlichen Deckgebinden in
Verbindung gesetzt werden, wie dies durch die Steine A'
und B' mit den Kehlsteinen p'' und p''' des untern Ge=
bindes der Fall war.

Alle übrigen, höher oder tiefer liegenden Kehlgebinde
können als obere oder untere angesehen und nach den
hier gegebenen Regeln eingedeckt werden; nur das unterste
oder Traufgebinde macht eine Ausnahme. Der lange
Wasserstein dieses Gebindes erhält wo möglich die
ganze Breite des Kehlbretts zur Breite, und die zunächst
darauf liegenden Kehlsteine x und y Fig. 2 Taf. 79 reichen
bis an die Dachverschalung, d. i. bis a und a' Fig. 2,
haben also zusammen die Breite des Kehlbretts. Diese
werden ihrerseits von den Kehlsteinen v und z Fig. 2 über=
deckt, und zwischen die Vorderkanten dieser Steine kommt
der lange Wasserstein des zunächst oberen Gebindes zu
liegen, wie dieß schon früher erläutert wurde; und es
geht hieraus hervor, daß nur allein der Wasserstein des
Traufgebindes vortheilhaft eine große Breite erhalten

darf, nicht aber die Wassersteine der höher liegenden Ge=
binde. In Fig. 2 bezeichne ferner a a' die Vorderkante
des Traufbretts, über welche die Bahnen des langen
Wassersteins w und der Kehlsteine v, x, y und z hin=
wegreichen. Die Kante a b des Fußsteins a b c d der lin=
ken Dachfläche lege man so an die Kehlbrettkante a a',
daß die Bahn a c des Fußsteins in die Trauflinie der
linken Dachfläche fällt, und reiße mit a b parallel die
Bahnlinie w e in einer solchen Entfernung von a b an,
als die Dicke, in welcher der Fußstein a b c d von den
Kehlsteinen überbunden werden soll, dieß erfordert; auf
dieselbe Weise verfährt man auf der rechten Seite mit
dem Fußsteine a' b' c' d'. Die, auf diese Weise erhaltenen
Bahnrichtungen des Traufkehlgebindes geben dann auch die
für alle übrigen Kehlgebinde an. Alles übrige wird aus
den Figuren und dem früher Gesagten hinlänglich deutlich
hervorgehen, denn die Kehlsteine überbinden sich ganz auf
die frühere Weise, und die Steine A und B Fig. 2 ver=
mitteln auch hier, gerade so wie in Fig. 1, die Verbin=
dung der Kehlgebinde mit den gewöhnlichen Deckgebinden
der beiden Dachflächen.

§. 38.

Wir glauben, in dem Vorstehenden die Grundsätze,
nach welchen eine Schieferbedachung auszuführen ist, in
ihren Hauptsachen wenigstens, so deutlich angegeben zu
haben, als es für den Architekten zur Beurtheilung von
dergleichen Arbeiten nöthig ist; und weiter erstreckt sich
unsere Aufgabe hier nicht. Deßhalb übergehen wir die
Beschreibung verschiedener Spezialitäten, als z. B. die Ein=
deckung der Dachlucken, Bekleidung senkrechter Wände ic.,
weil wir eine ausführliche Belehrung für Schieferdecker
eben so wenig geben wollen, als wir dergleichen bei den
andern Handwerkern beabsichtigten. Wir verweisen in dieser
Beziehung auf die genannten Werke von Wolfram und
Sachs, oder rathen Jedem, der die Sache noch spezieller
kennen lernen will, sich an Orten, an welchen viel mit
Schiefern gedeckt wird, durch den Augenschein und die Be=
sprechung mit einem geschickten Schieferdeckermeister zu be=
lehren; und um dieß mit Nutzen thun zu können, wird
das von uns Gegebene genügen.

Die Schiefern, wenigstens unsere deutschen, verlangen
eine vollständige Brettereinschalung, und obgleich diese
bei der üblichen Dachconstruction quer über die Sparren
genagelt werden muß, so ist diese Lage der Bretter doch
keineswegs eine angemessene und steht einer solchen, wo die
Länge der Bretter in der Richtung von der Traufe zur
First läuft, deshalb nach, weil bei letzterer Lage das durch
die Schieferdecke dringende Wasser weit leichter ablaufen
und daher nicht so nachtheilig auf die Schalung wirken
kann. Wie eine solche Art der Einschalung durch die An=

ordnung von sogenannten Pfettendächern erzielt werden kann, werden wir später sehen; hier genügt es uns, auf diesen nicht unwichtigen Gegenstand aufmerksam gemacht zu haben.

Was die Neigung anbelangt, welche man den Schieferdächern zu geben pflegt, so handelt es sich natürlich nur um das zulässige Minimum. Dieses wird gewöhnlich so angegeben, daß die Höhe eines geraden Satteldaches nicht weniger als ¼ der Tiefe betragen soll. Wir sind indessen der Ansicht, daß mit guten (ebenen und dünnen) Schiefern, und bei akurater Arbeit noch ⅕ Dächer mit völliger Sicherheit eingedeckt werden können. Noch flacher, oder ohne besondere Veranlassung auch nur so flach zu decken, dürfte indessen nicht rathsam sein. Hierin, wie in so vielen andern Gegenständen der Baukunst, herrscht die Gewohnheit indessen mit großer Despotie, und ohne geschickte und willige Arbeiter wird man derselben nicht ohne Gefahr trotzen dürfen. So construirt man am Mittelrhein z. B. fast alle Schieferdächer als Winkeldächer, obgleich gewiß jeder Architekt zugeben muß, daß eine solche Dachneigung nicht als Minimum angesehen werden kann, welches zu erreichen doch beinahe in allen Fällen wünschenswerth ist, schon deßwegen, um die Dachflächen und damit die Kosten für das Dach zu verringern.

§. 39.

In England, namentlich in den Grafschaften Cumberland und Northumberland, in Lancashire, in Westmoreland, in West-Schottland, in Cornwall und in Wales, wird ein ganz vorzüglicher Schiefer in ungeheurer Menge gebrochen, der nicht nur zu Dachdeckungen, sondern auch zu Treppenstufen, zum Belegen von Fußböden in bedeckten und unbedeckten Räumen, zu Cisternen ꝛc. verbraucht und in sehr bedeutenden Massen ausgeführt wird*). Dieser Schiefer unterscheidet sich von dem in Deutschland vorkommenden, außer durch seine Güte und Dauer, im Allgemeinen besonders auch dadurch, daß er sich weit leichter zu regelmäßigen Platten von gleicher Größe bearbeiten läßt, was z. B. bei dem am Harz brechenden, sonst auch als gut renomirtem, Schiefer nicht der Fall ist. Daher wird in England auch aller zum Dachdecken bestimmter Schiefer zu lauter Rechtecken bearbeitet, und zwar sind die gewöhnlichen, auch zum Theil schon nach Deutschland eingeführten Sorten, wie sie direct von Port Penrhyn Bangor, North-Wales zu beziehen sind, in folgender Tabelle angegeben. Dabei ist zu bemerken, daß auf jede Tonne Gewichtschiefer 1 Ctnr. und

*) Eine sehr ausführliche und interessante Beschreibung der Schieferbrüche von Nord-Wales findet sich in dem 4ten Hefte des I. Bandes des „Notiz-Blattes des Architekten- und Ingenieur-Vereins für das Königreich Hannover," wo man auch über die Art des Bezuges sehr bemerkenswerthe Angaben findet.

auf jedes Großtausend (= 1200 Stück) Zahlschiefer 60 Stück bei der Verschiffung für Bruch, Verlust ꝛc. zugegeben werden, wofür, es mag daran geliefert werden, was will, der Käufer nichts zu zahlen hat.

Preise und Einzelnheiten

über Schiefer

zu **Port Penrhyn** Bangor, North-Wales.

Sorten.	Größen.	Gerechnetes Gewicht pr. Mille von 1200 Stück Schiefer. (Ctr.)	Blau (blue). sh.	d.	Rothbraun (red purple). sh.	d.	Decken in □ Dachs ungefähr.
Erste Qualität.							
Imperials (Kaiser) Queens, assorted (Königinnen, in Sortiment)	20, 24, 27 u. 30 Zoll	—	55	—	—	—	25
	27, 30, 33, 36 Zoll in verschiedenen Breiten	—	42	—	—	—	
Do.	in aufgegebenen Längen	—	46	—	—	—	30
Princesses (Prinzessinnen)	24" in verschiedenen Breiten	—	42	—	—	—	
Sized Toms, assorted (Gewichtschiefer nach Maß in Sortiment)	zwischen 24 und 42 Zoll	—	37	—	—	—	28
Drain Slates (Gleischiefer, eine Tonne gibt reichlich 2100 Fuß Stiel)	4 bis 5" breit	—	10	—	—	—	
Do. (eine Tonne gibt reichl. 2300 Fuß Stiel)	3 „ 4"	—	12	—	—	—	
Do.	12 × 5" □	—	12	—	—	—	
Duchesses (Herzoginnen)	24 × 12" „	60	155	—	150	—	108
Marchionesses (Markgräfinnen)	22 × 12" „	55	120	—	115	—	98
Countesses (Gräfinnen)	20 × 10" „	40	102	6	97	6	72
Viscountesses (Vicomtessen)	18 × 10" „	36	65	—	62	6	63
Ladies (Damen)	16 × 10" „	31	55	—	52	6	56
Do.	16 × 8" „	25	42	6	40	—	44
Do.	14 × 8" „	22	24	—	22	6	37
Doubles (doppelte)	13 × 7" „	16	16	—	15	—	27
Zweite Qualität.							
Duchesses	24 × 12" „	81	127	6	125	—	105
Marchionesses	22 × 12" „	70	92	6	87	6	95
Countesses	20 × 10" „	53	72	6	70	—	71
Viscountesses	18 × 10" „	47	52	—	50	—	62
Ladies	16 × 10" „	42	42	—	40	—	53
Do.	16 × 8" „	33	31	6	29	—	43
Doubles	13 × 7" „	21	13	6	12	—	26

(Preise der oberen Gruppe: per Tonne von 2240 ℔. engl.; Preise der unteren Sorten: per Großtausend von 1200 Stück. — Decken: Bei 4" Ueberdeckung.)

§. 40.

Diese Schiefer sind in neuerer Zeit in Berlin, Hamburg, Bremen und auch bei den Hochbauten der hannöverschen Eisenbahnen vielfach zur Anwendung gekommen, und zwar zum Theil auf einer vollständigen Bretterschalung oder auf einer Lattung. Erstere hat man besonders da angewendet, wo eine geschlossene Balkenlage unter dem Dache fehlte oder wo der Wind von unten gegen die Dachfläche wirken konnte. Sonst hat man aber das Decken auf einer Lattung vorgezogen, weil sich eine Bretterschalung leichter wirft und ein Losewerden und Zerspringen der Schiefern zur Folge hat, auch weil sich entstehende Schäden schwerer entdecken und repariren lassen. Ebenso hat man eine der deutschen Deckmethode ähnliche, mit schräg laufenden Schiefergebinden, wozu die rechteckigen Platten an den Ecken abgerundet wurden, bald verlassen, weil dabei die langen Platten über mehrere Schalbretter fortgreifen und auf diesen genagelt werden müssen. Werfen und ziehen sich nun die Schalbretter, so entfernen und nähern sich die Nagelpunkte abwechselnd und veranlassen dadurch ein Sprengen der Platten. Dieser Umstand ist besonders dann von Wichtigkeit, wenn die Dachschalung dem häufigen Naßwerden unterhalb durch aufsteigende Wasserdämpfe ausgesetzt ist.

Nach mehreren Versuchen hat man die, in England allgemein übliche, Deckweise mit zur First parallelen Schichten auf einer Lattung als Regel aufgestellt, und ist dabei auf folgende Weise verfahren.

Die Neigung der Dachflächen hat man mit Ausnahme weniger Fälle zu ⅕ angenommen, d. h. ⅕ der Tiefe bei Satteldächern zur Höhe genommen. Mehrere sehr freiliegende Dächer, welche auf ⅙ eingedeckt wurden, haben sich nicht gut gehalten, doch scheint diese Neigung bei mehr geschützter Lage und zuverlässiger Arbeit allenfalls noch zulässig. Die größte Sorte Schiefer von 24 × 14 Zoll engl. gewährt einen ökonomischen Vortheil, doch leiden diese großen Platten mehr durch den Sturm und man hat sich später für die kleineren Sorten von 20 × 10 und 18 × 9 Zoll entschieden.

Wo man nach Obigen eine volle Schalung anordnen mußte hat man diese aus 8—9 Zoll breiten, 1 Zoll starken Brettern hergestellt, welche nur gefugt, sonst aber rauh gelassen, bei diesen großen Schiefern aber immer parallel zur First gelegt wurden. Bei Anwendung einer Lattung bestand diese aus 3 Zoll breiten 1,5 Zoll starken vollkantigen Latten. Die Lattweite wird so bemessen, daß jede Platte mit ihrem oberen Rande etwa ½ Zoll auf der Latte liegend, die dritte unter ihr liegende Platte noch um 3—5 Zoll überdeckt, wie dies untenstehende Figur zeigt. Zieht man daher die Größe dieser Ueberdeckung von der Länge der Platten ab, so darf man nur den übrig bleibenden Rest durch 2 dividiren um die Lattweite zu erhalten. Bei den hannöver'schen Eisenbahnbauten hat man bei 18 Zoll engl. langen Platten auf 7 Zoll hannöv. Maaß

gelattet. Da nun 7 Zoll hannöv. = 6,7 Zoll englisch sind, so beträgt in diesem Falle die Ueberdeckung der dritten Platte 18—2 . 6,7 = 4,6 Zoll engl.

Die Nagelung geschieht dicht über dem unterliegenden Steine, also circa um die Lattweite vom oberen Rande entfernt. Jeder Schiefer von der angegebenen Größe erhält 2 Nägel, und es ist darauf zu sehen, daß jeder Schiefer mit seiner Oberkante genau auf der zugehörigen Latte aufliegt, damit keine Drehung um die Nagellinie stattfinden kann.

Die Schiefernägel, welche man in Hannover anwendete, waren sogenannte „Compositionsnägel" aus einer Mischung von Kupfer und Zink bestehend, die man mit den Schiefern aus England bezog. Einige Male hat man aber auch verzinkte Eisennägel oder Kupfernägel angewendet.

Der hannöver'sche Quadratfuß Schieferdachung auf vollständiger Schalung kostete 3 ggr. 2¾ pf. und auf der beschriebenen Lattung 2 ggr. 9 pf. d. i. im ersten Fall der württembergische Quadratfuß 13,55 kr. und im zweiten 12,03 kr.

C. Das Lehmdach.

§. 41.

Der Lehm, als ein feuerbeständiges und dabei sehr bildsames Material, hat schon früh seine Anwendbarkeit zur Dachbedeckung vermuthen lassen, und es fehlt nicht an Versuchen, diese Idee zur Ausführung zu bringen. Der leitende Gedanke hierbei war immer die Bildung einer Art Estrichs, so daß die ganze Dachfläche aus einer zusammenhängenden Masse ohne Fuge bestände. Schon das letzte Viertel des vorigen Jahrhunderts hat eine Menge Schriften über diesen Gegenstand hervorgerufen; doch hat es damals so wenig als in neuester Zeit (mit den sogenannten Dorn'schen Dächern) gelingen wollen, Dächer zu construiren, die den Anforderungen, welche man an diesen wichtigen Theil eines Hauses machen muß, genügen. Vor etwa 20 Jahren glaubte man, besonders in Norddeutschland, dem Ziele nahe zu sein, und es hatte sich förmlich eine Art von Enthusiasmus für die Dorn'schen Dächer gebildet. Allein derselbe hat sich bald abgekühlt; man hört kaum noch davon, und mit so viel Eifer man damals die Sache betrieb, mit eben so viel Lauigkeit wird sie neuester Zeit behandelt. Wir halten beides für nicht richtig und glauben, daß man der Idee durchaus nicht die Ausführbarkeit absprechen kann, wenn man auch gestehen muß, daß sie noch keineswegs erreicht ist. Fortgesetzte Versuche, aber auf wissenschaftliche Grund-

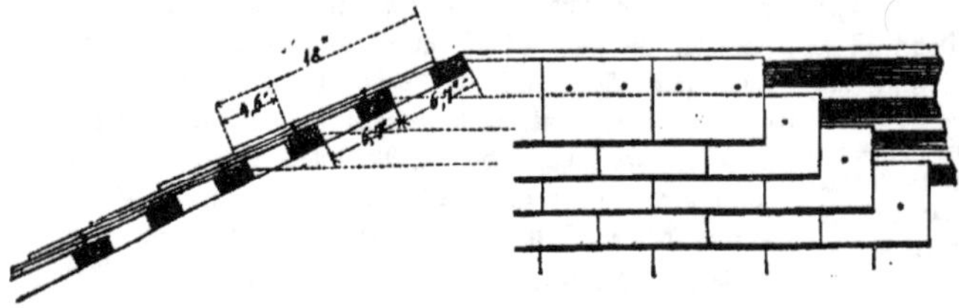

säße gestützt und von Männern angestellt, die von keinerlei Vorurtheil befangen sind, können immer noch zu dem gewünschten Ziele führen. Und sehr erwünscht wäre die Erreichung; denn flache, leichte und feuersichere Dächer bieten dem Architekten in so vielen Beziehungen Vortheile, daß er ihre Anwendung eben so häufig eintreten lassen würde, als sie jetzt selten ist, wenn nicht die Rücksicht auf Haltbarkeit ihn hiebei fast blos auf die Metallbedachungen beschränkte, deren Kostbarkeit ihn zurückschreckt. Nun ist gerade Wohlfeilheit einer der Hauptvortheile der Lehmdächer, muß aber auch bei allen Versuchen Hauptbedingung bleiben, wenn ein wahrer Nutzen erzielt werden soll.

Wir wollen die Constructionen in ihren Hauptzügen und mit den wesentlichsten Abänderungen, die sie erfahren, beschreiben, ohne uns auf die vielen angeblichen Verbesserungen einzulassen, die von Berufenen und Unberufenen bereitwillig bekannt gemacht sind. Die älteren im vorigen Jahrhundert befolgten Methoden beschreiben wir, als durch neuere und gelungenere Verfahrungsarten verdrängt, nicht, und müssen in dieser Beziehung auf die vorhandene Literatur verweisen*).

Der Gegenstand hat manche Feder in Bewegung gesetzt, und es läßt sich leicht eine kleine Bibliothek darüber sammeln. Wir führen von den dahin einschlagenden Schriften nur einige an:

S. Sachs. Anweisung zur Anfertigung einer neuen, völlig feuerfesten und absolut wasserdichten Dachbedeckung. Berlin 1837.

J. F. Dorn, praktische Anleitung zur Ausführung der neuen flachen Dachdeckung c. 3te Auflage. Berlin 1838.

Netto. Wie werden die Dorn'schen Lehmdächer völlig dauerhaft und wasserdicht angefertigt? Leipzig, H. Franke'sche Verlags-Expedition (ohne Jahrszahl).

Wieck. Anweisung zum Bau der Dorn'schen Lehmdächer c. Chemnitz 1839.

Rünnecke. Anweisung zur Ausführung feuersicherer Bedachungen von Lehm und Theer. Cöslin 1839.

Linke. Der Bau der flachen Dächer, unter Benützung des Lehms, der Lehmplatten, der verschiedenen Mastic-Compositionen, der Harzplatten c. Braunschweig 1840.

Buttel. Ueber Dorn'sche Dächer. Neubrandenburg 1841.

---

*) Glaser, Abhandl. und Vorschläge, wie die meisten Feuersbrünste verhütet oder besser gelöscht werden. Leipzig 1788; Herzberg, Vorschläge zur Verbesserung der Dächer, Breslau 1774 und 1779. Lange, Abhandl. über wetterfeste Dächer c. Leipzig 1785; Mann, Abhandl. c. die Gebäude gegen Feuer zu sichern. Frankfurt 1780 c. c.

Derselbe, 2tes Heft: Bau der flachen Theerdächer, ebendaselbst 1842.

Besonders das Linke'sche Werk (274 8° Seiten stark), die Anweisung von Sachs und die beiden Hefte von Buttel dürften für den, welcher sich über die Anlage von dergleichen Dächern Raths erholen will, von Interesse sein.

I. Das Dorn'sche Dach.

§. 42.

Das nach seinem Erfinder so genannte Dorn'sche Dach besteht aus Gerberlohe, Lehm, Theer, Harz und Sand. Die Gerberlohe kann gebrauchte, doch aber nicht schon in Fäulniß übergegangene sein, und sie wird in diesem Zustande, als am wohlfeilsten, fast ausschließlich angewendet. Sie muß indessen gemahlen sein, nicht gestampft, denn letztere ist zu kurz und nicht brauchbar. Da dieser Stoff, besonders wenn seine Verwendung häufiger werden sollte, an vielen Orten bald fehlen würde, so hat man Surrogate dafür vorgeschlagen und auch angewendet. Hierher gehören grobfaserige Moos- und Flechtenarten, grobe, faserige Sägespähne, Abgänge von Flachs und Hanf, Brechangen, Abspitzen von Gerste und ähnliche Stoffe; aber keine Haare und kurzgehacktes Stroh (Häcksel), obgleich Heu gute Dienste geleistet haben soll.

Der Lehm darf nicht zu fett sein, weil er sonst beim Trocknen Risse bekommt. Demselben in diesem Zustande Sand zuzusetzen, um ihn magerer zu machen, ist sehr kostspielig und schwierig, indem es schwer fällt, eine innige, gleichförmige Mengung zu bewirken. Am besten ist es, den Lehm vorher einzusumpfen und zu schlämmen, weil auch kleine Steine, selbst von der Größe einer Linse, nachtheilig werden.

Als Theer wird allgemein Steinkohlentheer dem Holztheer vorgezogen; nur ist ersterer nicht leicht an allen Orten zu haben, und man ist alsdann gezwungen, Holztheer zu verwenden, den man dann durch Eindampfen zu verbessern sucht. Daß die Verwendung des einen oder des andern nicht ganz gleichgültig sein wird, folgt schon aus dem Umstande, daß der Steinkohlentheer basisch, der Holztheer aber sauer reagirt.

Harz wird dem Theer zugesetzt, um ihn weniger flüchtig zu machen. Man nimmt Pech, das schwarze oder Schiffspech, Steinkohlenpech, Harz, Burgunderharz oder Weißpech, Kolophonium, stinkendes Hirschhornöl; überhaupt jede andere fettige Substanz, welche nicht trocknet, wenig flüchtig und für das Wasser undurchdringlich ist. Diese Materialien werden durchschnittlich in dem Verhältniß von $\frac{1}{8}$ bis $\frac{1}{4}$ des Gewichts dem Theer beim Kochen desselben hinzugesetzt. Die

verschiedenen Pecharten sind größtentheils bei gelindem Ko=
chen in dem Theere löslich, die Harze hingegen sehr
schwer, daher werden erstere, und besonders das wohlfeile
Steinkohlenpech, in gewöhnlichen Fällen immer ange=
wendet. Der Umstand aber, daß das Pech schon bei
+ 26° R. weich zu werden beginnt, macht in allen den
Fällen, in welchen die Dachfläche begangen werden soll,
die Anwendung des theureren Harzes oder gar des Kolo=
phoniums, welches erst bei 51° R. weich zu werden be=
ginnt, zur Nothwendigkeit.

Bei der heftigen Einwirkung der Sonnenstrahlen im
Sommer, welche überhaupt der böseste Feind dieser Dächer
sind (weit mehr als Frost und Nässe), können die ange=
gebenen Zusätze das Verflüchtigen des Theers auf die
Dauer nicht verhüten, und an die Erfindung eines hin=
länglich wohlfeil zu beschaffenden Ersatzmittels in dieser
Beziehung knüpft sich, unserer Ansicht nach, überhaupt das
Gelingen dieser Deckmethode; und wenn wir weiter oben
von anzustellenden Versuchen sprachen, so waren solche
hauptsächlich in dieser Richtung gemeint. Alle bisher an=
gegebenen Compositionen haben mehr oder weniger die Er=
wartungen unbefriedigt gelassen, oder sind, wie die von
Buttel angegebenen, so umständlich anzufertigen, daß sie
schwer gelingen und theuer werden, weshalb wir dieselben
auch nicht anführen wollen. Fast Jeder, der ein solches
Dach ausgeführt, hat es anders gemacht, und es ist wohl
nicht zu läugnen, daß das häufige Mißlingen gerade diesem
Zustande zuzuschreiben ist.

Der Sand soll dazu dienen, den fettigen Pechtheer=
Ueberzug der Lohlehmmasse den Einwirkungen der Sonnen=
strahlen zu entziehen, und wird daher vor dem Erstarren
desselben aufgebracht, so daß er von der klebrigen Masse
gebunden und festgehalten wird. Der Sand muß daher
rein, scharf, nicht allzu fein und vor allen Dingen
vollkommen trocken sein, weshalb es immer vorzu=
ziehen ist, denselben künstlich zu trocknen, was um so
leichter auszuführen sein wird, da immer nur eine verhält=
nißmäßig kleine Quantität erforderlich ist. Wo kein rei=
ner, scharfer Sand zu haben ist, kann man auch Ziegel=
mehl, gekleinte Steinkohlenasche, feinen Hammer=
schlag und Eisenfeilspähne nehmen.

<h3 style="text-align:center">§. 43.</h3>

Die eigentliche Deckmasse besteht aus einem inni=
gen Gemenge von Lehm und Lohe, einer Art Filz. Das
Mischungsverhältniß dieser beiden Materialien richtet sich
nach der größeren oder geringeren Fettigkeit des Lehms,
kann aber schwer vorausbestimmt und mit Sicherheit nur
durch jedesmal angestellte Versuche gefunden werden. Im
Allgemeinen beträgt der Lehm $\frac{1}{4}$ bis $\frac{3}{4}$ des Volumens
der gebildeten Masse. Die Versuche zur richtigen Mischung

stellt man in der Art an, daß man eine aus einer Lat=
tung (siehe weiter unten) gebildete Fläche von etwa 3 Fuß
im Quadrat mit der vorläufig willführlich gemengten Deck=
masse $\frac{1}{2}$ Zoll stark überzieht und sie wo möglich in die=
selbe Lage bringt, welche die Dachfläche selbst später ein=
nehmen wird, jedenfalls aber sie dem Luftzuge und dem
Sonnenscheine aussetzt. Entstehen nun beim raschen Trock=
nen keine großen, durch die ganze Masse reichende Sprünge,
so ist die Mischung in so weit richtig, daß sie nicht zu
viel Lehm enthält. Bleiben aber die Risse und Sprünge
(feine sogenannte Haarrisse schaden nichts) nicht aus, so
muß mit der Quantität Lehm abgebrochen oder es muß
mehr Lohe zugesetzt werden. Hierbei darf man aber nicht
weiter gehen, als daß der Lehm wenigstens noch $\frac{1}{4}$ der
Masse ausmacht, weil dieselbe sonst zu locker und zu wenig
zusammenhängend wird. Um sicher zu sein, daß man,
wenn keine Sprünge entstehen, nicht gleich anfänglich zu
wenig Lehm genommen hat, bilde man um die zur
Probe gedeckte Fläche von derselben Masse einen Rand,
und bedecke die Fläche selbst etwa $\frac{1}{2}$ Zoll hoch mit Was=
ser. Dieses darf nicht eher durchtropfen, als bis die ganze
Masse vollständig vollgesogen ist, wozu eine ziemlich lange
Zeit gehört.

Ist so das Mischungsverhältniß von Lehm und Lohe
festgestellt, so kommt es darauf an, beide Materialien tüch=
tig zu mengen. Dies geschieht am besten in einer aus
Brettern zusammengeschlagenen Kalkschlägerbank, wie man
solche zur Mörtelbereitung zu gebrauchen pflegt, durch Tre=
ten mit den bloßen Füßen. Ein bloßes Um= oder Durch=
schlagen mit dem Grabscheit oder der Hacke ist nicht hin=
reichend, und entspricht dem Zwecke weit weniger als ein
Durchtreten, wobei die Arbeiter jedes etwa noch im Lehm
befindliche Steinchen zc. fühlen und mit den Händen leicht
entfernen können. Hat man den Lehm vorher geschlämmt,
so kann man denselben gerade so weit abtrocknen lassen,
daß seine Consistenz eben die ist, bei welcher sowohl die
Mischung, als nachher die Verarbeitung der Deckmasse auf
dem Dache am besten von statten geht, was sich durch einige
Proben leicht ermitteln läßt. Wichtig ist es aber, daß die
Dachfläche mit einer Deckmasse von einerlei Feuchtig=
keitsgrad belegt werde, weshalb man keine zu großen
Vorräthe davon im Voraus anfertigen und liegen lassen
darf, weil sie abtrocknet und dann theilweise erhärtet.

<h3 style="text-align:center">§. 44.</h3>

Die auf diese Weise bereitete Deckmasse wird auf die
dazu vorbereitete Dachfläche gebracht. Die angestellten Ver=
suche haben gezeigt, daß diese Vorbereitung mit weit mehr
Sorgfalt geschehen muß, als es anfänglich geschah. Die
Deckmasse verlangt eine möglichst unbewegliche Unter=
lage, weshalb man die Dachgerüste keineswegs zu leicht

construiren, besonders aber den Schluß der Sparrenfelder oder die Dachverschalung nur von starken Latten herstellen darf. Bei einer Entfernung von 3 Fuß zwischen den gehörig unterstützten Sparren müssen die Latten eine Breite von 2 und eine Stärke von 1 Zoll haben, besonders wenn später auf der Dachfläche gegangen werden soll. Sie werden mit Zwischenräumen von 2 bis 3 Linien durch Nägel so befestigt, daß nicht zu viele Lattenstöße auf einen Sparren treffen, und es ist anzurathen, jedes Lattenende mit zwei Nägeln zu versehen, damit sich dasselbe weniger leicht heben kann. Nach Buttel sollen die Zwischenräume ganz fortfallen, vielmehr die Latten möglichst fest gegen einander getrieben werden, um dadurch ein Werfen und Verziehen derselben noch mehr zu verhindern. Wenn indessen die Latten aus gerabwüchsigem Holze geschnitten und gehörig trocken sind, so schaden diese Zwischenräume nicht, und außerdem, daß sie zum Festhalten der Deckmasse dienen, die in dieselben einbringt, befördern sie auch ein schnelleres Austrocknen der ersten Decklage, weil sie den Zutritt der Luft von unten her möglich machen.

Die Reigung der Dachflächen kann sehr gering genommen werden, weil auf der ganz ebenen, fugenlosen Fläche das Wasser schon bei einem kleinen Gefälle abfließt; doch soll man ohne Grund hierin nicht zu weit gehen, denn es ist immer gut, wenn das Wasser rasch abzieht, besonders von großen Dachflächen. Soll die Fläche als Plattform dienen, so erscheint eine Reigung von $1/24$, mithin 1 Zoll Erhebung auf 24 Zoll horizontaler Länge, als angemessen. In allen andern Fällen aber nehme man die Reigung stärker, etwa gleich $1/4$, oder construire die Satteldächer als $1/3$ Dächer. Eine noch stärkere Reigung ist nicht nöthig. Sie vergrößert nicht nur unnöthiger Weise die Dachflächen, sondern erschwert auch die Operation des Tränkens mit heißem Theer, weil dieser auf einer stark geneigten Fläche rascher abfließt, als er in die Deckmasse einzieht.

§. 45.

Eine besondere Aufmerksamkeit verlangt die Anordnung der Traufe. Dieselbe kann aus Metallblech oder mittelst Dachziegeln (Bieberschwänzen) hergestellt werden, und obgleich man ersteres wohl ausschließlich anwenden wird, wenn man die Dächer mit Zuhülfenahme der Sachs'schen sogenannten Harzplatten oder anderer Präparate construirt, so sind letztere, wenn man bei der Dorn'schen Erfindung bleibt, vorzuziehen, weil die Deckmasse sich der rauhen Oberfläche der Ziegeln noch besser anschließt als der glatten Blechfläche.

Die Ziegeltraufe construirt man nach Figur 1 Taf. 80, indem man eine doppelte Ziegelschaar so auf eine Latte aufhängt und durch ein Traufbrett unterstützt, daß die Oberfläche der Ziegeln mit der der Lattung in eine Ebene fällt. Hierbei muß man die untere Ziegelreihe auf böhmische Weise mit Mörtelfugen versehen, die obere aber ganz in Mörtel legen, damit sie vom Winde nicht gehoben werden kann; in welcher Beziehung es auch zweckmäßig ist, sie nicht zu weit vor dem Traufbrette vortreten zu lassen. Eine Blechtraufe wird gebildet, indem man ein angemessen starkes Metallblech, vorn durch einen Umbug verstärkt, auf dem Traufbrette selbst durch Nägel befestigt; Fig. 2 Taf. 80.

Dieses Blech, welches vor dem Belegen jedenfalls getheert und eingesandet werden muß, damit es eine rauhe Oberfläche bekommt, läßt dennoch die Deckmasse nicht fest haften, und auf einen Schluß der Fuge zwischen beiden kann man um so weniger rechnen, je mehr das gewählte Metall einer Ausdehnung oder Zusammenziehung durch Temperaturveränderungen ausgesetzt ist. Aus diesem Grunde ist auch das seiner Wohlfeilheit wegen sonst gern angewendete Zinkblech nicht zu empfehlen, und steht dem starken, verzinnten Weißblech weit nach. Die Breite des Blechs kann etwa 5—6 Zoll betragen, und der Vorsprung vor dem Traufbrette $1\frac{1}{2}$—2 Zoll.

In die Fuge zwischen Blech und Deckmasse bringt, vermöge der Kapillarkraft, Feuchtigkeit ein, und wenn hier die Deckmasse nicht durch und durch mit Theer geschwängert ist, so entsteht ein Aufweichen derselben von unten her, die dem Dache sehr gefährlich werden kann. Um diesem Uebelstande wenigstens in Etwas abzuhelfen, ist es gut, das Traufbrett mit seiner ganzen Stärke in die Sparren einzulassen, das Traufblech an seinem hinteren Ende um die Lattenstärke rechtwinklig aufzubiegen und in den so entstandenen Winkel eine dreieckige Latte zu nageln, wie dies in Fig. 2 Taf. 80 gezeichnet ist. Wendet man die sogenannten Harzplatten von Sachs an, so läßt sich die Traufe noch auf andere Weise construiren, wie wir weiterhin sehen werden; hier ist vorläufig von den rein Dorn'schen Dächern die Rede.

Auf dieselbe Weise wie die Traufe werden auch die Dachborde behandelt. Bilden diese zugleich Mauer- oder Wandanstöße, so fällt das Traufblech fort und die Lattung reicht unmittelbar bis in die in die Mauer gehauene Ruth, oder unter die an die Wand genagelte, die Ruth vertretende Latte, und die Deckmasse schließt sich in Form einer ansteigenden Hohlkehle der Mauer an, wie dies Fig. 4 und 5 Taf. 80 im Querschnitt zeigen.

§. 46.

Das Decken selbst geschieht auf der eingelatteten Dachfläche auf folgende Art. Am besten, nur mit Hülfe der Hände, wird die Deckmasse auf und zwischen die vorher etwas angenäßten Latten gedrückt, und unter Anwendung eines Richtscheits und Reibebrettes in eine Ebene gebracht, so daß die Lage eine gleichmäßige Dicke von ½ bis ¾ Zoll bekommt. Die Anwendung von Richtlatten, zwischen welchen man die Lage anfertigt, um sie genau von gleicher Stärke zu bekommen, ist durchaus schädlich, weil da, wo die auf diese Weise gebildeten Streifen an einander schließen, leicht und fast unvermeidlich Sprünge in der Deckmasse entstehen. Man thut gut, diese Arbeit nicht durch Maurer, sondern durch gewöhnliche, willige Arbeiter verrichten zu lassen, denn erstere behandeln die Deckmasse gern als eine Art Mörtel und bedienen sich der Maurerkelle, beides gibt aber kein gutes Resultat. Ein Kneten und Drücken der Masse mit den Händen, wozu sich die Maurer nicht gerne verstehen, vereinigt dieselbe weit besser zu einer zusammenhängenden, auf der Lattung gehörig haftenden Masse, und gibt dem Arbeiter Gelegenheit, alle in der Deckmasse etwa noch vorhandenen, nicht hinein gehörigen Gegenstände zu finden und zu entfernen. Das Decken beginnt an der Traufe, damit das während der Arbeit etwa auf die Deckmasse fallende Regenwasser von der Traufe ab und nicht in das Innere des Gebäudes läuft, was der Fall sein würde, wenn man mit dem Decken an der First beginnen wollte. Wenn man gezwungen ist, vor Beendigung der ganzen Dachfläche mit dem Aufbringen der Deckmasse aufzuhören, so muß dies in ganz unregelmäßigen Konturen, niemals aber geradlinig geschehen. Sind beim Wiederbeginn der Arbeit die Ränder der älteren Masse getrocknet, so müssen sie durch Annässen mit einem Wasserpinsel aufgeweicht, oder durch ein Abreißen mit der Hand ganz entfernt werden, damit die neue Masse mit der schon aufgebrachten sich gut verbinden kann. Besonders an First= oder Gratlinien muß man aufmerksam sein, daß keine durchlaufenden Ansätze entstehen, sondern daß immer gleich über die Rückenlinien fortgedeckt wird, so daß nicht etwa die Deckmassen zweier Dachflächen in der First oder Gratlinie geradlinig zusammenstoßen.

Auf dieselbe Weise verfährt man bei den Dachkehlen; und es gehört mit zu den Vortheilen dieser Deckmethode, daß die Eindeckung der eben genannten Dachtheile nicht mehr Schwierigkeiten macht, als die der gewöhnlichen Dachflächen. Hinter Gegenständen, die unterhalb der First aus der Dachfläche hervorragen, werden die, schon bei den Ziegeldächern erwähnten, sattelartigen Erhöhungen aus der Deckmasse selbst gebildet, und Maueranstöße werden wie weiter oben erwähnt behandelt. Es ist gut, die Dachfläche möglichst rasch und mit Deckmasse von einerlei Feuchtigkeitsgrad einzudecken, damit sie gleichmäßig trocknet.

Letzteres muß vollständig abgewartet werden, und es tritt hier der Nachtheil der Abhängigkeit vom Wetter grell hervor. Gewöhnlich kommt man erst gegen den Herbst,

oft erst im Oktober mit einem Bau so weit, daß man das Dach eindecken kann, und alsdann hängt es gar sehr vom Zufall ab, ob gerade zu der gewünschten Zeit mehrere regenfreie, dem Trocknen günstige Tage in unmittelbarer Folge hinter einander eintreten, was zum vollständigen Trocknen durchaus nöthig ist. Bald nach dem Aufbringen der Deckmasse, wenn dieselbe anfängt zu trocknen, ist ein (selbst heftiger) Regenguß nicht nur nicht nachtheilig, sondern im Gegentheil sehr erwünscht, denn ein solcher verrichtet das Zuschlämmen und Dichten der immer entstehenden kleineren Risse weit besser und vollständiger, als dies auf künstlichem Wege geschehen kann. Entstehen nämlich bei starkem Sonnenschein dergleichen feine Risse, so müssen dieselben zugeschlemmt werden. Dies geschieht bei ganz feinen Rissen durch das Ueberbrausen mit reinem Wasser mittelst einer Gießkanne, bei etwas bedeutenderen mittelst eines dünnen Lehmbreies, den man mit Hülfe eines großen Pinsels in die Risse streicht. Größere durch die ganze Deckmasse reichende Sprünge müssen mit einem Messer noch mehr erweitert und dann mit Deckmasse, die etwa denselben Feuchtigkeitsgrad wie die auf der Dachfläche befindliche hat, ausgefüllt werden. Ein vollständiges Trocknen der Deckmasse vor dem Theeren derselben ist zum Gelingen des Daches durchaus nothwendig, und wenn dies wegen schon zu weit vorgerückter Jahreszeit nicht eintreten will (denn sobald Nachtfröste einfallen, wird die Sache immer schwieriger), so ist es besser, die Dachfläche den Winter über lieber ungetheert liegen zu lassen, als durch ein zu frühes Aufbringen des Theers die ganze Arbeit zu verderben. Man darf nicht glauben, daß die Deckmasse ungetheert verdirbt; sie wird, wenn man die Vorsicht beobachtet, bei eintretendem Thauwetter die auf dem Dache befindlichen Schneemassen vorsichtig herunter zu schaffen, nur wenig leiden, und eben so nur an einzelnen Stellen Wasser durchlassen, wovon Erfahrungen mehrfach vorliegen. Nur wird man gut thun, für den Fall, daß man die Nothwendigkeit eines solchen Verfahrens voraussetzen muß, die Decklage etwas stärker, etwa 1 Zoll stark zu machen.

§. 47.

Ist die Decklage endlich ganz trocken, so wird sie getheert. Der Theer muß hierzu in heißem Zustande, und dadurch dünnflüssig geworden, verwendet werden, weshalb es nöthig ist, auf dem Dache selbst eine Vorrichtung zum Erwärmen zu treffen. Die auch bei den Asphaltarbeiten gebräuchlichen, allgemein bekannten eisernen Oefen, in denen ein eiserner Kessel zur Aufnahme des Theers hängt, sind hierzu am geeignetsten, nur muß man die Füße derselben nicht unmittelbar auf die Deckmasse, sondern auf untergelegte Backsteine stellen. Hat man keinen solchen

Ofen *) zur Disposition, so kann man oft mit Hülfe
eines aus der Dachfläche hervorragenden Rauchrohrkastens
eine Kesselfeurung einrichten, bei welcher nur immer darauf zu sehen ist, daß das Feuer nicht in den Kessel schlagen kann, und daß ein passender Deckel vorhanden ist, um
damit den etwa in Brand gerathenen Theer löschen zu
können. Das Aufbringen des Theers auf die Dachfläche
geschieht am besten mittelst einer Art Gießkanne, indem
ein Mann denselben auf die Dachfläche gießt und ein
zweiter ihn mittelst eines Pinsels auseinander treibt und
dafür sorgt, daß keine Stelle ungetränkt bleibt. Bei dieser
Arbeit darf man mit dem Theer nicht sparen, sondern man
muß so viel von diesem Material auf die Dachfläche bringen, als sie nur irgend aufzunehmen vermag. Die gehörig getränkte Dachfläche muß etwas glänzen und der
Theer 3 bis 4 Linien tief eingedrungen sich zeigen. Das
Theeren beginnt aus leicht begreiflichen Gründen an der
First des Daches.

Sobald der erste Theerüberzug aufgebracht ist, kann
sogleich mit dem zweiten begonnen werden. Hierbei wird
dem Steinkohlentheer Pech, Harz oder ein ähnliches Material in dem früher angegebenen Verhältnisse von ⅛ bis
¼ dem Gewicht nach zugesetzt und die Masse nur so weit
erwärmt, daß sie die Consistenz von dickflüssigem Syrup
behält. Diese wird nun in einer Lage von etwa 1 Linie
dick in der Art aufgetragen, daß man Streifen bildet, die
von der First zur Traufe reichen, an einem der Dachborde
beginnen und eine solche Breite haben, daß man noch bequem darüber hinwegreichen kann. Dieser Anstrich wird
nämlich sofort von einem zweiten Arbeiter eingesandet,
d. h. mit dem früher erwähnten gut getrockneten Sande
gleichförmig übersiebt. Es ist gut, wenn der Sand nicht
nur durchaus trocken, sondern sogar etwas erwärmt ist.
Der Sand soll die Oberfläche des letzten Anstriches zwar
ganz decken, doch darf er nicht in zu großer Menge aufgebracht werden, weil er sonst von dem Theerpech nicht
gehörig gebunden werden kann und eine krümliche, lose
Masse bildet, die bald von dem Dache verschwindet und
nicht nur den Theer nicht schützt, sondern ihn von dem
Dache entfernen hilft. Diese zuletzt beschriebene Lage gibt
dem Dache eigentlich allein Wasserdichtigkeit, und ihre
unversehrte Erhaltung ist daher eine Hauptsache. Man
muß daher nicht nur den Arbeitern, welche noch auf dem
Dache zu thun haben, die größte Vorsicht beim Betreten
desselben anempfehlen, und zu diesem Zwecke Bretter legen,
sondern man entzieht diese Lage gewöhnlich selbst den Einwirkungen der Sonne und Luft, indem man über derselben
noch eine zweite sogenannte Schutzlage anordnet.

---

*) Abbildungen davon finden sich in dem genannten Linke'schen
Werke.

§. 48.

Diese Schutzlage wird ganz so hergestellt wie die
Decklage, nur wird die Estrichlage von Lehm und Lohe
etwas schwächer, etwa nur 3 bis 4 Linien stark gemacht,
damit sie leichter von dem heißen Theer ganz durchdrungen
werden kann, so daß sie eine durch und durch schwarz gefärbte Masse bildet. Mit dem Legen der Schutzlage muß
natürlich am First angefangen werden, damit, wenn während dieser Zeit Regen eintritt, dieser nicht zwischen beide
Lagen einbringen kann, was der Fall sein würde, wenn
man an der Traufe beginnen wollte.

Vor dem Aufbringen der neuen Deckmasse muß der
lose liegende, vom Theerpech nicht gebundene Sand mittels
eines Haarbesens vorsichtig zur Seite geschoben werden.
Das Theeren, überhaupt die ganze Behandlung dieser
Schutzlage, erfolgt wie bei der ersten oder Decklage; nur
pflegt man dem letzten Theerüberzuge etwas mehr Pech
oder schwer schmelzbares Harz zuzusetzen und denselben
tüchtig einzusanden, um die Einwirkung der Sonnenstrahlen möglichst zu schwächen.

II. Das Harzplattendach.

§. 49.

Das eben beschriebene eigentliche Dorn'sche Dach hat
nun viele Abänderungen erlitten. Theils hat man die
Construction selbst zu verbessern gesucht, theils hat man
sich weniger abhängig von dem Wetter machen wollen.
Von allen diesen Abänderungen und — oft nur vermeint-
lichen — Verbesserungen wollen wir blos eine, und zwar
die mit Anwendung der sogenannten Sachs'schen Harzplatten näher erwähnen, weil sie eine von den am meisten zur Ausführung gekommenen ist.

Die Dachröste und Einschalung der Dachfläche mit
Latten ist ganz wie vorhin beschrieben, und die Traufe
nach Fig. 2 Taf. 80 mittelst eines starken verzinnten Ei-
senblechs gebildet. Auf die Lattung kommt eine Dorn'sche,
d. h. eine aus Lehm und Lohe bestehende Lage von ½
bis ¾ Zoll Stärke, und diese wird, sobald sie getrocknet,
mit heißem Steinkohlentheer möglichst satt getränkt.

Vorher, oder während dieser Zeit, werden die Harzplatten auf folgende Weise angefertigt: Zwei Bogen
starken, gut geleimten Papiers werden mittelst einer Mischung aus Pech und Theer auf einander geklebt. Der
Erfinder will Nadelholztheer angewendet, und 3 Gewichtstheilen dieses Materials 8 Theile Pech zugesetzt wissen. Allein der Steinkohlentheer ist sehr wohl brauchbar
und der Pechzusatz richtet sich nach der Güte des Theers.
Die Probe, ob man das Verhältniß richtig getroffen, besteht in Folgendem: Bei dem Bestreichen des ersten Bogens darf der Anstrich auf der Rückseite nicht durchschlagen,

und sind beide Bogen auf einander geklebt, und biegt man die fertige und vorläufig getrocknete Platte, so darf sich kein Knistern hören lassen. Geschieht das Erstere, so ist zu wenig Pech genommen, und findet das Zweite statt, so muß an Pech abgebrochen werden.

Die Anfertigung dieser Platten erfordert einige Gewandtheit, läßt sich aber zu jeder Jahreszeit und bei jedem Wetter, am besten unter einem offenen Schuppen, vornehmen. Die fertigen Platten werden aufgestapelt und gering gepreßt, um beide Bogen Papier recht fest mit einander zu verbinden. Je größer die Papierbogen sind, um so weniger Fugen bekommt das Dach; indessen findet sich hier bald eine Grenze, bei welcher sowohl die Anfertigung der Platten zu schwierig, als auch die Manipulation mit denselben auf dem Dache, besonders bei windigem Wetter, zu unbequem wird.

§. 50.

Die Platten werden nun mit demselben Pechtheer, womit sie angefertigt, so auf das Dach geklebt, daß sie sich 2½ bis 3 Zoll überdecken und die von der First nach der Traufe laufenden Fugen Verband halten, weshalb eine Reihe um die andere mit einer halben Platte angefangen werden muß. Hierbei hat man nicht die Platten, sondern die Dachfläche mit dem Pechtheer zu bestreichen. Gut ist es dabei immer, die Platten, besonders an den Ecken, mit einigen Nägeln zu versehen, und unerläßlich wird diese Vorsicht an der Traufe und an den Borden.

Die Traufe kann am einfachsten nach Fig. 6 Taf. 80 hergestellt werden, wenn man nämlich das Traufblech ganz fort, die Unterlage oder die Dorn'sche Lage bis an die Vorderkante des Traufbretts reichen, und die Papierplatten um dieses herum biegen und an der Unterfläche nageln läßt; eine Construction, welche man auch an den Borden anwenden kann. Will man aber das Traufblech, des bessern Ansehens wegen, nicht aufgeben, so kann man die Construction nach Fig. 7 Taf. 80 in der Art machen, daß man die Lohlehmlage etwa bis auf 1½ Zoll vom Ende des Traufbretts reichen läßt, und hier die Papierplatten mit Hülfe eines getheerten Pappstreifens von 1 Zoll Breite so festnagelt, daß das Ende der Papierplatte von unten nach oben unter den Pappstreifen geschoben, und dann die Platte auf das Dach gezogen wird, so daß sie den Pappstreifen bedeckt, wie solches in Fig. 8 noch besonders gezeichnet ist. An den Borden läßt sich diese Construction nicht wohl anordnen, indessen kann man dort auch ohne weitere Gefahr den Pappstreifen auf die Papierplatten nageln, weil das Wasser an demselben hinablaufen, und kein Bestreben haben wird unter denselben zu dringen, wie dies bei der Traufe der Fall ist.

Zum Dichten der Fugen der Platten, und überhaupt in manchen andern Fällen, bedient man sich bei Anfertigung derartiger Dächer eines schweren Bügeleisens, nach der in Fig. 9 Taf. 80 dargestellten Form, mit vielem Vortheil, weshalb die Anschaffung eines solchen sehr anzurathen ist. Man wird sehr bald mit dem Gebrauche desselben vertraut sein. Bei Dachkehlen ist es gut, dieselben für sich bestehend, etwa auf 5 bis 6 Zoll Breite, mit Platten von dieser Breite einzudecken und die schräg geschnittenen Deckplatten des Daches auf diesen Streifen zusammenstoßen, und gut nageln zu lassen. Aehnlich verfährt man bei den Gräten der Walme, nur daß die in Streifen geschnittenen Platten wie eine Kappe über die in der Gratlinie zusammenstoßenden Deckplatten hingenagelt werden.

Ist so die Dachfläche mit den Papierplatten ganz bedeckt, so erhalten dieselben wieder einen Anstrich mit derselben Mischung von Pech und Theer, mit welcher sie aufgeklebt wurden, und dieser Anstrich wird eingesandet, ganz wie beim Dorn'schen Dache. Das so weit fertige Dach steht man jetzt als ein Dorn'sches, mit der ersten Decklage und dem Theerpechüberzuge versehenes, an, und bringt darauf, durchaus ganz so wie früher beschrieben, eine zweite oder Schutzlage, womit dann endlich die Deckarbeit beendigt ist.

D. **Das Asphaltdach.**

§. 51.

Dem Lehmdache schließt sich zunächst, seiner Construction nach, das Asphaltdach an, welches seit einiger Zeit auch in Deutschland ziemlich häufig in Anwendung kommt, während es in Frankreich schon länger im Gebrauche steht. Von den Eigenschaften des Asphalts können wir hier nicht weiter sprechen, sondern müssen in dieser Beziehung auf die Baumaterialienlehre verweisen. Nur so viel sei bemerkt, daß wir immer natürlichen Asphalt, von den Franzosen »mastic bitumineux« genannt, und keine nachgemachten künstlichen Compositionen »bitumen factice« gemeint haben wollen.

Im Allgemeinen besteht die Construction eines solchen Daches in der Darstellung einer wenig geneigten Fläche, die mit einer, 4 bis 5 Linien starken, zusammenhängenden Schichte Asphalt bedeckt ist. Die Neigung kann ungefähr so wie bei den Dorn'schen Dächern genommen werden; doch nimmt man sie ungestraft geringer, wenn der Baustyl nicht etwa steilere Dächer vorschreibt; ⅙ Dächer dürften indessen das Maximum der Steilheit sein, weil schon bei dieser Neigung die Manipulation mit dem Asphalte sehr beschwerlich wird.

Der Asphalt muß zum Zwecke des Deckens geschmolzen und dann auf die Dachfläche gegossen werden, weshalb Linke diese Dächer unter dem Titel „Gußdächer“

abhandelt, wohin wir in Bezug auf alle Spezialitäten verweisen, da wir hier die Construction nur in der Hauptsache besprechen können.

Die Construction des Dachgerüstes und die Vorbereitung der Dachfläche zu dem Asphaltüberzuge ist beinahe ganz so wie beim Lehmdache; auch kann die Traufe auf dieselbe Weise gebildet werden, und da der Asphalt sich einer Metallfläche sehr fest anschließt, so fallen auch die bei den Lehmdächern stattfindenden Bedenken bei Anwendung der Traufbleche fort. Die Asphaltdecke ist indessen etwas spröder als ein Lehmdach und aus diesem Grunde muß für eine möglichst unbewegliche Construction gesorgt werden; auch wird das ganze Dach etwas schwerer, weshalb entweder die Sparren näher aneinander gerückt, oder stärkere Latten genommen werden müssen. Statt der Latten wendet man sehr häufig Dielen an, obgleich diese dem Werfen mehr ausgesetzt sind als gerade geschnittene Latten; des geringern Nagelverbrauchs wegen kommen Dielen billiger.

§. 52.

Auf die Einschalung wird entweder eine Lehmlage oder eine Mörtelschicht, auch wohl ein Pflaster aus besonders gebrannten Fliesen, oder aus gewöhnlichen Dachziegeln (Bieberschwänzen) gebracht, um als Unterlage für die immer nur dünne Asphaltdecke zu dienen. Ein Steinpflaster, was, wenn es reellen Nutzen haben soll, aus 1 bis 1½ Zoll starken Fliesen bestehen muß, macht das Dach sehr schwer, und eine Mörtel= oder Lehmlage wird, unserer Ansicht nach, vollkommen hinreichen. In Hamburg, wo in den Jahren 1839 und 40 viele dergleichen Dächer von den Herren Meletta und Prengemann mit sehr gutem Erfolge ausgeführt sind, wurde Lehm als Unterlage genommen.

Diese Lehmlage wird etwa ¾ Zoll stark gemacht, und damit der Lehm nicht reißt, wird ihm gehacktes Stroh oder auch, wenn sie vorhanden ist, Lohe zugesetzt. Auf diese getrocknete Lage wird gewöhnlich grobe, sogenannte Packleinwand gespannt und festgenagelt. Dieselbe soll hauptsächlich dazu dienen, um die in der Lehmlage etwa noch vorhandene Feuchtigkeit von dem Asphalt abzuhalten, und um überhaupt dem letzteren einen besseren Halt zu geben, und die Bewegungen der Dachhölzer weniger schädlich zu machen. Die Trauf= und Bordbretter bilden jetzt um die Lehmunterlage einen Rahmen, so daß ihre Oberflächen in einer Ebene liegen und das Traufblech die Fuge deckt; auch die Packleinwand kann von diesem Bleche gefaßt werden. Fig. 10 Taf. 80.

§. 53.

Um nun auf dieser Unterlage die Asphaltdecke zu bilden, muß der Asphalt in einem Kessel geschmolzen und

demselben ein reiner, scharfer Sand zugesetzt werden. Das Schmelzen geschieht auf dem Dache selbst, und es sind hierzu die schon erwähnten eisernen Oefen oder Chaudieren am passendsten, weil sich mit diesen, und unter Anwendung von Kohlen als Feuerungsmaterial, der bedeutende Hitzgrad, welchen der Asphalt verlangt, am leichtesten erzielen läßt. Die Schwerschmelzbarkeit, welche, bei der doch immer sehr mangelhaften Heizvorrichtung der Chaudieren, lange Zeit erfordert (der erste Kessel voll oft 3 bis 3½ Stunden), bedingt mehrere Chaudieren, so daß deren bei einer größeren Dachfläche wohl 4 nöthig werden. Es ist nothwendig, daß man genau weiß wie viel Quadratfuß Fläche man mit dem Inhalte sämmtlicher vorhandenen Kessel decken kann, und hiefür kann zum ungefähren Anhalt dienen, daß zu einer Quadratruthe von 100 Quadratfuß, und 3 Linien dick, etwa 116 Pfund Asphalt nöthig sind. Um nämlich alle horizontalen Fugen zu vermeiden, gießt man den Asphalt in Streifen, die von der First bis zur Traufe reichen und auf diesen Linien senkrecht stehen, und richtet die Breite dieser Streifen so ein, daß der Inhalt der disponibeln Kessel gerade einen solchen Streifen deckt. Das Gießen geschieht zwischen eisernen oder bleiernen Linealen, deren Dicke gleich der zu bildenden Asphaltdecke ist. Letztere beträgt gewöhnlich 3 bis 4 Linien. Eine größere Stärke ist für Dachdeckungen, nach den bisherigen Ansichten, unnöthig und würde solche nur unnütz vertheuern [*]).

Nicht nur das Gießen, sondern auch das Schmelzen des Asphalts erfordert Umsicht und Gewandtheit, weshalb man diese Arbeit nicht, wie bei den Lehmdächern, mit gewöhnlichen, ungeübten Arbeitern ausführen kann; wenigstens muß unter den 4 Mann, die zu der Arbeit nöthig sind, ein geübter Arbeiter sein, der die anderen anleitet und gewissermaßen den Werkführer macht. Bei dem Schmelzen wird zuerst etwas Mineraltheer, etwa zwei Pfund auf 100 Pfund Asphaltmasse, in den Kessel gethan, um das Schmelzen der letztern einzuleiten; so wie dieses eintritt, muß die Masse mittelst der Rührscheite tüchtig durchgearbeitet werden, damit die oben befindlichen, ungeschmolzenen Stücke nach unten kommen und ebenfalls schmelzen. Ist alles im Kessel vollkommen flüssig geworden, so werden unter fortwährendem Umrühren nach und nach 30 bis 40 Gewichtsprozent [**]) gewaschenen, getrockneten und erwärmten Kiessandes zu= und das Sieden so lange fortgesetzt, bis sich das Ganze als ein nicht zu steifer Brei, „der frisch gekochten Buchweizengrütze

---

[*]) Hierüber lese man weiterhin §. 55.

[**]) Bei den erwähnten Asphaltdächern der Herren Meletta und Prengemann war das Verhältniß: 93 Theile pulverisirte Asphalterde und 7 Theile Mineraltheer, gar kein Sand.

ähnlich," darstellt, in welchem Zustande die Masse zum Gusse fertig ist.

§. 54.

Bei dem Gießen wird die Masse mit eisernen Schöpf-kellen aus dem Kessel zwischen die Liniale gebracht, mittelst eines hölzernen Spatels etwas ausgebreitet, und mit einem schweren eichenen Richtscheit, das auf den eisernen Schienen geführt wird, abgeebnet. Diese Arbeit muß sehr schnell geschehen, besonders bei kühlem, windigen Wetter, weil die Asphaltmasse sehr bald erstarrt. Bevor dies letztere eintritt, sandet ein besonderer Arbeiter die geebnete, noch warme Masse mit etwas feinerem, ebenfalls ganz reinem scharfen Sande ein, und sucht diesen Sand durch Pressen und Schlagen mit hölzernen Schlägeln in die Oberfläche des Asphalts einzubrücken. Von den 4 Mann besorgt einer das Ausbreiten der Masse, zwei tragen dieselbe zu, und der vierte sandet die gegossene ein. Daß die Chaudieren auf dem Dache selbst ihren Stand haben müssen, wird durch das leichte Erstarren des geschmolzenen Asphalts bedingt. Ist so ein Streifen fertig, so werden durch leichtes Klopfen mit einem eisernen Hammer die Leitschienen gelöst, und der anhängende Asphalt mit einem starken Messer abgeschnitten und in den Kessel zurückgeworfen. Nur der erste Streifen wird zwischen zwei Schienen gegossen, bei allen nachfolgenden dient der bereits fertige statt der Schiene auf einer Seite.

Es erleichtert die Arbeit, wenn man die Streifen alle von gleicher Breite macht, diese durch einen Stab, dessen Länge dieser Breite gleich ist, bezeichnet, und nach letzterem die Schienen legt. Diese sind natürlich nicht so lang, daß sie in einem Stücke von der Traufe bis zur First reichen, sondern nur etwa 4 bis 6 Fuß; es müssen deren aber so viele vorhanden sein, daß sie, aneinander gestoßen, der gedachten Länge gleich kommen.

Die Vereinigung zweier benachbarten Streifen ist von großer Wichtigkeit, denn fast nur hier kann später ein Leck entstehen. Bei dem Dichten der Fuge ist wiederum warmes Wetter vortheilhaft, weil es dann gewöhnlich gelingt, die noch warme Masse des eben gegossenen Streifens mit dem früheren, durch Klopfen mit hölzernen Schlägeln und leichten, nöthigenfalls etwas erwärmten, eisernen Hämmern, innig zu verbinden. Ist indessen die Masse bei feuchtem kalten Wetter schon zu sehr erstarrt, so muß man das früher bei den Lehmdächern erwähnte Bügeleisen zu Hülfe nehmen und als eine Art Löthkolben benutzen. Mit diesem und unter unermüdlich fortgesetztem Klopfen müssen diese Fugen so lange bearbeitet werden, bis man die Ueberzeugung hat, ihre Dichtung sei vollständig erfolgt.

Die Asphaltmasse wird bis an die Vorderkante der Trauf- und Bordbleche fortgeführt, und da sie die Eigen-schaft hat, an Holz, Stein oder Metall, wenn diese Materialien nur trocken sind, gleich gut zu haften, so machen auch Dachanstöße oder aus der Dachfläche hervorragende Gegenstände durchaus keine Schwierigkeiten.

Ein auf die beschriebene Weise gut und tadellos hergestelltes Dach ist gewiß ein sehr vorzügliches zu nennen, und erfüllt alle Bedingungen, die man billiger Weise an eine Bedachung machen kann. Ist das Dachgerüst und die Schalung so construirt, daß sie keine nachtheiligen Bewegungen machen können, so wird auch die Asphaltdecke eine fast ewige Dauer haben; wobei dann noch der Vortheil eintritt, daß die Masse selbst ihren Werth behält. Denn muß ein solches Dach aus irgend einem Grunde abgebrochen werden, so kann die Masse auf's Neue geschmolzen und wieder verwendet werden. Allein ein solches Dach ist bei den hohen Preisen des rohen Asphalts theuer, und dieses Material wird daher zur allgemeineren Verbreitung der flachen Dächer, welche so wünschenswerth wäre, wenig oder gar nicht beitragen.

§. 55.

In dem polytechnischen Centralblatte, Jahrg. 1847, Lieferung 23, findet sich ein Aufsatz unter dem Titel: „Erfahrungen an den Asphaltdächern in Hamburg," den wir hier im Auszuge geben wollen, weil er die neuesten Beobachtungen enthalten dürfte, und zu Resultaten führt, die den vorstehenden, früher niedergeschriebenen Vorschriften in einzelnen Punkten widersprechen.

Die häufigen Klagen, welche nach dem langen und harten Winter von 1844 auf 1845 einen auffallenden Contrast zu dem Enthusiasmus bildeten, mit dem man unmittelbar nach dem großen Maibrande (1842) die Bedeckung der Dächer mit Asphalt in Hamburg aufnahm, veranlaßten die technische Section der Gesellschaft zur Beförderung der Künste und nützlichen Gewerbe in Hamburg, eine Kommission zur Untersuchung der Sachlage in Betreff dieser Dächer niederzusetzen. Diese Commission hat ihre Untersuchungen auf etwa 150 verschiedene Dächer, mit einer Gesammtoberfläche von 337,228 Quadratfuß und mit Asphalt von 7 verschiedenen Orten bedeckt, ausgedehnt, und dem zufolge folgende Ansichten gewonnen.

„1) Eine unbestreitbare Thatsache ist es, daß beim „Herabsinken der Lufttemperatur unter eine gewisse Grenze, „und in Folge desselben, Asphaltdächer Risse und Sprünge „bekommen können und in sehr vielen Fällen bekommen „haben.

„2) Diese Temperaturgrenze ist nicht für jedes As-„phaltdach, und auch nicht für jede Sorte Asphalt die „nämliche. Man findet Dächer der verschiedenen Sorten, „welche schon im Winter 1843 bis 44 bei gelindem Froste „gesprungen sind, während andere diesen Winter und den

„größten Theil des Winters 1844 bis 45 gut bestanden „und erst bei einer Kälte von 16 bis 18 Grad Reaum. „zerrissen, und noch andere, welche diesen Kältegrad un= „versehrt bestanden.

„3) Es muß zwar für jetzt unentschieden gelassen „werden, ob diese bis jetzt unversehrt gebliebenen Dächer „bei noch niedrigerer Temperatur zerreißen werden, so wie „auch, wie weit die Grenze, welche sie ertragen können, „noch unter der beobachteten liegt, indeß ist es nicht un= „wahrscheinlich, daß bei der in unserem Klima vorkom= „menden Temperatur, von 22 bis 23 Grad R. unter Null, „noch manche bis jetzt als gut klassifizirte Dächer zersprin= „gen werden.

„4) Es ist ferner eine unbestreitbare Thatsache, daß „der Zusammenhang mancher (vielleicht der meisten) As= „phaltdecken in sich (ihre Cohäsion) größer ist, als ihr „Zusammenhang mit dem Wandputz der Umfassungswände, „auch wenn die Asphaltlage in diese eingelassen ist. An „einigen Dächern ist es genau beobachtet worden, daß der „Asphalt sich zuerst an dem mittleren Theile der Umfas= „sungswände lösete, daß nur die Ecken, wo die Mauern „einander nahe stehen, festhielten, und erst später der As= „phalt Risse bekam, die häufig in diagonaler oder der Dia= „gonale paralleler Richtung laufen.

„5) Dieselbe Erscheinung wiederholt sich auch an „Schornsteinen, einfallenden Lichtern und Dachluken, von „welchen letzteren, da sie häufig mit eisernem oder metalle= „nem Rahmwerk umgeben sind, die als gute Wärmeleiter „die Temperaturveränderungen rasch auf den Asphalt „wirken lassen, gewöhnlich die ersten Diagonalrisse aus= „gehen.

„6) Das Abschaufeln des Schnees von den Dächern „wird in vielen Fällen als die Ursache des Zerspringens „des Asphalts angegeben; gewiß ist, daß letzteres oft un= „mittelbar darauf erfolgte. Andere Hauseigenthümer haben „zwar eben diesem Abschaufeln die Conservirung ihrer „Dächer zugeschrieben, aber die Commission glaubt, dem „nicht beipflichten zu können, sondern hält es a priori für „gewiß, daß die Schneedecke, als schlechter Wärmeleiter, „zum Schutz der Asphaltdächer beiträgt, und glaubt, daß „diejenigen Dächer, welche ungeachtet des Wegräumens „des Schnees sich gehalten haben, dies um so mehr gethan „haben würden, wenn derselbe liegen geblieben wäre.

„7) Das Einstreuen von Kochsalz in die Rinnen ist „in einigen Fällen zu deren Offenhaltung bei eintretendem „Thauwetter mit Erfolg angewendet worden.

„8) Eine Dicke der Asphaltlage von ½ Zoll oder „weniger scheint sich als ungenügend herauszustellen. Dä= „cher, welche ursprünglich in dieser Dicke angelegt waren, „und zerrissen, haben, nachdem sie durch einen zweiten

„Ueberzug von derselben Sorte verstärkt worden waren, sich „gut erhalten.

„9) Das Schimmeln, Faulen, Stockigwerden der „Holzconstruction der Dächer wird in einigen Fällen er= „wähnt, und in anderen bemerklich gemacht, daß, um „demselben vorzubeugen, häufige Lüftung der Böden ange= „wendet worden sei. Es dürfte mithin auch auf diesen „wichtigen Umstand die Aufmerksamkeit der Betheiligten zu „lenken sein.

„10) Die Vortheile für die innere Einrichtung wer= „den von einigen Besitzern als wichtiger vorgestellt, als die „Unbequemlichkeit der ihnen widerfahrenen Beschädigungen „und deren Reparatur.

„11) Ist zu bemerken, daß auch theilweise Senkun= „gen der Mauern als Veranlassung von Dachbeschädigun= „gen angeführt werden. Die Commission glaubt indeß, „daß in den seltensten Fällen diese eine Ursache zum „wirklichen Zerreißen der Asphaltdecke sein können; dage= „gen kann deren Trennung von den Umfassungsmauern „und Schornsteinen allerdings häufig darin ihren Grund „haben.

„Endlich ist

„12) zu erwähnen, daß in den meisten Fällen die „Reparatur der Beschädigungen als leicht, rasch und wohl= „feil bezeichnet wird, wo nicht ganz neue Ueberzüge zur „Anwendung kommen.“

Aus der Summe dieser Erfahrungen nun kommt die Commission zu folgendem Resultate:

„Die unbedingte Anwendung des Asphalts „zur Dachdeckung kann, in der Weise, wie es in der ersten „Zeit des Bekanntwerdens dieser Methode der Fall war, „in unserem Klima nicht empfohlen werden, weil „die Möglichkeit, und in harten Wintern sogar die Wahr= „scheinlichkeit, von Beschädigungen der oben beschriebenen „Art nicht in Abrede zu stellen ist, und weder die Wahl „einer gewissen Sorte, noch auch die größte Sorgfalt in „der Anfertigung absolute Sicherheit gewährt.

„Dagegen kann ebenso wenig dieser Art der Dachbe= „deckungen die Anwendbarkeit in unserer Gegend ganz ab= „gesprochen werden, denn auch andere Dächer sind nicht „frei von Reparaturen, manche gut construirte und sorg= „fältig angefertigte Asphaltdächer von gehöriger Dicke haben „erfahrungsmäßig noch eine sehr niedrige Temperatur (16 „bis 18° R.) ohne Beschädigung ertragen, sie gewähren „für die innere Einrichtung manche Vortheile, welche bei „schrägen Dächern nicht zu erreichen sind, und die Repa= „ratur etwaiger Beschädigungen ist meistens schneller und „wohlfeiler zu bewerkstelligen, als z. B. diejenigen eines „Pfannendaches (Ziegeldaches).

„Zu empfehlen ist, daß Diejenigen, welche, nach Ab= „wägung der Vortheile und Nachtheile, sich für die Wahl

„der Asphaltbedeckung entscheiden, das Holzwerk möglichst
„fest construiren, die Balken nicht weiter als 3 Fuß von
„einander legen, die Schalbretter oder Latten nur 3 bis
„höchstens 6 Zoll breit nehmen, auf diese eine Zwischen=
„lage von Kalkmörtel, Lehm, allenfalls mit darin einge=
„drückten Floren und Mauersteinen, ausbreiten, darüber
„Leinwand spannen und dann die Asphaltdecke m e h r a l s
„e i n e n h a l b e n Z o l l d i c k auftragen lassen.

„Vorzügliche Sorgfalt ist auf die Anschlüsse an die
„Umfassungswände, Schornsteine, Dachluken ꝛc. zu ver=
„wenden, und falls, wie zu vermuthen, Trennungen des
„Asphalts von den Wänden sich zeigen, so wird in den
„meisten Fällen ein in der Form eines Leckbretts an der
„Wand befestigter, die Fugen deckender Zinkstreifen, der mit
„dem Asphalte in k e i n e m Z u s a m m e n h a n g e steht,
„jedoch über eine, auf dem Asphalt befestigte, und mit
„diesem sich bewegende Erhöhung (Leiste, Wulst oder der=
„gleichen, welche das vom Seitenwinde gegen die Fuge
„getriebene Wasser zurückhält) überfaßt, dem Uebel ab=
„helfen.

„Bei Frostwetter ist das Liegenlassen des Schnees zu
„empfehlen. Zeigen sich dennoch Risse (welches bei gutem
„Asphalt und starkem Froste sich häufig durch starkes Ge=
„räusch, Knallen ꝛc. bemerklich gemacht hat), so müssen
„diese sobald als möglich mit flüssigem Asphalt ausgegos=
„sen werden. Im Nothfalle wehrt auch Ausgießen mit
„Talch (besser mit Pech) oder Verkittung der Risse dem
„Eindringen des Wassers, Mittel, welche durch die Haus=
„bewohner selbst angewendet werden können, bis die An=
„stalten zur gründlichen Reparatur herbeizuschaffen sind.

„Häufige Lüftung der Böden unter Asphaltdächern
„trägt zur Dauerhaftigkeit solcher Bedachungen wesentlich
„bei, und sind aus diesem Grunde Verschalungen an
„d e r U n t e r s e i t e d e r D a c h b a l k e n (S p a r r e n) und
„G y p s d e c k e n a n d e r s e l b e n z u w i d e r r a t h e n.“

§. 56.

Der hohe Preis des Asphalts hat bald zu Bestrebun=
gen geführt, denselben durch eine künstliche Komposition zu
ersetzen; doch hat dies, bis jetzt wenigstens, durchaus nicht
gelingen wollen. Diese Kompositionen werden meistens ge=
heim gehalten, doch bestehen sie in der Hauptsache aus
Steinkohlentheer, Pech, Schwefel, Kreide, Hammerschlag,
Sand und dergleichen Materialien, die in den verschieden=
artigsten Verhältnissen zusammengesetzt werden. Ist die
Masse einmal bereitet, so tritt sie an die Stelle des ge=
schmolzenen Asphalts und die Deckarbeit ist mit sehr wenig
Ausnahmen ganz wie die beschriebene. Dergleichen Dächer
sind allerdings wohlfeiler, ja sie werden meistens nur etwa
die Hälfte der Kosten eines Asphaltdaches betragen oder
noch weniger, aber sie sind auch viel schlechter! Ihr Haupt=

feind ist derselbe, dem die Dorn'schen Dächer bisher zu
widerstehen noch nicht gelernt haben, die brennenden Son=
nenstrahlen. Es mag sein, daß dergleichen Dächer bei
besonders günstiger Lage Dauer gezeigt haben, im Allge=
meinen aber dürften sie einem Dorn'schen Dache mit
Harzplatten kaum gleich stehen. Ueber ihre Anfertigung
verweisen wir auf das schon mehrfach genannte Linke'sche
Werk, wo sie ausführlich, und in allen möglichen Varian=
ten behandelt sind.

E. **Das Theerpappendach.**

§. 57.

Im Norden Europa's, namentlich in Schweden, Ruß=
land und in einem Theile von Ostpreußen an der See=
küste, hat man schon seit längerer Zeit, besonders zu Ende
des abgelaufenen Jahrhunderts, theils gewöhnliches Papier,
theils eigens bereitetes, in Verbindung mit Theer, Pech
und andern, wasserhaltenden Materialien zur Dachdeckung
angewendet, und eine Menge Erfindungen gemacht, die
unter sehr verschiedenen Namen fast dasselbe Produkt her=
vorbrachten. Besonders auf Unverbrennlichkeit hatte man
sein Augenmerk gerichtet, und die sogenannte S t e i n p a p p e
erfunden. Es scheint indessen, daß diese Erfindungen nicht
benützt, und die Anwendung dieser künstlichen Papiere und
Pappen nie eine ausgedehnte gewesen ist, nur eine Art
Dächer aus getheerten dünnen Pappen soll seit einer Reihe
von Jahren an der Ostseeküste, zwischen Pillau und
Brüsterort, wo der heftige Sturm jede andere Bedeckung
unanwendbar machte, zur Anwendung gekommen sein und
gute Dienste geleistet haben. Im Notizblatte des Archi=
tekten=Vereins in Berlin, Jahrgang 1840, wird dieselbe
von Herrn Baumeister Böhm beschrieben, und in einem
Reiseberichte von Herrn Ludwig Hoffmann in der all=
gemeinen Bauzeitung von L. Förster in Wien, Jahrgang
1846, ebenfalls erwähnt. Aus diesen beiden Mittheilungen
geben wir Folgendes.

§. 58.

Die Pappen sollen aus ⅔ leinenen und ⅓ wollenen
Lumpen gefertigt werden, der „Zeug“ dazu aber in Stampf=
geschirren bereitet werden, weil Holländer ihn „zu kurz“ ar=
beiten, wodurch die Pappen an Biegsamkeit verlieren und
brüchig werden. Vortheilhaft ist möglich großes Format,
der verminderten Fugen wegen. Die Stärke soll etwa 3
Schöpfbogen betragen, oder der Quadratfuß 5 Loth wie=
gen, nach welcher Bestimmung man am sichersten geht. Zu
starke Pappen lassen sich nicht gut biegen und werden nicht
gehörig vom Theer durchzogen. Die Pappen dürfen über=
haupt nicht zu fest, sondern müssen mehr z ä h e und schwer
zerreißbar sein.

§. 59.

Diese Pappen werden vor dem Eindecken mit Stein=
kohlentheer getränkt. Dies geschieht in einer etwa 5 Zoll
hohen viereckigen, eingemauerten Pfanne, die etwas län=
ger und breiter ist als die Pappbogen. Der Theer wird
nahe bis zum Sieden erwärmt, etwa 80° C., dann ein
Pappbogen hineingelegt, nach 2 bis 3 Minuten wieder
herausgenommen und gegen ein Lattengestell gelehnt, von
wo der überflüssige Theer in die Pfanne zurücklaufen kann,
nach abermaligen 2 oder 3 Minuten kommt er auch hier
wieder fort, und macht einem zweiten Bogen Platz, der
während dieser Zeit in der Pfanne im Theer gelegen hat.
Die so getheerten Pappen werden auf einander gepackt,
damit sie vollends noch vom Theer recht durchdrungen
werden, nach 24 Stunden aber aus einander genommen
und einzeln während 14 Tagen bis 3 Wochen unter einem
luftigen Schuppen getrocknet. Jetzt werden nach Fig. 11
Taf. 80 die Ecken der Pappbogen auf etwa 1¼ Zoll
ausgeschnitten und die Bogen an zwei Seiten mit Hülfe
eines Falzbrettes nach zwei entgegengesetzten Seiten ge=
falzt, so daß sie im Querschnitt die in Fig. 12 gezeichnete
Gestalt bekommen. Bei dieser Arbeit, die am besten mit
den Händen allein verrichtet wird, müssen diese mit etwas
Del oder einer anderen Fettigkeit befeuchtet werden, um das
Ankleben der Pappen zu verhüten. Einige (etwa der sie=
bente Theil) der Bogen werden in 5 bis 6 Zoll breite
Streifen zerschnitten, um die bald zu erwähnenden Kappen
zu bilden.

§. 60.

Die Neigung der Dachflächen soll ⅛ bis ⅑ der
Gebäudetiefe betragen, indem flachere Dächer sich nicht im=
mer bewährt haben, steilere aber unnütze Kostenvermehrung
verursachen würden. Das Dachgerüst kann sehr leicht
construirt werden, weil das Dach das leichteste von allen
wird, und auch eine geringe Bewegung der Dachflächen
für die aufgenagelten Pappen nicht leicht gefährlich werden
kann. Die Entfernung der Sparren von einander richtet
sich nach der Breite der Pappbogen, und ist so zu bemes=
sen, daß der lichte Zwischenraum zwischen zwei Sparren
2½ Zoll weniger beträgt als die Breite der Pappbogen.
Auf die Sparren kommt eine Schalung von Brettern, die
aber weder gespundet noch besonders dicht aneinander ge=
trieben zu werden brauchen. Bei weit überragenden Dächern
hat man an diesen Theilen besonders auf die Verwendung
langer Nägel zu sehen, und wenn das Dach durch seine
Lage dem Sturme sehr ausgesetzt ist, so wird man gut
thun, die Bretter an diesen Stellen entweder zu spunden
oder die Fugen, durch von unterhalb darüber genagelte Lat=
ten, zu dichten. Auf diese Schalung, und zwar genau über

die Mitte der Sparren (oder, wenn man diese etwa an=
ders eingetheilt hätte, in lichten Zwischenräumen von 2½
Zoll weniger als die Pappbreite) kommen starke Latten von
2 Zoll Breite und 1½ Zoll Stärke zu liegen, die mit lan=
gen Nägeln gut befestigt werden müssen. Die Oberkanten
dieser Latten werden etwas gebrochen.

§. 61.

Der Raum zwischen je zwei dieser Latten wird be=
sonders eingedeckt. Die Ränder der Pappen werden an
den Latten aufwärts gebogen, und die horizontale Verbin=
dung derselben geschieht dadurch, daß der obere Umbug
der zuerst gelegten unteren Pappe den unteren Umbug des
zweiten Bogens umfaßt und dann mit zolllangen Rohr=
nägeln in 2zölliger Entfernung genagelt wird; die obere
Pappe wird alsdann auf das Dach zurückgeschlagen und
mit der folgenden auf dieselbe Weise verbunden, wie die=
ses in Fig. 13 Taf. 80 dargestellt ist. Die Leisten wer=
den dann mit Kappen, wozu die früher erwähnten Papp=
streifen verwendet werden, eingedeckt. Dieselben greifen an
den Seitenflächen der Latten herunter und werden hier
ebenfalls alle 2 Zoll genagelt (Fig. 17 Taf. 80), wäh=
rend die horizontale Verbindung auf dieselbe Weise herge=
stellt wird, wie eben beschrieben wurde. Ist das ganze
Dach mit Pappen belegt, so werden die Kappen und Fu=
gen mit einer Mischung von Steinkohlentheer und Kalk
heiß überstrichen. Zu einem Eimer (Handeimer) voll Theer
nahm man 1 Spaten (Grabscheit) voll Kalkbrei und Bei=
des wurde tüchtig unter einander gerührt. Dieser Anstrich
wird mit reinem, getrockneten, scharfen Sande überstebt,
wie bei den Dorn'schen Dächern, wobei man besonders
darauf zu sehen hat, daß die an den Seiten der Latten
allein sichtbaren Nagelköpfe gut übersandet werden. Nach=
dem dieser Anstrich trocken ist, wird die ganze Dachfläche
nochmals damit überstrichen und sorgfältig eingesandet, so
daß der Theeranstrich überall gleichmäßig mit Sand ge=
sättigt erscheint. Ist auch dieser Anstrich trocken, so wird
endlich das Ganze noch mit einer dünnen Mischung aus
Weißkalk und frischem Kuhmist ein= oder zweimal über=
fahren, bis die ganze Dachfläche weißlich erscheint; doch
darf dieser Anstrich nicht so dick aufgetragen werden, daß
er abblättert.

Dieser letzte Anstrich ist von besonderer Wichtigkeit,
indem er die Dachfläche gegen die Einwirkungen der Wit=
terung, und besonders die Theerdecke gegen das Verflüch=
tigen des Theers schützen soll; auf seine gute und richtige
Darstellung, wohin namentlich eine solche Beschaffenheit
gehört, daß er nicht abblättert, kommt daher viel an.
Wenn man diesen Anstrich immer in gutem Stande erhält,
wofür eine Erneuerung desselben alle zwei Jahre ausreichen
soll, so kann man durch diese, wenig Kosten verursachende

Operation die Erneuerung des viel koſtbareren Theer-Kalk-überzugs erſparen. Letzterer darf nicht in mehreren Lagen zu ſtark aufgetragen werden, weil ſonſt die Kruſte von Theerkalk und Sand zu dick wird, Feuchtigkeit in ſich auf-nimmt und dann durch den Froſt zerſtört wird.

Um die Pappen recht glatt und eben auf die Dach-fläche zu bringen, muß man dieſelben, wenn ſie vorher ganz trocken waren, kurze Zeit vor der Arbeit mit Waſſer benetzen oder in ſolches etwas einweichen. Um die Pap-pen nicht zu beſchädigen, darf man den Arbeitern nicht er-lauben, mit Schuhen oder Stiefeln, deren Sohlen mit Nä-geln beſchlagen ſind, darauf herumzugehen, auch darf ein Betreten der fertigen Dachfläche unmittelbar nach einem Regen nicht ſtattfinden, ſondern man muß dieſelbe erſt etwas abtrocknen laſſen, was ſehr bald geſchehen wird. Die Deckarbeiten müſſen überhaupt die letzten ſein, damit keine andern Handwerker, wie Maurer, Zimmerleute oder Flaſchner, auf der fertigen Dachfläche noch hantiren, wo-durch leicht Lecke entſtehen, die immer ſehr umſtändlich zu repariren ſind.

Daß man ſowohl mit dieſen Theerpappen als mit den in §. 49 dieſes Kapitels erwähnten ſogenannten Harzplat-ten Dachanſtöße, und eine dichte Eindeckung um die aus der Dachfläche etwa hervortretenden Gegenſtände ohne alle Mühe herſtellen kann, wird einleuchten, und durch die Fig. 14 und 15 Taf. 80, die einige dieſer Fälle darſtel-len, deutlich genug gemacht ſein, um keiner weiteren Worte zu bedürfen.

Ferner läßt ſich die Traufe gerade ſo, wie in §. 50 dieſes Kapitels beſchrieben und in Fig. 6 und 7 Taf. 80 dargeſtellt wurde, bilden, oder man kann die in Fig. 16 gezeichnete Conſtruction wählen, wo die Pappbogen oder Harzplatten mit dem Traufbleche eben ſo verbunden ſind, wie die Pappbogen unter einander.

Wir haben bei den Dorn'ſchen Asphalt- und Theer-pappdächern der Dachrinnen gar nicht erwähnt, weil wir der Ueberzeugung ſind, daß bei dieſen Dächern ſowohl, als auch bei den Ziegel- und Schieferdächern, keine ande-ren Rinnen als aus Metallblechen beſtehend angewendet werden können. Alle in den früher genannten Werken an-gegebenen Rinnen-Conſtructionen aus ſogenannter Dorn'-ſcher Deckmaſſe ſind nicht brauchbar, und da wir die Blech-rinnen zu den Metall-Conſtructionen rechnen, ſo müſſen wir in dieſer Beziehung auf den hierüber handelnden Abſchnitt verweiſen [*]).

---

[*]) Eine nach obiger Vorſchrift von mir möglichſt ſorgfältig, aber aus Pappen, wie ſie hier im Handel zu haben waren, gefertigtes Ver-ſuchsdach über einem größeren Schuppen, wurde 6 Jahre lang ohne alle Reparatur ſich ſelbſt überlaſſen. Nach dieſer Zeit lief das Regen-waſſer wie durch ein Sieb durch das Dach, und nicht nur die Pappen zeigten ſich ganz aufgelöst, ſo daß ſie unter den Fingern wie Zun-

Die Eindeckung der Dächer mit den beſchriebenen Theerpappen hat ſich in neuerer Zeit ſo ausgebreitet, daß beſondere Fabriken zu Erzeugung des Materials entſtanden ſind, welche auch zugleich die Eindeckung ſelbſt, durch be-ſonders darauf eingeübte Leute, beſorgen laſſen. So die Firma Stalling und Ziem, Dachpappen-Fabrikanten in Barge bei Sagan in Schleſien und Breslau. Dieſelbe hat eine kleine Broſchüre über das Verfahren bei Ein-deckung der fraglichen Dächer (und natürlich auch über die großen Vortheile derſelben) durch den Druck bekannt ge-macht, in welcher alle verſchiedenen Arbeiten ſehr deutlich beſchrieben und durch Abbildungen anſchaulich gemacht ſind. Zugleich iſt ein amtliches Protocoll über die, von einer Preuß. Regierungs-Commiſſion in Rückſicht auf die Feuer-ſicherheit dieſer Dächer angeſtellten Verſuche mit abgedruckt, nach welchen dieſelben in der angegebenen Beziehung den mit Ziegeln eingedeckten Dächern gleich zu ſetzen ſind. Da dieſe Brochüre nicht nur durch den Buchhandel (A. W. Schade, Berlin 1857) leicht zu bekommen ſein wird, ſondern von den Agenten der Fabrik ſogar gratis vertheilt zu werden pflegt, ſo unterlaſſen wir den Abdruck derſel-ben hier füglich.

Siebentes Kapitel.

Conſtruction der Fußböden.

§. 1.

Die Fußböden, ſo weit wir ſie hier zu betrachten haben, ſind ſolche aus Steinen oder einem ſteinartigen Material. Die erſteren ſind die ſogenannten Pflaſterun-gen, die aus natürlichen, mehr oder weniger regelmäßig bearbeiteten Steinen, oder aus künſtlich gefertigten, aus Backſteinen (Ziegeln), Flieſen ꝛc. beſtehen. Unter den letz-teren verſtehen wir die ſogenannten Eſtriche.

Im Allgemeinen ſollen die Fußböden wagerechte oder nach beſtimmten Geſetzen geneigte Flächen bilden und ver-langen daher feſte, nicht nachgebende Unterlagen. Die An-ſprüche an Feſtigkeit, die man an dieſelben macht, ſind verſchieden, eben ſo die in Bezug auf Eleganz oder gutes Ausſehen. Dazu kommt dann oft noch ein größerer oder geringerer Grad von Waſſerdichtigkeit, während Feuerſicher-heit bei allen hier zu beſprechenden Fußböden in ziemlich hohem Grade vorausgeſetzt werden darf.

---

der zerfielen, ſondern es waren auch zum großen Theil die Scha-lung und mehrere Sparren ſo weit verfault, daß ſie erneuert werden mußten; ein Beweis, daß ſolche Dächer einer ſehr ſorgfältigen Unter-haltung bedürfen.

Bei Beschreibung der Construction der Fußböden aus den verschiedenen Materialien wird theils die erstere, theils werden die letzteren einen Maaßstab an die Hand geben, nach welchem sich die verschiedenen Eigenschaften der Fußböden beurtheilen lassen, so daß, wenn gewisse solche Eigenschaften durch andere Umstände gegeben sind, sich eine Wahl der anzuwendenden Construction oder des Materials treffen läßt.

A. Steinfußböden.

§. 2.

Ob die Steine, aus denen die Fußböden dargestellt werden, natürliche oder künstliche sind, macht, wenn wir das eigentliche Straßenpflaster ausnehmen, keinen großen Unterschied in der Behandlung, weshalb wir auch keine Trennung nach diesen Materialien vorzunehmen haben. Das sogenannte Straßenpflaster können wir nur in so fern zu den Fußböden zählen, als es zur Darstellung solcher in Viehställen rc. zuweilen angewendet wird. Deshalb können wir darüber auch nur Weniges, nur die Hauptgrundsätze anführen, weil eine umfassende Abhandlung dieses Gegenstandes in den Straßenbau gehört und unserem nächsten Zwecke zu fern liegt.

Die Güte und Dauerhaftigkeit des Pflasters hängt von der Beschaffenheit des Materials und einer richtigen Behandlung ab; wobei oft ersteres den Sündenbock für letztere abgeben muß. Was das Material anbetrifft, so sind Härte ohne zu große Sprödigkeit, und leichte Bearbeitung zu regelmäßigen Körpern Haupterfordernisse. Außer Basalt, vielleicht dem besten aller Pflastersteine, dem Granit und einigen dahin gehörigen Steinarten, sind es hauptsächlich Kalksteine, die als Pflastersteine verarbeitet werden, und die blaugefärbten härteren Sorten geben auch ein recht brauchbares Material — bei richtiger Behandlung. Bei dieser hat man vor Allem den Grundsatz anzuerkennen, daß ein Pflasterstein einen von oben empfange=nen Druck auf keine größere Fläche des Grun=des vertheilen kann, als seine eigene Grund=fläche enthält. Hieraus folgt, daß für große Lasten die Steine möglichst groß, bei ein= und demselben Grunde aber auch alle gleich groß sein, und daß sie Parallel=epipeda bilden müssen und keine abgestumpften Pyramiden sein dürfen, wie es so häufig der Fall ist. Das Unstatt=hafte dieser Form läßt sich leicht durch Zahlen darstellen. Gesetzt, auf einen würfelförmigen Stein von 8 Zoll Seite träfe das Rad eines mit 200 Ctr. oder 20000 Pfd. bela=denen 4räderigen Wagens, so würde der Druck auf den Quadratzoll der Grundfläche $\frac{5000}{64}$ = 78 Pfd. circa be=tragen; nehmen wir aber an, der Stein sei von jeder Seite

um 1 Zoll verjüngt, so daß seine Grundfläche nur noch 36 Quadratzoll enthielte, so wäre der Druck auf die Un=terlage $\frac{5000}{36}$ = 140 Pfd., also beinahe doppelt so groß. Aus eben diesen Zahlen läßt sich auch die Nothwendigkeit der gleichen Größe der Steine nachweisen; denn nehmen wir an, der Untergrund sei von der Art, daß er einem Drucke von 78 Pfd. per Quadratzoll noch eben wider=stände, so wird er bei der angenommenen Last, und einer Größe der Steine von 64 Quadratzoll Grundfläche, nicht nachgeben. Rollt nun aber das mit 5000 Pfd. drückende Rad von einem 64 Quadratzoll großen Steine auf einen benachbarten, dessen Grundfläche nur 36 Quadratzoll groß ist, so wird unter unseren Voraussetzungen der Grund nachgeben, und der kleinere Stein niedergedrückt werden; anfänglich vielleicht nur um ein wenig, aber bei dem näch=sten Male fällt das Rad von dem größeren Steine auf den kleineren, und aus dem Drucke von 5000 Pfd. wird nun ein Stoß, dessen Geschwindigkeit mit jedem Male des Eintretens größer wird, so daß ein solches Pflaster noth=wendig uneben werden muß.

Nächst der gleichen Größe der Pflastersteine ist die Befestigung des Grundes eine Hauptsache, und in die=ser Beziehung wird noch öfter gefehlt als in der Bearbei=tung der Steine. Wo man reinen, scharfen und grobkör=nigen Sand haben kann und der Grund nicht etwa moorig ist oder aus Schlamm besteht, wird eine gehörig kompri=mirte Sandschüttung von 9 bis 12 Zoll Stärke schon sehr großen Lasten widerstehen; wo man aber dieses Material nicht in gehöriger Güte oder Menge hat, muß man eine andere Art der Befestigung anwenden. Das gewöhnlichste ist eine sogenannte Steinbahn, wie sie bei den Chausseen üblich ist; nur braucht sie nicht so stark, und nicht von so wetterbeständigen Materialien, hergestellt zu werden, weil sie ja in dem Pflaster eine Decke bekommt, die in dieser Beziehung Schutz gewährt. Diese Steinbahn muß voll=ständig komprimirt werden, entweder durch die Anwendung von Walzen, oder dadurch, daß man das Fuhrwerk so lange darüber hingehen läßt, bis die gewünschte Consoli=dirung geschehen ist. So umständlich dies Verfahren er=scheint, so ist doch in vielen Fällen die Gelegenheit dazu gegeben; nur wird sie leider nicht immer benützt. Hier in Stuttgart z. B. werden neu angelegte Straßen gewöhnlich erst chaussirt und dann nach und nach, wie es die Geld=mittel der Stadt erlauben, gepflastert. Statt dieses an sich gewiß zweckmäßige Verfahren nun aber zur Gewinnung eines festen Untergrundes für das künftige Pflaster zu be=nützen, scheint man hieran gar nicht zu denken. Anstatt nämlich die Oberfläche der provisorischen Chaussee um so viel tiefer zu legen als die Stärke des künftigen Pflasters beträgt, so daß bei Ausführung des letzteren nur ein Fort=

schaffen der kleinen Unebenheiten der ersteren, und das Auf=
bringen einer 2 bis 3 Zoll starken Sandunterlage, in
welche das Pflaster gesetzt würde, nöthig wäre, wird die
mit vieler Mühe festgefahrene Chaussee mit großer Anstren=
gung aufgebrochen und das neue Pflaster in den aufge=
wühlten weichen Grund gesetzt, durch welches Verfahren
denn auch alle übeln Folgen, die es herbeiführen muß,
wirklich herbeigeführt werden.

Hat man Steinplatten wohlfeil zur Hand, die weder
von besonderer Härte noch von regelmäßiger Gestalt zu sein
brauchen, so kann man mit diesen ebenfalls einen vortreff=
lichen Grund für das Pflaster herstellen. Diese Platten,
die einer Stärke von 3 bis 4 Zoll etwa bedürfen, werden
möglichst dicht an einander in eine dünne Sandschicht ge=
legt, die wegen der unregelmäßigen Begrenzung derselben
entstandenen Fugen und leeren Räume durch passende Stein=
splitter ꝛc. ausgezwickt, dann eine Schicht Sand von 3 bis
4 Zoll aufgebracht und hierauf das Pflaster gesetzt. Die
Sandschicht ist nothwendig, weil, wenn die die Pflaster=
steine treffenden Stöße von diesen unmittelbar auf die
Plattenunterlage übertragen würden, ein Zertrümmern der
letzteren die Folge sein könnte.

Daß das hier beschriebene Verfahren der Zubereitung
des Untergrundes und der Bearbeitung der Steine zu Pa=
rallelepipeden umständlicher und in der ersten Anlage theu=
rer ist, als das gewöhnliche, an vielen Orten übliche, liegt
am Tage. Wenn man aber ein haltbares Pflaster haben
will, ist es unerläßlich; und durch die längere Dauer wer=
den an Reparaturkosten die Zinsen des anfänglich größeren
Anlagekapitals vollständig erspart, besonders wenn man
bedenkt, daß man ein Pflaster nicht anders repariren kann,
als daß man es aufbricht und neu macht *).

Weiter auf diesen Gegenstand einzugehen, verbietet
uns der Raum, da das im eigentlichen Hochbauwesen vor=
kommende Pflaster, welches als Fußböden von Ställen,
Durchfahrten ꝛc. dient, nicht solchen Belastungen ausgesetzt
wird, und daher auch nicht einer so sorgfältigen Construc=
tion bedarf, obgleich dieselben Grundsätze auf dasselbe An=
wendung finden. Gewöhnlich wird eine Sandunterlage
von 3 bis 5 Zoll Stärke ausreichen, und eine Höhe der
Pflastersteine von 4 bis 5 Zoll. Es kommt vielmehr auf
eine glatte, ebene Beschaffenheit der Köpfe der Steine an,
um den Fußboden selbst möglichst eben zu bekommen, um
den Wasserabfluß und überhaupt die Reinigung leicht be=
wirken zu können. Obwohl gleichgroße Steine auch hier

sehr erwünscht sind, so ist es doch hauptsächlich eine
gleiche Höhe, worauf man zu sehen hat. Sind die
Steine bearbeitete Parallelepipeden oder haben sie wenig=
stens 2 parallele und ebene Seiten, so kann man soge=
nanntes Reihenpflaster darstellen, wobei die Steine,
nach ihrer Breite sortirt, in Reihen, entweder parallel zu
den Seiten des zu pflasternden Raumes, oder unter einem
Winkel gegen dieselben, gesetzt werden; wobei dann die
Stoßfugen in den Reihen Verband halten müssen, wie
Fig. 1 und Fig. 2 Taf. 81 dies zeigen. Hat man indes=
sen ganz rohe, unbearbeitete Steine, sogenannte Wacken,
so thut man am Besten, von allem regelmäßigen Verbande
ganz zu abstrahiren, und die Steine nach ihrer Form mög=
lichst dicht an einander zu setzen. Man nennt ein solches
Pflaster, wie es in Fig. 3 Taf. 81 dargestellt wurde, wohl
ein Mosaikpflaster. Hat man verschieden gefärbte
Steine, so läßt sich durch eine geschickte Vertheilung der=
selben das Pflaster in musivischen Mustern ausführen, was
für Höfe ꝛc. von angenehmer Wirkung ist. Auf das ge=
ebnete Sandbett werden die Steine mit möglichst engen
Fugen gesetzt und auf eine Füllung der Fugen mit Sand
gehalten.

Obgleich hierbei jeder einzelne Stein schon mit dem
Hammer eingetrieben wird, so erhält ein Pflaster doch sei=
nen festen Schluß und die richtige Gestalt in der Ober=
fläche erst durch das Abrammen. Das Rammen ist
eine der wichtigsten Arbeiten bei der Herstellung eines
Pflasters; es vertritt das Bügeleisen des Schneiders und
darf daher nur gewandten Arbeitern anvertraut werden,
denn ein ungeschicktes Rammen kann das bestgesetzte Pfla=
ster total ruiniren. Des Rammens wegen dürfen die
Steine nicht gleich beim Setzen mit ihrem Kopfe in die
Ebene gebracht werden, in welcher das fertige Pflaster lie=
gen soll, sondern sie müssen 1 bis 1½ Zoll höher gesetzt,
und diese höhere Lage muß durch das Rammen bis in die
richtige gebracht werden; aber nicht auf einmal, sondern
durch ein 2= bis 3maliges Rammen. Hierbei muß jeder
einzelne Stein gerammt werden, und die Rammen müs=
sen daher eine solche Gestalt haben, daß man mit densel=
ben jeden einzelnen Stein treffen kann. Ein Gewicht von
25 Pfund scheint das angemessenste zu sein. Das Ram=
men darf nur geschehen, wenn das Pflaster feucht ist, ent=
weder durch einen Regen oder durch künstliche Bewässe=
rung, ebenso muß das erste Abrammen geschehen, bevor
irgend ein anderes Material, Sand oder Kies, aufgebracht
wird, damit die Steine recht nahe an einander schließen.
Erst bei dem zweiten und dritten Rammen bringt man
Kies, am besten künstlichen, d. h. gesiebte Steinsplitter,
auf das Pflaster, und nach der gänzlichen Beendigung des
Rammens wird eine Lage scharfen reinen Sandes, oder
feinen Kieses, aufgebracht, der anfänglich nicht durch das

---

*) In vielen Städten sieht man dies auch ein, und scheut sich
nicht, bedeutend mehr für die Quadratruthe guten Pflasters zu be=
zahlen; so stellt man z. B. in Mannheim jetzt ein Straßenpflaster
her, welches 33 fl. 20 kr. per Quadratruthe kostet, während man
bisher nur 6 fl. per Quadratruthe auszugeben gewohnt war.

22*

Abkehren mit Besen entfernt werden darf, damit er sich durch den Gebrauch des Pflasters in die Fugen setzt und diese füllt.

Wird auf dem Pflaster Wasser oder dergleichen verschüttet, und soll demselben ein Abfluß verschafft werden, so muß dasselbe mit einem Gefälle versehen werden, dessen Größe sich nach der größeren oder geringeren Rauhigkeit der Oberfläche des Pflasters richtet. Im Allgemeinen dürfte ein Gefälle von ¼ % hinreichen. In der Regel sind zur Abführung des Wassers nach einem geeigneten Punkte Rinnen (Kandel) nöthig, und wenn diese nicht aus besondern Hausteinen gefertigt werden sollen, so müssen sie ebenfalls gepflastert werden. Gewöhnlich geschieht dies nach einer runden oder eckigen Form, wie **Fig. 4** oder **5 Taf. 81**; aber es ist weit besser, das Profil aus zwei sich schneidenden Kreisbögen nach **Fig. 6** zu bilden, weil in einem solchen Profile das Wasser bezüglich immer am höchsten steht und daher am schnellsten abfließt. Die Größe des Querschnitts richtet sich nach der Menge des aufzunehmenden Wassers, und kann daher im Allgemeinen nicht angegeben werden. Das Gefälle kann im Minimum ¼ % betragen, wenn die Steine glatte Köpfe haben.

§. 3.

Weit öfter als ein Pflaster aus natürlichen Steinen kommt im Hochbauwesen ein solches aus Backsteinen (Ziegeln) zur Anwendung, und man ist dabei verschiedenen Constructionsweisen gefolgt. Entweder behandelt man die Backsteine ganz so wie eben bei den natürlichen Steinen beschrieben (natürlich mit Ausnahme des Rammens), d. h. setzt sie auf und in eine geebnete Sandschicht, und nennt einen solchen Fußboden ein in Sand gesetztes Backsteinpflaster, oder man verfährt zwar ebenso, läßt aber die Fugen offen und gießt dieselben mit einem dünnflüssigen Mörtel aus, und dann erhält der Fußboden den Namen einer Pflasterung mit ausgegossenen Fugen. Das letzte Verfahren sichert die Fugen einigermaßen gegen das Eindringen von Feuchtigkeit. Will man indessen dieses ganz verhüten, so mauert man die Steine förmlich aneinander, indem man nicht nur beim Legen der Steine alle Fugen sorgfältig mit Mörtel füllt, sondern die Steine auch auf ein Mörtelbette legt. Eine solche Pflasterung heißt dann ganz in Mörtel gelegt. Hat man Backsteine gewöhnlicher Form, so läßt jede der drei verschiedenen Methoden noch zwei Unterabtheilungen zu, je nachdem nämlich die Steine flach gelegt werden, d. h. so, daß ihr Kopf durch Länge und Breite, oder hochkantig, daß der Kopf durch Länge und Dicke gebildet wird, und man unterscheidet darnach Backsteinpflaster auf der flachen Seite und hochkantiges Pflaster.

Bei der Darstellung dieser Pflasterungen kommt es darauf an, den einzelnen Steinen ein sicheres Lager zu geben, so daß sie mit ihrer ganzen Fläche aufliegen und daß die Stoßfugen Verband halten. Letzteres ist bei der regelmäßigen Gestalt sehr leicht zu erreichen, und die verschiedenen sich ergebenden Muster hat man durch besondere Namen bezeichnet. So stellt **Fig. 7 Taf. 81** den gewöhnlichen Läuferverband, **Fig. 8** den Blockverband und **Fig. 9** den Schlangenverband dar.

Ein ganz in Mörtel gelegtes Pflaster ist unstreitig das dauerhafteste; jedoch wird die Reparatur eines solchen, besonders wenn es hochkantig ist, mühsam, weil ein einzelner Stein nicht wohl auszuheben ist, ohne mehrere seiner Nachbarn gleichfalls zu bewegen, wobei sie dann gern zerbrechen.

Man legt die Steine dort hochkantig, wo man befürchtet, daß die auf das Pflaster wirkenden Lasten die flach gelegten Steine zerdrücken würden, namentlich in Viehställen, Brau- und Brennereien. Ein solches Pflaster wird aber bei der nicht zu vermeidenden Ungleichheit in der Härte der Steine sehr bald uneben und holperig, und muß dann erneuert werden. Legt man aber ein doppeltes flaches Pflaster, so kostet dieses nicht mehr Material als ein hochkantiges (wenn wir die Dicke der Steine gleich der halben Breite annehmen), und wird, fest gebrannte Steine vorausgesetzt, einem Drucke eben so gut widerstehen als ein hochkantiges, ja noch besser, weil der den einzelnen Stein treffende Druck auf eine größere Fläche vertheilt wird. Außerdem hat ein solches Pflaster wegen der verringerten Fugenanzahl eine ebenere Oberfläche, und ist in seiner Reparatur und Unterhaltung wohlfeiler als ein hochkantiges. Letzteres wird nämlich wegen der entstehenden Unebenheiten auch nicht weiter abgenützt werden können als ein flaches Pflaster, und dann muß das hochkantige Pflaster ganz erneuert werden, während bei einem doppelt liegenden flachen Pflaster nur die obere Schicht, also die Hälfte des Materials, einer Erneuerung bedarf, weil die untere Schicht unbeschädigt bleibt. Legt man daher die untere Schicht in Sand und bringt auf dieselbe eine dünne Sandlage, damit die zweite Schicht nirgends hohl liegt und sich die Steine nicht unmittelbar berühren, und gießt bei der letzten Schicht die Fugen mit Mörtel aus oder legt sie, wenn möglichste Wasserdichtigkeit verlangt wird, ganz in Mörtel, so dürfte das dauerhafteste und am billigsten zu unterhaltende Backsteinpflaster auf diese Weise construirt sein. Ein solches doppeltes Pflaster mit verwechselten Fugen ist auch zur Bildung eines feuersicheren Bodens über einer Holzunterlage (Gebälk) einem hochkantigen Pflaster weit vorzuziehen. Daß man zu dergleichen Pflasterungen nur gute, besonders fest gebrannte Steine verwenden darf, wenn man einige Dauer erwarten will, versteht sich von selbst. Die zu Pflasterungen bestimmten, besonders hart gebrannten Steine nennt man auch wohl **Klinker**.

§. 4.

Des besseren Ansehens wegen formt man besondere Thonplatten, **Fliesen** genannt, von quadrater oder einer anderen polygonalen Form, die eine Stärke von 2 bis 3 Zoll bekommen und natürlich immer flach gelegt werden müssen. Bei der Größe dieser Platten, die 50 bis 80 Quadratzoll beträgt, kommt es auf eine feste Lage derselben vorzüglich an, und diese wird leichter erreicht werden, wenn die Platte mit ihren Rändern überall aufliegt, als wenn dies mit der Mitte der Fall ist und an den Rändern Höhlungen bleiben; deshalb thut man wohl, diese Platten auf die Weise auf ein Sandbett zu legen, daß man jede einzelne Platte erst auf dieses Bett so fest andrückt, daß sich der Kontour der Platte zeichnet, dann innerhalb dieses mit der Kelle oder am einfachsten mit der Hand eine Handvoll Sand fortnimmt und nun die Platte wieder an ihren Platz legt und mit dem Hammerstiel gehörig feststößt. Bei diesem Verfahren werden die Platten weit weniger leicht losgetreten; und ein Zerbrechen der Platten, weil sie vielleicht um ein Geringes hohl liegen, darf man nicht fürchten, indem ein solches Fliesenpflaster überhaupt nur da anwendbar ist, wo keine großen Lasten bewegt werden.

Aber auch Platten von natürlichen Steinen, oft in bedeutender Größe, werden zu Fußböden verwendet. Die Bearbeitung der Platten kann mit mehr oder weniger Sorgfalt vorgenommen oder auch ganz unterlassen sein, so daß es zwischen dem eleganten, polirten Marmorboden und dem aus unregelmäßigen, rauhen, mosaikartig zusammengeschobenen Platten construirten sehr viele Zwischenstufen gibt. Immer wird es aber darauf ankommen, den Platten selbst ein sicheres Auflager und ihrer Oberfläche das vorgeschriebene Gefälle zu geben. Man kann nun das Auflager der Platten durch eine einfache Sandschicht, auf welche man dieselben wie die Thonfliesen legt, bilden, oder dieselben auf ein förmlich gemauertes Fundament in Mörtel legen, je nach der Beschaffenheit des Grundes oder der zukünftigen Belastung des Fußbodens. Geschliffene Platten aus kostbarem Material, die in der Regel nur dünn sind, wird man immer auf ein Fundament legen müssen, was in vielen Fällen vortheilhaft durch ein Backsteinpflaster gebildet werden kann. Kommen Steinplatten auf eine Holzunterlage zu liegen, wie oft bei Zwischendecken von Gebäuden, so ist eine Unterlage von Sand oder Lehm das Beste; denn ein Mörtelbett verbindet sich nicht mit dem Holze und der Kalk befördert dessen Zerstörung, während der Lehm den beabsichtigten Zweck, den Platten ein sicheres (sattes) Auflager zu gewähren, vollkommen erfüllt und dem Holze

nicht schädlich wird. Die Stoßfugen der Platten mag man dann immer mit Mörtel ausgießen. Um die Stoßfugen möglichst undurchdringlich, sowohl gegen Feuchtigkeit als auch gegen Feuer, zu machen, pflegt man die Platten halb zu spunden oder zu falzen, d. h. die Platten auf ihre halbe Stärke etwa ½ bis ¾ Zoll in einander greifen zu lassen, wie solches Fig. 10 Taf. 81 im Durchschnitt zeigt. Ohne besondere Veranlassung sollte man aber eine solche Construction nicht wählen, da sie nicht nur theurer, sondern auch schwieriger zu repariren wird, weil es schwer ist, aus einem solchen Fußboden eine einzelne Platte Behufs der Erneuerung herauszunehmen.

B. Estrich-Fußböden

§. 5.

Unter einem Estrich im Allgemeinen verstehen wir eine aus einer anfänglich weichen, mörtelartigen Masse gebildete Fläche, die nach dem Erhärten eine fest zusammenhängende, von keiner Fuge unterbrochene Fläche darstellt. Je nach der Verschiedenheit des Materials haben die Estriche verschiedene Namen bekommen, von denen wir die gewöhnlich vorkommenden näher beschreiben wollen.

§. 6.

Der **Lehmestrich** besteht aus festgeschlagenem Lehm, dem noch einige andere Materialien, als Theergalle, Ochsenblut, Hammerschlag ꝛc. zugesetzt werden, um die Oberfläche ebener und fester zu machen, und dessen Stärke sich nach dem Gebrauche richtet, den man von dem daraus gebildeten Fußboden macht. In Dreschtennen, wo diese Art Fußböden fast ausschließlich zur Anwendung kommen, beträgt die Stärke 10 bis 12 Zoll, in Zimmern zu ebener Erde 5 bis 6 Zoll, und als Fußboden der Dachbalkenlage eines Gebäudes, wo er zuweilen der Feuersicherheit wegen angebracht wird, bekommt er nur eine Stärke von 2½ bis 3 Zoll. Die Anfertigung besteht darin, daß man den gegrabenen, fetten Lehm mit der natürlichen Erdfeuchtigkeit in dünnen Lagen von 2½ bis 3 Zoll aufschüttet, anfänglich wohl durch Treten mit den Füßen, dann aber und hauptsächlich mit Schlägeln, die wie ein halber Cylinder gestaltet und mit einer Handhabe versehen sind, so lange schlägt, bis die Oberfläche gar keine Eindrücke von den Schlägeln mehr annimmt. Hierbei bestreicht man, wenn der Lehm zu mager ist, denselben mit Theergalle oder Rindsblut, und setzt das Schlagen in Zwischenräumen von 24 Stunden, in welchen man den Lehm trocknen läßt, und nach welcher Zeit, bevor er ganz fest geschlagen ist, sich Risse zeigen, fort, bis sich gar keine Risse mehr zeigen. In Schweden soll man den Lehmestrichen dadurch eine besondere Festigkeit geben, daß man auf jede Schicht Lehm, vor dem Schlagen derselben, frisch gebrannten Gips aufsiebt und diesen mit einschlägt.

Eine andere Art der Anfertigung, welche man im Gegensatz zu der eben beschriebenen, der trockenen, die nasse nennt, besteht in Folgendem: Auf den geebneten Boden bringt man eine Lage kleiner Kiesel oder Flußgeschiebe, und ebnet dieselbe mit einem Rechen, wobei sie zugleich möglichst fest zusammengestoßen werden muß. Auf die Kiesellage bringt man 4 Zoll hoch trockenen, fetten und klein geschlagenen Thon und stampft auch diesen fest. Auf diese Unterlage bringt man nun nach und nach im Wasser aufgeweichten Thon, dessen Wasser sich in den untern trockenen Thon ziehen und den oberen leicht erhärten lassen wird. Die hier entstehenden Risse und Sprünge müssen nun mit den beschriebenen Schlägeln, auch Pritschbläuel genannt, fest und zugeschlagen werden; welche Arbeit überhaupt immer die Hauptsache bleibt. Ist auf diese Weise der Estrich mit möglichster Sorgfalt bearbeitet, so daß sich keine Risse mehr zeigen und derselbe ziemlich trocken ist, so wird seine Oberfläche mit Rindsblut, welches mit noch einmal so viel Wasser und mit dem feinsten Thone vermischt worden, oder nach einer anderen Vorschrift, mit Rindsblut, Hammerschlag und Pferdeurin, oder mit Zuckerwasser und Syrup, vermittelst eines Mauerpinsels angefeuchtet; und wenn dieser Ueberzug trocken geworden ist, wiederholt man ein solches Ueberstreichen noch mehrere Male, bis sich gar keine Risse weiter zeigen.

Diese Art der Anfertigung bezieht sich namentlich auf die Dreschtennen, und erleidet in anderen Lokalitäten in so fern einige Abänderung, als die Stärke abnimmt und kein so großes Gewicht auf die große Festigkeit des Estrichs gelegt wird; wodurch denn wieder ein vermindertes Schlagen desselben eintritt, was namentlich da, wo der Estrich auf einem Gebälk angebracht werden soll, nicht in der angegebenen Ausdehnung stattfinden darf. Man muß hier mehr durch einen richtigen Feuchtigkeitsgrad des Lehms, und dadurch, daß man ihn nicht zu fett verwendet, vielleicht auch noch durch Walzen die Befestigung desselben zu erlangen suchen.

Diese Art Fußböden können, wie leicht einzusehen, der Nässe nicht widerstehen, und führen außerdem den Nachtheil mit sich, daß sie nicht ausgebessert werden können, namentlich die Dreschtennen nicht, sondern wenn Löcher und Vertiefungen entstehen, so muß der alte Estrich ausgebrochen und ein neuer angefertigt werden. Die Landleute verrichten diese Arbeit in der Regel selbst.

§. 7.

Der Gipsestrich. Der hierzu zu benutzende Gips wird stärker gebrannt als der Stuckgips, um nicht so schnell zu binden, und auch nur grob gemahlen; er heißt dann Bodengips*). Die Stärke des Estrichs beträgt ¾ bis 2 Zoll, gewöhnlich etwa 1,3 Zoll. Bedingung der Haltbarkeit ist Abwesenheit von Feuchtigkeit; an feuchten Orten ist er daher nicht anwendbar. Die unmittelbare Unterlage des Estrichs bildet immer eine ½ bis 1 Zoll starke Schicht trockenen Sandes, mag der Estrich auf einer Balkenlage, über Gewölben oder sonst wo angeordnet werden. Die Anfertigung besteht in Folgendem.

Soll ein Raum mit einem Gipsestrich versehen werden, so streckt man auf der geebneten Sandunterlage in einer solchen Entfernung von einer der Wände, daß man noch bequem mit dem Streichholze darüber reichen kann (3 bis 4 Fuß), eine Lehrlatte, deren Dicke mit der des Estrichs übereinstimmt, und die wo möglich die ganze Länge zwischen den begrenzenden Wänden einnimmt. In den Raum zwischen der Latte und den Wänden wird der mit Wasser zu einem dünnen Brei angerührte Gips mittelst Handeimern und mit einem gewissen Kunstgriffe so gegossen, daß er überall gleich dick liegt und sich nicht mit der Sandunterlage vermengt. Sodann gleicht man mit einem Richtscheit, welches man über die Lehrlatten führt, die Masse ab, und ordnet nach etwa einer Viertelstunde, wo man die Lehrlatten fortnehmen kann, ein zweites Feld an, welches auf dieselbe Art behandelt wird; und fährt mit dieser Operation fort, bis der ganze Raum übergossen ist. Nach 24 Stunden hat der Estrich schon so viel Festigkeit erhalten, daß man Bretter darüber legen und auf diesen stehen kann, und es zeigen sich keine Sprünge und Risse. Jetzt wird der Gipsguß mit hölzernen Schlägeln, gewöhnlich 12 Zoll lang, 7 bis 8 Zoll breit und 3 bis 4 Zoll stark, von Buchenholz, die mit einem Handgriff versehen und etwa nach Fig. 11 Taf. 81 gestaltet sind, tüchtig geschlagen, und zwar so lange, bis die Risse verschwinden und die Oberfläche feucht wird, oder bis — wie die Arbeiter sagen — der Gips schwitzt. Dies Verfahren wird nach 5 bis 6 Stunden wiederholt und endlich der Estrich mit stählernen Mauerkellen völlig geebnet.

Da bekanntlich der Gips beim Erhärten sein Volumen vergrößert, so muß hierauf Rücksicht genommen und ein angemessener Raum rings an den Wänden frei gelassen werden. Wie groß dieser sein muß, läßt sich nicht wohl allgemein angeben, und muß, wo keine Erfahrungen vorliegen, durch Versuche ermittelt werden. Jedenfalls ist es besser, den Spielraum etwas zu groß anzunehmen als zu klein, weil man den nach erfolgter Erhärtung etwa noch bleibenden Raum leicht nachträglich mit Gips ausgießen kann. Ist der Raum aber zu klein und fest begrenzt, so

---

*) Siehe hierüber „Notizblatt des Architekten-Vereins zu Berlin" Jahrgang 1841 Seite 18.

bekommt der Estrich wellenförmige Erhebungen, welche Veranlassung zu Brüchen geben.

Ein solcher Estrich hat gewöhnlich eine schmutzig weißröthliche Färbung, die man jedoch durch eine dem Gips beim Anrühren zugesetzte Farbe beliebig abändern kann, nur muß die Farbe eine Erd= und keine Saftfarbe sein, weil letztere von dem Gips aufgezehrt werden würde. Man kann auch dem Fußboden ein beliebiges Muster geben, indem man die Stellen, welche anders gefärbt werden sollen, beim Gießen der Grundfarbe mit Holzstücken belegt (deren Seitenkanten aber mit Seifenwasser benetzt und etwas verjüngt gehobelt werden müssen, um leichter herausgenommen werden zu können), hiernach diese entfernt und die nun leeren Stellen auf dieselbe Weise mit anders gefärbtem Gips ausgießt. Ist Alles trocken, so hobelt man den Boden mit einem gewöhnlichen Hobel eben und kann ihn nun dadurch schöner und dauerhafter herstellen, daß man ihn zwei= bis dreimal mit Leinöl tränkt, dessen tieferes Eindringen man dadurch befördert, daß man Kohlenpfannen von Eisenblech in einer Entfernung von beiläufig 1 Zoll über den Boden hinführt, dann denselben mit einem Sandsteine und Wasser abschleift, mit Wachs überzieht und wie einen Parquetboden bohnt.

Auf das Färben des Gipses und die Anfertigung der Fußböden aus sogenanntem Gipsmarmor kommen wir im nächsten Kapitel, wo von der Anfertigung des künstlichen Marmors ꝛc. die Rede ist, nochmals zurück.

§. 8.

Kalkmörteleſtriche. Es existiren vielerlei Rezepte zur Bereitung solcher Estriche, und in verschiedenen Ländern kommen verschiedene Bereitungsarten zur Anwendung. Schon Vitruv beschreibt B. VII. Kap. 4 den Estrich der Griechen in ihren Winterzimmern und Speisesälen, und Rondelet gibt in seinem bekannten Werke eine vollständige Uebersetzung des Vitruv'schen Textes. Wir können diese verschiedenen Estriche hier nicht alle anführen, und beschränken uns auf die Angabe von einigen, die vielleicht in Deutschland am leichtesten zur Anwendung kommen können. Im Allgemeinen besteht das Verfahren in der Bereitung einer Art Bétonmasse, gewöhnlich in mehreren Schichten, die durch Schlagen verdichtet und geebnet, dann oft noch geschliffen, polirt oder mit einem Anstrich versehen werden. Menzel gibt in seinem Werke „der praktische Maurer" S. 290 folgende Bereitungsarten an.

a) „Auf den geebneten Grund werden Steine ge„schüttet und vollkommen festgestampft. Dann läßt man „Kalk gleich nach dem Brennen durch ein feines Sieb „laufen, mischt 2 Theile Kies mit 1 Theil Kalkpulver, „und befeuchtet das Ganze mit so viel Rindsblut, als „zum Festhalten des feinen Pulvers nöthig ist; je weniger „desto besser. Diese Mischung wird auf dem Boden aus„gebreitet und sogleich festgestampft, wobei sie immer an„gefeuchtet wird. Während dessen wird vom trockenen Pul„ver (Sand und Kalk) zugestreut und so lange mit dem „Stampfen fortgefahren, bis der Estrich steinhart ist.

„Soll die Fläche sehr fein werden, so nimmt man „zur nächsten Lage feingesiebten Kalk, ¹⁄₁₀ Roggenmehl „und etwas Rindsblut, stampft dies zum zähen Mörtel, „ebnet mit der Kelle, wiederholt dies den folgenden Tag „und so öfters, bis alles ganz trocken ist. Endlich kommt „darauf noch ein Anstrich von Rindsblut. Auch kann man „noch einen Oelanstrich darauf bringen." Nach der Angabe des genannten Autors soll dieser Estrich in der Wolfram'schen „Bau=, Form= und Verbindungslehre" S. 439 angeführt und im südlichen Rußland üblich sein.

b) Aus der Wiener Bauzeitung, Jahrgang 1836, Nr. 8, 9 und 25, theilt Menzel noch die Anfertigung des venetianischen oder italienischen Estrichs (Terazzo) in Folgendem mit. „Die Venetianer nennen Te„razzo jenen Estrich, welcher bei ihnen zur Bedeckung der „Hausflure, Fußböden, Altane ꝛc. angewendet wird (er „ist noch eine altrömische Erfindung). Material und Ar„beit bleiben in allen Fällen gleich; nur muß vor Ter„rassirung ebenerdiger Böden (in Venedig) das alte mit „Salz geschwängerte Erdreich weggeschafft, und eine Schicht „von einem für die Aufnahme des Salzes weniger empfäng„lichen Material gelegt werden, weshalb man gewöhnlich „eine Lage von Kohlen gibt. Bei der Terrassirung der „Gewölbe hat man jedoch zuerst eine Ebene von Mauer„werk, und nicht aus Mauerschutt oder Urbau herzustel„len, weil letzterer sich mit der Zeit setzt und dadurch der „Estrich zerreißt.

„Vor Allem muß bei Terrassirung der Fußböden be„rücksichtigt werden, daß die Unterlagsbalken von hinläng„licher Stärke sind und nur so weit aus einander liegen, als „ihre Breite beträgt. Darauf werden dann Bretter ge„nagelt; und will man noch größere Festigkeit erzielen, so „gibt man eine zweite Bretterlage über die Quere. Die „erste Schicht, welche man den Grund (fondo) nennt, be„steht entweder aus Stücken alten Estrichs (die jedoch die „Größe einer Wallnuß nicht überschreiten sollen), oder aus „Stücken von Dach= und Mauerziegeln, oder auch aus „gut gebrannten Kreidestücken, welche dann mit Kalk so „versetzt werden, daß man auf zwei Theile solcher Bruch„stücke einen Theil Kalk nimmt. Die erste Lage, welche „nicht dünner als 3 Zoll sein darf, wird mit einem eiser„nen Rechen, dessen Zähne unter sich ¾ Zoll entfernt „stehen, gleichförmig ausgebreitet, mit einem hölzernen „Schlägel mehr in sich zusammengedrückt, und dann mit „einem Eisen (in Form einer großen schmalen Kelle) in „beiläufigem Gewicht von 12 Pfund, nach der Länge und

„Breite durch drei oder vier Tage, je nachdem die Jahres-
„zeit ist, so lange geschlagen, bis sich die Dicke der Lage
„um ⅓ vermindert hat. Bevor diese Schicht aber ganz
„trocken wird, gibt man eine zweite von 2 Zoll Dicke,
„welche Decke (coperta) genannt wird, und ebenfalls aus
„den oben erwähnten Bruchstücken besteht, die jedoch kleiner
„und durch ein Sieb von höchstens ¾zölligen Oeffnungen
„gesiebt sein müssen. Diese Brocken werden mit ungelösch-
„tem Kalk, wovon 1 Theil auf 2 Theile Brocken genom-
„men wird, zu einem Mörtel verbunden. Nachdem auch
„diese Schicht mit dem Rechen ausgebreitet ist, läßt man
„sie in guter Jahreszeit 1½, im Winter jedoch 2½ Tage
„ruhen, bis sie trocken wird, schlägt dann zu wiederholten
„Malen mit dem obengenannten Eisen nach der Länge
„und Quere den Boden nach und nach unter sanften
„Schlägen so fest, daß die Fußtritte keine Spur des Ein-
„bringens mehr zurücklassen.

„Hierauf wird eine letzte Schicht von ¼—⅓ Zoll
„gegeben, welche halb aus Marmorstaub, halb aus unge-
„löschtem Kalk besteht. Diese Schicht wird mit einer
„Kelle (welche wie ein Entenschnabel gestaltet ist) aufge-
„tragen, und darauf wird nun die Saat (semina) aus
„kleinen Marmorstücken von verschiedener Größe und Farbe
„gelegt. Man muß indessen die größeren Stücke zuerst,
„dann die mittelgroßen und endlich die kleinen ausstreuen
„und in den Estrich vertiefen, indem man anfänglich den
„hölzernen Schlägel gebraucht, und sie dann mittelst einer
„Walze (welche an einem gabelförmigen Stiele befestigt ist)
„von Marmor oder Eisen vollends in den erwähnten Ce-
„ment eindrückt. Wenn die Saat auf diese Weise befestigt
„ist, so schlägt man sie des Morgens und Abends längere
„Zeit hindurch mit dem zuerst erwähnten kellenförmigen
„Eisen von 9—12 Pfund immer fester, und wenn die
„Masse ganz hart geworden, so schleift man die Fläche mit
„Wasser und einem Schleifsteine von der Form eines
„Klotzes, woran ein Stiel befestigt ist, so lange, bis die
„kleinen Unebenheiten, welche durch das Schlagen mit dem
„erwähnten Eisen entstehen, nicht mehr sichtbar sind; wo-
„mit dann auch die Steinchen zum Vorschein kommen und
„sich ebnen. Nach beiläufig drei Monaten und darüber,
„je nach der Witterung, kann man den Boden färben, in-
„dem man eine beliebige flüssige Farbe mit Kalk oder
„besser weißer Thonerde mengt und mit einem ebenem
„Steine mittelst der Hand aufreibt. Es ist indessen besser,
„dem Terazzo seine natürliche Farbe zu lassen, weil die
„aufgefärbte sich leicht abtritt.

„Ist die ganze Masse gut ausgetrocknet, so gibt man
„die Politur, indem die Fläche zuerst mit feinem Sande
„oder mit einem Steine und dann mit Bimsstein geschlif-
„fen wird. Risse und sonstige Zwischenräume, welche sich
„noch zeigen sollten, werden mit Cement aus weißem Zie-

„gelstaub (Marmorstaub) und Kalk mittelst einer Kelle
„verschmiert, welcher Kitt, wenn er gehörig trocken ist, mit
„einem Schleifstein ebenfalls geebnet werden muß. Nun
„wird der Boden mit einem nassen Lappen abgewaschen,
„und wenn er wieder gehörig trocken ist, mit Leinöl ein-
„gerieben, welch' letzteres Verfahren man jährlich einige
„Mal wiederholen muß, um den Fußboden immer glänzend
„zu erhalten. Es versteht sich von selbst, daß man anstatt
„der unregelmäßigen Saat auch eine Mosaik nach Art der
„Alten geben, oder auch einen Granit imitiren kann, wenn
„die Wahl der Steine darnach getroffen wird.

„Noch muß bemerkt werden, daß es nicht gut ist, den
„Terazzo bei Frostwetter, oder auch bei allzugroßer Hitze
„zu fertigen, weil im ersten Falle, wenn die Masse gefrie-
„ren sollte, nur eine unvollkommene Verbindung stattfinden
„würde, im andern Falle aber das Auftrocknen zu schnell
„vor sich ginge und ein bedeutendes Zerspringen verursa-
„chen könnte. Ein Quadratfuß kostet in Venedig, nach
„preußischem Gelde, mit Material etwa 4½ Silbergroschen,
„das wäre für den württembergischen Quadratfuß etwa
„12½ Kreuzer)."

Aus hydraulischem (schwarzem) Kalk läßt sich, wenn
man ihn mit reingewaschenem Kiese im Verhältniß von
4½ Theil Kies auf 1 Theil Kalk mengt, ein Estrich herstellen, der in Küchen, Kellern, Waschhäusern und Ställen 2c. einen recht dauerhaften Fußboden gibt. Der Kies
muß gröber als Sand, aber doch nicht größer als Erbsen
sein. Auf ein Bett von Mauerwerk oder festgestampften
Steinen wird das angegebene Gemenge aus frisch gelöschtem Kalk und Kies (welches übrigens schnell erhärtet und
daher schnell verarbeitet werden muß) ausgebreitet, nach
24stündiger Ruhe mit glatten Klopfhölzern geschlagen, wobei das Wasser auf die Oberfläche tritt und das Ganze
sich ebnet. Dies Schlagen wird in 24stündigen Zwischenräumen etwa 8 Tage oder so lange fortgesetzt, bis keine
Feuchtigkeit mehr entsteht, wobei mit der zunehmenden Härte
des Estrichs das Schlagen stärker werden muß. Auch
kann man nach dem erstmaligen Schlagen eine dünne Schicht
Ziegelmehl auf den Estrich sieben und beim zweitenmale
mit einschlagen, dies Verfahren auch nochmals wiederholen,
nur darf die Schicht Ziegelmehl nicht zu dick sein und die
letzten Male muß ohne aufgebrachtes Ziegelmehl geschlagen
werden. Anzurathen ist es, bei der Anfertigung des Estrichs
denselben vor der Einwirkung der Sonnenstrahlen zu schützen,
weil die Masse sonst zu schnell erhärtet und leicht bröcklich
und mürbe wird.

§. 9.

Estrich aus Kreye'schem Oelcement (Linke, der
Bau der flachen Dächer S. 134). Kreye'schen Cement
nennt man in Berlin eine von dem Bauinspektor Kreye

dort zuerst angewendete Composition aus Chamottmehl, Bleiglätte und Leinöl, die vielfach zur Abdeckung von Gesimsen, Fenstersohlbänken ꝛc. und zur Bildung von Fußböden benützt wird, und sich sehr bewährt haben soll. Die Masse wird sehr spröde und erfordert daher eine durchaus unbewegliche Unterlage, so daß auf Holz ausgeführt dergleichen Estriche keine Dauer versprechen.

Das Chamottmehl erhält man durch das Zerkleinern von Porzellan- und Steingutscherben, oder aus den Scherben der Porzellan- und Steingutkapseln, die zum Brennen des Porzellans gebraucht werden. Das Zerkleinern ist indessen sehr mühsam und kann im Großen nur durch Poch- oder Walzwerke ausgeführt werden, weshalb es besser ist, bei kleinem Bedarf sich fertiges Chamottmehl zu verschaffen, und nur bei bedeutenden Quantitäten die Bereitung auf der Baustelle selbst vorzunehmen. Auf 1 Centner Chamottmehl werden 9 Pfund gestoßene und gesiebte Bleiglätte hinzugesetzt, und zu 10 Pfund dieses Gemenges 1 Berliner Quart (0,623 würt. Maaß) Leinöl hinzugegossen. Die Bereitung soll am bequemsten in Portionen von 40 Pfund Cement mit 4 Quart Leinöl in Mulden aus Buchenholz geschehen. Das Leinöl muß vorher abgekocht und dann in heißem Zustande, und kräftigem Durcharbeiten mit hölzernen Spateln oder mit der Maurerkelle, hinzugethan werden. Dieses Gemisch fängt beim Abtrocknen des Leinöls gleich an zu erhärten, und kann daher nicht im Vorrath angefertigt, sondern muß rasch verbraucht werden.

Die Anfertigung eines Estrichs aus diesem Material hat viel Aehnlichkeit mit der bei den Asphaltdächern beschriebenen Manipulation, indem die Masse wie dort zwischen gut eingefetteten Lehrlatten mittelst schwerer Richtscheite und buchener Reibebretter geebnet wird; nur ist zu bemerken, daß bei dem Glätten mit dem Reibebrette dies nicht zu lange auf ein und derselben Stelle angewendet werden darf, weil dadurch das Oel stärker heraustritt und sich eine Schleimhaut bildet, welche dem gleichmäßigen Erhärten der Masse sehr hinderlich ist. Hauptbedingung für das Gelingen des Estrichs ist, daß die Unterlage, bestehe sie aus natürlichen oder künstlichen Steinen, vollkommen trocken sei, welcher Umstand die Anwendung des Cements im Freien etwas verkümmert.

Der Estrich ist zum Ueberziehen von Backsteinpflaster in Fluren und Vestibulen, von Treppenstufen aus diesem Material oder auch aus Quadersandstein, um das leichte Austreten derselben zu verhüten, und hierbei immer nur in sehr dünnen Lagen von $\frac{1}{6}$ bis $\frac{3}{8}$ Zoll angewendet worden. Man macht die Lage deshalb so dünn, weil der Cement sehr kostspielig wird, außerdem aber so hart ist, daß seine Abnutzung sehr gering ausfällt; ja an solchen Stellen, die keiner eigentlichen Abnutzung unterworfen sind,

wie Gesimsabdachungen ꝛc., genügt eine Stärke von kaum einer Linie.

Der Cement ist blaßgelb gefärbt, läßt sich aber leicht in jede andere Farbe bringen. Hierzu eignen sich besonders die leicht trocknenden Mineralfarben. Dies Färben der Masse gibt Gelegenheit, gemusterte Fußböden aus diesem Material herzustellen, wobei das Verfahren dem bei der Anfertigung des Gipsestrichs beschriebenen ganz analog ist, nur müssen die Holzleisten ꝛc., die dort mit Seifenwasser angenäßt wurden, hier stark eingefettet werden; und da die Masse für den Hobel zu hart ist, so müssen etwaige Unebenheiten durch einen sogenannten Rutscher aus Granit, mit Wasser und feinem Sande, durch Schleifen fortgebracht werden.

§. 10.

Asphaltestrich. Den Asphalt, sowohl den natürlichen als auch die verschiedenen künstlichen Surrogate desselben, hat man in neuerer Zeit vielfach zur Darstellung von Fußböden, sowohl im Freien zu Trottoirs, als im Innern in Fluren, Küchen, Kellern und Ställen verwendet. In neuester Zeit sind auch durch den hiesigen Fabrikanten Herrn v. Seeger*) dergleichen Fußböden in so zierlichen und reichen mussivischen Mustern ausgeführt, daß damit die Zimmer in dem königlichen, im maurischen Style erbauten Landhause „Wilhelma" bei Cannstadt belegt worden sind.

Die Anfertigung der gewöhnlichen Estriche unterscheidet sich von der der Dächer in nichts Wesentlichem; nur wird dem geschmolzenen Asphalt in der Regel mehr und gröberer Sand hinzugesetzt und die Lage etwas stärker angefertigt. Es handelt sich daher hier hauptsächlich um die Darstellung der Unterlage für den Estrich. Dieselbe besteht entweder aus einem besondern Mörtelestrich oder aus einem Backsteinpflaster. Im Allgemeinen soll sie unnachgiebig und wasserdicht sein. In Frankreich und in Süddeutschland wendet man gewöhnlich eine Art von Béton oder Concrete, aus hydraulischem Mörtel und Steinbrocken bestehend, an.

Die Stärke einer solchen Unterlage ist, je nach der mehr oder weniger nachgiebigen Beschaffenheit des Untergrundes, 3 bis $4\frac{1}{2}$ Zoll. Die Masse besteht aus 2 Raumtheilen fettem Kalk, 1 Theil scharfem reinen Sand, 4 Theilen Steinbrocken (wo möglich halb Quarz, halb Backstein), etwa in der Größe von Taubeneiern, und 3 Theilen Traß. Wo man letzteren nicht, dagegen einen guten, an sich schon hydraulischen Kalk haben kann, menge man 1 Theil solchen Kalk mit 2 Theilen Flußsand und nehme von diesem Mörtel

---

*) Die Fabrik ist eingegangen.

3 Theile zu 7 Theilen Steinbroden. Die Materialien werden in einer Kalkschlägerbank, oder in einem Kasten, unter Zusatz von möglichst wenig Wasser gemengt, dann auf den vorher geebneten und festgestampften Grund gleich= mäßig aufgebracht, und durch gelindes Stampfen und mit der Kelle, so gut es sich der Steine wegen thun läßt, ge= ebnet. Bleiben kleine Unebenheiten, so werden diese durch das Aufziehen einer dünnen Mörtelschicht vollends ausge= glichen. Im Innern bedeckter Räume kann man statt des hydraulischen Mörtels gewöhnlichen Luftmörtel nehmen, dem man, des schnelleren Bindens wegen, etwa ¼ des Volu= mens Gips zusetzt.

Wird die Unterlage, wie es in Norddeutschland ge= wöhnlich geschieht, aus Backsteinen gemacht, so besteht sie aus einem flachen, in Sand gesetzten Backsteinpflaster, des= sen möglichst enge Fugen ebenfalls gut mit Sand gefüllt werden.

Ist der Estrich nicht ringsum durch Mauern oder Wände begrenzt, so muß dies an den freien Seiten durch besondere Rand= oder Bordsteine geschehen. Diese bestehen am besten aus harten behauenen Steinen, die etwa 4 bis 5 Zoll breit, 9 bis 12 Zoll hoch und so lang als mög= lich sind, und die mit engen Fugen in Sand gesetzt wer= den. Die Oberfläche der Unterlage für den Asphaltguß muß genau um die Stärke des letzteren unter den Köpfen der Randsteine bleiben, damit nach Vollendung des Gusses alles eine Ebene bildet. Ueberhaupt muß man bei al= len im Freien ausgeführten Asphalt=Estrichen sein Haupt= augenmerk darauf richten, daß kein Wasser zwischen den Asphalt und die Unterlage bringen kann, weil sonst, wenn dieses gefriert, der Asphalt gehoben wird, Sprünge und Beulen bekommt und dann sehr leicht zerbröckelt.

Ist die Unterlage und Einfassung fertig, so kann man zum Gießen des Asphalts schreiten; doch darf dies nur auf der vollkommen trockenen Unterlage geschehen. Denn ist noch Feuchtigkeit vorhanden, so wird diese von dem heißen Asphalt in Dampf verwandelt, der nicht entweichen kann, und daher blasenförmige Höhlungen in dem Asphalte erzeugt, die sich durch das Klopfen nicht immer entfernen lassen, und dann Veranlassung zum frühen Ruin des Estrichs geben. Hauptsächlich in dieser Beziehung hat eine Unterlage von gebrannten Steinen vor der aus Béton gebildeten mancherlei Vorzüge, besonders wenn die Arbeit in unbedeckten Räumen, bei Trottoirs ꝛc. ausgeführt wird. Ist nämlich der Béton erhärtet und es tritt dann Regen ein, so kann mit dem Gießen des Asphalts nicht eher be= gonnen oder fortgefahren werden, bis die letzte Spur des Regens aufgetrocknet ist, und es ist leicht einzusehen, daß hierdurch die Arbeit sehr oft unterbrochen und dadurch kost= spielig werden kann; besonders wenn man an sehr fre= quenten Orten arbeitet. Da nun die gebrannten Steine

nur in Sand gepflastert werden, so ist hier nichts zu trocken, und wenn man die Vorsicht gebraucht, nicht mehr Pflaster auf einmal zu legen als mit dem in den vorhan= denen Chaubieren kochenden Asphalte bedeckt werden kann, und sich so einrichtet, daß dieses Pflaster gerade fertig wird, wenn der Asphalt zum Gusse bereit ist, so kann man selbst an regnigen Tagen jede regenfreie Pause zur Arbeit benutzen. Denn wenn selbst ein fertiges Stück Pflaster vor der Bedeckung mit Asphalt vom Regen über= rascht werden sollte, so können die Steine sehr bald ent= fernt und durch trockene ersetzt werden. Besonders bei Le= gung von Trottoirs läßt sich die Sache sehr vortheilhaft einrichten, wenn man in den Flur (Haus=Dehrn) jedes Hauses so viel Backsteine unterbringt, als für das zu dem Hause gehörige Trottoir erforderlich sind, so daß sämmt= liche Backsteine im Trockenen aufbewahrt werden und doch gleich zur Hand sind. Aber selbst wenn solche günstigen Umstände nicht stattfinden, lassen sich die Backsteinvorräthe immer leicht vor Regen schützen.

Das Gießen des Asphalts geschieht nun, ganz so wie dies früher bei den Asphaltdächern beschrieben wurde, zwischen eisernen Linealen von der Dicke des Gusses; und wenn auch das Aneinanderschließen der verschiedenen Strei= fen nicht mit der Aengstlichkeit zu überwachen ist, wie dies dort anempfohlen wurde, so darf dies doch keineswegs in solchem Grade vernachlässigt werden, daß Wasser in die Fugen eindringen und darin stehen bleiben könnte.

Eine Mischung des Asphalts aus 60 Gewichtstheilen Asphalterde, 7 Theilen Mineraltheer und 33 Theilen gut gewaschenem groben Granitsand oder Kies (wo möglich von gleichmäßig dicken Körnern), in einer Stärke von ½ Zoll aufgebracht, hat sich für Trottoirs bewährt. Zu Fuß= böden in bedeckten Durchfahrten, Ställen, Schlachthäu= sern ꝛc. setzt man dieser Komposition so viel Granit= oder Kiessand zu, als nur thunlich, und macht den Guß bis zu ¾ Zoll stark.

Der dem geschmolzenen Asphalt zuzusetzende Sand sowohl, als der zur Inkrustation der Oberfläche desselben, muß rein gewaschen und durchaus trocken, am besten ge= wärmt sein.

Da man bei Asphaltfußböden die Inkrustation so stark macht als nur thunlich, so nimmt die Fläche, je nach der Färbung des hierzu verwendeten Sandes, eine Farbe an, in welcher freilich das Schwarz des Asphalts sehr vorherrschend ist, die aber doch durch den Sand etwas variirt werden kann. Hierdurch erhält man Gelegenheit, große Flächen, die, egal gefärbt, ein sehr monotones An= sehen haben, etwas zu beleben, wenn man durch Inkrusta= tion mit verschieden gefärbtem Sande, in regelmäßiger Ab= wechselung, ein einfaches Muster hervorzubringen sucht. Kann man sich nicht verschieden gefärbten Sand verschaffen, so läßt sich eine Nüance in der Färbung schon dadurch erzielen, daß man eine Stelle stärker inkrustirt wie die andere, weil dann erstere heller, die letztere aber dunkler gefärbt erscheint. Die nähere Beschreibung der hierzu nöthigen Vorrichtungen mag dem mündlichen Vortragen vorbehalten bleiben, hier aber noch bemerkt werden, daß durch dergleichen Muster die Arbeit bedeutend vertheuert wird.

Der Asphaltestrich eignet sich seiner Elastizität wegen aber auch sehr gut zu Fußböden über Holzgebälken, in Blumenhäusern höherer Geschosse, Küchen ꝛc., wo er dann immer am besten auf eine Unterlage von gebrannten Steinen, die ihrerseits auf einem Dielenboden ruhen, gegossen wird.

Achtes Kapitel.

Die Putzarbeiten.

A. Allgemeines.

§. 1.

Unter den Putzarbeiten (Vergipsen, Verblenden) versteht man diejenigen Arbeiten, die das Ueberziehen von Mauer=, Wand= und Deckenflächen mit einem Mörtel zum Zweck haben. Dieser Ueberzug, der Putz (Bewurf, Bestich, Tünche), soll entweder die geputzte Fläche gegen den Einfluß der Witterung oder gegen Feuer ꝛc. schützen, oder derselben nur ein besseres Ansehen geben, oder beides zugleich. Der jedesmalige Hauptzweck bestimmt Material und Anfertigungsart des Putzes.

In Bezug auf Schutz gegen die Witterung müssen wir daher äußern und innern Putz unterscheiden, je nachdem die zu putzenden Flächen im Aeußern der Gebäude oder unter Dach, in innern Räumen, sich befinden. Zum äußeren Putz dürfen daher auch nur solche Materialien genommen werden, die an und für sich dem Wetter hinlänglich und jedenfalls besser widerstehen, als die Materialien, aus denen die zu putzenden Flächen bestehen. Ist hingegen Zierde der Hauptzweck des Putzens, so wird man solche Materialien zu wählen haben, die sich leicht zu einer möglichst vollkommenen Ebene bearbeiten oder in eine andere beabsichtigte Form bringen lassen; und ist endlich Schutz gegen Feuer der Zweck des Putzens, so müssen Materialien genommen werden, die ihrer Natur nach möglichst feuerbeständig sind, und in der Hitze nicht zu leicht von den geputzten Flächen abspringen. Ohne uns hier in das Gebiet der Baumaterialienlehre zu verlieren, wollen wir nur kurz bemerken, daß nach dem Gesagten im Allgemeinen für äußeren Putz die verschiedenen Kalkmörtel und Ce=

mente, für inneren hauptsächlich der Gips= und gegen Feuer der Lehm=Mörtel Anwendung finden. Was die Arten der Anfertigung betrifft, so unterscheiden sich in dieser Beziehung namentlich die Fälle: ob die zu putzende Fläche ganz aus Stein, ganz aus Holz oder aus beiderlei Materialien besteht; doch bezieht sich der hier herrschende Unterschied eigentlich nur auf die Zubereitung der Flächen, denn wenn diese geschehen, so ist die Behandlung des zum Putz zu verwendenden Mörtels in allen Fällen dieselbe.

§. 2.

Wenn der äußere Putz seinen Hauptzweck, die dahinter liegende Fläche zu schützen, erfüllt, so ist er ein sehr wesentlicher Theil des Bauwerks, und er verlangt daher auch mehr Sorgfalt, als ihm sehr oft zu Theil wird. Die Erfahrung lehrt, daß der Putz an der sogenannten Wetterseite der Gebäude leichter beschädigt wird und leichter abfällt, als an den übrigen Seiten; woraus folgt, daß man hier in Bezug auf die Güte des Materials und die Genauigkeit der Arbeit achtsamer sein sollte, als es sehr oft der Fall ist. Dasselbe gilt für hochgelegene Flächen an Thürmen, Dachgiebeln ꝛc. Man sieht oft Flächen putzen, von denen sich bei vernünftiger Ueberlegung mit Sicherheit voraussagen läßt, daß das angewendete Material nicht haltbar sein kann, oder daß überhaupt in diesem Falle gar kein Putz seinem Zwecke entsprechen wird. Hierher gehören die Sockel der Gebäude, an denen wegen des Spritzwassers und der von der Erde aufsteigenden Feuchtigkeit, ein Putz aus gewöhnlichem Kalkmörtel durchaus nicht haltbar sein kann; eben so die Rauchrohrkästen auf den Dächern, an welchen der Putz auch nicht hält, wegen der oft großen Verschiedenheit der Temperatur an der innern und äußern Fläche der nur wenige Zoll starken Mauern. Ferner wenn Mauern gleich nach ihrer Aufführung von beiden Seiten mit Putz überzogen werden, so kann nicht nur der Putz nicht halten, und daher die Mauern nicht schützen, sondern er trägt sogar zum Ruin der Mauern bei, weil er das Austrocknen derselben verhindert. Denn an der Oberfläche erhärtet der Putz sehr schnell, und schließt dadurch die noch im Innern der Mauer befindliche Feuchtigkeit von der äußern Luft ab, wodurch die Erhärtung des Mörtels der Mauer unmöglich wird und der Grund zur Erzeugung des so verderblichen Mauerfraßes gelegt wird. Es folgt hieraus, daß nur ausgetrocknete Mauern geputzt werden dürfen.

Die Jahreszeit, in welcher eine Putzarbeit ausgeführt wird, hat ebenfalls großen Einfluß auf die Haltbarkeit desselben. Zu früh im Frühjahr darf man nicht putzen, weil da die Mauern die Winterfeuchtigkeit noch nicht verloren haben, im späten Herbst aber auch nicht, weil der Putz dann leicht vom Frost überrascht werden kann, bevor er erhärtet ist. Es eignen sich daher die warmen Sommermonate am besten zur Vornahme dieser Arbeit, und nur im Innern heizbarer Räume kann man allenfalls, wenn die Zeit drängt, Putzarbeiten im Winter vornehmen; doch ist dabei wohl zu berücksichtigen, daß hierbei die Gesundheit der Arbeiter in hohem Grade gefährdet wird.

Soll der Putz haltbar sein, so darf derselbe nicht zu dick angetragen werden, weil er sonst, wie die Erfahrung lehrt, leicht abfällt. Eine Stärke von ½ bis ¾ Zoll dürfte als das Maximum anzusehen sein. Es ist daher nöthig, alle Mauern, die geputzt werden sollen, genau flüchtig, d. h. möglichst eben aufzuführen, damit durch die Unebenheiten nicht ein zu dicker Putzantrag erforderlich wird. Eben so müssen alle Mauern unmittelbar vor dem Putzen sorgfältig von allem Staube mittelst Besen oder Bürsten gereinigt, und, wenn nicht gerade ein fettiges Material (wie z. B. der Kreye'sche Cement) verwendet wird, mit einem Pinsel tüchtig angenäßt werden.

§. 3.

Man unterscheidet gewöhnlich zwei Hauptarten des ordinären Putzes, nämlich den sogenannten **Rapp-Putz** oder **rauhe Arbeit** und den **glatten Putz** oder **glatte Arbeit**.

Der Rapp-Putz wird nur mit der Mauerkelle scharf gegen die zu putzende Fläche geworfen und nothdürftig mit demselben Instrumente geebnet, so daß er ganz **rauh** stehen bleibt, und dies ist der **eigentliche** Rapp-Putz. Um der geputzten Fläche ein etwas geordneteres und gleichmäßigeres Ansehen zu geben, pflegt man den mit der Kelle angetragenen Mörtel, vor dem Erhärten, mit einem stumpfen Reißbesen zu stupfen, wodurch die sogenannte **gesteppte** (**gestippte**) Arbeit entsteht.

§. 4.

Der **glatte** Putz besteht aus mehreren Lagen, während der Rapp-Putz mit **einem Male** in seiner ganzen Stärke hergestellt wird. Soll eine Fläche glatt geputzt werden, so wird erst ein schwacher Anwurf gemacht, der rauh bleibt, und wenn derselbe so weit trocken ist („angezogen" hat), daß er anfängt, kleine Risse zu bekommen, so wird ein zweiter, auch zuweilen ein dritter, ganz schwacher und feiner Bewurf aufgebracht und nur der **letzte glatt** gerieben. Hierzu dienen Richtscheit und Reibebrett. Das letztere wird am besten aus Weißbuchenholz gefertigt, hat beinahe die Gestalt eines Bügeleisens, und ist in verschiedenen Größen, zu ein oder zwei Händen, gebräuchlich. Zur Darstellung ganz feiner („gescheibter") Flächen wird die Unterseite des kleinen Reibebretts mit weißem Filz benagelt, besonders wenn Gips das Material des Putzes bildet. Um eine ebene Fläche zu putzen, werden der Höhe der Fläche

nach, und in horizontalen Entfernungen von 3 bis 3½ Fuß, sogenannte **Lehren**, d. h. 5 Zoll breite Streifen, mit Hülfe von Richtscheit und Bleiloth aus freier Hand geputzt, so daß die Oberflächen dieser Lehren in der darzustellenden Ebene liegen. Hierauf werden die Zwischenfelder ebenfalls beworfen, und dadurch, daß man ein Richtscheit immer auf zweien der Lehren fortführt, mit diesen in eine Ebene gebracht; hernach wird Alles mit dem kleinen Reibebrette unter fleißiger Kontrole des Richtscheits glatt gerieben. Bei dieser Operation, die immer erst vorgenommen werden darf, wenn der Bewurf anfängt, kleine Risse zu bekommen, ist es eine Hauptsache, nicht mehr als **durchaus nöthig zu reiben** und den Bewurf dabei fortwährend mit einem Pinsel und Wasser zu nässen, so daß der Arbeiter in einer Hand das Reibebrett und in der andern den Pinsel (Quast) führt. Durch zu vieles Reiben trocknet der Putz, besonders bei heißem Wetter, zu schnell und löst sich an der Hinterseite ab, so daß er bald abfällt. Dasselbe tritt ein, wenn das Annässen während des Reibens vernachlässigt wird. Ein zu lange oder zu trocken geriebener Putz heißt **todt** gerieben.

Soll eine freistehende scharfe Kante geputzt werden, so kann man dabei auf folgende Weise verfahren. Man befestigt an der Fläche, welche mit der gerade in Arbeit begriffenen die Kante bildet, eine gerade gehobelte Latte a Fig. 12 Taf. 81 mit kleinen Mauerhaken dergestalt, daß die gerade Kante derselben mit den Oberflächen der Lehren b b in einer Ebene liegt, wie dies Fig. 12 in einem auf die Kante rechtwinkligen Querschnitt darstellt. Hierauf wird der Raum A geputzt, indem das Richtscheit auf der Lehre b und der Latte a geführt wird. Ist dies geschehen, so wird die Latte a entfernt, bevor der Putz zu trocken wird, dann, wie Fig. 13 Taf. 81 zeigt, auf der nun geputzten Fläche wieder so befestigt, daß die gerade Kante nun mit den Lehren der zweiten, jetzt in Arbeit zu nehmenden Fläche in eine Ebene fällt, und wie vorhin verfahren, so daß nach abermaliger Fortnahme der Latte die gewünschte Ecke entsteht. Daß diese jeden beliebigen Kantenwinkel einschließen kann, leuchtet ein, indem es nur nöthig wird, die Latte danach hobeln zu lassen. Es ist aber nöthig, daß die zweite Seite geputzt wird, **bevor die erste trocken wird**, weil sonst keine Verbindung des Putzmaterials stattfindet.

Ebene Flächen kommen in der Ausführung am häufigsten vor, und sie sind unter Anwendung der angegebenen Hülfsmittel und mit gehöriger Aufmerksamkeit auch wohl auszuführen, obgleich dies nicht so leicht ist, als es im ersten Augenblick erscheint, wovon man sich leicht überzeugen kann, wenn man eine solche, eine Ebene vorstellende Fläche betrachtet, während sie einem scharfen Streiflichte ausgesetzt ist.

Weit schwieriger und umständlicher wird die Sache aber, wenn krumme Flächen zu putzen sind, besonders wenn sie conver sind. Allgemeine Regeln lassen sich hier nicht wohl geben, und das gute Gelingen der Arbeit wird immer von der Gewandtheit und dem guten Augenmaaße des Arbeiters abhängen. Das Putzen von einzelnen Lehren wird, wenigstens bei Cylinder- und Kegelmantelflächen, am leichtesten zum Ziele führen, und oft lassen sich bei diesen und andern Umdrehungskörpern Chablonen, als Kontrole für die richtige Gestalt, in der Drehachse beweglich befestigen, wie bei Säulenschäften z. B., wenn man die Kapitäle und Basen erst anbringt, nachdem der Säulenstamm geputzt ist. Die Anbringung einer um die Drehachse beweglichen Chablone ist bei concaven Flächen noch häufiger thunlich, weil hier die Drehachse in der Regel frei und leicht zugänglich ist. Hierbei sind dann aber immer nach der Gestalt der zu putzenden Fläche gekrümmte Reibebretter nöthig.

§. 5.

Zum glatten Putz wird auch noch die sogenannte verzierte Arbeit gerechnet, unter welchem Namen in manchen Gegenden die in den Putz eingeschnittenen, eine Quaderung darstellenden Fugen verstanden werden, wie man sie an den Façaden der Gebäude häufig anwendet. Das Profil dieser Fugen ist verschieden, und je weniger einfach dasselbe ist, desto schwieriger wird eine genaue Ausführung der Arbeit.

Soll die geputzte Fläche ein gewöhnliches Quadermauerwerk darstellen mit feinen Fugen, so werden diese mit einem passend geformten, einem Grabstichel ähnlichen Eisen in den noch nicht ganz erhärteten Putz eingeschnitten, indem man dasselbe an einem Lineale führt. Hierbei machen nur die horizontalen oder Lagerfugen einige Schwierigkeiten, weil sie lange Linien bilden, bei welchen das Auge ein Abweichen von der Paralleletät oder der horizontalen Richtung sehr leicht wahrnimmt. Es ist daher nöthig, diese Richtung durch ein Nivellirinstrument, das übrigens auch in einer gewöhnlichen Setzwage bestehen kann, zu bestimmen und hiernach durch gleiche Abstiche die parallele Richtung aller Fugen festzusetzen. Bei diesen Fugen muß auch das Eisen zum Einschneiden derselben längs einer mit kleinen Mauerhaken befestigten Latte geführt werden, um eine geradlinige Bewegung zu erzielen. Die lothrechten oder Stoßfugen sind, weil sie kürzere und in ihrer parallelen Richtung durch das Bleiloth leicht zu bestimmende Linien bilden, auch leichter herzustellen, und man kann dieselben mittelst einer, etwa mit Kohle oder Kreide gefärbten Schnur, der Eintheilung zufolge, auf die geputze Fläche aufschnüren und dann das Fugeisen zum Ein-

schneiden längs eines aus freier Hand gehaltenen Lineals führen.

Sollen die Fugen stärker werden, so daß die davon begrenzten Quadern schon kleine Fasen bekommen, so kann man das Eisen nicht wohl sicher aus freier Hand führen, sondern es ist besser, dasselbe in eine Art Hobel einzusetzen und diesen längs der mit Mauerhaken befestigten Latten zu führen. Sobald die Quadern noch stärker vorspringen sollen, wie bei den sogenannten Rustiken, wo dann das Profil der Fugen aus mehreren geschwungenen Linien gebildet zu sein pflegt, reicht das angedeutete Verfahren nicht mehr aus, sondern es muß die Fugenrichtung, mit einer farbigen Schnur etwa, auf die vorher glatt geputzte Fläche vorgezeichnet und dann in der angemessenen Breite mit einem Hammer der Putz fortgehauen werden, worauf man die Fugen mittelst einer Chablone, wie ein Gesims, zieht. Dasselbe Verfahren findet mit wenigen, sich von selbst ergebenden Abänderungen statt, wenn die stark vortretenden Quadern schon vorgemauert sind, wie solches bei Backsteinmauern gewöhnlich geschieht, um den Putz nicht zu stark antragen zu müssen.

§. 6.

Sind vortretende Gliederungen und Gesimse darzustellen, so werden solche, wie eben bei den reich profilirten Quaderfugen erwähnt, mittelst Chablonen gezogen. Das Verfahren hiebei ist folgendes.

Zuerst sind Chablonen nöthig. Dies sind aus hartem Holze gefertigte Bretter, in welchen das Profil des darzustellenden Gesimses ausgeschnitten ist. Ein solches wird dann in einer zur Länge des Gesimses fortwährend senkrechten Stellung über den nach und nach angetragenen Putz fortgeführt, bis zuletzt das dargestellte Gesims genau die in der Chablone ausgeschnittene Form füllt und diese erhaben darstellt. Die ganze Manipulation ist an sich einfach und leicht, wenn die Vorrichtungen zur sichern Führung der Chablone richtig getroffen sind.

Hierzu gehört zunächst der sogenannte Lattengang. Derselbe besteht aus zwei parallelen Latten a, b, Fig. 14 Taf. 81, von denen die eine unterhalb, die andere oberhalb des Gesimses befestigt werden muß. Beide sind an der Seite, mit welcher sie die Chablone berühren, glatt gehobelt. Die untere wird an der dem Gesims zugehörigen Wand mittelst Mauerhaken befestigt und die Chablone läuft auf ihr. Ist die Wand nicht ganz eben, etwa noch nicht geputzt, so wird die Latte gefalzt, so daß die Chablone mit einem entsprechenden Ausschnitte in diesem Falze läuft; Fig. 14. Die obere Latte wird so vor dem Gesimse angebracht, daß sich die Chablone mit ihrem Rücken dagegen lehnt und, zwischen beide Latten eingeschlossen, sich nicht von dem zu ziehenden Gesimse entfernen kann, woburch das mühfame und viel Kraft erforderliche Andrücken derfelben vermieden wird. Um die Chablone in diefen Lattengang einbringen zu können, ift es nöthig, eine der beiden Latten an einem Ende des Gefimfes etwas kürzer zu machen als die andere. Die Befeftigung der oberen Latte hat bei Hauptgefimfen von Façaden oft einige Schwierigkeiten, die man aber auf die in Fig. 14 Taf. 81 dargeftellte Weife leicht überwinden kann. A find nämlich einzelne, an irgend einem Verbandftücke des Dachgerüfts angebrachte Holzftücke, deren Unterflächen alle in einer mit der untern Latte parallelen Ebene liegen, und an welcher die, nöthigen Falls gefalzte, Latte b befeftigt wird. Bei Deckgefimfen innerer Räume kann die Latte b immer leicht an der Decke befeftigt werden.

Ift der Lattengang eingerichtet, was übrigens mit gehöriger Vorficht gefchehen muß, damit namentlich die beiden Latten eine durchaus parallele Lage bekommen, fo wird die Chablone felbft noch mit dem fogenannten Schlitten verfehen, einer Vorrichtung, welche die Chablone in der auf die Längenrichtung des Gefimfes fenkrechten Stellung erhalten foll.

Das Hauptftück diefes Schlittens bildet eine 2 bis 3 Fuß lange Latte c, Fig. 14 und 15 Taf. 81, welche fo an der Unterfeite der Chablone befeftigt ift, daß fie fich an die glatt gehobelte Vorderfeite der Latte A anlegt und fenkrecht auf der Ebene der Chablone fteht. Um fie in diefer Lage zu erhalten, gehen von ihr zwei Streben d d nach der Chablone, die an letzterer durch Nägel befeftigt, mit der Latte c aber überblattet find, fo daß fie noch etwas in den Falz der Lauflatte a reichen und hier aufliegen. Um die Chablone nun aber auch in lothrechter Lage zu firiren, find ein Paar etwas kürzere Latten e e parallel mit c an den Streben d d und der Chablone befeftigt, und von diefer gehen in fchräger Richtung zwei, in lothrechten Ebenen ftehende, Streben f f nach der Chablone und find an diefelbe genagelt. Diefe letzteren Streben dienen zugleich als Handgriffe und find daher bis nahe an die Enden etwas abgerundet. Die fo geftaltete Chablone ift in Fig. 15 Taf. 81 in ifometrifcher Projection dargeftellt. Damit das Gefims recht glatt und eben wird, ift die Chablone längs ihres Profils mit einer Fafe verfehen und zwar fo, daß die abgefafete Seite beim Ziehen vorangeht, damit der Mörtel erft zufammengedrückt wird, ehe ihn die Chablone abfchneidet. Wenn man viele Gefimfe mit ein und derfelben Chablone zu ziehen hat, befonders in Kalkmörtel mit fcharfem Sande vermifcht, fo befchlägt man die nicht abgefafete Seite der Chablone mit Eifenblech (Sturz), das natürlich nach dem Profile des Gefimfes genau ausgefeilt werden muß. Fig. 16 Taf. 81 erläutert das eben Gefagte an einem Durchfchnitte.

Ift die Chablone befchafft und der Lattengang eingerichtet, fo befteht das Ziehen der Gefimfe darin, daß man zuerft mit gröberem und fteifer angemachtem Mörtel den eigentlichen Körper des Gefimfes bewirft, und fobald man der beabfichtigten Form nahe kommt, die Chablone darüber führt. Sobald diefe zu wirken anfängt, wird der Mörtel dünner und fetter gemacht, um das Ziehen zu erleichtern und eine vollendetere Form zu erhalten. Bevor die Chablone über den angeworfenen Mörtel geführt wird, muß derfelbe etwas betrocknet fein (angezogen haben), weshalb man, wenn Kalkmörtel das Material ift, diefem bis zur Hälfte Gips zufetzt, um auf das Betrocknen nicht zu lange warten zu müffen. Werden die Gefimfe (wie in innern Räumen) ganz in Gips gezogen, fo muß man fchnell hantiren, weil der Gips fehr rafch trocknet. Am meiften Uebung erfordert indeffen ein rafch bindendes Material, wie z. B. der Roman Cement, und nur geübten Arbeitern gelingt es, aus diefem Material fchöne Gefimfe darzuftellen, die dann aber auch eine weit größere Dauer zeigen, als folche aus Kalkmörtel gezogen. Bei den letzten Gängen, welche die Chablone über das Gefims macht, bleibt nur wenig von dem angeworfenen Material an dem Gefimfe haften, das Meifte fällt vor der Chablone zu Boden. Hierburch geht nicht nur eine Menge Material verloren, fondern es werden auch alle weiter unten liegenden Gegenftände gräulich befchmutzt. Deshalb ift es vortheilhaft, an die Latte c und die Streben d d Fig. 14 Taf. 81, mittelft Draht eine Art Rinne g von fchwachem Blech zu befeftigen, die den herabfallenden Mörtel auffängt und aus der er in den Mörtelkaften zurückgeworfen werden kann.

Bei kleinen, nur wenig ausladenden Gefimfen, wie Architrave, Gurtgefimfe, Fenfter- und Thür-Einfaffungen ꝛc., kann man den Lattengang ohne große Umftände nicht wohl fo einrichten, daß durch ihn die Chablone immer gegen das Gefims gedrückt, oder wenigftens in der ihr einmal gegebenen Entfernung erhalten wird, fondern man muß diefes Andrücken beim Ziehen felbft aus freier Hand bewirken. Solche fchwach vortretende Gefimfe, deren weiteft vortretender Punkt 1½ bis 2 Zoll ausladet, werden auch ohne allen Kern ganz aus Mörtel dargeftellt, und nur größere werden entweder vorgemauert, wie wir dies im vierten Kapitel befprochen haben, oder erhalten einen Kern aus Rohr oder Holz, fo daß der Putz womöglich nirgends ftärker als ¾ bis 1 Zoll aufgetragen zu werden braucht.

§. 7.

Die Kröpfungen und Kehrungen der Gefimfe können nicht mit der Chablone gemacht, fondern müffen mit eigens geformten kleinen Kellen aus freier Hand dargeftellt werden; wobei die Chablone nur als Kontrole für die richtige Form dient. Wenn fich dergleichen Kröpfungen übrigens fehr oft wiederholen und die dazwifchen liegenden geraden

Gesimsstücke sehr kurz sind, wie z. B. bei den verzierenden Gesimsen im Innern von Kassetturen ꝛc., so kann die Chablone auf die angegebene Weise gar nicht gebraucht werden; man kommt dann am leichtesten zum Zwecke, wenn man auf einem ebenen langen Brette den Mörtel aufträgt und die Gesimse mit der Chablone in langen Stücken zieht, diese trocknen läßt, hierauf sie mit einer Säge in Stücke von der erforderlichen Länge schneidet, ganz so wie es der Schreiner mit den Holzgesimsen in ähnlichen Fällen macht, und endlich diese Stücke mit demselben Material, woraus sie bestehen, an ihren Ort befestigt. Sind die Stücke schwerer, so kann man der Befestigung durch Schrauben oder Nägel zu Hülfe kommen; doch wird dies nur selten nöthig werden, wenn man bei dem Ansetzen darauf achtet, daß Alles vom Staube gereinigt ist, und sowohl der Grund als das anzusetzende Stück gut genäßt werden. Uebrigens gilt hier das früher bei dem Mörteln der Mauern über das nur einmalige Binden des Mörtels Gesagte ebenfalls, weshalb das anzusetzende Gesimsstück erst gut eingepaßt, dann aber in sein Mörtelbett so eingesetzt werden muß, daß später kein Verrücken desselben nöthig wird.

Das Vorstehende dürfte ziemlich allgemein für jedes Putzmaterial gelten, und etwaige Abweichungen von den angeführten Regeln werden sich am angemessensten bei Besprechung der speziellen Fälle anführen lassen, so daß wir zu diesen übergehen können, und hier nur noch die allgemeine Bemerkung einschalten wollen, daß aller rauher Putz, also vorzüglich der Rapp=Putz, dauerhafter als glatter Putz ist, und also an solchen Orten, wo Schutz gegen die Witterung der Hauptzweck ist, angewendet zu werden verdient. Soll aber einmal glatter Putz angewendet werden, so ist er wiederum um so fester, je glatter er ist. Als ein Nachtheil des rauhen Putzes erscheint seine rauhe Oberfläche, weil an dieser Staub leichter haftet, auch das Wasser nicht so leicht und vollständig ablaufen kann, als an einer glatt geputzten; doch aber zeigt die Erfahrung, daß er haltbarer ist als glatter Putz, weil bei diesem selten die nöthige Vorsicht beobachtet und er mehr oder weniger tobt gerieben wird.

B. Putz auf massivem Mauerwerk.

§. 8.

Es wird sich hier zunächst darum handeln, aus welchen Materialien das Mauerwerk besteht, weil sich hiernach die Manipulation des Putzens oder eigentlich die Vorbereitung der zu putzenden Fläche und die Wahl des Putzmaterials richtet, indem die Behandlung des letzteren nach den in den vorigen Paragraphen gegebenen allgemeinen Regeln geschehen kann. Wir unterscheiden daher wieder Mauern aus natürlichen, solche aus künstlichen Steinen und Mauern aus gestampfter Erde.

§. 9.

Putz auf Mauern aus natürlichen Steinen. Es kommen hier nur Mauern aus ganz rohen oder nur wenig bearbeiteten Bruchsteinen in Betracht, denn rein bearbeitete Quadermauern werden selten geputzt, wenigstens nicht im Aeußern, weil es in der Regel unnöthig, der Putz aber auch nicht haltbar sein wird. Was das Putzmaterial anbetrifft, so kann ein jedes auf Mauern aus natürlichen Steinen verwendet werden, wenn man nur die Wahl nach dem jedesmaligen Zwecke und dem Umstande gemäß vornimmt, ob die Fläche eine innere oder äußere ist. Gewöhnlich sind es die verschiedenen Kalkmörtel und Cemente, die zur Anwendung kommen, und für diese gelten in Bezug auf die Zubereitung der Mauerfläche dieselben Regeln.

Der Putz haftet an der glatten Oberfläche der Steine sehr schlecht, und erhält seinen Halt hauptsächlich dadurch, daß er in die Fugen eindringt. Hieraus folgt, daß die Steine möglichst rauh gelassen werden müssen, und daß die Fugen sich nicht in zu großen Entfernungen finden dürfen, zugleich auch so beschaffen sein sollen, daß der mit der Kelle scharf angeworfene Putz in dieselben eindringen kann. Sind daher die Fugen nicht gleich beim Mauern auf etwa 1 Zoll von der zu putzenden Fläche offen gelassen, — welches Verfahren man das Mauern mit offenen Fugen nennt, was aber bei unregelmäßigen Bruchsteinen nicht wohl auszuführen ist, — so müssen die Fugen mit einem scharfen Instrumente, so gut es sich thun läßt, aufgekratzt, und die Mauer dann mit einem stumpfen Besen gut gereinigt werden. Poröse Kalksteine halten auch bei großen Stirnflächen den Putz gut, weniger schon Muschelkalk und Sandstein, fast gar nicht Granit und überhaupt Steine von sehr glatter, fester Oberfläche. In solchen Fällen thut man besser, die Mauer gar nicht zu putzen, da der Putz hier keinen Schutz gewähren kann (wir reden von äußerem Putz), sondern nur zu fugen, wovon weiter unten.

Daß die Mauern nicht früher geputzt werden dürfen, als bis sie ausgetrocknet sind, haben wir schon angeführt, und setzen hier nur noch hinzu, daß auch das Setzen der Mauern, was bei unregelmäßigen Bruchsteinen und hohen Mauern bedeutend sein kann, durchaus aufgehört haben muß, wenn der Putz halten soll. Oft kommt es vor, daß bereits geputzt gewesene Mauerflächen, von denen der Putz abgefallen ist, von Neuem geputzt werden sollen. Ist dies der Fall, so hat man erstlich den alten Putz an den Grenzen der beschädigten Stelle, so weit er dem Mauerhammer nachgibt, abzuhauen; sodann muß auch die ent=

blöße Mauer mit dem scharfen Hammer oder mit der
Zweispitze nicht nur rauh gepickt, sondern vollkommen über-
arbeitet, oder wie es in der technischen Sprache heißt,
wund gearbeitet werden, weil sonst der neu aufzubringende
Putz nicht hält. Die so lästigen und oft häufiger als alljährlich wiederkehrenden Reparaturen der Putzarbeiten haben
ihren Grund darin, daß das eben Gesagte nicht beobachtet
wird. Man reinigt die Stelle, wo der alte Putz abgefallen ist, nur sehr nothdürftig, kehrt dann den Staub
herunter, und wenn gerade kein Wasser in nächster Nähe
vorhanden ist, so wirft der gewissenlose Maurer den Putz
auf die staubige, mit Resten des alten Putzes verunreinigte
Stelle, in der frohen Hoffnung, im nächsten Jahre die
Arbeit wiederholen zu dürfen. Je glatter (flüchtiger) die
Mauer gemauert ist, und je größer und glatter die Steine
derselben sind, um so dünner muß der Putz aufgetragen
werden, denn die Erfahrung lehrt, daß in diesen Fällen
der ganz dünne Putz am dauerhaftesten ist. Hierher gehören
auch die §. 32 des ersten Kapitels erwähnten, in Formen, aus Steinbrocken und Mörtel gegossenen Mauern,
an welchen auch nur ein schwacher Putz haftet. In allen
den Fällen, wo man das gute Haften des Putzes an der
Mauer bezweifeln muß, ist es daher vorzuziehen, wenn
irgend möglich, keinen glatten, sondern einen Rapp-Putz
anzubringen.

§. 10.

In manchen Fällen hat man alle mögliche Sorgfalt
darauf zu verwenden, daß in die Fugen einer Mauer kein
Wasser eindringt, und doch kann man die Mauer des Materials wegen, woraus sie besteht (Quadern), oder um des
eigenthümlichen Zwecks der Mauer willen (Kaimauern ꝛc.)
nicht putzen; alsdann wendet man das sogenannte Fugen
(Banden) an. Soll dies geschehen, so muß der bei dem
Mauern gebrauchte Mörtel aus den Fugen mit einem
spitzen und scharfen Eisen, bis wenigstens auf 1 Zoll
Tiefe, entfernt, die Fuge gut von Staub gereinigt und
förmlich ausgewaschen, hierauf der bessere und mit größter
Sorgfalt bereitete, meistens mehr oder weniger hydraulische
Mörtel mit kleinen passenden Kellen eingestrichen, und zuletzt mit einem eigens dazu geformten Fugeisen so lange
bearbeitet werden, bis er ganz polirt erscheint. Diese Fugeisen sind gewöhnlich als Hohleisen gestaltet und werden
so gehandhabt, daß die fertigen Fugen in Form von flachen Rundstäben vor der Fläche der Mauer vortreten, nach
Fig. 17 Taf. 81. Diese Form hat aber den Nachtheil,
daß die Fugen leichter beschädigt werden können, namentlich bei Wassermauern durch schwimmende Körper, und
außerdem geben sie den Mauern ein weniger geordnetes
und regelmäßiges Ansehen, auch ist ihre Darstellung schwieriger. Deshalb ist es vortheilhafter, sie (durch ein entsprechend geformtes Fugeisen) so zu bearbeiten, daß sie in
einen einspringenden, am besten rechten Winkel bilden, wie
Fig. 18 Taf. 81 zeigt. Solche Fugen sind leichter herzustellen und den Beschädigungen weniger ausgesetzt, während sie dem Mauerwerke ein besseres, regelmäßigeres Ansehen gewähren; auch die in Fig. 18a und b gezeichneten
Formen haben sich bewährt, besonders wenn man darauf
achtet, daß der Rundstab Fig. 18b nicht vor der Mauerfläche vorsteht.

Bei gefugtem Mauerwerk aus Backsteinen hängt das
gute Aussehen der fertigen Arbeit sehr von der Farbe des
angewendeten Mörtels ab. Durch einen zur Farbe der
Ziegel harmonirenden Ton kann man die Mauerflächen
beleben, im andern Falle dieselbe stumpf und todt erscheinen lassen.

Eine allgemein gültige Farbe läßt sich nicht angeben,
da solche von der der vermauerten Backsteine abhängig ist,
und man thut immer am besten, durch Proben die richtige
Färbung zu suchen. Hierbei kann als Anhalt dienen, daß
es von guter Wirkung ist, wenn sich die Fügung bis zu
einem gewissen Grade hervorhebt, das Mauerwerk erhält
dadurch das Ansehen der Sauberkeit und Schärfe; im über-
triebenen Maaße ausgeführt, geht diese Wirkung aber wieder verloren. Weißer ungefärbter Mörtel ist von unange-
nehmer Wirkung, das Mauerwerk erhält dadurch das Ansehen
des Rohen und Ordinären. Eine rothe Farbe gleich der
der Backsteine verursacht sehr leicht ein unsauberes und
unreinliches Ansehen. Sehr günstig zeigt sich ein brauner
Farbenton (Cementfarbe) aus braunroth und Kienruß gemischt. Der Zusatz von Kienruß darf indessen weder zu
gering noch zu groß sein, und hier können allein Proben
in nicht zu kleinen Flächen das richtige Maaß angeben. Gelbe, grünliche oder graue Farbentöne machen
keine gute Wirkung, wohl aber ein Mörtel aus Kalk, Ziegelmehl und wenig Kienruß.

§. 11.

Wenn man durch das Fugen das Einbringen der Nässe
von außen abhalten kann, so reicht dies doch nicht aus, um
das Aufsteigen der Erdfeuchtigkeit im Innern der Mauern
zu verhüten, was bei Hochgebäuden, unter welchen keine
gewölbten Keller vorhanden sind, sehr große Uebelstände her-
vorruft. Das sicherste Mittel ist die Ausführung einer
sogenannten Isolirschicht aus wasserdichtem Mörtel in der
Höhe des Sockelabsatzes. Man nimmt hierzu den bekannten Masticscement[*] oder Theermörtel, welche Materialien
in einer Schicht von $\frac{1}{4}$ bis $\frac{3}{8}$ Zoll Stärke aufgebracht
werden. Als Theermörtel empfiehlt sich eine Mischung aus

---

[*] Ueber Mastics-Cemente siehe Linke: „Der Bau der flachen
Dächer ꝛc."

12 Pfd. Kolophonium,
 8 „ Theer,
 2 „ Kalkpulver und
 1⅛ Cubicfuß reinen trockenen Sand,
welche Masse etwa zur Abdeckung von ½ ☐ Ruthe Mauerwerk hinreicht.

§. 12.

Putz auf Mauern aus künstlichen Steinen.
Hier müssen wir gebrannte und ungebrannte Steine
unterscheiden, und zwar mehr in Bezug auf die Wahl
des anzuwendenden Putzmaterials, als auf die Behandlung
desselben.

Auf gebrannten Steinen (Backsteinen) kann man jedes
Material zum Putz verwenden, und Backsteinmauern sind
gerade für Putzarbeiten recht geeignet. Soll der Putz sicher
haften, so muß wieder mit offenen Fugen gemauert, oder
es müssen die Fugen vor dem Putzen ausgekratzt werden.
Da letzteres indessen zeitraubend ist und selten gewissenhaft
ausgeführt wird, so ist das erste Verfahren vorzuziehen,
was auch nach einiger Uebung von den Mauerern ohne
Widerrede geschieht. Wenn überhaupt nur gute Backsteine
verwendet werden sollten, so hat man, wenn die Mauerfläche eine äußere ist und geputzt werden soll, hierauf besonders zu halten, und namentlich solche Steine auszu-
schließen, die salpeterhaltig sind; denn an diesen haftet der
Putz nicht, und eben so wenig an verglasten Steinen.
Kommen alte, durch den Abbruch gewonnene Backsteine
zur Verwendung, so muß man sich hüten, solche Steine,
die früher in Rauchrohrwandungen vermauert waren, in zu
putzende Flächen zu verwenden, denn sie verursachen die
sogenannten Rostflecke, die zu vertilgen nur selten anders
gelingt, als wenn man die Steine aus der Mauer her-
ausspitzt. Ein sorgfältiges Reinigen von Staub und ein
tüchtiges Annässen ist bei den immer viel Wasser einsau-
genden Backsteinen eine unerläßliche Bedingung, wenn man
guten haltbaren Putz herstellen will.

Daß übrigens Mauern aus guten, festgebrannten
Backsteinen des Putzes zum Schutze nicht gerade bedürfen,
beweisen die mittelalterlichen Bauwerke aus diesem Material zur Genüge, indem solche vier und sechs Jahrhunderte
hindurch sich ohne Putz vortrefflich erhalten haben. In
diesen Fällen werden die Mauern gefugt, d. h. die Fugen
so behandelt, wie solches bei den Mauern aus rein bearbeiteten Quadern weiter oben beschrieben wurde. Geschieht
das Fugen mit gewöhnlichem Kalkmörtel, so werden die
Fugen weiß. Obgleich nun z. B. die Holländer das dadurch hervorgebrachte unruhige und kalte Aussehen des
Gemäuers lieben, so ist dies doch nicht Jedermanns Geschmack, und ein gefärbter Mörtel thut jedenfalls dem Auge
weniger wehe. Am einfachsten erhält man diese Färbung,

wenn man dem Mörtel statt des Sandes gesiebtes Ziegelmehl in kleinerer oder größerer Menge zusetzt, wodurch
man zugleich, wenn das Ziegelmehl von recht hart gebrannten Steinen gewonnen wurde, eine Art hydraulischen Mörtel erhält, der dem Wetter besser widersteht als
gewöhnlicher, aus Kalk und Sand gemengter, sogenannter
Luftmörtel.

Bemerkt soll hier noch werden (obgleich es eigentlich
in die Baumaterialienlehre gehört), daß man zu solchem
Kalkmörtel, der zum Putz bestimmt ist und aus fettem
Kalke besteht, nur solchen verwenden sollte, der wenigstens
einen Winter hindurch in gelöschtem Zustande in der Kalkgrube, gegen den Zutritt der Luft geschützt, aufbewahrt
wurde. Ebenso sollte der Sand immer gesiebt, und wenn
er nicht besonders rein ist, gewaschen werden.

§. 13.

Auf ungebrannten oder Lehmsteinen gelingt es selten,
einen Kalkmörtelputz haltbar anzubringen, weil der Kalk
an den Lehmsteinen nicht adhärirt. Man hat verschiedene
Methoden in Vorschlag gebracht, um das sehr wünschenswerthe Ziel zu erreichen, und wir wollen einige davon hier
anführen, obgleich wir überzeugt sein müssen, daß sie ungenügend sind.

Vor allen Dingen müssen die Lehmsteinmauern mit
offenen und nicht zu engen Fugen gemauert werden, damit der scharf gegen die Mauer geworfene Mörtel in diese
hineindringt und so einen Halt gegen das Herabfallen findet. Die Lehmsteinmauer muß freilich wie jede andere vor
dem Putzen gehörig ausgetrocknet sein, doch aber unmittelbar vor dem Putzantrag ebenfalls genäßt werden, weil der
trockene Lehm bei seiner Eigenschaft, das Wasser begierig
einzusaugen, dem Kalkmörtel das zu seiner Erhärtung nöthige Wasser entziehen würde, so daß derselbe, abgesehen
von seiner Abhärenz an den Steinen, an und für sich schon
unhaltbar werden würde. Ferner sucht man wenigstens
die in die Stirn der Mauer tretenden Steine so zuzuberei-
ten, daß der Kalkmörtel leichter an ihrer Oberfläche haftet.
Dahin gehört, daß man beim Streichen dieser Steine
Flachsabgänge (Brechangen) unter den Lehm mengt, oder
die Oberflächen mit groben, recht scharfem Sande inkrustirt. Eine Mischung des Materials zu den Steinen mit
⅛ der Masse Kalk, gefährdet die Hände der Ziegelstreicher,
vertheuert die Sache und liefert doch kein glänzendes Resultat. Andere theeren die vorher ganz getrocknete Mauer,
unter der Voraussetzung, daß der Theer an den Lehmsteinen hafte, der Kalk aber sich mit dem Theer verbinde.
Das wirksamste, wenn auch ziemlich theure Mittel, ist, je
in die dritte oder vierte Schicht der Lehmsteinmauer an der
Stirn eine Reihe gebrannter Steine einzublenden, an denen
dann der Kalkmörtel allerdings besser haften wird. Alle

diese Mittel, einzeln oder oft mehrere in Verbindung an=
gewendet, sichern selten das Gelingen; und höchstens an
solchen Mauern, die nicht gegen die Wetterseite hin liegen,
nicht zu hoch sind, oder durch weit überhängende Dächer
Schutz erhalten. Höhere als einstockige Lehmmauern wird
man indessen niemals haltbar mit Kalkmörtel putzen kön=
nen. Oft begnügt man sich aber auch, einer solchen
Mauer nur eine haltbare Decke von Kalkweiße zu ge=
ben, d. h. die Mauer zu weißen. Entweder streicht man
dann die Mauer vorher mit Theer an, oder mit in wei=
chem Wasser verdünnten, frischen Kuhmist, der, eine Art
Leim bildend, an den Lehm sich anhängt und auch mit dem
Kalk eine ziemlich feste Verbindung eingeht. Der mit
einem gewöhnlichen Mauerpinsel bei warmem Wetter, wo
möglich bei Sonnenschein, aufgetragene Kuhmist muß aber
vor dem Weißen gut getrocknet sein, wozu 1 bis 2 Tage
erforderlich sind.

Wenn es sich nur darum handelt, den Lehmmauern
eine glatte Oberfläche zu geben, ohne daß dieselben den
Einwirkungen des Wetters widerstehen sollen, wie dies z. B.
bei Wandflächen innerer Räume der Fall ist, so putzt man
die Mauer mit demselben Material, woraus sie besteht,
d. h. mit Lehm. Zu diesem Zweck wird auf die vorher
angenäßte Mauer ein nicht zu starker Auftrag von einem
aus Lehm und gehacktem Stroh bestehenden Mörtel ge=
bracht und mit Kelle und Reibebrett glatt gerieben. Hat
derselbe angezogen, ohne jedoch ganz trocken zu sein, so
wird ein feinerer Lehmmörtel, dem statt des Strohes Schebe
oder Kaff (Flachsabgänge, Angeln) nach Verhältniß der
Fettigkeit des Lehms zugesetzt ist, ein abermaliger Auftrag
gemacht, und mittelst des Reibebrettes unter∙ fortwährendem
Annässen glatt gerieben. Auch kann man diesem letzten
Auftrage feinen, scharfen und reinen Sand zusetzen, wenn
der Lehm so fett ist, daß er einen solchen Zusatz vertragen
kann. Die Manipulation mit solchem Sandlehmputz
(wie er an den Orten, wo er gebräuchlich ist, z. B. im
Magdeburgischen und Halberstädtischen, genannt wird), er=
fordert gewandte Arbeiter und eine richtige Mischung, die
sich immer erst durch direkte Versuche ergibt. Der Sand=
lehm hat aber vor dem Schebelehm den Vorzug, daß er
eine glattere, reinere Fläche bildet als jener, weil sich die
kleinern Schebetheilchen nach dem Trocknen gern theilweise
ablösen, der Fläche ein rauhes Ansehen und Gelegenheit
zum Anhängen des Staubes geben.

Ein solcher Lehmputz ist da, wo er gegen Nässe ge=
schützt ist, ein sehr gutes Surrogat für den theureren Kalkputz,
und gewährt noch den Vortheil, daß Farben sehr gut darauf
stehen, was bei dem Kalkputz nicht der Fall ist. Gewalt=
samen Beschädigungen widersteht ein solcher Lehmputz frei=
lich nicht, und es müssen daher vorspringende Ecken durch
Holzleisten oder auf andere Weise geschützt werden.

Uebrigens können auch Mauern aus gebrannten Stei=
nen mit Lehm geputzt werden, wenn sie offene Fugen haben,
wovon bei Feuerungsanlagen vielfach Gebrauch gemacht
wird, weil der Kalkmörtel bekanntlich, größerer Hitze aus=
gesetzt oder unmittelbar vom Feuer bespielt, keine Dauer
zeigt. Auch läßt sich der Lehmputz weißen, obgleich die
Weiße gern abblättert.

<h2 style="text-align:center">§. 14.</h2>

Putz auf Mauern aus gestampfter Erde.
Diese Mauern schließen sich denen aus ungebrannten Lehm=
steinen zunächst an, und das über das Putzen jener Ge=
sagte gilt auch für diese; nur mit der Modifikation, daß
hier der Putz noch schwieriger darzustellen ist, weil den
Pisémauern die Fugen fehlen und sie eine ununterbrochene
glatte Fläche darstellen. Wäre es gelungen, einen dauer=
haften Putz auf Pisémauern darzustellen, so wäre auch der
Hauptübelstand, welcher der Anwendung dieser Bauart ent=
gegentritt, gehoben. Die vielfach angestellten Versuche
haben aber dies wünschenswerthe Resultat noch keineswegs
gehabt, obgleich viele der Experimentatoren mit großer
Zuversicht von ihren Erfindungen oder Methoden sprechen.
Einige der zur Anwendung gekommenen Arten, Pisémauern
zu putzen, sind folgende.

Gewöhnlich begnügt man sich damit, die Oberfläche
der Mauer, wenn sie halb trocken ist, mit einem stumpfen
Besen zu stupfen, um eine möglichst rauhe Fläche zu er=
halten, wobei es gut sein wird, den Besen etwas von oben
nach unten gerichtet gegen die Mauer zu führen*). Auf
die so zubereitete Mauer bringt man einen dünnen Rapp=
Putz aus einem Mörtel, der aus scharfem Sande mit
Lehm und Kalk vermischt besteht**), und ist dieser trocken,
einen zweiten Rapp=Putz aus gewöhnlichem Kalkmörtel.
Es ist immer rathsam, dergleichen Piséwände nur zu be=
rappen, weil glatter Putz noch weit weniger daran haftet.

Ein anderes, aber auch nicht immer zuverlässiges Mit=
tel ist das Eindrücken von Ziegel= oder Backsteinstückchen
dicht neben einander in die noch weiche Masse der Lehm=
mauer, in der Absicht, dem Kalkmörtel hierdurch einen Halt
zu verschaffen. Wenn nun aber auch der Putz an diesen
Steinbrocken haftet, so sitzen diese doch in der Mauer nicht
fest, denn da der Lehm noch weich, d. h. naß sein muß,
wenn die Steine eingedrückt werden, so entstehen, wenn
nun ein Austrocknen erfolgt, rings um die Steine leere
Räume, weil der Lehm beim Trocknen schwindet, und es
werden die Steine mit sammt dem daran haftenden Putz
von der Mauer sich lösen.

---

*) Noch besser ist es, sich hierzu eines passenden, etwa rechenar=
tig gestalteten, eisernen Instruments zu bedienen.

**) Nach Sachs: 3 Theile Lehm und 1 Theil Kalkmörtel, der
wiederum aus 2 Theilen Sand und 1 Theil Kalk besteht.

Herr F. F. Bohn theilt in der Wiener allgemeinen Bauzeitung, Jahrgang 1841, S. 268, folgendes Verfahren zum Abputz von Mauern aus Lehmsteinen und von Pisé- und Wellerwänden mit, das in Sondershausen üblich sein, und den bisherigen Klagen über die geringe Haltbarkeit eines solchen Abputzes vollkommen abgeholfen haben soll. Er sagt:

„Nachdem die Lehmmauer aufgeführt und vollkommen ausgetrocknet ist, zu welchem Zwecke man bei „starken Mauern in geringen Entfernungen durchgehende „Oeffnungen (durch eingelegtes, schwaches Bauholz gebildet) anlegt, werden die Wände rein abgekehrt, und auch „die nach außen offen gelassenen Fugen der Lehmsteine „sorgfältig gereinigt. Auf diese Mauern oder Wände wird „nun ein Putz aufgetragen, welcher aus Lehm mit einer „starken Vermischung von nicht zu kurz gehacktem Stroh „besteht. Am besten ist hierzu das sogenannte Wirrstroh. „Dieser etwa 1 Zoll starke Putz wird mit dem Reibebrett „gerade, aber nicht glatt abgestrichen. So lange derselbe „noch naß ist, werden nun in etwa 2zölliger Entfernung „kleine, etwa 2 Zoll im Quadrat messende Stücke einer „recht porösen Steinart fest eingedrückt und, wo es nöthig, „eingeschlagen. Hier (in Sondershausen) bedient man sich „zu diesen Steinstücken des sogenannten Tuffsteins (Kalktuff), welcher sich mit seinem lockeren Gefüge fest an den „Lehm und das darin gemischte Stroh anhängt. Eben „so gut eignen sich hierzu Stücke von porösen Mauerziegeln (Backsteinen), deren Thon vor dem Brennen mit „Kohlenstücken, Spreu oder dergleichen gemischt wird, wodurch nach dem Brennen eine große Porosität der Steine „entsteht.

„Ist der Lehmputz mit den darin eingedrückten Steinstücken vollkommen trocken, so wird an die Mauer, bei „nicht zu heißer Witterung, der Kalkputz angetragen. Hierzu nimmt man eine Mischung von gleichen Theilen gut „gesiebtem, erdfreiem Kies (Wassersand), frisch gebranntem „Gips und gelöschtem Kalk. Diese Mischung wird mit der „Kelle scharf an die Mauer angeworfen, so daß sie sich in „einer Stärke von ½ bis ¾ Zoll überall zwischen und „an den Steinstücken anhängt. Der Abputz bleibt rauh „(sogenannter Spritzbewurf) und wird nicht glatt gerieben, „weil hierdurch seine Haltbarkeit ganz verloren ginge.

„Nach dem Trocknen des Putzes (welches nicht zu „schnell erfolgen darf, daher bei vorfallendem heißem Wetter der Putz öfter angenäßt werden muß) wird derselbe „mit einer beliebigen Kalkfarbe angestrichen. Hierzu bedient man sich, der Rauhigkeit des Putzes wegen, eines „großen Pinsels oder einer Bürste, welche man stark in „die Farbe taucht und ablaufen läßt, und womit man dann „den Putz so lange bespritzt oder besprengt, bis der Ton „der Farbe ganz gleichförmig ist."

Dieser Abputz soll sich so außerordentlich bewährt haben, daß ganz frei und hochgelegene, dem Wetter ausgesetzte Gebäude zwölf Jahre hindurch „untadelhaft", und ohne „Nachhülfe" nöthig zu haben, sich erhielten.

Handelt es sich nur darum, die nach Innen gekehrten Seiten solcher Mauern oder Wände glatt und eben herzustellen und zur Aufnahme einer Kalkweiße oder Farbe geschickt zu machen, so kann man sich des oben erwähnten Lehmputzes bedienen; ja recht vorsichtig und accurat hergestellte Piséwände wird man durch bloßes Annässen und Abreiben mit dem Reibebrett, oder durch einen dünnen Auftrag von Schebe- oder Sandlehm in den beabsichtigten Stand setzen können, so daß die angegebenen Methoden für den Abputz sich nur auf äußere, gegen die Unbilden des Wetters zu schützende Flächen beziehen.

Daß Mauern aus Kalksand-Pisé nicht wohl geputzt werden können und auch keines Putzes bedürfen, sondern gewöhnlich mit Kalkfarbe angestrichen oder geweißt werden, bei welch' letzterer Arbeit es gut ist, der Tünche etwas Leim oder Soda zuzusetzen, wird hier nur beiläufig bemerkt.

§. 15.

Bevor wir zu dem Abputz auf Fachwänden oder Holz überhaupt übergehen, müssen wir noch eines besondern Façadenputzes gedenken, welchen man musivischen Putz nennen könnte, und der in Berlin einige Male zur Ausführung gekommen ist. Die aus Backsteinen bestehenden Mauern werden nämlich mit einem guten Kalkmörtel nicht zu schwach beworfen, und in die noch weiche Masse kleine Stücke zerschlagenen Granits mit der Hand so eingedrückt, daß sie möglichst dicht an einander schließen und zugleich mit ihrer ebensten Fläche in einerlei Ebene liegen. Die Steinstückchen haben etwa, und höchstens, ½ Zoll Seite, werden nach der Farbe sortirt und der Mörtel wird durch den Zusatz irgend einer Erdfarbe ihnen gleich gefärbt. Das Verfahren ist gerade nicht schwierig, aber sehr zeitraubend und daher theuer, weil jedes einzelne Steinchen mit der Hand eingesetzt werden muß. Ein solcher Putz sieht sehr gut aus und ist eben so dauerhaft, aber es kostete auch in Berlin (wenigstens 1834) die preußische Quadratruthe von 144 Quadratfuß 36 Thaler.

C. Putz auf Riegelwänden und Holz überhaupt.

§. 16.

Soll eine Fläche, die zum Theil aus Mauerwerk, zum Theil aus Holz besteht, mit einem Abputz versehen werden, so bedarf das Holz erst einer besonderen Vorbereitung, damit der Putz daran haftet, während das Mauerwerk nach den Regeln der vorigen Paragraphen geputzt werden kann. Die Vorbereitungen des Holzes sind verschieben; zum Theil schon danach, ob das Holzwerk nur in schmalen Streifen vorkommt, oder ob die ganze Fläche aus Holz besteht. Die einfachste, wohlfeilste, aber auch schlechteste Vorbereitung besteht in dem sogenannten Auf= oder Rauhpicken (Schuppen) des Holzes. Man hauet nämlich mit einem scharfen Mauerhammer, besser mit einer Querart, Löcher in das Holz, so daß die Spähne an dem Holze sitzen bleiben und nur von der Fläche abgebogen erscheinen. Hierbei muß man bei geneigten Flächen von oben nach unten hauen, so daß die Spähne an ihrem unteren Ende an dem Holze haften. Nun wird der Putz, gleichviel aus welchem Material er besteht, gegen die rauh gemachte Fläche geworfen und man erwartet von diesen Rauhigkeiten das Festhalten des Putzes. Dieser muß möglichst dünn, höchstens ½ Zoll stark, aufgetragen werden, weil er sonst zu schwer wird, und schon aus diesem Grunde nicht hält. Für äußere Flächen ist diese Methode durchaus nicht anwendbar und auch für innere Räume gewährt sie wenig Dauer, obgleich sie in diesem Falle noch häufig angewendet wird; vorausgesetzt, daß die zu putzende Fläche nicht etwa ganz aus Holz besteht.

§. 17.

Eine zweite und bessere Verfahrungsart ist das Rohren des Holzwerks, wonach denn ein solcher Putz auch Rohrputz genannt wird. Man befestigt mittelst übergespannten und durch Rohrnägel festgehaltenen Drahts 3 bis 4 Linien starke Rohrstengel parallel mit einander in Zwischenräumen, etwa ihrer Dicke gleich, an dem Holzwerke. Diese Zwischenräume sind wegen der runden Gestalt des Rohrs hinten weiter als vorn, und wenn der scharf eingeworfene Putzmörtel in dieselben einbringt und trocknet, so wird er auf diese Weise festgehalten. Bei dem Befestigen des Rohrs müssen die Stamm= und Wipfelenden der Rohrstengel, bezüglich ihrer Lage gegen einander, abwechseln, doch würde diese Bestimmung, wollte man sie auf jeden einzelnen Stengel anwenden, die Arbeit sehr vertheuern, weshalb es genügt, mit jeder Handvoll abzuwechseln. Sind ganze Holzflächen zu berohren, so werden die Rohrstengel so gelegt, daß ihre Längen die Fugen des Holzwerks senkrecht kreuzen, um die Bewegungen des Holzes, beim Schwinden desselben, dem Rohre nicht mitzutheilen. Bei einzelnen Wandverbandhölzern oder Balken werden die Rohrstengel gewöhnlich parallel mit der Länge der Hölzer gelegt; doch taugt diese Methode aus dem eben erwähnten Grunde nichts, und es ist weit besser, wenn das Rohr in Stücke, deren Länge gleich der Breite der Hölzer oder etwas größer ist, geschnitten (oder gehauen) und diese dann so auf dem Holze befestigt werden, daß sie die Holzadern rechtwinklig kreuzen. Unter einer solchen Berohrung kann das Holzwerk schwinden, ohne daß das Rohr und der daran

haftende Putz dieser Bewegung folgt. Die Befestigung des Rohrs geschieht mittelst ausgeglüheten Eisendrahts (Rohrdrahts) und Rohrnägeln, und zwar so, daß man die Drahtzüge in Entfernungen von 4 bis 5 Zoll, entweder im Zickzack, Fig. 19 Taf. 81, oder parallel und dann rechtwinklig zur Lage der Rohrhalme zieht, und durch Nägel in 4zölliger Entfernung festnagelt, Fig. 22 Taf. 81. Letzteres geschieht dadurch, daß man die mit breiten Köpfen versehenen Nägel nach Fig. 20 in die Ecken des Zickzacks, oder bei parallelen Zügen, nach Fig. 21, mit dem Schaft dicht an den Draht setzt, so daß der Nagelkopf den Draht überfaßt und festhält. Die Nägel sollen nicht weiter als 4 bis 5 Zoll von einander entfernt sein, so daß bei einem Zickzackbezug oft auch in der Mitte zwischen zwei Winkelspitzen ein Nagel geschlagen werden muß.

Bei horizontalen Decken, an denen viel und schwere Stuckatur=Arbeit angebracht werden soll, oder die starken Erschütterungen ausgesetzt sind, pflegt man auch wohl doppelt zu rohren, d. h. zwei sich rechtwinklig kreuzende Lagen von Rohr über einander anzubringen, deren jede für sich, wie eben beschrieben, befestigt wird. Die äußere Lage wird dann mit doppelten Rohrnägeln, welche eine Länge von ½ Zoll haben, genagelt.

Wände oder Decken, die Behufs des Putzens verschalt werden, geben oft durch das Werfen des Holzes Gelegenheit, daß der Putz Sprünge bekommt oder gar theilweise abfällt. Deßhalb müssen die Schalbretter gespalten werden, so daß sie Streifen von höchstens 4 Zoll Breite bilden; oder man wendet, was noch besser ist, statt der Bretter schwache Latten an, die in etwa ½zölliger Entfernung an die Balken ꝛc. genagelt werden. Hier in Stuttgart, wo die Lattenverschalung (Vertäferung) ganz gewöhnlich angewendet wird, werden die Latten, vor dem Befestigen, mit der Querart geschuppt, d. h. auf die Art behandelt, wie wir dieß bei dem Auf= oder Rauhpicken des Holzes beschrieben haben.

Ein Uebelstand des Rohrputzes ist das Rosten des Drahts und der Nägel, wodurch der Halt der Berohrung gefährdet wird. Dieß Rosten tritt besonders dann leicht ein, wenn der Putz viel Gyps enthält oder allein aus diesem Material besteht, weil die Schwefelsäure des Gipses das Rosten des Eisens befördert. Es ist daher nothwendig, in diesem Falle die Nägel sowohl als den Draht mit einem fettigen Ueberzuge aus Leinöl oder Theer zu versehen.

Sollen Gesimse an dergleichen Holzwänden oder Decken gezogen werden, die so viel Ausladung haben, daß sie nicht allein aus Mörtel bestehen können, sondern einen Kern haben müssen, so wird solcher aus Rohrbündeln oder aus befestigten Holzstücken gebildet, die ihrerseits wieder berohrt werden. Dergleichen Gesimskerne müssen hin=

reichend stark befestigt werden, weßhalb hierzu ausreichend lange Nägel oder nöthigenfalls Bankstifte verwendet werden müssen.

§. 18.

In den Gegenden, wo das Rohr theuer und selten zu haben ist, bedient man sich statt dessen der sogenannten Spriegel. Dieß sind in der Mitte von einander gerissene, dünne Ruthen von Haselnußsträuchern, auch von Weiden und Erlen. Sie werden mit eisernen Nägeln so auf die Fläche des Holzes genagelt, daß sie diese mit der konvexen Seite berühren, so daß zwischen zwei dergleichen Spriegeln hohle Räume entstehen, welche hinten weiter als vorn sind, und in welchen der angetragene Putz nach seiner Erhärtung einen Halt findet. Man rechnet meist auf die Breite eines gewöhnlichen Balkens zwei, besser aber drei Spriegel, wonach sich ihre Entfernung von einander auf 3 bis 3 Zoll ergibt.

Die bisher angegebenen Methoden des Putzens erfüllen im Innern von Gebäuden ihren Zweck, nicht aber bei äußern Fachwerkswänden, bei denen es unter allen Umständen schwer bleibt, einen haltbaren Abputz darzustellen. Man verfährt dabei deßhalb noch auf andere Weise.

§. 19.

Nach Menzel soll in den preußischen Ostseeprovinzen folgendes Verfahren üblich sein. Man schneidet kleine, zugespitzte Holzpflöcke, etwa ¾ Zoll lang, am Kopf 3 bis 4 Linien dick. Der Maurer hauet dann, um sie an der Wand zu befestigen, mit einem spitzen Hammer Löcher in das Holzwerk, die etwa ½ Zoll von einander abstehen, und schlägt die Pflöcke ¼ Zoll tief in dieselben ein, so daß sie noch ½ Zoll vor der zu putzenden Fläche vorstehen. Der Putz wird dann so stark angetragen, daß er die Holzpflöcke noch ½ Zoll dick bedeckt, weßhalb man denselben in zwei Lagen antragen muß. Dieser Putz, der etwas theuerer als Rohrputz ist, soll haltbarer als dieser sein, doch aber auch an hochgelegenen, nicht gehörig geschützten Stellen zuweilen abfallen.

§. 20.

Derselbe Schriftsteller sagt ferner*): „Will man auf „Fachwerk und auf Bretterwänden im Aeußern durchaus „einen haltbaren Abputz fertigen, so verfährt man, wie „folgt. Es werden ¾ Zoll starke Bretter nach der Länge „in Streifen von 1 Zoll Breite geschnitten. Diese Strei= „fen oder dünnen Leisten werden so abgehobelt, daß sie „unten schmaler als oben sind. Oben bleiben sie 1 Zoll „breit, unten werden sie nur ½ Zoll breit. Nun nagelt

---

*) Menzel, der praktische Maurer, S. 308.

„man diese Latten mit 2 Zoll langen Nägeln so an das „Stiel= und Riegelwerk, daß sie mit der schmalen Seite „an das Holz, mit der breiten Seite aber nach der Straße „stehen. Die Entfernung der einzelnen Latten darf nicht „über 6 Zoll von Mitte zu Mitte, oder von Unterkante „zu Unterkante betragen. Die Latten werden außerdem „parallel mit dem Fußboden (also wagrecht) aufgenagelt. „Alsdann trägt man den Bewurf am besten in 2 Lagen „so hoch auf, daß er ½ Zoll hoch vor der äußeren Fläche „der Latten vorsteht, also im Ganzen ⁵⁄₄ Zoll dick wird." Die Latten reichen über die Fache hinweg von Stiel zu Stiel, und da sie an den Fachen selbst nicht wohl genagelt werden können, so dürfen die Wandstiele nicht über 5 bis 5½ Fuß von einander entfernt sein, wenn die Latten durch den daran hängenden Putz nicht durchgebogen werden sollen.

In England pflegt man solche Wände, welche dem Wetter sehr ausgesetzt sind, um wärmere und trockene Räume zu erhalten, im Innern auf die Art zu bekleiden, wie es nachstehende Figur näher angibt. A ist die Mauer oder Wand, an dieser sind in Entfernungen von 4—5' horizontale Latten B befestigt, an denen in vertikaler Richtung schwalbenschwanzförmige Latten festgenagelt werden, welche ihrerseits dem Putzmaterial zum Halt dienen. Der erste Auftrag dieses letzteren wird gewöhnlich mit Heu oder Kälberhaaren vermischt, um eine Art Filz zu bilden. Auf diese Weise bildet sich zwischen dem Putz und der Wand ein Luftraum, der, als schlechter Wärmeleiter, Trockenheit und Wärme der Wand befördert.

Bei allen verputzten Holzwänden müssen die darin befindlichen Fenster= und Thüröffnungen mit Einfassungen versehen werden, gegen welche der Putz anstößt, und die also so dick sein müssen, daß sie mit der Oberfläche des Putzes in eine Ebene fallen oder noch etwas vorstehen. Die Einfassungen werden von Holz gemacht und mit Oelfarbe passend angestrichen; denn in eine Holzwand massive steinerne Fenstergewände einzusetzen, wie es z. B. hier in Stuttgart üblich ist, kann unmöglich eine rationelle Construction genannt werden.

D. Die Stuccaturarbeiten.

§. 21.

Unter diesen Arbeiten verstehen wir die Anfertigung der verschiedenen verzierten architektonischen Glieder, Ornamente ꝛc. aus Gips oder andern Materialien und deren Befestigung an Wänden und Decken; ferner die Anfertigung der feineren Putzarbeiten, des sogenannten Weißstucks, des Gipsmarmors, des Stuccolustro ꝛc.

Nur über diese letzteren Arbeiten können wir uns hier weiter aussprechen, und bemerken in Bezug auf die zuerst genannten Gegenstände nur, daß dieselben zuvor in Thon oder Wachs modellirt werden müssen, über welches Modell eine Form von Gips gegossen wird, die zur Vervielfältigung des Modells dient. Für den Architekten genügt es, darauf aufmerksam zu sein, daß er keine Zeichnungen entwirft, deren Ausführung dem Stuckaturarbeiter unmöglich oder doch sehr schwierig wird. Hierher gehört das Vermeiden von zu tiefen Unterschneidungen oder überhaupt von solchen Formen, die sich nicht gießen lassen, weil sie nicht aus der Gußform herauszubringen sind. Es ist daher durchaus nöthig, daß man beim Entwerfen und Zeichnen von dergleichen Gegenständen fortwährend die plastische Gestalt im Geiste vor Augen hat, und sich von derselben durch häufige Profilzeichnungen stets Rechenschaft gibt.

Demnächst ist die Befestigung von dergleichen Verzierungen mit Vorsicht zu überwachen, weil sie oft ein bedeutendes Gewicht haben und durch ihr Herabfallen gefährlich werden können. Man muß daher Eisen bei der Befestigung zu Hülfe nehmen, und da durch das Nageln die Gegenstände leicht zertrümmert oder wenigstens doch beschädigt werden, so nimmt man Schrauben, deren Köpfe natürlich versenkt und versteckt werden müssen. Bei hohen, stark lastenden Friesen ꝛc. ist es außerdem immer anzurathen, daß an ihrem Fuß gewöhnlich vorhandene einfassende Gesims so einzurichten, daß es den Fries zu tragen im Stande ist und die in letzteren selbst angebrachten Schrauben oder Haken nur die Entfernung desselben von der Wand zu verhüten haben. Die jedesmalige Lokalität muß die anzuwendenden Mittel bestimmen, und wir müssen daher die Anführung einiger Beispiele dem mündlichen Vortrage überlassen.

Was die Anfertigung der feineren Putzarten, des Gipsmarmors ꝛc. anbetrifft, so gibt die Wiener allgemeine Bauzeitung vom Jahre 1840 auf Seite 220 u. s. f. eine detaillirte Anweisung dazu, die wir hier folgen lassen wollen*).

§. 22.

Ueber Anfertigen des Stuckmarmors, Stuckoluftro und über Vergolden auf polirtem Stuckmarmor.

I. Stuckmarmor.

a) Vorrichtung der Wände, welche mit Stuckmarmor bekleidet werden sollen.

Massive Wände, die mit Stuckmarmor überzogen werden sollen, müssen ganz roh ohne allen Kalkputz sein,

da letzterer mit dem aufzubringenden Gips keine Verbindung eingeht. Die Fugen der gebrannten oder der Bruchsteine müssen sorgfältig aufgehauen und von allen Kalktheilen gereinigt werden. Die Backsteine dürfen durchaus keinen Salpeter enthalten, weil derselbe „ausschlägt“ und Flecken im Stuckmarmor verursacht, die schwer wieder fortzubringen sind. Stark gebrannte und auch Chamottsteine sind zu solchen Mauern am geeignetsten.

Zuerst wird nun an der von Kalk gereinigten Mauer der Grundputz aufgetragen. Derselbe besteht zur Hälfte aus Gips und zur Hälfte aus scharfem Sande, der mit schwachem Leimwasser angerührt ist. Dieses wird aus ½ Pfund Leim auf 8 bis 10 Handeimer Wasser hergestellt. Der Grundputz wird in einer Dicke von 4 bis 5 Linien wie der gewöhnliche Putz aufgetragen, doch muß die Oberfläche desselben möglichst rauh bleiben, damit der darauf zu tragende Stuckmarmor gehörig hafte und dadurch größere Festigkeit erhalte. Ist der Grundputz völlig ausgetrocknet, so wird der Stuckmarmor aufgetragen, wobei jedoch die zu bedeckende Stelle vorher immer gut angenäßt werden muß. Sollen Fachwerkswände mit Stuckmarmor bekleidet werden, so müssen die Stiele und Riegel derselben doppelt gerohrt werden, oder die ganze Wand wird mit sehr dünnen Latten in horizontaler Richtung benagelt. Diese Latten, von etwa ¾ Zoll Breite, lassen alsdann Zwischenräume von ½, höchstens ¾ Zoll. Die Nagelköpfe werden durch einen Anstrich von Theer, Pech oder von Leinöl, das auch mit etwas Farbe gemischt sein kann, vor dem Rosten geschützt, da sonst der Stuckmarmor leicht durch Rostflecken verunreinigt werden könnte.

b) Praktisches Verfahren bei Anfertigung des Stuckmarmors.

Man macht den rein gesiebten Gips mit Leimwasser an und arbeitet ihn mit einer kleinen Kelle, die der Mauerkelle sehr ähnlich ist, zu einem Teige. Diesem Teige setzt man gut mit Wasser abgeriebene Farben zu, und verarbeitet die Masse von Neuem mit der Kelle, bis sie durchweg gleichmäßig gefärbt erscheint. Das gibt nun den Grundton des nachzuahmenden Marmors. Um von diesem Grundtone mehrere Nüancen zu erhalten, gibt man demselben mehrere Abstufungen und Nebentöne, indem man einem Theile des gefärbten Teiges Farbe hinzusetzt und auf's Neue durcharbeitet. Aus jeder dieser nach Abstufungen gemischten Massen macht man einen Kloß, und durchknetet diese so lange, bis sie eine gewisse Konsistenz erhalten haben. Nach diesen Vorbereitungen werden die

---

*) Diese Anweisung hier aufzunehmen, sieht sich der Verfasser um so mehr veranlaßt, als sie fast wörtlich mit der übereinstimmt, welche er selbst im Jahre 1832 auf der allgemeinen Bauschule in Berlin nach dem Vortrage des jetzigen Hrn. Geheimen-Oberbauraths Linke in Berlin nachgeschrieben hat.

mit der Grundfarbe versehenen größeren Klöße zerrissen und in bunter Unordnung an einander gereiht. Darauf über- gießt oder besprizt man die Klöße mittelst der erwähnten Kelle mit der sogenannten Sauce, welche die Adern bil- det. Diese Sauce besteht aus Leimwasser, Gips und Farbe. Hierauf werden wiederum Klöße oder Kugeln hin- gestellt, diese abermals mit derselben Sauce, oder, wenn verschiedenartige Adern vorkommen sollen, mit einer aus andern Farben gemischten Sauce übergossen, und nun das Ganze zu einer Wurst zusammengerollt, diese mit einem Messer in Scheiben geschnitten, selbige in Wasser einge- taucht und dann auf den vorher stark angenäßten Grund- puz angelegt und mit der Kelle gut festgestrichen. Das Ueberstreichen mit einer angenäßten Kelle muß noch einige Male hinter einander geschehen, wodurch sich die einzeln angelegten Marmorscheiben besser an einander schließen und dann eine zusammenhängende Masse bilden. Beim Anfer- tigen des Granits und Porphyrs werden die verschieden gefärbten Klöße in Scheiben geschnitten und getrocknet, als- dann in Stückchen zerklopft und in die Masse, die den Grundton bildet, eingemengt.

c) Schleifen und Poliren des Stuckmarmors.

Sobald die belegte Fläche vollkommen gebunden und erhärtet ist, wird sie mit einem Hobel von den stärksten Unebenheiten befreit; dieß geschieht am bequemsten, indem man zuerst sogenannte Lehren hobelt, und nach diesen die übrigen Flächen abarbeitet. Nach dem Hobeln kann man sogleich mit einem großen Sandsteine mit ebener Grund- fläche schleifen (rauh schleifen), welches so lange fortgesetzt werden muß, bis alles vollkommen gleichmäßig und eben ist, und sich keine Risse (Mazen) mehr vorfinden.

Nun läßt man den Marmor vollkommen austrocknen, was in einigen Tagen geschieht, und schreitet dann zum Kräzschleifen mittelst eines groben Grünsteins, wodurch die vom Sandsteine zurückgelassenen Risse fortgeschafft wer- den. Eine Stunde nachher kann man den Marmor spachteln, d. h. die Fläche von allem darauf befindlichen Schliff reinigen, die darin befindlichen Löcher und Poren mit einem spizen Messer sorgfältig ausstechen und reinigen, und dann mit einer Masse aus dünnem Gipsteig mit sehr schwachem Leimwasser und der Farbe des Grundtons über- pinseln und ausfüllen. Nachdem diese Masse etwas gebun- den hat, zieht man die Fläche mit einem schmalen Brett- chen von Buchenholz, welches an einer Seite in einer scharfen Kante endigt, rein ab. Dies Verfahren wendet man zwei bis drei Mal hinter einander an, bis sich keine Poren mehr zeigen. Hierauf wird der Stuck verdünnt und von Neuem mit dem Pinsel aufgetragen. Dieser Antrag wird nun, nachdem er gehörig trocken ist, mit dem erwähn- ten Kräzstein abgezogen, dann wieder zwei Mal ge-

spachtelt und abgezogen, und nachdem der dritte Ueberzug, welcher wie vorhin aus verdünntem Stuck besteht, getrock- net ist, wird derselbe mit einem etwas feineren Grünstein abgeschliffen. Bei den nun folgenden Ueberzügen bedient man sich zum Abschleifen derselben eines noch feineren Steines (Zieher genannt) und nach dem lezten Ueber- zuge, welcher nun folgt und der aus Weißstuck besteht, und ein Mal abgezogen, und dann mit Wasser, worunter einige Tropfen Leim und ein wenig Gips gemengt sind, überstri- chen wird, kann man zum Abschleifen entweder denselben Stein oder noch feinere anwenden. Leztere sind, wie sich von selbst versteht, besser und vermehren den Glanz der Politur nach Verhältniß ihrer Feinheit. Nach diesem Ab- schleifen folgt das Poliren. Man bedient sich dazu eines härteren Steines oder des sogenannten ersten Polirers, mit dem man zwei Mal nach der angegebenen Weise ope- rirt. Ein einmaliges Poliren mit einem Blutsteine macht den Beschluß, wodurch der vollkommenste Glanz her- gestellt sein muß.

Nachträglich muß noch bemerkt werden, daß bei dem jedesmaligen Schleifen die Fläche fortwährend mit einem Schwamme benezt und von dem abgeschliffenen Stuck ge- reinigt werden muß. Man muß sich bei dem Schleifen mit den Steinen ja in Acht nehmen, nur den überstriche- nen Stuck vom Marmor abzuschleifen; denn hat man diese Kruste durchgeschliffen, so muß auf's Neue ein Stucküber- zug gemacht und dadurch die Arbeit des Polirens wieder- holt werden.

Die dunkeln Marmorarten werden, um sie noch grel- ler zu erhalten, nachdem man mit der Steinpolitur auf- gehört hat, mit Leinöl mittelst eines Läppchens tüchtig getränkt; ist das Leinöl eingetrocknet, was in ein Paar Stunden geschieht, so wischt man den Marmor mit einem leinenen Läppchen rein ab, überstreicht ihn mit Terpentinöl, worin etwas gelbes, oder besser weißes Wachs aufgelöst ist, und reibt ihn tüchtig mit einem trocknen, wollenen oder auch seidenen Lappen.

Dies Verfahren kann man zwei Mal wiederholen, wodurch auch noch manche Unreinigkeiten von dem Marmor genommen werden.

Den weißen Marmor pflegt man nach dem Poliren nur mit Terpentin, in dem etwas weißes Wachs aufgelöst ist, zu überstreichen und mit Lappen nachzureiben, ohne ihn vorher mit Leinöl zu tränken, weil dieses den Marmor gelb färben würde. Werden Säulen, Nischen, Gesimse, Vasen ꝛc. mit Stuckmarmor bekleidet, so muß man sowohl die Spachtelhölzer als auch die Steine nach den Profili- rungen der Gegenstände zurichten.

An schwierigen Stellen sucht man die Politur statt mit Steinen mit Schachtelhalm zu bewirken; das Verfah- ren bleibt dem mit den Steinen gleich. Die Schachtel-

halme, die in ein Bündel zusammengedreht werden, muß
man aber vor dem Gebrauche erst in Wasser einweichen
und dann auf einem Brette etwas weich reiben. Die
Härte der Polirsteine probirt man, indem man sie mit
den Zähnen ritzt. Der letzte Polirer darf sich nicht mehr
ritzen lassen.

d) Anfertigung der in Stuck eingelegten Deffins.
(Mosaikarbeit.)

Die Mosaikarbeit besteht in Einlegung gewisser Def=
sins in den Grund des Gipsmarmors. Sobald der Grund
der Fläche in einem dem darzustellenden Gegenstande an=
gemessenen Farbentone angelegt und bis zum ersten Zieher
abgeschliffen worden ist, wird mit einem Messer, welches
eine gerade Schneide und einen gekrümmten Rücken hat,
der Umriß des Gegenstandes sauber ausgeschnitten und der
zwischen den Konturen befindliche Raum von seiner Schale
bis auf den Grund befreit. Der entstandene leere Raum
wird mit einer weichen, teigartigen Stuckmasse, welche die
Grundfarbe des nachzubildenden Gegenstandes hat, mittelst
eines passenden Spachtels ausgefüllt. Ist diese Masse er=
härtet, so wird sie gespachtelt, bis zum ersten Zieher ab=
geschliffen und mit der Oberfläche der übrigen Fläche ge=
ebnet. In dieser Grundfarbe werden sodann diejenigen
Stellen wieder ausgeschnitten, welche als Hauptparthien
des Bildes darin dominiren. Diese werden wieder mit den
bedingten Farben ausgelegt und bis zum ersten Zieher ge=
schliffen. Hierauf folgen die zunächst untergeordneten Par=
thien, welche ebenso behandelt werden; und so fährt man
fort, bis der darzustellende Gegenstand in allen Theilen
der Form und Farbe nach völlig hergestellt ist. Das vol=
lendete Bild, auf diese Art in den Grund eingelegt, und
ganz mit der Grundfläche gleich geebnet, erhält dann in
Gemeinschaft mit der ganzen Fläche die dem Stuckmar=
mor zukommende Politur, welche die Farben ungemein
heraushebt.

Bringt man den Grund nicht bis zum Abschleifen
mit dem ersten Zieher, so fehlt ihm die gehörige Festigkeit
und er behält immer noch kleine Löcher, in die sich beim
Schleifen der gefärbte Stuck von der eingelegten Arbeit
einreibt, so daß auf diese Weise die ganze Arbeit unrein
und die Konturen nicht scharf genug erscheinen.

e) Anfertigung der Fußböden in Stuckmarmor*).

Man pflastert den Grund mit gebrannten Steinen.
Auf diesem Pflaster breitet man eine 1 Zoll hohe Lage
von trocknem Sande aus, auf welchen dann glatt gehobelte
Latten und Brettstücke nach dem Deffin des Fußbodens ge=
legt werden. Man kann diese Holzstücke mit Seifenwasser
(eine Mischung von Wasser, Oel und Seife) bestreichen,

---

*) Vergleiche Kap. 7 §. 7 am Schlusse.

damit sie sich nachher desto bequemer herausheben lassen.
Sind die Latten gehörig gelegt, so gießt man den einge=
rührten Gips dazwischen; fängt er an zu binden, so wird
er mit einem Schlägel festgeschlagen, so lange, bis der
Gips das Wasser wieder von sich gibt (schwitzt). Alsdann
wird mit einer Kelle die Fläche überglättet und festgedrückt;
darauf nimmt man vorsichtig die Lattenstücke heraus, gießt
in die entstandenen Zwischenräume anders gefärbten Gips
hinein, und verfährt mit diesem wie vorher. Sodann kann
man die ganze Fläche, nach dem beschriebenen Verfahren,
wie den Stuckmarmor, poliren.

Zuweilen gießt man auch einzelne Gipsstücke und
bringt sie dann erst zur Stelle, wo sie scharf gegen ein=
ander gelegt werden. Dies Verfahren ist aber nicht so
gut, als wenn der Fußboden im Ganzen an seiner Stelle
gegossen wird.

f) Anfertigung des Weißstucks.

Der Grundputz besteht aus scharfem Sande, Kalk und
Gips. Sobald man den Grundputz auf die Mauer getragen
hat und derselbe gehörig getrocknet ist, wird der Weißstuck,
aus zwei Theilen gutem Weißkalk, einem Theil Gips und
etwas schwachem Leimwasser bestehend (der Gips muß aber
vorher schon gehörig eingerührt sein, ehe man ihn zum
Weißkalk bringt), mit einem Aufziehbrett aufgezogen, und
alsdann mit einer Stahlkelle eben geglättet. Dieses Auf=
ziehbrett besteht aus Weiß= oder Rothbuchenholz, ist etwa
15 Zoll lang und 6 bis 7 Zoll breit, und hat die Dicke
eines Messerrückens. Wird der Weißstuck während der
Arbeit zu hart, so muß man ihn mit reinem Wasser an=
netzen und weich zu erhalten suchen. Ist der Stuck ziem=
lich verbunden und hart geworden, so wird er mit der
beim Stuckolustro vorkommenden Politur und mit wollenen
Lappen polirt. Das Poliren wird einige Male wieder=
holt, bis sich keine blinden Flecke mehr zeigen.

II. Stuckolustro.

a) Bestandtheile der Masse.

Die Masse des Stuckolustro besteht aus einer Mi=
schung von wohl durchschlagenem Kalk und Marmorstaub.
Statt des letzteren kann man auch weißen Alabaster und
im Nothfall auch feinen weißen Sand nehmen. Beide Be=
standtheile werden sehr fleißig zusammengearbeitet und so
in ihrer Mischung gehalten, daß die auf die Kelle gelegte
Masse leicht daran herabgleitet. In der Regel werden
zwei Theile Marmor= oder Alabasterstaub und ein Theil
Kalk erfordert.

b) Anfertigung des Grundes.

Derselbe kann von gutem Kalk und scharfem Grand=
sande angefertigt werden, da Stuckolustro auf Gipsgrund

nicht haften würde. Alles, was von der Bereitung des Grundes zum Stuckmarmor früher gesagt worden, gilt auch hier.

c) Anfertigung des Stuccoluſtro.

Nachdem der Marmorſtaub, oder anſtatt deſſelben feiner weißer Sand, und der geſchlemmte Kalk ſorgfältig gereinigt worden und darunter diejenige Farbe gemiſcht iſt, welche den Grundton des darzuſtellenden Marmors gibt, wird der Stuck zwiſchen zwei Latten angetragen, alsdann glatt gezogen, mit der Kartätſche abgerieben und mit einem Reibebrett, das mit weißem, reinem Filz überzogen iſt, ganz geebnet, ebenſo wie man den gewöhnlichen Putz anfertigt. Die ganze Auflage auf den Grund erhält die Dicke eines Meſſerrückens.

Mit einer 4 bis 5 Zoll langen, 2 Zoll breiten, polirten Stahlkelle, welche eine recht glatte Oberfläche haben muß, ziemlich ſcharfe Kanten und einen gekrümmten Griff hat, wird dieſe Oberfläche glatt geſchliffen, ſo daß alle Poren zugedeckt ſind und eine ganz ebene Oberfläche entſteht. Dieſe wird nun mit demjenigen Marmor bemalt, welchen die Fläche darſtellen ſoll. Zu dieſem Behuf werden Erdfarben, und überhaupt ſolche Farben, die im Kalk ſtehen, von den nöthigen Tönen mit ſchwachem Leimwaſſer oder Ochſengalle vermiſcht, welche das Einfreſſen der Farben und deren Feſtigkeit bewirkt. Man malt mit dieſen Farben auf der Fläche mit Tuſch- und Borſtenpinſeln die Adern und Partien des Marmors. Die Fläche muß aber noch naß ſein und in dieſem Zuſtande bis zur Beendigung der Malerei verbleiben; auch iſt es gut, wenn mehrere Farben aufgemalt werden, nicht eine Farbe auf die andere zu tragen. Man laſſe die Stelle frei, wo die ſtärkere Farbe zu ſtehen kommt, damit man die Farben immer auf die reine Wand bringt. Sind die auf den Grund gemalten Farben eingezogen, was man durch Wiſchen mit dem Finger unterſuchen kann, ſo ſtreicht man mit der Polirkelle dieſelben behutſam ein. Hiernächſt aber beſtreicht man die Fläche mit der weiter unten angegebenen Politur mittelſt eines Pinſels, die, ſo wie ſie anfängt einzuziehen, ſich mit einer weißen dünnen Haut überzieht. Ueber dieſe wird mit der flachen Seite der ſtählernen Kelle in ſehr gleichen, neben einander folgenden Streifen hinweggerieben, und ſogleich tritt der Glanz hervor. Beim Anfange des Polirens muß man aber ſehr vorſichtig ſtreichen, weil man leicht die Farben mit der Kelle verwiſchen kann; beim zweiten Male geht das Poliren ſchon bei weitem ſicherer. Dieſe Operation wird einige Male wiederholt, bis ſich keine blinden Flecke mehr zeigen. Je ſorgfältiger dieſes Streichen geſchieht, deſto ſchöner wird die Politur, wozu jedoch große Uebung erforderlich iſt, die man nicht ſogleich erlangt.

d) Fußböden mit Stuccoluſtro.

Man belegt den Grund mit Mauerſteinen (Backſteinen); darüber breitet man eine Lage von kleingeſchlagenen Ziegelſtücken mit Mörtel gemengt, welche mit hölzernen Schlägeln feſtgeſtampft wird. Auf dieſe kommt die zweite, einen Zoll dick von Kalk und ſcharfem, grobem Sand, welche dann dem Stuccoluſtro zur Grundlage dient, der im Uebrigen ganz ſo bearbeitet wird, wie an den Wänden.

e) Politur zum Stuccoluſtro.

Zwei Quart (5 Schoppen württ.) Flußwaſſer, 6 bis 8 Loth gelbes Wachs (zu weißen Arbeiten weißes Wachs), 4 Loth leichte Seife und 2 Loth sal tartari, oder Weinſteinſalz, werden auf folgende Weiſe zuſammengekocht. Man läßt das Waſſer tüchtig ſieden, ſchüttet alsdann das in Stücke geſchnittene Wachs und gepulverte sal tartari hinzu und rührt ſo lange, bis beides zergangen iſt; alsdann bringt man die ebenfalls in Stückchen zerſchnittene Seife hinzu, und läßt auch dieſe ſich auflöſen.

f) Politur zum Nachputzen bei Stuccoluſtro- und Stuckmarmorarbeiten.

Man rührt 4 Loth Wachs und 1 Loth sal tartari tüchtig durch einander, gießt alsdann ein wenig kochendes Flußwaſſer hinzu unter fortwährendem Umrühren; wird die Maſſe dick, ſo gießt man mehr kochendes Waſſer hinzu. Dies Verfahren wiederholt man einige Male bei immerwährendem Rühren, und läßt nun die Politur ſtehen, die beim Erkalten ſchmalzartig wird.

Dieſe Politur läßt ſich auch bei Ornamenten, Gliederungen aus Gips und Weißſtuck ſehr gut zum Poliren mittelſt wollener Lappen anwenden. Hierbei iſt es aber gut, wenn man dieſe Gegenſtände zuvor mit ſchwachem Leimwaſſer tränkt, weil ſonſt die Politur zu ſchnell einzieht. Auch kann man alten Marmor, ſo wie alten Stuccoluſtro mit dieſer Politur wieder aufputzen und ihm neuen Glanz geben.

g) Farben zum Stuckmarmor.

Schwarz: Frankfurter Schwarz. Will man die Farbe ſehr intenſiv haben, ſo ſetzt man etwas Indigo hinzu.

Roth: Wiener Lack, Engliſch Roth, gebrannter Ocker, Zinnober, Kupferroth.

Gelb: Gelber Ocker, Chromgelb (hell und dunkel), Schüttgelb.

Blau: Indigo, Bergblau, Wiesbacher-Blau, Smalte-Blau.

Braun: Kaßler-Braun oder Umbra.

Die Gegenstände zum Vergolden müssen übrigens sehr trocken sein, sonst wird viel Gold ankleben, welches an sich verloren ist, und außerdem die Fläche verdirbt.

Beim Vergolden von Verzierungen kann man die Zeichnung derselben mittelst eines weichen Pinsels und mit Oelfirniß durch Patronen streichen; doch müssen letztere vor dem jedesmaligen Auflegen sorgfältig gereinigt werden.

Man kann auch durch das Zusammenschmelzen von Wachs und venetianischen Terpentin, zu gleichen Gewichtstheilen, einen Goldgrund erlangen. Die Masse wird warm aufgetragen und das Vergolden geschieht auf die angegebene Weise.

Als Grund ist ferner Bernsteinlack anwendbar; ist derselbe zu dick, so wird er mit etwas Terpentinöl verdünnt. Unter diesen Lack muß dann Zinnober oder sonst eine passende Farbe gemischt werden.

Will man schnell vergolden, so gebraucht man Oelfirniß mit Bernsteinlack.

c) Auf Gips zu vergolden.

Man löst Schellack in Spiritus auf, deckt zuerst den Grund ein bis zwei Mal, trägt alsdann dickgekochten Firniß darüber, worauf das Goldblättchen gelegt wird. Statt des aufgedeckten Schellacks kann man auch den Grund mit Leim überstreichen.

E. Das Abfärben der Mauerflächen.

Streng genommen, gehört das Abfärben der Mauern und Wände wohl nicht mehr in die Bau-Constructions-Lehre, doch aber ist es immerhin ein Gegenstand, der die Aufmerksamkeit des Architekten in Anspruch nimmt; und da wir nicht leicht einen passendern Ort finden werden, so mag hier das Nothwendigste darüber folgen. Die eigentliche Malerarbeit übergehen wir ganz, und beschränken uns nur auf den gewöhnlich von den Mauerern oder Weißbindern vorgenommenen Anstrich, besonders äußerer Flächen.

§. 23.

Die einfachste Arbeit in dieser Beziehung ist das Schlemmen und Weißen (Weißnen) der Mauern, Wände und Decken. Meistens sind diese Flächen geputzt.

Unter dem Schlemmen einer Fläche versteht man den ersten Ueberstrich derselben mit ganz dünnem Kalkwasser. Dieser darf nicht eher geschehen, als bis der Putz der Fläche durchaus trocken ist. Um aber einen gleichmäßigeren Ton zu erhalten, wiederholt man den Anstrich noch ein oder zwei Mal mit einem Kalkwasser, welches man aus möglichst weißem Kalk anmacht und wo-

zu man etwas Lakmus mischt, damit die Kalkweiße nicht so bald gelb wird, was sie gern thut, wenn dieser Zusatz fehlt. Diese letzteren Anstriche nennt man das Weißen. Bei frisch geputzten Flächen gelingt das Weißen gewöhnlich sogleich und ohne Schwierigkeit bei dem ersten oder zweiten Anstrich; nicht aber bei alten, schmutzigen, namentlich durch Oel- und Lichterdampf verunreinigten Decken oder Wänden. Diese müssen oft drei und mehrmal geweißt werden, und erhalten dann doch oft keinen gleichmäßigen Ton.

Das Weißen ist wohlfeil und hat den Vortheil, jedes Mal das an und in den Wänden nistende Ungeziefer zu tödten, gibt aber einen kalten, blendenden Anstrich, der dem Auge wehe thut, weshalb ein bloßes Weißen der Façaden in manchen Städten aus Gesundheitsrücksichten verboten ist. Außerdem führt es den Uebelstand mit sich, daß sich bald eine Kruste an den Flächen bildet, die leicht abblättert und die Schärfe der Profilirung an Gesimsen und Verzierungen verschwinden macht. Soll nun eine solche alte Fläche neu geweißt werden, so muß das von der alten Kalkkruste, was nicht festsitzt, mit sogenannten Scharreisen abgeschabt werden, und da dies nur an einzelnen Stellen geschieht, so wird die Fläche bald uneben und sieht dann sehr schlecht aus.

Sind die Flächen mit Lehm geputzt und sollen geweißt werden, so muß man dieselben vorher mit Milch, schwarzer (grüner) Seife oder mit Alaunwasser schlemmen, wenn die Weiße haften soll.

§. 24.

Sehr oft erhalten nun aber die geputzten Façaden einen farbigen Anstrich, und diesen stellt man mittelst Kalkfarben her. Es werden nämlich die Farbstoffe (meist Erdfarben) etwa zwei Tage lang in weichem Wasser eingeweicht, dann dem wie zum Weißen angemachten Kalkwasser zugesetzt, und mit diesem so lange durch Umrühren gemischt, bis alles gleichmäßig gefärbt erscheint. In diesem Falle werden die Flächen vor dem Anstriche zwar geschlemmt, aber nicht geweißt, weil von der Weiße die Kalkfarbe gern abblättert, wodurch sehr unangenehm aussehende weiße Flecke entstehen. Um dies vollkommen zu verhüten, und überhaupt kleine Beschädigungen an den geputzten und abgefärbten Flächen dem Auge zu entziehen, thut man besser, dem Mörtel zu den letzten Putzanträgen die Farbstoffe beizumischen, vorausgesetzt, daß es keine solchen sind, die die Bindekraft des Mörtels verringern. Die abzufärbenden Flächen müssen durchaus trocken sein, und man thut gut, recht warme Tage zur Vornahme des Anstrichs abzuwarten; denn um einen recht egalen, fleckenlosen Ton der Farbe zu bekommen, ist es nöthig, daß der Anstrich rasch und gleichmäßig trockne. Man wird finden, daß auf Flächen, die gegen Norden liegen, und daher dem direkten Sonnen-licht entzogen sind, die gefärbten Flächen nicht nur dunkler im Ton erscheinen, sondern auch gewöhnlich fleckig werden; und es gelingt sehr selten, durch einen wiederholten An-strich diese Flecke fortzuschaffen, sie werden vielmehr meistens nur noch schlimmer.

In neuerer Zeit hat man auf frisch geputzten Faça-denmauern einen Anstrich aus ganz dünn mit Wasser an-gemachtem Portland-Cement zur Anwendung gebracht, der einen äußerst dauerhaften, sandsteinfarbigen Ueberzug lie-fern soll.

Will man statt der Kalkfarbe der Leimfarbe sich bedienen, so ist es gut, die Flächen weder zu schlemmen noch zu weißen, sondern sie mit Milch, schwarzer Seife oder Alaunwasser zu überziehen. Sollen alte, öfter ge-weißte Wände oder Decken gemalt werden, so darf man dieselben nicht etwa vorher frisch weißen, sondern man muß die alte Kruste durch Aufweichen mit Wasser und Schleifen mit einem groben Sandsteine noch möglichst zu entfernen suchen, dann die Fläche mit Milch ꝛc. schlemmen, und nun den Farbenanstrich auftragen.

Sehr oft verlangen dergleichen Wände vor dem An-strich eine Ausbesserung des Abputzes, und in diesem Falle thut man besser, diese Ausbesserung statt mit Kalk- mit Lehmmörtel vorzunehmen, weil dem Kalk gewöhnlich nicht Zeit gelassen wird, vollständig auszutrocknen, und er dann die Farben wegfrißt oder doch so verändert, daß sehr häßliche Flecke entstehen, was bei dem Lehm nicht der Fall ist.

Daß man auf Lehmputz unmittelbar ganz vorzüglich gut mit Leimfarbe malen kann, und die Farben darauf besonders rein und klar erscheinen, haben wir schon früher angeführt.

An den Wänden finden sich oft Flecke, die dadurch entstanden sind, daß Schornsteinruß durch die Steine ge-drungen ist, und die sehr schwer zu vertilgen sind. Men-zel gibt für diesen Zweck folgendes Mittel an. Man rühre Kienruß in etwas Kornbranntwein ein, mische dies mit dickgelöschtem Kalk und dann mit Wasser, in welchem et-was Alaun aufgelöst worden ist, so daß der Anstrich dünn genug wird. Mit diesem Gemenge überstreiche man der-gleichen Wände, das erste Mal schwarzgrau, das zweite Mal etwas lichter, worauf man ohne Bedenken den weißen Grund, und wenn es gefordert wird, jede beliebige Farbe auftragen kann; nur muß man so vorsichtig sein, die ersten Anstriche völlig hart austrocknen zu lassen.

Als Farbstoffe kann man, namentlich auch zu den Kalkfarben, etwa folgende verwenden.

Weiß: Kreide, Kremnitzerweiß, Bleiweiß, Schiefer-weiß.

Schwarz: Kienruß, Frankfurterschwarz, Reb-schwarz.

Roth: Englischroth, Todtenkopf (caput mortuum), Bolus.

Gelb: Heller Ocker, Schüttgelb, Neapelgelb.

Blau: Smalte, Indigo, blaues Lackmus, blaue Eisen-erde, Bremerblau.

Braun: Mittlerer und dunkler Ocker, kölnische Erde, gebrannte grüne Erde.

Grün: Grüne Erde, Parisergrün und alle Mischun-gen aus Blau und Gelb.

Daß es auch giftige, der Gesundheit nachtheilige Far-ben gibt, die man zum Anstrich innerer Räume, nament-lich von Schlafzimmern, vermeiden muß, ist bekannt, und soll hier auch nur flüchtig erinnert werden.

Einige „Andeutungen über Façaden-Färbung in Kalk-farbe" mit beigelegten Farbenproben von Hrn. Maler Hempel in Berlin, finden sich in Romberg's „Zeit-schrift für praktische Baukunst" Jahrg. 1853 S. 316.

Neuntes Kapitel.

Stärke der Mauern und Gewölbe.

§. 1.

Die Beantwortung der Frage, welche Stärkabmessungen man den Mauern und Gewölben eines Bauwerks zu geben habe, hat so bedeutenden Einfluß auf die Gestaltung, Halt-barkeit und auf die für das Bauwerk aufzuwendenden Kosten, daß wir sie unstreitig unter die wichtigsten im ganzen Bereiche der Baukunst einreihen, zugleich aber auch unbedenklich als eine der schwierigsten bezeichnen dürfen.

Es hat nicht an Bestrebungen gefehlt, mit Hülfe der Wissenschaft ein Resultat in dieser Richtung zu erzielen; leider sind aber bis heute diese Bemühungen ziemlich un-fruchtbar geblieben. Und wenn wir auch nicht läugnen können, daß diese Bestrebungen dazu beigetragen haben, die Grundsätze festzustellen, nach denen man die Festigkeit eines Mauerkörpers zu beurtheilen hat, so hat es anderseits doch nicht gelingen wollen, allgemeine, für alle Fälle passende Regeln aufzustellen, oder Formeln zu geben, in welchen die gesuchten Abmessungen als Funktionen der gegebenen Um-stände erscheinen, wie dies doch, mit mehr oder weniger Glück, bei den beiden andern Haupt-Baumaterialien, dem Holze und Eisen, der Fall ist. Der Grund hiefür liegt auch nahe genug, nämlich in dem Umstande, daß ein Mauerkörper bei weitem nicht ein so gleichmäßiger Körper ist, als ein Holzbalken oder eine Eisenstange. Es wird auch schwerlich gelingen, dergleichen Formeln für die Bestimmung der Stärke von Mauerkörpern aufzufinden, und wir haben hier wieder einen von den vielen Fällen, wo die Theorie die Praxis im Stiche läßt.

Wir wollen uns daher auch nicht in theoretische Spekulationen einlassen, sondern der altersgrauen Lehrmeisterin der Baukunst, der Erfahrung, folgen, die uns am Besten leiten, uns am Leichtesten vor argen Mißgriffen bewahren und uns ein Mittel an die Hand geben wird, aus bekannten Fällen, unter einer vernünftigen Berücksichtigung der vorhandenen Umstände, auf in Frage gestellte zu schließen.

Fragen wir: wovon hängt die Festigkeit eines Mauerkörpers ab? so stellen sich folgende drei Punkte heraus:

1) Von der Beschaffenheit der verwendeten Materialien;

2) von der Art und Weise der Verbindung dieser Materialien zu einem Mauerkörper, und

3) von der dem Mauerkörper zu gebenden Gestalt und von seinen Abmessungen.

§. 2.

Der Einfluß, welcher durch die Beschaffenheit der Materialien auf die Festigkeit und Dauer eines Mauerkörpers ausgeübt wird, ist ein sehr bedeutender; denn zunächst ist es klar, daß ein aus einzelnen Bestandtheilen zusammengesetztes Ganze, unter übrigens gleichen Umständen, um so fester und dauerhafter sein wird, je fester und dauerhafter die einzelnen Bestandtheile sind. Wir dürfen daher eine für einen gewissen Zweck bestimmte Mauer aus festeren und dauerhafteren Materialien schwächer aufführen, als aus weniger festen und leichter zerstörlichen.

Aber nicht nur die Festigkeit und Dauerhaftigkeit der Materialien üben Einfluß, sondern auch die Gestalt derselben, indem letztere auf den zweiten Punkt, auf die Art und Weise der Verbindung sehr bedeutend einwirkt. Ein regelmäßig gestaltetes Material wird eine regelmäßigere und innigere Verbindung gestatten, als ein unregelmäßiges. Es wird ferner erlauben, die einzelnen Steine näher an einander, d. h. mit geringeren Zwischenräumen zu verlegen, und da das diese Zwischenräume ausfüllende Material, der Mörtel, in den meisten Fällen (und im Anfange wenigstens immer) eine geringere Festigkeit haben wird als die Steine, so folgt auch hieraus, daß ein aus regelmäßig gestalteten Steinen bestehender Mauerkörper, bei gleichen Abmessungen, mehr Festigkeit haben muß, als ein aus unregelmäßigen Steinen erbauter. Oder umgekehrt, man kann eine Mauer aus regelmäßig gestalteten Steinen schwächer halten, als eine aus unregelmäßigen, ohne ihrer Festigkeit zu schaden.

Da nun der größte Theil der Kosten für ein Mauerwerk für die Anschaffung des Materials verwendet werden muß, und nur der kleinere auf den Arbeitslohn kommt, ferner der Mörtel in den meisten Fällen theurer ist als die Steine, zu einer Mauer aus unregelmäßigen Steinen aber, wie wir gesehen haben, mehr Mörtel erforderlich wird, so läßt sich leicht berechnen, ob es vortheilhafter ist, die Steine regelmäßig bearbeiten zu lassen oder roh zu verwenden, indem man auf der einen Seite die Kosten für die Bearbeitung der Steine zu dem Ankaufspreise des (nun in geringerer Quantität erforderlichen) rohen Materials addirt, auf der andern aber die Ersparniß an Mörtel und an den Transportkosten in Abzug bringt; wobei aber die Bearbeitung der Steine im Bruche geschehen müßte, damit nur die wirklich erforderliche Masse Steine transportirt werde, ein Umstand, der sehr häufig nicht die gehörige Berücksichtigung findet.

Die Erfahrung lehrt in dieser Beziehung, daß wenn eine Mauer aus Backsteinen einer Stärke = 8 bedürftig ist, diese bei lagerhaften Bruchsteinen die Stärke = 10, bei ganz unregelmäßigen Geschieben 15, und bei rein bearbeiteten Werkstücken nur einer Stärke = 5 bis 6 bedarf; sonst gleiche Umstände vorausgesetzt.

Die Gestalt des Materials hat aber noch einen andern Einfluß auf die Ausführung. Sie bestimmt nämlich das Minimum der Stärke einer Mauer, bei welcher die Darstellung eines regelmäßigen Verbandes noch möglich bleibt. Setzen wir hierbei eine gleich sorgfältige Arbeit voraus, so wird sich bei Backsteinen die Steinbreite als Minimum der Stärke herausstellen; denn so hat der einzelne Stein wenigstens noch eine sichere Lage, die er augenscheinlich verliert, sobald man ihn auf die hohe Kante stellt. Dergleichen Mauern sind freilich nicht geeignet, eine fremde Last außer ihrer eigenen zu tragen, doch kommen sie als Scheidemauern, als Umfangsmauern der Rauchröhren, als Feuer- oder Brandmauern oft in der Praxis vor. Bei lagerhaften Bruchsteinen wird man nicht leicht unter 15 Zoll Stärke hinabgehen dürfen, wenn man noch eine zweihäuptige Mauer in gutem Verbande herstellen will; und nur bei besonderer Güte der Steine und äußerst sorgfältiger Arbeit wird man Mauern von bloß 10 Zoll Stärke aus diesem Material darstellen können. Hat man aber ganz unregelmäßige Geschiebsteine, so wird die geringste einer zweihäuptigen Mauer zu gebende Stärke 30, im äußersten Falle 25 Zoll betragen dürfen. Bei ganz rein bearbeiteten Werksteinen kann natürlich ein durch die Gestalt der Steine bedingtes Minimum der Mauerstärke nicht eintreten, da jeder Stein die zweckmäßigste Gestalt durch Kunst erhält.

Sehr oft tritt der Fall ein, daß eine schwächere Mauer theuerer wird als eine stärkere von demselben

Material; wenn letzteres nämlich in den Brüchen in einer Größe gewonnen wird, die die Darstellung der schwächeren Mauer ohne besondere Bearbeitung der Steine nicht erlaubt. So ist z. B. hier in Stuttgart die verhältnißmäßig wohlfeilste Mauer die von 2½ Fuß Stärke, aus sogenannten Mauersteinen; denn verlangt man eine Stärke von nur 2 Fuß, so muß fast von jedem Steine etwas fortgehauen werden, was im ersten Falle nicht nöthig ist. Hierbei ist indessen wohl zu berücksichtigen, daß die Stärke einer Mauer auf die ihr als Fundament dienende bestimmend einwirkt, und diese wieder auf das Fundament selbst, so daß, wenn letzteres etwa auf einem künstlich befestigten Grunde steht, die aus Ersparniß stärker gemachte obere Mauer am Fundament bedeutend größere Kosten verursachen kann.

Die Festigkeit des Materials wirkt ebenfalls auf das Minimum der Stärke einer Mauer ein; und zwar ist es besonders die rückwirkende Festigkeit, welche maßgebend wird. Jede Steinschicht hat die darüberliegende zu tragen, mithin die unterste das Gewicht der ganzen Mauer, und muß diesem Gewichte daher mit ihrer rückwirkenden Festigkeit widerstehen.

Es sind in dieser Beziehung vielfache Versuche und Beobachtungen angestellt, namentlich von Rondelet, Rennie und Vicat. Die Resultate dieser Versuche wollen wir nur in runden Zahlen anführen, da eine große Schärfe bei dergleichen Arbeiten nicht wohl zu erreichen, und eine solche für die Ausführung außerdem von sehr geringem Werthe ist. Ein wichtiger Umstand, der sich bei diesen Beobachtungen herausgestellt hat, ist der, daß die Zertrümmerung der Steine nicht gleich, sondern oft erst nach einer langen Zeit bei unveränderter Belastung erfolgte; eine Eigenthümlichkeit, welche die Resultate von dergleichen Beobachtungen sehr unsicher macht, da der Druck, dem der Stein während einer kurzen Zeit noch widersteht, vielleicht schon im Innern desselben eine Zerstörung einleitet, die eine Zertrümmerung zur Folge haben würde, wenn die Belastung länger gewährt hätte. Vicat führt an, daß die Steine oft erst nach monatlanger, unveränderter Belastung zerbrachen; und dieses stimmt auch mit den im Großen gemachten Erfahrungen überein, denn im Pantheon zu Paris haben sich die bedenklichen Risse erst in einem Zeitraume von 17 Jahren ausgebildet.

Bei gleichartigen Steinen ist die rückwirkende Festigkeit im Allgemeinen dem Querschnitte proportional, doch ist sie nach Vicat um so größer, je niedriger der Stein ist. Rondelet behauptet dagegen, daß das Maximum der Festigkeit erreicht würde, wenn die Höhe des Steins der Breite der Grundfläche gleich sei. Rondelet und Vicat stimmen ferner darin überein, daß die Gestalt des Quer-

schnitts nicht gleichgültig, sondern die Festigkeit des Steins um so größer, je kleiner der Umfang seines Querschnitts sei, so daß also ein Cylinder eine etwas größere Festigkeit besitzt, als ein gleich hohes Parallelepipedum von gleichem kubischem Inhalte.

Die Resultate der gedachten Beobachtungen sind folgende: Es sind zum Zerdrücken eines Steins von 1 Quadratzoll Querschnittsfläche an Pfunden erforderlich[*)]

bei Basalt	30000
» Granit	6000 — 10000
» Sandstein . . .	13000
» Marmor . . .	4000 — 9000
» weichem Kalkstein .	1000 — 2000
» gutem Backstein .	1000 — 1700
» ordinärem Backstein	500
» gutem Mörtel . .	600
» ordinärem Mörtel .	400

Bei Gelegenheit der württembergischen Eisenbahnbauten, namentlich bei Ausführung des großen Viaducts bei Bietigheim, sind über die rückwirkende Festigkeit einiger inländischen Keupersandsteine Versuche angestellt, welche hier ebenfalls Platz finden mögen.

Fundort.	Farbe.	Spezifisches Gewicht.	Druck pro □″ württembergisch, bei welchem die Zertrümmerung erfolgte.
			Pfund.
Feuerbacher Heide ···	Weiß.	2,04	4971
Kornwestheim ··········	"	2,45	4538
Marbach ···············	"	2,28	6600
Kleebronn b. Brackenheim ··············	"	2,21	3021
Nordheim ··············	"	2,21	5115
Heilbronn ··············	"	2,33	5826
	"	2,26	7523

Die Berliner „Zeitschrift für Bauwesen" theilt im Jahrgang 1854 ferner die Versuche mit, welche durch den Geheimen Regierungs-Rath Dr. A. Brix mit den bei dem Cölner Dombau verwendeten Bausteinen, in Beziehung auf deren rückwirkende Festigkeit angestellt wurden. Die Resultate dieser Versuche, so wie die über die Festigkeit verschiedener, in Berlin zur Anwendung kommenden Sandsteinarten sind in folgenden beiden Tabellen enthalten.

---

*) Hagen, Handbuch der Wasserbaukunst, Thl. II., Bd. 1 Seite 50.

Steinarten.	Spezifisches Gewicht.	Druck pro ☐ Zoll, bei welchem feine Risse entstanden.	Druck pro ☐ Zoll zum gänzlichen Zertrümmern.
		Pfund.	Pfund.
Keuper-Sandstein			
aus Schlaitdorf ··········	2,179	3022	3599
desgl. aus der Göll ·····	2,000	1835	1891
Sandstein			
von Obernkirchen ··········	2,153	7389	7629
„ Adelsangen bei Trier	2,117	5052	5293
„ Florheim ·············	2,109	3834	4567
„ Heilbronn ·············	2,122	2645	3701
Tuffstein			
aus dem Brohlthale ·····	1,254	682	783
Trachytgestein			
vom Drachenfels ··········	2,207	2558	2761
„ Stenzelberge ··········	2,510	10256	11867
von Berkum ·············	3,051	—	6529
Basaltlava			
von Niedermendig ·········	2,726	5604	6065

Versuche über die rückwirkende Festigkeit verschiedener Sandsteinarten, die bei den Berliner Bauten zur Anwendung kommen.

Steinarten.	Spezifisch. Gewicht.	Druck pro ☐ Zoll, bei welchem	
		sich feine Risse zeigten.	der Stein zerdrückt wurde.
Magdeburger Sandstein	1,935	—	1493
Rothenburger „	2,448	2177	2757
Quadersandstein aus Seehausen ····················	2,074	1307	1938
Postelwitzer Sandstein			
erste Sorte ··············	2,059	1035	1221
zweite „ ··············	2,048	1123	1883
Quadersandstein aus			
Wönnsleben ·············	2,009	1002	1271
Teicher Sandstein ··········	2,265	1655	1851
Oberkirchleiter Sandstein	2,025	885	2030
Kottaer Sandstein ········	2,060	831	1327
Bölzker „ ········	2,330	1849	3246

In den beiden letzten Tabellen ist preußisches Maaß und Gewicht zu verstehen.

Man darf indessen bei der Anordnung eines Bauwerks den Steinen nicht etwa die oben angegebenen Gewichte zu tragen geben wollen, denn die Gefahr des Zerdrückens tritt schon ein, wenn die Belastung den 10ten Theil der obigen erreicht; und man darf als das Maximum der Belastung, recht gutes Material und sorgfältige Arbeit vorausgesetzt, im Allgemeinen 300 Pfd. für den Quadratzoll annehmen.

Bei dem oben erwähnten Bietigheimer Viaduft beträgt die größte Belastung pro württemberg. Quadratzoll etwa 200 Pfd.

Rondelet theilt eine Tabelle mit über den Druck, welchen die als die kühnsten angesehenen Säulen und Pfeiler erleiden, die hier, auf württembergisch Maaß reduzirt, folgen mag.

Es trägt nämlich der Quadratzoll Querschnitt folgende Zahl von Pfunden: bei den

Pfeilern im Dom des Invalidenhauses in Paris . 529
Pfeilern des Domes St. Peter zu Rom 287
Pfeilern des Domes St. Paul zu London . . . 340
Säulen in der Kirche St. Paul bei Rom . . . 347
Pfeilern des Thurmes der Kirche zu St. Merry . 516
Pfeilern des Domes vom Pantheon zu Paris . . 517
Säulen der Kirche Aller Heiligen zu Angers . . 777

Bei dem Material eines Mauerkörpers haben wir endlich auch noch die Steine von dem Bindemittel, dem Mörtel, zu unterscheiden. Der Mörtel zeigt im Allgemeinen weniger Festigkeit als die Steine, und ein schlechter Mörtel hat fast gar keine Festigkeit. Je mehr ein Mörtel daher die Eigenschaft besitzt, die Steine der Mauer zu einem Ganzen zu verkitten, um so fester wird auch der Mauerkörper sein, und da wir früher auch solche Bindemittel erwähnt haben, denen die Eigenschaft des Bindens ganz abgeht, wie Lehm, Moos, gewisse Erdarten ꝛc., so leuchtet es ein, daß Mauern, auf diese Weise dargestellt, weniger Festigkeit zeigen müssen als solche, welche mit gut bindendem Mörtel aufgeführt wurden. Von besonderem Einflusse wird dieser Umstand, wenn die Mauern einem schiefen Drucke mit ihrer Stabilität zu widerstehen haben, wie Futtermauern und Widerlager von Gewölben ꝛc.; und man wird in solchen Fällen, unter sonst gleichen Umständen, das 1½- bis 2fache der Stärke von gespeißten Mauern annehmen dürfen. Hierbei sind dann noch immer solche Steine vorausgesetzt, die vermöge ihrer Gestalt und Größe des innigen Zusammenhanges unter einander nicht bedürfen. Es folgt hieraus, daß man bei Beurtheilung der einem Mauerkörper zu gebenden Stärke auch auf die Beschaffenheit des Mörtels gehörige Rücksicht zu nehmen hat. Von besonderer Wichtigkeit wird dieser Umstand bei allen Gewölbebauten, und namentlich bei den aus Backsteinen construirten, denn wir haben früher gesehen, daß die Festigkeit dieser ganz besonders von einer innigen Verbindung der einzelnen Steine abhängig ist.

§. 3.

Den Einfluß, den die Art und Weise der Verbindung der Materialien auf einen Mauerkörper hat, haben wir im erſten und zweiten Kapitel, wo von der Darſtellung der Mauern und Gewölbe die Rede war, weitläufig erörtert, ſo daß uns hier nur einige allgemeine Betrachtungen übrig bleiben, von denen jene dort aufgeſtellten Regeln als Reſultate erſcheinen.

Wäre jede Mauer als ein durchaus gleichartiger Körper, der in allen Theilen die gleiche Feſtigkeit zeigte, anzuſehen, ſo würde ein Bruch derſelben auch in derſelben Art erfolgen müſſen, als wenn man einen einzelnen Stein zerdrückt, d. h. es würde ſich irgend eine ſchiefe Bruchfläche erzeugen, nach welcher das abgebrochene Stein=Prisma auf dem ſtehengebliebenen herabgleiten würde. Ein Mauerkörper beſteht aber in ſehr ſeltenen Fällen nur aus einem einzigen Steine, und iſt faſt immer aus einer großen Anzahl von Bauſteinen zuſammengeſetzt, zwiſchen denen Fugen vorhanden ſind; und ſo braucht ſich die erwähnte Bruchfläche nicht überall neu zu bilden, ſondern iſt theilweiſe in den Fugen ſchon vorhanden, wenn der Mörtel nicht feſt an den Steinen haftet, was, wie wir früher geſehen haben, ſehr leicht der Fall ſein kann.

Eine Fuge, welche normal auf den die Mauer treffenden Druck gerichtet iſt, befördert die Erzeugung jener Bruchfläche nur in ſo fern, als die Kanten der Steine leichter abbrechen, wenn der Druck durch den in der Fuge vorhandenen Mörtel nicht ganz gleichförmig auf die Fläche des Steins vertheilt iſt. Dieſe Fugen ſind daher weit weniger ſchädlich als die, welche parallel zu der Richtung des Druckes ſind. Dieſen letzteren folgt die Bruchfläche, und trifft hier Fuge auf Fuge, ſo ſpaltet die Mauer. Solche Spaltungen ſind aber, beſonders wenn ſie eine Mauer der Länge nach treffen, der Feſtigkeit in hohem Grade nachtheilig; denn wird die Mauer in der Mitte der Länge nach lothrecht geſpalten, ſo iſt die rückwirkende Feſtigkeit jeder Hälfte nur dem achten Theile der früheren gleich, weil die rückwirkende Feſtigkeit eines Körpers der dritten Potenz von der Breite des Prismas proportional iſt. Die geſpaltene Mauer hat daher im Ganzen nur noch den vierten Theil ihrer früheren rückwirkenden Feſtigkeit, die noch durch den Umſtand bedeutend vermindert wird, daß dieſe Spalte Veranlaſſung gibt, daß ſich die Bruchfläche mit Leichtigkeit durch die in jeder einzelnen Hälfte der Mauer etwa vorhandenen ſchwachen Stellen zieht, und es ſo zur Zerſtörung der ganzen Mauer nur einer geringen äußeren Einwirkung bedarf. Aber auch die Stabilität einer ſolchen geſpaltenen Mauer iſt auf die Hälfte reduzirt, weil die Stabilität dem Quadrat der Breite proportional iſt, ſo daß jeder Hälfte der Mauer nur noch der vierte Theil der früheren Stabilität bleibt.

Alles dies rechtfertigt die von uns früher immer als Hauptregel aufgeſtellte Bemerkung, daß bei der Darſtellung der Mauern nie Stoßfuge auf Stoßfuge treffen dürfe, und

zwar nicht nur im Haupte der Mauer oder des Gewölbes, ſondern und zwar ganz beſonders nicht im Innern derſelben. Ferner geht die Richtigkeit der Anordnung horizontaler Lagerfugen hieraus hervor, und zwar in ihrer ganzen Schärfe, wenn die Mauer, was in den meiſten Fällen der Fall iſt, nur einem lothrechten Drucke ausgeſetzt iſt. In andern Fällen ſoll aber die Lagerfuge die Richtung des Druckes normal ſchneiden; und es wäre hierdurch die Anordnung geneigter Lagerfugen bei Futtermauern und Gewölbwiderlagern gerechtfertigt. Die Unbequemlichkeiten und Nachtheile, die mit einer ſolchen Anordnung verbunden ſind, haben wir früher kennen gelernt, und dieſe ſind es auch, welche der allgemeineren Anwendung der Regel, die Lagerfugen normal auf den Druck zu richten, im Wege ſtehen. So lange indeſſen die Abweichung der Richtung des Drucks von der lothrechten noch nicht 15 Grade beträgt[2]), kann man die wagerechten Lagerfugen beibehalten, und nur wenn die Abweichung bedeutender wird und es überhaupt die Abſicht iſt, mit dem geringſten Aufwande von Material die größtmögliche Stabilität zu erreichen, muß man der allgemeinen Regel folgen. Eine ſolche Mauer erfordert jedenfalls den geringſten Materialienbedarf; doch kann man daraus nicht immer mit Sicherheit auch auf ihre geringere Koſtbarkeit ſchließen, ſondern es fragt ſich, ob die Erſparniß an Material nicht durch den jedenfalls vertheuerten Arbeitslohn mehr als aufgewogen wird.

Wenn jeder Stein in ſeiner ganzen Lagerfläche gehörig unterſtützt iſt, ſo begegnet er dem Drucke mit rückwirkender Feſtigkeit; liegt er aber theilweiſe hohl, ſo wird ſeine relative Feſtigkeit in Anſpruch genommen, und da letztere indirekt der Länge, direkt aber der einfachen Breite und dem Quadrat der Höhe proportional iſt, ſo folgt, daß ein Stein um ſo mehr dem Zerbrechen ausgeſetzt, je länger er im Verhältniß ſeiner Breite und Dicke oder Höhe iſt; und es ſtützen ſich hierauf die früher als die ſchicklichſten angegebenen Verhältnißzahlen für die Abmeſſungen der Läufer und Binder bei Mauern aus Werkſtücken.

Damit aber kein Stein hohl liege und der Gefahr des Zerbrechens ausgeſetzt werde, iſt es nöthig, daß die Lagerfugen vollkommen mit Mörtel gefüllt ſind, worauf wir früher bereits aufmerkſam gemacht haben.

Die Gefahr des Zerbrechens iſt ferner dann beſonders groß, wenn der Stein zwei aus ungleichartigen Materialien beſtehende Mauertheile verbinden ſoll, wie es z. B. immer mit den Binderſteinen bei einer Mauer der Fall iſt, die im Innern aus Back= oder Bruchſteinen beſteht und außerhalb mit Werkſtücken bekleidet iſt, und zwar in um ſo

---

*) Hagen a. a. O.

höherem Grade, je länger die Binder sind. Aber wenn auch die Binder dem Zerbrechen widerstehen, so findet man doch oft eine Destruction solcher Mauern auf die Art bewirkt, daß die Werksteinplattirung in vertikaler Richtung bedeutend ausgebraucht ist. Dieser Umstand erklärt sich auch leicht dadurch, daß die Plattirung an dem oberen Theile der Hintermauerung befestigt bleibt, während im Innern, auf den übrigen Theil der Höhe, eine Trennung durch das ungleiche Setzen eingetreten ist, und die Werksteinbekleidung, da sie der Verkürzung der Hintermauerung nicht folgen kann, nach außen ausbauchen mußte.

Wenn wir durch diese kurzen Betrachtungen die früher für den Verband der Mauerkörper aufgestellten Regeln zu rechtfertigen gesucht haben, so wird auch die Behauptung, daß die Art und Weise, wie diese Regeln befolgt werden, einen großen Einfluß auf die Festigkeit einer Mauer, mithin auf die ihr zu gebende Stärke haben muß, keines Beweises weiter bedürfen.

Dieser Umstand erschwert aber die Sache nicht unbedeutend, denn es ist jedenfalls sehr schwierig, wenn nicht unmöglich, den Grad von Geschicklichkeit oder gar von gutem Willen der vorhandenen Arbeiter mit in Rechnung zu stellen, was doch nöthig wäre, da beide einen so großen Einfluß ausüben.

§. 4.

In den beiden vorigen Paragraphen haben wir uns bemüht, den Einfluß zu zeigen, welchen die Beschaffenheit des Materials und die Art der Verbindung desselben auf die Stärke eines Mauerkörpers ausüben, und wir konnten dabei ziemlich allgemein sprechen, indem die besondere Art des Mauerkörpers keinen wesentlichen Unterschied machte. Jetzt aber, wo wir von den Abmessungen, welche den Mauerkörpern in verschiedenen Fällen zu geben sind, zu sprechen haben, müssen wir diese Unterschiede einführen; denn wenn sich auch immer eine gewisse Analogie auffinden lassen wird, so müssen wir doch gewöhnliche Mauern von den Gewölben unterscheiden und beide gesondert betrachten.

A. **Die Mauern und Pfeiler.**

§. 5.

Zuerst wird es nothwendig sein, ein gewisses Material und einen gewissen Grad von Genauigkeit der Arbeit als Norm anzunehmen, wenn von der Bestimmung der Stärke einer Mauer die Rede sein soll.

In ersterer Beziehung wollen wir einen mittelguten Backstein (Ziegel) und einen gewöhnlichen Kalkmörtel von fettem Kalk und Sand (Luftmörtel) voraussetzen, weil dieses Material überall bekannt ist, und, wenn auch an

Güte gar sehr verschieden, doch nicht leicht so große Verwirrung zuläßt, als wenn wir irgend eine natürliche Steinart wählen wollten. In zweiter Richtung müssen wir wieder die Mittelstraße einschlagen, und wollen mittelgute Arbeit, jedenfalls aber einen regelmäßigen, richtigen Steinverband zu Grunde legen.

Wir haben schon oben erklärt, uns in keine theoretischen Spekulationen einlassen zu wollen, weil sie — nichts nützen! — Denn gesetzt auch, wir könnten den Einfluß, den das Material und die Güte der Arbeit ausübt, in Rechnung bringen, so müßten wir auch noch die auf Zerstörung der Mauer wirkenden Kräfte ihrer Größe und Richtung nach kennen, wenn wir für die Stärke der Mauern eine Formel bilden wollten. In einzelnen Fällen lassen sich diese Kräfte ziemlich genau bestimmen, aber in den bei weitem häufigsten auch nicht einmal annähernd; oder wie groß und in welcher Richtung wirkend soll man die Gewalt annehmen, mit welcher ein heftiger Sturmwind auf eine freistehende Mauer wirkt? Wir wollen daher die aus der Erfahrung abstrahirten Regeln kennen lernen, und hierbei dem Rondelet'schen Werke folgen, weil sich dasselbe auf eine große Menge von Beobachtungen stützt, und die hieraus abgeleiteten Regeln mit ausgeführten Bauwerken gut übereinstimmen.

Um in die vielen möglichen Fälle einige Ordnung zu bringen, wollen wir die Mauern unter den Umständen einzeln betrachten, unter welchen sie am Gewöhnlichsten in der Ausführung vorkommen.

§. 6.

Freistehende Mauern.

Zuerst ist zu bemerken, daß in den meisten Fällen auf das Zerdrücktwerden der Mauern durch ihre eigene Last keine Rücksicht zu nehmen ist, indem die durch andere Umstände bedingte Stärke eine so große Grundfläche gibt, daß die zulässige Belastung auf den Quadratzoll bei weitem nicht erreicht wird.

Die einer Mauer zu gebende Stärke hängt viel mehr von der Länge und Höhe der Mauer ab, als von dem Maaß der rückwirkenden Festigkeit der Steinart, woraus sie besteht.

Rondelet hat seine Regeln von den noch stehenden Mauern in den Ruinen der Stadt Adrienne, welche in der Kampagna von Rom, nahe bei Tivoli liegt, abstrahirt, die länger als 1000 Jahre allen Einflüssen der Witterung ausgesetzt waren, und von der Zeit auf eine Höhe herabgebracht zu sein scheinen, bei welcher freistehende Mauern von dieser Stärke ohne Gewölbe oder Decke sich erhalten können. Er unterscheidet dabei dreierlei Arten von Stabilität: eine große, wenn die Mauer den achten Theil,

Dunkelgrün besteht aus grüner Erde, gelben Ocker, Indigo und Schwarz.

b) Beschreibung einiger Stuckmarmorarten.

Hellgrüner Marmor: Der Grundton aus Bergblau und Chromgelb gemischt, die Adern aus Chromgelb und Wiener Lack.

Dunkelgrüner Marmor: Der Grundton ist aus gelbem Ocker, Indigo und Frankfurter Schwarz gemischt, die Adern aus Frankfurter=Schwarz und etwas Indigo; die weißen Flecke werden durch Alabasterstücke hervorgebracht.

Grüner Porphyr: Die Grundmasse ist grün und besteht aus grüner Erde, ein wenig Indigo, ein wenig Schwarz und etwas gelben Ocker; eingemengt ist kleingeklopfter, schwarzer Gips und Alabasterstückchen.

Grauer Marmor: Aus Frankfurter=Schwarz.

Grauer Granit: Frankfurter=Schwarz mit etwas Kupferroth und Alabasterstückchen.

Schwarzer Marmor: Frankfurter=Schwarz mit etwas Indigo; die Adern: gelber Ocker mit etwas Chromgelb, die weißen Adern Gips.

Blauer Marmor: (Lapis lazuli) aus WiesbacherBlau mit etwas Indigo vermischt, die Goldadern aus Messingfeilspähnen, die aber durchaus keine Eisentheile enthalten dürfen.

Rother Marmor: Aus Wiener=Lack oder aus Englisch=Roth.

Brauner Porphyr: Der Grundton aus Kupferroth und etwas Indigo gemischt; eingemengt werden Alabasterstückchen.

Brauner Granit: Der Grundton zur Hälfte aus Kupferroth und zur Hälfte aus Englischem Roth; eingemengt werden zerklopfte, schwarze Gipsstücke und Gipsstein (geklopfter Glimmer).

Hellgelber Marmor: Der Grundton ist mit gelbem Ocker gefärbt, die Adern mit Englisch=Roth und Dunkelgrün.

Dunkelgelber Marmor: Grundton aus gelbem Ocker, Adern aus Kupferroth.

Gelber Granit: Grundton aus gelbem Ocker, kleingeklopften Alabasterstücken und kleingeklopftem Glimmer. Die Adern von derselben Färbung, nur etwas matter gehalten *).

---

*) Es folgt hier in dem genannten Aufsatze die Angabe einiger Preise, die aber, als nicht unmittelbar hierher gehörig und überhaupt als zu lokal, an dem angegebenen Orte nachgesehen werden mögen.

III. Das Vergolden auf polirtem Stuckmarmor.

a) Von dem Vergolden überhaupt.

Die gebräuchlichsten Werkzeuge dazu sind: 1) ein Brett, 9 bis 12 Zoll lang, 6 bis 7 Zoll breit, worauf man eine drei Finger hohe Lage Baumwolle breitet, und über dieselbe ein gar gemachtes, in Milch eingeweichtes Kalbfell so spannt, daß die rauhe Seite nach oben kommt. Man nagelt dasselbe um den Rand des Brettes fest. An das Ende des Brettes nagelt man noch ein Leder, um die Goldblättchen darin aufzubewahren; ein in dieser Gestalt gefertigtes Kissen heißt Goldkissen.

Um das Gold darauf zu bringen und es den Forderungen entsprechend zu schneiden, bedient man sich eines eigenen Messers, Goldmesser genannt, das auf beiden Seiten und an der abgerundeten Spitze scharf, und dabei lang und dünn ist.

2) Wird ein Anschießpinsel gebraucht, der von Eichhörnchenhaaren sein kann, und sich fächerartig etwa 3 Zoll ausbreitet. Mit demselben wird das Gold vom Kissen aufgenommen, indem man zuvor die Spitze des Pinsels gegen die mit etwas Fett bestrichene Wange führt, dann das erforderliche Goldblättchen mit dem Pinsel berührt, worauf es daran hängen bleibt und sich an Ort und Stelle bringen läßt. Falls das Gold sich nicht genug ausbreiten sollte, kann man dieses durch leichtes Blasen befördern. Nun wird es mit Baumwolle oder mit einem weichen Pinsel (Tuschpinsel) angetupft. Zuletzt wird noch ein weicher Pinsel gebraucht, um das überflüssige Gold, nachdem es getrocknet ist, abzukehren.

b) Von dem Vergolden mit Oel auf polirtem Stuckmarmor.

Man fertigt einen Goldgrund an, bei welchem das Haupterforderniß darin besteht, daß der anzuwendende Firniß alt und fett, jedoch nicht allzu zähe ist, um ihn beim Auftragen gehörig gleichmäßig ausbreiten zu können. Mit solchem Firniß wird heller und gereinigter Goldocker abgerieben. (Auch Zinnober, mit einem dazu geeigneten Gelb gemischt, gibt eine besonders schöne Goldgrundfarbe). Nun gebe man dem Marmor einen Anstrich; ist derselbe so weit trocken, daß er bis auf einen gewissen Grad noch klebrig ist (zu naß darf der Grund nicht sein, weil sonst das Gold, wie man sagt, ersaufen würde; aber auch nicht zu trocken, weil man sonst das Gold wieder abwischen könnte), so legt man das Gold mittelst des Anschießpinsels auf und tupft es mit dem Pinsel oder mit Baumwolle an. Hat die Arbeit noch einige Zeit getrocknet, so wird sie mit einem weichen Pinsel abgekehrt, und eine schöne Glanzvergoldung ist gewonnen.

eine mittlere, wenn sie den zehnten, und eine geringe, wenn sie den zwölften Theil ihrer Höhe zur Stärke hat; zu welchem Resultat er durch die Beobachtung der Mauerstärken bei einer großen Anzahl der verschiedensten Gebäude gelangt ist.

Es läßt sich endlich leicht einsehen, daß eine Mauer von gewisser Länge mehr Stabilität haben wird, wenn sie einen Winkel einschließt, als wenn sie in gerader Linie fortläuft, und noch mehr, wenn sie zweimal gebrochen ist oder gar ein geschlossenes Vieleck bildet, so daß außer der Höhe auch die Länge (in ungeänderter Richtung) auf die Stärke einer Mauer bestimmend einwirkt.

Hiernach gibt Rondelet bei Mauern, die eine geschlossene Figur bilden, folgende Regel: die Länge der Mauer a b, Fig. 1 Taf. 82, setze man mit der Höhe b c derselben rechtwinklig zusammen, und ziehe die Hypotenuse a c; theile dann die Höhe b c in 8, 10 oder 12 Theile, je nachdem man der Mauer eine größere oder geringere Stabilität geben will, trage einen solchen Theil von c nach d auf a c, und ziehe d e parallel zu b c, so bestimmt e b die der Mauer zu gebenden Stärke. Um dieses Maaß durch Rechnung zu bestimmen, ziehe man d f parallel a b, so ist d f = e b und $\triangle$ a b c ∞ $\triangle$ d c f, und man hat

$$a b : d f = a c : d c;$$

setzt man nun a b = l; b c = h, so ist

$$l : d f = a c : d c,$$ und setzt man der Allgemeinheit wegen $c\,d = \frac{1}{n}\,b\,c$, d f = x, so ist, weil

$$a\,c = \sqrt{a\,b^2 + b\,c^2},$$

$$l : x = \sqrt{a\,b^2 + b\,c^2} : \frac{1}{n}\,h$$

und

$$x = \frac{l\,.\,h}{n\,\sqrt{l^2 + h^2}}.$$

Es sei z. B. a b = l = 60 Fuß, b c = h = 32 Fuß und n = 8, so finden wir

$$x = \frac{60\,.\,32}{8\,\sqrt{60^2 + 32^2}} = 3{,}529 \text{ Fuß.}$$

Stände die Mauer isolirt, so würden wir die Stärke gleich

$$\frac{h}{n} = \frac{32}{8} = 4' \text{ gefunden haben.}$$

Da wir Backstein angenommen haben, so werden wir statt 3,529 Fuß 3 ½ Stein und für 4 Fuß 4 Stein annehmen müssen. Bei einer Länge der Backsteine von 10,4 Zoll und einer Breite von 5 Zoll gäbe Ersteres 3,74 Fuß und letzteres 4,32 Fuß.

Soll dieselbe Mauer von lagerhaften Bruchsteinen ausgeführt werden, so haben wir, nach der im §. 2 dieses Kapitels angeführten Regel, die Proportionen:

$$8 : 10 = 3{,}7 : x, \text{ woraus } x = 4{,}6$$
$$\text{und } 8 : 10 = 4{,}3 : x, \quad \text{„} \quad x = 5{,}3 \text{ Fuß.}$$

Ferner, wenn wir ganz unregelmäßige Geschiebe voraussetzen, nach demselben §.

$$8 : 15 = 3{,}7 : x; \quad x = 6{,}9 \text{ Fuß}$$
$$\text{und } 8 : 15 = 4{,}3 : x; \quad x = 8{,}6 \text{ Fuß.}$$

Dagegen wenn wir ganz rein bearbeitete Werkstücke annehmen

$$8 : 6 = 3{,}7 : x; \quad x = 2{,}7 \text{ Fuß}$$
$$\text{und } 8 : 6 = 4{,}3 : x; \quad x = 3{,}2 \text{ Fuß.}$$

Da nach der gegebenen Regel die Stärke einer Mauer mit der Länge derselben zugleich abnimmt, so daß, wenn wir eine stetige geschlossene Kurve, z. B. einen Kreis, der von der Mauer umschlossen wird, annehmen, und diesen als ein Polygon von unendlich kleinen Seiten ansehen, wir am Ende gar keine Stärke für die Mauer finden würden, so gibt Rondelet für diesen Fall die Regel, in den gegebenen Kreis ein reguläres Zwölfeck zu legen, und dessen Seite als die eine Kathete des rechtwinkligen Dreiecks anzusehen, zu dem die Höhe der Mauer die andere bildet, und dann wie vorhin zu verfahren; oder da die Seite des Zwölfecks nicht sehr viel kürzer ist als die Hälfte des Halbmessers des um das Zwölfeck beschriebenen Kreises, diese Hälfte als die Länge der Mauer anzusehen.

Es sei z. B. ein Kreis von 56 Fuß Durchmesser mit einer 18 Fuß hohen Mauer zu umschließen; man soll die Stärke derselben bestimmen.

Nach der eben gegebenen Regel haben wir $l = \frac{56}{4}$ = 14'; h = 18'; und wenn wir auch hier wieder n = 8 setzen, so finden wir

$$x = \frac{14\,.\,18}{8\,\sqrt{14^2 + 18^2}} = 1{,}381 \text{ Fuß, wofür 1 ½ Stein-}$$
längen zu nehmen wären.

Man sieht leicht, daß man auf diese Weise bald auf Abmessungen kommt, die schwächer werden, als die in §. 2 dieses Kap. für die verschiedenen Materialien angegebenen minima, unter welche man natürlich nicht hinabgehen darf.

Bei dergleichen Einfriedigungsmauern findet außerdem gewöhnlich noch die Bedingung statt, daß sie einem gewaltsamen Einbruche einigen Widerstand entgegensetzen, oder wie man sich auszudrücken pflegt, dem ersten Anlaufe widerstehen sollen, und in dieser Beziehung dürfte eine Stärke von 1 ½ Backsteinlängen als das Minimum anzunehmen sein; denn wird in einer solchen Mauer auch ein Binderstein herausgezogen, so entsteht doch noch kein Loch, weil auf der andern Seite noch eine Läuferreihe davor liegt, was bei einer nur 1 Stein starken Mauer nicht der Fall ist.

§. 7.

Umfangs-Mauern, die eine Decke oder ein Dach tragen, jedoch nicht Widerlager von Gewölben sind.

a) Wenn nur ein Gebälk vorhanden, mithin das Gebäude einstöckig ist.

Rondelet setzt hier Gebäude mit einer solchen Dach- oder Deckenconstruction voraus, die nicht nur keinen Seitenschub auf die Frontmauern veranlaßt, sondern bei welcher durch die Bundbalken noch eine Verankerung derselben bewirkt wird. Haben hierbei die Gebäude gar keine Scheidewände, bilden sie also nur einen freien Raum, wie z. B. Reit- und Exerzierhäuser, und stehen die Frontmauern ihrer ganzen Höhe und Länge nach frei, so setze man in Fig. 2 Taf. 82 die Höhe AB vom Fußboden bis unter die Bundbalken mit der lichten Tiefe AC des Gebäudes rechtwinklig zusammen, ziehe die Hypotenuse BC und trage auf dieser das Stück $BD = \frac{1}{12} AB$ ab, so gibt die aus D zu AB parallel gezogene DE die Stärke der Mauern an. Bezeichnen wir wieder AB mit H und AC mit T, so haben wir, auf dieselbe Weise wie früher, die Stärke

$$x = \frac{H \cdot T}{12 \sqrt{H^2 + T^2}}.$$

Sind aber die das Dach tragenden Mauern auf eine gewisse Höhe von anderen Bautheilen, oder von angelehnten Dächern gestützt, wie bei den mit Balkendecken versehenen Basiliken, so soll man, nach Fig. 3 Taf. 82, die ganze Höhe der Mauern zu der äußeren CB addiren, hiervon den 24sten Theil nehmen und diesen auf die Hypotenuse BD von B nach E tragen, so daß, wenn wir die ganze Höhe = H, CB = h und AD = T setzen, die Stärke der Mauer aber mit x bezeichnen

$$x = \frac{(H + h)\, T}{24 \sqrt{H^2 + T^2}} \text{ wird.}$$

Rondelet weist die Richtigkeit seiner Regel an mehreren derartigen Gebäuden nach, namentlich an italienischen Basiliken; und da in den Fällen, wo man alle die verschiedenen, auf Zerstörung der Mauern einwirkenden Umstände nicht in Rechnung bringen kann, nicht wohl etwas Anderes als die Erfahrung einen Maaßstab für die Stärke derselben geben kann, jedenfalls aber Höhe und Tiefe der Gebäude in direktem Verhältniß auch berücksichtigt, außerdem die Resultate mit ausgeführten Gebäuden genau genug übereinstimmen, so kann man dieselbe in besonderen, von den gewöhnlichen abweichenden Fällen wohl gebrauchen, um wenigstens eine Grenze zu erhalten, unter welche man nicht gehen darf.

b) Wenn die Gebäude aus mehreren Stockwerken bestehen, die durch Deckengebälke getrennt sind.

Hier haben wir es mit den Mauern unserer Wohngebäude zu thun, für welche es weder an Beispielen, noch an usuellen Regeln fehlt, so daß man selten über die solchen Mauern zu gebenden Stärken in Zweifel sein wird.

Auf die Stärke dieser Mauern, besonders auf die der Außen- oder Frontmauern, wirken so mancherlei besondere Umstände ein, daß diese oft allein schon bestimmend auftreten. Hierher gehören: die Anbringung eines massiven Hauptgesimses, dessen Abmessungen, namentlich dessen Ausladung, die Stärke der Mauer bedingt; ferner der nothwendige Schutz gegen die Witterung, der oft eine gewisse Dicke der Mauer nöthig macht, die aus rein statischen Gründen übermäßig erscheint. Außerdem hat fast an jedem Orte das disponible Material und der Eigennutz eine Regel begründet, von der man nicht ohne Nachtheil abweicht. Doch soll damit keineswegs gesagt sein, daß man solchen Gewohnheiten unbedingt folgen soll, sondern nur erinnert werden, daß die usuellen Regeln nicht zu übersehen, sondern wohl zu berücksichtigen, wenn auch nicht als allein maaßgebend anzusehen sind. An manchen Orten hat sogar die Baupolizei den Baumeister der Mühe enthoben, für sein Gebäude die angemessenen Mauerstärken zu suchen, indem ein Gesetz das Minimum derselben bestimmt. Gewöhnlich ist dann die geringste Mauerstärke des oberen Stockwerks vorgeschrieben, so daß, da die unteren Mauern nicht weniger, sondern gegentheils, schon einem statischen Gefühle nach, immer mehr haben müssen, diese Bestimmungen sehr erleichtert sind.

Eine ziemlich allgemein gültige Regel für gewöhnliche Wohngebäude ist folgende: Ist das Stockwerk 11 bis 14 Fuß hoch, beträgt die Zimmertiefe nicht über 20, und die freie Länge der Frontmauer nicht über 32 bis 33 Fuß, so sind die Frontmauern 1½ Stein stark aufzuführen; bleibt aber die Zimmerhöhe unter 11 Fuß, so reicht, gutes Material und fleißige Arbeit vorausgesetzt, eine Stärke von einer Steinlänge aus. Ist dabei das Gebäude mehrstöckig, so gelten diese Abmessungen natürlich für das oberste, und man legt dann in jedem tiefer gelegenen Stockwerke der Mauerstärke gewöhnlich ½ Stein zu. Sind indessen die einzelnen Etagen nicht über 12 bis 13 Fuß hoch, und beabsichtigt man nicht, die Etagengebälke auf die Mauerabsätze zu legen, so kann man die vorhin angegebene Mauerstärke für zwei auf einander folgende Stockwerke beibehalten, und erst bei dem dritten ½ Stein an Stärke zulegen.

Rondelet gibt für die Bestimmung der Mauerstärke der Frontmauern folgende Regeln:

Hat das Gebäude nur eine Reihe Zimmer der Tiefe

nach, also keine Mittelscheidemauer, so addire man zu der lichten Tiefe des Gebäudes die halbe Höhe bis unter das Dach, und nehme von dieser Summe den 24sten Theil als Mauerstärke.

Nennen wir daher die Tiefe t, die Höhe h und die Mauerstärke x, so haben wir

$$1)\quad x = \frac{t + \dfrac{h}{2}}{24} = \frac{2\,t + h}{48}$$

Hat das Gebäude aber zwei Reihen Zimmer der Tiefe nach, so nehme man von der halben Summe der Tiefe und Höhe den 24sten Theil als Mauerstärke, oder nach obiger Bezeichnung,

$$2)\quad x = \frac{\dfrac{h + t}{2}}{24} = \frac{h + t}{48}$$

Aus dem Rondelet'schen Texte geht nicht hervor, ob diese so gefundene Stärke für alle Stockwerke beibehalten oder nur dem oberen gegeben werden soll, wobei dann aber, für den letzteren Fall, natürlich auch nur die Höhe dieses letzteren Stockwerks in Rechnung gestellt werden dürfte.

Vergleichen wir die Rondelet'sche Formel in Bezug auf die letzte Voraussetzung mit der oben gegebenen usuellen Regel, so daß wir t = 20 und h = 14 Fuß setzen, so erhalten wir nach 1)

$$x = \frac{2 \cdot 20 + 14}{48} = 1{,}125\ \text{Fuß},$$

was, Backsteine angenommen, auch auf eine Stärke von 1½ Stein führen würde, da man nicht wohl unter der gefundenen Stärke bleiben darf, die Stärke von Backsteinmauern aber immer nur um eine halbe Steinlänge ab- oder zunehmen kann.

Unter den bis jetzt betrachteten Außen- oder Hauptmauern haben wir die Frontmauern verstanden, d. h. die, welche in der Regel die Gebälke tragen, so daß die Giebelmauern nicht als Träger mitverwendet werden. Bei einer solchen Anordnung der Gebälke können die Giebelmauern auch schwächer aufgeführt werden; wenigstens kann man die für das obere Stockwerk der Hauptmauern gefundene Stärke durch mehrere Geschosse in den Giebelmauern beibehalten.

Hierbei ist indessen vorausgesetzt, daß die Gebäude nicht tiefer als lang, außerdem die Giebel durch eine oder mehrere Mittelscheidemauern verbunden sind. Gegentheils müssen bei sehr tiefen und nur einen einzigen freien Raum bildenden Gebäuden (wie bei Exerzier- oder Reithäusern ꝛc.) die Giebelmauern, wenn sie nicht etwa durch angebaute Treppenhäuser ꝛc. verstärkt sind, oft stärker als die Hauptmauern aufgeführt werden, weil sie der Verankerung durch das Dachgebälk verlustig gehen, gewöhnlich den Stürmen

sehr ausgesetzt sind, und oft noch einen hohen und schweren Dachgiebel zu tragen haben. In solchen Fällen dürfte man sie als freistehende Einfriedigungsmauern betrachten und ihre Stärke den für solche Mauern gegebenen Regeln gemäß bestimmen.

Um die Mauerstärken für Thürme zu finden, kann man die ganze Höhe des Thurms in Stockwerke von 15' Höhe theilen, dem obersten 1½ Stein, und jedem tieferliegenden eine um ½ Stein größere Stärke geben. Die hiernach bestimmten Stärken dürften hinreichend sein, weil die Mauern der Thürme nie sehr lang zu sein pflegen, und außerdem die geschlossene Grundfigur und die im Innern angebrachten Gebälke ꝛc. kräftige Verstärkungen bilden.

§. 8.

Bei den Scheidemauern eines Gebäudes haben wir die, welche zum Tragen der Gebälke dienen, von denen die nur die Abtheilung eines Raumes bezwecken, wohl zu unterscheiden; denn die ersteren haben oft eine große, ja größere Last als die Hauptmauern zu tragen, und sind den Erschütterungen durch die elastischen Gebälke ausgesetzt, während die letzteren nur sich selbst zu tragen haben und keine Kraft vorhanden ist, die sie aus ihrer lothrechten Stellung zu treiben sucht. Diesem Unterschiede wird sehr häufig nicht die gehörige Berücksichtigung geschenkt, und die eben so häufige als lästige Versackung der Gebälke in den Wohnhäusern ist dieser Vernachlässigung zuzuschreiben.

Wenn die Mittelmauer eines Gebäudes das Gebälk in seiner Schwerlinie unterstützt, so trägt sie eben so viel als beide Außenmauern zusammengenommen, wird aber, wenn die Gebälke für die ihnen auferlegte Belastung zu schwach sind, so daß sie sich durchbiegen, auf eine höchst nachtheilige Art erschüttert, nachtheilig besonders dadurch, daß die entstehenden Seitenpressungen in verschiedenen Höhen und von entgegengesetzten Seiten kommen können, wie solches in Fig. 4 Taf. 82 beispielsweise angenommen ist, wo durch die beigezeichneten Pfeile die beabsichtigte Bewegung der Mittelmauer angedeutet wird. Hiernach ist es gewiß gerechtfertigt, der Mittelmauer eines Gebäudes dieselbe Stärke wie den Außenmauern zu geben; ja bei sehr tiefen Gebäuden mit schwachen Gebälken und nur einer Mittelmauer wohl noch eine größere.

Sind zwei, etwa einen Korridor einschließende, Mittelmauern vorhanden, so können die in Fig. 4 Taf. 82 dargestellten nachtheiligen Erschütterungen nicht in dem Maaße eintreten, weil wir den Theil des Gebälks, der zwischen beide Mauern trifft, als unbiegsam ansehen dürfen. In diesem Falle könnte vielleicht die für das obere Stockwerk der Außenmauern gefundene Stärke für die ganze Höhe der Mittelmauern beizubehalten sein.

Bei **zwei** Mittelmauern könnten die Außenmauern schwächer genommen werden, da sie offenbar bei einem steifen Gebälk sehr wenig zu tragen haben. Doch ist zu berücksichtigen, daß sie durch die vielen Fensteröffnungen geschwächt werden, außerdem aber auch den Einwirkungen der Sturmwinde ausgesetzt sind, und immer einiger Dicke bedürfen, um das leichte Eindringen der Kälte oder großer Wärme in die umschlossenen Räume zu verhindern.

Die Querscheidemauern eines Gebäudes haben nur sich selbst zu tragen, und außerdem wird ihre lothrechte Stellung durch die Gebälke und deren Fußböden gesichert, so daß sie so schwach aufgeführt werden dürfen, als die Natur des Materials dieß zuläßt. Da nun aber jede solche Scheidemauer, da wo sie aufhört, einen sogenannten Wandbalken zu tragen hat, der der Länge nach auf ihr sein Auflager bekommt, so wird **hierdurch** eine Stärke von der Länge eines Backsteins bedingt, die man dann aber auch unbedenklich durch mehrere Stockwerke beibehalten kann; und nur, wenn diese ungewöhnlich hoch und die Zimmer sehr tief, mithin die in Rede stehenden Mauern bedeutend lang sind, wird man im unteren Stockwerke einer Stärke von 1½ Steinlängen bedürfen.

Hier ist nur von der wegen der Stabilität der Mauern nothwendigen Stärke die Rede gewesen, und es bedarf keiner weiteren Erläuterung, daß besondere Einrichtungen oft größere Stärken bedingen können. Hierher gehört die Anordnung von Nischen und Wandschränken, und (besonders bei den Mittelmauern) die in den meisten Fällen sehr vortheilhaft zu treffende Disposition der Rauchröhren in der Art, daß sie in der Stärke dieser Mauern Platz finden.

Einer besondern Erwähnung verdienen noch die mit zu den Scheidemauern gezählten Umschließungen der sogenannten Treppenhäuser. Wenn letztere, wie es am Vortheilhaftesten ist, durch alle Stockwerke reichen, so treten für dieselben fast die gleichen Umstände auf, wie für die Frontmauern, denn da die Gebälke hier ausgeschnitten werden müssen, so stehen die Mauern auf der der Treppe zugekehrten Seite in ihrer ganzen Höhe frei wie jene. Und wenn die Treppenhäuser auch gewöhnlich nicht sehr groß, mithin die Mauern nicht sehr lang sind, so kommt doch der nachtheilige Umstand hinzu, daß sie durch den Gebrauch der Treppe, besonders wenn diese von Holz ist, nicht unbedeutend erschüttert werden; so daß für die Mauern der durch die ganze Gebäudehöhe reichenden Treppenhäuser dieselbe Stärke wie für die Mittelmauern anzunehmen sein wird. Bei unterwölbten Treppen haben wir früher schon, in gewöhnlichen Fällen, eine Stärke von zwei Steinlängen als nöthig gefunden. Eine der Treppenhausmauern ist häufig zugleich Frontmauer, und da bei dieser auf der der Treppe zugekehrten Seite keine Mauerabsätze angebracht

werden können, so wird man ihr die mittlere Stärke der übrigen Frontmauern durchweg geben müssen.

Rondelet macht die Stärke der Scheidemauern von der Tiefe der zu theilenden Räume und von der Stockwerkshöhe abhängig, und gibt die Regel, diese beiden Maaße zu addiren und der Mauer den 36sten Theil dieser Summe als Stärke zu geben. Ist daher in **Fig. 5 Taf. 82** die lichte Tiefe des Gebäudes oder $AB = 40$ Fuß und die Stockwerkshöhe gleich 12 Fuß, so wäre die Stärke der Mauer CD nach dieser Regel

$$x = \frac{40 + 12}{36} = 1{,}444 \ldots \text{Fuß.}$$

Die Stärke des Mauerwerks in den Fachwerks- oder Riegelwänden richtet sich nach der Stärke des Holzes derselben, da dieß das tragende Mittel, die Ausmauerung aber nur Ausfüllung ist. Da indessen die in dieser Beziehung nothwendige Stärke des Holzes, wie wir später sehen werden, oft sehr gering ausfällt, so tritt wieder die Natur des Steinmaterials als Bestimmendes auf, indem wir früher im §. 2 dieses Kapitels gesehen haben, daß man eine haltbare Ausmauerung von Backsteinen nicht wohl unter ½ Steinlänge, von unregelmäßigen Bruchsteinen aber nicht unter 6—7 Zoll stark machen darf.

§. 9.

Redtenbacher gibt in der neuen Auflage seiner „Resultate für den Maschinenbau" folgende Formeln zur Bestimmung der Mauerdicken von Wohn- und Fabrikgebäuden. Nennt man:

t die Tiefe des Gebäudes, d. h. die auf die Richtung des Dachfirstes senkrechte Hauptabmessung des Gebäudes,

h_1, h_2, h_3, die Höhen der Stockwerke in der Richtung von oben nach unten gezählt und

e_1, e_2, e_3, die Mauerdicken in den einzelnen Stockwerken, so ist:

$$e_1 = \frac{t}{40} + \frac{h_1}{25}$$

$$e_2 = \frac{t}{40} + \frac{h_1 + h_2}{25}$$

$$e_3 = \frac{t}{40} + \frac{h_1 + h_2 + h_3}{25}$$

Die Art des Materials ist nicht angegeben, und man wird vielleicht gute Backsteine als solches voraussetzen, und dann die angefangenen halben Steinlängen für voll rechnen dürfen.

§. 10.

Ueber die den Kalk-Sand-Pisémauern zu gebende Stärke führt Engel Folgendes an.

Es steht nach Erfahrungen fest, daß die Stärke der

Mauern jeder Construction von der Länge und Höhe derselben und davon abhängig ist, ob dieselben in Verbindung mit andern Baulichkeiten oder isolirt stehen, endlich ob dieselben ein Gebälk, ein Dach oder sonst irgend eine Last tragen oder ob dieses nicht der Fall ist. Hiernach wird man den Mauern eines Wohngebäudes, bei welchem die Umfassungsmauern durch Mittel= und Querscheidewände verbunden sind, andere Stärkeabmessungen geben müssen, als den Umfangsmauern von Scheunen oder Schafställen, und diesen wieder andere als freistehenden Garten= oder Hofmauern ec.

Bei unbedeckten Mauern, wie Hof= und Gartenmauern, wird nächst der Höhe die freie Länge derselben zu berücksichtigen sein. Erfahrungsmäßig steht fest, daß man in diesem Falle, mit Sicherheit für die Stabilität der Mauer, deren Stärke auf ⅛ ihrer Höhe annehmen kann. Werden dergleichen Mauern höher als 10 Fuß, so wird man für jeden Fuß darüber ½ Zoll der Stärke zulegen müssen. Eine sehr große Längenausdehnung einer solchen Mauer macht die Anlage von Verstärkungspfeilern in Entfernungen von 36 bis 40 Fuß nothwendig.

Hiernach würde eine 10 Fuß hohe Mauer $\frac{10}{8}$ Fuß oder 15 Zoll (Engel hat 12theiliges Fußmaaß im Sinn) stark werden müssen; eine 15 Fuß hohe aber eine Stärke = $\frac{10}{8}$ Fuß + $\frac{5}{2}$ Zoll = 17½ bis 18 Zoll bekommen.

Zu bemerken ist dabei, daß zu der Höhe der Mauer die, etwa aus andern Steinen aufgeführte, Plintenmauer mit hinzugerechnet werden muß.

Tragen die Mauern ein richtig construirtes Dach mit einer durchgehenden Balkenlage, so wird durch eine solche Anordnung die Stabilität derselben nur vermehrt, und es kommt neben der Höhe der Mauern hauptsächlich auf die Tiefe der Gebäude an. Außerdem wird ein Unterschied in den Mauerstärken dadurch bedingt, ob man es mit Wohngebäuden, welche durch Mittel= und Querscheidemauern in verschiedene Gemächer getheilt sind, zu thun hat, oder ob Wirthschaftsgebäude, wie Schafställe oder Scheunen, mit einem möglichst freien Raume gebildet werden sollen.

Bei den Umfangsmauern von Wohngebäuden kann man, auf vielfältige Erfahrungen gestützt, ⅑ der Höhe als hinreichende Stärke annehmen, wobei man, wenn das Gebäude mit nur einer Mittelmauer versehen über 15 Fuß tief werden soll, für jeden Fuß der Tiefe über 15 Fuß ¼ Zoll (= $\frac{1}{48}$ Fuß) der Mauerstärke zuzulegen hat; bekommt das Gebäude aber zwei Mittelwände, so genügt eine Zulage zu der Mauerstärke von ⅓ Zoll (= $\frac{1}{60}$ Fuß) für jeden Fuß größerer Tiefe.

Hierbei soll man aber bei einem Gebäude von nur 15 Fuß Tiefe ohne alle Mittelmauern ⅛ der Mauerhöhe zur Stärke nehmen; auch bei den obigen Bestimmungen die angefangenen Zolle für voll rechnen.

Z. B. einem Gebäude von 15 Fuß Tiefe ohne innere Unterstützung und von 9 Fuß Höhe, von der Sockellinie an gerechnet, wird man $\frac{9}{8}$ Fuß oder 1′ 2″ Mauerstärke geben. Soll das Gebäude aber mit einer Mittelmauer 8 Fuß in den Wänden hoch und 40 Fuß tief werden, so ist die Wandstärke = $\frac{8}{9}$ Fuß + $\frac{25}{4}$ Zoll = 1, 5″ (immer zwölftheilig Maaß verstanden).

Den Mittelmauern soll man, nach Engel, wenn zwei dergleichen vorhanden sind, die um 2 Zoll verringerte Stärke der Umfangsmauern geben, und wenn nur eine angelegt wird, diese mit den Umfangsmauern von gleicher Stärke machen.

Querscheidewände dürften mit ⅑ ihrer Höhe immer stark genug sein.

Große leere Räume, wie Schafställe und Scheunen, welche gewöhnlich ein oder zwei Unterzüge bekommen, würden daher mit den Wohngebäuden gleiche Mauerstärken in den Umfassungen erhalten dürfen, wenn nicht, besonders bei Scheunen, der Druck des in denselben aufgethürmten Getreides und bei Schafställen die Belastung des Dachgebälks durch den Futtervorrath Berücksichtigung verdienten. Engel hat daher, bei Gebäuden dieser Art, außer der Tiefe auch noch die Länge in Betracht gezogen und zwar dergestalt, daß er zu dem 9ten Theile der Mauerhöhe noch die Quadratwurzel aus der Summe der einfachen Länge und Tiefe als Viertelzolle hinzu addirt hat. Soll also zu einer Scheune von 200 Fuß Länge, 40 Fuß Tiefe und 10 Fuß Mauerhöhe die Mauerstärke bestimmt werden, so hat man diese

$$= \frac{h}{9} \text{ Fuß} + \frac{\sqrt{l+t}}{4} \text{ Zoll,}$$

wenn h die Höhe, l die Länge und t die Tiefe in 12theiligen Fußen ausgedrückt, bezeichnen. Also

$$x = \left\{ \begin{array}{l} \dfrac{10'}{9} = \qquad\qquad\qquad 1'1{,}33'' \\[2mm] + \dfrac{\sqrt{200+40}}{4} = \dfrac{15{,}5}{4} = 3{,}87'' \end{array} \right\} = 1'5{,}2''$$

oder 1′6″.

Sollte dagegen die Scheune nur 50′ lang und 36′ tief werden, bei 10 Fuß Wandhöhe, so hätte man die Mauerstärke

$$= \frac{10}{9} \text{ Fuß} + \frac{\sqrt{86}}{4} \text{ Zoll} = 1'1{,}33'' + 2{,}31''$$
$$= 1'3{,}64'' \text{ oder } = 1'\ 4'' \text{ anzunehmen.}$$

Engel führt nun an, daß fast bei allen von ihm in Pommern ꝛc. besichtigten, in Kalksand=Pisé aufgeführten Schafstall= und Scheunenbauten sich das Produkt dieser Formel übereinstimmend mit den Mauerstärken gezeigt habe, daß es aber keinem Zweifel unterliege, daß in der Praxis wegen manchen, von der Lokalität oder der Eigenthümlich= keit bedingten Umständen nicht immer genau „nach der Theorie" verfahren werden könne und dürfe, es vielmehr der Einsicht und Intelligenz des Baumeisters überlassen werden müsse, je nach Umständen, die Mauerstärken zu ver= größeren oder zu verkleinern, und daß mit den angeführ= ten Formeln den Bauunternehmern nur ein Anhaltspunkt gegeben sein solle, um das Minimum der Mauerstärken zu bestimmen, unter welches ohne überwiegende Gründe nicht gegangen werden dürfe.

Dachgiebel stellen sich, von Pisé aufgestampft, wegen der durch die Form verursachten Schwierigkeiten, als nicht vortheilhaft heraus, und sollen nach Engel daher massiv von Stein oder von vorgemauertem Fachwerk hergestellt werden.

Webeke sagt über den wichtigen Gegenstand der Stärkebestimmung bei Pisémauern gar nichts und führt nur ein Beispiel an, wonach eine Giebelwand 26 Fuß (preuß. Maaß lang, von der Plinte bis unter die Balken 11 Fuß hoch, 16 Zoll stark, von hier bis zum Kehlbalken, in einer Höhe von 7 Fuß, 9 Zoll stark war, und sich während dreier Jahre, obgleich sie gegen die Wetterseite gerichtet war, ganz unversehrt erhalten hat.

Mehrstöckige Gebäude von Kalksand=Pisé schei= nen bis jetzt noch nicht zur Ausführung gekommen zu sein, doch dürfte es keinem Zweifel unterliegen, daß ihre Aus= führbarkeit thunlich ist, da ja dergleichen von Lehmpisé von Sachs errichtet sind.

§. 11.

Wir haben bisher bei den Mauern stillschweigend einen durchaus festen, unwandelbaren Grund angenommen, so daß die Mauern unter einem lothrechten Drucke wohl zerdrückt, nicht aber tiefer in ihre Unterlage eingedrückt werden konnten. Ferner haben wir nur die Höhe der Mauern über der Erde in Betracht gezogen, nicht aber den Theil derselben, der von Erde bedeckt zu sein pflegt.

Da sich der feste Grund fast immer erst in einiger Tiefe vorfindet, auch aus andern Gründen die Mauern immer auf eine gewisse Tiefe in die Erde eingeschnitten werden müssen, so sind hierzu Mauertheile erforderlich, die wir unter dem Namen der Grundmauern zu= sammenfassen.

Die eigentlichen Stockwerksmauern rechnet man, we= nigstens bei den Wohngebäuden, erst von dem Fußboden des untersten Stockwerks an, und da dieser immer etwas über den Boden erhöht zu sein pflegt, so entsteht zwischen den Stockwerks= und den eigentlichen Grundmauern noch ein besonderer Mauertheil, den man den Sockel oder die Plinte nennt. Dieser bildet den sichtbaren Fuß des Ge= bäudes, und schon aus einem statischen Gefühle macht man denselben breiter, d. h. gibt ihm gegen die Stirn der Mauern außerhalb einen Vorsprung. In gewöhnlichen Fällen beträgt dieser etwa 1 ½ bis 2 Zoll, und da man, wenigstens bei Backsteinen, die Zunahme der Mauerstärke nicht unter ½ Steinlänge betragen lassen kann, so entsteht auch an der innern Seite der Mauer ein Vorsprung, der 3 ½ bis 3 Zoll zu betragen pflegt. Zugleich dient dieser letztere auch wohl zum Auflager der Constructionstheile für den Fußboden des untersten Stockwerks, so daß man allgemein für die Stärke der Sockelmauer 5 bis 6 Zoll mehr annehmen kann, als für die der unmittelbar darauf= stehenden Stockwerksmauer.

Die eigentliche Grundmauer beginnt daher mit der Oberfläche des das Bauwerk umgebenden Bodens, und dient als Mittelglied zwischen der Sockelmauer und dem Baugrunde. Diese Mauer kann in verschiedenen Eigen= schaften auftreten: entweder dient sie dem oberen Mauer= körper nur als Fundament, oder sie ist zugleich Stützmauer des Erdreichs, oder dient außerdem noch als Widerlags= mauer für etwa unter dem Gebäude angebrachte Gewölbe.

In Bezug auf ihre Eigenschaft als Stützmauer wer= den wir weiterhin einige Worte anführen, ihre Bedeutung als Widerlagsmauer für Gewölbe aber in einem besondern Paragraphen weitläufiger besprechen.

Dient die Grundmauer nur als Fundament des dar= über aufgeführten Mauerkörpers, ist sie also auf ihre ganze Höhe in den Boden eingeschnitten und von beiden Seiten wieder mit Erde umgeben, so leuchtet es ein, daß diese Stellung ihrer Stabilität bedeutend zu Hülfe kommt; und es wäre, einen nicht nachgebenden Baugrund und einen nur lothrecht wirkenden Druck vorausgesetzt, kein Grund vorhanden, dieser Mauer eine größere Stärke als der Sockelmauer zu geben. Die erstere Voraussetzung trifft öfter zu als die zweite; denn die Komposante aus allen auf die Mauer wirkenden Kräften wird selten genau lothrecht sein, und sobald dies nicht der Fall ist, wird ein Theil dieser Kräfte das Bestreben äußern, die Mauer (dieselbe als aus einem Stück bestehend angesehen) entweder auf ihrer Unterlage fortzuschieben, oder um eine ihrer untern Kanten zu drehen, und wenn ersteres auch wohl selten stattfinden wird, so kann letzteres um so leichter eintreten, weil hierzu nur nöthig ist, daß die eine Kante des Funda= ments tiefer eingedrückt wird als die andere. Schon aus diesem Grunde macht man die Grundmauern stärker, na= mentlich an ihrer Unterfläche.

Ist aber der Baugrund nicht absolut fest, sondern

mehr oder weniger nachgebend, so ist dieß eine besondere Aufforderung, der Grundmauer einen breiteren Fuß zu geben. Denn nimmt man für den Quadratfuß Oberfläche des Baugrundes irgend ein Gewicht an, dem er sicher widersteht, so kommt es nur darauf an, das vorhandene Gewicht auf eine so große Oberfläche zu vertheilen, daß auf den Quadratfuß nicht mehr davon kommt, als der Baugrund zu tragen vermag, um Gleichgewicht herzustellen; und man wäre auf diese Weise in den Stand gesetzt, auch auf sehr weichem Boden sicher zu fundamentiren, wenn es ein Mittel gäbe, das Tragvermögen des Bodens mit Sicherheit zu bestimmen. Wir kommen auf diesen Gegenstand in einem spätern Theile dieses Werkes, wenn wir von den Fundationen der Gebäude im Allgemeinen sprechen, ausführlicher zurück, und nehmen hier an, der Baugrund sei von Natur oder durch Kunst so beschaffen, daß wir die Grundmauern mit Sicherheit darauf setzen können, und die Breite des Fußes dieser letzteren sei für den Fall, daß dadurch eine besondere Vermehrung des Tragvermögens, oder eine Vertheilung des Drucks auf eine größere Fläche beabsichtigt würde, gegeben, so daß uns nur noch die Bestimmung der Stärke der Grundmauern für einen festen Baugrund zu betrachten bleibt.

Darüber, daß man den Grundmauern einen breiteren Fuß geben müsse, sind alle Schriftsteller, die darüber geschrieben haben, einig*), und es liegt dieß in der That auch im Gefühl; aber um wie viel dieß geschehen soll, darüber herrscht eine große Verschiedenheit der Ansichten. Vitruv sagt bloß, man müsse den Fundamenten eine größere Breite geben als den Mauern darüber; Palladio glaubt, daß man den Fundamenten die doppelte Stärke der zu tragenden Mauern geben müsse; Scamozzi will nur den vierten, wenigstens aber den sechsten Theil der Stärke zulegen, und Philibert Delorme die Hälfte. Wir haben schon erwähnt, daß nicht sowohl die Breite der oberen Mauern, als die zu tragende Last und die Tragfähigkeit des Baugrundes für die Breite des Fußes der Grundmauern bestimmend sind. Um nun aber doch für gewöhnliche Fälle (und bei festem Baugrunde) einigen Anhalt zu haben, wollen wir der von Gilly**) gegebenen Regel: auf jeden Fuß Höhe der Grundmauer 2 bis 3 Zoll der Stärke zuzulegen, folgen. Gilly hat 12theiliges Fußmaaß im Sinn, und es beträgt daher nach seiner Regel die untere Stärke einer Grundmauer 1/6 bis 1/4 der Höhe mehr als die obere. Nehmen wir im

_____

*) Eine Ausnahme hiervon macht Heigelin in seinem „Handbuch der neuesten ökonomischen Bauarten." Tübingen. Osiander 1827.

**) D. Gilly, „Handbuch der Landbaukunst," Braunschweig 1822 bei Vieweg. Band I, S. 313.

Mittel 1/5, so betrüge dieß in unserem 10theiligen Maaß für jeden Fuß der Höhe, auf jeder Seite der Grundmauer, eine Zunahme der Stärke von einem Zoll.

Die größere Breite des Fußes einer Grundmauer (das sogenannte Mauerrecht) kann nun entweder durch eine Böschungsfläche, oder absatzweise hergestellt werden. Der erste Fall kommt bei unserer Voraussetzung, daß die Mauer auf beiden Seiten mit Erde bedeckt sei, nicht vor, sondern nur der zweite. Den untersten Absatz, oder das Stück a b c d, Fig. 6 Taf. 82, pflegt man das Bankett der Grundmauer zu nennen, und den Vorsprung desselben etwas größer als die übrigen, die Höhe desselben aber so groß zu machen, daß nicht etwa in den Ecken bei e und f ein Bruch entstehen kann. Eine Höhe von 15 bis 20 Zoll wird hierfür in der Regel genügen. Die übrigen Absätze macht man 4 bis 5 Fuß hoch und gibt ihnen gleiche Vorsprünge. Diese letzteren richten sich nach der Beschaffenheit des Materials, doch pflegt man sie, des leichteren Berechnens des kubischen Inhalts wegen, auf jeder Seite 1/4 Fuß, oder zusammen 1/2 Fuß betragen zu lassen, wonach sich auch die Anzahl der Absätze richtet. Es sei z. B. in Figur 6 Taf. 82 die Höhe der Grundmauer 15 Fuß und die Stärke der Sockelmauer betrage 3 Fuß, so würden wir eine untere Stärke der Mauer von $3 + \frac{15}{5} = 6$ Fuß erhalten und diese in vier Absätze vertheilen, wie dieß die Figur durch die eingeschriebenen Zahlen andeutet.

Ist der auf die Grundmauer zu übertragende Druck lothrecht und trifft er die Mitte der Grundfläche, so macht man die Absätze auf jeder Seite gleich groß; finden diese Umstände aber nicht statt, so muß von dieser Anordnung abgewichen, und es müssen die Vorsprünge an die Seite gelegt werden, wo sie der Stabilität der Mauer am vortheilhaftesten sind. Oft ist man auch durch nachbarliche Gebäude oder Grundstücke gezwungen, die Absätze der Mauer alle oder theilweise auf eine Seite zu legen.

Hat man einzelne stark belastete Pfeiler oder Säulen mit Grundmauern zu versehen, so wird man die Verbreiterung derselben auf allen Seiten symmetrisch, und überhaupt so anordnen müssen, daß die Einheit der Grundfläche des Pfeilers gleich belastet ist mit der der übrigen Mauern, unter beiden einen gleichen Baugrund vorausgesetzt.

§. 12.

Futter- oder Stützmauern gehören zwar eigentlich mehr in den Bereich des Straßen- und Wasserbaues, doch kommen sie auch bei Hochbauten zuweilen vor, und wir wollen ihrer wenigstens in dieser Beziehung erwähnen. Es ist dieß einer von den Fällen, wo sich die Größe und Richtung der auf die Mauer wirkenden Kräfte, wenn auch nicht ohne viele Umstände und nicht mit großer Schärfe, doch aber weit eher bestimmen lassen, als in den früher betrachteten Fällen.

Da nämlich die Futtermauern vermöge ihrer Stabilität dem Drucke der dahinter befindlichen Erde zu widerstehen haben, so läßt sich, wenn man letzteren seiner Größe und Richtung nach zu bestimmen vermag, eine Gleichung aufstellen, aus welcher die der Mauer zu gebende Stärke zu finden ist.

Ohne auf diesen Gegenstand näher einzugehen, wollen wir nur bemerken, daß die Bestimmung des Erddruckes immer eine schwierige und doch wenig Gewißheit gebende Operation bleibt [*]), weshalb wir nur die fast allgemein befolgte und aus der Erfahrung abstrahirte Regel für die Bestimmung der Stärke der Futtermauern anführen.

Nach dieser gibt man den Mauern ⅓ oder ¼, im Durchschnitt daher etwa $\frac{2}{7}$ ihrer Höhe zur mittleren Stärke, und eine einseitige Böschung, deren Anlage ⅙ der Höhe beträgt. Hierbei hat man aber darauf zu sehen, daß die obere Stärke der Mauer wenigstens noch 2½ bis 3½ Fuß beträgt.

Diese letztere Stärke ist nothwendig, um der Mauer an ihrer Krone genug Masse zu verschaffen, damit sie den Einwirkungen des Frostes besser Widerstand leisten kann. In die Fuge zwischen der Mauer und dem Hinterfüllungsmaterial dringt nämlich immer einiges Wasser ein, und wenn dieses gefriert und dadurch sein Volumen vergrößert, so drängt es eine zu wenig Masse darbietende Mauer vorn über. Wenn dieß auch anfänglich fast unwahrnehmbar ist, so wird es doch bei jedem Froste größer, weil die übergeschobene Mauer beim Aufthauen des Eises nicht wieder in ihre ursprüngliche Lage zurückkehrt.

Die Dossirung nach außen zu legen, hat für die Stabilität der Mauer allerdings Vortheile, doch sind auch alle, bereits im ersten Kapitel erwähnten Nachtheile mit dieser Anordnung verbunden, und es wird, besonders bei Hochbauten, am angemessensten sein, die Mauer an der vordern Seite lothrecht oder nur mit einer sehr geringen Böschung anzulegen, die nach unten zunehmende Verbreiterung auf die innere Seite zu bringen, und in Absätzen von etwa 4 bis 5' Höhe anzuordnen. Fig. 7 Taf. 82 zeigt eine hiernach angeordnete Futtermauer von 14 Fuß Höhe mit lothrechter Vorderseite.

Die mittlere Stärke betrüge bei derselben $\frac{2}{7} \cdot 14 = 4$ Fuß, die Zunahme der untern Stärke $\frac{1}{2} \cdot \frac{1}{6} \cdot 14 = 1\frac{1}{6}$ Fuß, daher würde die Mauer oben $4 - 1\frac{1}{6} = 2\frac{5}{6}$ Fuß und unten $4 + 1\frac{1}{6} = 5\frac{1}{6}$ Fuß stark werden, und

bei zwei Absätzen jeder einen Vorsprung von 1⅙ Fuß bekommen.

Nennen wir die Höhe h, die obere Stärke a, die untere b, so ist, die mittlere gleich $\frac{2}{7}$h gesetzt,

$$a = \tfrac{2}{7} h - \tfrac{1}{12} h = \frac{17}{84} h \text{ und}$$

$$b = \tfrac{2}{7} h + \tfrac{1}{12} h = \frac{31}{84} h$$

nehmen wir hierbei h = 12 Fuß an, so ergibt sich a = 2,43 Fuß. Da man aber mit der obern Mauerstärke bei Futtermauern nicht unter 2,5 Fuß hinabgehen darf, so folgt daraus, alle Mauern, bis zu 12 Fuß Höhe, oben 2,5 Fuß stark zu machen, und hierzu ⅙ der Höhe zu addiren, um die untere Stärke zu erhalten.

Höhe der Mauer.	Anlage der Mauerböschung.	Kronenbreite			
		bei Futtermauern.		bei Wandmauern.	
		Bei in Mörtel gelegten Mauern.	Bei trockenen Mauern.	Bei in Mörtel gelegten Mauern.	Bei trockenen Mauern.
3'	0'6"	1'3"	1'0"	1'0"	1'3"
6'	1'0"	1'9"	2'3"	1'3"	1'9"
9'	1'6"	2'0"	3'0"	1'6"	2'0"
12'	2'0"	2'6"	3'6"	2'0"	2'9"
15'	2'6"	3'0"	4'0"	2'6"	3'3"
18'	3'0"	3'6"	5'0"	3'0"	4'0"
21'	3'6"	4'6"	5'6"	3'6"	4'9"
24'	4'0"	5'0"	6'3"	4'0"	5'3"

In den „allgemeinen Baubedingnissen für den Unterbau der k. k. österreichischen Staats-Eisenbahnen" wird für die Bestimmung der Stärke der Futter- und Wandmauern obige Tabelle — für Wiener Maaß — gegeben [*]).

Dabei ist der Querschnitt der Mauer ein Trapez, die innere Seite vertikal, die äußere in dem Verhältnisse von ⅙ der Höhe geböscht. Mauern über 24' Höhe erhalten von dieser aufwärts zu ihrer Verstärkung, an ihrer inneren Seite, von Klafter zu Klafter (6') einen Absatz von einem Fuß.

Häufig sollen diese Mauern aber auch nach dem Taf. 82 Fig. 8 dargestellten Profile angeordnet werden. Die gegen den Grund gekehrte Seite ist vertikal, die obere Dicke beträgt 3', und die untere wird nach der Formel

$$3' + \frac{h}{8}$$

bestimmt, wo h die Höhe der Mauer in Fußen ausdrückt. Die Krümmung der Mauer im Lichthaupte ist ein aus einem

---

[*]) Siehe über diesen Gegenstand Hagen, Handbuch der Wasserbaukunst, Thl. II. Bd. I. S. 3 2c., ferner: Morius Hülfsbuch des praktischen Mechanikers, S. 287.

[*]) Eisenbahnzeitung 1845. S. 344.

Punkte der Horizontalen a x über der Sehne a b beschriebener Kreisbogen *).

Redtenbacher gibt für Futtermauern mit gebösch-
ter Vorder= und vertifaler Hinterfläche folgende Formeln.

Es bezeichne:

h die Höhe der Futtermauer,
b die obere } Stärke der Mauer.
B die untere }

α den Neigungswinkel der Vorderfläche gegen die ver-
tifale Richtung. Alsdann hat man zur Bestimmung von
b und B

$$\frac{B}{h} = \sqrt{0{,}285^2 + \frac{1}{3}\,\mathrm{tg}^2\,\alpha}$$

$$\frac{b}{h} = \frac{B}{h} - \mathrm{tg}\,\alpha.$$

Daraus folgt für

$\mathrm{tg}\,\alpha =$	$\frac{1}{5}$	$\frac{1}{6}$	$\frac{1}{8}$	$\frac{1}{10}$	$\frac{1}{12}$	$\frac{1}{20}$	0
$\frac{B}{h} =$	0,308	0,301	0,294	0,291	0,289	0,286	0,285
$\frac{b}{h} =$	0,108	0,135	0,169	0,191	0,206	0,236	0,285

Wir bemerken hier aber ausdrücklich, daß obige
Regeln durchaus keine allgemein gültigen zur Bestimmung der Stärke von Futtermauern abgeben sollen, sondern daß wir sie nur für die hier im Auge gehabten Fälle,
wie sie bei Hochbauten vorzukommen pflegen, aufgestellt
haben wollen.

Handelt es sich um ausgedehntere und wichtigere An-
lagen dieser Art, so müssen sie vielmehr nach Grundsätzen
behandelt werden, auf welche einzugehen, uns die Grenzen unseres Vortrags verbieten. Bemerkt soll aber noch
werden, daß man die Stärke um so größer annehmen
muß, je leichter ein Durchnässen der Hinterfüllungserde
stattfinden kann.

§. 13.

Sind die Futtermauern zugleich Grundmauern, so wird
die Stabilität derselben durch das Gewicht der darauf stehenden Mauern vermehrt, und sie können daher schwächer
gemacht werden.

Ergiebt sich hierbei die obere Stärke der, allein und
ohne Berücksichtigung der daraufstehenden Mauer betrachteten, Futtermauer schwächer, als sie nach dem Vorigen für
die Grundmauer sein muß, so hat man auf die Futtermauer
als solche keine Rücksicht zu nehmen; im andern Falle
kann man auf folgende Weise verfahren.

Die Stabilität der Futtermauer ist gleich dem Produkte aus ihrem im Schwerpunkte vereinigt gedachten Ge-

*) Ebendas. S. 176.

wichte in den senkrechten Abstand des Drehpunktes von der
Lothrechten durch den Schwerpunkt. Diese nehmen wir für
die nothwendige Futtermauer als gefunden an, d. h. die
nothwendige Stabilität der für die Höhe h, Fig. 9 Taf. 82,
zu errichteten Futtermauer sei = S. Nehmen wir ferner,
der Einfachheit wegen, sowohl die Futtermauer als die
daraufstehende parallelepipedisch, also im Querschnitt rechteckig an, so haben wir nach den in Fig. 9 angegebenen
Bezeichnungen, den Drehpunkt in A angenommen,

$$Q'' \frac{c}{2} + Q'\left(c + \frac{b}{2}\right) + Q\left(c + b + \frac{x}{2}\right) = S.$$

Es ist aber, die Länge der Mauer gleich einem
Fuß, und das Gewicht von einem Kubikfuß Mauer gleich
q gesetzt,

$$Q = h x . q.$$
$$Q' = (h + h')\, b . q.$$
$$Q'' = h c . q.$$

folglich

$$(h c q) \frac{c}{2} + (h + h')\, b q \left(c + \frac{b}{2}\right) + (h x q)\left(c + b + \frac{x}{2}\right) = S.$$

$$\frac{h c^2 q}{2} + q b (h + h')\left(c + \frac{b}{2}\right) + (c + b)\, h q x + \frac{h q}{2} x^2 = S$$

woraus x gefunden werden kann.

Am besten wird man hierbei immer thun, wenn
man die Formel nicht weiter entwickelt, sondern in dieselbe die etwa gegebenen Zahlenwerthe setzt, und dann vereinfacht.

Z. B. Es sei die Stärke einer Futtermauer zu finden, welche 21 Fuß hoch sein und das Mauerwerk zweier
12' und 11' hohen Stockwerke tragen soll. Die Stärke
der unteren dieser Mauern betrage 2', die der oberen 1½'.

Nimmt man zuerst an, es befinde sich kein weiteres Mauerwerk über der Futtermauer, so ist ihre mittlere
Stärke

$$\tfrac{2}{7} . 21 = 6',$$

und da die Zunahme nach unten hin, so wie die Abnahme

$$\text{nach oben zu, je } \tfrac{1}{2} . \tfrac{1}{6} . 21 = \frac{21}{12} = 1{,}75' \text{ beträgt,}$$

so wird die obere Stärke 6 — 1,75 = 4,25' und die untere 6 + 1,75 = 7,75' sein.

Nimmt man ferner 4 Absätze der Höhe nach an (bei
lothrechter Vorderseite), so ist die Summe der Vorsprünge
dieser Absätze = 7,75 — 4,25 = 3,5; mithin der Vorsprung jedes einzelnen Absatzes = $\frac{3,5}{3}$ = 1,166' ... nahe
= 1,2'.

Die Stärke des obersten Mauertheils ist daher = 4,25'
»   »   » zweiten   »   »   » = 5,45'
»   »   » dritten   »   »   » = 6,65'
»   »   » untersten   »   »   » = 7,85'
die Höhe jedes einzelnen Absatzes ist $\frac{21}{4}$ = 5,25'.

Die Stabilität dieser Futtermauer ist jetzt in Bezug auf den Punkt A, Fig. 10 Taf. 82,

$$1)\ S' = p\,\frac{4,25}{2} + p'\left(4,25 + \frac{1,2}{2}\right) + p''\left(5,45 + \frac{1,2}{2}\right) + p'''\left(6,65 + \frac{1,2}{2}\right)$$

Ist aber das Gewicht q eines Kubikfußes Mauerwerk gleich 100 Pfd., so ist für eine Länge der Mauer $= 1$ und nach der Figur:

$$p \quad= 100.\ 4,25\ .\ 21. \qquad = 8925.$$
$$p' \quad= 100.\ 1,2\ \ .\ 21.\ \tfrac{3}{4} = 1890.$$
$$p'' \quad= 100.\ 1,2\ \ .\ 21.\ \tfrac{1}{2} = 1260.$$
$$p''' = 100.\ 1,2\ \ .\ 21.\ \tfrac{1}{4} = \ \ 630.$$

Diese Werthe in 1) substituirt, gibt

$$S' = 18965,625 + 9156,5 + 7623 + 4567,5 = 40312,625$$

Das Gewicht des Mauerwerks der ersten Etage, welches auf der Futtermauer ruht, ist

$$2\ .\ 12\ .\ 100 = 2400\ \text{Pfd.}$$

und das der zweiten Etage

$$1\tfrac{1}{2}\ .\ 11\ .\ 100 = 1650\ \text{Pfd.}$$

Denkt man sich die unterste Mauer um 0,5' von der Stirn der Futtermutter zurückgesetzt, so ist die Stabilität beider oberen Mauern

$$S'' = 2400\,(1 + 0,5) + 1650\left(0,5 + \frac{1,5}{2}\right) = 5662,5.$$

Da nun die Stabilität dieser Mauern die der Futtermauer unterstützt, so bedarf diese nur noch einer Größe $S = S' - S''$ oder

$$S = 40312,625 - 5662,5 = 34650,125.$$

Um nun die nöthige Stärke der Futtermauer in den verschiedenen Höhen, wenn sie ebenfalls in 4 Abtheilungen aufgeführt wird, zu bestimmen, sei

die Stärke des 1. Absatzes
$= b$, dann ist
die Stärke des 2. Absatzes
$= b + \tfrac{1}{3}\ .\ \tfrac{1}{6} h = b + \tfrac{1}{18} h = b + 1,2'$
die Stärke des 3. Absatzes
$= b + \tfrac{2}{3}\ .\ \tfrac{1}{6} h = b + \tfrac{1}{9} h = b + 2,4'$
die Stärke des 4. Absatzes
$= b + \tfrac{1}{6} h = \qquad b + 3,6'$

b finden wir aber aus der Gleichung für die Stabilität der Mauer, d. i. aus

$$34650,125 = 100 \left\{ \frac{b^2}{2}\ .\ h + \frac{1}{18} h\ .\ \tfrac{3}{4} h\left(b + \frac{1}{36} h\right) \right.$$
$$+ \frac{1}{18} h\ .\ \tfrac{1}{2} h\left(b + \frac{1}{18} h + \frac{1}{36} h\right)$$
$$\left. + \frac{1}{18} h\ .\ \tfrac{1}{4} h\left(b + \frac{2}{18} h + \frac{1}{36} h\right)\right\}$$
$$= 100 \left\{ b^2\ .\ 10,5 + 18,375\,(b + 0,583)\right.$$
$$+ 12,25\,(b + 1,75) + 6,125\,(b + 2,833)\}$$
$$= 100\,(10,5\ .\ b^2 + 36,75\ .\ b + 49,501)$$
$$1850\,b^2 + 3675\,b + 4950,1 = 34650,125$$
$$b^2 + 3,5\ .\ b = 28,2853$$

$$b = -\,1,75 + \sqrt{28,2853 + 1,75^2}$$
$$b = 3,84'.$$

Die Stärke des 1. Absatzes ist daher $= \qquad b = 3,84'$
„ „ „ 2. „ „ „ $= b + 1,2 = 5,04'$
„ „ „ 3. „ „ „ $= b + 2,4 = 6,24'$
„ „ „ 4. „ „ „ $= b + 3,6 = 7,44'$

Vergleicht man das Profil der Futtermauer Fig. 10 mit dem Fig. 11 Taf. 82, so ergibt sich der Flächeninhalt

des ersteren $= 127,05$ Quadratfuß,
der des letzteren $= \underline{118,44}$ „
mithin ein Unterschied von $8,61$ Quadratfuß,

d. h. durch die auf der Futtermauer befindlichen Mauern werden an dieser selbst auf jeden Fuß der Länge 8,61 Kubikfuß Mauerwerk erspart.

B. Die Gewölbe und deren Widerlagsmauern.

§. 14.

Wir haben schon früher erwähnt, daß der Einfluß, den die Festigkeit, die Gestalt und der Verband des Materials auf die Stärke der Mauern ausüben, auch bei den Gewölben im Allgemeinen derselbe bleibt. Auch haben wir hierüber, und besonders über den anzuwendenden Steinverband, im zweiten Kapitel weitläufiger gesprochen, eben so auch darüber, daß der Zusammenhang in einem aus Backsteinen oder kleinen lagerhaften Bruchsteinen bestehenden Gewölbe (in Bezug auf den Mörtel) ein ganz anderer zu sein pflegt, als der in einem aus regelmäßig bearbeiteten Quadern gebildeten. Hieran müssen wir zurückweisend erinnern.

Die Stärke (Dicke) der Gewölbe und die ihrer Widerlagsmauern sind von einander abhängig. Doch ist es nöthig, beide getrennt zu betrachten, und da für die Widerlagsstärke jedenfalls die Gewölbdicke als bestimmend auftritt, so sei von letzterer zuerst die Rede.

I. Stärke der Gewölbe.

§. 15.

Die Dicke der Gewölbe bestimmt das Gewicht derselben, und da dieses, wenn wir jede anderweitige Belastung vorläufig als nicht vorhanden betrachten, allein die Kräfte erzeugt, welche die Stabilität der Widerlager angreifen, so wird es klar, daß diese Stärkebestimmung von großer Wichtigkeit sein muß. Eine scharfe theoretische Bestimmung der Gewölbdicken, welche für die Ausübung brauchbar wäre, ist indessen noch nicht gefunden; und es mag überhaupt wohl erlaubt sein, an der Auffindung einer solchen zu zweifeln, da unmöglich alle hierauf einwirkenden Umstände in Rechnung gestellt werden können.

Es wird daher für uns am Erſprießlichſten ſein, wenn wir uns wieder an die durch lange Erfahrung und direkt angeſtellte Verſuche erprobten Regeln und empiriſchen Formeln halten.

Bevor wir dieſe aber anführen, wird es nöthig ſein, uns im Allgemeinen mit den Wirkungen der in einem Gewölbe thätigen Kräfte bekannt zu machen.

Hierbei müſſen wir der Einfachheit wegen ein regelmäßiges Tonnengewölbe zum Grunde legen, deſſen Rückenfläche mit der innern Leibung parallel iſt, und einen halben hohlen normalen Kreiscylinder darſtellt.

Wird ein ſolches Gewölbe im Scheitel D, Fig. 1 Taf. 83, ſtark belaſtet, ſo wird es ſich hier ſenken, und die Fugen werden ſich innerhalb bei d öffnen, außerhalb aber zuſammenpreſſen. Von d nach I und K zu wird das Beſtreben der Fugen, ſich innerhalb zu öffnen, abnehmen, bis zu einer Fuge, die weder innen noch außen ſich zu öffnen das Beſtreben hat; von hier an wird das umgekehrte Verhältniß eintreten, d. h. es werden die Fugen innerhalb ſich zuſammenpreſſen und außerhalb ſich öffnen, bis dieß in zwei Fugen Ii und Kk das Maximum erreicht, von welchen ab wiederum eine Abnahme dieſer Beſtrebungen wahrzunehmen iſt, und ein abermaliges Umwechſeln, ſo daß die Fugen Aa und Bb wieder innerhalb ſich zu öffnen das Beſtreben haben.

Die Fugen Ii und Kk nennt man die Brechungsfugen, und ihre Lage iſt für Theorie und Praxis von Wichtigkeit. Denn ſetzt man die Widerlager als abſolut feſt voraus, und nimmt man eine Trennung nur in den Fugen an, in welchen die Beſtrebungen des Oeffnens inner= und außerhalb am größten ſind, ſo wird man das ganze Gewölbe als aus 4 Gewölbſteinen M, N, N′ M′ zuſammengeſetzt, anſehen können, die hebelartig auf einander wirken, und zwar in der Richtung der Linien aI, ID, DK und Kb. Hieraus geht deutlich hervor, daß ein ſolches Gewölbe in den Brechungsfugen ſeine ſchwächſten Stellen hat, und daß durch ein Ausmauern der Gewölbwinkel, bis über dieſe Fugen hinaus, eine weſentliche Verſtärkung gewonnen werden muß. Macht man ferner die Gewölbdicke ſo groß, daß die drei Punkte a, I und D in eine gerade Linie zuſammenfallen, ſo wird hierdurch jedenfalls die Gefahr des Bruches der Gewölbſchenkel vermindert, und man könnte dann das halbkreisförmige Gewölbe als aus zwei, im Scheitel gegen einander geſtellte Streben beſtehend anſehen, die mit dem Horizont Winkel von 45 Graden einſchließen.

Da dieſe geraden Linien die innere Leibung in einem Punkte x, Fig. 2 Taf. 83, berühren müßten, und dieſer Punkt zugleich in der Brechungsfuge läge, ſo wäre die Lage dieſer Fuge bei einem Halbkreiſe (und einer der Leibung parallelen Rückenfläche) gegeben, indem der Winkel,

ben ſie mit der Horizontalen machte, 45 Grade betragen würde.

Erfahrungen an großen Brückengewölben und Verſuche, die man mit Modellen angeſtellt hat, zeigen dieſen Winkel von 40 bis 60 Grad variirend, ſo daß 45 Grad als ein Durchſchnittsmaaß angeſehen werden könnte.

Auf dieſe Art ließe ſich die Dicke xi $= \delta$, Fig. 2 Taf. 83, durch folgende Schlüſſe beſtimmen: Es iſt

$$Cg : Cd = Cx : Ci$$

oder nach der Bezeichnung in der Figur

$$r \sin \beta : r = r : R \text{ und}$$
$$r \sin \beta : r - r \sin \beta = r : R - r$$
$$R - r = xi = \delta = \frac{r\,(1 - \sin \beta)}{\sin \beta}$$

aber

$$\sin \beta = \frac{1}{\sqrt{2}}$$

daher

$$\delta = r\,(\sqrt{2} - 1) = 0,414 \cdot r.$$

Dieſe ſo gefundene Gewölbdicke würde aber zu ſtark ausfallen. Man ſieht leicht, daß die Linie aD, Fig. 2, doch gerade bleiben kann, wenn auch D ſinkt, wenn nur zugleich a ſich weiter von A entfernt, oder wenn das Gewölbe an den Anfängen dicker gemacht wird als am Scheitel; woraus der Vortheil dieſer Anordnung für die Feſtigkeit eines kreisförmigen Gewölbes hervorgeht.

Wollte man die Stärke des Gewölbes allein aus den Preſſungen, welche die beiden als Streben angeſehenen Gewölbſchenkel gegen den Schlußſtein ausüben, und aus der rückwirkenden Feſtigkeit der zu verwendenden Steinart beſtimmen, ſo würde die Haltbarkeit (abgeſehen von der unſtatthaften Vorausſetzung, daß überall gleiche Preſſungen ſtattfinden) wiederum von der Annahme des ſogenannten Sicherheitskoeffizienten abhängen, d. h. um wie viel Mal man die rückwirkende Feſtigkeit des Steins die auf Zerſtörung wirkende Gewalt übertreffen laſſen wollte; eine Beſtimmung, die am Ende nur vom Gefühl abhängt, und daher wohl kaum ſo viel Sicherheit gewähren dürfte, als aus der Erfahrung abſtrahirte praktiſche Regeln.

§. 16.

Solche Regeln geben namentlich Perronet und Ronbelet, erſterer zwar nur für Brückengewölbe, letzterer aber auch für weniger belaſtete Gewölbe, wie ſie bei Hochbauten vorzukommen pflegen. Ronbelet hat den Weg der Verſuche mit Modellen eingeſchlagen, und darauf eine Theorie der Gewölbe, namentlich eine Beſtimmung der Widerlagsſtärken zu gründen verſucht, welcher wir durchaus ihren Werth nicht abſprechen wollen, und die ſogar gegen viele andere den nicht unbedeutenden Vortheil der Einfachheit beſitzt, die aber wohl eben ſo wenig als ihre gelehrteren Schweſtern Anſpruch auf unbedingte Brauchbarkeit für die Praxis machen kann.

Was nun zuerst die Gewölbstärke anbelangt, so kommt Rondelet durch seine Versuche zu folgenden allgemeinen Resultaten, die in der Wirklichkeit ihre Bestätigung finden dürften.

1) Ein aus vier gleich großen und überall gleich hohen Gewölbsteinen bestehendes halbkreisförmiges Tonnengewölbe kann sich nicht unterstützen, wenn seine Dicke geringer ist als der siebenzehnte (an einem andern Orte der achtzehnte) Theil seines Durchmessers; die Widerlager als absolut fest angesehen.

2) Gewölbe mit einer ungeraden Anzahl ungleich großer Steine üben einen um so geringeren Schub aus, je größer der Schlußstein ist, und umgekehrt; so daß diejenigen Gewölbe den größten Schub ausüben, bei denen eine Fuge in den Scheitel trifft.

3) Läßt sich in einem überall gleich dicken Gewölbe vom äußern Scheitel aus eine gerade Linie ganz innerhalb der Gewölbdicke bis zum äußeren Fuße ziehen, wie D a in Fig. 2 Taf. 83, so entsteht kein Bruch in den Gewölbschenkeln, vorausgesetzt, daß die Widerlager die Gewölbdicke zur Stärke haben.

4) Nimmt die Gewölbdicke bei kreisförmigen Gewölben nach den Anfängen hin zu, so kann diese im Schlußstein bedeutend geringer sein, als bei einem mit der Leibung parallelen Rücken.

5) Der Schub, den ein Gewölbe ausübt, steht nicht im einfachen, geraden Verhältniß seiner Dicke, so daß, alle übrigen Abmessungen gleich angenommen, ein Gewölbe von doppelter Dicke nicht auch den doppelten Schub ausübt, sondern dieser geringer ausfällt.

6) Ein Gewölbe, dessen Bogenlinie überhöht ist, schiebt weniger stark auf seine Widerlager als ein halbkreisförmiges, und dieses geringer als ein gedrücktes, am stärksten das scheibrechte; überall gleiche Spannweiten u. vorausgesetzt.

§. 17.

Von diesen in ihrer Allgemeinheit als begründet anerkannten Gesetzen, verdient das unter 4 genannte einer näheren Betrachtung. Nimmt man nämlich an, daß ein halbkreisförmiges Gewölbe aus vollkommen polirten, ohne alle Reibung an einander gleitenden Gewölbsteinen bestehe, die in der innern Leibung alle gleiche Bogenlängen haben, so hat schon be la Hire (1695) bewiesen, daß sich diese Gewölbsteine nur dann im Gleichgewicht halten können, wenn ihre Gewichte (also hier ihre mittleren Höhen) sich zu einander verhalten wie die Tangentenunterschiede der Winkel, welche die Richtungen ihrer Fugen mit einer Vertikallinie bilden.

Hiernach ergibt sich bei kreisförmigen, elliptischen und den elliptischen nachgebildeten, nach einer Korblinie geform-

ten Gewölben eine Zunahme der Dicke der Gewölbsteine vom Scheitel nach den Anfängen zu, bei Gewölben nach der Kettenlinie eine gleiche Dicke des ganzen Gewölbes, und bei solchen, die nach einer Parabel geformt sind, eine Abnahme der Gewölbdicke vom Scheitel ab, so daß letztere Gewölbe am Scheitel am dicksten werden.

Daß jedoch die hier zum Grunde gelegte Voraussetzung, auch bei der sorgfältigsten Bearbeitung der Gewölbsteine, in der Natur nicht stattfindet, und daß daher diese Regel eine übermäßige Stärke der Gewölbe gibt, bedarf kaum der Erwähnung. Jedenfalls aber gibt sie den auch immer befolgten Fingerzeig, kreisförmige und elliptische Gewölbe in den Anfängen dicker zu machen als im Scheitel.

Auf welche Weise man diese Zunahme der Gewölbstärke graphisch finden kann, zeigen die Fig. 3 bis 6 Taf. 83.

1) Bei dem Kreisbogen Fig. 3. Nachdem die Eintheilung der Fugen gemacht, die Stärke des Schlußsteins bestimmt, und die Fugenrichtungen bis in den Mittelpunkt C verlängert sind, trage man die Hälfte der Scheitelbicke D d von d horizontal nach e, und ziehe e f parall D C, bis zum Durchschnitt mit der verlängerten Schlußsteinfuge a C; von f aus schneide man alsdann die sämmtlichen Fugenrichtungen durch eine Horizontale f g in den Punkten 1, 2, 3 u. s. w., so ergeben sich hierdurch graphisch die Tangentenunterschiede und die mittleren Höhen a'b' = f1, c'd' = 1 2 u. der Gewölbsteine m, n, u.; und eine durch die Punkte b', d' u. gezogene stetige Kurve gibt die Gestalt des Gewölbrückens an. Sind die Gewölbsteine so schmal, daß, wie in Fig. 3 Taf. 83 links angenommen, die halbe Scheitelbicke über die erste Fuge vom Scheitel hinaus nach e' fällt, so ändert dieß in der Sache nichts weiter, als daß der Punkt f' über D hinausfällt, mithin auch die Linie f' g'.

Eine Näherungsmethode besteht darin, daß man von C aus die Hälfte des Radius C d auf die verlängerte D C nach C' trägt, und von hier aus mit C' D als Halbmesser die Rückenlinie des Gewölbes als Kreislinie beschreibt.

2) Bei dem Spitzbogen Fig. 4 Taf. 83. Man ziehe den Radius d C und verlängere die Fugenrichtungen bis C. Senkrecht auf d C trage man die halbe Schlußsteinbicke von d nach e, ziehe e f parallel zu d C bis zum Durchschnitt mit C a, und dann die fg parallel C A, so sind wieder in f 1, 1 2, 2 3 u. die Tangentenunterschiede und die Höhen a'b' = f1, c'd' = 1 2 der Gewölbsteine m und n u. gefunden. Auch hier erhält man für D b' d' eine Näherungskurve, wenn man d C verlängert, C C' = ½ d C macht, und von C' aus mit C'D als Radius einen Kreisbogen beschreibt.

3) Bei dem elliptischen Bogen Fig. 5 und 6 Taf. 83. Man verlängere die Schlußsteinfuge a bis zum Durchschnitt

mit der lothrechten D C in C, ziehe beliebig die Horizontale f g, mache f 1 gleich der halben Schlußsteinhöhe und
ziehe 1 E parallel der a C, so daß $\angle$ D C a $=$ $\angle$ f E 1
wird, ferner die Linien E 2, E 3, E 4 ꝛc. parallel den Fugenrichtungen b, c ꝛc., so sind in 1 2, 2 3 ꝛc. die Tangentenunterschiede und damit die mittleren Höhen a' b', c' d' ꝛc.
der Gewölbsteine m, n ꝛc. gefunden.

Der durch Verlängerung der Schlußsteinfuge a gefundene Punkt C kann als der Mittelpunkt des Bogens d a
angesehen werden; trägt man nun ½ D C von C nach C',
so kann man mit C' D als Radius von C' aus die Rückenlinie des Gewölbes näherungsweise als Kreislinie zeichnen.

Die angegebenen Näherungsmethoden gewähren nur
in dem oberen Theile der Gewölbschenkel einige Genauigkeit; doch ist dieß auch hinreichend, weil, wie wir bald
sehen werden, die Widerlagsmauern immer über die Kämpferpunkte hinaus aufgemauert werden, und daher die untern
Theile der Gewölbschenkel in der sogenannten Ueber- und
Hintermauerung stecken. In den Fig. 3 bis 6 Taf. 83 ist
diese letztere, um Wiederholungen zu vermeiden, bereits mit
angedeutet.

4) Ist das Gewölbe nach einer Kettenlinie gebildet,
so ergeben sich, gleiche Bogenlinien für die Gewölbsteine
vorausgesetzt, nach der Natur dieser Kurve auch lauter
gleiche Tangentenunterschiede, d. h. ein nach der Kettenlinie
geformtes Gewölbe erhält in seinem Querschnitte lauter
gleich hohe Gewölbsteine.

5) Liegt eine Parabel der Gewölbform zu Grunde,
so müssen, nach der gemachten Voraussetzung, die Höhen
der Gewölbsteine ungekehrt vom Scheitel nach den Anfängen hin abnehmen, weil in diesem Falle dasselbe mit den
Tangentenunterschieden der zu den Gewölbsteinen gehörigen
Winkel der Fall ist. Diese letzteren lassen sich leicht
graphisch konstruiren, oder wenn Genauigkeit verlangt
wird, berechnen, und danach die Höhen der Gewölbsteine
auftragen.

In der Ausführung bestimmt man die Zunahme der
Gewölbschenkelhöhen gewöhnlich nicht nach dieser Regel,
weil sie, wie weiter oben erwähnt, zu große Stärken gibt,
sondern begnügt sich, stark belasteten Gewölben an den
Anfängen das 1½- oder das 2fache der Schlußsteinhöhe
zur Stärke zu geben.

§. 18.

Man sieht, es kommt Alles auf die Bestimmung der
Stärke des Scheitels oder des Schlußsteins der Gewölbe
an, und wir wollen daher einige der hierfür gegebenen
Regeln und Formeln kennen lernen, diese mit ausgeführten
Gewölben vergleichen, und hieraus Anhaltspunkte zu ge-
winnen suchen, die, wenigstens in nicht außergewöhnlichen

Fällen, uns zur Richtschnur für die Ausführung dienen
können.

Perronet gibt für Brückengewölbe folgende praktische Regel:

Für Spannweiten von und über 72 Fuß nehme man
$\frac{1}{24}$ der Spannweite als Stärke des Scheitels an, unter
72 Fuß aber $\frac{5}{144}$ derselben, und addire 12 Zoll hinzu. Er
hat hierbei das alte zwölftheilige französische Maaß im
Auge, und wir finden daher in Morin's „Hülfsbuch der
praktischen Mechanik" diese Regel, in Metermaaß, durch
folgende Formel ausgedrückt,

$$E = \frac{5\,D + 46{,}777}{144}$$

welche sich für württemberger Fußmaaß in

$$E = \frac{5\,D + 166{,}7}{144}$$
$$= \frac{5}{144}\,D + 1{,}158$$

verwandelt, und in welcher E die Stärke des Gewölbschei-
tels, D aber den Durchmesser des innern Kreisbogens bezeichnet.

Dieselbe Regel gilt auch für Korbbögen, nur muß
für D der Durchmesser des obersten Kreisbogens gesetzt
werden.

Hierbei ist aber angenommen, daß die Gewölbstärke
nach den Anfängen hin wächst, und zwar beiläufig bis zu
dem Doppelten der Stärke am Schlußsteine. Die berühmte
Brücke zu Neully, von Perronet in den Jahren 1768
bis 1780 erbaut, hat bei 120 Fuß Spannweite, 5 Fuß
Stärke im Scheitel und 9 Fuß in den Anfängen.

Rondelet gibt im zweiten Theile seines bekannten
Werks eine Tabelle über die Gewölbstärken von 1 bis zu
40 Meter, oder von 3 bis 120 Fuß Spannweite; und
zwar für Brückenbögen oder stark belastete Gewölbe, für
mittlere Gewölbe oder solche, die den Fußboden eines obern
Stockwerks zu tragen haben, und für leichte oder solche,
die nur die Decke eines Raumes bilden und daher nichts
als ihre eigene Last zu tragen bestimmt sind.

Man erhält die Abmessungen dieser Tabelle indessen
ganz genau, wenn man für die Gewölbstärke der Brückenbögen $\frac{1}{24}$ der in Fußen bezeichneten Spannweite nimmt und
1 Fuß hinzu addirt, für mittlere Gewölbe hiervon die
Hälfte, und für leichte den vierten Theil setzt.

Hierbei setzt Rondelet behauene Quadersteine von
mittlerer Härte voraus, und die Stärke an den Anfängen
doppelt so groß als im Scheitel.

Im 4ten Theile seines Werks, wo er die „Theorie
der Constructionen" abhandelt, und wo er mehr die im

Hochbauwesen üblichen Gewölbe aus Bruch- oder Back-steinen im Auge hat, gibt er für die Gewölbdicken fol-gende Regeln.

Die geringste Dicke eines Gewölbes, deſſen Rücken der Leibung parallel abgeglichen ist, darf nicht weniger als den fünfzigsten Theil des Halbmeſſers betragen, wenn das Gewölbe, ohne alle fremde Belastung, sich selbst tra-gen soll. Hierbei werden aber, wie in den Verſuchen, ganz genau keilförmig bearbeitete Gewölbsteine vorausge-ſetzt, und da solche in der Praxis nicht disponibel zu sein pflegen, so bestimmt er die geringste Stärke von Tonnen-gewölben bis zu 15 Fuß Halbmeſſer zu 4 bis 5 Zoll, und dieß würde $\frac{1}{90}$ bis $\frac{1}{72}$ der Spannweite betragen; wobei dann aber eine Zunahme der Stärke nach den Anfängen hin vorausgeſetzt wird.

Für gedrückte, aus einem einzigen Kreisbogen beste-hende Gewölbe (Kappengewölbe) soll man zur geringsten Stärke ⅕ der Pfeilhöhe des halben Bogens, oder ⅕ r. Sinus versus ½ α nehmen, wenn 2 α den ganzen zum Gewölbe gehörigen Centriwinkel und r den Halbmeſſer des Gewölbbogens bezeichnet, oder in Fig. 7 Taf. 88, $\delta = \frac{ab}{5} = \frac{cd}{5}$ machen. Diese Stärke soll dann noch um $\frac{1}{144}$ der Länge der Sehne c e vermehrt werden, wenn das Gewölbe mit Gips, und um $\frac{1}{96}$, wenn es mit Kalkmörtel gemauert ist, um $\frac{1}{72}$ aber, wenn weiche Hausteine das Material bilden. Diese Dicke soll dann vom Schlußstein bis in die Gegend der Brechungsfuge oder bis zur Höhe der Ausmauerung der Gewölbwinkel so zunehmen, daß sie das anderthalbfache der Stärke am Schlußstein beträgt.

Diese Regel soll für spitzbogige und alle Arten von Tonnengewölben gelten; und Rondelet führt an, daß man nach derselben alle Stärken der Tonnengewölbe in der Genovevenkirche zu Paris bestimmt habe.

Hierauf gibt Rondelet Tabellen für die Stärken von drei verschiedenen Arten von halbkreisförmigen Ge-wölben, nämlich solche, die

1) im Scheitel horizontal abgeglichen sind;
2) bis zur halben Höhe ausgemauert, und dann im Rücken parallel der Leibung abgeglichen, und
3) bis zur halben Höhe ausgemauert, und von hier bis zum Scheitel verjüngt abgeglichen sind, und zwar für Spannweiten von 12—130 Fuß.

Diese Tabellen hier wieder zu geben, erscheint indeſ-fen unnöthig, denn die Abmeſſungen ad 1 sind, wie die Tabellen selbst zeigen, gleich $\frac{1}{48}$ der Spannweite; die

ad 2 gleich $\frac{1}{36}$; die ad 3 am Scheitel ebenfalls gleich $\frac{1}{48}$ der Spannweite, und da wo die Ausmauerung aufhört, gleich $\frac{1}{48} \cdot \frac{3}{2} = \frac{1}{32}$ dieser Abmeſſung.

§. 19.

Auf der Eisenbahn von Paris nach St. Germain und Versailles (rechtes Ufer) sind Versuche angestellt, um für die dort zu beschaffenden Materialien diejenigen Dimen-sionen für die Stärken gewölbter Durchläſſe zu ermitteln, welche sich den Grenzen der Stabilität nähern. Und man fand, daß die in den Fig. 8 und 9 Taf. 88 gegebenen Profile die erforderliche Stabilität besitzen.

Die Gewölbe sind halbkreisförmig, und die einge-schriebenen Zahlen beziehen sich auf das Metermaaß. Das kleinere Profile trägt eine 10, das größere eine 7,5 Met. hohe Dammschüttung. Das Steinmaterial ist keineswegs durch Größe oder Festigkeit ausgezeichnet, dagegen der Mörtel von guter Beschaffenheit und mit vorzüglicher Sorg-falt bereitet.

Bei dem kleinern Gewölbe, Fig. 8, beträgt die Ge-wölbdicke im Scheitel $\frac{1}{8}$ der Spannweite, bei dem größeren, Fig. 9, circa $\frac{1}{11}$, bei ersterem an den Widerlagern nahe das 1½fache der am Scheitel, und bei letzteren findet die-ſes Verhältniß genau statt.

Nach diesen Erfahrungen hat man für die auf den württembergischen Eisenbahnen vorkommenden vielen der-gleichen Bauten Normalien festgeſetzt, die in folgender Ta-belle hier wieder gegeben werden mögen.

Spannweite.	Gewölbdicke		Verhältniß.
	am Scheitel.	am Widerlager.	
5,	1,2′	1,5,	$\frac{1}{4,16}$
6′	1,3′	1,8′	$\frac{1}{4,61}$
9′	1,5′	2,1′	$\frac{1}{6}$
12′	1,7′	2,4′	$\frac{1}{7}$
15·	1,9′	2,7′	$\frac{1}{7,8}$
18′	2,1′	3,0′	$\frac{1}{8,5}$
21′	2,3′	3,3′	$\frac{1}{9,1}$
24′	2,5′	3,6′	$\frac{1}{9,6}$

Hierbei ist zwar kein vorzüglich guter Mörtel, dahingegen aber sehr guter, fester Keupersandstein vorausgesetzt.

Die Gewölbdicken erscheinen hier sehr groß im Verhältniß zu den Spannweiten, und zwar um so größer, je kleiner letztere sind. Dieß dürfte sich indessen auch rechtfertigen lassen, wenn man die zufällige Belastung bei Brücken (etwa einen darüberfahrenden Lastwagen 2c.) berücksichtigt, denn der Druck, den eine solche auf die Quadrateinheit der Fläche einer Gewölbfuge, etwa des Scheitels oder Schlußsteins, ausübt, ist bei dem kleinen Gewölbe eben so groß als bei dem weitestgespannten, und es muß der hierzu nöthige Widerstand vorhanden sein. Daher kommt auch in den Perronet'schen und Rondelet'schen Regeln der additionelle Zusatz, weil bei kleinen Gewölben die zufällige Belastung die eigene, aus dem Gewicht der Materialien entstehende, übertreffen kann, jedenfalls aber in einem ganz andern Verhältniß bei einem weitgespannten Gewölbe auftritt.

Außerdem ist in den vorliegenden Beispielen der Umstand wohl zu berücksichtigen, daß die Gewölbe Durchfahrten unter oft sehr hohen Eisenbahndämmen zu bilden bestimmt sind, und dem Erddrucke, besonders so lange bis die ganze Masse zur Ruhe gekommen ist, einen bedeutenden Widerstand zu leisten haben.

Nach der Perronet'schen Regel (S. 214) hätten wir für 24' Spannweite statt der in der Tabelle angegebenen 2,5 Fuß $\frac{24 \cdot 5}{144} + 1,158$ Fuß $= 2,41$ Fuß als Gewölbstärke im Scheitel gefunden.

Für brückenartig belastete Gewölbe, deren Bogenlinie ein Halbkreis, ein nicht unter ⅛ gedrückter Stichbogen, oder ein gedrückter Korbbogen ist, dessen größter, dem Scheitel entsprechender Halbmesser höchstens das 1½fache der Spannweite beträgt und deren Auffüllung über dem Scheitel das gewöhnliche Maaß von 1 bis 2 Fuß nicht übersteigt; stellen sich nachstehende Scheitelstärken als Resultate einer großen Menge von Erfahrungen heraus.

Scheitelstärke s in Fußen.	Zugehörige Spannweite W in Fußen für		Verhältniß $\frac{W}{s}$ für	
	Straßen-	Eisenbahn-	Straßen-	Eisenbahn-
	Brücken.		Brücken.	
1	5	3	5,0	5,0
1,5	9	7	6,0	4,66
2	16	12	8,0	6,0
3	40	30	13,3	10,0
4	80	60	20,0	15,0
5	120	100	24,0	20,0

Bei Gewölben des Hochbauwesens hat man es selten mit sehr großen Spannweiten und eben so selten mit einem

andern Material als Backstein zu thun. Dieses erlaubt keine kleineren Unterschiede in den Gewölbstärken als die Backsteinbreite, und man wird daher meistens ½ oder 1 Stein starke Gewölbe auszuführen haben. Für die am meisten vorkommenden Gewölbe, die Fußböden zu tragen haben, wird man, Material und Arbeit mittelgut vorausgesetzt, bis zu 16 bis 20 Fuß Spannweite ½, und darüber 1 Stein Stärke nehmen dürfen, wobei dann das bei der Construction der Gewölbe über die Anordnung von Verstärkungsgurten Gesagte zu berücksichtigen ist.

Hat man lagerhafte Bruchsteine, so wird man statt ½ Stein etwa 8 Zoll, und statt 1 Stein etwa 1½ Fuß Stärke annehmen dürfen. Bei behauenen Steinen ist die kleinste Dimension in der Regel durch das Vorkommen der Steinart in den Brüchen vorgeschrieben, wie denn hier in Stuttgart die Kellergewölbe alle circa 1,5 Fuß stark gemacht werden, ohne dabei die verschiedenen Spannweiten (die freilich nicht sehr viel von einander abweichen) weiter zu berücksichtigen.

Haben die Gewölbe gar nichts als ihre eigene Last zu tragen, wie über Sälen und Kirchen 2c., über denen sich unmittelbar das Dach befindet (welches letztere aber das Gewölbe ebenfalls nicht belasten darf), so wird man, wenigstens im Scheitel der Gewölbe, immer mit ½ Stein Stärke ausreichen, bei sehr großen Spannweiten dann aber an den Anfängen bis zu 1½ Stein Stärke gehen müssen, wenn sich eine horizontale Aufmauerung der Gewölbwinkel nicht anbringen läßt.

Es ist bisher immer nur von Tonnengewölben die Rede gewesen, doch sind auch in diesen die aus einer zu geringen Gewölbstärke etwa entstehenden Risse jedenfalls die gefährlichsten, weil nichts sie hindert, sich durch die ganze Länge des Gewölbes zu erstrecken. Deshalb wird man bei Kloster-, Kreuz- und sphärischen Gewölben jedenfalls sicher gehen, wenn man ihnen dieselbe Stärke gibt, die man den Tonnengewölben gegeben haben würde, aus denen man sich die zusammengesetzten Gewölbe entstanden denken kann. Bei spitzbogigen Kreuzgewölben mit verstärkten Gräten wird man die Kappen, wenn sie in Backstein ausgeführt werden, selten stärker als ½ Stein machen dürfen, denn selbst in den größten Kirchen, wie z. B. im Ulmer Münster, wo die Gewölbe nahe an 60 Fuß spannen, sind die Kappen nur ½ Stein stark; und im Magdeburger Dom bestehen die Kappen der Kreuzgewölbe des Mittelschiffes, bei circa 38 Fuß Spannweite, aus ganz unregelmäßigen kleinen Kalksteinen, und haben eine Stärke von 8 Zoll.

Bei den zusammengesetzten Wölbungen, als den Preußischen und Böhmischen 2c., haben wir schon früher die Stärke der Kappen zu ½ Stein angegeben, und nur in den seltenen Fällen, in welchen man ihnen eine ganz besondere Last zu tragen gegeben hat, oder wo sie großen Erschütterungen ausgesetzt sind, macht man sie 1 Stein stark. Die Gurtbögen dieser Wölbungen kann man als kurze Tonnengewölbe ansehen und danach ihre Stärke bestimmen; doch tritt hier gewissermaßen derselbe Umstand ein, wie bei den kleinen Brückengewölben, und man wird die in der Tabelle Seite 215 angegebenen Stärken auch hier anwenden können; wobei, wenn Backstein das Material ist, die nächste durch halbe Steinlängen zu erreichende Abmessung zu nehmen sein wird.

Für Bögen von diesem Material über Oeffnungen in den Mauern 2= bis 3stöckiger Gebäude, hat sich durch Erfahrung herausgestellt, daß bei Spannweiten

von 6 Fuß die Stärke 1 Stein
» 6 bis 10 » » » 1½ »
» 10 — 16 » » » 2 »
» 16 — 20 » » » 2½ »

betragen müsse. Bei größeren Bögen und Tonnengewölben aus Backsteinen, die stark belastet sind, pflegt man $\frac{1}{12}$ der Spannweite als Stärke im Scheitel anzunehmen; jedoch hiermit überhaupt nicht weiter als bis zu 40 Fuß Spannweite zu gehen, über welches Maaß hinaus der Backstein, wenn er nicht ganz vorzüglicher Qualität ist und eine besonders sorgfältige Behandlung erfährt, nicht wohl mehr angewendet werden kann, und behauene Werksteine jedenfalls vorzuziehen sind.

Für scheitrechte Bögen wird man am besten thun, wenn man denselben, nach Fig. 10 Taf. 88, einen zu 60 oder 40 Grad Mittelpunktswinkel gehörigen Kreisbogen zum Grunde legt, zu diesem nach den gegebenen Andeutungen die Gewölbstärke sucht, und die Sehne dieses Bogens für die Leibung des scheitrechten Bogens ansieht.

II. Stärke der Widerlagsmauern.

§. 20.

Alle Widerlagsmauern müssen mittelst ihrer Stabilität dem auf sie wirkenden Drucke der Gewölbe, welcher aus dem Gewicht dieser und der etwaigen fremden Belastung entsteht, widerstehen. Bekanntlich sind hierbei aber zwei verschiedene Momente in Betracht zu ziehen; nämlich das Verschieben des Mauerkörpers auf seiner Grundfläche, und das Drehen desselben um eine, meist horizontale Achse, oder das Umwerfen.

Dem Verschieben wirkt die Reibung entgegen, welche durch einen aliquoten Theil des aus dem Gewichte des Mauerkörpers entstehenden Normaldruckes ausgedrückt wird, und da letzterer immer leicht zu bestimmen, auch die Größe des Reibungskoeffizienten*) nicht allzu schwer zu

*) Denselben kann man zu 0,76 annehmen.

ermitteln ist, so wird sich die Größe der Stabilität in Bezug auf das Verschieben des Mauerkörpers ohne große Beschwerde finden lassen.

Der Widerstand gegen das Umwerfen, d. h. Drehung um eine geradlinige Seitenkante des Mauerkörpers, findet sich noch leichter aus dem Gewichte des Mauerkörpers, multiplicirt mit dem Hebelsarme in Bezug auf die Drehachse; so daß also für beide Fälle die Größe des Widerstandes ohne Beschwerde genau genug gefunden werden könnte. Ließen sich daher nun die aus dem Gewicht des zu tragenden Gewölbes entstehenden Kräfte ihrer Größe und Richtung nach ebenfalls so leicht und sicher für jeden einzelnen Fall bestimmen, so könnte man die nothwendige Stärke der jedesmaligen Widerlagsmauer leicht berechnen. Dieß letztere ist nun aber leider nicht der Fall. Denn die Wirkung der einzelnen Gewölbsteine auf einander, und der Einfluß, den hierbei die mehr oder weniger genaue und richtige Form derselben und der Zusammenhang des Mörtels in den Fugen ausüben, namentlich der letztere, ist schwer in Rechnung zu stellen; so daß bei Aufstellung einer Theorie immer Voraussetzungen gemacht werden müssen, die in Wirklichkeit oft nicht einmal annähernd eintreffen.

Solche Voraussetzungen sind:

Zwischen den einzelnen Gewölbsteinen finde gar keine Verbindung durch den Mörtel statt, wohl aber Reibung; oder das ganze Gewölbe bestehe aus einem Stücke und trenne sich nur in den Brechungsfugen (S. 212), in welchen aber die Reibung unberücksichtigt zu lassen sei 2c.

Dergleichen Voraussetzungen müssen gemacht werden, um nicht zu verwickelte Rechnungen zu erhalten; wenn gleich ihre Unhaltbarkeit recht wohl eingesehen wird. Um sicher zu gehen, ist es dabei dann aber nothwendig, die Voraussetzungen so zu machen, daß sie, für den ungünstigsten Fall, der oft gar nicht eintreten kann, passen, woraus dann eine zu große Stärke der Widerlager folgt, die zu vermeiden ja gerade der Zweck der Rechnung war. Denn irgend einen Mauerkörper, also auch ein Gewölbwiderlager, so stark zu machen, daß es halten muß, unbekümmert darüber, ob Material unnütz verschwendet wird, das ist keine Kunst, dazu gebraucht man keine besondern Kenntnisse; aber die Abmessungen so zu bestimmen, daß sie die nöthige Sicherheit gewähren ohne Materialverschwendung, so also, daß die Stärke gerade hinreicht, aber nicht überflüssig groß ist, das ist die Aufgabe des wissenschaftlich gebildeten Architekten oder Ingenieurs; und hierzu macht er seine wissenschaftlichen Studien.

Es fehlt nun auch keineswegs an sogenannten Gewölbtheorien, die aber, trotz des oft großen Aufwandes von Scharfsinn und Gelehrsamkeit, dem Praktiker wenig Nutzen gewähren, weil sie von Voraussetzungen ausgehen, die nicht stattfinden, oder Umstände außer Betracht lassen, die von Einfluß sind. So von der einen Führerin, der Wissenschaft, im Stich gelassen, bleibt dem Praktiker nichts übrig, als sich der andern, der Erfahrung, in die Arme zu werfen; d. h. es wie seine Vorgänger zu machen, und so bleibt es hübsch beim Alten. Es ist gewiß nicht zu viel gesagt, wenn wir die Behauptung aufstellen, daß wir im Allgemeinen unsere Gewölbe und deren Widerlager zu stark machen, aus Furcht, sie zu schwach anzuordnen; denn wer will den Versuch wagen, wer die Verantwortung auf sich nehmen, wenn er mißlingt?

Wenn wir nun auch eingestehen müssen, daß die vorhandenen Gewölbtheorien für die Praxis unmittelbar keinen großen Nutzen gewähren, so dürfen wir deren Werth für den Baukünstler doch durchaus nicht in Abrede stellen, sondern müssen das Studium derselben ihm vielmehr zur unerläßlichen Bedingung machen.

Die Theorien alle hier aufzuführen, würde aber die Grenzen unsers Vortrags überschreiten; auch können wir eine Bekanntschaft mit denselben voraussetzen, da einem Studium der Bauconstructionslehre nothwendig das der Statik vorangehen muß. Wir wollen uns daher begnügen, einige der einfacheren nur kurz zu berühren.

§. 21.

Ronbelet gründet seine Gewölbtheorie auf eine Reihe von Versuchen mit Modellen, welche er in seinem bekannten Werke ausführlich beschreibt, wobei er die Uebereinstimmung seiner Formeln mit den Resultaten jener Versuche in allen möglichen Fällen nachzuweisen sich bemüht.

Er setzt seine Gewölbsteine (aus feinkörnigen Werksteinen möglichst glatt bearbeitet) zu Bogen von 9 Zoll Spannweite ohne Bindemittel zusammen, und zieht daher keinen andern Zusammenhang in den Fugen in Betracht als den, der aus der Reibung entspringt.

Ferner geht er von dem Satze aus, daß man zur Fortbewegung eines Parallelepipedums von solchen Steinen auf einer horizontalen Unterlage von derselben Beschaffenheit eben so viel Kraft bedürfe, als nöthig ist, um einen vollkommen polirten Körper vom nämlichen Gewicht auf einer unter 30 Grad geneigten Ebene in die Höhe zu ziehen.

Er kommt zu diesem Schlusse durch einen Versuch, nach welchem das genannte Parallelepipedum, um auf horizontaler Unterlage fortgezogen zu werden, einer horizontalen Kraft bedurfte, gleich der Hälfte seines Gewichts, und von selbst herabzugleiten anfing, wenn man die Unterlage um wenig mehr als 30 Grad gegen die Horizontale neigte. Nun ist aber bekannt, daß die mit einer schiefen Ebene parallele Kraft, welche einem auf ihr ohne Reibung ruhenden Körper das Gleichgewicht zu halten vermag, sich zu dem Gewichte dieses Körpers verhält, wie die Länge der schiefen Ebene zu ihrer Höhe, d. i. wie 1 zum Sinus des Neigungswinkels der schiefen Ebene, und daß der Sinus von 30 Grad gleich $\frac{1}{2}$ ist.

Hieraus folgert er weiter, daß man eine unter 30 Grad geneigte Gewölbfuge als horizontal, und den auf ihr ruhenden Gewölbstein durch die Reibung im Gleichgewicht gehalten ansehen könne; so daß ein Gewölbstein, auf einer um 40 Grad geneigten Fuge ruhend, als ein auf einer um 10 Grad geneigten, aber ohne Reibung gleitender, anzusehen sei 2c.

Unter diesen Voraussetzungen betrachtet er nun ein aus neun gleichen Gewölbsteinen zusammengesetztes halbkreisförmiges Gewölbe, dessen Rücken der Leibung parallel und das in Fig. 1 Taf. 84 dargestellt ist, wie folgt:

1) Die zu den einzelnen Gewölbsteinen gehörigen Winkel sind jeder $= \dfrac{180}{9} = 20$ Grad.

2) Der Anfänger E ruht auf einer Horizontalfuge und bedarf daher, um fortgeschoben zu werden, einer horizontal wirkenden Kraft gleich der Hälfte seines Gewichts.

3) Der zweite Stein F ruht auf einer Fuge von 20 Grad Neigung, erhält sich daher auch noch vermöge der Reibung in Ruhe, und beide Steine E und F sind als mit einander verbunden und auf der Horizontalfuge C D ruhend anzusehen.

4) Der dritte Stein G auf einer um 40 Grad geneigten Fuge ruhend ist, nach der vorangestellten Hypothese, anzusehen, als ob er ohne Reibung auf einer um 10 Grad geneigten Ebene ruhete. Er bedarf daher, um in Ruhe zu bleiben, einer (in seinem Schwerpunkte angebrachten) horizontalen Kraft P, deren Größe sich aus der Proportion findet; daß sich diese Kraft P zu dem Gewicht G des Steins verhält, wie die Höhe der schiefen Ebene zu ihrer Basis, b. i. wie der Sinus des Neigungswinkels zu seinem Cosinus oder:

$$P : G = \text{Sin. } 10^{\circ} : \text{Cos. } 10^{\circ} \text{ und}$$

$$P = G \frac{\text{Sin. } 10}{\text{Cos. } 10} = G \text{ tg. } 10^{\circ}.$$

5) Ebenso findet sich die Kraft Q, welche erforderlich ist, um den Stein H in Ruhe zu erhalten,

$$Q = H \text{ tg. } 30^{\circ}$$

und $R = K \text{ tg. } 50^{\circ}$, wobei unter K natürlich nur das halbe Gewicht des ganzen Schlußsteins verstanden ist.

6) Diese horizontal wirkenden Kräfte P, Q und R haben, in Bezug auf den Punkt A als Drehpunkt, die Hebelsarme Gg, Hh und Kk, und da sie alle in demselben Sinne wirken, so ist ihre Momenten-Summe

$$p = P \cdot Gg + Q \cdot Hh + R \cdot Kk.$$

Daß diese Hebelsarme leicht gefunden werden können, wenn die Höhe des Widerlagers $= h$ gegeben ist, bedarf wohl keiner Erläuterung, so daß also p für jeden besondern Fall als bekannt angesehen werden darf.

7) Diesem p entgegen wirkt das Moment der Stabilität des Widerlagers, d. i. wenn wir letzteres parallelepipedisch und seine Breite = x setzen,

$$x \cdot h \cdot \frac{x}{2} = h\frac{x^2}{2};$$

ferner das Gewicht des halben Gewölbes multiplicirt mit dem Abstand der Lothrechten aus seinem Schwerpunkt G vom Drehpunkte A, d. i., wenn wir das Gewicht des Gewölbes mit b bezeichnen,

$$b \cdot (C D + D M)$$

oder $$b \cdot (x + c),$$

wobei c den (durch Rechnung immer zu bestimmenden) Abstand D M bedeutet.

Wir haben daher für das Gleichgewicht die Momentengleichung:

$$p = h\frac{x^2}{2} + b(x+c)$$

oder $$x^2 + \frac{2b}{h}x = \frac{2p-2bc}{h}$$

woraus sich

1) $$x = \sqrt{\frac{2p-2bc}{h} + \frac{b^2}{h^2}} - \frac{b}{h}$$

ergibt.

§. 22.

Ganz auf dasselbe Resultat, wenn auch in anderer Form dargestellt, gelangt Rondelet durch eine Betrachtung, die wir hier mittheilen wollen, weil sie auf die bekannte graphische Auflösung der Aufgabe, die Widerlagsstärke eines Gewölbes zu bestimmen, führt, die wir zwar in fast allen Lehrbüchern angegeben finden, aber ohne daß der Begründung derselben Erwähnung geschieht.

Es sei A H C D M B, Fig. 2 Taf. 84, die Hälfte eines halbkreisförmigen Tonnengewölbes, das aus einer großen Anzahl ganz dünner Gewölbsteine besteht, die ohne Reibung auf einander wirken, und sich bloß durch die gegenseitigen Pressungen unterstützen. Hieraus muß folgen:

1) Daß der erste, durch die Linie A B vorgestellte Gewölbstein, dessen Fugen als parallel und horizontal anzusehen sind, mit seinem ganzen Gewicht nach der Richtung der Vertikalen F T auf Befestigung des Widerlagers wirkt.

2) Daß der vertikale, den Schlußstein vorstellende Gewölbstein C D, dessen Fugen ebenfalls ohne Nachtheil als parallel und vertikal angesehen werden können, mit seinem ganzen Drucke nach horizontaler Richtung auf das Umwerfen des Widerlagers wirkt.

3) Daß alle anderen, zwischen diesen beiden Endpunkten befindlichen Gewölbsteine mit ihren Gewichten als Kräfte wirken, deren jede in zwei andere zerlegt gedacht werden muß, und wovon die eine vertikal, die andere horizontal gerichtet ist.

4) Daß die Vertikalkräfte der Gewölbsteine, d. h. der Theil ihres Gewichts, welcher auf Vermehrung der Stabilität des Widerlagers wirkt, von T nach G hin mehr und mehr abnehmen, und daß die vertikale Wirkung des Schlußsteins Null wird, während umgekehrt die horizontalen Wirkungen in derselben Ordnung größer werden, und daß bei dem in der Mitte zwischen T und G befindlichen Gewölbsteine diese beiden Wirkungen einander gleich sein werden.

5) Daß in halbkreisförmigen Gewölben mit paralleler Rückenfläche die durch die Schwerpunkte sämmtlicher Gewölbsteine gezogene Kreislinie die Summe aller Pressungen, welche die Gewölbsteine einzeln auf einander äußern, darstellen kann.

6) Daß wenn man durch T eine vertikale, und durch G eine horizontale Linie zieht, bis sich beide in F schneiden, die Linie T F die Summe der vertikalen, zur Vermehrung der Stabilität des Widerlagers beitragenden Pressungen, die Horizontale F G aber die Summe aller horizontalen, auf das Umwerfen wirkenden Pressungen darstellen kann.

7) Daß, wenn man durch den Punkt K eine horizontale Linie I K L zieht, der Theil I K dieser Linie die Summe der horizontalen Pressungen des unteren Gewölbtheils A H M B, K L aber die des oberen Gewölbtheils H C D M darstellt.

8) Die unteren Gewölbsteine von T bis K haben das Bestreben, vermöge der ihnen zugehörigen, durch die Linie I K dargestellten, horizontalen Pressungen den Gewölbtheil A H M B um die Kante B nach Innen zu zu drehen, während die aus dem Gewicht der oberen Steine herrührenden, durch K L dargestellten, horizontalen Pressungen des Gewölbtheils H C D M in entgegengesetzter Richtung eine Drehung auf dem Widerlager um A zu bewirken streben.

9) Die durch die Linien I K und K L dargestellten Kräfte wirken in gerader Linie einander entgegengesetzt, und heben sich daher zum Theil auf, so daß nur der Ueberschuß in der Richtung der größeren Kraft thätig bleibt.

10) Denkt man sich bei unveränderter Höhe eines Gewölbes die Spannweite immer abnehmend, so würde die Summe der horizontalen, durch die Linie G F dargestellten, auf Drehung wirkenden Pressungen in demselben Verhältniß abnehmen, und in demselben Augenblicke = 0 werden, wo der Punkt O mit B zusammenfiele. Hingegen würde die durch die Linie T F dargestellte Summe der vertikalen, auf Vermehrung der Stabilität des Widerlagers wirkenden Pressungen immer abnehmen und endlich zu Null

werden, wenn bei derselben Spannweite die Höhe immer geringer würde, bis endlich der Punkt D mit O zusammenfiele. Hieraus folgt:

11) Daß halbkreisförmige Gewölbe hinsichtlich des Schubs auf die Widerlager die Mitte halten zwischen überhöheten und gedrückten Gewölben; und daß scheitrechte Gewölbe sich durchaus nicht halten würden, wenn zwischen den Gewölbsteinen keine Reibung stattfände und die Gewölbfugen normal auf der Leibung ständen, wie dies bei andern Gewölben der Fall ist.

Aus diesen Vordersätzen bauet Rondolet nun eine Formel zur Bestimmung der Widerlagsstärke für alle Arten von Tonnengewölben auf (die Krümmung mag sein, welche sie will), in folgender Weise.

Nachdem der mittlere Bogen G k T, Fig. 3 Taf. 84, gezogen ist, zieht man in den Punkten G und T Tangenten daran, bis sie sich in dem Punkte F schneiden. Von diesem Punkte aus wird eine Normale auf jene Kurve gezogen, deren Durchschnitt k mit derselben den Punkt bezeichnet, wo die Brechungsfuge stattfinden wird, wenn die Widerlager nachgeben. Durch den Punkt k zieht man zwischen den Parallelen T F und G O eine Horizontale I k L, welche die Summe der horizontalen Pressungen vorstellt, so wie T F die der vertikalen bezeichnet; die mittlere Kurve G k T bezeichnet dagegen die zusammengesetzten Wirkungen.

Da diese Gewölbe überall gleich dick sind, so drückt das Produkt des Theils I k der Horizontalen I k L, mit der Dicke A B des Gewölbes multiplicirt, die Summe der horizontalen Pressungen des untern, und k L, mit derselben Größe multiplicirt, die Summe der horizontalen Pressungen des obern Gewölbtheils aus.

Diese beiden Kräfte wirken in gerader Linie einander entgegen und heben sich daher zum Theil auf. Trägt man daher I k nach k m, so bezeichnet das Produkt m L . A B die Größe der nach der Richtung von L gegen m wirkenden horizontalen Pressungen, deren Hebelsarm in Bezug auf Drehung um den Punkt P durch die Linie P H repräsentirt wird, und deren Moment sich daher ausdrücken läßt durch

$$m L . A B . P H$$
$$= m L . A B . (h + H E).$$

Diesem wirken entgegen:

1) Das Moment der Stabilität des Widerlagers, ausgedrückt durch das Produkt

$$h . \frac{x}{2} . x = h \frac{x^2}{2}.$$

2) Die Summe der vertikalen Pressungen des obern Gewölbtheils, durch das Produkt M k . A B dargestellt; und da diese den Hebelsarm H k hat, so ist ihr Moment auf den Punkt P bezogen,

$$M k . A B . H k.$$
$$= M k . A B . (x + i k).$$

3) Die Summe der vertikalen Pressungen des unteren Gewölbtheils, durch das Produkt T I . A B dargestellt, mit dem Hebelsarme E T, daher das Moment

$$I T . A B . E T$$
$$= I T . A B . (x — T B).$$

Als Bedingung für das Gleichgewicht findet daher folgende Momentengleichung statt:

$$m L . A B (h + H E) = h \frac{x^2}{2} + M k . A B (x + i k)$$
$$+ I T . A B . (x — T B),$$

oder, wenn wir

m L . A B	durch	p'
E H	„	d
M k . A B	„	m
I T . A B	„	n
i k	„	c'
T B	„	e

bezeichnen, so haben wir

$$p' . (h + d) = h \frac{x^2}{2} + m (x + c') + n (x — e)$$

oder:

$$x^2 + 2 \frac{(m + n)}{h} x = 2 p' + \frac{2 p' d + 2 n e — 2 m c'}{h}.$$

und wenn wir nun $m + n = b'$ setzen, endlich

$$2) \; x = \sqrt{\left(2 p' + \frac{2 p' d + 2 n e — 2 m c'}{h} + \frac{b'^2}{h^2} \right)} — \frac{b'}{h}.$$

§. 23.

Vergleichen wir den eben gefundenen Ausdruck mit dem früher unter Nr. 1 (S. 219) gefundenen, so dürfen wir nur nachweisen, daß b' in der letzteren Formel gleich dem früheren b, und in 2)

$$2 p' + \frac{2 p' d + 2 n e — 2 m c'}{h} = \frac{2 p — 2 b c}{h}$$

in der früheren Formel 1) ist, um die Identität beider zu beweisen.

In der letzten Formel ist b' = m + n gesetzt, m war aber = M k . A B und n = I T . A B, mithin

$$m + n = (M k + I T) . A B, \; b. \; i.$$
$$b' = m + n = F T . A B.$$

F T . A B bezeichnet aber nichts Anderes, als die Summe der vertikalen Pressungen des Gewölbes, d. i. sein Gewicht, was in der frühern Formel mit b bezeichnet wurde, so daß, da h in beiden Formeln dieselbe Bedeutung hat, auch die Ausdrücke $\frac{b'^2}{h^2}$ und $\frac{b'}{h}$ in beiden Formeln dasselbe bedeuten und einander gleich sind.

Wandeln wir ferner die Ausdrücke

$$2 p' + \frac{2 p' d + 2 n e — 2 m c'}{h} = \frac{2 p — 2 b c}{h}$$

durch Fortschaffung der Nenner in folgende um

$$2 h p' + 2 p' d + 2 n e - 2 m c' = 2 p - 2 b c$$
$$2 p' (h + d) - 2 (m c' - n e) = 2 p - 2 b c,$$

so ist nur noch nachzuweisen, daß

$$p' (h + d) = p \text{ und } m c' - n e = b c \text{ ist.}$$

p' war $= m L . A B$ gesetzt, und $h + d$ ist gleich $h + E H = P H$ Fig. 3, mithin drückt $p' (h + d)$ nichts anderes aus, als das Moment sämmtlicher horizontalen Pressungen in dem Gewölbe, auf den Punkt P bezogen; in der ersten Formel (S. 219) war aber

$$p = P . G g + Q . H h + R . K k, \text{ Fig. 1 Taf. 84,}$$

d. i. die Summe der Momente der horizontalen Pressungen in Bezug auf den Punkt A, mithin ist

$$p = p' (h + d).$$

Ferner bezeichnet in der letzten Formel $m c' = M k . A B . i k$ (Fig. 3) das Moment der vertikalen Pressungen des oberen Gewölbtheils, auf den Punkt B bezogen, und $n e = I T . A B . T B$ das Moment der vertikalen Pressungen des untern Gewölbtheils auf denselben Punkt bezogen. Da aber die Angriffspunkte der Kräfte $M k . A B$ und $I T . A B$ auf verschiedenen Seiten des Drehpunktes liegen, mithin entgegengesetzt wirken, so ist ihre Summe

$$= m c' + (- n e) = m c' - n e.$$

In der früheren Formel bezeichnet aber b das Gewicht des ganzen Gewölbes, d. i. die Summe seiner vertikalen Pressungen, und $c = D M$ Figur 1 den Hebelsarm derselben in Bezug auf den Punkt D, so daß $m c' - n e = b c$, in Beziehung auf beide Figuren, eine durchaus identische Gleichung ist, indem beide Seiten das gesammte Moment der aus dem Gewicht des Gewölbes herrührenden, vertikalen Kräfte, in Bezug auf den Kämpferpunkt B in Fig. 3 und D in Fig. 1, ausdrücken.

Die Gleichheit der beiden für x in 1) und 2) gefundenen Formeln läßt sich übrigens ebenfalls leicht nachweisen, wenn man die Entwickelung beider aufmerksam verfolgt, da beiden dieselbe Hypothese zum Grunde liegt. Denn obgleich bei der ersten Betrachtung von Reibung die Rede ist, so ist diese doch, durch die Annahme einer um 30 Grad geneigten Fugenebene für eine Horizontale, ganz und gar wieder fortgeschafft, und es sind nur noch die Pressungen der einzelnen Gewölbsteine gegen einander, ganz wie in der zweiten Entwickelung, in Betracht gezogen.

§. 24.

Die Formel Nr. 2.

$$x = \sqrt{\left(2 p' + \frac{2 p' d + 2 n e - 2 m c'}{h} + \frac{b'^2}{h^2}\right)} - \frac{b'}{h}$$

gibt nun Gelegenheit zu der bekannten graphischen Auflösung, durch folgende Betrachtung.

Da nämlich die Höhe h des Widerlagers nur im Nenner vorkommt, so werden die zu 2 p' hinzu zu addirenden Größen mit dem Wachsen von h immer kleiner, und wenn h unendlich groß angenommen wird, = 0 werden, so daß alsdann

$$x = \sqrt{2 p'}$$

würde. Dies gibt Rondelet Veranlassung, nur den Werth $\sqrt{2 p'}$ für x zu nehmen, wodurch ein Ueberschuß von Stärke erlangt wird, wenigstens bei kreisförmigen Gewölben, (denn wie Rondelet bemerkt, gibt der fehlende Theil der Formel bei gewissen Gewölblinien einen positiven Werth, so daß in diesem Falle der Werth von $x = \sqrt{2 p'}$ etwas zu klein wird) und eine graphische Lösung.

Für $x = \sqrt{2 p'}$ können wir nämlich in Beziehung auf das Vorige und auf Fig. 3 Taf. 84 setzen:

$$x = \sqrt{2 . A B . m L} \text{ oder } x^2 = 2 . A B . m L,$$

woraus $2 A B : x = x : m L$ folgt, was bekanntlich, da $A B$ und $m L$ in Fig. 3 gegebenen Linien sind, sehr leicht construirt werden kann, wenn man (in Fig. 4) $a b = 2 A B$ und $b c = m L$ macht, über $a c$ einen Halbkreis zeichnet und $b d$ senkrecht auf $a c$ zieht, durch welche letztere Linie x gefunden wird. Trägt man daher, in Fig. 3 Taf. 84, $m L$ von B abwärts nach a und $2 A B$ von demselben Punkte aufwärts nach g, beschreibt über $a g$ einen Halbkreis, und verlängert die Horizontale EB bis an diesen, so ist durch B E die Widerlagsstärke bestimmt. Uebrigens kann man den Ausdruck

$$x = \sqrt{2 p'} = \sqrt{2 . A B . m L}$$

auch leicht durch Rechnung finden, wenn man für das halbkreisförmige Gewölbe die Gewölbdicke, d. i. $A B$ mit d, und den innern Radius $B O$ Fig. 3 mit r bezeichnet. Es findet sich

$$x = \sqrt{\left[2 d \left(r + \frac{d}{2}\right) (\sqrt{2} - 1)\right]}.$$

Jedoch ist hierauf kein großes Gewicht zu legen, weil wir gerade in der leichten graphischen Auflösung Rondelet's einen Vorzug finden, der durch jene Formel wieder aufgehoben wird, denn der Fehler, der bei einer sonst gut gezeichneten Figur gemacht werden kann, ist durchaus von keinem Belang; weshalb wir auch die Herleitung der letzten Formel nicht geben.

Rondelet gibt noch an, daß man der größeren Sicherheit wegen nicht $I K$, nach m Fig. 3 Taf. 84, sondern $i K$ von K nach m', und dann $m' L$ statt $m L$ nehmen soll. Ferner, daß wenn der Rücken des Gewölbes nicht parallel der Leibung gestaltet ist, sondern das Gewölbe nach dem Scheitel zu konvergirt, wie solches Fig. 5 Taf. 84 zeigt, man die Stärke des Widerlagers erhält, wenn man die Tangenten $F C$ und $F B$ wie früher, aber von B und C aus, ferner $F O$ normal auf die innere Wölbungslinie zieht, $I K$ von K nach m, dann $m L$ von B nach a und

2 K H, statt früher 2 A B, von B nach g trägt, und weiter wie vorhin verfährt.

Ist wie in Fig. 6 Taf. 84 der Rücken des Gewölbes horizontal abgeglichen, so wird wie vorhin verfahren; nur wird die horizontale Tangente C D nicht aus dem innern, sondern aus dem äußern Scheitelpunkte gezogen und 2 C D von B nach g getragen.

§. 25.

Letztere Figur gibt Gelegenheit, von der Ausmauerung der Gewölbwinkel, die wir schon öfter erwähnt haben, etwas ausführlicher zu sprechen.

Es ist leicht einzusehen, daß eine Höherführung des Widerlagers mit horizontalen Schichten die Stabilität desselben vermehren und daher dem Seitenschube des Gewölbes vortheilhaft entgegen wirken muß, wie solches ein Blick auf Fig. 7 Taf. 84 ohne Weiteres deutlich machen wird. Denn der Mauerkörper A B C D, als ein Ganzes betrachtet, wird jedenfalls ein größeres Moment in Bezug auf den Drehpunkt bekommen, als der Gewölbtheil F B C D allein. Ferner haben wir früher S. 212 in Bezug auf Fig. 1 Taf. 83 nachgewiesen, daß die Brechungsfuge nach Außen sich zu öffnen das Bestreben hat, und es leuchtet ein, daß eine Belastung dieser Stelle im Rücken des Gewölbes vortheilhaft wirken muß. Daher werden die sogenannten Gewölbwinkel immer bis zur Höhe dieser Fuge ausgemauert; und da wir den Neigungswinkel dieser Fuge früher, durch Beobachtungen im Großen, zwischen 40 und 60 Grad gelegen, nachgewiesen haben, so rechtfertigt sich die Regel, halbkreisförmige Gewölbe bis zur halben Höhe zu hintermauern; eine Regel, welche in der Praxis auch gewöhnlich befolgt wird.

Nach der Rondelet'schen Theorie findet man den Punkt des stärksten Drucks, d. i. den Ort der Brechungsfuge, wenn man vom innern Scheitel des Gewölbes eine Tangente C D, Fig. 8 Taf. 84, bis zur geradlinig verlängerten Widerlagslinie B D führt, und von dem Schnittpunkte D beider Linien auf die innere Gewölblinie eine Normale D E zieht. Der Schnitt dieser Normale mit der Rückenlinie des Gewölbes wird sich daher als die Höhe ansehen lassen, bis zu welcher die Ausmauerung der Gewölbwinkel geführt werden muß, wie solches in Figur 8 dargestellt ist.

§. 26.

Rondelet wendet nun seine, von uns vorstehend im Auszuge mitgetheilte Theorie auf eine ziemlich bedeutende Anzahl von verschieden gekrümmten Tonnengewölben an, und weist die Uebereinstimmung der von ihm berechneten Resultate mit den angestellten Versuchen nach. Diese verschiedenen Fälle hier anzuführen, würde uns indessen zu

weit führen, und wir verweisen daher auf das Studium des Rondelet'schen Werkes selbst, welches überhaupt wohl von keinem Architekten versäumt werden darf. Nur wollen wir der von Rondelet angegebenen Art und Weise, wie die Widerlagsstärke für überhöhete oder gedrückte Gewölbe aus der für das halbkreisförmige von derselben Spannweite gefundenen bestimmt werden können, erwähnen, und seine graphische Methode zur Bestimmung der Widerlager einhüftiger Bogen angeben.

Es seien daher, in Fig. 9 Taf. 84, zu dem überhöheten spitzbogigen Gewölbe B C und dem gedrückten B E die Widerlagsstärken zu bestimmen; auf die früher angegebene Weise sei aber diese Stärke für das halbkreisförmige Gewölbe B D, nämlich B A, gefunden. Man ziehe die Sehne B D und verlängere sie, bis sie das Loth aus A in d schneidet, und beschreibe aus B mit B d einen Kreisbogen. Zieht man nun die Sehnen C B und E B, verlängert diese bis zu den Durchschnitten c und e mit dem erwähnten, aus B beschriebenen Kreisbogen, und zieht durch die Punkte c und e lothrechte Linien, so werden dadurch die Stärken der Widerlagsmauern für das überhöhete und gedrückte Gewölbe bestimmt; wie die Fig. 9 dieses näher nachweist.

§. 27.

In Fig. 1 Taf. 85 sei ein einhüftiger Bogen dargestellt. Nachdem man die Punkte F und F' auf die bekannte Weise gefunden, von hier aus die Normalen F K und F' K' gezogen, und dadurch die Punkte K und K' bestimmt hat, ziehe man durch beide die Horizontalen g i und G I; dann trage man L S von g nach f, und f L von L nach q und mache $L h = \frac{i q}{2}$. Darauf trage man h K von B nach u, die doppelte Gewölbdick A B von B nach n, und beschreibe über u n einen Halbkreis, wodurch die Stärke x des höheren Widerlagers gefunden wird. Um die des andern zu finden, trägt man v L' von K' nach r und halbirt r L' in t, dann macht man q' K' = K' g', trägt q' t von B' nach u', 2 A B von B' nach n', beschreibt über u' n' einen Halbkreis und bestimmt so die Stärke x' des kürzeren Widerlagers. Die Gründe dieses Verfahrens sind den bei der früher mitgetheilten Construction ganz analog, und mögen daher in dem Rondelet'schen Werke selbst nachgelesen werden.

§. 28.

Da alle Theorien, also auch die Rondelet'sche, immer nur die Bedingungen für ein momentanes Gleichgewicht angeben, so soll man nach Rondelet's Rath, obgleich die geometrische Methode schon einen Ueberschuß auf Seiten der Widerlager gewährt, doch die gefundene Stärke der letzteren der Sicherheit wegen noch um ⅛ bis ⅙ vermehren.

Die schon früher auf Seite 215 erwähnte Tabelle Rondelet's über die Gewölbdicken verschiedenartig abgeglichener, halbkreisförmiger Gewölbe enthält auch die zugehörigen Widerlagstärken unter der Voraussetzung, daß die Höhen der Widerlager das Doppelte der Spannnweite nicht überschreiten. Diese hier aufzuführen erscheint aber wieder, wie früher, durchaus überflüssig, indem die Widerlagsstärken für die auf S. 215 unter Nr. 1 aufgeführten Gewölbe genau ¹⁄₁₁ der Spannweite, der unter Nr. 2 aufgeführten ⅑, und der unter Ziffer 3 genannten ¹⁄₁₀ der Spannweite beträgt. Folgende Tabelle, in der S die Spannweite in irgend einem beliebigen Maaße bezeichnen mag, wird daher die Rondelet'sche vollkommen ersetzen, wobei nur zu bemerken bleibt, daß S nicht kleiner als etwa 12 Fuß angenommen werden darf.

Die halbkreisförmigen Gewölbe sind:

Ganz horizontal abgeglichen.		Halb horizontal und halb in gleicher Dicke abgeglichen.		Halb horizontal und halb in ungleicher Dicke abgeglichen.		
Stärke		Stärke		Stärke		
der Gewölbe am Schlußstein.	der Widerlager.	der Gewölbe am Schlußstein.	der Widerlager.	der Gewölbe		der Widerlager.
				in der Mitte der Gewölbschenkel.	am Schlußstein.	
$\frac{S}{48}$	$\frac{S}{11}$	$\frac{S}{36}$	$\frac{S}{9}$	$\frac{S}{32}$	$\frac{S}{48}$	$\frac{S}{10}$

§. 29.

Um auch einer Theorie der Gewölbe die von andern Voraussetzungen als die Rondelet'sche ausgeht, zu erwähnen, mag Folgendes hier Platz finden[*]).

Es sei A B C D, Fig. 2 Taf. 85, ein Kreisbogen-Gewölbe mit parallelem Rücken und zum Mittelpunktswinkel 2 α gehörig. Der innere Radius des Gewölbes werde mit r, die Gewölbstärke mit d und der äußere Ra-

---

[*]) Die nachstehende Gewölbtheorie wurde im Jahre 1832 durch den Fabriken-Commissionsrath Briz auf der allgemeinen Bauschule in Berlin vorgetragen, und ist den damals nachgeschriebenen Heften des Verfassers entlehnt.

dius r + d mit R bezeichnet. Die Höhe des Widerlagers sei h und die zu suchende Stärke = x.

Es wird vorausgesetzt, das Gewölbe trenne sich in der Art, daß symmetrisch zu beiden Seiten des Schlußsteins zwei Fugen (Brechungsfugen) entstehen, und daß das zwischen denselben eingeschlossene mittlere Gewölbstück keilartig auf die Anfänger, und durch diese auf die Widerlager wirke, ein Zusammenhang durch den Mörtel oder die Reibung in den Brechungsfugen aber nicht stattfinde.

Bezeichnet man nun den Winkel, welchen die Brechungsfugen mit der Vertikalen O M bilden durch β, so leuchtet ein, daß die Stärke x der Widerlager als eine Funktion dieses Winkels erscheinen wird; da man aber die Größe desselben nicht vorausbestimmen kann, so wird man für den nachtheiligsten Fall vorsorgen, d. h. den Werth für β voraussetzen, für welchen x ein Maximum werden würde.

Werden die Winkel α und β im Bogenmaaß ausgedrückt, so findet sich das Gewicht Q des mittleren Gewölbstücks F G F' G' für die Länge 1

$$Q = (R_2 = r_2) \beta q;$$

in welchem Ausdrucke q das Gewicht von einer Kubikeinheit des Gewölbmaterials bezeichnet. Dieses Gewicht, oder die lothrecht wirkende Kraft Q, nach den Richtungen L F und L F' zerlegt, gibt die beiden gleichen Kräfte

$$p = p' = \tfrac{1}{2} Q \, \mathrm{Cosec} \, \beta.$$

Zerlegen wir ferner eine dieser Kräfte, z. B. p, nach wagerechter und lothrechter Richtung in die Kräfte S und N, so werden diese die Wirkungen von Q auf das Gewölbstück A B G F darstellen. Wir erhalten:

$$S = p \, \mathrm{Cos} \, \beta = \tfrac{1}{2} (R^2 - r^2) q \beta \cdot \mathrm{Cotg} \, \beta \text{ und}$$
$$N = p \sin \beta = \tfrac{1}{2} (R^2 - r^2) q \beta.$$

S hat in Bezug auf den Drehpunkt E den Hebelsarm

$$F H = h + r (\mathrm{Cos} \, \beta - \mathrm{Cos} \, \alpha);$$

daher ergibt sich das Moment von S

$$\mathrm{Mt}. S = (h + r \, \mathrm{Cos} \, \beta - r \, \mathrm{Cos} \, \alpha) \tfrac{1}{2} (R^2 - r^2) q \beta \, \mathrm{Cotg} \, \beta.$$

N hat, auf denselben Punkt bezogen, den Hebelsarm

$$E H = x + r (\sin \alpha - \sin \beta);$$

mithin ist das Moment von N

$$\mathrm{Mt}. N = (x + r \sin \alpha - r \sin \beta) \tfrac{1}{2} (R^2 - r^2) q \beta.$$

Das Gewicht des Gewölbstücks A B G F ist

$$'Q' = (R^2 - r^2) \frac{\alpha - \beta}{2} q$$

und der Abstand seines Schwerpunktes V vom Mittelpunkte des Gewölbes

$$V O = \tfrac{2}{3} \frac{R^3 - r^3}{R^2 - r^2} \cdot \frac{\sin \frac{\alpha - \beta}{2}}{\frac{\alpha - \beta}{2}},$$

daraus der Abstand von der lothrechten Mittellinie des Gewölbes

$$VW = \tfrac{2}{3}\,\frac{R^3 - r^3}{R^2 - r^2} \cdot \frac{\sin \dfrac{\alpha - \beta}{2}}{\dfrac{\alpha - \beta}{2}} \cdot \sin \frac{\alpha + \beta}{2}.$$

Der Hebelsarm von Q' für den Punkt E ist nun

$$EK = x + AZ - VW.$$

Da aber $AZ = r \sin \alpha$, so ergibt sich

$$EK = x + r \sin \alpha - \tfrac{2}{3}\,\frac{R^3 - r^3}{R^2 - r^2} \cdot \frac{2 \sin \dfrac{\alpha + \beta}{2} \cdot \sin \dfrac{\alpha - \beta}{2}}{\alpha - \beta}$$

und das Moment von Q' oder $Mt \cdot Q' =$

$$\left(x + r \sin \alpha - \tfrac{2}{3}\,\frac{R^3 - r^3}{R^2 - r^2} \cdot \frac{2 \sin \frac{\alpha+\beta}{2} \cdot \sin \frac{\alpha-\beta}{2}}{\alpha - \beta} \right) (R^2 - r^2)\,\frac{\alpha - \beta}{2}\, q$$

oder, da

$$\sin \frac{\alpha + \beta}{2} \cdot \sin \frac{\alpha + \beta}{2} = \sin^2 \frac{\alpha}{2} \cos^2 \frac{\beta}{2} - \cos^2 \frac{\alpha}{2} \sin^2 \frac{\beta}{2}$$

$$= \sin^2 \frac{\alpha}{2} - \sin^2 \frac{\beta}{2}$$

$$= \frac{1 - \cos \alpha}{2} - \frac{1 - \cos \beta}{2} \text{ ist:}$$

$$Mt \cdot Q' =$$

$$\left(x + r \sin \alpha - \tfrac{2}{3}\,\frac{R^3 - r^3}{R^2 - r^2} \cdot \frac{\cos \beta - \cos \alpha}{\alpha - \beta} \right) (R^2 - r^2)\,\frac{\alpha - \beta}{2}\, q.$$

Das Moment der Stabilität des Widerlagers ist, wenn wir nur die Höhe h in Rechnung stellen und das Gewicht der Kubikeinheit des Materials ebenfalls $= p$ setzen, $Mt \cdot Q'' = \tfrac{1}{2}\, x^2 \cdot h \cdot q.$

Wir haben daher folgende Bedingungsgleichung:

Die Summe der Momente der Kräfte Q'', Q' und N gleich dem Moment von S, oder wenn wir die für die Momente entwickelten Werthe setzen.

$$\tfrac{1}{2}\, x^2\, h\, q + \tfrac{1}{2}\, (R^2 - r^2)\, q\, (\alpha - \beta) \cdot x$$
$$+ \tfrac{1}{2}\, r\, (R^2 - r^2)\, (\alpha - \beta)\, q \sin \alpha$$
$$- \tfrac{1}{2}\, q \cdot \tfrac{2}{3}\, (R^3 - r^3)\, (\cos \beta - \cos \alpha)$$
$$+ \tfrac{1}{2}\, (R^2 - r^2)\, q\, \beta \cdot x + \tfrac{1}{2}\, r\, (R^2 - r^2)\, \beta \cdot q \sin \alpha$$
$$- \tfrac{1}{2}\, r\, (R^2 - r^2)\, \beta\, q \sin \beta$$

$$= (h - r \cos \alpha)\, \frac{q}{2}\, (R^2 - r^2)\, \beta \cot \beta$$

$$+ \frac{q}{2}\, r\, (R^2 - r^2)\, \beta\, \frac{\cos^2 \beta}{\sin \beta};$$

und setzen wir der Kürze wegen $(R^3 - r^3) = a^3$ und $(R^2 - r^2) = b^2$, so haben wir:

$$h\, x^2 + a\, b^2\, x + r\, b^2 \cdot \alpha \sin \alpha = \tfrac{2}{3}\, a^3\, (\cos \beta - \cos \alpha)$$
$$+ \frac{b^2\, \beta}{\sin \beta}\, [r + (h - r \cos \alpha) \cos \beta].$$

Diese Gleichung soll nun, nach der oben vorausgeschickten Bemerkung, für denjenigen Werth von β aufgelöst werden, für welchen x ein Maximum wird. Um diesen Werth ohne Hülfe der Differential-

rechnung [*]) zu ermitteln, betrachtet man zunächst ein bestimmtes Zahlenbeispiel, welches dazu dienen kann, die zwischen β und x stattfindende (in der obigen Gleichung enthaltene) Relation anschaulicher zu machen. Zu diesem Zwecke sei:

$$h = 24 \text{ Fuß}$$
$$R = 26 \text{ Fuß}$$
$$r = 23 \text{ Fuß}$$
$$\angle \alpha = 60 \text{ Grad; dann ist}$$
$$\mathrm{arc}\, \alpha = \tfrac{1}{3}\, \pi = 1{,}0472$$
$$\sin \alpha = 0{,}866$$
$$\cos \alpha = 0{,}5$$
$$a^3 = 5409$$
$$b^2 = 147.$$

Nimmt man nun für den Winkel β verschiedene Werthe an, so ergibt sich für

$\angle \beta = 50^0$, $x^2 + 5{,}822 \cdot x = 103{,}632$ und $x = 7{,}64$ Fuß.
$\angle \beta = 40^0$, » » $= 131{,}288$ » $x = 8{,}45$ »
$\angle \beta = 30^0$, » » $= 135{,}566$ » $x = 9{,}067$ »
$\angle \beta = 20^0$, » » $= 146{,}333$ » $x = 9{,}507$ »
$\angle \beta = 10^0$, » » $= 152{,}775$ » $x = 9{,}764$ »
$\angle \beta = 0^0$, » » $= 155{,}001$ » $x = 9{,}860$ »

Aus dieser Rechnung geht hervor, daß mit der Abnahme von β die Stärke der Widerlager fortwährend wächst; und da sich diese Wahrnehmung auch bei andern Zahlenbeispielen wiederholt, so schließt man, daß immer $\beta = 0$ der verlangte Werth ist. In Wirklichkeit wird zwar β nicht völlig Null werden, weil der kleinste Werth von β der zum Schlußstein gehörige Winkel ist, und im Scheitel des Gewölbes immer ein Stein und keine Fuge

---

*) Will man zu den bekannten Mitteln der Differentialrechnung greifen, so kommt man auf die Bestimmungsgleichung

$$- \tfrac{2}{3}\,\frac{a^3}{b^2} \sin \beta - (h - r \cos \alpha)\, \beta$$

$$+ [r + (h - r \cos \alpha) \cos \beta]\, \frac{\sin \beta - \beta \cos \beta}{\sin^2 \beta} = 0,$$

welche sich nicht zu direkter Auflösung eignet. Da aber für $\beta = 0$ die beiden ersten Glieder Null werden, so kann man sich veranlaßt finden, zu versuchen, ob etwa dann auch der unter der Form $\frac{0}{0}$ erscheinende Faktor des dritten Gliedes Null wird. Wenn man Zähler und Nenner dieses Faktors differentiirt, so erhält man den Quotienten $\frac{\beta}{2 \cos \beta}$ dessen Werth für $\beta = 0$ in der That Null ist, so daß also $\beta = 0$ die obige Gleichung befriedigt. — Das Zeichen von $\frac{d^2 x}{d \beta^2}$ hängt (für $\beta = 0$) zuletzt von dem Zeichen des Ausdruck

$$- 2\, b^2\, h - 2\, a^3 + b^2\, r\, (2 \cos \alpha + 1)$$

ab, dessen positives Glied höchstens $= 3\, b^2\, r$ werden kann. Da aber selbst in diesem Falle der Ausdruck negativ ausfällt (indem dann sein Werth $= - 2\, b^2\, h - (2\, a^3 - 3\, b^2\, r) = - 2\, b\, h^2$ $- [2\, R^3 - 2\, r^3 - 3\, R^2\, r + 3\, r^3] = - 2\, b^2\, h$ $- (R - r)^2\, (2\, R + r)$ wird, so führt der Werth von $\beta = 0$ jedenfalls auf ein Maximum von x.

sich befinden soll (eine Regel, die eben durch die gegenwärtige Untersuchung bestätigt wird; der Sicherheit wegen setzt man aber doch $\beta = 0$ und berechnet so die Stärke der Widerlager. Aus der Formel wird alsdann

$$h x^2 + \alpha b^2 x =$$
$$(\tfrac{2}{3} a^3 + b^2 r) (1 - \cos \alpha) + b^2 (h - r \alpha \sin \alpha);$$

denn da bei sehr kleinen Winkeln der Sinus dem zugehörigen Bogen gleichgesetzt werden darf, so wird bei $\beta = o$

$$\frac{\beta}{\sin \beta} = 1.$$

Bei den vorhin gemachten Annahmen ergibt sich $x = 9{,}85'$, und wenn wir die Spannweite aus $2 r \sin \alpha$ berechnen, so ergibt sich diese $= 39{,}836'$; daher verhält sich die Widerlagsstärke in diesem Falle zur Spannweite ziemlich genau wie $1 : 4$.

Wird das Gewölbe ein voller Halbkreis, so wird $\alpha = \tfrac{1}{2} \pi$ und die Formel geht über in
$$h x^2 + \tfrac{1}{2} \pi b^2 x = \tfrac{2}{3} a^3 + b^2 (r + h - \tfrac{1}{2} r \pi).$$

§. 30.

In den Annales des ponts et chaussées [*] findet sich eine Abhandlung unter dem Titel: „Mémoire sur l'équilibre des voûtes en berceau" von E. Méry, Ingénieur des ponts et chaussées, welche wir hier im Auszuge mittheilen wollen, weil sie die neueste „Theorie der Gewölbe", wie sie namentlich von den Franzosen benutzt wird, enthalten dürfte.

1) **Erklärung einer Curve, welche dazu dienen kann, das bestehende Gleichgewicht in einem Gewölbe figürlich darzustellen.**

In Fig. 3 Taf. 85 sei B b eine im Scheitel eines Gewölbes gelegene, und C c irgend eine andere Fuge. Alle Punkte der Fuge C c erleiden verschiedene Pressungen, welche man sich aber in eine einzige p zusammengesetzt denken kann, die in einem gewissen Punkte γ die Fuge C c trifft. Die Last des Gewölbtheils B b C c steht im Gleichgewicht mit dieser Pressung p und mit dem Horizontalschub P desselben, welchen man sich in einem gewissen Punkte β der Fuge B b angreifend denken kann. Denken wir uns nun in jeder Fuge einen Punkt wie γ bestimmt, so wird durch eine stetige Verbindung dieser Punkte eine Curve $\beta \gamma'' \gamma' \gamma \alpha$ entstehen, die sehr geeignet ist, die Umstände kennen zu lehren, unter denen Gleichgewicht in dem Gewölbe stattfindet; wir nennen dieselbe **Druckcurve** (courbe de pression).

Wenn diese Curve den Gewölbrücken in B, Fig. 4 Taf. 85, berührt, so ist dies ein Beweis, daß alle in der Fuge B b stattfindenden Pressungen in dem Punkte B concentrirt sind, und es folgt hieraus, daß diese Fuge das

Bestreben haben wird, sich am inneren Scheitel bei b zu öffnen. Eben so wird die Fuge A a sich bei a zu öffnen das Bestreben haben, wenn die Druckcurve durch den Punkt A geht. Trifft sie aber den Punkt c der Fuge C c in der Leibung, so wird diese Fuge das Bestreben zeigen, sich im gegenüber liegenden Punkte C zu öffnen. Berührt die Curve sowohl den Rücken als auch die Leibung des Gewölbes, so wird das Gewölbe im mathematischen Gleichgewichte sein.

Der Gewölbrücken und die Leibung bilden zwei Grenzen, über welche hinaus die Druckcurve nicht fallen darf; geschieht dies dennoch, so ist kein Gleichgewicht möglich.

Figur 3 Taf. 85 zeigt ein Gewölbe, dessen Stärke größer ist, als das mathematische Gleichgewicht verlangt; denn die Druckcurve nähert sich zwar dem Rücken und der Leibung respektive in den Punkten B, c und A, aber sie erreicht sie nicht. In diesem Falle lehrt die Curve die schwachen Stellen des Gewölbes kennen, und gibt ein Mittel an die Hand, die Stabilität desselben zu messen. Es ist nämlich klar, daß in den Fugen B b, C c und A a die Gefahr des Brechens oder Zerdrücktwerdens am größten ist; ferner muß, wenn die Resultante sämmtlicher Pressungen, welchen die Fuge C c ausgesetzt ist, letztere in γ trifft, der Theil c γ wenigstens zwei Dritttheil [*] dieser Pressungen zu ertragen im Stande sein. Es muß daher, wenn das Gewölbe solide sein soll, dieser Theil c γ groß genug sein, in Betracht der Festigkeit des Materials, um zwei Dritttheile der die Fuge C c treffenden Pressungen zu tragen; dasselbe findet statt in Beziehung auf die Theile B β und A α der Fugen B b und A a, indem diese ebenfalls $\tfrac{2}{3}$ sämmtlicher Pressungen müssen tragen können, welchen diese Fugen ausgesetzt sind.

Sobald die Resultate p p', (Figur 5 Taf. 85) der Pressungen zwischen zwei Gewölbsteinen, auf der Fuge derselben nicht normal steht, sondern mit derselben einen Winkel φ bildet, kleiner als 90 Grad, so haben die Gewölbsteine das Bestreben, an einander zu gleiten, entweder nach oben oder nach unten, wie dies die beiden Pfeile in der Figur zeigen. Die Kraft, welche diese Bewegung hervorzubringen sucht, ist, wie bekannt, proportional der cotg. φ, und die Reibung, welche sich derselben widersetzt, ist von einem bestimmten Coeffizienten abhängig, den wir $= 0{,}76$ annehmen. Die Druckcurve zeigt die Größe dieses Bestrebens, zu gleiten durch ihre Neigung gegen jede Fuge, an, so daß es nur eines Blickes auf unsere Figur bedarf, um zu sehen, daß in der Fuge C' C' dieses Bestreben am größten sein wird.

---

[*] Zu diesem Resultate gelangt man mit Hülfe gewisser Hypothesen über die Elastizität des Materials, welche für die Praxis hinlänglich genau sind. Auch ist das Material dabei als an allen Punkten gleich fest vorausgesetzt.

2. Zeichnung der Druckcurve.

In der Ausführung haben die Gewölbe immer eine größere Stärke als für das mathematische Gleichgewicht derselben durchaus nothwendig ist. Dieser Umstand ist die Ursache, daß die Druckcurve unendlich viele verschiedene Lagen annehmen kann, ohne daß es möglich wäre, vorauszusehen, welche von diesen wirklich stattfinden wird, weil dies von dem Setzen des Gewölbes abhängig ist, welches man nicht mit Genauigkeit in Rechnung stellen kann. Aber es genügt für die Lösung der Aufgabe über das Gleichgewicht der Gewölbe, die beiden äußersten dieser Lagen kennen zu lernen, von denen die eine dem Maximum, die andere dem Minimum des Horizontalschubs entspricht.

In diesen zwei besondern Fällen, den einzigen, welche näher zu betrachten sind, geht die Druckcurve gewöhnlich durch einige im Voraus bekannte Punkte; zwei genügen, um die Curve zu zeichnen, und dies kann auf folgende Weise geschehen.

In Fig. 6 Taf. 85 seien β und α die beiden gegebenen Punkte, und es sollen die Durchschnittspunkte der Fugen C c und C' c' mit der Druckcurve bestimmt werden.

Man bestimme zuerst die Gewichte der Gewölbtheile B C c b und B A a b und die Lage ihrer Schwerpunkte; dann ziehe man durch β eine Horizontale β X, und durch die Schwerpunkte die Vertikalen k g und K G. Ferner trage man auf K g die Länge K s proportional dem Gewichte B A a b ab und vollende das Rechteck K P R S auf die Weise, daß die Diagonale K R desselben durch den Punkt α geht. Die Seite K P ist alsdann dem Horizontalschube proportional und die Diagonale K R der Pressung auf die Fuge a A. Trägt man nun von k aus das Stück k p = K P ab, und macht k s proportional dem Gewichte B C c b, vollendet das Rechteck k s p r und zieht die Diagonale r k desselben, so wird diese der Pressung auf die Fuge C c proportional sein und den Punkt γ bestimmen, welcher der gesuchten Curve angehört. Auf dieselbe Weise verfahre man mit den andern Fugen.

Eben so leicht ist die Construction, wenn der Scheitel β der Curve unbekannt ist. Die beiden gegebenen Punkte seien γ und α. Man ziehe durch α die Horizontale m t und bestimme den Punkt t so, daß die Proportion stattfindet

$$\frac{1}{m\,t} : \frac{1}{m\,\alpha} = b\,B\,C\,c : b\,B\,A\,a$$

Die Diagonale t γ wird dann, bis zum Durchschnitt mit der Vertikalen k g verlängert, den Punkt k bestimmen, durch welchen die Horizontale β X zu ziehen ist, die der früheren Construction zu Grunde lag.

Wenn man die zwei Punkte zur Bestimmung der Curve schlecht gewählt hat, was man leicht aus der Gestalt, welche sie annimmt, ersieht[*]), so kann man leicht eine neue Construction ausführen, bei welcher man die meisten der zuvor gebrauchten Elemente vortheilhaft benutzt. Man kann also die beiden nothwendigen Punkte ohne Anstand willkührlich annehmen, um die Curve in einem allgemeinen Entwurf zu zeichnen, mit dem Vorbehalte, sie später zu berichtigen.

3. Anwendung auf ein Gewölbe, dessen Material als unendlich fest vorausgesetzt wird, und Bestimmung der geringsten Stärke der Gewölbsteine unter dieser Voraussetzung.

Der größeren Einfachheit wegen, wenden wir zuerst diese Theorie unter der Hypothese an, daß das Material eine unendliche Festigkeit besitze; später wird sich dann zeigen, welche Veränderungen man vornehmen muß, um die wirkliche Festigkeit des angewendeten Materials mit in Rechnung zu bringen.

Unter der so eben gemachten Voraussetzung, welche allen bisher gegebenen Theorien als Basis dient, ist die einzige Bedingung für das Gleichgewicht des Gewölbes die: daß die Druckcurve so gezogen ist, daß sie die Grenzen der Gewölbsteine nicht überschreitet. Jeder ihrer Punkte repräsentirt in der That den Angriffspunkt der Mittelkraft aller Pressungen, welchen die durch diesen Punkt gelegte Fuge ausgesetzt ist, und ein solcher kann nicht außerhalb dieser Fuge liegen, wenigstens so lange nicht, als es keine negativen Pressungen gibt, nämlich keinen Zusammenhang, der durch den Mörtel hervorgebracht wird, wovon wir aber ganz abstrahirt haben.

Es folgt daraus, daß von allen Druckcurven, welche man ziehen kann, diejenige, welche den **größten** Pfeil und die **kleinste** Sehne hat, nothwendig den Rücken des Gewölbes nahe am Scheitel und die Leibung nahe am Kämpfer (auprés de la naissance) berühren muß; sie hat die Lage $\beta'\,\gamma'\,\alpha'$ Fig. 7 Taf. 85, und gibt das Minimum des Horizontalschubes. Sie zeigt im Allgemeinen 3 Bruchfugen, wenn eine solche im Scheitel des Gewölbes stattfinden kann, und 4 dergleichen, wenn dies nicht der Fall ist. Sie wird mit Hülfe der angegebenen Mittel leicht zu zeichnen sein, wenigstens nach einigen Versuchen.

Eben so berührt diejenige von allen Curven, welche die **größte** Sehne und den **kleinsten** Pfeil hat, die Leibung nahe am Scheitel und den Gewölbrücken nahe am Fuß des Gewölbes. Sie hat etwa die Lage $\beta''\,\gamma''\,\alpha''$, Fig. 6 Taf. 85, und entspricht dem Maximum des Horizontalschubes. Auch diese Curve zeigt 3 Bruchfugen an, wenn eine solche im Scheitel des Gewölbes stattfinden

---

kann, und 4 im entgegengesetzten Falle, und ist eben so leicht zu zeichnen als die erste.

Zwischen diesen beiden äußersten Curven findet sich eine unendliche Anzahl anderer, welche Mittelwerthe für den Horizontalschub geben; jedoch nur in dem Falle, wenn das Gewölbe größere als die gerade ausreichenden Dimensionen hat. Sie fallen alle in eine einzige zusammen, wenn die Stärke des Gewölbes sich auf das für das Gleichgewicht des Gewölbes erforderliche Minimum beschränkt.

In diesem letztern Falle berührt die Druckcurve abwechselnd den Gewölbrücken und die Leibung wenigstens in 5 Punkten, wenn eine Bruchfuge im Scheitel stattfinden kann, und in 6 Punkten, wenn dies nicht der Fall ist. In einem solchen Gewölbe ist das Gleichgewicht nicht stabil und ein Material von unendlich großer Festigkeit nothwendig. Es ist leicht, die Stärke zu bestimmen, welche hierbei die Gewölbsteine haben müssen.

Wir betrachten ein Gewölbe, Figur 8 Taf. 85, in welchem alle Gewölbsteine durch die beiden concentrischen Kreise A B A und a b a eingeschlossen sind, und setzen voraus, daß das Mauerwerk der Uebermauerung (des tympans) nur eine schwere Masse ohne Zusammenhang sei, welche sich oberhalb der Bruchfugen nach lothrechter Richtung theilt. Es ist nun die Länge der Fugen zu bestimmen, welche für das mathematische Gleichgewicht hinreicht. Man ziehe zuerst die Druckcurve $\alpha \gamma \beta \gamma \alpha$ auf die Art, daß sie in 3 oder 4 Punkten den äußeren Kreis A B A berührt; wenn sie hierbei die Leibung oder den Kreis a b a nicht berührt, so bemerke man den Abstand, um welchen sie davon entfernt bleibt, und vermindere die Länge der Fugen, indem man die beiden Kreise A B A und a b a einander nähert. Nachdem dies geschehen, construire man ein zweites Mal die Druckcurve und messe, um wie viel sie jetzt noch von der neuen Leibung entfernt bleibt. Mittelst einer Proportion lernt man dann näherungsweise und hinreichend genau die Größe kennen, um welche die Gewölbfugen zum zweiten Male verkürzt werden müssen, damit die Druckcurve den Gewölbrücken und die Leibung gleichzeitig in 5 oder 6 Punkten berührt.

In einer großen Zahl von Fällen liegen Bruchfugen im Scheitel und an den Anfängen. Diesen Umstand kann man oft voraussehen, und er gibt den Vortheil, 3 Punkte der Druckcurve zu bestimmen, so daß das Zeichnen derselben ohne alles Probiren vorgenommen werden kann.

Der Verfasser theilt nun zahlreiche, nach diesen Prinzipien ausgeführte Zeichnungen von Gewölben mit, die im mathematischen Gleichgewichte sind, und wobei die Druckcurve in den Querschnitt eingetragen ist. Ein Theil derselben sei aus einem Memoire des Herrn Audoy gezogen; andere sollen eine Vergleichung der Theorie mit den Versuchen des Herrn Boistard bilden.

Nach Beschreibung dieser Figuren, welche mit dem zugehörigen Texte hier wiederzugeben uns der Raum verbietet, fährt Herr Mery fort:

Diese verschiedenen Fälle mathematischen Gleichgewichts lehren die Form kennen, welche die Druckcurve dabei annimmt, und die Umformungen, welche eintreten, wenn man die Gewölbe auf verschiedene Weise belastet. Man sieht, daß der Scheitel der Curve sich erhebt und dieselbe dort einen kleineren Krümmungshalbmesser bekommt, wenn man den Scheitel des Gewölbes belastet, und daß sie einen gothischen Bogen annimmt, wenn man auf dem Schlußstein ein Gewicht anbringt, daß es das Gewölbe nur in e i n e m, und zwar dem höchstgelegenen Punkte berührt.

Ueberhaupt repräsentirt diese Curve, in umgekehrter Lage gedacht, ziemlich gut die Kette einer Hängebrücke. Läßt man über ein Gewölbe eine schwere Last sich fortbewegen, so nimmt die Druckcurve nach und nach verschiedene Formen an, wie dies auch bei jener Kette der Fall ist, und während sie diese Oscillationen erleidet, muß sie immer zwischen dem Gewölbrücken und der Leibung eingeschlossen bleiben, damit das Gewölbe nicht einfällt.

Ein Gewölbe kann im Gleichgewicht sein auf Widerlagern von unendlicher Höhe. In diesem Falle hat die Druckcurve lothrechte Asytmoten, und die Stärke des Widerlagers, welche dem mathematischen Gleichgewichte genügt, ist durch die bekannte Formel gegeben:

$$E = V\, \frac{2\,P}{\triangle}$$

wenn P den Horizontalschub, $\triangle$ das Gewicht eines Kubikmeter Mauerwerks und E die gesuchte Stärke bedeutet.

Diese Formel ergibt sich leicht aus der Betrachtung des Rechtecks K S P R, Fig. 6 Taf. 85, indem man bemerkt, daß die Seite K S die Mitte des Widerlagers treffen muß und daß das Gewicht des halben Gewölbes nebst Widerlager nahezu gleich $\triangle$ E H ist, wenn H die sehr große Höhe des Widerlagers bedeutet.

Indem man alle die Umstände, welche die Form der Druckcurve verändern können, mit Aufmerksamkeit betrachtet, kann man sogleich vorhersehen, welche Form sie haben muß, so daß oft ein Blick auf den Querschnitt eines Gewölbes uns in den Stand setzt, ein Urtheil über die Haltbarkeit desselben zu fällen.

4. Anwendung der Theorie zur Prüfung der Haltbarkeit eines Gewölbes, wenn die Festigkeit der Materialien und die Belastung, welcher dasselbe ausgesetzt ist, bekannt sind.

Bisher haben wir vorausgesetzt, daß der Zwischenraum, in welchem die Gestalt der Curve sich bewegen kann, keine anderen Grenzen hat, als die der Gewölbsteine selbst. Aber wir haben auch bemerkt, daß diese Hypothese Materialien von unendlicher Festigkeit verlangt; man muß sie daher für die Ausführung modifiziren.

Im Allgemeinen kann jede Lage der Curve, welche die äußersten Punkte einiger Gewölbsteine zu starken Pressungen aussetzt, nicht für lange Zeit stattfinden; denn diese zu stark gepreßten Theile würden bald nachgeben, und die Curve dadurch ihre Form ihrerseits ebenfalls ändern. Die bleibende Curve kann also nie die äußersten Punkte der Gewölbsteine erreichen, und wird sich um so weiter davon entfernen, je weicher das Material ist. Sie wird daher in engere Grenzen eingeschlossen sein, als die sind, welche wir bisher betrachtet haben, und diese neuen Grenzen wollen wir jetzt bestimmen.

Indem man eine der Lagen der Druckcurve zeichnet, Fig. 9 Taf. 85, wird man näherungsweise die Pressungen finden, welche der Scheitel, der Gewölbfuß und einige dazwischen gelegene Fugen erleiden. Mit Hülfe dieser wird man für irgend eine Fuge D d die Entfernung bestimmen können, bis auf welche sich die Curve dem äußersten Punkte D nähern darf, ohne daß das Mauerwerk zerstört wird.

Diese Entfernung muß so groß sein, daß die Strecke D D' im Stande ist, $\tfrac{2}{3}$ der gesammten Pressungen, welcher die Fuge D d ausgesetzt ist, zu tragen*). Wir nehmen nun auf einer jeden Fuge, wie D d, gleiche Längen D D', d d' an, auf die Weise berechnet, daß jede der Oberflächen D D', d d' im Stande ist, $\tfrac{2}{3}$ des gesammten, die Fuge treffenden Drucks auszuhalten, und ziehen dann 2 Curven B' D' A', b' d' a', welche bestimmt sind, die Grenzen darzustellen, welche die Druckcurve nicht überschreiten darf.

Wir theilen in Gedanken die Länge der Fugen in zwei Theile, welche ganz verschiedenen Betrachtungen unterworfen werden müssen; die eine wie D D' + d d' hängt von der Größe der Pressung und von der Beschaffenheit des Materials ab, die andere d' D' von der Gestalt des Gewölbes. Den ersten Theil wird man unter den Bedingungen bestimmen können, daß man dem Material nur den zehnten Theil der Pressung zu tragen gibt, unter welcher dasselbe zerdrückt wird; eben so muß der Raum zwischen den beiden Linien b" d' a' und B" D' A' der Druckcurve Breite genug lassen, damit sie von denselben stets eingeschlossen sei, mit Berücksichtigung der veränderlichen Belastung, welcher das Gewölbe ausgesetzt ist.

Auf diese Weise ist die Frage nach der Haltbarkeit eines Gewölbes auf die nach dem mathematischen Gleichgewicht desselben zurückgeführt, so daß nur eine einzige Druckcurve möglich sein wird, wenn der Zwischenraum

zwischen den beiden Linien B" D' A' und b" d' a' auf das für die Stabilität des Gewölbes unerläßliche Minimum zurückgeführt ist; anderntheils aber, wenn man der größeren Sicherheit wegen, diesen Zwischenraum etwas größer macht, es eine unendliche Zahl verschiedener zulässiger Lagen geben wird. Die eine derselben wird dem kleinsten, eine andere dem größten Horizontalschube entsprechen, und nur die größere oder geringere Ungewißheit über den Einfluß des Setzens des Gewölbes ist es, welche verhindert, daß man die Lage, welche die Druckcurve wirklich annimmt, nicht voraussehen kann. Diese Untersuchung ist aber auch, wie wir eben sahen, durchaus unnöthig, wenn man sich blos von der Solidität des Gewölbes versichern will.

Was die durch das Gleiten der Gewölbsteine herbeizuführenden Brüche anbelangt, so weiß man aus Früherem, unter welchen Umständen solche zu befürchten sind. Man hat hier blos zu untersuchen, ob die Druckcurve einige Fugen unter einem kleineren Winkel schneidet als derjenige, dessen Cotg. gleich dem Reibungscoeffizienten ist.

Stellt man alle Fugen normal auf die Druckcurve, so ist das Gleiten unmöglich, welcher Umstand vorzüglich bei den scheitrechten Gewölben Anwendung finden kann.

5. Anwendung der Theorie auf Gewölbe, welche durch Strebebogen (contreforts) unterstützt sind.

Sobald ein Gewölbe durch Strebebogen unterstützt ist, theilt sich die Druckcurve in mehrere Zweige. Fig. 10 Taf. 85 stellt ein solches Gewölbe im mathematischen Gleichgewichte dar.

Die erste Parthie der Druckcurve $\beta\gamma\alpha$ ist durch die Bedingung bestimmt, daß sie den Gewölbrücken und die Leibung berühre; der zweite Theil $\alpha\delta\varepsilon\mu$ durch die Bedingung, zweimal den Gewölbrücken und einmal die Leibung des Strebebogens zu berühren, und der dritte Theil $\alpha\tau$ ergibt sich aus den Bedingungen für das Gleichgewicht des Gewölbes, so daß, wenn die Stärke T t des Widerlagers auf die Art bestimmt ist, daß der Punkt τ nach T fällt, mathematisches Gleichgewicht herrscht. Ganz auf ähnlichem Wege, wie früher, überzeugt man sich, ob das Gleichgewicht auch praktisch bestehen kann, indem man die Grenzen für die Lage der Druckcurve unter Berücksichtigung der Festigkeit der Materialien zeichnet.

Das Mauerwerk, welches den Rücken eines Gewölbes belastet, kann eine Vermehrung seiner Stabilität verursachen, welcher wir noch nicht Rechnung getragen haben. Betrachten wir deshalb die beiden Gewölbe B C A und B, C' A', Fig. 11 Taf. 85. Die Druckcurven sind auf die Art gezogen, daß sie ein mathematisches Gleichgewicht anzeigen; wenn aber die Gewölbe einfallen sollen, so ist es nothwendig, daß die beiden Theile C A a c und C' A A' a' c'

---

*) Der Verfasser entwickelt diese Hypothese in einer Note, welche am angeführten Orte nachgelesen werden mag.

sich rückwärts gegen einander neigen. Diese Bewegung ist jedoch unmöglich, wenn der Zwischenraum A C C' A' mit gutem Mauerwerk gefüllt ist. Es kann daher wohl vorkommen, daß zwei Gewölbe wirklich stabil sind, obgleich es auf den ersten Anblick scheint, sie entsprächen nur einem mathematischen Gleichgewichte. In einem solchen Falle darf man die Gewölbe nicht früher ausrüsten, bis man das Mauerwerk zwischen den Punkten C C' hergestellt hat, welches die Stelle der Strebebogen vertritt.

Ueberhaupt muß man, um jeden Fehler zu vermeiden, mit der größten Aufmerksamkeit die Voraussetzungen erwägen, die man über die Art und Weise, wie die Brüche entstehen, zu machen hat. Wenn z. B. der Stirnpfeiler einer Brücke (culée), Fig. 12 Taf. 85, eine beträchtliche Stärke A a hat, so wird er nicht das Bestreben haben, bei entstehendem Bruche der Fuge A a zu folgen, sondern einer andern irregulären Linie M N. Wenn man bemüht ist, alle solche, durch die Erfahrung gelieferten Daten, sich zu Nutzen zu machen, so wird die Anwendung der Theorie eine große Genauigkeit erlangen, ohne deshalb schwieriger zu werden.

Eine Anwendung dieser hier in der Uebersetzung gegebenen Theorie auf ein concretes Beispiel müssen wir dem mündlichen Vortrage oder dem Privatfleiße unserer Leser überlassen, weil dazu Zeichnungen in einem so großen Maaßstabe nothwendig sind, daß wir sie hier nicht geben können. Außerdem dürfte diese Theorie wohl selten für Fälle des Hochbauwesens benutzt werden, sondern ihre Anwendung sich auf die Entwerfung wichtiger Brücken ꝛc. beschränken. Denn diese Anwendung ist, wenn auch keineswegs schwierig, doch sehr zeitraubend und mühsam, weil man nur durch mehrmaliges Probiren die richtigen Abmessungen des Gewölbes finden kann, und dabei nach jeder vorgenommenen Abänderung der Dimensionen die langwierige Bestimmung der Schwerpunkte von Neuem vornehmen muß. Ferner bestimmt die in Rede stehende Theorie hauptsächlich die Stärke der Gewölbschenkel, die im Hochbauwesen meist durch das Material gegeben ist, so daß es hier vorzüglich auf die Bestimmung der Widerlagstärke ankommt, die auf weniger umständliche Weise gefunden werden kann.

Wir müssen hier das Feld der Theorie verlassen, und das Studium derselben dem Privatfleiße anheimgeben, um uns noch einigen praktischen Bemerkungen zuzuwenden*).

§. 31.

Haben zwei benachbarte, ganz gleiche Tonnengewölbe ein gemeinschaftliches Widerlager, so ist klar, daß die ho-

rizontalen Wirkungen beider Gewölbe einander aufheben werden, und nur die lothrechten übrig bleiben. Hieraus folgt, daß das gemeinschaftliche Widerlager nur den letzteren zu widerstehen hat, und daher weit schwächer als ein Endwiderlager gemacht werden darf. Dasselbe wird nur lothrecht belastet, und da sich diese Belastung immer leicht berechnen lassen wird, so darf die Grundfläche des gemeinschaftlichen Widerlagers nur so groß angeordnet werden, daß auf die Quadrateinheit derselben keine größere Belastung kommt, als die Tragfähigkeit der Steinart zuläßt.

Sobald aber beide benachbarte Gewölbe einander nicht ganz gleich sind, so werden sich ihre Horizontalwirkungen nur zum Theil aufheben, und es wird ein schiefer Druck auf das gemeinschaftliche Widerlager übrig bleiben, so daß dasselbe diesem angemessen stark gemacht werden muß. Dieser Umstand kömmt bei Brückenbauten in Betracht, bei welchen die Pfeiler nur in dem Falle als blos lothrecht belastete Stützen angesehen werden dürfen, wenn die Brückenbögen alle gleiche Spannung und gleiche Krümmung haben. Aber auch bei Hochbauten kommt sehr oft der Fall vor, daß mehrere Gewölbe oder Gurtbögen auf einer gemeinschaftlichen Stütze aufsitzen, wobei man alsdann wohl darauf zu sehen hat, daß die Resultirende aus all' den horizontalen Wirkungen der verschiedenen Bögen gleich Null wird, wenn man die Stütze so anordnen will, daß sie nur der lothrechten Belastung hinlänglichen Widerstand entgegensetzt.

Bei auf diese Weise angeordneten Zwischenpfeilern zweier oder mehrerer Bogen (oder Gewölbe) ist es klar, daß der Einsturz eines dieser Bogen (oder Gewölbe) den Einsturz aller übrigen zur Folge hat, weshalb man bei längeren Bogenstellungen, wo das Erste möglicher Weise eintreten kann, das Letztere aber vermieden werden soll, einzelne Pfeiler so anordnen muß, daß sie als Endwiderlager auftreten können.

Zuweilen bilden die Widerlager von Gewölben zugleich Stützmauern bedeutender Erdmassen, und dann könnte man in Versuchung kommen, die letztere Eigenschaft der Mauer als der ersteren zu Hülfe kommend, anzusehen. In solchen Fällen wird man aber wohl thun, die Eigenschaft als Stützmauer bei der Bestimmung der Widerlagstärke gar nicht in Rechnung zu nehmen; denn wenn auch die hinterfüllte Erdmasse ein Umwerfen oder eine größere Verschiebung der Widerlagsmauer verhindern wird, so kann sie doch eine kleine Verschiebung (namentlich anfangs) nicht verhüten, und selbst die kleinste Bewegung dieser Art ist für das Gewölbe gefährlich.

Für stark belastete, namentlich größere Brückengewölbe, gibt die Erfahrung die Regel an die Hand, daß bei halbkreisförmigen und wenig gedrückten Bögen ⅓, bei Kreis-

---

*) Man sehe auch über diesen Gegenstand „Beiträge zur Gewölbtheorie. Frei bearbeitet nach Carvallo von H. Tellkampf". Hannover, Helwing'sche Hofbuchhandlung, 1855.

bögen die auf ¼ und bei Korbbögen die auf ⅓ gebrückt sind, ¼; bei stärker gebrückten Bögen aber ⅓,₅ oder 2/7 der Spannweite als Stärke für die Widerlager hinläng- liche Sicherheit gewährt, und diese Abmessungen dürfen als Maxima angesehen werden.

Bei ganz flachen Kreisbögen schlägt Röber vor, die Widerlagsstärke gleich ⅛ des zugehörigen Kreisdurchmes- sers zu machen. Mittelpfeilern solcher Gewölbe, die durch- aus nicht als Widerlager dienen sollen, gibt man 1/10 der Spannweite; solchen aber, die doch beinahe als Widerla- ger dienen können, ⅙ dieser Abmessung zur Stärke *).

Die bei Hochbauten am häufigsten vorkommenden Gewölbe sind die Kellergewölbe, bei denen man aber hin- sichtlich der Stärke der Widerlagsmauern in den meisten Fällen keine besondern Rechnungen anzustellen haben wird; denn wenn ein solches Gebäude 2 oder 3 Stockwerke hoch ist und massive Umfangsmauern hat, so werden diese schon so starke Kellermauern als Fundamente bedingen, und außerdem die Stabilität derselben durch ihr Gewicht und das der auf ihnen ruhenden Gebälke und des Daches so vermehren, daß sie als Gewölbwiderlager hinreichenden Widerstand leisten können. Nur bei ganz leichten hölzer- nen Gebäuden müssen die Kellermauern als Widerlager besonders berücksichtigt werden, und es ist in solchen Fällen aus den oben angeführten Gründen gut, auf den Wider- stand der Erdmassen hinter diesen Mauern keine Rücksicht zu nehmen.

§. 32.

Wir haben bisher immer nur von Tonnengewölben gesprochen, und in der That ist diese Gewölbform als die einfachste und zugleich wichtigste allen aufgestellten Theorien zu Grunde gelegt worden. Rondelet hat seine Theorie dann auch auf die aus Tonnengewölbtheilen gebildeten Kloster-, Kuppel- und Kreuzgewölbe anzuwenden versucht, und von Dietlein existirt ein „Beitrag zur Statik der Kreuzgewölbe" **); jedoch fehlt den Anwendungen des er- steren wohl eine strenge Begründung, und die Theorie des letzteren, mit höherer Analysis behandelt, ist selbst für ein ganz regelmäßiges, rechtwinkliges Kreuzgewölbe so ver- wickelt und umständlich ***), daß sie für die Praxis allen Werth verliert und von uns nicht benützt werden kann;

---

*) Obgleich die Spannweite der Gewölbe nicht allein als maß- gebend für die Widerlagsstärke auftritt, so hängt von ihr doch, wie wir früher gesehen haben, die Gewölbdicke, und sonach das Gewicht des Gewölbes ab, wodurch dann wieder die Einwirkungen auf die Widerlager modifizirt werden.

**) Beitrag zur Statik der Kreuzgewölbe von J. F. W. Diet- lein. Halle, Hemmerde und Schwetschke. 1823.

***) Auch Rondelet kommt auf eine unvollständige kubische Gleichung für Kreuzgewölbe.

weshalb wir wieder zu den aus der Erfahrung abstrahir- ten praktischen Regeln unsere Zuflucht nehmen müssen.

Die Klostergewölbe können mit vollkommener Sicherheit wie Tonnengewölbe behandelt werden, indem man ihnen dieselbe Widerlagsstärke gibt, welche Tonnen- gewölben von derselben Spannweite zukommt. Rondelet will ihnen nur ⅔ dieser Stärke geben für den Fall, daß die Grundfigur des Gewölbes ein Quadrat oder ein regel- mäßiges Polygon ist. Die schwächsten Stellen solcher Widerlager sind unstreitig die Mitten der Seiten der Grund- figur, weil die Masse des Gewölbes, mithin auch der Druck und der Schub, nach den Ecken zu geringer wird, und außerdem die Ecken als solche schon an und für sich eine größere Stabilität besitzen. Wenn man nun auch die Um- fangsmauern eines durch ein Klostergewölbe überdeckten Raumes von gleicher Stärke aufführen wird, so folgt doch aus obiger Betrachtung, daß große Oeffnungen, in der Mitte dieser Mauern angelegt, leicht der Stabilität des Gewölbes gefährlich werden können.

Das Kuppelgewölbe ist nach Seite 41 als ein Klostergewölbe, von unendlich vielen und unendlich kleinen Seiten begrenzt, anzusehen, und wird daher, mit Wider- lagern so stark, wie zu einem Tonnengewölbe von derselben Spannweite, versehen, hinreichende Stabilität besitzen. Da nun aber eine in sich geschlossene runde Mauer als solche schon eine bedeutende Stabilität besitzt, und gewissermaßen jeder Punkt derselben als Eck eines Klostergewölbes ange- sehen werden kann, außerdem in den Kuppelgewölben der dem Scheitel zunächst gelegene Theil, also gerade derjenige, welcher den nachtheiligsten Einfluß auf die Widerlager aus- übt, gewöhnlich fehlt, so gibt man dergleichen Gewölben schwächere Widerlager, etwa ⅛ des Durchmessers, nach Rondelet die Hälfte der Widerlagsstärke eines Tonnenge- wölbes von gleicher Spannweite. — Daß bei sogenannten Hängekuppeln über quadraten Räumen sehr schwache Wi- derlager bei einer vernünftigen Anordnung des Steinver- bandes ausreichen, haben wir schon früher, in den Figu- ren auf Taf. 24 und 25, nachgewiesen.

Das Kreuzgewölbe erscheint in seiner einfachsten Gestalt als durch die rechtwinklige Durchdringung zweier halbkreisförmigen Tonnengewölbe von gleicher Pfeilhöhe ge- bildet, und findet sein Widerlager auf vier jedenfalls recht- eckigen Pfeilern. Es könnte nun hinreichend erscheinen, diesen Pfeilern Seiten zu geben, deren Länge der Wider- lagsstärke der zugehörigen Tonnengewölbe gleich wäre; oder in Fig. 1 Taf. 86 dürfte man die Seite A B als Wider- lagsstärke für ein Tonnengewölbe von der Spannweite A E, und A C als die für die Spannweite A D ansetzen. Allein man würde auf solche Weise nur für die durch A D und A E gehenden lothrechten Querschnittsfiguren der Gewölbe Widerlager bilden, und die von diesen Querschnitten nach dem (sogenannten) Scheitelpunkt M zu liegenden Gewölbtheile vernachläßigen, die ihr Widerlager mittelst des Grats A M ebenfalls auf dem Eckpfeiler finden. Rondelet findet für die Stärke der Eckpfeiler, wenn die Gewölbkappen in den Linien A E und A D aufhören, das Doppelte der Widerlagsstärke für die zugehörigen Tonnengewölbe, und wenn die Kappen bis in die Linien B B' und C C' treten, 1¾ dieser Stärke; d. h. wird die für das Tonnengewölbe von der Spannweite A D erforderliche Widerlagsstärke mit x, und die für ein solches von der Spannweite A E erforderliche mit x' bezeichnet, so werden die Seiten A B und A C des Eckpfeilers beziehlich gleich

$$2\,x \text{ und } 2\,x' \text{ oder } \frac{7}{4}\,x \text{ und } \frac{7}{4}\,x'.$$

Soll ein größerer Raum durch mehrere Kreuzgewölbe überdeckt werden, so daß Zwischen= und Mittelpfeiler, wie in den Figuren 2 und 3 Taf. 86 entstehen, so ist klar, daß der Mittelpfeiler E weniger als die Zwischenpfeiler F, G, H, I, und diese weniger als die Eckpfeiler A, B, C, D zu widerstehen haben, und der Mittelpfeiler in dem regelmäßigen Grundrisse Fig. 2 nur lothrecht belastet wird. Rondelet theilt nun eine — wie er sagt — mit der Theorie und den Versuchen am besten übereinstimmende Construction zur Bestimmung dieser Pfeilerstärken mit, die hier folgt.

Nachdem die Seiten A B, B D, D C und A C, Figur 2 und 3, halbirt, die Linien H I und F G gezogen, und dadurch der Punkt E als Mittelpunkt des Mittelpfeilers bestimmt ist, werden in den entstandenen vier Vierecken sämmtliche Diagonalen gezogen, die sich in den Punkten K, K', K'' und K''' schneiden. Von einem solchen Punkte, z. B. K, trage man die Hälfte der Höhe des Pfeilers E, von der Sohle bis zum Kämpfer gemessen, nach L, theile E L in zwölf gleiche Theile und nehme einen dieser Theile als halbe Diagonale der Grundfläche des Pfeilers an. Man sieht leicht, daß bei einer rechteckigen Figur, wie Fig. 2, der Grundriß eines Pfeilers E ebenfalls ein Rechteck, in einer unregelmäßigen aber, wie in Fig. 3, eine unregelmäßige Figur werden muß; denn in dem letzteren Falle werden die Längen E a, E b, E c und E d gleich ¹/₁₂ E L, ¹/₁₂ E L', ¹/₁₂ E L'' und ¹/₁₂ E L''', mithin, da letztere Linien zwar alle die gleichen Stücke K L, K' L', K'' L'' und K''' L''' enthalten, die Stücke E K, E K', E K'' und E K''' aber verschieden groß sind, ebenfalls von verschiedener Länge.

Um die Zwischenpfeiler bei F, G, H und I zu finden, bestimmt man die Diagonalen des halben inneren Vorsprungs oder die Längen G h und G i, wie eben gezeigt, und macht die Seite m h = 2 . h m und n i' = 2 . i n, so daß in Figur 2 ein rechteckiger Pfeiler entsteht, dessen

Breite h i sich (falls A D ein Quadrat) zu seiner Dicke h h' wie 2 : 3 verhält. In Figur 3 wird man für die Ausführung der Linien a b und h h', so wie c d und i i' parallel der F G, ferner a c, b d parallel der H I, endlich h i und h' i parallel der B D ziehen, ohne dadurch die Pfeiler zu schwächen. Verlängert man nun die Begrenzungslinien der Zwischenpfeiler, z. B. H und G, wie dies in beiden Figuren geschehen, so ergeben sich die Grundrisse der Eckpfeiler von selbst, die — nach Rondelet — eine hinlängliche Widerstandsfähigkeit besitzen.

Der in Fig. 3 dargestellte Fall dürfte in der Praxis nicht leicht vorkommen oder möglichst zu vermeiden sein, da das Einwölben der schiefen Gurtbögen zwischen den Pfeilern bedeutende Schwierigkeiten verursacht.

Ein oft vorkommender Fall ist der, daß ein Raum durch drei Reihen Kreuzgewölbe überdeckt werden soll, von denen die beiden äußeren einander gleich und kleiner und niedriger als die mittleren werden, wie solches in Fig. 4, 5, 6 und 7 Taf. 86 dargestellt ist und bei Kirchenbauten oft zur Anwendung kommt.

In diesem Falle kann man die Stärke der Pfeiler auf zweierlei Weise bestimmen; nämlich:

1) in der Art, daß man den innern Pfeilern nur eine solche Grundfläche gibt, daß sie dem sie treffenden lothrechten Drucke widerstehen können, den Seitenschub aber mittelst Strebebogen auf die Außenpfeiler übertragen und diese demgemäß einrichten. Rondelet gibt für diesen Fall folgende Regel:

Nachdem der Grundriß der Gewölbe mit den Diagonalgräten in Fig. 5 Taf. 86 gezeichnet worden, addirt man zur halben Summe der beiden halben Diagonalen A D und A E die halbe isolirte Höhe des Pfeilers A, und beschreibt mit ¹/₁₂ dieser Summe als Halbmesser um A einen Kreis. Dieser gibt den Grundriß des Pfeilers, und um denselben muß das etwa statt des Kreises verlangte Viereck beschrieben werden. Um den Pfeiler bei B Fig. 5 zu bestimmen, zeichnet man als Grundriß desselben ein Rechteck, dessen Breite gleich der Seite des in jenen Kreis (bei A) beschriebenen Quadrats und dessen Länge das Doppelte der Breite ist.

Was den Strebebogen über dem kleinen Gewölbe betrifft, so findet man den Fußpunkt a desselben, indem man, in Fig. 4, a b = ¹/₆ b c macht, den Anfalls= oder Scheitelpunkt d aber, wenn man in dem großen Gewölbe die Sekante o k aus dem Mittelpunkte o und die gehörig verlängerte Sehne n m zieht, bis diese die c f in d schneidet. Der Strebebogen muß immer aus einem Kreisbogen bestehen, dessen Mittelpunkt auf der verlängerten Horizontalen b c in e, nämlich da liegt, wo der auf der Mitte der Sehne d a errichtete Perpendikel diese Linie schneidet.

2) Oder man gibt, wie in Figur 6 Taf. 86, den

innern Pfeilern solche Dimensionen, daß sie den Wirkungen des mittleren größeren Gewölbes ohne Hülfe von Strebe=bogen widerstehen können. Hierbei wird aber als Widerlagshöhe des großen Gewölbes die Erhebung seines Fuß=punktes über den Gewölben der Seitenschiffe gerechnet. Die Hälfte dieser Höhe addire man zu der halben Diagonale A D des großen Gewölbes, Fig. 7 Taf. 86, und bilde den rechteckigen Grundriß des Pfeilers dadurch, daß man von A nach a und von A nach b je zwei Zwölftheile dieser Summe abträgt; die Vorsprünge zur Seite für die Bögen zwischen den beiden Schiffen müssen alsbann zugegeben werden. Der Pfeiler bei D wird gefunden, wenn man zu der halben Diagonale D C die halbe Höhe der Widerlager der kleinen Gewölbe addirt, von dieser Summe $\frac{1}{12}$, von D nach c und $\frac{2}{12}$ von D nach d trägt, und dann den rechteckigen Pfeiler vollendet.

Uebrigens fehlt es keineswegs an ausgeführten Bei=spielen der in Rede stehenden Construction, so daß man nach diesen, wenn man der eben beschriebenen Rondelet=schen Methode nicht vertrauen sollte, die gemachten An=nahmen berichtigen kann.

Druck von C. Hoffmann in Stuttgart.

www.ingramcontent.com/pod-product-compliance
Lightning Source LLC
LaVergne TN
LVHW011130210726
843642LV00017B/1501